白族特色药用植物

现代研究与应用

姜 北 肖朝江 主编

全国百佳图书出版单位
中国中医药出版社
·北京·

图书在版编目（CIP）数据

白族特色药用植物现代研究与应用 / 姜北，肖朝江主编 . —北京：
中国中医药出版社，2021.6
ISBN 978 - 7 - 5132 - 6608 - 6

Ⅰ . ①白… Ⅱ . ①姜… ②肖… Ⅲ . ①白族—药用植
物—研究 Ⅳ . ① S567

中国版本图书馆 CIP 数据核字（2020）第 267039 号

中国中医药出版社出版

北京经济技术开发区科创十三街 31 号院二区 8 号楼
邮政编码 100176
传真 010-64405721
河北品睿印刷有限公司印刷
各地新华书店经销

开本 787×1092 1/16 印张 34.75 字数 757 千字
2021 年 6 月第 1 版 2021 年 6 月第 1 次印刷
书号 ISBN 978 - 7 - 5132 - 6608 - 6

定价 178.00 元
网址 www.cptcm.com

社 长 热 线 010-64405720
购 书 热 线 010-89535836
维 权 打 假 010-64405753

微信服务号 zgzyycbs
微商城网址 https://kdt.im/LIdUGr
官 方 微 博 http://e.weibo.com/cptcm
天猫旗舰店网址 https://zgzyycbs.tmall.com

如有印装质量问题请与本社出版部联系（010-64405510）

《白族特色药用植物现代研究与应用》编委会

李　靖（大理大学药物研究所）　　李金强（大理大学药物研究所）

李骅轩（大理大学药物研究所）　　杨　丽（大理大学药物研究所）

吴秀蓉（大理大学药物研究所）　　余春红（大理大学药物研究所）

张　伟（大理大学药物研究所）　　张　宇（大理大学药物研究所）

张小东（大理大学药物研究所）　　张盼盼（大理大学药物研究所）

陈　成（大理大学药物研究所）　　陈亚男（大理大学药物研究所）

陈雪洁（大理大学药物研究所）　　陈颖志（大理大学药物研究所）

郎利娟（大理大学药物研究所）　　孟　莹（大理大学药物研究所）

赵明早（大理大学药物研究所）　　郝　艺（大理大学药物研究所）

胡　满（大理大学药物研究所）　　黄志莉（大理大学药物研究所）

黎海灵（大理大学药物研究所）

序

　　云南大理是白族的发祥地，历史悠久、文化底蕴丰厚，素有"文献名邦"之称。白族人民在长期的生活以及同疾病做斗争的实践中，创造了丰富多彩的医药文化，成为白族人民宝贵的医药财富。然而，由于多方面的原因，白族医药濒临失传，现仅以散在的形式在民间流传。近年来，随着我国"一带一路"与开发西部地区战略的实施，以及云南生物医药与大健康产业的全面启动，国家对传统民族医药文化的挖掘、保护倍加重视，使民族医药的研究迎来了新的机遇。

　　为使白族医药发扬光大，本书作者团队历时十余年，对白族医药进行了较为系统的民间调研、植物科考、资料整理等基础工作，先后于2014年、2017年完成了《白族惯用植物药》《白族药用植物图鉴》两部白族医药专著的编撰工作。为进一步推进白族医药的发展，该团队近年来先后选择了二十余种有特色的白族药用植物开展了系统的研究工作，对其生药学特征、化学成分、药理活性、开发应用等进行了全面的研究与认识，并在此基础上结合文献检索整理，将四十余种有代表性的白族药用植物的有关现代研究与应用方面的进展与成果编撰成册，形成了由原始资料收集到实物考察确认，再到与现代研究应用相结合的完整资料，圆满完成了"白族医药三部曲"的编撰，这无疑为白族医药文化的进一步认识和开发应用打下了坚实的基础。姜北博士留学多年，回国后一直扎根边疆，认真、严谨地为挖掘、保护、开发白族医药做出了踏踏实实的工作，这种坚韧不拔的奉献精神值得大家学习。余亦乐意为该著作序！

中国科学院院士

孙汉董

2021 年 2 月 18 日于昆明

前　言

　　白族医药文化源远流长、积淀深厚，然而由于特殊的历史原因与特有的文化现象，致使白族医药流传至今的文献史料十分稀少，有关白族医药文化的深入系统研究也一直未能引起足够的重视，相关的专业资料十分有限。据不完全统计，2010年前出版发行的有关白族医药文化的专著屈指可数，仅有《南诏医药卫生》（云南人民出版社，1991）、《白族的科学与文明》（云南人民出版社，1997）、《大理中药资源志》（云南民族出版社，1991）、《大理苍山药物志》（四川辞书出版社，1995）、《云南白族医药》（云南科学出版社，2010）等出版物。好在国家近年来开始逐渐重视民族医药文化，相关研究也日益增多，各种白族医药专著相继涌现，仅大理大学2010后公开出版的涉及白族医药文化的专著就有《白族惯用植物药》（姜北，中国中医药出版社，2014）、《大理苍山植物药物志》（钱金枞，云南科技出版社，2016）、《大理苍山常见药用植物图鉴》（夏从龙，云南科技出版社，2016）、《白族药用植物图鉴》（姜北，中国中医药出版社，2017）、《白族医药文化研究》（吕跃军，云南科技出版社，2018）等一系列论著。大理白族自治州卫生局也不失时机地组织编撰了《白族医药丛书（三册）》（2014年），包括《白族古代医药文献辑录》《白族医药名家经验集萃》《白族民间单方验方精粹》。同时，有关白族药用植物的具体研究工作也层出不穷，尤其是大理大学药学学科还将白族药研究列为学科主要研究方向，动员大量科技人员投入到实际研究工作中，为白族医药的挖掘、认识、应用创造了良好的条件。

　　纵观近年来出版的白族医药专著，基本上是以文献资料收集整理、医药经验与现象记述为主，迄今尚无系统的关于白族医药现代研究方面的专业书籍。另一方面，有关白族医药的零散研究工作越来越多，相关成果不断涌现，因而如何将这些研究以白族医药为主线整体化，进而对白族医药的内在品质进行审视，已变得十分迫切与必要。鉴于现代研究成果总结一般机构与人员难以完成，因此，作为大理大学滇西特有少数民族医药现代化研究的主要力量——大理大学药物研究所、滇西特色药用植物与白族药开发利用创新团队便义不容辞地担负起了此项重任，以期为白族医药文化发展贡献自己的微薄之力。

　　本书与之前出版的《白族惯用植物药》《白族药用植物图鉴》构成了从不同角度表述白族药用植物研究的三部曲，沿袭着白族医药信息收集整理、白族药用植物实地考察记录、白族特色药用植物研究开发的路径依次递进、逐步深入，最终达到使白族药用植物轮廓突出、特色显著、现代研究依据充分，进而与传统应用相得益彰的目的，为白族医药现代化发展、不断延续传承做出贡献。本书有以下主要特色：

　　1.本书共选取了四十五种药用植物，均为白族较为常用且较有特色的药用植物，特别是倒钩刺、西归、高河菜、铁箍散、微籽龙胆等多种植物药为白族医药所特有，充分显示白族医药具有的独特地域与人文色彩，有强烈的民族文化属性。

2. 与以往多以化合物名称描述不同，本书尽量给出主要或特色性成分的结构式，并对植物中分离得到的化学成分总体情况以表格形式进行概括，以方便科研人员快速阅读与理解相关植物的研究结果，对现有研究程度进行有效评估。

3. 本书对相关植物现有药理、药效方面的研究成果进行了整理、总结，可为相关植物的应用方向提供基本依据。

4. 本书对相关植物的现代应用状况进行了系统梳理，包括标准规范、专利申请、栽培种植、生药学品质研究、产品研发等方面的内容，可为相关植物的后续利用提供参考、指明方向。

5. 针对本书中各植物的白族医药相关传统用法，结合现代研究成果，作者从专业科学研究的角度给出了相关植物应用潜力与前景评述，可为从事白族医药工作人员更好地了解、认识白族医药的合理性与科学性，更好地发挥白族医药的优势特色创造条件。同时，也可以进一步了解白族医药在现代研究与应用方面存在的不足之处，为有意开展白族医药研究人员指明探索的方向。

本书编写人员均为长期从事白族医药研究的专业人员，具有开展白族医药研究的实际经验与体会，并进行了书中近 2/3 的白族药用植物的实际研究工作，发表了大量的有关白族医药研究的论文，因此具备撰写白族医药现代研究的有利条件。书中主要人员研究（或参与研究）过的白族药用植物情况如下：

姜北、肖朝江：倒钩刺、鞍叶羊蹄甲、土连翘、大红袍、羊角天麻、茴香、千斤坠、梁王茶、高河菜、小白薇、滇黄芩。李海峰：重楼、滇龙胆、微籽龙胆、黄精、珠子参、葛、岩白菜、岩陀、双参、羊角天麻。沈磊：西归、滇龙胆、高河菜、鞍叶羊蹄甲。刘晓波、郭美仙：西归、鸡肉参、倒钩刺、紫金龙、紫红獐牙菜、岩白菜、双参、高河菜。张德全：小白薇、千斤坠、黄牡丹、重楼、珠子参、滇黄芩。王福生：微籽龙胆、双参、大发表、青叶胆、黄秦艽。杨月娥：毛蕊花、大发表、鸡肉参、小白薇、微籽龙胆、宾川獐牙菜、茴香。蓝海：紫地榆。徐立：葛。王燕：岩陀。

本书编写出版过程中得到了云南省滇西抗病原植物资源筛选研究重点实验室（培育）、大理大学"滇西特色药用植物与白族药开发利用创新团队"项目（ZKLX2019106）、大理州科技计划项目"白族抗虫药用植物倒钩刺开发应用研究"（D2019NA02）、云南省学位委员会"民族植物药研究研究生导师团队"（云学位〔2019〕16 号）、云南省委组织部"云南省首批引进海外高层次人才"项目（云组通〔2011〕156 号）等项目的支持。由于编写人员水平有限，书中错误、不足之处在所难免，恳请广大专家、读者批评指正。

编者

2021 年 1 月

编写说明

1. 本书共收集编撰了 45 种白族常用或特色药用植物。

2. 因所收集的每种白族药用植物常同时具有多个白语名称，且这些白语名称多不通用、无法统一，故篇中各植物仍按常用汉语药用名称进行排列。书中各药用植物汉语名称及其排列规则与《白族惯用植物药》《白族药用植物图鉴》相同，具体可以参见相关专著。

3. 本书所收录的每种药用植物均设有【植物基原】【别名】【白语名称】【采收加工】【白族民间应用】【白族民间选方】【化学成分】【药理药效】【开发应用】【药用前景评述】等栏目，并从多方面对相关白族药用植物进行系统描述。其中【植物基原】【别名】【白语名称】【采收加工】【白族民间应用】【白族民间选方】涉及的文字内容与之前出版的《白族惯用植物药》《白族药用植物图鉴》相同，详细内容与相关图片信息可以查询上述专著。【化学成分】【药理药效】【开发应用】是根据国内外相关研究成果，结合本书作者团队自身研究工作综合而成。其中【化学成分】部分尽可能地将迄今为止的相关植物中分离报道的成分汇总，对于成分研究结果较多者予以列表表述，按英文字母与汉语拼音排序，并指明结构类型、标注参考文献。同时，对每种植物的特征性成分均采用结构式的形式进行概述，便于专业人员快速了解相关植物成分特点与研究深度。【药理药效】部分是将相关植物药理药效方面的研究成果概括综述，并适当增加了自本书作者团队尚未公开发表的研究内容。【开发应用】部分则是从标准规范、专利申请、栽培利用、生药学探索等不同角度对相关植物的开发应用情况进行客观叙述，以期为认识所述植物的开发应用现状，评估进一步开发的可行性与潜在方向提供参考。【药用前景评述】部分是根据现代研究与应用成果对各植物传统应用进行检思与评价，对于从事相关临床实践与开发研究的人员具有很好的指导与借鉴价值。

4. 为便于读者对照查阅，本书文末附有植物拉丁名称索引表。

5. 本书中所描述的白族民间选方均未经本书作者实际验证，仅供研究参考。

目 录

一枝箭

【植物基原】本品为菊科还阳参属植物芜菁还阳参 *Crepis napifera*（Franch.）Babc. 肉质根茎。

【别名】还阳参、丽江一枝箭、肉根还阳参、万丈深、牛奶参、土生地。

【白语名称】刚基忧、爸再史。

【采收加工】夏、秋采挖，洗净，晒干备用，或研细粉用。有小毒。

【白族民间应用】润肺止咳、清热解毒、消食理气、催乳。用于疳积、食积、单纯性消化不良、肺热咳嗽、痢疾、淋病、蛔虫病；小儿消化不良、惊风；支气管炎、肺炎、乳汁不足、结膜炎。

【白族民间选方】支气管炎、肺炎、乳汁不足、结膜炎、肾炎：本品 25～50g，煎服。

【化学成分】目前对一枝箭的化学成分研究尚不是很深入，仅从中分离鉴定了 17 个化合物，分别为芜菁还阳参苷（1）、苦荬菜内酯 E（ixerin E，2）、taraxinic acid-1′-O-β-D-glucopyranoside（3）、11，13-dihydrotaraxinic acid-1′-O-β-D-glucopyranoside（4）、还阳参酸苷（napiferoside，5）、3，5-二羟基-4-甲氧基苯甲酸-2-C-葡萄糖苷（3，5-dihydroxy-4-methoxy-benzoic acid-2-C-glucoside，6）、liriodendrin（7）、蒲公英甾醇醋酸酯（taraxasterol acetate，8）、伪蒲公英甾醇（pseudotaraxasterol，9）、伪蒲公英甾醇乙酸酯（pseudotaraxasteryl acetate，10）、urs-20（30）-en-3β-acetoxy（11）、urs-20-en-3β-acetoxy-22α-ol（12）、降香萜烯乙酸酯（13）、香树脂醇-3β-乙酸酯（3β-acetoxy-amyrin，14）、羽扇豆醇-3β-乙酸酯（3β-acetoxy-lupeol，15）、羽扇豆醇（lupeol，16）、β-谷甾醇（β-sitosterol，17）[1-5]。

【药理药效】 一枝箭（还阳参）的药理活性主要表现为对消化系统的保护作用，起作用的成分为倍半萜内酯苷类化合物。吴少华等[2]发现一枝箭的倍半萜内酯苷类化合物 taraxinic acid-1′-O-β-D-glucopyranoside（3）灌胃给药，可有效地抑制阿司匹林诱导的大鼠胃损伤（见表1），但是静脉注射不会影响大鼠胃内由组胺刺激产生的胃酸分泌物。

表1　80mg/kg 的化合物 3 对阿司匹林致 Wistar 大鼠胃损伤的影响

Treatment	Dose/mg · kg⁻¹	number	Ln	La/mm²	Lup/%	Li
Control	-	18	1.9 ± 1.5	0.54 ± 0.59	93	2.44
化合物3	80	7	1.0 ± 1.0	0.50 ± 0.74	43*	1.50

注：*$P < 0.05$；Ln（损伤值）；La（总损伤面积）；Lup（每组动物受损伤百分比）；Li（损伤指数）。

【开发应用】

1. 标准规范　一枝箭尚无标准规范，同属近缘植物有药品标准 2 项、药材标准 1 项、中药饮片炮制规范 2 项，具体是：

（1）药品标准：平眩胶囊（万丈深，为菊科还阳参属植物绿茎还阳参 *Crepis lignea*）[WS-10603（ZD-0603）-2002-2012Z]、香藤胶囊（万丈深，为菊科还阳参属植物绿茎还阳参 *Crepis lignea*）[WS-10192（ZD-0192）-2002-2011Z]。

（2）药材标准：还阳参药材标准（还阳参 *Crepis lignea*，山西省中药材标准，2013 年公示）。

（3）中药饮片炮制规范：奶浆参、马尾参、还阳参[还阳参 *Crepis lignea*，《云南省中药饮片炮制规范》（1986）、《云南省中药咀片炮制规范》（1974）]。

2. 专利申请　目前能够检索查询到的关于一枝箭（芜菁还阳参）的植物专利仅有 1 项：刘四，一种清热利咽的保健茶（CN104304598A）（2014 年）。

3. 栽培利用　尚未见有栽培利用方面的研究报道。

4. 生药学探索　尚未见有生药学方面的研究。

【药用前景评述】 一枝箭主要分布在大理苍山以及北部地区，为白族常用药用植物。

根据一枝箭现有化学成分研究结果，其成分比较复杂，但其中的倍半萜类成分应是该植物的主要有效成分。药理活性研究结果表明，一枝箭中部分倍半萜内酯苷类成分具有保护胃黏膜、抗胃溃疡作用。根据白族民间对一枝箭的应用方式来看，其主要用于润肺止咳、清热解毒、消食理气、催乳，治疗疳积、食积、单纯性消化不良、肺热咳嗽、支气管炎、肺炎、痢疾、淋病、小儿消化不良等多种疾患。目前，一枝箭的抗炎活性尚无研究报道，但药理研究结果证实其中的主要成分具有很好的保护胃黏膜、抗胃溃疡作用，与该植物消食理气，用于治疗疳积、食积、单纯性消化不良等药效基本吻合。

倪艳等[6]曾对同属近缘植物还阳参 *Crepis turczaniowii* 止咳平喘活性进行过研究，结果发现还阳参石油醚提取物的 H_2-1 部位对氨水刺激引起的小鼠咳嗽有明显的止咳作用，正丁醇提取物的 HD-2 部位对组胺和乙酰胆碱引起的豚鼠哮喘有抑制作用。由此可以推测，一枝箭也可能具有润肺止咳，治疗支气管炎与肺炎的功效。从一枝箭的现代开发应用来看，尽管内容非常稀少，仅有一项专利是用于清热利咽的保健茶制作，但也显示该植物应该具有治疗呼吸道炎症的功效。

由此可见，白族药一枝箭药用记载具有合理性，可以作为该植物今后临床应用的基本依据。同时，该植物目前在产品研制、栽培利用等开发利用方面有许多空白，因此仍有较大的研究与开发应用潜力。

参考文献

［1］杨燕.云南红豆杉、黄龙尾和芜菁还阳参的化学成分研究［D］.昆明：云南中医学院，2014.

［2］吴少华，罗晓东，马云保，等.一支箭中抗胃溃疡的倍半萜内酯苷［J］.药学学报，2002，37（1）：33-36.

［3］Wu SH，Luo XD，Ma YB，et al. A new ursene type triterpenoid from *Crepis napifera*［J］. Chin Chem Lett，2000，11（8）：711-712.

［4］赵爱华，彭小燕，唐传劲，等.芜菁还阳参中倍半萜类成分的分离和鉴定［J］.药学学报，2000，35（6）：442-444.

［5］梁钜忠，陈毓群.大一支箭中的一个三萜成分［J］.中草药，1982，13（7）：8-10.

［6］倪艳，刘振权，康永，等.还阳参止咳平喘活性部位的研究［J］.时珍国医国药，2007，18（3）：519-520.

一柱香

【植物基原】本品为玄参科毛蕊花属植物毛蕊花 *Verbascum thapsus* L. 的全草。

【别名】大毛叶、虎尾鞭、毒鱼草、海绵蒲。

【白语名称】抖波兄（剑川）、野烟筛（大理）、雄干（大理）。

【采收加工】夏、秋采收，晒干备用或鲜用。有小毒。

【白族民间应用】治鼻衄、感冒、支气管炎、疮痈。

【白族民间选方】①鼻衄：本品叶与紫薇花、百草霜等各 5g，共研细粉，水吞服。②慢性气管炎：本品根皮 20g，与甘草 5g，水煎服。

【化学成分】毛蕊花主要含环烯醚萜苷类成分 aucubin（1）、6-O-β-xyloxylaucubin（2）、ajugol（3）、lateroside（4）、8-cinnamoylmyoporoside（5）、harpagoside（6）、6-O-p-hydroxybenzoylajugol（7）、6-O-vanilloylajugol（8）、6-O-syringoylajugol（9）、saccatoside（10）、6-O-［3″-O-（E）-p-coumaroyl］-α-L-rhamnopyranosyl-catalpol（11）、6-O-［4″-O-（E）-p-coumaroyl］-α-L-rhamnopyranosyl-catalpol（12）、6-O-［2″-O-（E）-p-methoxycinnamoyl］-α-L-rhamnopyranosyl-catalpol（13）、6-O-［3″-O-（E）-p-methoxycinnamoyl］-α-L-rhamnopyranosyl-catalpol（14）、verbascoside A（15）、pulverulentoside I（16）、6-O-［4″-O-acetyl-2″-O-（E）-p-methoxycinnamoyl］-α-L-rhamnopyranosyl-catalpol（17）、6-O-［2″-O-（E）-p-caffeoyl］-α-L-rhamnopyranosyl-catalpol（18）、6-O-［3″-O-（E）-p-caffeoyl］-α-L-rhamnopyranosyl-catalpol（19）、6-O-［4″-O-（E）-p-caffeoyl］-α-L-rhamnopyranosyl-catalpol（20）、6-O-（2″-O-feruloyl）-α-L-rhamnopyranosyl-catalpol（21）、6-O-（4″-O-feruloyl）-α-L-rhamnopyranosyl-catalpol（22）、6-O-（2″-O-isoferuloyl）-α-L-rhamnopyranosyl-catalpol（23）、6-O-（3″-O-isoferuloyl）-α-L-rhamnopyranosyl-catalpol（24）、6-O-（4″-O-isoferuloyl）-α-L-rhamnopyranosyl-catalpol（25）、6-O-［2″-O-（E）-3，4-dimethoxycinnamoyl］-α-L-rhamnopyranosyl-catalpol（26）、6-O-［3″-O-（E）-3，4-dimethoxycinnamoyl］-α-L-rhamnopyranosyl-catalpol（27），其次为以毛蕊花苷（verbascosid，28）和异毛蕊花苷（isoverbascosid，29）为代表的苯乙醇苷类、以木犀草素及其苷（30、31）为代表的黄酮类，以及少量甾体及其他结构类型的化合物 [1-12]。

1   2   3   4   5

此外，刘冰等[11]采用水蒸气蒸馏法提取云南产毛蕊花中的挥发性成分，运用气相色谱 - 质谱联用技术（GC-MS）结合保留指数对其进行分析鉴定，共鉴定出 38 种主要的挥发性成分，其中柠檬烯（32，26.57%）、茴香酮（33，24.81%）、桉叶素（34，7.24%）、氧化石竹烯（35，5.91%）和蒎烯（36，4.72%）的含量较高。然而，Morteza-Semnani 等[12]却发现伊朗北部产的毛蕊花的挥发油主成分与云南产的截然不同，为 6，10，14- 三甲基 -2-十五烷酮（37，14.3%）和（E）- 植醇（38，9.3%）。

【药理药效】现代药理学研究表明一柱香（毛蕊花）具有广泛的药理活性，主要表现为抗炎、抗感染、促进组织修复和保护神经系统。

1. 抗病毒、抗菌活性 Saman 等[13]研究发现一柱香具有治疗癌症和传染病的功效。Escobar 等[14]发现一柱香的甲醇提取物具有抗假狂犬病毒株 RC/79（PrV）活性和抑制病毒宿主 Vero 细胞活性。其对 PrV 噬菌斑有抑制作用，IC_{50} 为 35μg/mL，选择性指数为 31.4（NRU 法）和 40.7（MTT 法），如果在病毒感染前用浸提液处理，可使药物对菌斑形成的抑制率提高到 70%。Morteza-Semnani 等[12]采用圆盘扩散法研究了毛蕊花提取精油的抗菌活性，发现精油可浓度依赖性地抑制枯草芽孢杆菌、金黄色葡萄球菌、伤寒沙门菌、铜绿假单胞菌和黑曲霉，但是对大肠杆菌和白色念珠菌无效。Joneydy 等[15]发现一柱香乙醇提取物具有抗阴道滴虫的活性，可诱导滴虫细胞凋亡。从一柱香中提取的多糖具有显著的抗 DPPH 自由基清除活性。

2. 保护损伤组织 张慧等[16]发现毛蕊花苷可减轻脂多糖（LPS）所致的急性肺组织损伤。丁方睿等[17]证实毛蕊花糖苷可以降低嘌呤霉素诱导的肾病大鼠的蛋白尿水平来缓解嘌呤霉素诱导的足细胞损伤。陈微娜等[18]发现毛蕊花糖苷能显著促进体外培养成骨细胞的增殖和分化。

3. 保护神经系统 邓敏等[19]发现毛蕊花苷对 MPP^+ 诱导的 SHSY5Y 神经细胞凋亡具有保护作用。廖飞等[20]发现毛蕊花苷可延缓肌肉疲劳。唐永富等[21]发现毛蕊花苷和异毛蕊花苷均可促进小鼠树突状细胞的增殖。胡航等[22]发现毛蕊花糖苷能够改善阿尔茨海默病小鼠的学习记忆能力，其作用可能是通过促进神经元存活、减少凋亡并减少 Aβ 沉积实现。高莉等[23]发现毛蕊花糖苷能明显改善 D- 半乳糖诱导的亚急性衰老小鼠的学习记忆能力障碍，主要是通过调节脑组织乙酰胆碱转移酶和乙酰胆碱酯酶活性，保护脑组织海马 CA_1 区神经元细胞，提高脑组织和免疫器官指数，改善模型小鼠的脑损伤来实现，提示毛蕊花糖苷的作用可能与其增强中枢胆碱能功能和保护神经元细胞有关。宋小敏等[24]发现毛蕊花糖苷可显著降低 LPS 诱导的小胶质细胞神经炎症反应，抑制炎症相关蛋白的表达，其作用与抑制 NF-κB 炎症信号通路有关。

【开发应用】

1. 标准规范 经文献检索，一柱香未有相关药品标准、药材标准及炮制规范。

2. 专利申请 目前能够检索查询到的关于一柱香植物专利仅有 1 项：李强，一种毛蕊花浴油（CN103751050A）（2013 年）。

3. 栽培利用 在培养皿中滤取毛蕊花种子，并在黑暗中暴露于 4～10℃、10～20℃等一系列温度下。每次温度处理持续一个月后，将样品取出并在一系列交替温度下进行明暗测试。结果表明，在相对较低的温度下，种子也可以在多种条件下发芽。当孵育温度逐渐升高（"春季和夏季条件"），种子显然进入更深的休眠状态，需要更强的刺激才能打破休眠状态。随后将种子保持较低的孵育温度下（"秋冬"期间），种子再次变得不那么休眠；弱的激活方法足以诱导萌发[25]。

来自热不同生境的毛蕊花居群的幼苗均在统一、受控的条件下生长。获得这些植物在 15～40℃范围内净光合作用的温度响应曲线。所有实验植物在 20℃、25℃、30℃和 35℃

时表现出相似的净光合作用速率。实验植物所表现出的模式表明，在许多不同的场所中，毛蕊花的成功入侵与该物种所有成员在较宽温度范围内光合作用的能力有关[26]。

4. 生药学探索[27]　本品根粗呈圆柱形，具多数支根，木质化，灰黄色。地上部分长50～100cm，被密而厚的浅灰黄色星状毛，茎方形具四棱，直径1～2cm，体轻，易折断，断面中空。气微，味辛辣微苦。

根横切面呈圆形，木栓层由2列扁长方形木栓细胞组成，细胞排列紧密。皮层较宽广，约占1/3，薄壁细胞类圆形，排列疏松。韧皮部较窄，细胞排列不规则，外侧韧皮纤维散在。形成层成环；木质部发达，约占1/2，导管数个相聚与纤维束交替排列，射线明显，由1～2列径向延长的细胞组成。

茎横切面略呈四棱形，表皮为1列扁平细胞，有气孔和非腺毛。皮层宽广，由数列薄壁细胞组成，排列疏松；在四棱角处由厚角组织组成；韧皮部较窄；形成层明显成环；木质部由导管和木薄壁细胞组成，射线明显，细胞列数不一；髓部宽广，薄壁细胞较大。

上表皮细胞类长方形，下表皮细胞较小；叶异面型，栅栏组织为1列细胞，海绵组织由3～4层不规则的薄壁细胞组成，细胞间有间隙，主脉维管束外韧型，木质部导管3～6个排列成行，韧皮部外侧与木质部外侧均有厚角组织；下表皮有气孔和非腺毛。

粉末特征：粉末呈黄绿色，木栓细胞类长方形，棕褐色，外壁增厚，排列整齐；导管多为螺纹，直径18～25μm；纤维及晶鞘纤维多见，黄色和鲜黄色，直径15～28μm；可见较多的非腺毛，成星状；花粉深黄色类球形，有3个萌发孔，外壁光滑。

相关理化鉴定方法也进行了研究与总结。

5. 其他应用　董爱君等[28]建立了一种毛蕊花提取物的制备方法：取毛蕊花粉末，按重量加入3～30倍的水，浸泡后调节水溶液的pH值为5～6.5。然后按毛蕊花粉末重量的0.5%～2%加入纤维素酶，在50～60℃条件下酶解1～4小时，过滤，得到滤渣和滤液。向滤渣中加入50%～80%的乙醇，50～65℃超声波提取1～3小时，过滤，滤液和酶解后的滤液合并，浓缩成浸膏。本发明提供的毛蕊花提取物的制备方法具有提取率高、提取时间短、条件温和、操作安全、设备简单、成本低等优点，可用于卷烟加香，可以增加卷烟的香气，降低卷烟抽吸后在口腔中的残留气味。

【药用前景评述】一柱香在大理一带资源蕴藏量巨大，其自然生长分布区主要集中在大理北部一带，与白族传统聚居地重合，因此是一种白族人们十分熟悉常见的药用植物。化学成分研究结果显示，一柱香中主要含有环烯醚萜类成分，此类成分常具有抗炎功效。现代药理学研究表明一柱香（毛蕊花）具有广泛的药理活性，主要表现为抗炎、抗菌、抗感染、促进组织修复和保护神经系统，与其中含有的特征性成分具有的作用一致，显示该植物的确可用于杀菌消炎，与白族药用方式相符。只是由于该植物存在一定的毒性，限制了其应用范围，因此药用前景仍需要进一步研究与探索。

参考文献

[1] Kuroda M，Iwabuchi K，Usui S，et al. Chemical compounds from the leaves of *Verbascum*

一柱香

thapsus and their xanthine oxidase inhibitory activity ［J］. Shoyakugaku Zasshi, 2017, 71（1）: 49–50.

［2］Alipieva KI, Orhan IE, Cankaya IIT, et al. Treasure from garden: chemical profiling, pharmacology and biotechnology of mulleins ［J］. Phytochem Rev, 2014, 13（2）: 417–444.

［3］Zhao YL, Wang SF, Li Y, et al. Isolation of chemical constituents from the aerial parts of *Verbascum thapsus* and their antiangiogenic and antiproliferative activities ［J］. Arch Pharm Res, 2011, 34（5）: 703–707.

［4］Hussain H, Aziz S, Miana GA, et al. Minor chemical constituents of *Verbascum thapsus* ［J］. Biochem Syst Ecol, 2009, 37（2）: 124–126.

［5］Pardo F, Perich F, Torres R, et al. Phytotoxic iridoid glucosides from the roots of *Verbascum thapsus* ［J］. J Chem Ecol, 1998, 24（4）: 645–653.

［6］Warashina T, Miyase T, Ueno A. Phenylethanoid and lignan glycosides from *Verbascum thapsus* ［J］. Phytochemistry, 1992, 31（3）: 961–965.

［7］Warashina T, Miyase T, Ueno A. Iridoid glycosides from *Verbascum thapsus* L ［J］. Chem Pharm Bull, 1991, 39（12）: 3261–3264.

［8］Mehrotra R, Ahmed B, Vishwakarma RA, et al. Verbacoside: a new luteolin glycoside from *Verbascum thapsus* ［J］. J Nat Prod, 1989, 52（3）: 640–643.

［9］Khuroo MA, Qureshi MA, Razdan TK, et al. Sterones, iridoids and a sesquiterpene from *Verbascum thapsus* ［J］. Phytochemistry, 1988, 27（11）: 3541–3544.

［10］Seifert K, Schmidt J, Lien NT, et al. Iridoids from *Verbascum species* ［J］. Planta Med, 1985, 51（5）: 409–411.

［11］刘冰, 陈义坤, 郭国宁, 等. 基于保留指数的 GC-MS 分析毛蕊花挥发性成分 ［J］. 氨基酸和生物资源, 2013, 35（2）: 27–30.

［12］Morteza-Semnani K, Saeedi M, Akbarzadeh M. Chemical composition and antimicrobial activity of the essential oil of *Verbascum thapsus* L ［J］. J Essent Oil Bear Plants, 2012, 15（3）: 373–379.

［13］Saman M, Morteza A, Marzieh B, et al. The antioxidant, anticarcinogenic and antimicrobial properties of *Verbascum thapsus* L ［J］. Med Chem, 2019.DOI: 10.2174/157340641566 6190828155951.

［14］Escobar FM, Sabini MC, Zanon SM, et al. Antiviral effect and mode of action of methanolic extract of *Verbascum thapsus* L.on pseudorabies virus（strain RC/79）［J］. Nat Prod Res, 2012, 26（17）: 1621–1625.

［15］Joneydy Z, Taghizadeh M, Hooshyar H, et al. Effect of *Verbascum thapsus* ethanol extract on induction of apoptosis in *Trichomonas vaginalis* in vitro ［J］. Infect Disord Drug Targets, 2015, 15（2）: 125–130.

［16］张慧, 于澎, 张楠, 等. 毛蕊花糖苷对内毒素诱导的急性肺损伤的保护作用 ［J］. 中药药理与临床, 2015, 31（3）: 41–43.

［17］丁方睿，司南，边宝林，等.毛蕊花糖苷对嘌呤霉素肾病及足细胞损伤模型的疗效研究［J］.中华肾脏病杂志，2018，34（1）：30-35.

［18］陈微娜，李飞，朱盼盼，等.毛蕊花糖苷对新生大鼠体外培养成骨细胞增殖与分化作用研究［J］.海峡药学，2012，24（4）：23-24.

［19］邓敏，鞠晓东，樊东升，等.毛蕊花苷对 MPP+ 诱导的 SHSY5Y 细胞凋亡的保护作用［J］.中国药理学通报，2008，（10）：1297-1302.

［20］廖飞，郑荣梁，高建军，等.毛蕊花苷和角胡麻苷对肌肉疲劳的延缓［J］.中国药理学与毒理学杂志，1999，13（4）：310-311.

［21］唐永富，黄丹菲，谢明勇，等.毛蕊花苷和异毛蕊花苷对树突状细胞增殖的影响［J］.中国药学杂志，2008，43（23）：1785-1787.

［22］胡航.毛蕊花糖苷对阿尔茨海默病小鼠神经治疗作用研究［J］.辽宁中医药大学学报，2016，18（12）：21-24.

［23］高莉，彭晓明，霍仕霞，等.毛蕊花糖苷改善 D- 半乳糖致亚急性衰老小鼠脑损伤的作用［J］.中草药，2014，45（1）：81-85.

［24］宋小敏，廖理曦，董馨，等.毛蕊花糖苷抑制脂多糖诱导的 BV-2 小胶质细胞炎症反应及机制研究［J］.中国中药杂志，2016，41（13）：2506-2510.

［25］Vanlerberghe KA，Van Assche JA. Dormancy phases in seeds of *Verbascum Thapsus* L.［J］. Oecologia，1986，68（3），479-480.

［26］Williams GJ，Kemp PR. Temperature relations of photosynthetic response in populations of *Verbascum thapsus* L.［J］.Oecologia，1976，25（1），47-54.

［27］初丕江，李艳新，杨月娥.毛蕊花的生药学研究［J］.中国民族民间医药，2013，22（18）：8-9.

［28］董爱君，庞登红，张磊，等.毛蕊花提取物的制备方法，CN103060091A［P］.2012-12-14.

土连翘

【植物基原】本品为藤黄科金丝桃属植物匙萼金丝桃 *Hypericum uralum* Buch.-Ham. ex D. Don 的全株。

【别名】过路黄、打破碗花、黄花香、金丝桃、芒种花。

【白语名称】该子坝暧厚、兄桂脂、兄摸手（洱源、剑川）、得跑该活、呆坡该暧厚（鹤庆）、寿走厚（云龙）、黄基德花（鹤庆）。

【采收加工】5～6月采茎、叶，晒干备用，或随用随采鲜用；秋末采果实，晒干备用。

【白族民间应用】治湿热肝胆炎症、风热外感、痢疾、淋病、疝气、肺胃湿热牙痛、鼻衄、黄水疮、喘咳。

【白族民间选方】①肝胆湿热炎症：本品20g，金钟茵陈、青叶胆、泽泻各15g，板兰根10g，水煎服。若脾胃虚者加白术、半夏。②慢性肾炎：本品茎（结虫瘿瘤）50g，用酒浸泡服。③鼻衄：本品鲜叶适量，捣烂塞鼻腔内。④百日咳：本品果实适量，与鸡蛋共蒸。

【化学成分】匙萼金丝桃主要含间苯三酚类成分，包括 hyperuralones A-H（1~8）、hyphenrones A, F, D（9, 10, 11）、hypercohin A（12）、uraliones A-D（13~16）、uraliones H-K（17~20）、uralione E（21）、uralodin A（22）、furohyperforin（23）、uraliones P-R（24~26）、attenuatumione E（27）、uralione O（28）、uralione F（29）、uralione G（30）、uralodin B（31）、uralodin C（32）、uraliones L-N（33~35）、hypatone A（36）、hypatone B（37）、hyphenrone J（38）、hyphenrone K（39）[1-7]。

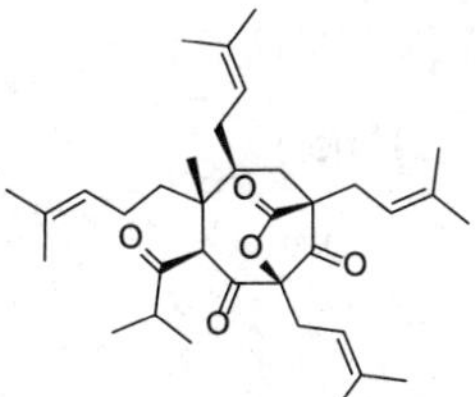

9

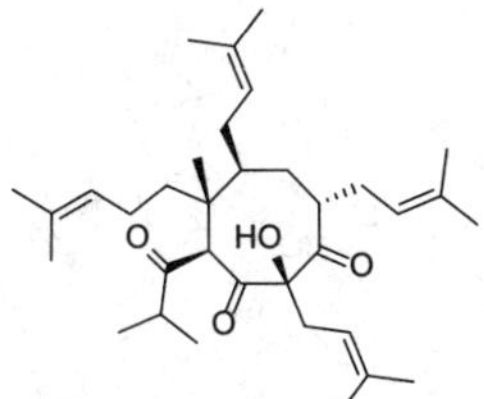

10

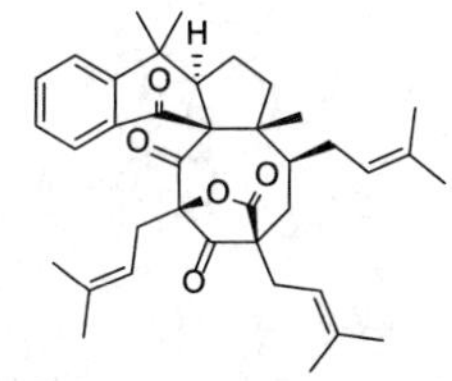

11

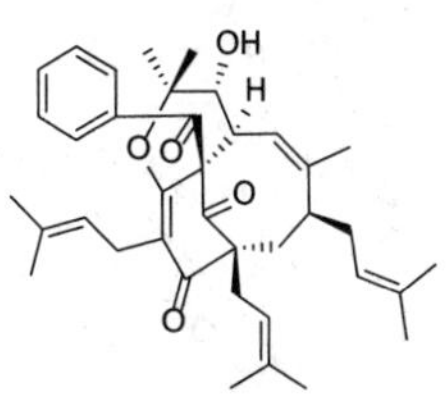

12

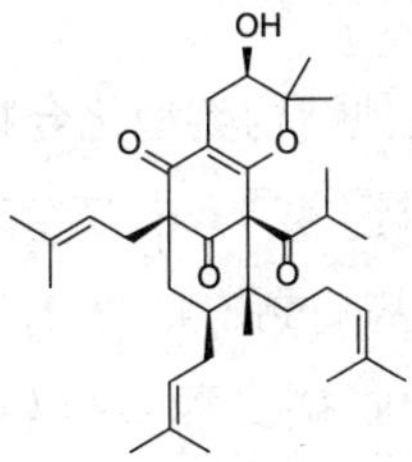

13

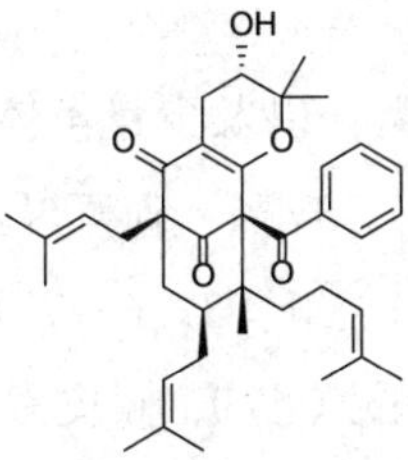

14

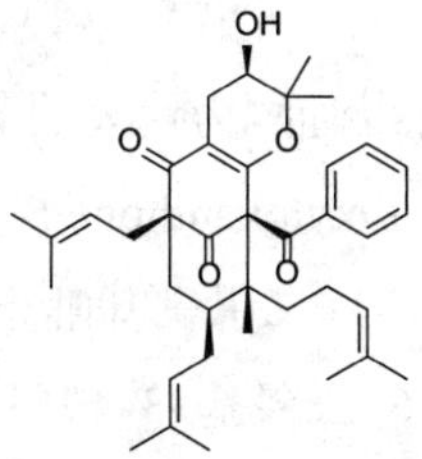

15

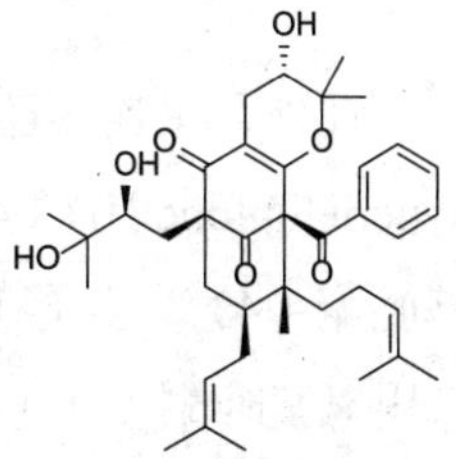

16

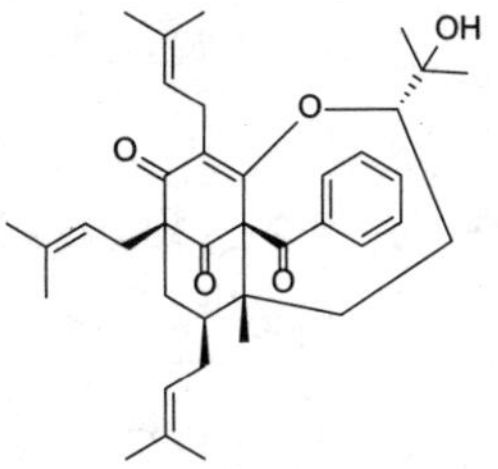

17

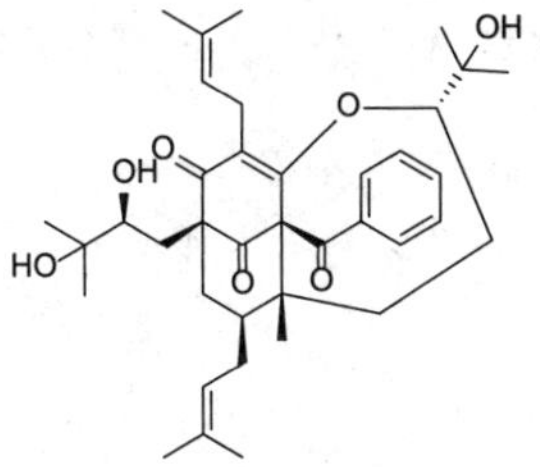

18

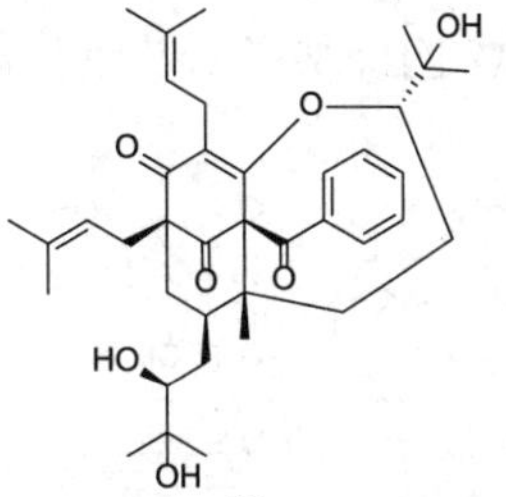

19

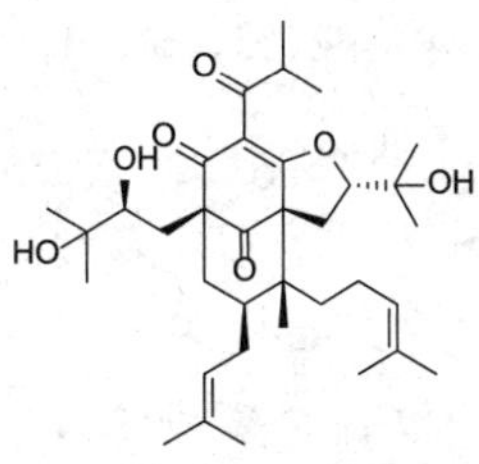

20

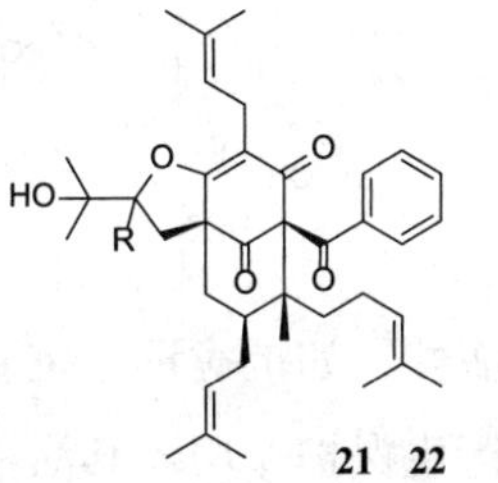

21 22
R β-H α-H

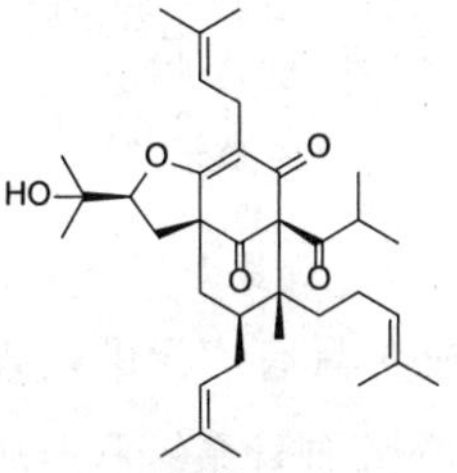

23

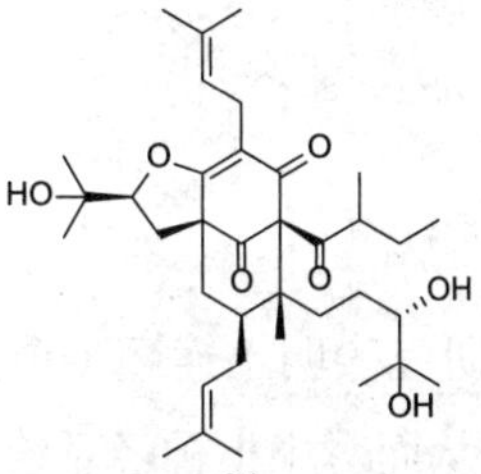

24

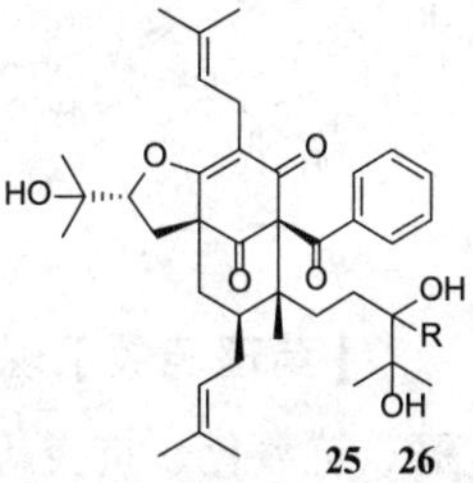

25 26
R α-H β-H

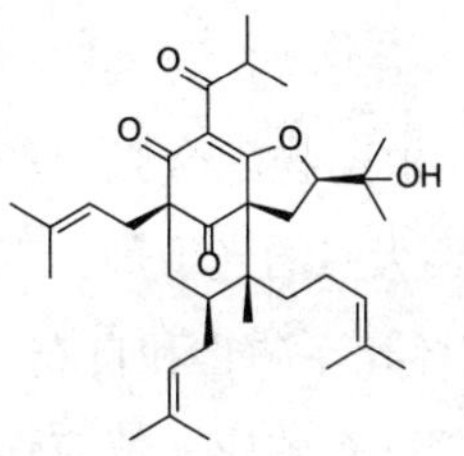

27

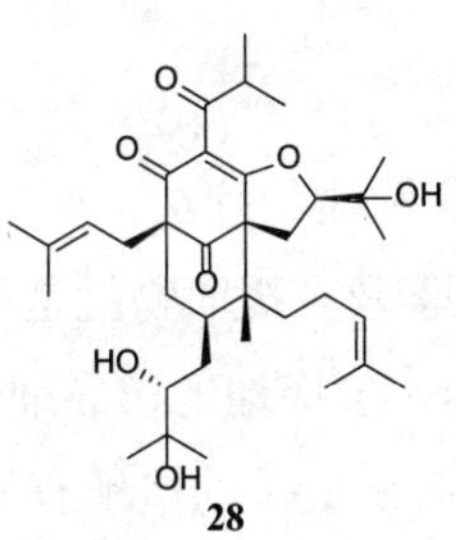

28

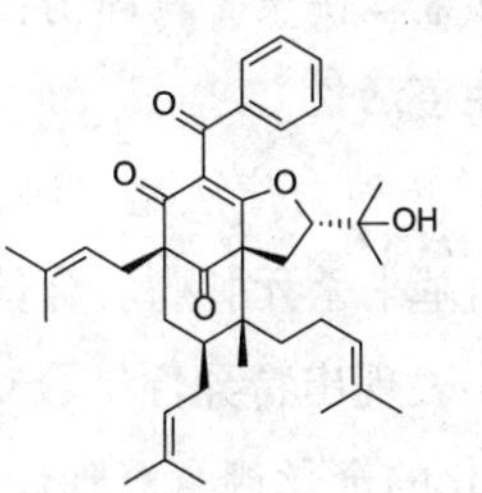

29

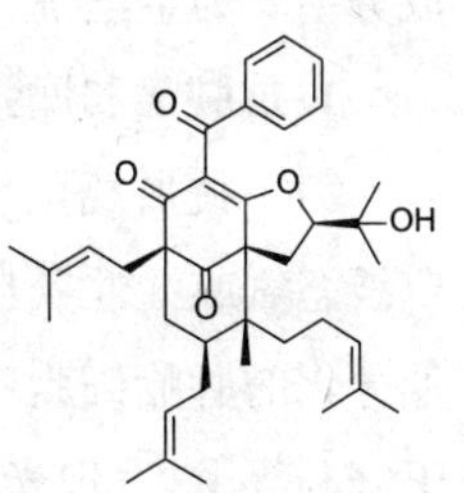

30

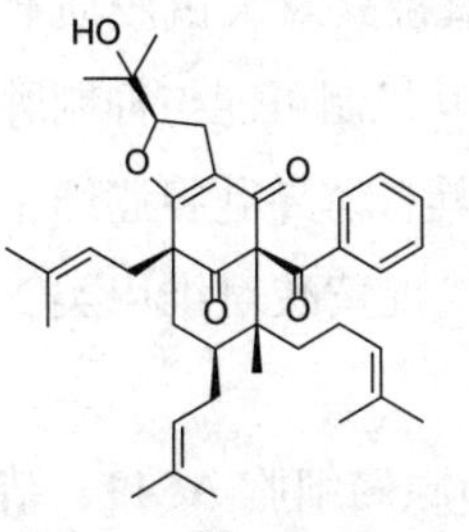

31

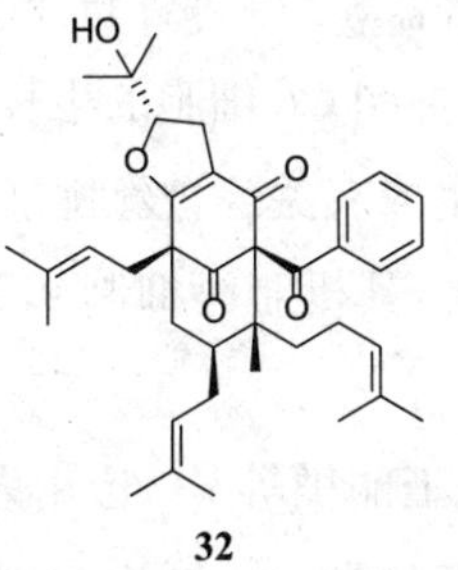

32

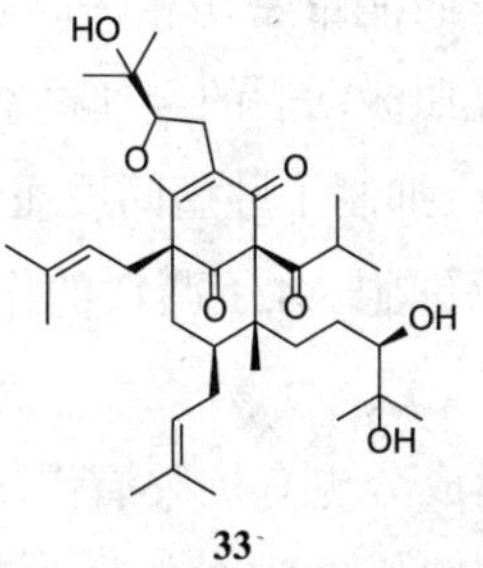

33

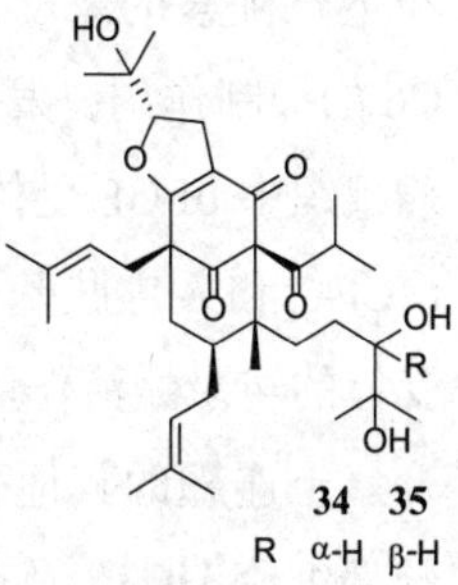

34 35
R α-H β-H

土连翘

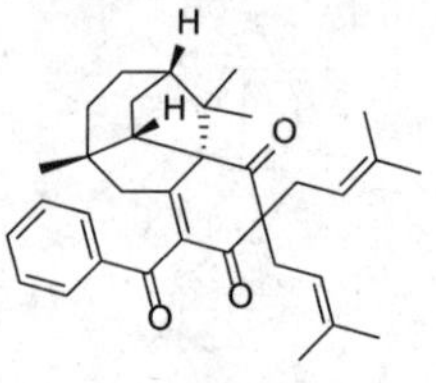
36
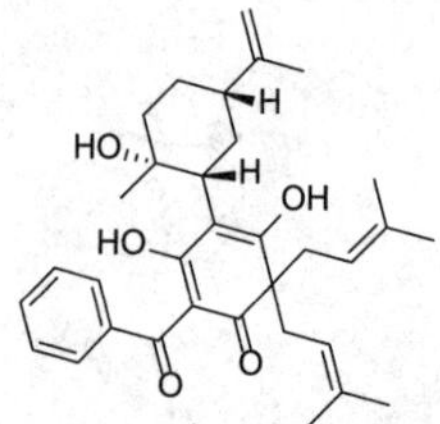
37
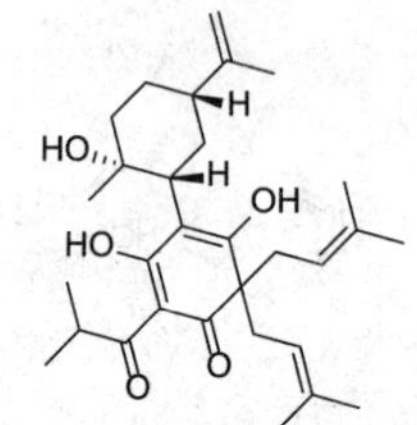
38
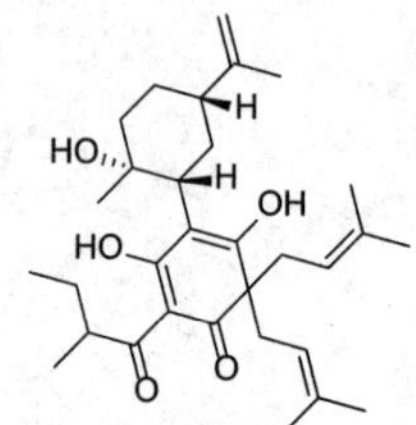
39

此外，土连翘还含有以屾酮为代表的黄酮类，以及少量甾体及其他结构类型化合物：hyperielliptone HD（40）、toxyloxanthone B（41）、3，4，5- 三羟基屾酮（42）、1，7- 二羟基屾酮（43）、4- 羟基 -2，3- 二甲氧基屾酮（44）、1，3，6，7- 四羟基屾酮（45）、2，3- 二甲氧基屾酮（46）、1,5,6- 三羟基 -3- 甲氧基屾酮（47）、槲皮素（48）、槲皮素 -3-O-(4″- 甲氧基）-*α*-L- 鼠李糖、（-）- 圣草素、表儿茶素、桦木酸、胡萝卜苷、豆甾醇、*β*- 谷甾醇、莽草酸、3，3′，4，4′- 四羟基联苯、原花青素 A-2[1, 2]。

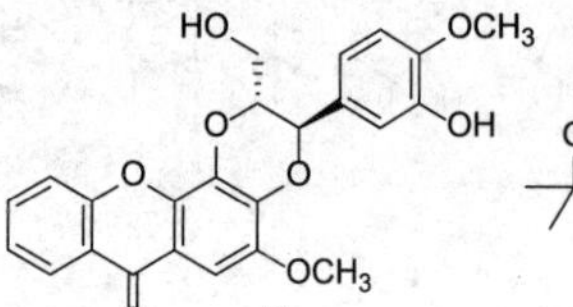
40
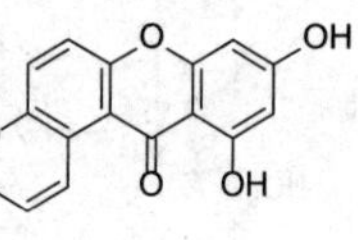
41
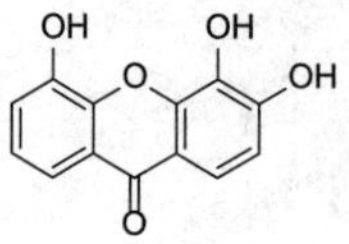
42
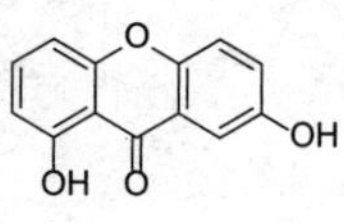
43
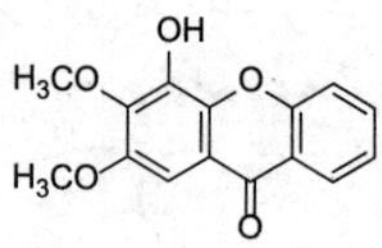
44
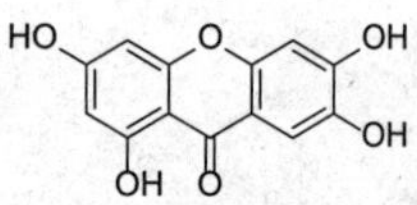
45
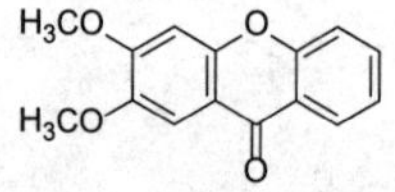
46
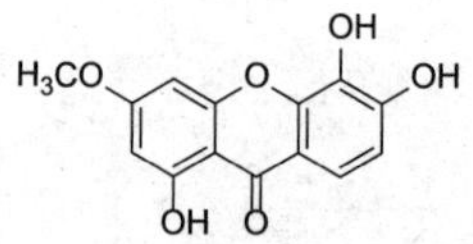
47
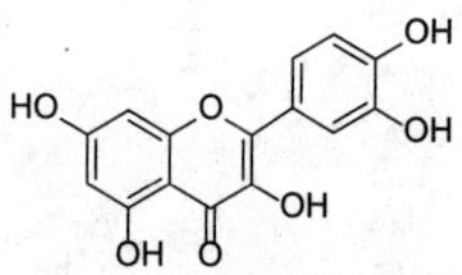
48

【药理药效】现代研究表明土连翘（金丝桃）具有广泛的药理活性，如抗病毒、抗肿瘤、抗氧化、抗炎等，从而对中枢神经系统、心脑血管系统和肝脏产生保护作用。其活性成分主要为金丝桃苷和金丝桃素。具体为：

1. 抗肿瘤和增强免疫活性

（1）抗肿瘤活性：光动力疗法是一种治疗肿瘤的疗法，通过光敏药物配合光照产生单线态氧或活性氧自由基来杀死肿瘤。金丝桃素及其提取物就是一类天然的光敏剂，其在低分化的肿瘤细胞中，表现出特异性结合功能，选择性地诱导细胞坏死、凋亡和自噬[8]。王晓利等[9]发现光活化的金丝桃素对肺癌细胞 SpcA1 的增殖有显著抑制效应，效应强度与金丝桃素的浓度及光照能量密切相关。郄福忠等[10]等评价了金丝桃素对大鼠胶质瘤 C6 的抑制作用，发现光照激活后的金丝桃素能抑制 C6 细胞的生长，其机制可能与抑制肿瘤组织中 bFGF 受体后，抑制了肿瘤间质血管生成有关。金丝桃素还具有诱导乳腺癌细胞 MCF-7 和人皮肤基底癌细胞 A431 凋亡的作用，其机制为抑制 9- 顺式视黄酸对维甲类 X 受体的转录激活作用[11]。

土连翘的其他化学成分也有抗肿瘤作用。王丽敏等[12]选用人肺腺癌细胞 A549、结肠癌细胞 HCT8 及前列腺癌细胞 PC3 作为研究对象，评价金丝桃苷的体外抗肿瘤作用。

结果发现金丝桃苷在体外对三种癌细胞均有抑制作用，在 0.625～20μg/mL 的范围内具有明显的剂量和时间依赖性，其中 A549 细胞及 HCT8 细胞对金丝桃苷的敏感性最高。Li 等[13]选用了人乳腺癌多柔比星耐药细胞株 MCF-7/DOX 作为研究对象，评价了土连翘的化学成分对多药耐药性的作用，结果表明土连翘的化学成分对 MCF-7/DOX 细胞具有细胞毒性。Zhang 等[6]使用 MTT 方法测试了金丝桃的化学成分对五种人类癌细胞系 HL60、SMMC-7721、A549、MCF-7 和 SW-480 的细胞毒性作用，结果表明土连翘的化学成分对五种癌细胞均有抑制作用，IC_{50} 为 4.6～14.4μM。

（2）增强免疫活性：黄凯等[14]采用碳廓清实验、溶血素实验及淋巴细胞增殖实验，观察金丝桃苷对正常小鼠的非特异性免疫、体液免疫和细胞免疫的影响。结果发现金丝桃苷能增强正常小鼠巨噬细胞的吞噬功能，明显促进鸡红细胞致敏小鼠溶血素的生成，并促进淋巴细胞增殖。表明金丝桃苷对正常小鼠的非特异性免疫、体液免疫和细胞免疫功能均具有增强作用。

2. 抗病毒活性

（1）抗人体病毒：李乐等[15]用柯萨奇 B 组病毒 CVB3 感染小鼠建立慢性病毒性心肌炎动物模型来研究金丝桃素的保护作用。结果表明金丝桃素能明显减轻病毒感染小鼠的心肌坏死及纤维化，改善心肌组织病理学改变。金丝桃素能够抗 HIV，其分子结构和电荷分布具备 HIV 蛋白酶抑制剂的关键特征[16]。王向阳等[17]发现金丝桃素单体溶液在体外具有抗人巨细胞病毒（HCMV）的作用，在 6.25～100mg/L 浓度范围对 HCMV 均有明显抑制作用，且呈浓度依赖性。金丝桃素单体溶液对正常细胞的 TC_{50} 为 195.96mg/L，对 HCMV 的 IC_{50} 为 19.15mg/L，治疗指数为 10.23。蓝天云[18]发现金丝桃素还能抗乙型肝炎病毒（HBV），但是不能影响 HBV 的基因组启动子活性，只能抑制肝源细胞系中的病毒前体 RNA 的表达水平。

（2）抗动物病毒：耿淼等[19]研究了金丝桃苷对鸭乙肝病毒（DHBV）的作用，发现金丝桃苷既能抑制 DHBV-DNA 合成，减少 DHBV-DNA 进入细胞形成共价闭环 DNA（cccDNA）库，又能直接有效地清除 cccDNA；同时对机体的免疫功能进行调节，改善 Th_1 细胞功能并促进细胞因子的分泌，阻止 HBV 感染细胞。金丝桃素在体外对感染 H9N2 亚型禽流感病毒的细胞具有保护作用，能抑制禽流感病毒神经氨酸酶的活性，IC_{50} 为 0.58mg/mL[20]。金丝桃素在体外还能显著抑制口蹄疫病毒（FMDV）与宿主细胞（BHK-21 细胞）的吸附和融合，抑制率达 59.72%[21]。

3. 抗炎活性 贯叶金丝桃中的金丝桃苷具有抗炎作用，能明显抑制脂多糖（LPS）诱导巨噬细胞产生的各种炎症因子。5μM 金丝桃对肿瘤坏死因子 -α（TNF-α）、IL-6 和 NO 的最大抑制率分别为 32.31%±2.8%、41.31%±3.1% 和 30.31%±4.1%。这些抗炎作用与抑制 NF-κB 的激活和抑制 IκB-α 的降解有关[22]。Lee 等[23]也发现金丝桃苷通过降低 p44/p42 MAPK、p38 MAPK 和 JNK 的表达来降低诱导型一氧化氮合酶（iNOS）的表达，减少 NO 的产生，从而抑制大鼠巨噬细胞的功能来发挥抗炎作用。

4. 抗氧化活性 Li 等[24] 评价了金丝桃苷对过氧化氢（H_2O_2）引起人脐静脉内皮细胞损伤的保护作用。发现金丝桃苷能减少 H_2O_2 诱导的细胞凋亡和坏死，其机制与增加抑凋亡基因 *Bcl-2* 表达，减少促凋亡基因 *Bax* 表达有关，同时能够激活 ERK 信号通路。Li 等[25] 评价了金丝桃苷对叔丁基过氧化物（TBHP）引起人脐静脉内皮细胞 ECV-304 损伤的保护作用。结果为：128μmol/L 的金丝桃苷能显著减少 TBHP 诱导的细胞坏死，增强超氧化物歧化酶（SOD）活性而减少丙二醛（MDA）含量；减少氧化型 DNA 的产生和线粒体促凋亡细胞色素 C 的释放；减少 *Bax* 转位而增加抗凋亡基因 *SIRT1* 的表达。因此，金丝桃苷对抗 TBHP 诱导 ECV-304 凋亡的机制与恢复受损线粒体功能和调节 *Bcl-2* 抗凋亡家族的功能有关。

5. 保肝作用 金丝桃苷能对抗过氧化氢损伤肝细胞 L-02，其保护机制为抑制细胞内过度的活性氧，减少线粒体膜电位的下降和 LDH 的外泄。进一步分析发现金丝桃苷可增强细胞内的抗氧化功能，增加血红素加氧酶 -1（HO-1）的活性和上调 HO-1 蛋白的表达，同时，抑制 MAPK 依赖的 Keap1-Nrf2-ARE 信号通路[26]。金丝桃苷能对抗四氯化碳（CCl_4）诱导的肝损伤，其机制与抑制过度的炎症因子，增加抗炎因子有关；可减少 TNF-α、iNOS、COX-2 蛋白和 mRNA 的表达，增强 HO-1 和 Nrf2 的蛋白表达[27]。

6. 保护中枢神经系统的作用

（1）抗抑郁症：贯叶连翘的金丝桃素可以治疗抑郁症，其机制与抑制钠依赖性儿茶酚胺和氨基酸再摄取回突触神经末梢有关[28]。金丝桃苷在小鼠强迫性游泳实验中显示出抗抑郁样效应，该效应可能是通过中枢神经系统的多巴胺通路起作用的[29]。郑梅竹等[30] 发现金丝桃苷对皮质酮损伤 PC12 细胞的抑郁症体外模型也具有保护作用。

（2）抗中枢退行性疾病：Klusa 等[31] 使用条件躲避实验评价了金丝桃提取物和金丝桃素的记忆增强效应。结果表明口服 1.25mg/kg 的金丝桃素不仅能改善正常的记忆获取和记忆强化，还能逆转东莨菪碱诱导的记忆丧失；而 25mg/kg 的金丝桃提取物对记忆受损动物无改善作用，提示纯的金丝桃素可能是潜在的抗痴呆药物。金丝桃素对中枢的乙酰胆碱（ACh）释放有双向调节作用，低剂量促进纹状体 ACh 释放，而高剂量抑制突触胆碱摄取和 ACh 释放，这些作用可能与治疗神经退行性疾病有关[28]。

（3）其他中枢作用：邹毅清等[32] 研究了金丝桃苷对大鼠全脑缺血再灌注后神经行为学的影响，发现金丝桃苷可降低缺血大鼠脑含水量，增强海马区的 SOD 活性，降低 MDA 含量，从而改善缺血大鼠的认知功能。金丝桃苷具有神经保护作用，能浓度依赖性地减少 N- 甲基 -D- 天冬氨酸（NMDA）诱导的神经元凋亡，其机制与拮抗含 NR2B 亚单位的 NMDA 受体的表达有关[33]。刘健等[1] 发现金丝桃的一些化学成分有镇痛活性，可抑制醋酸致小鼠的醋酸反应，而对热刺激导致的小鼠疼痛无效。

7. 其他作用 王启海等[34] 发现金丝桃苷能够舒张离体大鼠腹主动脉环，舒张作用具有内皮依赖性和较弱的非内皮依赖性，其中内皮依赖性作用与 NO 和内皮舒张因子释放有关。李双等[35] 发现金丝桃素是一种特异性的蛋白激酶 C 抑制剂，对慢性高眼压下兔视网膜神经节细胞有保护作用，可减轻视网膜损伤。他们进一步的研究[36]表明这种保护作用与金丝桃素降低慢性高眼压兔视网膜中升高的谷氨酸含量有关。

【开发应用】

1. 标准规范　检索后发现，土连翘尚无标准规范，同属近缘植物有药品标准 1 项、药材标准 5 项、中药饮片炮制规范 2 项，具体是：

（1）药品标准：舒肝解郁胶囊（金丝桃，为藤黄科植物贯叶金丝桃 Hypericum perforatum）（受理号：CYZT1600209）。

（2）药材标准：大过路黄药材标准［大过路黄 Hypericum patulum《贵州省中药材民族药材质量标准》（2003 年版）］、贯叶金丝桃药材标准［贯叶金丝桃 Hypericum perforatum，《中国药典》（2005 年版）一部、《中国药典》（2010 年版）一部、《中国药典》（2015 年版）一部、《中华人民共和国卫生部药品标准（维药分册）》］。

（3）中药饮片炮制规范：贯叶金丝桃［贯叶金丝桃 Hypericum perforatum，《湖南中药饮片炮制规范》（2010 年版）、《新疆维吾尔自治区中药维吾尔药饮片炮制规范》（2010 年版）］。

2. 专利申请　文献检索显示，以土连翘申请的相关专利共 19 项[37, 38]，以芒种花（土连翘别名）申请的相关专利共 36 项[38]，两项合计超过 55 项，其中绝大部分为土连翘（或芒种花）与其他中药材组成中成药申请的专利。

专利信息显示，绝大多数的专利为土连翘与其他中药材配成中药组合物用于各种疾病的治疗，包括痤疮、脱发、局限性神经性皮炎、泌尿系结石、类风湿关节炎、复发性口腔溃疡、血热型药物性皮炎、热毒夹瘀型急性子宫内膜炎、湿热壅盛型时复症、放射性皮炎、狗疥癣病、妇女痛经、腰椎间盘（膨）突出、阴道炎、传染性肝炎、鸭病毒性肝炎、口臭、皮肤外伤、风湿等；土连翘也可大量用于治疗动物或者植物疾病。

绝大多数的专利为芒种花与其他中药材配成中药组合物用于各种疾病的治疗，包括上呼吸道感染、镇咳、胃病、脓疱疮、邪热壅盛型鼻衄、痤疮、急性化脓性中耳炎、小儿化脓性扁桃体炎、止痒、肝郁气滞型急性乳腺炎、手部慢性骨髓炎、糖尿病心肌病、男子雄激素源性秃发、酒精性肝炎、气血两虚多发病、大骨节病、感染创面、急性阑尾炎、造影剂肾病、产后缺乳、慢性肾小球肾炎、降血糖、阴虚火旺型复发性口腔溃疡、口腔炎、腹泻、宫颈炎、腰肌劳损、头皮瘙痒、骨折、化脓性汗腺炎、肩周炎、小儿岔气、小儿疳积、牙龈肿痛、产后乳腺肿痛、宫颈糜烂等。

（1）陈元祥，治疗胃病的中药（CN103610812A）（2014 年）。

（2）许刚，具有抗肿瘤活性的间苯三酚类化合物及其药物组合（CN103288614B）（2014 年）。

（3）许刚，具有抗肿瘤活性的单环间苯三酚类化合物及其药物组合物（CN103288614A）（2013 年）。

（4）房艳春，一种治疗产后缺乳的中药制剂及其制备方法（CN104958545A）（2015 年）。

（5）王彬训，一种治疗腰肌劳损的中药制剂及制备方法（CN104887966A）（2015年）。

（6）曹志升，一种用于治疗上呼吸道感染的中药制剂及制备方法（CN105031379A）（2015年）。

（7）卢立顺，一种用于治疗肩周炎的中药制剂及制备方法（CN105168917A）（2015年）。

（8）王青青，一种治疗急性化脓性中耳炎的中药及其制备方法（CN106074895A）（2016年）。

（9）陶霞霞，一种治疗小儿疳积病的中药制剂（CN106692413A）（2017年）。

（10）丁同强，一种治疗上呼吸道感染的中药组合物及其制备方法（107929415A）（2018年）。

土连翘（芒种花）相关专利最早出现的时间是2000年。2015～2020年申报的相关专利占总数的58.2%；2010～2020年申报的相关专利占总数的81.8%；2000～2020年申报的相关专利占总数的100%。

3.栽培利用 雷颖等[39]用带茎节的茎段在芽诱导培养基：MS+6-BA 3.0 mg/L+NAA 0.4+LH（水解乳蛋白）500mg/L；增殖培养基：MS+6-BA 1.0mg/L+IBA 0.1 mg/L+GA3 0.3mg/L和生根培养基：1/2MS+IBA 0.2mg/L。培养基附加0.8%琼脂、3%蔗糖，pH5.6～5.8，培养温度为（25±2）℃，光照14h/d，光照度2000Lx中培养，选出的优良株系可以进行快速繁殖。高见等[40]对土连翘栽培方法中野外采挖、挖坑、栽培、管理和繁育方法中分株繁殖、播种繁殖、扦插繁殖、组织培养进行了详细的描述。

4.生药学探索 取鲜土连翘茎切片，紫外灯下观察（365nm），断面呈黄绿色，氨熏后为黄色荧光。花、叶、茎粉末用乙醇回流提取，取滤液点于滤纸上，于紫外灯（365nm）下观察均呈淡蓝色荧光。此外，植物以水和95%乙醇分别提取后得到水提液与醇提液，采用化学方法可分别检测酚类化合物、鞣质、蒽醌、黄酮、内脂、香豆素（苷）类、还原糖、多糖以及苷类等成分；还可采用薄层层析方法进行检测[41]。

5.其他应用 土连翘从零星花朵到全部花朵凋谢，共2个月，盛花期从5月15日到6月20日。土连翘花期粉源特别丰富，蜂群繁殖迅速，工蜂吐浆较好，可以利用哺育蜂来生产王浆[42]。

【药用前景评述】土连翘中含有特征性成分间苯三酚类化合物。药理学研究结果表明土连翘具有良好的抗病毒、增强免疫力、护肝抗炎以及保护中枢神经系统的作用，与白族药用肝胆炎症、风热外感、痢疾等完全吻合，显示白族人们对该植物的品性掌握十分准确与深刻。目前，有关土连翘的应用开发日渐增多，已有专利几十项，且多为近十年授权专利，显示该植物研究、开发已逐渐引起人们更多的关注。由于滇西广大地区特别是大理一带十分适合土连翘的生长，资源储藏量巨大，对开发利用十分有利；同时，鉴于病毒防治研究仍是目前医药研究的重点领域，尤其是最近发生的新型冠状病毒肺炎使得人们对抗病毒药物研究更加重视，因此，该植物应具有良好的开发应用前景。

参考文献

［1］刘健，肖朝江，崔淑君，等.匙萼金丝桃化学成分及镇痛与抗疟活性研究［J］.中国药学杂志，2019，54（8）：614-619.

［2］刘健，肖朝江，张盼盼，等.匙萼金丝桃化学成分研究［J］.大理大学学报,2018,3（4）：1-4.

［3］Li X，Li Y，Luo J，et al. New phloroglucinol derivatives from the whole plant of *Hypericum uralum*［J］. Fitoterapia，2017，123：59-64.

［4］Zhou ZB，Li ZR，Wang XB，et al. Polycyclic polyprenylated derivatives from *Hypericum uralum*：neuroprotective effects and antidepressant-like activity of uralodin A［J］. J Nat Prod，2016，79（5）：1231-1240.

［5］Zhang JJ，Yang XW，Liu X，et al. 1，9-seco-Bicyclic polyprenylated acylphloroglucinols from *Hypericum uralum*［J］. J Nat Prod，2015，78（12）：3075-3079.

［6］Zhang JJ，Yang J，Liao Y，et al. Hyperuralones A and B，new acylphloroglucinol derivatives with intricately caged cores from *Hypericum uralum*［J］. Org Lett，2014，16（18）：4912-4915.

［7］Ye YS，Li WY，Du SZ，et al. Congenetic hybrids derived from dearomatized isoprenylated acylphloroglucinol with opposite effects on Cav3.1 low voltage-gated Ca^{2+} channel［J］. J Med Chem，2020，63（4）：1709-1716.

［8］Huntosova V，Buzova D，Petrovajova D，et al. Development of a new LDL-based transport system for hydrophobic /amphiphilic drug delivery to cancer cells［J］. Int J Pharm，2012，436：463-471.

［9］王晓利，刘金钏，张俊松，等.金丝桃素及其提取物对肺癌细胞 SpcA1 的体外杀伤效应［J］.药物研究，2008，17（13）：13-15.

［10］郤福忠，刘兴吉，鞠砚，等.光激活金丝桃素对大鼠 C6 胶质瘤抑制作用及其对 bFGF 和 bFGF-R 及 MVD 的影响［J］.中华肿瘤防治杂志，2006，13（6）：442-444.

［11］钱宗云，徐康康.金丝桃素通过抑制核受体 RXR 转录激活功能诱导癌细胞凋亡的研究［J］.中国药房，2010，21（43）：4048-4051.

［12］王丽敏，江清林，毕士有，等.金丝桃苷对体外肿瘤细胞增殖的抑制作用研究［J］.黑龙江医药科学，2010，33（1）：73-74.

［13］Li XQ，Li Y，Luo JG，et al. New phloroglucinol derivatives from the whole plant of *Hypericum uralum*［J］. Fitoterapia，2017，123：59-64.

［14］黄凯，杨新波，黄正明，等.金丝桃苷对正常小鼠免疫功能的影响［J］.解放军药学学报，2009，25（2）：133-135.

［15］李乐，张益灵，陶厚权，等.金丝桃素抑制慢性病毒性心肌炎小鼠心肌组织病理学改变［J］.中国医药指南，2011，9（33）：283-284.

［16］曲晓波，苏忠民，胡冬华，等.金丝桃素分子结构及其与 HIV 病毒蛋白酶作用的分子动力学研究［J］.高等学校化学学报，2009，30（7）：1402-1405.

土连翘

［17］王向阳，刘志苏，姜合作，等.金丝桃素体外抗巨细胞病毒效应的实验研究［J］.武汉大学学报，2006，27（3）：303-306，310，417.

［18］蓝天云.金丝桃素抗乙肝病毒作用及机制研究［D］.昆明：昆明理工大学，2016.

［19］耿淼，王建华，陈红艳，等.金丝桃苷对鸭乙肝病毒cccDNA清除及免疫调节作用探讨［J］.药学学报，2009，44（12）：1440-1444.

［20］韦兰萍，陈建新，何子华，等.金丝桃素体外抗H9N2亚型禽流感病毒活性研究［J］.动物医学进展，2010，31（12）：68-72.

［21］王曙阳，梁剑平，陈积红，等.金丝桃素体外抗口蹄疫病毒与宿主细胞吸附作用研究［J］.中兽医医药杂志，2009，28（1）：5-8.

［22］Kim SJ，Um JY，Hong SH，et al. Anti-inflammatory activity of hyperoside through the suppression of nuclear factor-κB activation in mouse peritoneal macrophages［J］. Am J Chin Med，2011，39（1）：171-181.

［23］Lee S，Park HS，Notsu Y，et al. Effects of hyperin，isoquercitrin and quercetin on lipopolysaccharide-induced nitrite production in rat peritoneal macrophages［J］. Phytother Res，2008，22（11）：1552-1556.

［24］Li ZL，Liu JC，Hu J，et al. Protective effects of hyperoside against human umbilical vein endothelial cell damage induced by hydrogen peroxide［J］. J Ethnopharmacol，2012，139（2）：388-394.

［25］Li HB，Yi X，Gao JM，et al. The mechanism of hyperoside protection of ECV-304 cells against tert-butyl hydroperoxide-induced injury［J］. Pharmacology，2008，82（2）：105-113.

［26］Xing HY，Liu Y，Chen JH，et al. Hyperoside attenuates hydrogen peroxide-induced L-02 cell damage via MAPK-dependent Keap1-Nrf2-ARE signaling pathway［J］. Biochem Biophys Res Commun，2011，410：759-765.

［27］Choi JH，Kim DW，Yun N，et al. Protective effects of hyperoside against carbon tetrachloride-induced liver damage in mice［J］. J Nat Prod，2011，74：1055-1060.

［28］Buchholzer ML，Dvorak C，Chatterjee S，et al. Dual modulation of striatal acetylcholine release by hyperforin，a constituent of St.John's wort［J］. J Pharmacol Exp Ther，2002，301（2）：714-719.

［29］Haas JS，Stolz ED，Betti AH，et al. The anti-immobility effect of hyperoside on the forced swimming test in rats is mediated by the D_2-like receptors activation［J］. Planta Med，2011，77：334-339.

［30］郑梅竹，时东方，刘春明，等.金丝桃苷对皮质酮损伤的PC12细胞的保护作用［J］.时珍国医国药，2011，22（2）：279-281.

［31］Klusa V，Germane S，Noldner M，et al. *Hypericum* extract and hyperforin：memory-enhancing properties in rodents［J］. Pharmacopsychiatry，2001，34：S61-S69.

［32］邹毅清，聂海贵，张福清，等.金丝桃苷预处理对大鼠全脑缺血再灌注后神经行为学的影响［J］.现代中西医结合杂志，2009，18（12）：1340-1342.

白族特色药用植物现代研究与应用

［33］Zhang XN，Li JM，Yang Q，et al. Anti-apoptotic effects of hyperoside via inhibition of NR2B-containing NMDA receptors［J］.Pharmacol Rep，2010，62：949-955.

［34］王启海，陈志武.金丝桃苷对离体大鼠腹主动脉的舒张作用及其机制研究［J］.中草药，2010，41（5）：766-770.

［35］李双，姜发纲，李琳玲.金丝桃素对慢性高眼压兔视网膜神经节细胞保护作用的组织学观察［J］.国际眼科杂志，2007，7（2）：411-413.

［36］李双，姜发纲.金丝桃素对兔慢性高眼压视网膜谷氨酸含量的影响［J］.眼科研究，2007，25（5）：370-372.

［37］SooPAT.土连翘［A/OL］.（2020-03-15）［2020-03-15］.http://www.soopat.com/Home/Result?SearchWord= 土连翘 &FMZL=Y&SYXX=Y&WGZL=Y&FMSQ=Y.

［38］SooPAT.芒种花［A/OL］.（2020-03-15）［2020-03-15］.http://www.soopat.com/Home/Result?Sort=&View= &Columns=&Valid=&Embed=&Db=&Ids=&FolderIds=&FolderId=&ImportPatentIndex=60&Filter=&SearchWord= 芒种花 &FMZL=Y&SYXX=Y&WGZL=Y&FMSQ=Y.

［39］雷颖，焦兴礼.金丝梅的组织培养和快速繁殖［J］.植物生理学通讯，2004，40（5）：580.

［40］高见.金丝梅培育技术试验研究［J］.中国野生植物资源，2007，26（1）：61-62.

［41］赵吉寿，颜莉.云南昆明产土连翘理化性质研究［J］.云南中医中药志，2001，22（5）：34-35.

［42］万银生.云南土连翘开花泌蜜规律与蜂群管理［J］.蜜蜂杂志，1990，（4）：4.

大发表

【植物基原】本品为豆科杭子梢属植物三棱枝杭子梢 *Campylotropis trigonoclada*（Franch.）Schindl. 的枝叶。

【别名】三楞草、三方草、过路黄、爬山豆根、黄花马尿藤。

【白语名称】扇姑整（大理）、尼活买屎筛（大理）、三分粗（洱源）、三使冠、尚各粗。

【采收加工】夏、秋采收，晒干备用。

【白族民间应用】用于尿路感染、血尿。

【白族民间选方】①尿路感染、血尿：本品干燥枝叶适量，水煎服。②胆肾结石：本品 50 ～ 80g，煎服。③石淋（腰背酸痛、尿频、尿急、尿痛）：本品鲜全草 50g 或干全草 30g，水煎服，每次 150mL，一日三次。④尿毒症：本品 30g，煎服，连服 2 剂。

【化学成分】目前对大发表的化学成分研究尚不深入，仅从中分离鉴定了少量常见化合物，包括 D-2-O- 甲基肌醇（1）、D- 松醇（2）、异荭草苷（3）、芒柄花素（4）、4′, 6- 二甲氧基 -7- 羟基异黄酮（5）、齐墩果酸（6）、乌索酸（7）、β- 谷甾醇（8）、7α- 羟基谷甾醇（9）、豆甾醇（10）、胡萝卜苷（11），以及长链脂肪酸类成分油酸、十六烷、棕榈酸、二十七烷醇、二十二烷酸、亚油酸、α- 亚麻酸，寡糖类化合物 [O-α-D-glucopyranosyl-（1→4）]$_2$-O-β-D-fructofuranosyl-（2→1）-α-D-glucopyranoside、O-α-D- glucopyranos-yl-（1→2）-O-[β-D-fructofuranos-yl-（2→1）]$_2$-α-D-glucopyranoside、[O-α-D-glucopyranosyl-（1→2）]$_2$-O- [β-D-fructofuranosyl-（2→1）]$_2$-α-D-glucopyranoside、O-α-D-glucopyranosyl-（1→2）-O- [β-D-fructofuranosyl-（2→1）]$_3$-α-D-glucopyranoside[1-2]。

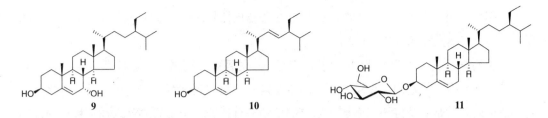

9 10 11

【药理药效】大发表（杭子梢）的药理活性主要为抗炎、抗感染。具体为：

1. 治疗慢性非细菌性前列腺炎 田闯[3]使用以大发表为主成分的舒列安胶囊治疗慢性非细菌性前列腺炎，结果发现治疗4周后舒乐安胶囊联合哈乐治疗效果优于单方治疗。向晓辉[4]和杨翊[5]也发现了类似结果。

2. 治疗前列腺增生 张汉泽[6,7]发现舒列安胶囊可治疗良性前列腺增生，且药物能明显改善小腹胀满疼痛、夜尿频数、尿道灼热或涩通等症状，其效果优于另外一种治疗前列腺增生的药物——翁沥通胶囊。

3. 抑制神经氨酸苷酶 杨宪英[8]等使用标准荧光法检测多种治疗流感的传统中药提取液对神经氨酸苷酶的抑制活性。结果显示用不同溶剂提取三棱枝杭子梢得到的提取物对神经氨酸苷酶具有一定的抑制作用，说明其具有一定的抗流感病毒的作用，结果见表2。

表2　三棱枝杭子梢对神经氨酸酶的抑制作用

植物名	药用部位	抑制率（%）			
		P	E	EA	W
三棱枝杭子梢	全株	7.94	20.47	29.92	17.01

注：P：石油醚提取物；E：乙醇提取物；EA：乙酸乙酯提取物；W：水提物。

【开发应用】

1. 标准规范 大发表有药品标准1项：大发表胶囊（舒列安胶囊）[WS-10156（ZD-0156）-2002]，药材标准1项：大发表（云南省中药材标准，2005年版）（第一册）。

2. 专利申请 目前关于三棱枝杭子梢的专利共有8项，具体如下：

（1）赵永言等，一种治疗前列腺疾病的药物（CN1053585C）（2000年）。

（2）赵永言等，治疗前列腺疾病的康舒药物（CN1183291）（1998年）。

（3）唐书明等，大发表提取物在制药中的应用（CN100490837）（2009年）。

（4）唐书明等，植物大发表的药用活性成分及制备方法、质量标准控制方法（CN100490838）（2009年）。

（5）韦娜等，一种治疗多囊卵巢综合征型不孕的中药及其制备方法（CN105168899A）（2015年）。

（6）袁国防，一种治疗鼻窦炎的中药片剂及其制备方法（CN104888075A）（2015年）。

（7）王建文，治疗慢性鼻窦炎的中药组合物（CN105343614A）（2016年）。

（8）向熊林，一种治疗白鲢肠炎病的组合物（CN106138398A）（2016年）。

大发表

3. 栽培利用 常虹等[9]研究了杭子梢的嫩枝扦插技术。尹航[10]研究了杭子梢的繁育、抗性研究及其在园林中的应用。

4. 生药学研究 李学芳等[11]、杨月娥等[12]先后对三棱枝杭子梢的生药学特征进行全面研究，采用性状鉴别、显微鉴别、理化鉴别方法对三棱枝杭子梢的根、茎、叶进行鉴别。结果显示主要显微特征根横切面韧皮部稍宽，有纤维及草酸钙方晶散在；枝横切面韧皮部稍宽，韧皮纤维束断续排列成环，有较多色素细胞散在；髓部呈三角形，边缘有色素细胞散在；叶横切面中脉维管束类心形，中部为一个稍小的类三角形的周木型维管束，向外为一个半月形外韧型维管束环绕。粉末特征中可见晶鞘纤维，众多草酸钙方晶及非腺毛。所得结果可为其质量标准的制定及进一步深入研究和开发利用提供一定的理论依据。

5. 其他应用 已有大发表胶囊（舒列安胶囊）等相关药用产品上市。

【药用前景评述】 大发表是白族常用药用植物，在集市中常有零星销售。白族民间也大多了解该植物的主要功效，用于治疗泌尿系统疾病，疗效显著，但现代研究较少。根据现有研究结果来看，大发表在治疗慢性非细菌性前列腺炎、前列腺增生方面效果明确，其相应的药用产品"大发表胶囊"（现称"舒列安胶囊"）已投入临床应用，因此，白族民间将其用于尿路感染、血尿的治疗非常科学、合理。

另一方面，目前关于大发表化学成分方面的研究还不够深入，所报道的成分基本上属于常见的化合物，并不具有该植物的专属特征性，不足以阐释大发表具有的临床功效，因此仍有待进一步深入研究与认识。

大发表的开发应用起步相对较早，主要是云南白药集团股份有限公司进行了有效的研发推动，制定了标准、申报了专利，进一步说明大发表具有较高的药用潜力与发展前景，因此该植物仍有较大的深入研究与挖掘开发空间。

参考文献

［1］李逢逢，付晨，王福生. 药用植物三楞草的寡糖成分研究［J］. 大理大学学报，2016，1（4）：5-7.

［2］付晨，李逢逢，王福生. 三楞草化学成分研究［J］. 大理大学学报，2016，1（4）：8-13.

［3］田闯. 舒列安胶囊联合哈乐治疗慢性非细菌性前列腺炎的疗效观察［J］. 中国民族民间医药，2013，22（11）：91-92.

［4］向晓辉. 舒列安胶囊联合哈乐治疗慢性非细菌性前列腺炎的临床分析［J］. 数理医药学杂志，2016，29（2）：240-242.

［5］杨翊. 舒列安胶囊联合哈乐治疗慢性非细菌性前列腺炎的疗效观察［J］. 基层医学论坛，2015，19（1）：90-91.

［6］张汉泽. 舒列安胶囊治疗前列腺增生症临床观察［J］. 吉林中医药，2008，28（5）：351.

［7］张汉泽. 舒列安胶囊治疗前列腺增生（湿热下注证）的临床研究［D］. 长春：长春中医药大学，2008.

［8］Yang XY，Liu AL，Liu SJ，et al. Screening for neuraminidase inhibitory activity in traditional Chinese medicines used to treat influenza［J］. Molecules，2016，21（9）：1138.

［9］常虹，李敏. 杭子梢的嫩枝扦插技术［J］. 北京农业，2014，（36）：117.

［10］尹航. 杭子梢的繁育、抗性研究及其在园林中的应用［D］. 杭州：浙江农林大学，2013.

［11］李学芳，蒲星宇，周培军，等. 民族药三棱枝杭子梢的生药学鉴别［J］. 中华中医药杂志，2016，3（7）：2817-2819.

［12］杨月娥，李文章，杨雨林，等. 大发表的生药鉴定［J］. 中药材，2012，35（1）：45-47.

大发表

大红袍

【植物基原】本品为豆科杭子梢属植物毛杭子梢 *Campylotropis hirtella*（Franchet）Schindler 的根。

【别名】山皮条、铁锈根、锈钉子、牛吐血、大和红。

【白语名称】唉等筛、喂如忧、憨忧（剑川）、恩打刷（洱源）。

【采收加工】秋、冬两季采挖，除去泥沙，晒干。

【白族民间应用】有祛痰、生新、活血、调经、消炎解毒之效，又可清热、利湿、治痢及烫伤（未破皮）。用于胃炎疼痛、月经不调、痛经、闭经、妇女血崩、黄水疮、烧烫伤、伤寒。

【白族民间选方】①胃痛：本品适量与鸡蛋同煮，吃鸡蛋。②月经不调、闭经：本品75g，加酒 500mL，浸 7 日，每服 10mL。

【化学成分】代表性成分：大红袍主要含异戊烯基化异黄酮、二氢异黄酮、异黄烷、coumestan、黄酮醇、二氢黄酮等黄酮类化合物，以及单宁类成分。例如，hirtellanine A（1）、hirtellanine H（2）、hirtellanine I（3）、hirtellanine J（4）、3（R）-5, 4′-dihydroxy-2′-methoxy-3′-（3-methylbut-2-enyl）-（6″,6″-dimethylpyrano）-（7,6：2″,3″）-isoflavanone（5）、3（R）-5, 4′-dihydroxy-2′-methoxy-（6″, 6″-dimethylpyrano）-（7, 6：2″, 3′′）-isoflavanone（6）、3（R）-5, 4′-dihydroxy-7, 2′-dimethoxy-6-geranylisoflavanone（7）、hirtellanine N（8）、3（S）-7,2′,4′-trihydroxy-5,5′-dimethoxy-6-（3-methylbut-2-enyl）-isoflavan（9）、3（S）-2′, 4′-dihydroxy-5, 5′-dimethoxy-（6″, 6″-dimethylpyrano）-（2″, 3″：7, 6）-isoflavan（10）、hirtellanine B（11）、红花岩黄芪香豆雌酚 I（hedysarimcoumestan I, 12）、hirtellanine C（13）、hirtellanine D（14）、hirtellanine E（15）、槲皮素（16）、山奈酚（17）、hirtellanine F（18）、hirtellanine G（19）、6, 2″-dimethyl-3, 5, 7, 3″, 4″R-pentahydroxy-[2″-（4-methyl-3-pentenyl）-pyrano]-（2″, 3″：3′, 4′）flavonol（20）、6, 2″-dimethyl-3, 5, 7, 3″, 4″S-pentahydroxy-[2″-（4-methyl-3- pentenyl）-pyrano]-（2″, 3″：3′, 4′）flavonol（21）、hirtellanone A（22）、hirtellanone B（23）、hirtellanone C（24）、hirtellanone D（25）、hirtellanone E（26）等[1-34]。

1   2   3   4

5   6   7   8

此外，大红袍还含有少量木脂素和香豆素等其他结构类型化合物。例如，hirtellanine K（27）、hirtellanine M（28）、dehydrodiconiferyl alcohol（29）、secoisolariciresinol（30）、5,5′-dimethoxylariciresinol（31）、hedyotisol A（32）、buddlenol B（33）、sesquipinsapol B（34）、guaiacylglycerol *β*-coniferyl ether（35）等[1-34]。

关于大红袍化学成分的报道较多，1991 年至今已从中分离鉴定了 227 个成分：

序号	化合物名称	结构类型	参考文献
1	（-）-Epicatechin	黄酮	［3］
2	（-）-Gallocatechin	黄酮	［25］
3	（-）-Secoisolariciresinol-9'-β-D-glucopyranoside	木脂素	［3］
4	（+）-Catechin	黄酮	［3］
5	（2″S，3″R，4″S）-5，7，3″，4″-Tetrahydroxy［2″-methyl-2″-（4-methyl-3-pentenyl）pyrano］-5″，6″：3′，4′-isoflavone	黄酮	［16］
6	（2″S，3″R，4″S）-5，7，3″，4″-Tetrahydroxy-［2″-methyl-2″-（4-methyl-3-pentenyl）-pyrano］-5″，6″：3′，4′-isoflavone	黄酮	［9，32］
7	（2R）-4'，7-Dihydroxyflavan	黄酮	［17］
8	（2R，3R）-6-Methyl-3′-geranyl-2，3-trans-5，7，4′-trihydroxyflavonol	黄酮	［21］
9	（2R，3R）-3，4′-Dihydroxy-7-methoxy-8-methylflavan	黄酮	［17］
10	（2R，3R）-3′-Geranyl-2，3-trans-5，7，4′-trihydroxyflavonol	黄酮	［9，16，27，32］
11	（2R，3R）-3′-［7-Hydroxy-3，7-dimethyl-2（E）-octenyl］-2，3-trans-5，7，4′-trihydroxyflavonol	黄酮	［13，15］
12	（2R，3R）-6-Methyl-3′-geranyl-2，3-trans-5，7，4′-trihydroxyflavonol	黄酮	［9，32］
13	（4″S，5″S，6″S）-5，7，4″，5″-Tetrahydroxy［6″-methyl-6″-（4-methyl-3-pentenyl）pyrano］-2″，3″：3′，4′-isoflavone	黄酮	［16，27］
14	5，7，4′-Trihydroxy-3′-［6，7-dihydroxy-3，7-dimethyl-2（E）-octenyl］isoflavone	黄酮	［13］
15	（E）-3-［3-（3，7-Dimethylocta-2，6-dienyl）-2，4-dihydroxyphenyl］-3，5，7-trihydroxy-chroman-4-one	黄酮	［21］
16	（E）-Resveratrol-3′，5-O-β-D-diglucopyranoside	二苯乙烯苷	［6］
17	1，3-Dihydroxyanthraquinone	蒽醌	［17］
18	1，6-Hexanolactam	其他	［25］
19	2″（S）-5,7-Dihydroxy-［2″-methyl-2″-（4-methyl-3-penenyl）pyrano］-5″，6″：3′，4′-isoflavone	黄酮	［9，32］
20	2-（5′，7′-二甲氧基-2′，2′-二甲基-2H-苯并吡喃-6′-）-3-醛基-5，6-二羟基苯并呋喃	黄酮	［23，24］
21	2-（5′-甲氧基-2′，2′-二甲基-2H-苯并吡喃-7′-）-3，6-二羟基-1-苯并呋喃	黄酮	［23，24］
22	2，6-Dimethoxy-4-hydroxyphenol 1-O-β-D-glucoside	酚类	［6］
23	2，7，4′-Trihydroxyflavanone-5-O-β-D-glucopyranoside	黄酮	［6，8］

序号	化合物名称	结构类型	参考文献
24	2′-Methoxy-6，3′-diprenyl-6，8，4′-trihydroxyisoflanone	黄酮	［9，32］
25	3-（1′，4′-Dihydroxycyclohexyl）-6-geranyl-5，7，-dihydroxyisoflavanone	黄酮	［13］
26	3（R）-2′-Methoxyl-5，7，4′-trihydroxy-6-（3-methylbut-2-enyl）-isoflavanone	黄酮	［10，16，27］
27	3（S）-3，5，7，2′，4′-Pentahydroxy-3′-［7-hydroxy-3，7-dimethyl-2（E）-octenyl］isoflavanone	黄酮	［16，27］
28	3（R）-4′，5′-Dihydroxy-5′，5，7-trimethoxy-6-（3-methyl-but-2-enyl）-isoflavan	黄酮	［16］
29	3（R）-5，4′-Dihydroxy-2′-methoxy-3′-（3-methylbut-2-enyl）-（2″,2″-dimethylpyrano）-（5″，6″：6，7）-isoflavanone	黄酮	［9］
30	3（R）-5，4′-Dihydroxy-2′-methoxyl-（2″,2″-dimethylpyrano）-（7,6：2″,3″）-isoflavanone	黄酮	［9］
31	3（R）-5，4′-Dihydroxy-7，2′-dimethoxyl-6-geranyl isoflavanone	黄酮	［9］
32	3（R）-6，3′-Di（3-hydroxy-3-methylbutyl）-2′-methoxyl-5，7，4′-trihydroxyisoflavanone	黄酮	［15，16，27］
33	3（S）-2′，4′-Dihydroxy-5，5′-dimethoxy-（2″,2″-dimethylpyrano）-（5″，6″：6，7）-isoflavan	黄酮	［9］
34	3（S）-2′，4′-Dihyroxy-5′，5′-dimethoxy-（2″,2″-dimethylpyrano）-（5″,6″：7，6）-isoflavan	黄酮	［25］
35	3（S）-6，3′-Di（3-hydroxy-3-methylbutyl）-2′-methoxy-5，7，4′-trihydroxyisoflavanone	黄酮	［13］
36	3（S）-7，2′，4′-Trihydroxy-5，5′-dimethoxy-6-（3-hydroxylated isoprenyl）-isoflavan	黄酮	［16］
37	3（S）-7,2′,4′-Trihydroxy-5,5′-dimethoxy-6-（3-methylbut-2-enyl）-isoflavan	黄酮	［9］
38	3，3′-Di（3-hydroxy-3-methylbutyl）-5，7，2′，4′-tetrahydroxyisoflavone	黄酮	［13］
39	3，4，5-Trimethoxyphenyl-1-O-β-D-glucopyranoside	酚苷	［6］
40	3′，4′-Dihydroxy-5，7-dimethoxy-6-（3-methylbut-2-enyl）coumaronochromone	黄酮	［13］
41	3，4-Dihydroxybenzoic acid	酚类	［17］
42	3,5-Dimethoxy-4-hydroxyphenol-1-O-β-D-apiofuranosyl-（1→6）-O-β-D-gluoopyranoside	酚苷	［6］
43	3，8，9-Trihydroxy-1-methoxy-2-（3-methyl-2-butenyl）-coumestan	黄酮	［16］
44	3，9-Dihydroxycoumestan	黄酮	［3］
45	3′-Formylgenistein	黄酮	［11，12］

大红袍

序号	化合物名称	结构类型	参考文献
46	3′-Geranyl-3，5，7，2′，4′-pentahydroxyflavonol	黄酮	[10]
47	3′-Geranyl-5，7，4′-trihydroxyisoflavanone	黄酮	[16]
48	3′-Geranyl-4′-methoxy-5，7，2′-tihydroxyisoflavanone	黄酮	[9，16，27]
49	3′-Geranyl-4′-methoxy-5，7，2′-trihydroxyisoflavone	黄酮	[9，32]
50	3′-Geranyl-5，7，2′，4′-tetrahydroxyisoflavanone	黄酮	[9，16，27，32]
51	3′-Geranyl-5，7，2′，5′-tetrahydroxyisoflavone	黄酮	[9，32]
52	3′-Geranyl-5，7，4′，5′-tetrahydroxyisoflavone	黄酮	[9，32]
53	3′-Isoprenylgenistein	黄酮	[16]
54	4″，5″-Dihydro-5，2′，4′-trihydroxy-5″-isopropenylfurano-（2″，3″：7，6）-isoflavanone	黄酮	[16]
55	4-（2-Hydroxyethyl）phenol	酚类	[3]
56	4′，5′-Dihydroxy-5，7-dimethoxy-6-（3-methylbut-2-enyl）coumaronochromone	黄酮	[15]
57	4′，5′-Dihydroxy-5，7-dimethoxy-6-（3-methylbut-2-enyl）coumestan	黄酮	[9]
58	4′，6′，7-Trihydroxy-2′-methoxy-3-arylcoumarin	香豆素	[17]
59	4-［（6-Hydroxy-2，3-dihydro-1-benzofuran-3-y1）methyl］-5-methoxybenzene-1，3-diol	木脂素	[3，5]
60	5，7，4′-Trihydroxy-3′-［7-hydroxy-3，7-dimethyl-2（E）-octenyl］isoftavone	黄酮	[9，32]
61	5，5′-Dimethoxylariciresinol	木脂素	[3，5]
62	5，7，2′，4′-Tetrahydfoxy-3′-［7-hydroxy-3，7-dimethyl-2（E）-octenyl］isoflavanone	黄酮	[9，32]
63	5，7，2′，4′-Tetrahydroxy-6-（3-methylbut-2-enyl）-isoflavanone	黄酮	[16]
64	5,7,2′,4′-Tetrahydroxy-6-（3-methylbut-2-enyl）-isoflavanone-uncinanone	黄酮	[19]
65	5，7，2′，4′-Tetrahydroxyisoflabone	黄酮	[16]
66	（5″R，6″S）-5，7，2′，5″-Tetrahydroxy-［6″-methyl-6′-（4-methyl-3-penten-yl）pyrano］-（5″，6″：3′，4′）isoflavone	黄酮	[16，27]
67	3（S）-5，7，2′-Trihydroxy-4′-methoxy-3′-［7-hydroxy-3，7-dimethyl-2（E）-octenyl］isoflavanone	黄酮	[16，27]
68	5，7，3′，4′-Tetrahydroxy-3′-［7-hydroxy-3，7-dimethyl-2（E）-octenyl］isoflavone	黄酮	[16，27]

序号	化合物名称	结构类型	参考文献
69	5，7，4′，6′- 四羟基 -5′-［7″- 羟基 -3″，7″- 二甲基 -2″（E）- 辛烯基］- 异黄酮	黄酮	［23，24］
70	5，7，4′-Trihydroxy-3′-［7-hydroxy-3，7-dimethyl-2（E）-octenyl］isoflavone	黄酮	［16，27］
71	5，7，4′-Trihydroxy-3′-［6，7-dihydroxy-3，7-dimethyl-2（E）-octenyl］isoflavone	黄酮	［15］
72	5，7，4′-Trihydroxy-3′-［7-hydroxy-3，7-dimethyl-2（E）-octenyl］flavonol	黄酮	［16］
73	5，7，4′-Trihydroxy-3′-［7-hydroxy-3，7-dimethyl-2（E）-octenyl］isoflavone	黄酮	［19］
74	5，7，4′-Trihydroxyisoflavone	黄酮	［25］
75	5，7，4′- 三羟基异黄酮 7-O-β-D- 芹糖基 -（1 → 6）-O-β-D- 葡萄糖苷	黄酮	［23，24］
76	5，7，3′-Trihydroxy-4′-O-［（E）-3，7-dimethyl-2，6-octadienyl］isflavone	黄酮	［16］
77	5，7-Dihydroxy-4′-O-geranylisoflavone	黄酮	［9，32］
78	6‴（S）-5，7，10‴-Trihydroxy-［6‴-methyl-6′-（4-methyl-2-pentenyl）pyrano］-2″，3″：3′，4′-isoflavone	黄酮	［16，27］
79	6″（S）-5，7，9″-Trihydroxy-［6″-methyl-6′-（4-methyl-4-pentenyl）pyrano］-2″，3″：3′，4′-isoflavone	黄酮	［16，27］
80	6，2″-Dimethyl-3，5，7，2″，3″-pentahydroxy-［2″-（4-methyl-3-pentenyl）-pyrano］-（2″，3″：3′，4′）flavonol	黄酮	［13］
81	6，3′-Di（3-hydroxy-3-methylbutyl）-5，7，2′，4′-tetrahydroxyisoflavanone	黄酮	［15］
82	7，2′，4′-Trihydroxy-5-methoxy-3-arylcoumarin	香豆素	［3］
83	7，4′，5′-Trihydroxy-5-methoxy-6-（3″-methyl-2″-butenyl）-coumestan	黄酮	［25］
84	7-Hydroxyl-5-methoxy 6-（3-hydroxyl-3-methylbutyl）-2H-chromene	黄酮	［15］
85	8-O-Methylmellein	香豆素	［3］
86	9，10，13-Trihydrosy-（E）-11-octadecenoic acid	其他	［3］
87	Aesculin	香豆素	［17］
88	Allantoin	其他	［23，24］
89	Alloimperatorin	香豆素	［3］
90	Angelol A	香豆素	［3］
91	Angelol B	香豆素	［3］
92	Angelol G	香豆素	［3］

大红袍

序号	化合物名称	结构类型	参考文献
93	Angelol M	香豆素	[3]
94	Benzyl-*β*-D-glucopyranoside	酚类	[3, 6]
95	Bergapten	香豆素	[3]
96	Buddlenol B	木脂素	[3, 4]
97	Cajanol	黄酮	[16]
98	Citroside A	倍半萜	[6]
99	Columbianetin	香豆素	[3]
100	Daidzein	黄酮	[17]
101	Darbergioidin	黄酮	[11, 12]
102	Daucosterol	甾体	[3]
103	Dehydrodiconiferyl alcohol	木脂素	[3, 5]
104	Depicted	黄酮	[15]
105	Dihydrokaempferol	黄酮	[3]
106	Diosgenin	甾体	[17]
107	Epicatechin	黄酮	[1]
108	erythro-Guaiacylglycerol-*β*-O-4′- (5′) -methoxylariciresinol	木脂素	[3, 4]
109	erythro-Guaiacylglycerol-*β*-O-4′-coniferyl ether	木脂素	[3, 5]
110	Euscaphic acid	三萜	[2]
111	Ferreirin	黄酮	[16]
112	Ferulic acid	苯丙素	[17]
113	Genistein	黄酮	[3]
114	Glisoflavanone	黄酮	[16]
115	Hedyotisol A	木脂素	[3, 4]
116	Hedyotisol B	木脂素	[3, 4]
117	Hedyotisol C	木脂素	[3, 4]
118	Hedysarimcoumestan B	黄酮	[17, 30]
119	Hedysarimcoumestan I	黄酮	[17, 30]
120	Hirtellanine B	黄酮	[33]
121	Hirtellanine I	黄酮	[16, 27]

序号	化合物名称	结构类型	参考文献
122	Hirtellanine X_1	黄酮	[14]
123	Hirtellanine X_{10}	黄酮	[14]
124	Hirtellanine X_{11}	黄酮	[14]
125	Hirtellanine X_{12}	色原酮	[14]
126	Hirtellanine X_{13}	黄酮	[14]
127	Hirtellanine X_{14}	酚酸	[14]
128	Hirtellanine X_{15}	黄酮	[14]
129	Hirtellanine X_{16}	黄酮	[14]
130	Hirtellanine X_2	黄酮	[14]
131	Hirtellanine X_{29}	黄酮	[14]
132	Hirtellanine X_3	黄酮	[14]
133	Hirtellanine X_4	黄酮	[14]
134	Hirtellanine X_5	黄酮	[14]
135	Hirtellanine X_6	黄酮	[14]
136	Hirtellanine X_7	黄酮	[14]
137	Hirtellanine X_8	黄酮	[14]
138	Hirtellanine X_9	黄酮	[14]
139	Hirtellanine B	黄酮	[16, 27]
140	Hirtellanine G	黄酮	[16, 27]
141	Hirtellanine L_1	黄酮	[13]
142	Hirtellanine L_2	黄酮	[13]
143	Hirtellanine L_3	黄酮	[13]
144	Hirtellanine L_4	黄酮	[13]
145	Hirtellanine L_5	黄酮	[13]
146	Hirtellanine L_6	黄酮	[13]
147	Hirtellanine A	黄酮	[33]
148	Hirtellanine C	黄酮	[11, 12]
149	Hirtellanine D	黄酮	[11, 12]
150	Hirtellanine E	黄酮	[11, 12]

大红袍

序号	化合物名称	结构类型	参考文献
151	Hirtellanine F	黄酮	[11, 12]
152	Hirtellanine G	黄酮	[11, 12]
153	Hirtellanine H	黄酮	[11, 12]
154	Hirtellanine I	黄酮	[11, 12]
155	Hirtellanine J	黄酮	[11, 12]
156	Hirtellanine K	黄酮	[20]
157	Hirtellanine L	黄酮	[20]
158	Hirtellanine M	黄酮	[20]
159	Hirtellanine N	黄酮	[20]
160	Hirtellanone A	黄酮	[18]
161	Hirtellanone B	黄酮	[18]
162	Hirtellanone C	黄酮	[18]
163	Hirtellanone D	黄酮	[18]
164	Hirtellanone E	黄酮	[18]
165	Hirtellanone F	黄酮	[18]
166	Hirtellanone G	黄酮	[18]
167	Hirtellanone H	黄酮	[18]
168	Hirtellanone I	黄酮	[18]
169	Hirtellanone J	黄酮	[18]
170	Hirtellanone K	黄酮	[18]
171	Hirtellanone L	黄酮	[18]
172	Hirtellanoxide	黄酮	[13]
173	Hirtrllanone J	黄酮	[25]
174	Isoferreirin	黄酮	[3]
175	Isoorientin	黄酮	[3]
176	Isopimpinellin	香豆素	[3]
177	Isosophoranone	黄酮	[16, 27]
178	Isotrifoliol	黄酮	[16]
179	Isovitexin	黄酮	[3]

序号	化合物名称	结构类型	参考文献
180	Isowigtheone hydrate	黄酮	[16]
181	Kaempferol	黄酮	[3]
182	Lespedezacoumestan	黄酮	[16]
183	Loganic acid	环烯醚萜	[23, 24]
184	Lomatin acetate	香豆素	[3]
185	Lupeol	三萜	[25]
186	Maltol	其他	[17]
187	Methyl 4, 6-dihydroxy-2-methoxy-3-（3-methyl-2-butenyl）benzoate	其他	[16, 27]
188	Methyl 6-hydroxy-2, 4-dimethoxy-3-（3-methyl-2-butenyl）benzoate	其他	[16, 27]
189	Meythyl 7-hydroxy-5-methoxy-2, 2-dimethyl-2H-chromene-6-carboxylate	其他	[16, 27]
190	Myrsininone A	黄酮	[9, 32]
191	Myrsininone B	黄酮	[9, 32]
192	Naringenin	黄酮	[3]
193	Neorauflavane	黄酮	[11, 12]
194	Neorauflavene	黄酮	[11, 12]
195	Oleanolic acid	三萜	[2]
196	Orientin	黄酮	[6]
197	Orobol	黄酮	[17]
198	*p*-Hydroxybenzoic acid	酚酸	[17]
199	Procyanidin B-1	黄酮	[1]
200	Procyanidin B-2	黄酮	[1]
201	Procyanidin B-5	黄酮	[1]
202	Procyanidin C-1	黄酮	[1]
203	Quercetin	黄酮	[3]
204	Quercetin-3-O-*β*-D-glucopyranoside	黄酮	[3]
205	Robipseudin A	黄酮	[25]
206	Rosamultin	三萜	[2]
207	Rutin	黄酮	[3]
208	Salicylic acid	酚类	[17]

大红袍

序号	化合物名称	结构类型	参考文献
209	Secoisolariciresinol	木脂素	[3]
210	Sesquimarocanol B	木脂素	[3, 4]
211	Sesquipinsapol B	木脂素	[3, 4]
212	Sophororicoside	黄酮	[17]
213	Syringaldehyde	酚酸	[6]
214	threo-Guaiacylglycerol-β-O-4'-coniferyl ether	木脂素	[3, 5]
215	Tomentic acid	三萜	[2]
216	Umbelliferone	香豆素	[17]
217	Ursolic acid	三萜	[2]
218	Viexin	黄酮	[6]
219	Vitexin-2″-xyloside	黄酮	[6]
220	Xathotoxin	香豆素	[3]
221	β-Sitosterol	甾体	[2]
222	苯甲酸 4-O-β- 芹糖基 -（1→6）-O-β-D- 葡萄糖苷	酚酸苷	[23, 24]
223	丁香酸 4-O-β-D- 葡萄糖苷	酚酸苷	[23, 24]
224	含饱和 B 环的异黄酮（未命名）	黄酮	[22]
225	甲基麦芽酚 -3-O-β-D- 葡萄糖苷	其他	[23, 24]
226	香草酸 -4-O-β-D- 葡萄糖苷	酚酸苷	[23, 24]
227	异黄酮 - 香豆素二聚体（未命名）	黄酮	[22]

【药理药效】大红袍（毛萸子梢）有比较广泛的药理活性，主要表现在抗感染、免疫调节等方面。具体为：

1. 抗疟活性　本课题组团队成员陈浩[35]、李阳[25]先后对大红袍（根茎）提取物以及分离得到的化合物进行了抗疟活性（β- 羟高铁血红素形成抑制活性）测试，结果显示粗提物及乙酸乙酯萃取物活性较好（表 3）。进一步对乙酸乙酯萃取物进行成分分离与活性测试，结果发现黄酮类化合物 hirtrllanone J、isosophoranone、robipseudin A 的活性较好，IC_{50} 值分别为 $26.7 \pm 0.5\mu g/mL$、$29.5 \pm 0.4\mu g/mL$、$31.8 \pm 1.4\mu g/mL$。

表 3　毛萜子梢粗提物 β- 羟高铁血红素形成抑制活性测定结果（x̄±s，n=3）

组别	不同浓度（μg/mL）粗提物 β- 羟高铁血红素形成抑制率（%）					IC₅₀（μg/mL）
	1388.9	277.8	55.6	11.1	2.2	
氯喹二磷酸盐	124.9 ± 4.7	113.0 ± 4.6	103.3 ± 1.3	-8.7 ± 0.3	-7.6 ± 1.7	32.4 ± 0.5
粗提物	101.2 ± 1.4	56.2 ± 1.4	1.8 ± 1.5	-4.8 ± 0.5	-4.2 ± 1.1	253.3 ± 5.3*
石油醚部分	82.9 ± 9.4	-5.0 ± 0.4	-2.3 ± 0.5	-5.2 ± 0.1	7.0 ± 1.1	907.7 ± 99.0*
乙酸乙酯部分	51.3 ± 1.0	103.2 ± 1.6	2.6 ± 0.5	-0.1 ± 0.6	-0.7 ± 0.1	158.8 ± 20.6*
正丁醇部分	123.4 ± 4.4	30.0 ± 3.5	5.1 ± 0.9	0.7 ± 1.3	2.8 ± 0.1	547.5 ± 20.1*
水部分	102.5 ± 1.0	49.0 ± 6.9	12.1 ± 1.4	-6.4 ± 0.7	-3.8 ± 0.1	610.2 ± 19.2*

注：与阳性对照组氯喹二磷酸盐比较，*$P < 0.05$。

2. 抗肿瘤活性　张菁华[36]和 Zheng 等[37]的实验表明，毛萜子梢中化合物 Hirtellanine B 对人体白血病淋巴细胞 Jurkat、恶性 B 淋巴瘤细胞株 Raji 和人类髓性白血病细胞 K562 的生长具有显著的抑制作用（IC₅₀ 分别为 7.17、6.58 和 6.76μM），可诱导人淋巴样 / 白血病肿瘤细胞凋亡，将肿瘤细胞的生长阻滞在 G₂/M 期。Tan 等[28]研究发现毛萜子梢中的四种异黄酮类化合物对酪氨酸酶有较强的抑制作用，其中 neorauflavane 有效降低了黑色素瘤细胞 B16 中的黑色素含量，IC₅₀ 为 12.95μM，这种作用与该化合物的 B 环间苯二酚基序和 A 环甲氧基间苯二酚基序有关。

3. 抗病毒活性　杜昕[23, 29]采用经典的神经氨酸酶（NA）活性检测实验对分离得到的毛萜子梢活性成分进行抗病毒筛选，结果表明化合物 2-（5′，7′- 二甲氧基 -2′，2′- 二甲基 -2H- 苯并吡喃 -6′-）-3- 醛基 -5，6- 二羟基苯并呋喃、2-（5′- 甲氧基 -2′，2′- 二甲基 -2H- 苯并吡喃 -7′-）-3，6- 二羟基 -1- 苯并呋喃、5，7，4′，6′- 四羟基 -5′- [7″- 羟基 -3″，7″- 二甲基 -2″（E）- 辛烯基]- 异黄酮、5，7，4′- 三羟基异黄酮 7-O-β-D- 芹糖基 -（1→6）-O-β-D- 葡萄糖苷对 A1 型流感病毒毒株的 NA 具有抑制作用，其中 2-（5′，7′- 二甲氧基 -2′，2′- 二甲基 -2H- 苯并吡喃 -6′-）-3- 醛基 -5，6- 二羟基苯并呋喃的活性最好，IC₅₀ 值为 16.76μM。同时测试了毛萜子梢活性成分对单酰基甘油酯酶（MAGL）的抑制活性，发现大部分化合物均显示出良好的 MAGL 抑制活性和良好的量效关系，其中化合物 3′-geranyl-5，7，4′，5′-tetrahydroxyisoflavone、3′-geranyl-5，7，4′-trihydroxyisoflavone、5，7，4′-trihydroxy-3′- [7-hydroxy-3，7-dimethyl-2（E）-octenyl] isoflavone 的抑制活性强于阳性对照药 JZLl84，其 IC₅₀ 值分别为 1.8、0.9、7.1μM。曾瑜亮[17]以流感病毒 H5N1 感染犬肾上皮细胞（MDCK）作为筛选模型评价毛萜子梢根中分离得到的单体化合物的抗 H5N1 活性，结果发现 50.0μg/mL 的香豌豆酚和 200.0μg/mL 的大豆黄素对 H5N1 有一定的抑制活性。

4. 抗菌活性　谢阳国[16]通过微量肉汤法研究毛萜子梢黄酮类成分的抗菌活性，结果显示含有异戊烯基或者香叶基结构的化合物具有较好的抗菌活性，其中对金黄色葡萄球菌和耐甲氧西林金黄色葡萄球菌的活性最好。Xie 等[19]的研究也得到类似结果。

大红袍

5. 免疫抑制活性 Shou 等[32, 33]利用丝裂原诱导的脾细胞增殖来检测毛萼子梢黄酮类成分的免疫抑制作用和细胞毒性，结果发现部分化合物既能抑制 T 淋巴细胞活性，也能抑制 B 淋巴细胞增殖（表4）。

表4 毛萼子梢中黄酮类化合物的免疫抑制作用（n=3）

化合物名称	IC$_{50}$（μM）	
	T 细胞	B 细胞
5，7，4'-Trihydroxy-3'-［7-hydroxy-3，7-dimethyl-2（E）-octenyl］isoflavone	1.65	1.42
5，7，2'，4'-Tetrahydroxy-3'-［7-hydroxy-3，7-dimethyl-2（E）-octenyl］isoflavanoe	8.03	3.69
2″（S）-5,7-Dihydroxy-［2″-methyl-2″-（4-methyl-3-pentenyl）pyrano］-5″,6″：3'，4'-isoflavoe	3.02	3.02
（2″S,3″R,4″S）-5,7,3″,4″-Tetrahydroxy［2″-methyl-2″-（4-methyl-3-pentenyl）pyrano］-5″，6″：3'，4'-isoflavone	4.95	2.74
3'-Geranyl-5，7，2'，4'-tetrahydroxyisoflavanone	1.49	2.62
3'-Geranyl-4'-methoxy-5，7，2'-trihydroxyisoflavanone	8.74	34.36
Myrsininone A	5.42	1.53
3'-Geranyl-5，7，4'，5'-tetrahydroxyisoflavone	22.27	1.16
3'-Geranyl-5，7，2'，5'-tetrahydroxyisoflavanone	8.15	3.82
3'-Geranyl-4'-methoxy-5，7，2'-trihydroxyisoflavone	16.76	9.83
Myrsininone B	10.39	22.68
2（R），3（R）-3'-Geranyl-2，3-trans-5，7，4'-trihydroxyflavonol	28.19	73.07
（2R，3R）-6-Methyl-3'-geranyl-2，3-trans-5，7，4'-trihydroxyflavonol	35.94	62.79
5，7-Dihydroxy-4'-O-geranylisoflavone	61.23	16.60
2'-Methoxy-6，3'-diprenyl-6，8，4'-trihydroxyisoflanone	6.96	23.40

谭青等[11, 12]发现从毛萼子梢中分离的化合物 hirtellanine D 和 hirtellanine G 对脂多糖（LPS）诱导的 B 细胞增殖具有很强的抑制作用，IC$_{50}$值分别为7、8nM，且细胞毒性较小。李小平[13]通过 MTT 比色法测试了毛萼子梢活性成分的免疫抑制和抗丙肝病毒 HCV 活性，结果显示化合物5，7，4'- 三羟基 -3'-［6，7- 二羟基 -3，7- 二甲基 -2（E）- 辛烯］- 异黄酮、3-（1'，4'- 二羟基环乙基）-6- 香叶基 -5，7- 二羟基异黄酮、hirtellanine L$_5$ 具有较好的免疫抑制活性；化合物3'，4'- 二羟基 -5，7 二甲氧基 -6- 异戊烯基香豆色酮对 HCV 具有较好的抑制作用，IC$_{50}$ 为 1.32μM。Li 等[18]发现许多从毛萼子梢分离的化合物具有抑制脾淋巴细胞的活性，其中 hirtellanone H 活性最强，对 T 淋巴细胞抑制的 IC$_{50}$值为 3.68μM，对 B 淋巴细胞抑制的 IC$_{50}$值为 1.79μM。Xuan 等[20]研究了四种从毛萼子梢分

离的新化合物对刀豆蛋白（ConA）和 LPS 诱导的脾细胞增殖的体外抑制作用，结果显示 hirtellanine N 具有很强的 B、T 淋巴细胞抑制活性，且细胞毒性较小。Tan 等[21]研究毛萩子梢中的 3 种黄酮类弹性蛋白酶抑制剂对人中性粒细胞酯酶（HNE）的抑制活性，结果显示化合物（2R，3R）-6-methyl-3′-geranyl-2，3-trans-5，7，4′-trihydroxy-flavonol、（E）-3-（3-（3，7-dimethylocta-2，6-dienyl）-2，4-dihydroxyphenyl）-3，5，7-trihydroxy-chroman-4-one、3′-geranyl-5，7，2′，4′-tetrahydroxy-isoflavanone 对 HNE 有显著抑制作用，并呈剂量依赖性，IC_{50} 范围为 8.5 ～ 30.8μM。

6. 其他活性 韩慧英等[3，5]研究毛萩子梢木脂素类化合物的抗前列腺疾病作用，结果显示去氢双松柏醇和 4-[（6-hydroxy-2，3-dihydro-1-benzofuran-3-y1）methyl]-5-methoxybenzene-1，3-diol 可以显著抑制雄激素依赖性前列腺癌细胞株（LNCAP 细胞）的增殖，并呈时间依赖性和剂量依赖性，去氢双松柏醇作用 48 小时的 IC_{50} 值为 51μM。Han 等[34]发现从毛萩子梢分离得到的化合物对 LNCAP 细胞分泌的前列腺特异性抗原（PSA）均有不同程度的抑制作用，其中化合物 7，2′，4′-trihydroxy-5-methoxy-3-arylcoumarin 的抑制作用最强，IC_{50} 值为 80.7μM。张小东等[38]研究的结果显示大红袍根茎甲醇提取物具有较好的抗氧化活性，其 IC_{50} 值为 10.6μg/mL。

【开发应用】

1. 标准规范 大红袍共有药品标准 12 项[39]、药材标准 2 条、中药材饮片炮制规范 4 条。具体是：

（1）药品标准：复方大红袍止血胶囊［WS-10364（ZD-0364）-2002-2011Z］、和胃止痛胶囊（2014）（国药标字 ZB-0463 号）、千紫红冲剂［《中华人民共和国卫生部药品标准中药成方制剂（第十二册）》］、千紫红冲剂 / 千紫红颗粒冲剂［《中华人民共和国卫生部药品标准中药成方制剂（第十一册）》］、暖胃舒乐片（WS3-B-1661-93-5）、暖胃舒乐颗粒［WS-10808（ZD-0808）-2002-2012Z］、消乳癖胶囊（国药准字 Z20026032）、调经止痛片［《中国药典》（2010 年版）一部］、金胃泰胶囊［WS-10739（ZD-0739）-2002-2012Z］、复方大红袍止血片（国药准字 Z20090474/ 国药准字 Z20090566）、暖胃舒乐胶囊（YBZ05882008）、红金消结片（YBZ08332008）。

（2）药材标准：大红袍［《中国药典》（1977 年版）一部、《湖南省中药材标准》（2009 年版）]。

（3）中药饮片炮制规范：大和红、锈钉子［《云南省中药饮片炮制规范》（1986 年版）、《云南省中药咀片炮炙规范》（1974 年版）]、大红袍［《甘肃省中药饮片炮制规范》（1980 年版）、《湖南中药饮片炮制规范》（2010 年版）]。

2. 专利申请 毛萩子梢共有有效专利 85 项[40，41]，基本为毛萩子梢与其他中药材配成中药组合药物用于各种疾病的治疗，包括牙髓炎、胃下垂、心肌梗死、乳腺增生、心绞痛、癌症、胃病、降血糖、痰瘀阻络型股骨头坏死等。

部分代表性专利如下：

（1）方明义，一种治疗胃病的药物及其制备方法（CN1569143）（2005 年）。

（2）陈志红，一种治癌药物及其制备方法（CN101284107B）（2010 年）。

（3）巴塞利亚药业（中国）有限公司，异黄酮类化合物及其制备和应用（CN101648937B）（2012 年）。

（4）青岛市市立医院，用于治疗胃下垂的药物（CN104857233A）（2015 年）。

（5）王文春，一种治疗子宫脱垂的药物及其制备方法（CN107496710A）（2017 年）。

（6）陈玉琴，一种用于治疗牙髓炎的中药组合物及其制备方法（CN106491971A）（2017 年）。

（7）南京汉尔斯生物科技有限公司，一种中西药结合防治牛流行热的药物及其制备方法（CN106511798A）（2017 年）。

（8）云南龙发制药股份有限公司，一种治疗子宫出血的彝药组合物（CN106943526A）（2017 年）。

（9）刘艳霞，一种用于降低血糖的中药（CN108159141A）（2018 年）。

（10）李琦，一种治疗心肌梗塞的中药散剂（CN108143909A）（2018 年）。

毛萸子梢相关专利最早出现的时间是 2005 年。2015～2020 年申报的相关专利占总数的 88.2%；2010～2020 年申报的相关专利占总数的 96.5%；2000～2020 年申报的相关专利占总数的 100%。

3. 栽培利用 尚未见有毛萸子梢作为药材栽培利用方面的研究报道。

4. 生药学探索 性状鉴别：根略呈圆柱形，稍弯曲，有分枝，长 30～70cm，直径 0.5～3cm。根头部可见一至数个长不及 1cm 的茎基。根表面的栓皮层薄，呈暗褐色或灰红褐色，有细皱纹，栓皮脱落部分显灰棕色，有细根或细根痕。质硬韧，不易折断，断面栓皮呈具光泽的黑褐色，皮部灰棕色，木部淡棕色，近中心处色较深，纤维性。气微，味微苦、涩。显微鉴别：根横切面木栓层具 8～20 列木栓细胞，含红棕色物。皮层中散在纤维束和晶纤维，有的薄壁细胞内含草酸钙方晶及红棕色块状物。韧皮部较窄，有大型分泌细胞，含橙色色素。形成层成环。木质部宽广，木射线宽 2～8 列细胞，导管较少，常单个或 2～3 个径向排列。木纤维发达，常数至数十个集合成束，多与导管伴存，木纤维束与木薄壁细胞径向相间排列，隔木射线而呈间断的同心环状。本品薄壁细胞中含淀粉粒[42]。

此外，1996 年 Nemot 等[43]曾对大红袍 *C. hirtella* 的总状花序结构进行了器官和个体遗传学研究。

5. 其他应用 已有复方大红袍止血胶囊等多种相关药用产品上市。

2013 年赵炼红等[44]通过傅里叶变换红外光谱法（FTIR）对大红袍和红花的吸收峰的峰强、峰形、峰位进行了对比研究。研究表明，大红袍和红花的红外光谱图极相似，在 3427、2929、2029、1635、1083、642、529cm[-1]附近均有吸收峰出现且大红袍的强度强于红花，说明二者含有相同或相近的药物成分。根据光谱图可以看出，两种药物具有其各自的特征峰，这与二者的某些特有功效是相对应的。此外，大红袍为地方性药物，红花为中草药常见药物，此分析为药物大红袍的推广和应用提供了科学合理的依据。

2010年谭青等[45]建立了反相高效液相色谱-二极管阵列检测器（RP-HPLC-DAD）测定药用植物大红袍中具有抗菌活性的异黄酮类化合物3′-geranyl-5，7，4′-trihydroxyisoflavone及具有良好免疫抑制活性的紫檀烯类化合物8，9-dihydroxy-1-methoxy-［6′，6′-dimethylpyrano（2′，3′：2，3）］pterocarpene含量的方法。相关化合物分别在4.4～13.2μg和0.428～1.284μg范围内呈线性关系，平均回收率分别为99.65%和99.11%。该方法快速简便、灵敏度和分离度好，适用于大红袍药材中活性黄酮类成分的测定。

【药用前景评述】大红袍在大理苍山以及大理北部白族聚居地具有广泛的分布，白族药用历史悠久、经验丰富，主要用于治疗各种炎症与妇科疾病。现代研究结果显示，该植物主要含有酚性成分，包括大量的黄酮类化合物以及香豆素类、木脂素类等成分，这些成分大多具有抗炎镇痛、抗氧化、抗肿瘤等作用。药理学研究也证实，大红袍的确具有较好的抗肿瘤、抗菌、抗病毒、抗炎与止血等功效，说明白族对该植物的药效掌握准确、应用合理。目前，关于大红袍的开发应用相对成熟，形成了很多成果，已有一系列相关药品标准、产品、专利等。该植物在抗氧化、抗肿瘤方面可能仍具有深入研究开发的潜力，不排除由于新功效、新用途的发现而导致需求量进一步加大的可能。鉴于该植物的药用部位为根部，长期采挖易造成野生资源可持续利用出现困难、生态环境遭到显著破坏的状况，因此今后有必要注意加强大红袍栽培利用方面的工作。

参考文献

［1］秦力，陈新民，陈维新，等.大红袍中单宁化学成分的研究［J］.天然产物研究与开发，1991，3（4）：31-34.

［2］鲁学照，韩桂秋，沈家祥，等.大红袍化学成分的研究［J］.中国中药杂志，1997，22（11）：680-682，704.

［3］韩慧英.两种中药中抗前列腺疾病活性成分的研究［D］.沈阳：沈阳药科大学，2007.

［4］Han HY, Liu HW, Wang NL, et al. Sesquilignans and dilignans from *Campylotropis hirtella*（Franch.）Schindl［J］. Nat Prod Res, 2008, 22（11）: 984-989.

［5］Han HY, Wang XH, Wang NL, et al. Lignans isolated from *Campylotropis hirtella*（Franch.）Schindl. Decreased prostate specific antigen and androgen receptor expression in LNCaP cells［J］. J Agric Food Chem, 2008, 56（16）: 6928-6935.

［6］文屏.舒列安原料药材毛莸子梢活性成分的研究［D］.沈阳：沈阳药科大学，2008.

［7］文屏，韩慧英，王乃利，等.毛莸子梢化学成分的研究［J］.中草药，2008，39（8）：1143-1145.

［8］文屏，韩慧英，王乃利，等.毛莸子梢中黄酮类成分的分离鉴定及活性测定［J］.沈阳药科大学学报，2008，25（6）：448-453.

［9］寿清耀.安徽贝母及大红袍化学成分研究［D］.上海：上海中医药大学，2009.

［10］张盛，谭青，寿清耀，等.大红袍中两个新的双氢异黄酮类化合物［J］.化学学报，

2010, 68（21）: 2227–2230.

［11］Tan Q，Zhang S，Shen ZW. Flavonoids from the roots of *Campylotropis hirtella*［J］. Planta Med，2011，77（16）: 1811–1817.

［12］谭青. 毛蕊子梢化学成分与生物活性研究［D］. 上海: 上海中医药大学，2010.

［13］李小平. 毛蕊子梢化学成分与生物活性的研究［D］. 上海: 上海中医药大学，2012.

［14］宣碧霞. 毛蕊子梢中黄酮类化合物的结构及生物活性研究［D］. 上海: 上海中医药大学，2013.

［15］Li X，Xuan B，Shou Q，et al. New flavonoids from *Campylotropis hirtella* with immunosuppressive activity［J］. Fitoterapia，2014，95（10）: 220–228.

［16］谢阳国. 毛蕊子梢的黄酮类成分及抗菌活性研究［D］. 上海: 上海交通大学，2015.

［17］曾瑜亮. 毛蕊子梢抗 H5N1 病毒活性成分研究［D］. 北京: 中国人民解放军军事医学科学院，2015.

［18］Li X，Li C，Xuan B，et al. Immunosuppressive chalcone–isoflavonoid dimers from *Campylotropis hirtella*［J］. Tetrahedron，2016，72（19）: 2464–2471.

［19］Xie YG，Ye J，Ren J，et al. Chemical constituents of *Campylotropis hirtella*［J］. Chem Nat Compd，2016，52（4）: 704–707.

［20］Xuan B，Du X，Li X，et al. A new potent immunosuppressive isoflavanonol from *Campylotropis hirtella*［J］. Nat Prod Res，2016，30（12）: 1423–1430.

［21］Tan XF，Kim DW，Song YH，et al. Human neutrophil elastase inhibitory potential of flavonoids from *Campylotropis hirtella* and their kinetics［J］. J Enzyme Inhib Med Chem，2016，31（S1）: 16–22.

［22］Ma J，Zhang J，Shen Z. Two unusual isoflavonoids from *Campylotropis hirtella* – A new biosynthesis route of flavonoids［J］. Tetrahedron Lett，2017，58（15）: 1462–1466.

［23］杜昕. 毛蕊子梢中活性成分的研究［D］. 上海: 上海中医药大学，2015.

［24］Du Xin，Xuan B，Shen Z，et al. Chemical constituents with neuraminidase inhibitory actives from *Campylotropis hirtella*［J］. Acta Chimi Sin，2015，73（7）: 741–748.

［25］李阳. 毛蕊子梢与圆叶牵牛的化学成分与生物活性研究［D］. 大理: 大理大学，2019.

［26］陈浩，刘晓薇，沈怡，等. 大红袍 β-羟高铁血红素形成抑制活性研究［J］. 大理大学学报，2018，3（2）: 6–9.

［27］Xie YG，Li T，Wang GW，et al. Chemical constituents from *Campylotropis hirtella*［J］. Planta Med，2016: 82（8）: 734–741.

［28］Tan X，Song YH，Park C，et al. Highly potent tyrosinase inhibitor，neorauflavane from *Campylotropis hirtella* and inhibitory mechanism with molecular docking［J］. Bioorg Med Chem，2016，24（2）: 153–159.

［29］杜昕，宣碧霞，沈征武. 毛蕊子梢中天然高活性的神经氨酸酶抑制成分的研究［J］. 化学学报，2015，73（7）: 741–748.

［30］曾瑜亮，肖艳华，田瑛，等. 大红袍中一个新的香豆素和八个已知酚酸类化合物［J］.

军事医学，2015，39（7）：528–531.

［31］Shou Q，Tan Q，Shen Z. Isoflavonoids from the roots of *Campylotropis hirtella*［J］. Planta med，2010，76（8）：803–808.

［32］Shou QY，Fu RZ，Tan Q，et al. Geranylated flavonoids from the roots of *Campylotropis hirtella* and their immunosuppressive activities［J］. J Agric Food Chem，2009，57（15）：6712–6719.

［33］Shou QY，Tan Q，Shen ZW. Hirtellanines A and B，a pair of isomeric isoflavonoid derivatives from *Campylotropis hirtella* and their immunosuppressive activities［J］. Bioorg Med Chem Lett，2009，19（13）：3389–3391.

［34］Han HY，Wen P，Liu HW，et al. Coumarins from *Campylotropis hirtella*（Franch.）Schindl. and their inhibitory activity on prostate specific antigen secreted from LNCaP cells［J］. Chem Pharm Bull，2008，56（9）：1338–1341.

［35］陈浩.滇西植物抗疟活性筛选及两种药用植物抗疟活性研究［D］.大理：大理大学，2018.

［36］张菁华.天然产物 hirtellanine B 构效关系研究以及（＋）–englerin A 全合成研究［D］.上海：上海中医药大学，2012.

［37］Zheng SY，Fu RZ，Shen ZW. Synthesis of hirtellanine B，an isoflavonoid with potent antiproliferative effects in cancer cells［J］. Chin J Chem，2012，30（7）：1405–1409.

［38］张小东，沈怡，刘子琦，等.滇西地区 29 种药用植物抗氧化活性研究［J］.大理大学学报，2016，1（2）：1–4.

［39］药智网.大红袍［A/OL］.（2020–03–15）［2020–03–15］. https://db.yaozh.com/chufang?comprehensivesearchcontent=%E5%A4%A7%E7%BA%A2%E8%A2%8D&.

［40］药智专利通.大红袍［A/OL］.（2020–03–15）［2020–03–15］. https://patent.yaozh.com/list?words=ABST%3D% E5%A4%A7%E7%BA%A2%E8%A2%8D&page=1&sort=&gr oup=&sourceType=cn&pageSize=20&numberPriority=1.

［41］药智专利通.锈钉子［A/OL］.（2020–03–15）［2020–03–15］. https://patent.yaozh.com/list?words=ABST%3D% E9%94%88%E9%92%89%E5%AD%90&page=1&sort=&grou p=&sourceType=cn&pageSize=20&numberPriority=1.

［42］国家中医药管理局《中华本草》编委会.中华本草［M］.上海：上海科技出版社，1999.

［43］Nemoto T，Ohashi H. The inflorescence structure of *Campylotropis*（Leguminosae）［J］. Am J Bot，1996，83（7）：867–876.

［44］赵炼红，杨兴仓，司民真，等.中药材大红袍与红花的 FTIR 对比研究［J］.光散射学报，2013，25（2）：183–186.

［45］谭青，寿清耀，张盛，等.反相高效液相色谱法测定药用植物大红袍中的两个生物活性成分［J］.色谱，2010，28（12）：1150–1153.

大
红
袍

大荨麻

【植物基原】本品为荨麻科蝎子草属植物大蝎子草 *Girardinia diversifolia*（Link）Friis 及蝎子草 *G. suborbiculata* C. J. Chen 的全草。

【别名】大蝎子草、钱麻、火麻草、大荃麻、连钱草、活血丹。

【白语名称】抖买汉青（剑川）、哈妻米、车活麻、顶麻（洱源）、倒汉妻。

【采收加工】全年均可采收，晒干备用或鲜用。

【白族民间应用】祛风解表、利气消痰、清火解毒。全草治尿路感染、肝胆结石、感冒、咳嗽、胃胀、胸闷痰多、皮肤瘙痒等。煎洗祛风除湿。

【白族民间选方】①感冒咳嗽、胃胀、胸闷痰多、皮肤瘙痒：本品干品 30～40g，煎服。②疮毒：本品鲜品 50～100g，煎汤水洗。③祛风祛湿：本品根适量，泡水洗澡。

【化学成分】从大蝎子草中分离鉴定了 10 个化合物，分别为东莨菪内酯（1）、6-羟基-7-甲氧基香豆素（2）、儿茶酚（3）、5-硝基愈创木酚（4）、香草酸（5）、草酸（9）、尿嘧啶（10）、（2Z，3Z）-4-氨基丙烯酸-5-呋喃核糖苷（11）、山奈素（12）、β-谷甾醇（16）[1-5]。

从蝎子草中分离鉴定了 11 个化合物，分别为东莨菪素（1）、香草酸（5）、对羟基苯甲酸（6）、对羟基肉桂酸乙酯（7）、5-羟甲基糠醛（8）、金色酰胺醇乙酸酯（aurantiamide acetate，13）、齐墩果酸（14）、2α，3α，19α-三羟基乌苏-12-烯-28-酸（15）、β-谷甾醇（16）、胡萝卜苷（17）、甘露糖（18）[1-5]。

此外，大荨麻挥发油成分也有研究报道[6]。

【药理药效】目前对大荨麻（大蝎子草及蝎子草）的药理活性研究较深入，其活性主要表现为：

1. 血液系统 陈长勋等[7]发现浙江蝎子草根提取液具有延长小鼠断尾出血时间，延长大鼠白陶土部分凝血活酶时间及凝血酶时间的作用；能抑制二磷酸腺苷（ADP）诱导的血小板聚集；能收缩血管平滑肌，轻度升高血压；对心脏和肠道平滑肌无明显影响。

2. 镇痛、抗炎活性 郑庆霞和李洪庆[8]发现大蝎子草乙酸乙酯提取物具有显著的抗炎和镇痛活性，注射 0.5mg/kg 的提取物能明显抑制二甲苯所致的小鼠耳肿胀和小鼠棉球肉芽生长，抑制率为 52.9%；能明显减少醋酸所致的小鼠扭体次数，并明显提高小鼠的热痛阈。向少能等[9, 10]的结果显示蝎子草浸膏有抗炎、抗痛风和镇静作用，能降低二甲苯致小鼠耳肿胀，降低小鼠炎足中丙二醛（MDA）和前列腺素（PGE$_2$）的含量；能降低血尿酸，减少小鼠自主活动次数，降低运动协调性。他们进一步证明蝎子草能降低高尿酸血症小鼠的血尿酸。陶玲等[11]的实验也表明大蝎子草提取物水层有较好的抗炎镇痛作用，而醋酸乙酯层和氯仿层具有镇痛作用。吴林菁等[12]的实验发现大蝎子草干、鲜品水提物均具有抗炎及镇痛作用，且大蝎子草鲜品水提物作用优于大蝎子草干品水提物。沈祥春[13]和支娜等[14, 15]的研究表明大蝎子草能抑制脂多糖（LPS）诱导 NO 和肿瘤坏死因子-α（TNF-α）的产生，减少诱导型一氧化氮合酶（iNOS）的表达。

3. 降血糖活性 陈章宝等[16]测定掌叶蝎子草粗多糖对四氧嘧啶诱导糖尿病小鼠的作用和对超氧阴离子自由基（O^{2-}）、羟基自由基（OH）的清除活性。结果表明掌叶蝎子草粗多糖能降低糖尿病小鼠的血糖值、采食量和饮水量，提高了小鼠胸腺指数和脾脏指数，升高血清超氧化物歧化酶（SOD）水平，降低血清 MDA 水平，抑制糖尿病小鼠体质量减轻；能清除 OH，IC$_{50}$ 值 ≥ 2mg/mL；能清除 O^{2-}，IC$_{50}$ 值 ≥ 5mg/mL。

4. 抗菌活性 罗红等[17]发现大蝎子草的不同膜分离片段对金黄色葡萄球菌、大肠埃希菌和肺炎克雷伯菌均有抑菌作用，而对铜绿假单胞菌和单细胞真菌均无作用。王绪英等[18]对苗药蝎子草醇提物进行抗菌活性研究，结果显示蝎子草提取液的抑菌效果随着海拔高度的升高而增强，其醇提取物对金黄色葡萄球菌、大肠杆菌和枯草芽孢杆菌均具有抑菌效果，其中对金黄色葡萄球菌的抑菌效果最强，对枯草芽孢杆菌抑制最弱。江震献等[4, 19, 20]从蝎子草醋酸乙酯提取物中分离得到 β-谷甾醇和对羟基肉桂酸乙酯均表现出对金黄色葡萄球菌的抑制作用。向少能等[9]的研究结果也表明蝎子草乙醇提取物对金黄色葡萄球菌、大肠杆菌、变形杆菌、枯草芽孢杆菌、藤黄八叠球菌均有抑制作用，其中又以对金黄色葡萄球菌的抗菌活性最强，而对铜绿假单胞菌无抗菌活性。蝎子草乙醇提取物具有免疫增强作用，可剂量依赖性地增强巨噬细胞吞噬中性红的作用。陈章宝[3]研究结果表明掌叶蝎子草醇提浸膏制成的软膏剂对金黄色葡萄球菌引起的伤口化脓感染有明显的治疗效果。掌叶蝎子草水提浸膏和醇提浸膏能促进小鼠尾部上皮细胞颗粒层的形成，抑制小鼠阴道上皮细胞有丝分裂，对银屑病有一定的治疗作用。

5. 毒性 陈章宝[3]经过小鼠急性毒性和经口慢性毒性实验表明，掌叶蝎子草水提浸膏毒性极小，属无毒范畴；掌叶蝎子草醇提浸膏具有较大毒性，其 LD_{50} 值为 10.52g/kg，LD_{50} 的 95% 可信限为 8.55～12.93g/kg。掌叶蝎子草对神经行为有一定影响，对各脏器系数无明显影响，对血液学部分指标有影响。

【开发应用】

1. 标准规范 经文献检索，大荨麻尚未见有相关的药品标准、药材标准及中药饮片炮制规范。

2. 专利申请 目前关于大荨麻植物的专利有 6 项，主要为组方药用及药理作用的研究，具体如下：

（1）D·A·R·宛·登·伯格，治疗疱疹的药物组合物（CN1121232C）（2003 年）。

（2）张芝庭，一种保健泡脚粉及泡脚片（CN101129314）（2008 年）。

（3）杨孝良等，一种治疗烧伤的中药药粉及其制备方法（CN103893324B）（2017 年）。

（4）N.A. 佩尔诺代，用于改善角蛋白表面的细胞中的选择性分解代谢和活力的方法和组合物（CN104902872A）（2015 年）。

（5）谈运良，一种能预防和治疗前列腺增生的复方制剂（CN106692568A）（2017 年）。

（6）A·曼杜亚，通过形变热处理获得新鲜植物的汁液及其化妆品和治疗用途（CN105555151B）（2018 年）。

3. 栽培利用 尚未见有栽培利用方面的研究报道。

4. 生药学探索 蝎子草：茎具有螫毛，叶背腹两面疏生粗硬毛、糙毛和短伏毛，而没有叶片生有螫毛。叶腹面多钟乳体，半球形，直径 42～45μm，其上乳突圆而较密，每 $100mm^2$ 59～62 个；螫毛细长，基部膨大、不对称，渐尖，无明显弯曲，每 $100mm^2$ 16～18 个[21]。

大蝎子草：茎具有螫毛，叶背腹两面疏生粗硬毛、糙毛和短伏毛，而没有叶片生有螫毛。叶腹面密布钟乳体，半球形，直径 35～40μm，其上乳突似片状，每 $100mm^2$ 78～101 个；螫毛细长，基部膨大、不对称，长渐尖，无弯曲，每 $100mm^2$ 8～12 个[21]。

5. 其他应用 刘文炜等[22]采用紫外分光光度法测定大蝎子草药材中总黄酮的含量。徐旖旎等[23]采用正交试验法优选大蝎子草总黄酮提取工艺，得到最佳水提取工艺为 A2B3C3，即 18 倍加水量、提取 3 次、每次提取 3 小时可获得较高的浸膏收率及总黄酮含量；加权评分方差分析结果表明，因素 B 及因素 C 对总黄酮提取量有显著影响。李桂兰等[24]采用闪式提取法用于大蝎子草总黄酮的工艺条件研究，结果显示闪式提取法操作简便、高效经济；与回流提取法相比，采用闪式提取法并用热水作溶剂提取大蝎子草总黄酮取得较好效果。

Kumar 等[25]将大荨麻和聚乳酸纤维制成的生物复合材料，用于汽车仪表板；Pokhriyal[26]与 Lanzilao 等[27]测定了大荨麻纤维的力学性能，并与欧洲巨荨麻纤维进行了比较，结果显示大荨麻纤维显示出抗拉性能，为高性能应用提供了潜力。大荨麻还可用于围园护圃[28]。

【药用前景评述】现代研究结果显示，大荨麻主要含有酚性成分，有较好的抗炎、镇痛、抗菌活性，且干、鲜品均具有抗炎镇痛作用，鲜品作用优于干品，充分说明白族对该植物的药用准确合理。由于大荨麻在大理一带分布广泛、易于获取，且保健功效良好，因此该植物目前已成为当地一种独具特色的药食两用材料。用荨麻制成的凉菜与汤菜等深受广大消费者喜爱，只是由于该植物具有"蜇人"的特性影响了常人对该植物的采集、应用。近年来大荨麻及其近缘植物分布渐有扩大之势，需要加强对此植物的开发应用力度。

参考文献

[1] 张嫩玲，田婷婷，田璧榕，等.大蝎子草地上部分化学成分研究[J].贵州医科大学学报，2018，43（5）：538-539，545.

[2] 刘文炜，沈祥春，陶玲，等.荨麻属植物大蝎子草化学成分及质量标准研究[J].中国药学杂志，2012，47（23）：1943-1946.

[3] 陈章宝.掌叶蝎子草药理活性及作用机制研究[D].重庆：西南大学，2012.

[4] 江震献，张晓林，彭霞，等.蝎子草抗菌活性成分的研究[J].时珍国医国药，2012，23（3）：619-620.

[5] 冯宝民，刘菁琰，王惠国，等.红火麻化学成分的分离与鉴定[J].沈阳药科大学学报，2011，28（5）：364-367.

[6] 陶玲，刘文炜，沈祥春，等.大蝎子草根、茎、叶的挥发性成分GC-MS分析[J].中国药学杂志，2009，44（24）：1931-1932.

[7] 陈长勋，周秀佳，陈蓉，等.蝎子草根提取液药理作用探索[J].中药材,1993,16(11)：28-31.

[8] 郑庆霞，李洪庆.大蝎子草提取物抗风湿活性的初步研究[J].山地农业生物学报，2009，28（5）：429-431，461.

[9] 向少能.蝎子草药理活性初探与抗菌活性成分研究[D].重庆：西南大学，2010.

[10] 向少能，刘媛，王洁，等.蝎子草浸膏的抗炎、抗痛风及镇静作用研究[J].西南师范大学学报，2010，35（3）：162-167.

[11] 陶玲，支娜，柏帅，等.大蝎子草抗炎镇痛活性部位研究[J].时珍国医国药，2009，20（6）：1404-1405.

[12] 吴林菁，徐旖旎，姜丰，等.大蝎子草干、鲜品水提物的抗炎镇痛作用实验研究[J].贵州医科大学学报，2016，41（10）：1185-1188，1192.

[13] 沈祥春，支娜，许立，等.大蝎子草乙酸乙酯部位对脂多糖诱导巨噬细胞炎症介质表达的影响[J].中华中医药杂志，2010，25（9）：1397-1400.

[14] 支娜，肖婷婷，张燕，等.大蝎子草水层部位对LPS诱导大鼠腹腔巨噬细胞iNOS与TNF-α的影响[C]//第十届全国抗炎免疫药理学学术会议论文集.西宁，2010：60-61.

[15] 支娜，陶玲，沈祥春.大蝎子草水层部位对LPS诱导大鼠腹腔巨噬细胞iNOS与TNF-α的影响[J].中药药理与临床，2010，26（3）：39-41.

大荨麻

［16］陈章宝，彭霞，何江梅，等.掌叶蝎子草多糖降血糖活性及其体内外抗氧化能力研究［J］.西南大学学报，2012，34（12）：54-60.

［17］罗红，刘文炜，江滟，等.大蝎子草不同膜分离片段的体外抗菌活性研究［J］.华西药学杂志，2014，29（4）：398-400.

［18］王绪英，张海鸥，向红.苗药蝎子草醇提物抗菌活性研究［J］.六盘水师范学院学报，2019，31（6）：1-6.

［19］江震献，彭霞，张晓林，等.蝎子草醇提浸膏对金黄色葡萄球菌抗菌机制的研究［J］.西南大学学报，2011，33（5）：184-188.

［20］江震献.蝎子草抗菌活性成分研究［D］.重庆：西南大学，2011.

［21］费永俊，周秀佳.蝎子草属3种植物叶腹面微形态研究［J］.湖北农学院学报，1997，17（1）：25-27.

［22］刘文炜，沈祥春，陶玲，等.紫外分光光度法测定大蝎子草药材中总黄酮的含量［J］.中国药房，2010，21（43）：4088-4089.

［23］徐旖旎，姜丰，李守巧，等.正交试验法优选大蝎子草总黄酮提取工艺［J］.贵阳医学院学报，2016，41（1）：41-44.

［24］李桂兰，贺智勇，薛雨晨，等.闪式提取法用于大蝎子草总黄酮的工艺条件研究［J］.中成药，2015，37（7）：1603-1605.

［25］Kumar N，Das D. Fibrous biocomposites from nettle（*Girardinia diversifolia*）and poly（lactic acid）fibers for automotive dashboard panel application［J］. Compos B Eng，2017，130：54-63.

［26］Pokhriyal M，Prasad L，Rakesh PK，et al. Influence of fiber loading on physical and mechanical properties of Himalayan nettle fabric reinforced polyester composite［J］. Mater Today Proc，2018，5（9）：16973-16982.

［27］Lanzilao G，Goswami P，Blackburn RS. Study of the morphological characteristics and physical properties of Himalayan giant nettle（*Girardinia diversifolia* L.）fibre in comparison with European nettle（*Urtica dioica* L.）fibre［J］. Mater Lett，2016，181：200-203.

［28］任秋萍.围园护圈植物——蝎子草［J］.特种经济动植物，2003，（9）：20.

白族特色药用植物现代研究与应用

小白薇

【植物基原】本品为萝摩科娃儿藤属植物小白薇 *Tylophora yunnanensis* Schltr. 的根。

【别名】白龙须、云南娃儿藤、（老妈妈）针线包、娃儿藤、山辣子。

【白语名称】衣挂如忧、白挂启、白努须（大理）、结忧。

【采收加工】全年可采，洗净晒干备用。有小毒。

【白族民间应用】主治风湿性腰腿痛、肺结核低热、支气管炎。可治肝炎、胃溃疡、疟疾、风湿性关节疼痛、跌打损伤等。

【白族民间选方】①降血脂：本品适量，泡水饮用。②牙齿疼痛：本品适量，水煎服。③风湿性腰痛、肺结核低热：本品 5～15g，煎服。

【化学成分】目前系统的化学成分分离鉴定工作尚未见有报道，仅通过 GC-MS 鉴定了小白薇茎叶石油醚提取物中 18 个化合物：3- 羟基 -4-（1- 羟基异丙基）-5，10- 二甲基 -1- 十氢萘酮、6，10- 二甲基 -9- 十一碳烯 -2- 酮、2-（2- 甲基环丙烯基）噻吩、4′- 甲氧基 -2′-（N- 甲乙酰氨基）-（1，1′- 联苯）-4- 羧酸、十六碳酸 -1- 甲丁酯、2，6- 二甲基 -2- 反 -6- 辛二烯、Z-8- 甲基 -9- 十四羰烯 -1- 醇 - 甲酸酯、5- 羟甲基 -3′，5，8a- 三乙基 -2- 亚甲基 -3′- 乙烯基十氢萘丙 -1- 醇、(4bS- 反)-4b，8，8- 三甲基 -1- 异丙基 -4b，5，6，7，8，8a，9，10- 八氢 -2- 菲酚、7- 甲基 -5- 羟基 -4′- 甲氧基黄酮、1- 三十二烷醇、β- 麦角甾烯醇、β- 谷甾醇、马钱子碱、麦角甾 -5，22- 二烯 -3- 醇乙酸酯、豆甾 -7- 烯 -3- 醇乙酸酯、双（2- 乙基己基）邻苯二甲酸盐、角鲨烯[1]。

【药理药效】小白薇具有抗炎、抗肿瘤的活性。陈珠等[2]研究发现小白薇 50% 醇提物对二甲苯所致小鼠耳肿胀有极为显著的抑制作用；除正丁醇高剂量组外，其余小白薇提取物对炎症晚期肉芽组织增生有显著的抑制作用。此外，小白薇各给药组对小鼠胸腺、脾脏无显著影响（表 5～7），因此对小鼠免疫功能无抑制作用，这与其用于治疗气虚无力的临床应用是相符的。

余先莹等[3]的研究表明，由同属植物娃儿藤开发的产品娃儿藤片具有镇咳、祛痰、平喘作用，可用于治疗慢性支气管炎，尤其对喘息型慢性支气管炎有一定的远期疗效。彭军鹏等[4]研究发现从娃儿藤中提取出的娃儿藤总碱、娃儿藤宁定和娃儿藤宁有抗肿瘤活性。广西壮族自治区医药研究所[5]的研究也发现娃儿藤总碱、娃儿藤宁定和娃儿藤宁在组织培养、抗白细胞指数测定和精原细胞法的测定结果中均显示有抗肿瘤活性，且对小鼠肿瘤细胞 S180、U14、L615 和大鼠肿瘤细胞 W256 都有抑制作用。此外，研究发现该药在亚急性毒性实验中具有明显降低白细胞的作用，因而推想其可能有抗白血病作用。

表5　小白薇提取物对二甲苯所致小鼠耳肿胀的影响（$\bar{x} \pm s$）

组别	动物数（只）	剂量（g/kg）	肿胀率（%）
空白组	12	等容积 NS	150.18 ± 39.13
醋酸泼尼松组	12	0.005	76.63 ± 35.25**
水提高	12	1.35	134.05 ± 33.25
水提低	12	0.45	129.86 ± 33.08
95% 醇提高	12	2.52	142.19 ± 32.35
95% 醇提低	12	0.84	144.34 ± 21.01
50% 醇提高	12	0.33	95.83 ± 44.43**
50% 醇提低	12	0.11	102.17 ± 47.10**
正丁醇高	12	0.34	119.0 ± 55.54
正丁醇低	12	0.11	122.8 ± 46.72
氯仿高	12	0.26	117.87 ± 36.08
氯仿低	12	0.086	135.2 ± 44.77

注：与空白组比较，**$P < 0.05$。

表6　小白薇提取物对小鼠肉芽组织的影响（$\bar{x} \pm s$）

组别	动物数（只）	剂量（g/kg）	肉芽干重
空白组	12	等容积 NS	0.025 ± 0.0028
醋酸泼尼松组	12	0.005	0.023 ± 0.0027
水提高	12	1.35	0.013 ± 0.0011**
水提低	12	0.45	0.012 ± 0.00059**
95% 醇提高	12	2.52	0.014 ± 0.0019**
95% 醇提低	12	0.84	0.013 ± 0.0017**
50% 醇提高	12	0.33	0.014 ± 0.0025**
50% 醇提低	12	0.11	0.020 ± 0.0063*
正丁醇高	12	0.34	0.022 ± 0.0043
正丁醇低	12	0.11	0.019 ± 0.0054**
氯仿高	12	0.26	0.011 ± 0.0032**
氯仿低	12	0.086	0.014 ± 0.0036**

注：与空白组比较，**$P < 0.01$，*$P < 0.05$。

表 7　小白薇提取物对小鼠胸腺、脾脏的影响（$\bar{x} \pm s$）

组别	动物数（只）	剂量（g/kg）	体重（g）	脾脏指数（g/10g 体重）	胸腺指数（g/10g 体重）
空白组	12	等容积 NS	31.45 ± 2.47	0.11 ± 0.039	0.078 ± 0.019
醋酸泼尼松组	12	0.005	29.26 ± 1.66	0.077 ± 0.0098**	0.026 ± 0.0073**
水提高	12	1.35	30.39 ± 1.62	0.12 ± 0.029	0.080 ± 0.038
水提低	12	0.45	31.24 ± 2.66	0.12 ± 0.024	0.086 ± 0.022
95% 醇提高	12	2.52	31.26 ± 2.22	0.13 ± 0.021	0.073 ± 0.014
95% 醇提低	12	0.84	30.42 ± 2.04	0.13 ± 0.048	0.083 ± 0.0097
50% 醇提高	12	0.33	32.5 ± 2.17	0.14 ± 0.067	0.090 ± 0.018
50% 醇提低	12	0.11	32.03 ± 2.00	0.12 ± 0.013	0.091 ± 0.016
正丁醇高	12	0.34	30.57 ± 1.90	0.13 ± 0.022	0.075 ± 0.025
正丁醇低	12	0.11	31.1 ± 2.40	0.14 ± 0.044	0.075 ± 0.017
氯仿高	12	0.26	32.61 ± 2.61	0.13 ± 0.028	0.078 ± 0.016
氯仿低	12	0.086	31.79 ± 2.28	0.13 ± 0.030	0.078 ± 0.017

注：与空白组比较，**$P < 0.01$。

【开发应用】

1. 标准规范　小白薇有药材标准 1 项：小白薇（阿科牛）［云南娃儿藤 *Tylophora yunnanensis*，《云南省中药材标准·彝族药》（2005 年版）］。

2. 专利申请　目前关于小白薇的专利有 12 项，主要涉及组方药用方面，具体如下：

（1）蓝子花，一种矮人陀活络伤湿止痛膏（CN1814228）（2006 年）。

（2）蓝子花，一种东风菜根活络镇痛药（CN100361687C）（2008 年）。

（3）王浩贵，一种治疗跌打损伤、风湿关节痛的外用药（CN100542549）（2009 年）。

（4）王金香，一种用于护理小儿麻痹后遗症的中药制剂及制备方法（CN103446460A）（2013 年）。

（5）李会霞，一种治疗骨折的中药组合物（CN102755488B）（2013 年）。

（6）韩旭萍，一种用于治疗痛经的药物及制备方法（CN103341006B）（2014 年）。

（7）杨国荣，一种治疗胃溃疡的中药制剂及制备方法（CN103385993B）（2014 年）。

（8）赵高伟，一种治疗慢性萎缩性胃炎的中药组合物（CN103520448B）（2014 年）。

（9）姜永华，一种治疗瘀阻胃络型胃癌的中药及其制备方法（CN103599237B）（2015 年）。

（10）江志强，一种治疗小儿遗尿症的中药颗粒及制备方法（CN104383189B）（2015 年）。

（11）丁洪珍，一种治疗腹痛的中药制剂（CN103432508B）（2015 年）。

（12）姜深美，一种治疗痛经的中药制剂（CN103705781B）（2016 年）。

3. 栽培利用 尚未见有栽培利用方面的研究报道。

4. 生药学探索 本品呈圆柱形或长圆锥形，略弯曲呈羊角状，长 4～16cm，直径 0.8～2.8cm。表面深棕褐色至紫褐色，粗糙有褶皱，具断续的环纹。质硬而脆，断面灰白色至灰棕色，粉性，形成层环类白色。气微香，味辛微苦、涩。相关理化鉴别方法也有记述[6]。

【药用前景评述】 小白薇在大理洱海东岸高海拔地区以及西岸的苍山上都有生长分布。白族人对该植物药用认识较早，然而有关小白薇的现代研究开展较少，其化学成分研究尚未见有报道，其含有的主要成分尚缺乏认识，这可能与该植物白族民间用于治疗的病症特色不显著，以及具有一定的毒性，其用途受到一定的限制有关。药理学研究结果显示，该植物具有抗炎、抗肿瘤的活性，对炎症晚期肉芽组织增生有显著的抑制作用，支持白族药用于风湿性关节疼痛、跌打损伤、肺结核低热、支气管炎等的传统应用。从现有研究结果来看，同属近缘植物娃儿藤开发的产品娃儿藤片具有镇咳、祛痰、平喘作用[2]，同时该植物主要含有具有抗肿瘤活性的生物碱类成分娃儿藤总碱、娃儿藤宁定和娃儿藤宁等[3]。考虑到小白薇的药用功效与此基本相仿，推测小白薇可能含有类似的化学成分。鉴于对小白薇的研究相对较少，近来本书作者及其相关研究团队又发现该植物具有一些针对现代常见病症、靶点的非传统药用功效与生物活性，因此该植物值得深入研究，其开发应用前景亦十分广阔。

参考文献

［1］林玉萍，王津，赵声兰，等.云南娃儿藤茎叶挥发性成分的 GC–MS 分析研究［J］.中国民族民间医药，2017，26（8）：24–26.

［2］陈珠，陈海丰，杨彩霞，等.民族药小白薇的抗炎活性成分的初步研究［J］.云南中医中药杂志，2015，36（8）：68–70.

［3］余先莹，周乐宾，陈石麟.娃儿藤片治疗慢性气管炎的疗效观察［J］.中成药研究，1983，（11）：21.

［4］彭军鹏，刘永和，李铣.娃儿藤生物碱的研究概况［J］.西北药学杂志，1989，4（4）：42–48.

［5］广西壮族自治区医药研究所.抗肿瘤药娃儿藤的实验研究——Ⅱ.抗肿瘤作用及药理研究［J］.生物化学与生物物理学报，1977，9（2）：139–145.

【植物基原】本品为列当科草苁蓉属植物丁座草 *Boschniakia himalaica* Hook. f. et Thoms. in Hook. f. 的块茎。

【别名】寄母怀胎、枇杷芋、丁座草。

【白语名称】荒忧脂（洱源）、德厚忧、继荒忧（云龙）、洋荒其、金忧之、寿专脂（剑川）、千荒忧（云龙关坪）。

【采收加工】秋、冬采挖，洗净，晒干备用。有小毒。

【白族民间应用】治风湿骨痛、跌打损伤、胃痛、肾盂肾炎、甲状腺肿、咽喉炎、月经不调、功能性不孕、淋巴结核、黄水湿疮、疮痈不溃。

【白族民间选方】①跌打损伤、劳伤筋骨痛：本品 10g，用酒浸泡 4～5 天，每晚睡前服 5～10mL。②咽喉炎、齿龈炎：本品 2g，研碎，以沸水泡服。③黄水疮、疮痈溃疡：本品粉外撒敷。④闭经：本品 10g，猪脚一只共煮，吃肉喝汤。

【化学成分】代表性成分：千斤坠主要含木脂素和五环三萜类成分.pinoresinol-4, 4'-di-O-β-D-glucopyranoside（1）、松脂素 -β-D- 吡喃葡萄糖苷（2）、松脂素（3）、7- 甲氧基松脂醇（4）、medioresinol（5）、hedyotol A（6）、9-acetyl lanicepside B（7）、lanicepside A（8）、lanicepside B（9）、lariciresinol（10）、valdinol D（11）、7-methoxylariciresinol（12）、lariciresinol 4'-O-β-D-glucopyranoside（13）、woonenoside XI（14）、isolariciresinol-9'-O-β-D-glucopyranoside（15）、densispicoside（16）、isolariciresinol（17）、burselignan（18）、negundin B（19）、熊果酸（20）、3- 表 - 乙酰熊果酸（21）、3β- 乙酰熊果酸（22）、ursonic acid（23）、乙酰熊果醛（24）、3β-acetoxyurs-12-en-28-al（25）、3- 表 -uvaol（26）、3β-acetate-uvaol（27）、3β- 乙酰氧基 - 熊果 -28, 13- 内酯（28）、3β- 乙酰氧基 - 熊果 -11（12）- 烯 -28, 13- 内酯（29）、α- 香树素（30）、3β- 乙酰氧基 -11α, 12α- 环氧 -14- 乙基 - 熊果 -28, 13-γ 内酯（31）、3β- 乙酰 -12-en-10- 乙基 - 熊果素（32）、3β- 乙酰 -10- 乙基 -12-en- 熊果酸（33）、3β- 乙酰 -12-en-10- 异丙醇 - 熊果酸（34）、齐墩果酸（35）、3β- 乙酰齐墩果酸（36），以及以 plantainoside D（37）和 plantamajoside（38）为代表的苯乙醇苷类化合物[1-14]。

7 **8** **9** **10** **11 12** R O OCH₃ **13**

14 **15** 7′S **16** 7′R **17** 7′S **18** 7′R **19**

20 β-OH **21** α-OAc **22** β-OAc **23** O **24** α-OAc **25** β-OAc **26** β-OH **27** β-OAc **28** **29**

30 **31** **32** CH₃ **33** COOH **34** **35** OH **36** OAc

37 **38**

1989 年至今已从千斤坠中分离鉴定了 60 个成分：

序号	化合物名称	结构类型	参考文献
1	（－）-Woonenoside XI	苯丙素	[11]
2	（＋）-Isolariciresinol	木脂素	[12]
3	（＋）-Isolariciresinol-9′-O-β-D-glucopyranoside	木脂素	[12]
4	（＋）-Lariciresinol	木脂素	[12]
5	（＋）-Lariciresinol-4′-O-β-D-glucopyranoside	木脂素	[8, 12]
6	（＋）-Medioresinol	木脂素	[12]
7	（＋）-Pinoresinol	木脂素	[3, 12]

序号	化合物名称	结构类型	参考文献
8	（+）-Pinoresinol-4，4′-di-O-β-D-glucopyranoside	木脂素	[12]
9	（+）-Pinoresinol-4-O-β-D-glucopyranoside	木脂素	[12]
10	（+）-Pinoresinol-β-D-glucoside	木脂素	[3, 5, 6, 7, 9]
11	（R）-（+）-Vanillyl-γ-buturolactone	酚类	[12]
12	2′-Acetyl acteoside	苯乙醇苷类	[8]
13	3-Acetate-uvaol	三萜	[4]
14	3-epi-Acetoxyurs-12-en-28-al	三萜	[3]
15	3-epi-Acetylursolic acid	三萜	[1, 2]
16	3-epi-Ursolic acid	三萜	[3]
17	3β-Acetoxy-10-ethyl-12-en-28-oic acid	三萜	[9]
18	3β-Acetoxy-10-isopropanol-12-en-28-oic acid	三萜	[9]
19	3β-Acetoxyurs-11-en-28，13-olide	三萜	[4, 5, 7]
20	3β-Acetoxyurs-12-en-28-al	三萜	[4, 7]
21	3β-Acetoxyurs-12-en-28-oic acid	三萜	[5, 6, 7]
22	3β-Acetoxyurs-28，13-olide	三萜	[5, 7, 9]
23	3β-Acetoxyurs-ursolic-12-en-10-ethyl	三萜	[9]
24	3β-Acetyloleanolic acid	三萜	[5, 6, 7, 12]
25	3β-Acetylursolic acid	三萜	[4, 13, 14]
26	7-Methoxylariciresinol	木脂素	[12]
27	7-Methoxylpinoresinol	木脂素	[4, 10]
28	9-Acetyllanicepside B	木脂素	[11]
29	Burselignan	木脂素	[12]
30	Carceorioside B	苯乙醇苷	[8]
31	Daucosterol	甾体	[3, 4, 7]
32	Densispicoside	木脂素	[12]
33	Gastrodin	酚苷	[8]
34	Hedyotol A	木脂素	[13, 14]
35	Hentriacontane	其他	[1, 2]

千斤坠

序号	化合物名称	结构类型	参考文献
36	Himaloside A	苯乙醇苷	[8]
37	Himaloside B	苯乙醇苷	[8]
38	Lanicepside A	木脂素	[11]
39	Lanicepside B	木脂素	[12]
40	Monoacetylrossicaside A	酚类	[12]
41	Negundin B	苯丙素	[13, 14]
42	Oleanolic acid	三萜	[9, 12]
43	Palmitic acid undecyl ester	其他	[1, 12]
44	Pinoresinol	木脂素	[4, 10]
45	Pinoresinol-O-β-D-glucopyranoside	木脂素	[4, 10]
46	Pinoresinol-β-D-glucoside	木脂素	[2]
47	Plantainoside D	苯丙素苷	[11, 12]
48	Plantamajoside	苯丙素苷	[11]
49	Salicifoliol	木脂素	[12]
50	Syringin	苯丙素苷	[11]
51	Tetracosanoic acid 2, 3-dihydroxypropyl ester	其他	[4]
52	Tricin	黄酮	[4]
53	Ursolic acid	三萜	[1, 2, 3, 4, 5, 6, 7, 9]
54	Ursonic acid	三萜	[4, 13, 14]
55	Uvaol	三萜	[4]
56	Valdinol D	木脂素	[12]
57	α-Amyrin	三萜	[4, 5, 7]
58	β-Sitosterol	甾体	[4, 5, 6, 7]
59	3β-乙酰氧基-11α,12α-环氧-14-乙基-熊果-28,13-γ内酯	三萜	[9]
60	咖啡酸甲酯	苯丙素	[13, 14]

【药理药效】目前关于千斤坠的药理活性研究少有文献报道，但是草苁蓉属植物却具有广泛的药理活性，包括抗肿瘤、抗菌、保肝、抗氧化和清除自由基等。具体为：

1. 抗肿瘤活性 草苁蓉中苯丙素苷类化合物、环烯醚萜苷和乙醇提取物可抑制肺癌细胞 A549 和肝癌细胞 SMMC-7721 的增殖，诱导细胞凋亡，阻滞细胞于 G_0/G_1 期，且这些作用具有良好的时间 - 剂量关系[15-17]。草苁蓉中的苯丙素类化合物还可以抑制 HepG2 细胞中甘油三酯的积累作用[18]。从千斤坠中分离得到的化合物紫丁香苷对 A549 细胞和人早幼粒白血病细胞 HL60 表现出体外细胞毒活性，其 IC_{50} 值分别为 32.5μM 和 41.8μM；化合物 9-acetyl-lanicepside B 对 A549 细胞和小鼠白血病细胞 P338 表现出较弱的体外细胞毒活性，其 IC_{50} 值分别为 64.7μM 和 72.5μM[11]。草苁蓉多糖和草苁蓉环烯醚萜苷对接种肝癌细胞 H_{22} 的荷瘤小鼠的肿瘤和新生血管有明显的抑制作用，可调节白介素 -2（IL-2）、肿瘤坏死因子 -α（TNF-α）和丙二醛（MDA）等细胞因子的表达，可下调肿瘤组织 HIF-1α 和 VEGF 的蛋白表达，提高机体抗氧化能力，减轻肝脏损伤[19-22]。草苁蓉多糖单独或联合氟尿嘧啶（5-FU）均可显著抑制小鼠腹水瘤 S180 的生长，并呈剂量依赖性；且草苁蓉多糖对荷瘤小鼠免疫功能的增强作用优于 5-FU，可刺激淋巴细胞的增殖，增加自然杀伤（NK）细胞的细胞毒性，增强血清 IL-2 和 TNF-γ 的分泌，增加脾脏 CD_4^+ 和 CD_8^+ T 淋巴细胞亚群[23]。草苁蓉环烯醚萜苷可通过上调 E-cadherin，下调 N-cadherin、Vimentin 来抑制 3 种人肝癌细胞 HepG2、SMMC-7721 和 SK-Hep1 细胞在上皮间质转化（EMT）模型中的迁移及侵袭[24]；还可以调节 MAPK 和 PI3K/Akt 信号传导通路相关蛋白的表达，提高肝组织抗氧化活性，降低脂质过氧化从而抑制二乙基亚硝胺（DEN）诱导的大鼠肝癌的生长[25]。草苁蓉甲醇提取物对大鼠肝癌细胞有较强的细胞毒性，在高浓度（0.75g/L，1.0g/L）时有明显的抑制生长和杀伤作用[26]。草苁蓉环烯醚萜苷还可提高 VX2 荷瘤兔的生存时间，对 VX2 移植瘤具有明显的抑制作用[27]。草苁蓉多糖能够显著抑制接种肝癌细胞 H_{22} 荷瘤小鼠的肿瘤生长，抑瘤率达 38.86%[28]。草苁蓉多糖、环烯醚萜苷及乙醇提取物可将人喉癌 Hep2 细胞和 DEN 诱导的大鼠肝癌细胞 HSC-T6 阻滞于 G_0/G_1 期，可通过调节凋亡信号通路来诱导细胞凋亡，具体为：①增加促凋亡因素，增加 pro-caspase-3、pro-caspase-8、pro-caspase-9 蛋白的分裂，升高 p-JNK、p-p38、p54、p21、p53 的表达水平和死亡受体 DR5 和 Bax 的表达水平；②抑制抗凋亡因素，减少 Bcl-2、p-ERK、p-Akt 的表达水平，最终使 Bcl-2/Bax 比例下调。这些数据说明草苁蓉多糖主要通过调节细胞周期变化和凋亡来抑制 Hep2 细胞的生长[29-37]。草苁蓉环烯醚萜苷可抑制人肝癌细胞 SK-Hep1 在 EMT 模型中的迁移及侵袭能力，其机制与上调 E-cadherin 和下调 N-cadherin、Vimentin 有关[38]。草苁蓉多糖及乙醇提取物对过氧化氢所致 HepG2 细胞氧化应激损伤及二乙基亚硝胺、叔丁基过氧化氢诱导的肝细胞凋亡具有保护作用，这种作用与降低培养液中乳酸脱氢酶（LDH）、谷草转氨酶（AST）和谷丙转氨酶（ALT）活性，降低细胞内 MDA 含量，升高细胞中 SOD 活性和谷胱甘肽（GSH）含量，降低细胞内 ERK 和 JNK 磷酸化水平，促进核因子 -κB（NF-κB）核转移并调节 p38 蛋白有关[39-42]。

2. 抗菌、抗病毒活性 从千斤坠中分离得到的化合物 himaloside A 和（+）-lariciresinol -4′-O-β-glucopyranoside 具有抗菌活性，对金黄色葡萄球菌和表皮葡萄球菌的最小抑菌浓度分别为 50μg/mL 和 25μg/mL[8]。草苁蓉提取物能保护病毒 CVB3 对大鼠心肌细胞的损伤，减少心肌酶的漏出[43]。

3. 抗炎、抗氧化活性　草苁蓉多糖能抑制血管内白细胞和中性粒细胞的渗出，抑制二甲苯引起的局部炎症和脂多糖（LPS）诱导的 RAW264.7 巨噬细胞炎症，其机制与抑制 MAPK、NF-κB 信号通路有关[13, 44-46]。草苁蓉乙醇提取物在体外可明显抑制肝星状细胞 HSC-T6 的增殖，诱导细胞凋亡，并使细胞周期阻滞于 G_0/G_1 期[47-50]。草苁蓉正丁醇萃取物、环烯醚萜和水萃取物可通过提高组织抗氧化活性来保护乙酰氨基酚诱发的急性肝损伤小鼠[51]。这些药物能降低大小鼠血清 ALT、AST 和碱性磷酸酶（ALP）、TNF-α、SOD 水平，减轻肝组织病理损伤，降低肝 NO 和 MDA 水平，升高肝脏 CAT、SOD、GPx、GST 和 GSH 水平，升高肝线粒体 SOD，Na^+-K^+-ATPase 和 Ca^{2+}-Mg^{2+}-ATPase 活性，降低肝匀浆及线粒体 MDA 含量，并降低肝细胞 DNA 损伤程度，从而对 DEN、LPS、D- 氨基半乳糖（GalN）和四氯化碳（CCl_4）诱发的小鼠急性肝损伤、肝癌产生保护作用[52-59]。草苁蓉环烯醚萜苷对 DEN 诱导的大鼠肝癌前病变肝脏组织和实验性肝纤维化有治疗作用[60-62]。草苁蓉多糖及乙醇提取物可抑制过氧化氢（H_2O_2）、Fe^{2+} 以及羟自由基（·OH）、CCl_4 所诱导的肝脂质过氧化发生，且呈良好的剂量依赖性，还能明显抑制红细胞脂质过氧化作用和减少红细胞溶血程度，其对·OH 诱导的红细胞及纯化红细胞膜体系脂质过氧化作用的半数抑制浓度分别为 0.047mg/mL 和 0.112mg/mL。这些结果表明草苁蓉多糖有体外抗脂质过氧化和红细胞保护作用[63-67]。草苁蓉多糖可提高叔丁基过氧化氢（tBHP）损伤的内皮细胞存活率；可降低细胞活性氧水平，减少 MDA 生成，提高 SOD 活性与 GSH 水平，抑制细胞凋亡；可降低胞浆 Cytc、线粒体 tBid 水平，减小细胞 Bax/Bcl-2 比值，抑制 Caspase-3、Caspase-8 和 Caspase-9 的活化。这些结果说明草苁蓉多糖可抑制氧化应激所致的血管内皮细胞的凋亡，其机制与线粒体凋亡途径和死亡受体途径均有关[68, 69]。草苁蓉提取物能使血清抗氧化酶的活性增强，降低过氧化脂质分解产物的含量，抑制单胺氧化酶（MAO）活性，从而改善细胞的能量代谢，减少自由基的产生，起到抗衰老和防治心血管损伤、动脉粥样硬化的作用[13, 70]。在中医学中，千斤坠全草被用来调节气血、缓解疼痛、止咳、化痰，治疗风湿性关节炎、腹痛腹胀、肾炎等。现代药理研究表明，千斤坠提取物具有潜在的镇咳、抗炎和抗氧化作用[71]。

4. 免疫调节活性　已有大量研究结果表明草苁蓉的提取液具有提高机体免疫功能的能力。使用低剂量草苁蓉乙醇提取液后，小鼠脾细胞中 IgM 空斑形成细胞（PFC）指数呈浓度依赖性升高，说明草苁蓉提取液对小鼠脾脏抗体分泌细胞的功能有促进作用[72]。另有报道通过淋巴细胞转化和溶血空斑实验，发现草苁蓉多糖能明显增加小鼠脾脏细胞的特异性抗体生成，增强脾细胞对细菌脂多糖的增殖反应，促进脾细胞的有丝分裂，并促进小鼠脾细胞产生 IL-2[73, 74]。朴玉仁等则利用电镜手段观察草苁蓉的乙醇提取物是否能对肝枯否细胞（一种巨噬细胞）产生影响，结果发现草苁蓉的乙醇提取物能明显恢复损伤细胞的吞噬功能至 90% 以上[75]。侯元等研究了草苁蓉多糖提取物对荷瘤小鼠腹腔巨噬细胞的影响，结果发现提取物对荷瘤小鼠的 T 淋巴细胞转化率、NK 细胞活性、腹腔巨噬细胞的吞噬功能有增强作用，表明提取物对荷瘤小鼠的非特异性免疫功能具有一定的调节功能[28]。

5. 保肝作用 草苁蓉通过抗炎、抗氧化、抗凋亡等作用对不同因素造成的肝损伤和肝纤维化产生保护作用。

（1）草苁蓉提取物：草苁蓉可通过下调 TNF-α、IL-10 和 p38 MAPK 活化来减轻油酸致大鼠的急性肺损伤[76]。草苁蓉对猪血清诱导的大鼠肝纤维化有治疗作用，具有抑制大鼠肝星状细胞增殖和胶原合成的作用[77]。草苁蓉乙醇提取物可影响非酒精性脂肪性肝病（NAFLD）大鼠肝组织中的羟脯氨酸和炎症因子水平。与模型组相比，药物提取物可降低大鼠血清 ALT、AST、总胆汁酸（TBA）、谷胱甘肽 -S 转移酶（GSH-ST）、谷胱甘肽过氧化物酶（GSH-P$_X$）水平而升高血清还原性 GSH 水平；降低大鼠肝组织中 NO、iNOS、COX-2、血红素氧合酶 -1（HO-1）蛋白的表达水平，降低 CYP2E1 和 NF-κB /p65 阳性表达，减少羟脯氨酸含量；同时降低 IL-1β、TNF-α 和 IL-6 水平，减轻肝组织病理学损害程度[78-81]。草苁蓉对扑热息痛和 CCl$_4$ 诱导的小鼠急性肝损伤也具有保护作用，其机制与提高肝组织中的 GSH 含量，抑制脂质过氧化，增强抗氧化酶活力，抑制炎症因子和降低 CYP2E1 含量有关[22, 82]。草苁蓉乙醇提取物在体外对肝星状细胞 HSC-T6 的增殖有显著的抑制作用[83]。

（2）草苁蓉多糖：有研究表明，与模型组相比，50mg/L 草苁蓉多糖能升高受损肝细胞的存活率，降低细胞外液中的 ALT、AST、LDH 活力，升高细胞内 SOD 活性和 GSH 含量并降低细胞内 MDA 含量。这表明草苁蓉多糖对肝损伤的保护机制与提高细胞抗氧化能力有关[84-86]。类似结果也表明草苁蓉多糖对肝细胞的氧化损伤有明显的保护作用，可降低 HepG2 细胞 NF-κB/p65 水平，对 Nrf2 蛋白水平无显著影响，同时降低 iNOS、HO-1 蛋白水平，但对 COX-2 蛋白水平无影响。草苁蓉多糖对半乳糖胺和脂多糖引起的暴发性肝衰竭具有保护作用。用药物预处理小鼠后可明显减少肝坏死，降低血清标志物酶、NO、TNF-α 和 IL-6 水平，降低 caspase-3 和 caspase-8 活性和肝细胞 DNA 损伤程度，并减少肝脏的脂质过氧化。说明草苁蓉多糖的保肝机制与增强抗氧化防御系统、抑制炎症反应、降低凋亡信号有关[87]。

（3）草苁蓉环烯醚萜和苯丙素苷：草苁蓉环烯醚萜苷可通过抑制肝星状细胞的活化来抑制肝纤维化的发生，可降低肝损伤大鼠的 ALT、AST 及 TBIL 水平，减少受损肝组织中的 α-SM 表达水平[88]。也有研究探讨了草苁蓉环烯醚萜苷的抗肝纤维化机制，发现药物能增强肝脏抗氧化酶活性来抑制脂质过氧化作用；降低肝细胞生长因子（HGF）水平来抑制肝再生；调节 Bcl-2 与 Bax 的比值来诱导肝细胞凋亡；影响 SMAD 蛋白表达来调控 TGF-β 信号通路；降低肝脏 α-SMA 的表达和调节肝脏 MMP 和 TIMP 的比值来减少肝纤维化病变[89]。草苁蓉环烯醚萜和苯丙素苷对 GalN、CCl$_4$ 及 LPS 诱发的急性肝损伤有保护作用，可明显降低肝损伤小鼠血清 ALT 和 AST 水平，降低肝组织 caspase-3 和 caspase-8 活化水平，升高 TNF-α、iNOS、COX-2 蛋白含量，抑制 CYP2E1 表达，并减少肝细胞 DNA 断裂。说明两种成分的保肝机制与抑制肝细胞凋亡有关[90-92]。

千斤坠

6. 降血糖作用　草苁蓉中的 boschnaloside 可以改善严重糖尿病小鼠的血糖异常和胰岛功能障碍。Bochnaloside 改善胰岛 β 细胞功能的作用与改变胰腺和十二指肠同位序列水平有关，也与增强胰高血糖素样肽 -1（GLP-1）的促胰岛素作用有关。Bochnaloside 通过与 GLP-1 受体胞外区相互作用来促进葡萄糖刺激的胰岛素分泌[93]。

7. 其他作用　草苁蓉提取物能提高阿尔茨海默病大鼠的学习记忆能力，可以增强模型大鼠海马神经干细胞 Nestin 的表达，减少胆碱能神经元凋亡，增强大鼠海马及皮质部位乙酰胆碱的含量和减少角质细胞的活化[94-97]。草苁蓉提取物在急性呼吸窘迫综合征（ARDS）发生时对正常肺组织有明显的保护作用，能抑制血清中 TNF-α、IL-10 的表达，抑制肺组织中 p-p38 MAPK 的表达。其机制与调节 MAPK 通路有关[98]。草苁蓉提取物能提升运动员备赛期的训练效果，且具备一定的安全性。运动员服用草苁蓉提取物后，肌肉维度明显提高，皮脂厚度明显减小，肌肉质量和肌肉发达度明显提高，而训练后各项生理指标均保持正常水平。这与其增加血清睾酮含量有关[99]。

8. 毒性　作者团队初步研究结果显示，白杜鹃花下寄生千斤坠粗提物 LD_{50} 为 15.1g/kg，介于有毒和小毒之间，会导致心、肝、肺、肾等脏器出现一定程度病变，而红色杜鹃花下千斤坠粗提物安全性良好[100]。

【开发应用】

1. 标准规范　千斤坠有药品标准 1 项、药材标准 1 项、中药饮片炮制规范 2 项。具体是：

（1）药品标准：千草脑脉通合剂［WS-10195（ZD-0195）-2002-2012Z］。

（2）药材标准：千斤坠［丁座草 *Boschniakia himalaica*，《云南省中药材标准》（2005年版）第一册］。

（3）中药饮片炮制规范：千斤坠饮片［《云南省中药饮片标准》（2005 年版）第二册］、千斤坠粉［《云南省中药饮片标准》（2005 年版）第二册］。

2. 专利申请　目前关于丁座草植物的专利有 17 项[101]，主要涉及治疗结肠炎及与其他中药配伍用于治疗肠炎、吸虫病、腮腺炎、肺癌、子宫颈癌、骨质疏松、泌尿系统疾病等；还用于制备果茶、保健功能酒等。具体如下：

（1）胡万林，一种治疗肾及泌尿系统疾病的药酒及其制备方法（CN1052160C）（2000 年）。

（2）杨罕闻，一种男士滋补保健功能酒（CN102517191B）（2013 年）。

（3）王磊，一种治疗绝经妇女骨质疏松症的中药组合物（CN103330837B）（2014年）。

（4）张丽红，一种治疗痰湿凝滞型胃癌的中药及其制备方法（CN103623283B）（2015 年）。

（5）陈忠田，一种清热止咳的中药汤剂（CN105031528A）（2015 年）。

（6）孙钦祥，一种治疗肝郁化火型神经衰弱的中药及制备方法（CN104983945A）

（2015 年）。

（7）宗园媛等，一种治疗冲任失调型乳腺增生的药物及其制备方法（CN104800519A）（2015 年）。

（8）郝红，用于治疗阴虚毒热型肺癌的药物及其制备方法（CN104669073A）（2015 年）。

（9）刘宏等，一种治疗脾肾阳虚型子宫颈癌的中药及制备方法（CN104491721A）（2015 年）。

（10）王旭东，一种治疗面神经麻痹症的中药药水及制备方法（CN104352661A）（2015 年）。

（11）黄德礼，一种治疗泥鳅毛线吸虫病的组合物（CN106176977A）（2016 年）。

（12）张维霞，一种治疗肝硬化腹水的中药制剂及其制备方法（CN105748847A）（2016 年）。

（13）吴刚，一种治疗气血虚弱型习惯性流产的中药及其制备方法（CN105727199A）（2016 年）。

（14）刘巴宁，一种治疗腮腺炎的中草药丸及其制备方法（CN105596660A）（2016 年）。

（15）陈腊保，一种用于治疗痛风的复合药物制剂及其制备方法（CN106511969A）（2017 年）。

（16）郝丽娟，一种用于假膜性肠炎的西药复方药物制剂（CN107412752A）（2017 年）。

（17）韦明辉，一种百香果复合果茶及其制备方法（CN106387214A）（2017 年）。

3. 栽培利用　尚未见有该植物栽培利用的研究报道。有研究报道显示千斤坠寄生环境及与寄主的寄生关系为：千斤坠为多年生根寄生植物，其寄主为马缨杜鹃。寄生在阴坡面海拔 2795m 以上的天然常绿阔叶林下，郁闭度 0.4 ～ 0.8，山脊附近居多。寄生深度平均为 2.7cm，主要寄生在 0.5 ～ 9mm 粗的根上，平均为 3.4mm。同一时期存在不同时代的个体，大部分寄生在主根上，少部分寄生在侧根上。一般丁座草个体经历过整个世代枯萎后会连同寄主根段一起干枯死亡[102]。

4. 生药学探索　尚未见有千斤坠生药学的研究报道。2019 年周浓对丁座草叶绿体进行测序，发现基因组包含 84 个基因，其中蛋白编码基因 50 个、tRNA 基因 30 个、rRNA 基因 4 个。系统发育分析表明，丁座草与肉苁蓉在亲缘关系上较为密切[103]。

5. 其他应用　千斤坠与虎尾草联合应用制成"千草脑脉通合剂"，有活血化瘀、化痰活络的功效，可用于痰瘀阻络所致的中风、中经络、半身不遂、口眼㖞斜、言语不利等。千斤坠水煮液和狼尾花制成的复方口服液在临床上用于治疗急性缺血性脑卒中，有效率达到 85.6%[104-106]。

李宜航等[107]采用反相超高效液相色谱法对丁座草药材进行了指纹图谱相似度评价，结果显示不同产地丁座草指纹图谱相似度较好；在指纹图谱中确定了 10 个共有峰，各色谱峰的分离较好，可用于丁座草药材的质量评价。金银萍等[108]、周自桂等[109]、陈莉[110]利用 HPLC 建立了多种测定千斤坠中松脂单葡萄糖苷含量的方法。

【药用前景评述】千斤坠是白族传统药用植物，外用为主，内服兼具。然而文献检索结果显示，关于该植物是否具有毒性的记录较为混乱，多数文献未进行说明，少部分文献史料则显示该植物有小毒，其中尤以《白族惯用植物药》相关记录最为详尽："本品有毒。①据经验认为，服后能促使四肢汗出而邪去。②据民间使用经验，该种在白花杜鹃下寄生的有毒，有麻感，只能作酒浸外用。红花杜鹃下寄生的可内服。并视切片为白色者，副反应为吐泻。以切片黄色者佳，无副反应。"我们之前开展的千斤坠急性毒性实验初步研究中发现，将采自红花和白花杜鹃灌丛下的千斤坠分别进行小鼠灌胃给药毒性测试，结果显示寄生在红、白花色杜鹃灌丛下的千斤坠存在安全性差异，白花杜鹃下寄生的千斤坠急性毒性显著，存在致死性；红花杜鹃下寄生的千斤坠则未发现致死性，与白族药用记载基本吻合，可见白族人民对千斤坠的认识深刻。

从白族民间千斤坠传统用药方式来看，主要是用于风湿骨痛、跌打损伤、胃痛、肾盂肾炎、甲状腺肿、咽喉炎、月经不调、功能性不孕、淋巴结核、黄水湿疮、疮痈不溃等，这其中抗菌消炎应该是核心关键。现代药理研究结果显示，千斤坠的确具有显著的抗菌、抗炎效果，同时，其具有的抗氧化、肝脏与心肌保护作用等也对上述病症有一定的辅助治疗作用。从千斤坠化学成分研究结果来看，其主要含有三萜、木脂素、酚性成分等，这几类些成分多具有抗炎、止痛、抗风湿、抗菌的效果，与植物表现出的药用品质相符。由此可见，白族对千斤坠的药用科学、合理，对植物毒副作用认识深刻。

目前，对于白族药千斤坠的应用正呈现上升趋势，相关专利有近20项，其中95%为近十年内申报，且基本上都是药用领域。由于该植物属于高山寄生性植物，人工栽培相对较为困难，资源有限，因此千斤坠的研究与开发仍具有一定的潜力。

参考文献

［1］王元平.丁座草化学成分研究［J］.云南大学学报（自然科学版），1989，11（4）：356.

［2］陈于澍，邓超.大洋花七化学成分的研究［J］.云南化工，1991，（1-2）：10-11.

［3］陈于澍，商士斌.丁座草化学成分研究［J］.植物学报，1992，34（11）：878-882.

［4］刘利辉.球蕊五味子和丁座草化学成分研究［D］.昆明：云南大学，2002.

［5］金银萍，张国刚，郑洪婷，等.丁座草的化学成分研究［J］.中南药学，2008，6（1）：43-45.

［6］金银萍，张国刚，郑洪婷，等.丁座草的化学成分研究［J］.中国药物化学杂志，2007，17（6）：390-391.

［7］金银萍.丁座草化学成分和质量控制［D］.沈阳：沈阳药科大学，2007.

［8］Wan JF, Yuan JQ, Mei ZN, et al. Phenolic glycosides from *Boschniakia himalaica*［J］. Chin Chem Lett, 2012, 23（5）：579-582.

［9］曹杰.民族药丁座草化学成分研究［D］.北京：北京师范大学，2011.

［10］Liu LH, Pu JX, Zhao JF, et al. A new lignan from *Boschniakia himalaica*［J］. Chin Chem Lett, 2004, 15（1）：43-45.

［11］Yang XZ，Yuan JQ，Wan JF. Cytotoxic phenolic glycosides from *Boschniakia himalaica*［J］. Chem Nat Compd，2012，48（4）：555–558.

［12］Zhang WN，Luo JG，Kong LY. Chemical constituents from *Boschniakia himalaica*［J］. Biochem Syst Ecol，2013，49：47–50.

［13］刘玉娇.猪腰豆、丁座草的化学成分研究及 IBX 在植物成分转化中的应用［D］.昆明：云南师范大学，2015.

［14］Liu YJ，Min K，Huang GL，et al. Compounds from the acid hydrolysate of glycosides of *Boschniakia himalaica*［J］. Chem Nat Compd，2019，55（1）：105–106.

［15］金延华，刘春彦，金爱花，等.草苁蓉苯丙素苷对肺癌细胞周期分布和凋亡的影响［J］.中国实验方剂学杂志，2011，17（7）：213–216.

［16］尹学哲，许惠仙，徐俊萍，等.草苁蓉提取物抑制肺癌细胞增殖分子机制的研究［J］.食品科技，2011，36（5）：191–193，198.

［17］金艳峰.草苁蓉乙醇提取物对人肝癌 SMMC–7721 细胞株增殖及凋亡的干预作用［D］.延边：延边大学，2007.

［18］Zhang Y，Wu CH，Guo LL，et al. Triglyceride accumulation inhibitory effects of phenylpropanoid glycosides from *Boschniakia rossica* Fedtsch et Flerov［J］. Fitoterapia，2013，85：69–75.

［19］金爱花，朴龙，尹学哲，等.草苁蓉环烯醚萜苷对 H_{22} 小鼠肝癌移植瘤的抑瘤作用［J］.中草药，2012，43（2）：332–335.

［20］王秋燕，王晶，倪颖，等.草苁蓉水萃取物对小鼠肝癌移植瘤的生长抑制作用［J］.延边大学医学学报，2012，35（2）：107–109.

［21］尹学哲，朴龙，金爱花，等.草苁蓉提取物对小鼠 H_{22} 肝癌移植瘤血管生成的抑制作用［J］.食品研究与开发，2016，37（14）：1–4.

［22］朴龙.草苁蓉环烯醚萜苷的肝损伤保护作用及抑瘤作用的研究［D］.延边：延边大学，2011.

［23］Wang ZH，Wu BJ，Zhang XH，et al. Purification of a polysaccharide from *Boschniakia rossica* and its synergistic antitumor effect combined with 5–Fluorouracil［J］. Carbohydr Polym，2012，89（1）：31–35.

［24］朱洁波.草苁蓉环烯醚萜苷对人肝癌细胞 EMT 模型的逆转作用［D］.延边：延边大学，2019.

［25］崔香丹.草苁蓉环烯醚萜苷对肝癌的抑制作用及其机制的实验研究［D］.延边：延边大学，2018.

［26］薛勇，颜玉，朱德全，等.草苁蓉甲醇提取物（BR）对大鼠肝癌细胞功能的影响［J］.黑龙江医药科学，2011，34（5）：1–2.

［27］许惠仙，金延华，金爱花，等.草苁蓉环烯醚萜苷对兔 VX2 移植瘤细胞增殖和凋亡的作用［J］.延边大学医学学报，2011，34（3）：169–172.

［28］侯元，霍德胜，魏艳君，等.草苁蓉多糖的抗肿瘤作用及免疫调节作用［J］.吉林大

千斤坠

学学报（医学版），2007，33（6）：1022–1025.

［29］张军，张耀明，王正辉，等.草苁蓉多糖提取物诱导人喉癌 Hep2 细胞凋亡的实验研究 ［J］.陕西医学杂志，2014，43（8）：947–949.

［30］崔香丹，郑峰，朱洁波，等.草苁蓉环烯醚萜苷对二乙基亚硝胺诱发肝癌大鼠细胞凋亡的影响［J］.中国现代医学杂志，2017，27（27）：7–11.

［31］崔香丹，郑峰，朱洁波，等.草苁蓉环烯醚萜苷对肝癌抑制作用［J］.中国公共卫生，2018，34（4）：521–524.

［32］崔香丹，郑峰，朱洁波，等.草苁蓉环烯醚萜苷含药血清诱导人肝癌 SMMC–7721 细胞凋亡中 PI3K/Akt 通路的作用［J］.食品工业科技，2018，39（1）：77–81.

［33］尹宗柱，金海玲，李天洙，等.草苁蓉甲醇提取物对二乙基亚硝胺诱发大鼠肝脏癌前病变的抑制作用［J］.中国中药杂志，1998，23（7）：424–426，428.

［34］李彩峰，王晓琴，刘勇，等.草苁蓉化学成分及药理活性研究进展［J］.中草药，2014，45（7）：1016–1023.

［35］金永日.草苁蓉对大鼠肝星状细胞增殖与凋亡的影响及其分子机制的研究［D］.延边：延边大学，2012.

［36］Yao CP，Cao XJ，Fu Z，et al. *Boschniakia rossica* polysaccharide triggers laryngeal carcinoma cell apoptosis by regulating expression of Bcl–2，caspase–3，and P53［J］. Med Sci Monit，2017，23：2059–2064.

［37］Wang ZH，Lu CX，Wu CQ，et al. Polysaccharide of *Boschniakia rossica* induces apoptosis on laryngeal carcinoma Hep2 cells［J］. Gene，2014，536（1）：203–206.

［38］朱洁波，董学花，崔香丹，等.草苁蓉环烯醚萜苷对 SK–Hep1 细胞 EMT 的抑制作用及其机制［J］.广东医学，2019，40（22）：3103–3107.

［39］全吉淑，王玉娇，尹基峰，等.草苁蓉多糖对 HepG2 细胞氧化应激的抑制作用［J］.食品研究与开发，2016，37（11）：6–9.

［40］尹学哲，王玉娇，尹基峰，等.草苁蓉提取物对 HepG2 细胞氧化应激损伤的保护作用［J］.食品科学，2015，36（15）：173–178.

［41］沈明花，尹宗柱，金明，等.草苁蓉提取物对二乙基亚硝胺诱发的肝癌前病变大鼠血清超氧化物歧化酶活性及丙二醛含量的影响［J］.延边大学医学学报，1998，21（4）：206–208.

［42］田笑.草苁蓉多糖对叔丁基过氧化氢引起肝细胞凋亡的保护作用［D］.延边：延边大学，2018.

［43］曹红子，玄延花，张成镐，等.草苁蓉提取物抗柯萨奇 B3 病毒的实验研究［J］.中国中医药科技，2002，9（2）：106–107.

［44］迟立超.草苁蓉多糖的抗炎作用及毒性实验研究［D］.长春：吉林大学，2008.

［45］费鸿博，何海涛，刘苗苗，等.草苁蓉多糖的体内抗炎作用［J］.长春师范大学学报，2014，33（3）：88–91.

［46］刘莉园.草苁蓉多糖对脂多糖诱导的 RAW264.7 巨噬细胞炎症反应的影响及其机制［D］.延边：延边大学，2019.

［47］金春丽，朴熙绪，李春浩，等.草苁蓉乙醇提取物对大鼠肝星状细胞体外增殖与凋亡的影响［J］.中国实验方剂学杂志，2012，18（15）：246-250.

［48］金春丽.草苁蓉乙醇提取物对大鼠肝星状细胞体外增殖与凋亡的影响［D］.延边：延边大学，2010.

［49］黄媛，金永日，朴熙绪，等.草苁蓉乙醇提取物对大鼠肝星状细胞增殖与凋亡的影响［J］.中国医院药学杂志，2012，32（1）：1-5.

［50］黄媛.草苁蓉乙醇提取物对大鼠肝星状细胞增殖与凋亡的影响［D］.延边：延边大学，2009.

［51］尹学哲，金延华，王玉娇，等.草苁蓉不同溶剂萃取物对对乙酰氨基酚诱导的小鼠急性肝损伤的保护作用［J］.中国药学杂志，2014，49（6）：469-472.

［52］李迪，申镐源，赵薇，等.草苁蓉环烯醚萜对D-氨基半乳糖所致急性肝损伤小鼠肝组织抗氧化活性的影响［J］.延边大学医学学报，2012，35（2）：98-100.

［53］郑峰，崔香丹，金雪峰，等.草苁蓉环烯醚萜苷对肝癌大鼠抗氧化活性的影响［J］.时珍国医国药，2017，28（4）：787-789.

［54］沈明花，尹宗柱.草苁蓉提取物对二乙基亚硝胺诱发的肝脏癌前病变大鼠抗氧化活力的影响［J］.中国中药杂志，1999，24（12）：746-748.

［55］赵文玺，金梅花，李天，等.草苁蓉水萃取物对四氯化碳致肝损伤小鼠肝脏氧化应激的干预作用［J］.中国中药杂志，2013，38（6）：875-878.

［56］尹学哲，许惠仙，赵文玺，等.草苁蓉水萃取物对脂多糖与D-氨基半乳糖所致小鼠肝脏氧化应激和细胞凋亡的影响［J］.食品与生物技术学报，2013，32（5）：469-473.

［57］杨振凯，杨阳，张亚男，等.草苁蓉正丁醇及水萃取物对小鼠急性肝损伤的保护作用［J］.延边大学医学学报，2011，34（2）：105-107.

［58］汪霞.草苁蓉环烯醚萜对DEN诱导的肝癌前病变大鼠血清抗氧化酶活力的影响［D］.延边：延边大学，2010.

［59］金梅花，高峰，何鑫，等.草苁蓉多糖对四氯化碳所致HepG2细胞损伤的保护作用［J］.辽宁中医杂志，2017，44（11）：2379-2381.

［60］金延华.草苁蓉环烯醚萜苷对肝癌前病变大鼠肝脏标志酶及抗氧化酶的影响［D］.延边：延边大学，2011.

［61］黄红国.草苁蓉乙醇提取物对大鼠肝纤维化的治疗作用［D］.延边：延边大学，2002.

［62］马茜茜，元海丹，叶利，等.不同草苁蓉提取物中化学成分及药理作用的研究进展［J］.安徽农业科学，2015，43（7）：11-14.

［63］李勇，陈丽艳，金梅花，等.草苁蓉多糖抗氧化活性研究［J］.食品科技，2011，36（11）：246-248.

［64］杨秀伟，楼之岑，严仲铠.草苁蓉乙醇提取物对四氯化碳中毒小鼠肝组织的抗脂质过氧化作用［J］.中国药学杂志，1995，30（2）：84-86.

［65］张海丰，臧皓，沈鹏，等.草苁蓉正丁醇萃取物的抗氧化活性及物质基础初步研究［J］.中草药，2018，49（2）：382-388.

［66］金爱花，陈丽艳，全吉淑.草苁蓉多糖红细胞保护作用［J］.中国公共卫生，2011，27（11）：1433-1434.

［67］范丽颖，任军，王微.草苁蓉多糖的研究进展［J］.中国实验方剂学杂志，2015，21（8）：206-209.

［68］崔香丹，何鑫，朱洁波，等.草苁蓉多糖对氧化应激所致血管内皮细胞凋亡的抑制作用［J］.食品科学，2018，39（9）：127-133.

［69］何鑫.草苁蓉多糖对叔丁基过氧化氢引起血管内皮细胞凋亡的保护作用［D］.延边：延边大学，2017.

［70］金美善，李莲花，姜逢春，等.草苁蓉对体外培养乳鼠肝细胞抗衰老作用的研究［J］.延边大学医学学报，1997，20（4）：223-226.

［71］Zhang L，Zhao YS，Wang ZPA，et al. The genus *Boschniakia* in China：An ethnopharmacological and phytochemical review［J］. J Ethnopharmacol，2016，194：987-1004.

［72］姜勇男，郑承勋，李红花，等.草苁蓉对小鼠抗体分泌细胞的影响［J］.延边医学院学报，1992，15（3）：170-172.

［73］张庆镐，李英信，李红花，等.草苁蓉多糖对小鼠体液免疫功能的影响［J］.延边大学医学学报，1999，22（1）：26-28.

［74］张庆镐，李红花，魏成淑，等.草苁蓉多糖对小鼠白细胞介素 -2 产生的影响［J］.延边大学医学学报，2000，23（1）：37-38.

［75］朴玉仁，姜玉顺，李英信，等.草苁蓉对损伤肝枯否细胞免疫活性的影响［J］.中草药，1994，25（4）：200-202.

［76］勾万会，郑峰，尹学哲.草苁蓉对油酸致大鼠急性肺损伤的保护作用［J］.时珍国医国药，2016，27（3）：526-528.

［77］吴春松.草苁蓉、氧化苦参碱与 α 干扰素治疗鼠肝纤维化的实验研究［D］.延边：延边大学，2003.

［78］何松美，刘霞，吴煜良，等.草苁蓉乙醇提取物对 NAFLD 大鼠肝脏炎性因子表达的影响［J］.实用肝脏病杂志，2014，17（5）：519-522.

［79］张炜煜，朴熙绪，金海燕，等.草苁蓉乙醇提取物对大鼠非酒精性脂肪性肝病的保护作用及机制［J］.世界华人消化杂志，2012，20（32）：3087-3094.

［80］朴秉国.草苁蓉乙醇提取物对乙醇中毒大鼠急性肝损伤的保护作用［D］.延边：延边大学，2002.

［81］全吉淑.草苁蓉活性成分保肝作用研究［D］.延边：延边大学，2014.

［82］宋昊.草苁蓉乙醇提取物对扑热息痛诱导小鼠急性肝损伤的保护作用［D］.延边：延边大学，2015.

［83］李成浩.草苁蓉乙醇提取物对肝星状细胞增殖及胶原合成的影响［D］.延边：延边大学，2004.

［84］王玉娇.草苁蓉多糖对肝细胞氧化损伤的保护作用［D］.延边：延边大学，2014.

［85］尹学哲，王玉娇，尹基峰，等.草苁蓉多糖对过氧化氢损伤 HepG2 细胞 NF-κB 表达

的影响 [J]. 中国老年学杂志, 2016, 36 (13): 3108-3110.

[86] 尹学哲, 王玉娇, 尹基峰, 等. 草苁蓉多糖对张氏肝细胞氧化损伤保护作用 [J]. 中国公共卫生, 2017, 33 (6): 972-974.

[87] Quan JS, Jin MH, Xu HX, et al. BRP, a polysaccharide fraction isolated from *Boschniakia rossica*, protects against galactosamine and lipopolysaccharide induced hepatic failure in mice [J]. J Clin Biochem Nutr, 2014, 54 (3): 181-189.

[88] 李香丹, 金永日, 金海燕, 等. 草苁蓉环烯醚萜苷对大鼠肝纤维化的保护作用及其机制 [J]. 延边大学医学学报, 2016, 39 (3): 175-178.

[89] 许惠仙. 草苁蓉环烯醚萜苷对大鼠肝脏癌前病变保护机制的实验研究 [D]. 延边: 延边大学, 2012.

[90] 朴龙, 杨振凯, 杨阳, 等. 草苁蓉环烯醚萜对内毒素诱导 D- 半乳糖胺致敏小鼠肝细胞凋亡的影响 [J]. 前沿科学, 2011, 5 (18): 11-14.

[91] Quan JS, Li T, Zhao WX, et al. Hepatoprotective effect of polysaccharides from *Boschniakia rossica* on carbon tetrachloride-induced toxicity in mice [J]. J Clin Biochem Nutr, 2013, 52 (3): 244-252.

[92] Quan JS, Yin XZ, Xu HX. *Boschniakia rossica* prevents the carbon tetrachloride-induced hepatotoxicity in rat [J]. Exp Toxicol Pathol, 2011, 63: 53-59.

[93] Lin LC, Lee LC, Huang C, et al. Effects of boschnaloside from *Boschniakia rossica* on dysglycemia and islet dysfunction in severely diabetic mice through modulating the action of glucagon-like peptide-1 [J]. Phytomedicine, 2019, 62: 152946.

[94] 张艳, 明亮, 章家胜, 等. 草苁蓉的促智作用 [J]. 安徽医科大学学报, 1994, 29 (3): 181-183.

[95] 周丽莎, 朱书秀, 王小月. 草苁蓉提取物对阿尔茨海默病模型大鼠海马神经干细胞巢蛋白及学习记忆的影响 [J]. 时珍国医国药, 2008, 19 (11): 2671-2673.

[96] 周丽莎, 朱书秀, 望庐山. 草苁蓉提取物对 AD 模型大鼠学习记忆能力及神经元凋亡的影响 [J]. 时珍国医国药, 2009, 20 (12): 2970-2971.

[97] 周丽莎, 朱书秀, 望庐山. 草苁蓉提取物对阿尔茨海默病大鼠乙酰胆碱及学习记忆能力的影响 [J]. 中国医院药学杂志, 2009, 29 (23): 1980-1983.

[98] 勾万会. 草苁蓉提取物对油酸型大鼠急性呼吸窘迫综合征的保护作用 [D]. 延边: 延边大学, 2014.

[99] 姜丽. 草苁蓉提取物对健美运动训练的应用价值 [J]. 华侨大学学报, 2016, 37 (4): 471-474.

[100] 郭羽, 梁攀, 李昌虎, 等. 白族药千斤坠粗提物急性毒性初步研究 [J]. 中国民族民间医药, 2020.

[101] SooPAT. 枇杷芋 [A/OL]. (2020-03-15) [2020-03-15]. http://www2.soopat.com/Home/Result?Sort=&View=& Columns=&Valid=&Embed=&Db=&Ids=&FoderIds=&FolderId=&ImportPatentIndex=&Filter=&SearchWord=%E6%9E%87%E6%9D%B7%E8%8A%8B&FMZL=Y&SYXX=

千斤坠

Y&WGZL=Y&FMSQ=Y.

　　[102] 王有兵，罗燕彬，代万，等 . 丁座草寄生环境及寄生关系的初步研究［J］. 林业调查规划，2015，40（5）：157-160.

　　[103] Zhou N. Characterization of the complete chloroplast genome of *Boschniakia himalaica* J.D.Hooker & Thomson（Orobanchaceae），a medicinal species in southwest China［J］. Mitochondrial DNA B Resour，2019，4（2）：3064-3065.

　　[104] 鲍娟 . 千草脑脉通治疗急性缺血性卒中的临床研究［D］. 昆明：昆明医学院，2005.

　　[105] 鲍娟，谈跃，徐勉，等 . 千草脑脉通口服液治疗急性缺血性卒中 90 例临床研究［J］. 中医杂志，2006，（12）：920-922.

　　[106] 路娟，李宜航，房碧晗，等 . 千草脑脉通合剂活血作用研究［J］. 时珍国医国药，2015，26（2）：257-259.

　　[107] 李宜航，宋美芳，吕娅娜，等 . 丁座草药材指纹图谱的建立及质量评价［J］. 中国现代中药，2016，18（4）：440-443.

　　[108] 金银萍，杜树山，张岩，等 . 高效液相色谱法测定丁座草中松脂素单葡萄糖苷的含量［J］. 中南药学，2007，4：320-322.

　　[109] 周自桂，金春，徐成，等 . HPLC 法测定千草脑脉通片中（+）- 松脂素单葡萄糖苷的含量［J］. 中国药师，2010，13（5）：697-698.

　　[110] 陈莉 . 千草脑脉通合剂的药学研究［D］. 哈尔滨：黑龙江中医药大学，2014.

【植物基原】本品为川续断科双参属植物大花双参 *Triplostegia grandiflora* Gagnep. 的根。

【别名】对对参、合合参、和合药、萝卜参、土洋参、大花囊苞。

【白语名称】尚钩忧、好好腰（洱源）、双生子（剑川金华）。

【采收加工】秋季挖根，洗净晒干。

【白族民间应用】健脾益肾、活血调经、止崩漏、解毒。用于久病体虚、慢性肝炎、肾虚腰痛、贫血、咳嗽、遗精、阳痿、风湿关节痛、月经不调、倒经、带下、不孕症等。

【白族民间选方】①肾虚腰痛：本品 25～50g，煎服；或本品与猪肾炖服。②久病体虚：本品 50g，炖鸡服。③倒经：本品 50g，加侧柏炭适量，煎服。

【化学成分】大花双参主要含齐墩果烷三萜苷和环烯醚萜苷类成分 triplosides A-G（1～7）、大花双参苷 A（triplostoside A，8）、3'-O-β-D-glucopyranosylsweroside（9）、青叶胆苦苷（sweroside，10）、secologanol（11）、马钱酸（loganic acid，12）、马钱子苷（loganin，13）、甲基马钱素（methylloganin，14）、6'-O-β-吡喃葡萄糖马钱苷（loganin 6'-O-β-glucopyranoside，15）、alyxialactone（16）、（3S，4R，4aS，6S，7R，7aS）-methyl-3，6-dihydroxy-7-methyloctahydrocyclopenta［c］pyran-4-carboxylate（17）、马钱苷元（loganetin，18），乌苏烷三萜成分 α-香树精（α-amirina，19）、3β，28-二羟基-乌苏烷（3β，28-dihydroxyursane，20）、3β，23-二羟基-12-烯-28-酸（3β，23-dihydroxyurs-12-en-28-oic-acid，21）、3β-羟基-24-降-乌苏-4（23），12-二烯-28-酸［3β-hydroxy-24-nor-urs-4（23），12-dien-28-oic acid，22］，以及咖啡酸甲酯（methyl caffeate，23）、落叶松脂醇（lariciresinol，24）、胡萝卜苷（daucosterol，25）等其他结构类型化合物[1-6]。

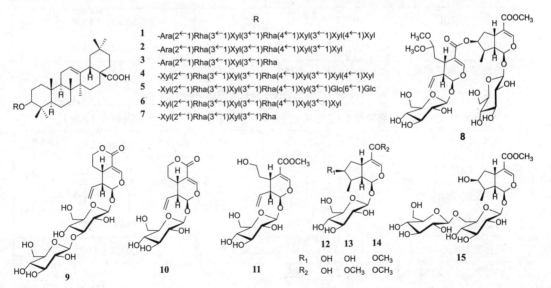

16　17　18　19 R CH₃　20 CH₂OH　21

22　23　24　25

【药理药效】 药理学研究表明双参有抗应激、降血糖作用。刘晓波等[7]的研究发现双参能显著延长小鼠的游泳时间，延长小鼠在缺氧、高温、低温环境中的存活时间，表明双参能提高小鼠的抗应激能力，增强机体对环境变化的适应能力（表8～11）。他们[8]进一步研究了双参的降血糖作用，结果显示双参对正常血糖小鼠无明显降低作用，但能降低葡萄糖及肾上腺素性高血糖小鼠的血糖水平，降低四氧嘧啶性糖尿病小鼠的血糖水平，减少动物的饮水量和饮食量（表12、13）。刘晓波等[9]对双参的降血糖作用机制进行了深入研究，发现双参能提高四氧嘧啶糖尿病模型小鼠心、肝、肾组织的超氧化物歧化酶活性，并能降低心、肝、肾组织中丙二醛含量，表明双参具有降低实验性糖尿病小鼠血糖的作用，而这种作用可能是由清除自由基及抗脂质过氧化过程实现的（表14、15）。

表8　双参对小鼠游泳持续时间的影响（$\bar{x} \pm s$）

组别	动物数（n）	剂量（g/kg）	存活时间（min）
生理盐水组	10	-	31.64 ± 9.09
人参组	10	5.9	120.58 ± 19.83*
双参低剂量组	10	2.6	42.98 ± 10.22**
双参中剂量组	10	5.2	58.33 ± 13.88*
双参高剂量组	10	7.8	84.80 ± 11.53*

注：*与生理盐水组比较，$P < 0.001$；**$P < 0.05$。

表9　双参对小鼠缺氧条件下存活时间的影响（$\bar{x} \pm s$）

组别	动物数（n）	剂量（g/kg）	存活时间（min）
生理盐水组	10	-	28.48 ± 2.99
人参组	10	5.9	45.97 ± 7.44*
双参低剂量组	10	2.6	31.74 ± 3.11**
双参中剂量组	10	5.2	34.98 ± 4.85**
双参高剂量组	10	7.8	36.27 ± 4.97*

注：*与生理盐水组比较，$P < 0.001$；**$P < 0.05$。

表 10　双参对小鼠高温环境下存活时间的影响（$\bar{x} \pm s$）

组别	动物数（n）	剂量（g/kg）	存活时间（min）
生理盐水组	10	-	19.80 ± 5.06
人参组	10	5.9	56.99 ± 14.67*
双参低剂量组	10	2.6	25.59 ± 6.56**
双参中剂量组	10	5.2	33.38 ± 8.03*
双参高剂量组	10	7.8	38.15 ± 6.05*

注：*与生理盐水组比较，$P < 0.001$；**$P < 0.05$。

表 11　双参对小鼠低温环境下存活时间的影响（$\bar{x} \pm s$）

组别	动物数（n）	剂量（g/kg）	存活时间（min）
生理盐水组	10	-	204.58 ± 62.01
人参组	10	5.9	392.95 ± 87.60*
双参低剂量组	10	2.6	261.89 ± 56.46**
双参中剂量组	10	5.2	270.11 ± 60.33**
双参高剂量组	10	7.8	286.21 ± 41.87**

注：*与生理盐水组比较，$P < 0.001$；**$P < 0.05$。

表 12　双参对小鼠葡萄糖性及肾上腺素性高血糖的影响（$\bar{x} \pm s$, mmol/L, $n=10$）

组别	剂量（g/kg）	葡萄糖性高血糖模型	肾上腺素性高血糖模型
NS	-	5.62 ± 0.85	5.62 ± 0.87
模型组	-	10.54 ± 1.27*	12.24 ± 1.19*
优降糖	0.1	3.25 ± 0.69*	5.55 ± 0.98#
双参低剂量组	2.6	7.49 ± 0.88*	9.84 ± 1.05*#
双参中剂量组	5.2	6.28 ± 1.00*	7.70 ± 1.11*#
双参高剂量组	7.8	5.73 ± 0.90**	6.55 ± 0.93*#

注：与 NS 组比较，*$P < 0.001$，**$P < 0.01$；与模型组比较，#$P < 0.001$。

表 13　双参对小鼠四氧嘧啶性糖尿病血糖的影响（$\bar{x} \pm s$, mmol/L, $n=14$）

组别	剂量（g/kg）	给药前	给药后 7d	给药后 14d
模型组	-	26.74 ± 3.20	24.05 ± 3.16	19.51 ± 2.66
优降糖	0.1	27.20 ± 3.49	12.93 ± 3.27*	8.75 ± 2.49*
双参低剂量组	2.6	27.36 ± 3.12	21.93 ± 2.09***	16.57 ± 3.65***
双参中剂量组	5.2	27.39 ± 3.79	19.78 ± 2.84**	13.61 ± 3.55*
双参高剂量组	7.8	27.01 ± 3.12	15.52 ± 2.55*	9.61 ± 3.01*

注：与模型组比较，*$P < 0.001$，**$P < 0.01$；***$P < 0.05$。

双参

表14　双参提取液对糖尿病小鼠 SOD 活性的影响（$\bar{x} \pm s$, n=10）

组别	剂量（mg/kg）	SOD 活性（U/mg）		
		心	肝	肾
正常组	-	115.16 ± 11.07	175.08 ± 3.91	95.69 ± 3.06
模型组	-	58.87 ± 2.56**	80.99 ± 1.53**	48.70 ± 1.81**
低剂量组	30	64.07 ± 2.92**	89.95 ± 1.77**	56.67 ± 2.06**
中剂量组	60	76.67 ± 1.77**#	109.74 ± 5.06**#	65.35 ± 2.45**#
高剂量组	120	79.17 ± 1.86**#	114.64 ± 1.92*#	72.66 ± 1.46*#

注：与正常组比较，*$P < 0.05$，**$P < 0.01$；与模型组比较，#$P < 0.05$。

表15　双参提取液对糖尿病小鼠 MDA 含量的影响（$\bar{x} \pm s$, n=10）

组别	剂量（mg/kg）	MDA 含量（nmol/mg）		
		心	肝	肾
正常组	-	6.14 ± 0.90	3.84 ± 0.22	2.60 ± 0.26
模型组	-	11.92 ± 8.92**	5.82 ± 0.24*	4.04 ± 0.22**
低剂量组	0.03	10.77 ± 0.90**	5.16 ± 0.17*	3.75 ± 0.23**
中剂量组	0.06	7.67 ± 0.39*#	4.58 ± 0.17*	3.57 ± 0.12*#
高剂量组	0.12	6.95 ± 0.57*#	4.30 ± 0.20*#	3.35 ± 0.13*#

注：与正常组比较，*$P < 0.05$，**$P < 0.01$；与模型组比较，#$P < 0.05$。

【开发应用】

1. 标准规范　双参有药材标准 1 项：双参［双参 *Triplostegia grandiflora*，《云南省中药材标准·彝族药》（2005 年版）］。

2. 专利申请　目前关于大花双参的专利有 2 项，主要涉及组方药用、保健食品制备，具体如下：

（1）何莲芬，双参酒及制法（CN1252239C）（2006 年）。

（2）江志强，一种用于肾结石术后护理的中药制剂及制备方法（CN104383336B）（2015 年）。

3. 栽培利用　尚未见有栽培利用的研究报道。

4. 生药学探索[10]　双参为两个块根对生（故名双参），呈细长纺锤形或长条形，弯曲或稍弯曲，长 2 ～ 5cm，直径 0.2 ～ 0.9cm，表面黄白色至棕褐色，有纵皱纹，凹陷处有须根痕，顶端有圆形的茎基、芽痕，一侧有两块根的对生点，质硬而脆，易折断，断面平坦，角质样，黄白色至灰蓝色，皮层宽广，内皮层明显，气微，味苦。

块根（直径 4mm）显微特征：木栓层细胞数列，类长方形，细胞呈切向延长，皮层约占整个横切面的 1/2，甚至 2/3，皮层薄壁细胞类长方形、类椭圆形，内皮层单层细胞紧密排列成环，中柱鞘纤维数至十余个成束，断续排列成环，维管束 5 ～ 15 个，外韧形，断续排列成环状，韧皮部薄壁细胞较小而排列紧密，并在导管外形成起伏的环状，形成层不明显，木质部由导管、木纤维、木薄壁细胞组成，导管类圆形、多角形，2～5个相聚，髓部较宽。薄壁细胞类圆形、类椭圆形，内含淀粉粒，有的含草酸钙簇晶。

粉末显微特征：为黄灰色，味苦。淀粉粒：多为单粒，卵形、类圆形或类椭圆形，直径4～18μm，脐点，人字形、点状或短缝状，复粒由2～8分粒组成。草酸钙簇晶散在或存在于薄壁细胞中，直径7～24μm。木栓细胞淡黄棕色，表面呈类长方形、多角形，壁较厚。木纤维平直或微弯曲，末端斜尖，呈长梭形，直径14～24μm，壁厚3～8μm，边缘整齐。导管主要为网纹导管，直径15～25μm，偶见具缘纹孔导管。薄壁细胞类长方形、多角形或类圆形，长40～60μm，宽15～50μm。

其对相关理化性质与鉴别方法也进行了研究总结。

5. 其他应用　杨群等[11]分析了双参主根与须根的 IR 图谱与有效成分（即药理活性）之间的关系，结果表明主根和须根有不同的药物疗效，且两者都是有用成分。

【药用前景评述】现代研究结果显示，双参中主要含有环烯醚萜类、三萜类成分，其中前者多具有抗病毒、治疗肝炎的作用，后者则多具有提高免疫力、抗炎等功效。从药理研究结果来看，双参的确可以提高小鼠的抗应激能力，使机体对环境变化的适应能力增强。因此，白族民间将双参用于久病体虚、慢性肝炎、肾虚腰痛具有一定的科学性。

另一方面，双参具有降血糖、抗糖尿病的应用潜力，这在白族药用中未见记载，推测可能是早期人民生活水平普遍不高，罹患糖尿病等基础代谢性疾病者很少，故在此方面的药用探索实践与总结记载机会较少。

双参在大理及其周边地区具有较为丰富的野生自然资源。目前，有关双参的应用十分有限，研究也有待深入，但从双参具有降血糖作用等符合现代病症用途的角度来看，其药用潜力与开发前景十分广阔，值得进一步发掘。

参考文献

［1］桂潇，王福生.药用植物双参中环烯醚萜类成分研究［J］.中国民族民间医药，2018，27（22）：37-40.

［2］张祖珍，陈雅凤，王福生.药用植物双参的三萜类成分研究［J］.大理大学学报，2017，2（4）：6-8.

［3］陈雅凤，张祖珍，王福生.药用植物双参正丁醇部位化学成分研究［J］.大理大学学报，2017，2（4）：9-11.

［4］王德祖，杨崇仁，马伟光，等.大花双参的环烯醚萜甙化学研究［J］.云南植物研究，1992，14（1）：92-96.

［5］Ma WG, Wang DZ, Zeng YL, et al. Triterpenoid saponins from *Triplostegia grandiflora*［J］. Phytochemistry, 1992, 31（4）：1343-1347.

［6］Ma WG, Wang DZ, Zeng YL, et al. Three triterpenoid saponins from *Triplostegia grandiflora*［J］. Phytochemistry, 1991, 30（10）：3401-3404.

双参

［7］刘晓波，郭美仙，徐静，等.双参对小鼠抗应激作用的实验研究［J］.现代医药卫生，2008，24（9）：1265-1266.

［8］刘晓波，郭美仙，李龙星，等.双参降血糖作用的研究［J］.云南中医中药杂志，2008，29（5）：49-50.

［9］刘晓波，郭美仙，施贵荣，等.双参降血糖作用机制研究［J］.安徽农业科学，2012，40（33）：16111-16112.

［10］华青，陈善信，方明义.民族药双参的生药学研究［J］.中国民族民间医药杂志，1997，（2）：38-41.

［11］杨群，王怡林，姚杰.彝药双参主须根有效成分FTIR分析［J］.光散射学报，2007，19（3）：272-275.

白云花根

【植物基原】本品为伞形科独活属植物白云花 *Heracleum rapula* Franch. 的根，同属植物白亮独活 *H. candicans* Wall. ex DC. 的根，亦常作为白云花根混用。

【别名】独活、滇独活、龙眼独活、藏当归。

【白语名称】额无嘟咪、德模受抖（剑川）。

【采收加工】秋季采挖，洗净，晒干备用。

【白族民间应用】止咳平喘、除湿止痛、疏经活络。用于风湿疼痛、风寒咳嗽、气喘、带下、跌打损伤、腹痛、骨痛、胃痛。

【白族民间选方】①妇人带下（阴道炎）、腰痛：本品 10～20g，研细粉，配肉蒸吃。②瘫痪：本品 20～30g，煎服。

【化学成分】代表性成分：白云花根主要含香豆素及其苷类成分东莨菪素（scopoletin，1）、angelical（2）、花椒毒酚（xanthotoxol，3）、花椒毒素（xanthotoxin，4）、bergapten（5）、异虎耳草素（6）、sphondin（7）、isobergapten（8）、pimpinellin（9）、右旋前胡苷元（10）、甲氧基欧芹酚（11）、欧前胡素（12）、珊瑚菜内酯（phellopterin，13）、异欧前胡素（isoimperatorin，14）、cnidilin（15）、8-geranyloxypsoralen（16）、白芷属脑（17）、heraclenin（18）、O-isopropylideneheraclenol（19）、moellendorffiline（20）、rivulobirin B（21）、rivulobirin A（22）、（12R，12''R）-diheraclenol（23）、rapultririn A（24）、1'-O-β-D-glucopyranosyl-（2'S）-marmesin（25）、1'-O-β-D-glucopyranosyl-（2'S，3'R）-3'-hydroxymarmesin（26）、8-hydroxy-5-O-β-D-glucosylpsoralen（27）、8-O-［β-D-apiofuranosyl-（1→6）-β-D-glucopyranosyl］-8-hydroxybergapten（28）、8-O-［β-D-apiofuranosyl-（1→6）-β-D-glucopyranosyl］xanthotoxol（29）、7-O-［β-D-glucopyranosyl-（1→2）-β-D-glucopyranosyl］dimethylsuberosin（30）、3''-O-β-D-glucopyranosyl-（2''R）-heraclenol（31）、13-O-（β-D-apiofuranosyl（1→6）β-D-glucopyranosyl］-（12R）-heraclenol（32）、5-O-［β-D-glucopyranosyl-（1→6）-β-D-glucopyranosyl］-8-hydroxybergaptol（33）[1-11]。

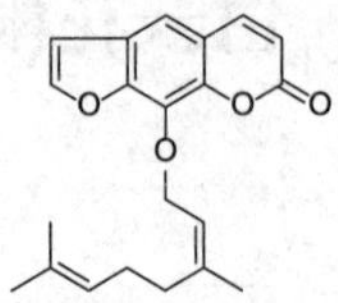

16 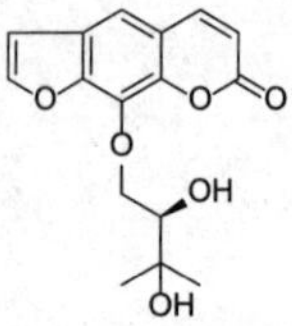   17 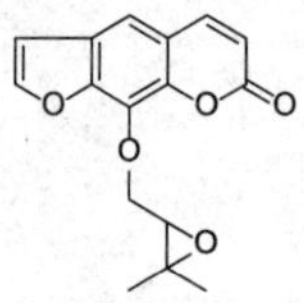   18 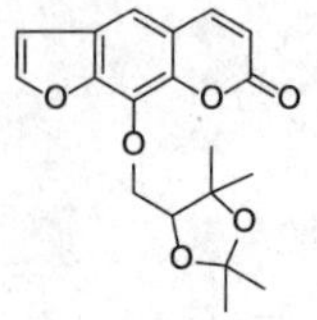   19 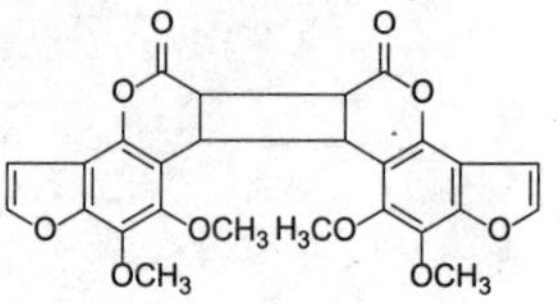   20

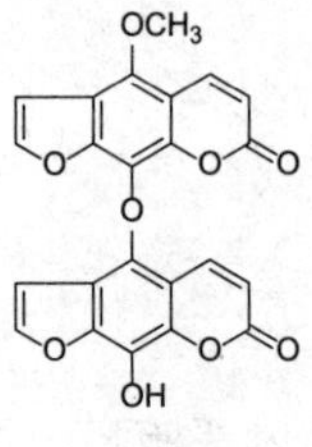

21 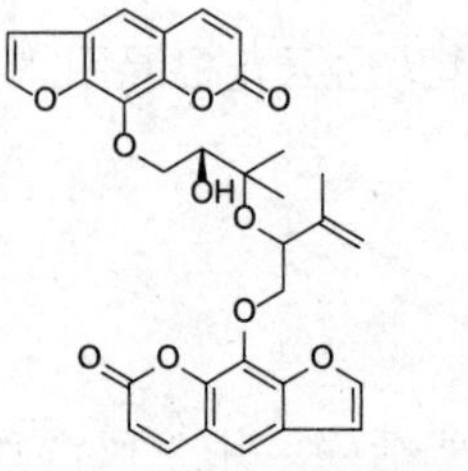   22 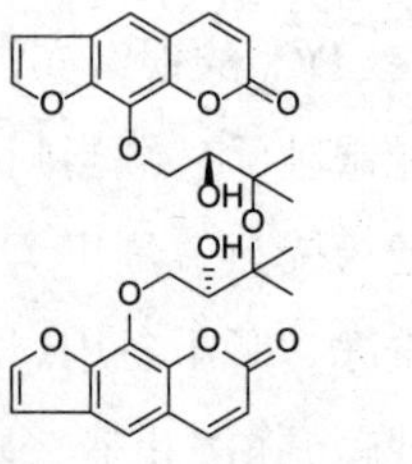   23 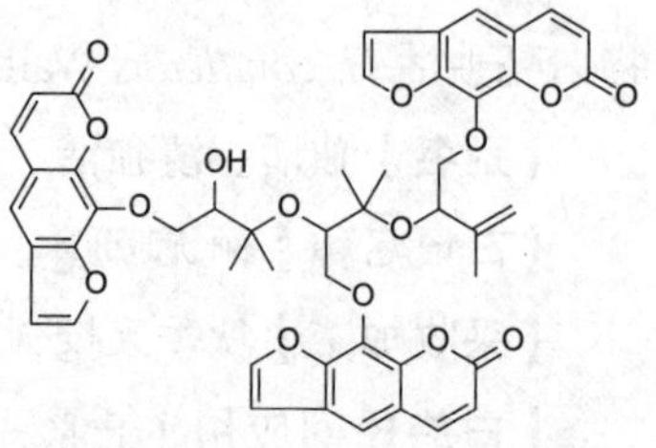   24

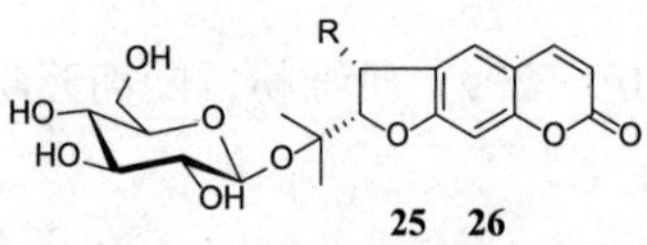

25 26
R H OH

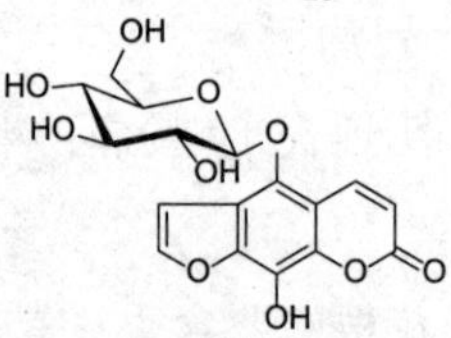

27

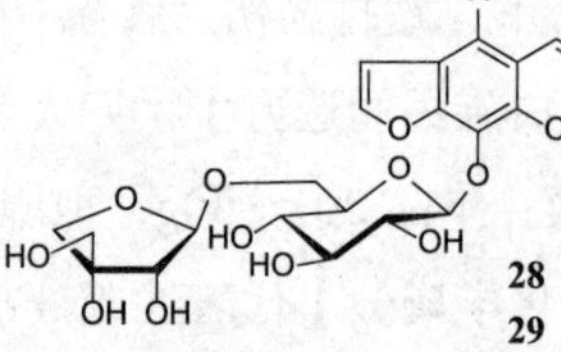

28 OCH₃
29 H

28 29 R

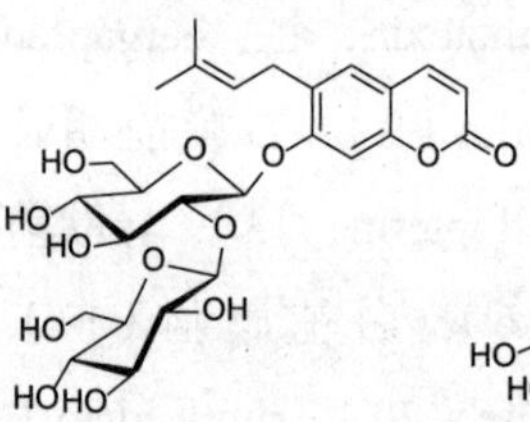

30 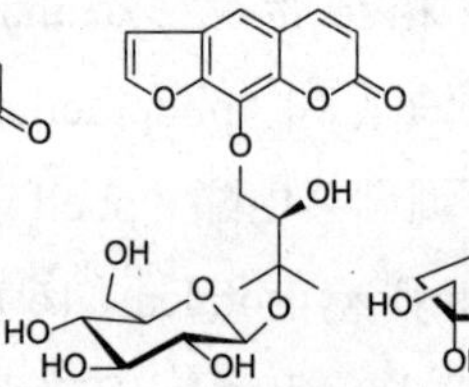   31 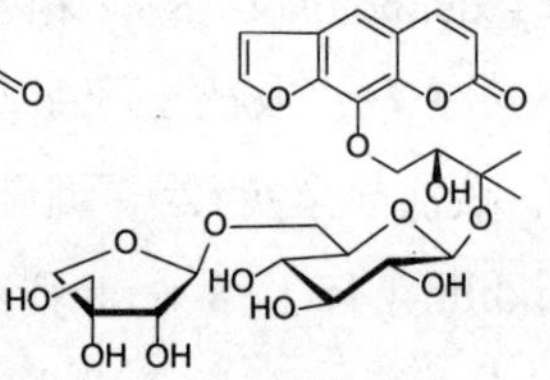   32 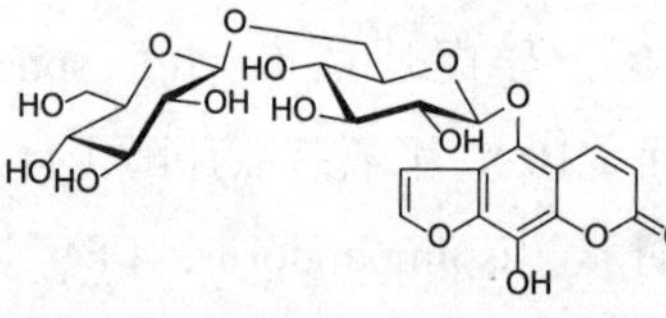   33

1977～2006 年共由白云花根中分离鉴定了 44 个成分：

序号	化合物名称	结构类型	参考文献
1	（-）-Heraclenol	香豆素	［10］
2	（-）-Oxypeucedanin	香豆素	［10］
3	（+）-Heraclenol	香豆素	［10］
4	（+）-Marmesin	香豆素	［2］
5	（+）-Oxypeucedanin	香豆素	［10］
6	（12R，12″R）-Diheraclenol	香豆素	［6］
7	（8E）-2-N-（2'-Hydroxyhexadecanoylamino）-8-octadecenes-phinga-1，3，4-triol	其他	［11］
8	13-O-［β-D-Apiofuranosyl（1→6）β-D-glucopyranosyl］-（12R）-heraclenol	香豆素	［6］
9	13-O-β-D-Glucopyranosyl-（12R）-heraclenol	香豆素	［11］
10	1'-O-β-D-Glucopyranosyl-（2'S）-marmesin	香豆素	［7］

序号	化合物名称	结构类型	参考文献
11	1'-O-β-D-Glucopyranosyl-（2'S，3'R）-3'-hydroxymarmesin	香豆素	［7］
12	1-O-β-D-Glucopyranosyl-（8E）-2-N-（2'-hydroxyhexadecanoylamino）-8-octadecene-sphinga-3，4-diol	其他	［11］
13	8-Geranyloxypsoralen	香豆素	［7］
14	8-Hydroxy-5-O-β-D-glucosylpsoralen	香豆素	［7］
15	Angelical	香豆素	［7］
16	Bergapten	香豆素	［7］
17	Cnidilin	香豆素	［3，10］
18	Ferulic	其他	［2］
19	Heraclenin	香豆素	［7］
20	Heraclenol	香豆素	［9］
21	Imperatorin	香豆素	［3，7］
22	Isobergapten	香豆素	［7］
23	Isoimperatorin	香豆素	［10］
24	Isopimpinellin	香豆素	［3］
25	Moellendorffiline	香豆素	［7］
26	O-Isopropylideneheraclenol	香豆素	［7］
27	Oleanolic acid	三萜	［2］
28	Osthol	香豆素	［3］
29	Pabularinone	香豆素	［10］
30	Phellopterin	香豆素	［3］
31	Pimpinellin	香豆素	［7］
32	Pregnenolone	甾体	［7］
33	R-Heraclenol	香豆素	［7］
34	Rapulaside A	香豆素	［4］
35	Rapulaside B	香豆素	［4］
36	Rivulobirin A	香豆素	［7］
37	Rivulobirin B	香豆素	［7］
38	Scopoletin	香豆素	［2］
39	Sphondin	香豆素	［7］

白云花根

序号	化合物名称	结构类型	参考文献
40	Stigmasterol	甾醇类	[2]
41	Umbetricoumarin	香豆素	[10]
42	Xanthotoxin	香豆素	[10]
43	Xanthotoxol	香豆素	[2]
44	β-Sitosterol	甾体	[2]

同属混用植物白亮独活根中的化合物与白云花根中的基本相似，主要含有香豆素类成分，在此不再赘述。

【药理药效】

1. 白云花 药理学研究表明，白云花根主要在呼吸系统和消化系统起镇痛、抗炎和抗菌作用。可用于治疗：急性支气管炎、支气管哮喘、皮肤黏膜的变态反应性疾病；各种内脏绞痛、痛经、风湿性关节炎、急性扁桃体炎、咽颊炎及肺炎等[12]。邓士贤等发现白云花根浸膏及一些活性成分，如香豆素欧芹属乙素及甲氧基欧芹酚有一定的平喘作用；白云花根浸膏对内脏绞痛有镇痛作用，能对抗组织胺对豚鼠离体回肠的兴奋作用，对抗乙酰胆碱对家兔离体和在体小肠的兴奋作用，能对抗垂体后叶素或麦角新碱对豚鼠离体子宫及家兔原位子宫的兴奋作用[13]。白云花根总香豆素对大鼠实验性蛋清性关节炎及实验性甲醛性关节炎有抗炎作用，结果与云南中草药文献记载的白云花根能祛风湿、消炎相一致，与民间使用本品治疗风湿性关节炎、类风湿关节炎及腰痛等相一致[14]。莫云强等[15]发现白云花根水浸液对金黄色葡萄球菌、绿脓杆菌、肠炎杆菌、伤寒杆菌及白喉杆菌均有抑菌作用；白云花根乙醇浸液对金黄色葡萄球菌、肺炎球菌、绿脓杆菌及白喉杆菌也有抑菌作用。

2. 白亮独活 白亮独活的药理活性与白云花根相比，既类似也存在不同。白亮独活可用于治疗皮肤病，如湿疹、瘙痒、白癜风和银屑病，并用于制备防晒乳液。印度医学将白亮独活列为出口的主要药用植物之一，用于治疗月经不调。白亮独活的根和芽的提取物具有抗菌活性[16, 17]。从白亮独活的根分离到三种化合物：8-香叶甲氧基补骨脂素、欧前胡素和白芷属素。使用这三种化合物72小时后可杀灭嗜木芽孢杆菌和再活芽孢杆菌，对嗜木芽孢杆菌的半数致死浓度（LC_{50}）分别为188.3、161.7和114.7mg/mL，对再活芽孢杆菌的LC_{50}分别为117.5、179.0和148.7mg/mL。此外，这三种化合物具有杀线虫活性，也是首次从伞形科植物中提取到杀线虫活性的成分[18]。白亮独活的种子被用作神经强化剂，而种子的氯仿、甲醇和石油醚提取物具有抗菌和抗真菌活性。白亮独活的果实可用于治疗腹部绞痛和肠胃气胀，可作为春药和神经补充剂，在烹饪中被用作香料或调味品。从果实提取出的化合物 α 和 β 蒎烯具有抗惊厥活性[19]。

【开发应用】

1. 标准规范 白云花根有药材标准 1 项、中药材饮片炮制规范 3 项。具体是：

（1）药材标准：白云花根［《中国药典》（1977 年版）一部］。

（2）中药饮片炮制规范：白云花根［《云南省中药饮片炮制规范》（1986 年版）、《甘肃省中药饮片炮制规范》（1980 年版）］、白云花根咀片［《云南省中药咀片炮炙规范》（1974 年版）］。

2. 专利申请 目前关于白云花根植物的专利有 27 项，最早的专利出现在 2003 年，主要涉及白云花根与其他中药材组成中成药、药物制备方法等方面；白云花根也作为兽药应用。具体如下：

（1）黄本云，骨质增生治疗药物（CN1459310）（2003 年）。

（2）张宏伟，用于增生性膝关节炎的白骨叶粉（CN103211941B）（2014 年）。

（3）林明传，一种茭白桑葚蜂蜜茶及其制作方法（CN103518900A）（2014 年）。

（4）孙刚等，一种治疗颈肩痛的中药配方（CN104815270A）（2015 年）。

（5）钱小智，一种治疗胃脘痛的中药组合物（CN105169179A）（2015 年）。

（6）王立生，一种治疗哮喘的中药配方及其制备方法（CN104689034A）（2015 年）。

（7）孙明照，一种用于哮喘治疗的药物组合物及其制备方法（CN105769949A）（2016 年）。

（8）张之芬，一种治疗肝郁脾虚痰湿型不孕症的中药及其制备方法（CN10583306A）（2016 年）。

（9）汤伟杰，一种治疗骨质增生的中草药冲剂（CN103768200B）（2016 年）。

（10）俞洋，一种治疗骨关节炎的复方中药组合物及其制备方法（CN106038669A）（2016 年）。

（11）徐亚丽，一种治疗皮肤瘙痒的外用中药（CN105362418A）（2016 年）。

（12）于龙，一种治疗慢性腰腿痛的中药组合物（CN105816602A）（2016 年）。

（13）夏放军，一种治疗风湿的中药膏及其制备方法（CN105497700A）（2016 年）。

（14）夏翠花，一种治疗生猪疾病的药物（CN106074902A）（2016 年）。

（15）陈春芬，一种治疗慢性阻塞性肺气肿的中药及制备方法（CN105250700A）（2016 年）。

（16）高举梅，一种治疗痛风的中药制剂（CN105616755A）（2016 年）。

（17）刘艳梅，一种用于治疗子宫肌瘤的中药组合物（CN106266986A）（2017 年）。

（18）刘安保，一种检验科用杀菌消毒中药喷剂（CN107252446A）（2017 年）。

（19）刘君奇，一种用于辅助针灸理疗的外用药膏（CN107412640A）（2017 年）。

（20）王文春，一种治疗慢性气管炎的药物及其制备方法（CN107397887A）（2017 年）。

（21）夏季，一种治疗淋巴结核的药物及其制备方法（CN107496738A）（2017 年）。

（22）李健，一种防治口腔溃疡的咀嚼片及其制备方法（CN104173699A）（2014 年）。

（23）白志芳，一种治疗下肢血栓性静脉炎的中药制剂（CN107789529A）（2018 年）。

（24）马敏，一种治疗胆结石的药物及其制备方法（CN108186912A）（2018 年）。

（25）夏放军，一种用于治疗风湿性关节炎的中药剂（CN107648440A）（2018 年）。

（26）杨莉，一种治疗神经性皮炎的药物及其制备方法（CN107551116A）（2018 年）。

（27）马雪英，一种治疗月经不调的药物及其制备方法（CN107582988A）（2018 年）。

3. 栽培利用　尚未见有白云花根栽培利用的研究报道，但有其同属近缘植物白亮独活的栽培利用研究报道，可用于借鉴。

白亮独活组织器官再生植株的研究：在添加 BAP 和 2，4-D（各 0.5mg/L）的 MS 培养基上，以白亮独活叶柄为外植体诱导愈伤组织。愈伤组织在含有 1mg/L BAP 和 0.2mg/L NAA 的 MS 培养基上分化最快。分化苗在含有 1mg/L IBA 的 MS 培养基上生根。生根的植株在含有蛭石的盆中长强壮后成功移植到田间。本法得到的所有再生植株均为二倍体，根尖细胞中有 2n=22 条染色体[20]。

白亮独活繁殖技术研究：从白亮独活根状茎的末端生长部分切下的插条，经 100mg/L 吲哚 -3- 丁酸（IBA）处理后，生根率为 67%。在 MS 培养基中添加 10μM 6- 苄基腺嘌呤，子叶叶外植体比子叶节外植体更有利于器官形成。在 MS 培养基中添加 4μM IBA，幼苗的生根率达 74%。将生根的幼苗移栽到 120g 无菌土、沙和泥炭混合物（体积比 1：1：1）中，存活率为 70%[21]。

4. 生药学探索[22]　根横切面：木栓层常脱落，裂存的木栓层由 6 ～ 10 余列木栓细胞组成。皮层狭窄有裂隙。韧皮部宽广，散有近于成列断续成环的油室，直径 60 ～ 240μm，内含棕黄色分泌物，韧皮射线多波状弯曲，由 1 ～ 4 列细胞组成，有裂隙，内含棕黄色物质。形成层成环。木射线 2 ～ 4 列，导管类圆形，单个或数个聚集径向排列，常有裂隙。各部薄壁细胞中含有淀粉粒。

粉末特征：淡黄色。油室类圆形或椭圆形，多破碎，内有棕黄色内含物。导管网纹及具缘纹孔，木化直径 30 ～ 120μm。演粉粒较多，多单粒，单粒类圆形，脐点呈人字形、叉状；复粒由 2 ～ 5 分粒组成。木纤维，壁稍厚，纹孔明显，直径 20 ～ 30μm，木化。

5. 其他应用　白云花根浸膏制剂可用于治疗：急性支气管炎、支气管哮喘、皮肤黏膜的变态反应性疾病（如荨麻疹、过敏性鼻炎及昆虫咬伤引起的皮肤瘙痒及水肿等）、各种内脏绞痛（胃肠绞痛、肾绞痛及膀胱刺激症状如尿频、尿急等。治疗胆绞痛时，若镇痛效果不理想，可与镇痛药如哌替啶等合并用药）、痛经、风湿性关节炎、胃痛、疖（口服药片及外用软膏）、急性扁桃体炎、咽峡炎及肺炎等[12]。白云花根在各民族医药中有广泛的应用，苗族用白云花根主要治疗产后流血、子宫脱垂、疝气、乳腺炎。藏药外用可止血[23]。

白云花根指纹图谱研究表明，采用 10% 氨水前处理，流动相：甲醇：水（65：35），色谱柱：Nova-Pak C18 柱（250mm×4.6mm，4μm），检测波长：249nm。结果线性范围：0.077 ～ 0.77μg（r=0.9999）；精密度 RSD 为 0.17%，日内、日间重现性 RSD 均小于 3%；最低检测限为 0.15μg/mL。平均回收率为 98.52%，RSD 1.82%。本法快速、简便，精密度、重现性好，灵敏度高，可作为白云花根及其制剂的质量控制方法[24]。

【药用前景评述】白云花根在大理苍山有天然分布，是白族传统药用植物。由于白云花根与白亮独活在植物形态、分布地域、药用品质方面均有较大的共性，因此滇西北各民族民间常将这两种植物混用当属正常现象。在藏药中也将白云花根作为白亮独活混用，并将这两种植物称作"珠噶"[25]。根据现代研究结果，这两种植物的确具有相似的化学成分，均以香豆素类化合物为主要成分，其药理学实验结果也基本相似，因此，互相混用具有合理性。

从白族医药对白云花根的记述来看，该植物主要具有止咳平喘、除湿止痛、疏经活络的功效，用于治疗风湿疼痛、风寒咳嗽、气喘、带下、跌打损伤、腹痛、骨痛、胃痛等病症。现代药理学实验结果证实，白云花根的确具有平喘、镇痛、抗炎、抗菌作用[19, 25-27]，与白族药用功效和适应证十分吻合，显示了白族人民对该植物品性的认识十分透彻，运用十分合理、科学。

目前，对于白族药白云花根的应用正呈现上升趋势，相关专利近30项，全部为2000年以后申报，其中97%为近十年内申报，基本上都是药用领域。但白云花根栽培利用方面尚未见有研究报道，因此白云花根的开发仍具有一定的潜力。

参考文献

［1］Zhang C, Liu YY, Xiao YQ, et al. A new trimeric furanocoumarin from *Heracleum rapula*［J］. Chin Chem Lett, 2009, 20（9）: 1088-1090.

［2］刘元艳，李丽，张村，等. 白云花根的化学成分研究Ⅱ［J］. 中国中药杂志, 2006, 31（8）: 667-668.

［3］刘元艳，张村，李丽，等. 白云花根的化学成分研究Ⅰ［J］. 中国中药杂志, 2006, 31（4）: 309-311.

［4］Xiao W, Li S, Niu X, et al. Rapulasides A and B: two novel intermolecular rearranged biiridoid glucosides from the roots of *Heracleum rapula*［J］. Tetrahedron Lett, 2005, 46（34）: 5743-5746.

［5］Xiao W, Li S, Shen Y, et al. Four new coumarin glucosides from the roots of *Heracleum rapula*［J］. Heterocycles, 2005, 65（5）: 1189-1196.

［6］Niu XM, Li SH, Wu LX, et al. Two new coumarin derivatives from the roots of *Heradeum rapula*［J］. Planta Med, 2004, 70: 578-581.

［7］Niu XM, Li SH, Jiang B, et al. Constituents from the roots of *Heracleum rapula* Franch［J］. J Asian Nat Prod Res, 2002, 4（1）: 33-41.

［8］孙汉董，林中文，钮芳娣. 伞形科中药的研究Ⅰ. 法落海、白云花和滇白芷根的化学成分研究［J］. 植物学报, 1978, 20（3）: 244-254.

［9］孙汉董，林中文，钮芳娣. 中药白云花根的化学成分研究［J］. 云南植物研究, 1977,（2）: 42-47.

［10］刘元艳. 白云花根化学成分及防风炮制研究［D］. 北京：中国中医科学院, 2006.

白云花根

［11］牛雪梅.伽喃藤、白云花根和三种香茶菜的化学及生物活性成分研究［D］.昆明：中国科学院昆明植物研究所，2001.

［12］邓士贤，滕初兴，朱克强，等.白云花（*Heracleum rapula* Franch）的药理研究（简报）［J］.昆明医学院学报，1981，（1）：22-24.

［13］邓士贤，滕初兴，蔡湘媛，等.白云花的药理研究［J］.中草药，1981，12（2）：20-22，38.

［14］邓士贤，莫云强.白云花的镇痛及抗炎作用［J］.中草药，1989，20（9）：35-37，47.

［15］莫云强，熊建明，邓士贤.白云花根镇痛及抑菌作用［J］.云南医药，1983，4（2）：111-113.

［16］Rastogi S，Pandey MM，Rawat AKS. Determination of heraclenin and heraclenol in *Heracleum candicans* D.C.by TLC［J］. Chromatographia，2007，66（7）：631-634.

［17］Badola HK，Butola JS. Effect of ploughing depth on the growth and yield of *Heracleum candicans*：a threatened medicinal herb and a less-explored potential crop of the Himalayan region［J］. J Mt Sci，2005，2（2）：173-180.

［18］Wang XB，Li GH，Li L，et al. Nematicidal coumarins from *Heracleum candicans* Wall［J］. J Nat Prod Res，2008，22（8）：666-671.

［19］Chauhan RS，Nautiyal MC，Tava A，et al. Essential oil composition from leaves of *Heracleum candicans* Wall.：A sustainable method for extraction［J］. J Essent Oil Res，2014，26（2）：130-132.

［20］Sharma RK，Wakhlu AK. Regeneration of *Heracleum candicans* Wall plants from callus cultures through organogenesis［J］. J Plant Biochem Biotechnol，2003，12（1）：71-72.

［21］Joshi M，Manjkhola S，Dhar U. Developing propagation techniques for conservation of *Heracleum candicans* – an endangered medicinal plant of the Himalayan region［J］. J Hortic Sci Biotechnol，2004，79（6）：953-959.

［22］国家中医药管理局《中华本草》编委会.中华本草［M］.上海：上海科技出版社，1999.

［23］张庆芝.白云花根在各民族医药中的应用［J］.中国民族民间医药杂志，2000，（3）：145-146.

［24］郑纯，黄以钟，徐振国.HPLC测定咳必安胶囊及其白云花根中欧前胡素的含量［J］.中国药学杂志，2002，37（10）：778-781.

［25］高必兴，卢先明.藏药珠嘎类药物研究概况［J］.中药与临床，2015，6（1）：58-61.

［26］张庆芝，王开疆，胡明华.香白芷的生药学研究［J］.中草药，2001，32（7）：648-649.

［27］Padalia RC，Verma RS，Chauhan A，et al. Variability in essential oil composition of different plant parts of *Heracleum candicans* Wall. Ex DC from North India［J］. J Essent Oil Res，2018，30（4）：293-301.

【植物基原】本品为伞形科凹乳芹属植物西藏凹乳芹 *Vicatia thibetica* H. de Boiss. 的根。

【别名】独脚当归、西藏凹乳芹、当归、野当归。

【白语名称】赛归（大理）、赛叉（洱源）。

【采收加工】秋冬采挖，洗净，晒干备用或鲜用。

【白族民间应用】健脾补胃。用于治疗血虚证，如贫血等。

【白族民间选方】①滋补：本品适量与猪蹄一起炖，吃肉，喝汤。②气血虚：本品与当归、羊肉汤配伍，煎服。

【化学成分】从西归中分离鉴定了 8 个化合物，分别为芹菜素（apigenin，1）、伞形花内酯（umbelliferone，2）、佛手柑内酯（bergapten，3）、阿魏酸（ferulic acid，4）、D-甘露醇（D-mannitol，5）、蔗糖（sucrose，6）、β- 谷甾醇（β-sitosterol，7）、胡萝卜苷（daucosterol，8）[1]。

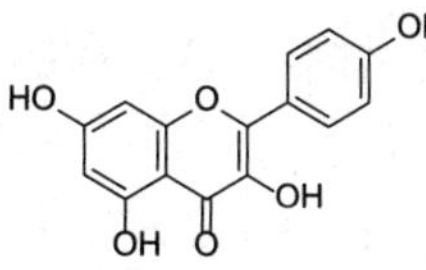

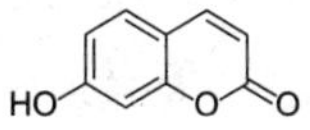

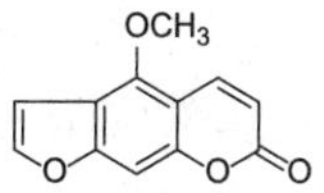

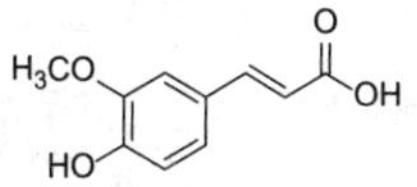

此外，从西归挥发性成分中分别鉴定出 3- 丁烯基 -2- 苯并（C）呋喃酮、E- 双氢蒿苯内酯、苯氧基乙酸 -2- 丙烯脂、Z- 双氢蒿苯内酯等成分[2]。

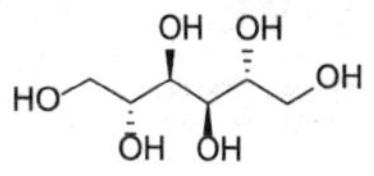

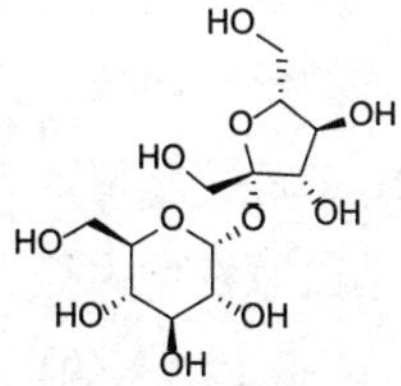

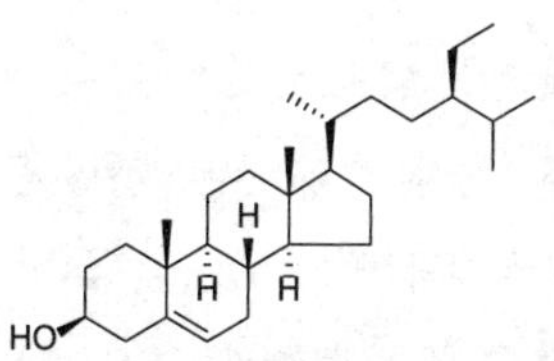

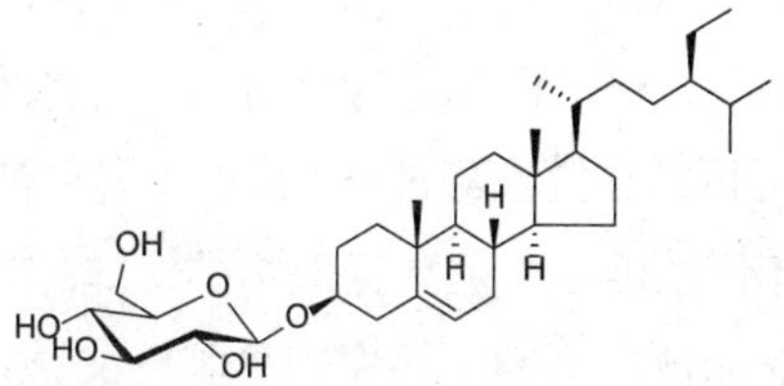

【药理药效】

目前的研究表明，西归药理作用广泛，在免疫系统、消化系统、神经系统和生殖系统均有较好的活性。具体为：

1. 提高免疫力和造血功能　西归能明显提高环磷酰胺所致免疫力低下小鼠脏器质量、脏器指数，提高免疫低下小鼠血清 IgH、IgM 含量和溶血素含量，能提高血清及肝脏中超氧化物歧化酶（SOD）的活性，降低丙二醛（MDA）的含量，提高小鼠外周血中血细胞及血红蛋白含量，证明西归具有增强免疫力及造血功能的作用[3, 4]。李桥云实验表明，西归能明显增加睡眠剥夺小鼠廓清指数、吞噬指数及肝脏指数，说明西归具有增强睡眠剥夺小鼠非特异性免疫功能的作用[5]。张冰清等[6]证明西归能明显提高免疫低下小鼠的外周血象、脏器重量和脏器指数，增加骨髓有核细胞数量并增强脾淋巴细胞的增殖功能，证明西归具有增强免疫低下小鼠免疫功能的作用。

2. 抗疲劳作用 段金成等[7]发现西归粗多糖可以明显延长小鼠负重游泳力竭时间；降低小鼠血清肌酸激酶（CK）、乳酸脱氢酶（LDH）活性，提高小鼠血糖含有量；降低小鼠肝脏中 MDA 含量并提高小鼠肝脏中 SOD 活性及肝脏线粒体中 Ca^{2+}-Mg^{2+}-ATP 酶活性；明显增加小鼠肝糖原、肌糖原含量。这些结果证明西归粗多糖能改善小鼠力竭游泳后氧化应激和能量代谢能力，有明显的抗疲劳作用。黄斌等[8]通过小鼠负重游泳、常压下耐缺氧、耐高温实验研究西归的抗疲劳作用，证明西归具有与人参类似的抗疲劳作用，并且可以明显提高小鼠的耐缺氧和耐热能力。雷婷等[9]发现西归的抗疲劳作用可能与提高 LDH 活力，降低血乳酸（LA）水平，提高糖原的储存量有关。董寿堂等[10]通过负重游泳实验、急性脑缺血缺氧实验、亚硝酸钠中毒存活实验、耐低温实验及自主活动实验，观察西归乙醇提取物对小鼠的抗疲劳作用，并筛选西归的抗疲劳活性组分。实验结果显示，西归抗疲劳的活性组分为水溶性组分，能明显增加小鼠体内红细胞数、血红蛋白含量，增加小鼠肌肉中肌糖原含量，减少 LA、MDA 含量，降低 LDH 活性并提高 SOD 活性[11]。

3. 抑制消化道运动作用 张龙等采用固体排空法、炭末法、离体肠平滑肌法研究西归对消化道运动的影响。实验结果显示西归能延缓胃排空、抑制小肠推进、抑制正常离体肠平滑肌及兴奋离体肠平滑肌，证明西归对动物消化道运动功能有抑制作用[12]。

4. 抗痛经作用 有研究观察了西归对大鼠子宫自主平滑肌及缩宫素所致子宫兴奋的作用，结果显示，西归能明显降低大鼠子宫平滑肌的收缩，能降低缩宫素所致子宫兴奋的频率、振幅、面积及持续时间，并能明显降低醋酸、缩宫素所致小鼠扭体的反应次数，说明西归具有抗痛经的作用[13]。周启微等[14]用己烯雌酚与缩宫素联用建立痛经模型，观察不同浓度西归乙醇提取物的镇痛作用。结果证明，西归乙醇提取物对小鼠原发性痛经有明显的镇痛作用，其作用机制可能是通过提高子宫组织内 SOD 的活性，降低 MDA 的含量，提高 NO 的含量，降低 Ca^{2+} 的含量实现的。邱艳等[2]观察了西归挥发油对正常离体子宫自发活动和对缩宫素诱发子宫收缩的影响，同时建立大鼠痛经模型和小鼠寒凝血瘀型痛经模型来观察西归挥发油的镇痛作用。结果显示，西归挥发油具有抗痛经作用，在抗子宫平滑肌痉挛方面有良好的治疗作用，并呈剂量依赖性，但西归挥发油对小鼠血瘀型痛经作用不明显。

5. 改善学习记忆 董寿堂等[15]采用跳台法、避暗法观察西归对东莨菪碱、亚硝酸钠、乙醇所致小鼠学习记忆功能障碍的影响。结果表明，西归能明显改善三种工具药导致的学习记忆障碍，延长障碍发生的潜伏期，降低记忆错误次数，说明西归具有改善学习记忆的作用。

6. 抗氧化作用 周萍等[16]采用邻苯三酚自氧化法、水杨酸比色法和 DPPH 法研究西归黄酮体外抗氧化的作用。实验结果表明，西归黄酮具有较强的清除超氧阴离子自由基、羟自由基及 DPPH 自由基的作用，且存在剂量相关性。

7. 抗炎作用 田佳丽等发现西归具有抗炎的作用，其机制与抑制脂多糖诱导的巨噬细胞炎症有关[17]。

【开发应用】

1. 标准规范 西归尚未见有相关的药品标准、药材标准及中药饮片炮制规范。

2. 专利申请 目前关于西归的专利有 5 项，主要涉及产品的制备、组方药用及制备等方面：

（1）暴永贤等，治疗乳腺增生的药物及其制备方法（CN1907459）（2007 年）。

（2）刘志民等，一种治疗心脑血管疾病的中药（CN101020028B）（2010 年）。

（3）王成军，西归功能性食品（CN101554233B）（2013 年）。

（4）赵杰，用于治疗产后风中药及其使用方法（CN108686091A）（2018 年）。

（5）董寿堂，西归复方饮料及制备方法（CN106333204B）（2019 年）。

3. 栽培利用 云南大理鹤庆马厂一带白族村落有规模性栽培、食用西归的传统。其栽培历史悠久、技术成熟，但相关专业研究未见有报道。

4. 生药学探索[18] 该品呈长圆锥形，长 10～21cm，直径 0.6～3.0cm。表面棕褐色或棕黄色，上部有密集的环纹，具纵皱纹、支根痕及多数横长皮孔。气芳香，味甘、微苦。

根横切面：近圆形，木栓细胞 5～7 层，近方形或长方形，最外层呈深棕褐色；皮层较明显，细胞 10～17 层，细胞圆形、长圆形、多角形或不规则形；韧皮部宽广，皮层和韧皮部散有类圆形分泌腔（油室、油管），周围分泌细胞 5～7 个，直径 25～58μm。射线明显，细胞 1～3 列，长方形或长圆形。形成层明显，呈环状。木质部圆形，导管单个或数个成束，直径 12～69μm，呈放射状排列。

粉末：淡黄棕色，淀粉粒甚多，单粒圆形、类圆形、椭圆形或肾形，直径 5～31μm，层纹不明显。脐点星状、人字状或裂缝状；复粒由 2～4 分粒组成。导管主要为网纹导管，木化，直径 12～69μm，偶见螺纹、梯纹导管。薄壁细胞圆形、长圆形、多角形或不规则形，含众多淀粉粒。木栓细胞淡棕色，近方形或长方形。分泌腔及其碎片可见，直径 25～58μm，含挥发油滴。

相关理化鉴别也进行了研究与描述。

5. 其他应用 产品研制：西归可用于制作饮料，与紫皮石斛的最佳配方为：西归紫皮石斛复合物 15%，柠檬酸 0.12%，L- 抗环血酸 0.1%，柠檬酸钠 0.26%。产品具有明显西归味，香气协调柔和，味感协调柔和，清爽可口，无其他异味，透明均匀的淡黄色液体。西归紫皮石斛复合饮料在色泽、气味、稳定性上相互补充：①紫皮石斛可提高西归保健功效及稳定性，防止分层现象；可改变饮料味单一、色过浓现象。②西归可防止紫皮石斛汁褐变、氧化、霉变等。③可提高西归缓解疲劳、美容养颜、调节免疫等作用。④可提高种植西归、紫皮石斛农户的经济收入[19]。

西归

【药用前景评述】西归是大理白族民间常用药食两用菜蔬，是白族典型的传统药用植物。与人参相比，其价格低廉、毒副作用很小，而补气功效相似。因此，在大理北部白族聚居地有着广泛的认可度与长期的民间应用基础。

现代研究结果显示，西归主要含有多糖、香豆素、黄酮等成分，但相关研究仍然较少，故对其化学成分的认识不够充分。大理大学研究团队在西归植物品质与质量监控等方面进行大量研究工作[20-29]，包括西归多糖的提取及含量测定研究、化学成分研究、质量控制及药理学研究、主要活性成分（阿魏酸和佛手柑内酯、总黄酮、总氨基酸）提取工艺研究，以及危害性元素砷、汞、镉、铅含量的测定等，为全面、系统认识西归的品质提供实验依据。

根据本书作者团队长期研究结果，西归提取物具有显著的抗疲劳作用，能有效地提高免疫力和造血功能，这与白族民间应用西归"健脾补胃，用于治疗血虚证如贫血等"完全吻合，显示白族医药中该植物药用的准确性与科学性。

西归在大理白族民间（特别是鹤庆、剑川一带）种植历史悠久，资源丰富。西归相关产品开发还十分有限，专利申报也较少，这与该植物现代研究工作开展较少、药用价值挖掘不够充分密切相关，因此该植物应该具有较大的研究空间与广阔的开发应用前景。

参考文献

［1］张维明，段志红，孙凤，等.西归的化学成分研究［J］.天然产物研究与开发，2004，16（3）：218-219.

［2］邱艳，陈莲，刘建霞，等.西归挥发油抗痛经作用研究［J］.井冈山大学学报（自然科学版），2019，40（4）：96-102.

［3］李禄鹏，郭美仙，杨娇，等.白族药西归对环磷酰胺所致小鼠免疫功能低下的影响［J］.中国医院药学杂志，2017，37（3）：244-247.

［4］吕鸿，郭美仙，杨巧玲，等.西归对小鼠免疫与造血功能的影响［J］.大理大学学报，2017，2（2）：6-10.

［5］李桥云，余正勇，王娜，等.西归对睡眠剥夺小鼠单核细胞功能的影响［J］.大理学院学报，2015，14（4）：17-20.

［6］张冰清，李娇，刘光明，等.西归乙醇提取物对免疫低下小鼠作用的研究［J］.大理大学学报，2016，1（8）：4-7.

［7］段金成，罗顺迪，曹祖高，等.西归粗多糖对游泳力竭小鼠的抗运动性疲劳作用［J］.中成药，2018，40（3）：681-684.

［8］黄斌，孙艳琳，张朴芬，等.西归药理作用的初步实验研究［J］.大理学院学报，2006，5（6）：78-80.

［9］雷婷，尹兆娇，赵旭，等.西归醇提物抗疲劳机理初探［J］.中国药业，2008，17（3）：6-7.

［10］董寿堂，王成军，刘家成，等.西归乙醇提取物抗疲劳作用的实验研究［J］.中国药物警戒，2011，8（6）：323-326.

［11］董寿堂，王成军，王雨辰，等.西归抗疲劳活性组分的筛选研究［J］.中国药房，

2015, 26（1）：43–45.

［12］张龙，尹兴章，叶妙萍，等.西归对动物消化道功能的影响［J］.云南中医中药杂志，2010，31（2）：48–49.

［13］董寿堂，王成军，郭品，等.西归乙醇提取物抗痛经作用的研究［J］.中国药物警戒，2011，8（5）：263–266.

［14］周启微，郭美仙，杨佳晶，等.西归对缩宫素所致小鼠原发性痛经的机制研究［J］.大理大学学报，2017，2（4）：24–27.

［15］董寿堂，王成军，张旭强，等.西归对小鼠学习记忆功能的影响［J］.中国药物警戒，2016，13（1）：5–8.

［16］周萍，王丽萍，邓励，等.西归黄酮体外抗氧化活性的研究［J］.安徽农业科学，2011，39（3）：1359–1360.

［17］田佳丽，郭美仙，刘光明，等.西归含药血清对脂多糖诱导的小鼠巨噬细胞RAW264.7炎症因子的影响研究［J］.药学研究，2018，37（9）：497–499，502.

［18］周浓，段意梅，陈强，等.白族药西归的生药学鉴定［J］.安徽农业科学，2007，35（8）：2307，2425.

［19］董寿堂，张旭强.西归紫皮石斛复合饮料的研制［J］.饮料工业，2016，19（6）：42–45.

［20］周萍，王成军，林剑军，等.西归多糖含量测定方法的比较［J］.大理学院学报，2009，8（10）：10–12.

［21］许嘉强，孙进，李艳，等.西归多糖的提取及含量测定研究［J］.大理学院学报，2009，8（10）：15–17.

［22］周萍，王成军，张海珠.西归中多糖的提取及含量测定［J］.时珍国医国药，2010，21（9）：2210–2211.

［23］董寿堂，张旭强，胡燕，等.西归的化学成分、质量控制及药理学研究概况［J］.中国民族民间医药，2018，27（13）：40–42.

［24］肖培云，杨永寿，刘光明.白族药西归中阿魏酸的含量测定［J］.云南中医中药杂志，2007，28（12）：29–30.

［25］孙帮燕，张海珠，钱丽萍，等.西归中阿魏酸和佛手柑内酯提取工艺研究［J］.大理学院学报，2013，12（6）：17–19.

［26］任晓云，尹春英，陈建中，等.独脚当归阿魏酸和多糖含量的测定［J］.天然产物研究与开发，2012，24（12）：1804–1807.

［27］周萍，王成军，张海珠.西归总黄酮提取及含量测定［J］.安徽农业科学，2010，38（4）：2053–2054.

［28］梁英丽，李艳，高孟婷，等.西归中总氨基酸含量测定方法研究［J］.大理学院学报，2009，8（10）：7–9.

［29］周萍，王成军，杨颖.西归中砷汞镉铅含量的测定［J］.时珍国医国药，2010，21（6）：1403–1404.

当归

【植物基原】本品为伞形科当归属植物当归 *Angelica sinensis*（Oliv.）Diels 的根。

【别名】秦归、云归、归身、岷归、干归、秦当、西当。

【白语名称】当归。

【采收加工】秋末采挖，除去须根及泥沙，待水分稍蒸发后，捆成小把熏干。

【白族民间应用】具有补气、补血的作用，妇科可用于月经不调、崩漏，可以与鸡一起炖，具有补血的作用。

【白族民间选方】①补血：单用，炖猪脚、羊肉、鸡肉等，吃肉、喝汤。②血虚头痛、头晕、神疲乏力：本品与黄芪各30g、天麻10g，水煎服，日服1剂，每剂3煎。③年老体弱、久病、热病或产后津枯、大便秘结、咽喉干燥、舌红少苔：本品与火麻仁、肉苁蓉各20g，水煎，加蜂蜜调服，每日2次。

【化学成分】代表性成分：当归主要含苯酞类化合物，其次为苯丙素类化合物，以及有机酸、甾体等其他结构类型化合物。截至2014年初，从当归中共发现44个以藁本内酯（1）为代表的苯酞及其二聚体类化合物。近年来，从当归中又陆续发现13个苯酞类化合物，如angesinenolides C-F（2～5）、angesinenolide A（6）、angesinenolide B（7）、triligustilide A（8）、triligustilide B（9）、triangeliphthalides A–D（10～13）[1-22]。

1998 年至今共由当归中分离鉴定了 91 个成分：

序号	化合物名称	结构类型	参考文献
1	（3Z，3′Z）-6，8′，7，3′- 双藁苯内酯	苯酞类	[16]
2	（Z）-6，7- 反式 - 二羟基藁苯内酯	苯酞类	[12]
3	（Z）-6，7- 环氧藁苯内酯	苯酞类	[12]
4	11S，16R-dihydroxyoctadeca-9Z，17-dien-12，14-diynoic-1-yl acetate	其他	[14]
5	1-Acetyl-β-carboline	生物碱	[5]
6	2-Methoxy-2-（4′-hydroxyphenyl）ethanol	苯乙醇类	[5]
7	2″-O-（2‴-Methylbutyryl）-isoswertisin	黄酮	[5]
8	3（R），8（S）-Falcarindiol	其他	[5, 14]
9	3-Butylphthalide	苯酞类	[5]
10	4-（2- 羟基 -1- 乙氧乙基）- 苯酚	酚类	[8, 14]
11	4-（2- 羟基 -1- 甲氧乙基）- 苯酚	酚类	[14]
12	4-Hydroxy3-butylphthalide	苯酞类	[5]
13	5- 羟甲基糠醛	其他	[14]
14	5- 乙酰氧甲基糠醛	其他	[14]
15	6- 甲氧基香豆素	香豆素	[15]
16	6- 羟基 -3-（4- 羟基苯）-7- 甲基 - 香豆素	香豆素	[3]
17	Adenine	生物碱	[2]
18	Angesinenolide A	苯酞类	[22]
19	Angesinenolide B	苯酞类	[22]
20	Angesinenolide C	苯酞类	[20]
21	Angesinenolide D	苯酞类	[20]
22	Angesinenolide E	苯酞类	[20]
23	Angesinenolide F	苯酞类	[20]
24	Anisic acid	酚酸	[2]
25	Arginine	氨基酸	[7]
26	As- Ⅲ a	多糖	[11]
27	As- Ⅲ b	多糖	[11]
28	Azelaic acid	其他	[2]
29	Baicalin	黄酮	[5]

序号	化合物名称	结构类型	参考文献
30	Brefeldin A	其他	[14]
31	Diangeliphthalide A	苯酞类	[4]
32	E，E′-3，3′，8，8′-双藁苯内酯	苯酞类	[16]
33	E，E′-3，3′，8，8′-异双藁苯内酯	苯酞类	[16]
34	Falcarindiol	其他	[13]
35	Ferulic acid	苯丙素	[2]
36	Flazine	生物碱	[5]
37	Folic acid	其他	[6]
38	Gelispirolide	苯酞类	[4]
39	Harman	生物碱	[5]
40	Homosenkyunolide H	苯酞类	[15]
41	Homosenkyunolide I	苯酞类	[15]
42	Inosine	生物碱	[15]
43	Isoimperatorin	香豆素	[5]
44	Isotokinolide B	苯酞类	[16]
45	Leucine	氨基酸	[7]
46	Levistolide A	苯酞类	[16]
47	Linoleic acid	其他	[2]
48	Luteolin-7-O-rutinoside	黄酮	[1]
49	Luteolin-7-O-β-D-glucoside	黄酮	[1]
50	Lysine	氨基酸	[7]
51	Magnolol	木脂素	[5]
52	Nicotinic	其他	[2]
53	Palmitic acid	其他	[2]
54	Phthalic acid	其他	[2]
55	Senkyunolide H	苯酞类	[13]
56	Senkyunolide I	苯酞类	[13]
57	Serine	氨基酸	[7]
58	Straric acid	其他	[2]

序号	化合物名称	结构类型	参考文献
59	Succinic acid	其他	[2]
60	Threonine	氨基酸	[7]
61	Tokinolide B	苯酞类	[16]
62	Triangeliphthalide A	苯酞类	[4]
63	Triangeliphthalide B	苯酞类	[4]
64	Triangeliphthalide C	苯酞类	[4]
65	Triangeliphthalide D	苯酞类	[4]
66	Triligustilide A	苯酞类	[21]
67	Triligustilide B	苯酞类	[21]
68	Tryptophan	氨基酸	[7]
69	Uracil	生物碱	[2]
70	Valine	氨基酸	[7]
71	Vanillic acid	酚酸	[2]
72	Vanillin	酚酸	[14]
73	Vitamin A	其他	[6]
74	Vitamin B12	其他	[6]
75	Vitamin E	其他	[6]
76	X-C-3- Ⅱ	多糖	[9]
77	X-C-3- Ⅲ	多糖	[10]
78	X-C-3- Ⅳ	多糖	[10]
79	Z-6，7- 顺式 - 二羟基藁苯内酯	苯酞类	[17]
80	α-Spinasterol	甾体	[5]
81	阿魏醛	苯丙素	[14]
82	阿魏酸松伯醇酯	苯丙素	[17]
83	川芎酽内酯 O	苯酞类	[16]
84	当归双藁苯内酯 A	苯酞类	[16]
85	当归酸（Z）- 藁苯内酯 -11- 醇酯	苯酞类	[12]
86	对甲基苯酚	酚类	[14]
87	反式阿魏酸	苯丙素	[8]

当归

序号	化合物名称	结构类型	参考文献
88	蒿本内酯	苯酞类	[18]
89	邻苯二甲酸-2-乙基己酯	其他	[17]
90	邻苯二甲酸二丁酯	其他	[17]
91	木蜡酸	其他	[17]

此外，关于当归的挥发油成分也有较多的研究报道[23-26]。

当归在大理马厂长期种植后产生的优质品种马厂当归，其相关化学成分研究较少，仅有报道分离鉴定了9个化学成分，即当归素、6-甲氧基当归素、哥伦比亚内酯、伞形花内酯、阿魏酸、发卡二醇、硬脂酸、β-谷甾醇、蔗糖[27]。同时，关于马厂当归的挥发性成分也有研究报道[28]。

【药理药效】大量的药理研究报道表明，当归及其主要化学成分具有广泛的生物活性，对造血系统、循环系统、神经系统等均有药理作用。具体为：

1.对造血系统的影响　当归被称为"补血要药"，其补血作用得到了历代医家的认可。当归多糖是当归造血的主要活性成分之一，其造血机理主要是通过刺激与造血相关的细胞、分子等来修复造血功能[2]。王晓玲等[29]观察了当归多糖对骨髓基质细胞培养小鼠肌卫星细胞的影响，发现经过不同浓度当归多糖干预后，骨髓基质细胞培养的肌卫星细胞增殖显著、生长特性发生改变，干细胞因子受体蛋白的表达明显增加。

2.对循环系统的作用

（1）对心血管系统的作用：当归及其挥发油具有调节血管生成、抑制心肌细胞肥大和抗心律失常的作用。当归挥发油和正丁烯基苯酞内酯能抗血管生成；而当归水煎液能促进血管生成。当归中含有抗血管生成和促血管生成两种成分，有利于研发新的血管生成调节剂治疗心血管疾病[30]。肖军花等[31]发现当归挥发油的中性非酚性部位（A_3）具有明显的抗心律失常作用，能抑制心肌自搏频率，延长功能性不应期，降低心肌收缩力和动作电位振幅，缩短复极20%时程和复极90%时程。其作用机理可能与A_3阻滞Ca^{2+}、Na^+内流和促进K^+外流有关，且对K^+通道具有选择性。伊琳等[32]发现当归挥发油对自发性高血压大鼠血压有调节作用，可能通过ACE2/［Ang（1-7）］/Mas通路拮抗血管紧张素转化酶（ACE）系统发挥降压作用。

（2）抗血小板凝聚作用：当归中的阿魏酸能对抗血栓素A_2（TXA_2）的生物活性，增加前列环素（PGI_2）的生物活性，使PGI_2/TXA_2的值升高，从而抑制血小板凝聚。当归注射液能降低弥散性血管内凝血大鼠的血小板聚集和黏附，增强红细胞变形能力，从而抑制血小板凝聚[2]。

（3）抗动脉粥样硬化：血管平滑肌细胞（SMC）的增殖是动脉粥样硬化形成的关键

因素，而氧自由基能明显增强 SMC 的 sis 基因表达，促进 SMC 增殖。当归提取液能增加超氧化物歧化酶活性，降低脂质过氧化物水平，升高 PGI_2 和 cAMP 水平，从而抑制 SMC 增殖，改善动脉粥样硬化[1]。

3. 对神经系统的作用 当归可减轻缺氧时神经元的变性，并在激活血管内皮生长因子 mRNA 中表现一定的调控作用，提示当归在保护损伤神经及促进神经再生方面具有重要作用[33]。从当归中提取的 Z- 藁本内酯对慢性脑低灌注损伤具有明显的神经保护作用，其机制可能与抗皮层和海马神经元凋亡，抑制星形胶质细胞增殖有关[34]。当归中的阿魏酸通过调节 Akt/GSK3β/CRMP-2 信号通路发挥对局灶性脑缺血损伤的神经保护作用[35]。

4. 对平滑肌的作用

（1）对子宫平滑肌的作用：当归的挥发油和水提物对子宫平滑肌具有不同的作用。当归挥发油是抑制子宫收缩的主要活性成分，肖军花等[31]发现当归挥发油中性、非酚性部位为抑制子宫收缩的最佳活性部位，其作用机理与抑制 PGF_2 下游 $P_{42/44}$-MAPK-Cx_{43} 信号转导途径有关；相反，当归的水提物为兴奋子宫的主要活性成分。6.7mg/mL 的当归水煎液对离体小鼠子宫肌有兴奋作用，这与兴奋子宫肌上的组胺受体有关。当归挥发油中的酸性、酚性部位也能兴奋子宫，但呈剂量相关的双向作用。在正常离体大鼠子宫中，酸性部位在 0 ～ 160mg/L 呈兴奋作用，仅在 320mg/L 才出现明显的抑制作用；而酚性部位在小剂量（≤ 10mg/L）时略有兴奋作用，大剂量（≥ 20mg/L）时则表现出抑制作用。其他研究[36, 37]也表明在不同浓度、不同活性组分及不同子宫状态下，当归挥发油可能对子宫活动有双向调节作用。

（2）对支气管平滑肌的作用：当归挥发油具有松弛支气管平滑肌的作用。王锋等[38]发现当归挥发油对静息状态下的豚鼠离体气管平滑肌有明显松弛作用。其中，挥发油中性、非酚性部位是发挥该作用的主要部位。

（3）对胃肠道平滑肌的作用：当归挥发油能舒张胃肠道平滑肌，降低肌张力。王瑞琼等[39]采用兔离体胃肠平滑肌，通过二道生理记录仪描记胃肠平滑肌等长收缩或舒张的肌张力变化曲线，计算肌张力变化率。结果发现当归挥发油对兔离体胃底、胃体、十二指肠、空肠和回肠平滑肌均具有舒张作用，且呈现浓度依赖关系。

5. 对免疫系统的作用 当归多糖是当归发挥免疫作用的主要活性成分，对特异性免疫和非特异性免疫均有较强的促进作用。当归多糖能上调乙型肝炎病毒转基因小鼠的树突状细胞功能，说明当归多糖对非特异性免疫有促进作用。当归多糖及其亚组分能显著促进脾细胞、混合淋巴细胞和 T 细胞的增殖，增加培养的脾细胞中 CIM 细胞亚群的比例以及刺激小鼠产生特异性 IgG 类抗体，说明当归多糖对细胞免疫和体液免疫均有增强作用[40, 41]。

6. 抗肿瘤作用 当归多糖是当归抗肿瘤的主要活性成分，其体内、外实验研究均显示良好的抗肿瘤活性。在体内，当归多糖的抗肿瘤作用主要是通过增强机体的免疫功能来间接抑制或杀死肿瘤细胞。在体外，当归能直接抑制或杀死肿瘤细胞。研究还发现，当归多糖不仅在体内对大鼠 S-180 肉瘤细胞、白血病细胞、Ehrlich 腹水肿瘤细胞具有抑制作用，

当归

而且在体外可抑制肝癌细胞的入侵和转移。当归多糖的亚组分 ASP-1d 能抑制宫颈癌细胞增殖，诱导细胞凋亡，其机制主要是激活了细胞凋亡的线粒体途径[42]。当归多糖通过对靶基因为 *ZEB1* 的 *miR-205* 的正调控，在自然杀伤细胞中发挥抗肿瘤作用[43]。谷胱甘肽 S- 转移酶（GST）的过度表达是肿瘤化疗成功的主要障碍之一。通过高通量筛选，从天然产物中寻找 GST 抑制剂是目前抗肿瘤的重要手段。有研究[34]从当归中分离得到了 11 个化合物，均为 GST 的非竞争性抑制剂。化合物阿魏酸针叶酯还可作为一种有前途的化学增敏先导化合物，通过调节 GST 活性间接调节 P-gp 的表达而产生抗肿瘤作用[44]。

7. 对脏器的保护作用　当归提取物对肺损伤具有治疗作用。当归多糖是防治肺纤维化的有效成分，能改善肺纤维化大鼠模型的各项肺功能[45]。聂蓉[46]的研究结果提示，当归多糖可能通过提高肝细胞的抗氧化能力和增强肝能量的储备两种途径缓解四氯化碳对肝脏的毒性。有研究表明，起肝保护作用最有效的化合物是阿魏酸，可以减轻细胞死亡和胶原沉积，增强细胞再生能力[47]。阿魏酸可以部分地抑制 β-catenin 途径，但在降低氧化应激方面无效。阿魏酸也是一种很有前途的肾脏保护药，值得进一步的临床前研究[48]。

8. 抗炎镇痛作用　当归提取物具有镇痛、抗炎作用，能明显提高小鼠对热刺激致痛的痛阈，抑制小鼠对化学刺激致痛的扭体反应[2]。在脂多糖（LPS）刺激的 RAW264.7 巨噬细胞的炎症模型中，从当归提取的化合物 triangeliphthalides C 和 D 能抑制 IL-6（促炎细胞因子），triangeliphthalides A 和 B、diangeliphthalide A 能杀伤 RAW264.7 细胞，具有抗炎作用[4]。

9. 清除氧自由基和抗脂质过氧化作用　当归水提取物能抑制化学发光体系，具有清除氧自由基的作用。当归炮制品可清除次黄嘌呤 - 黄嘌呤氧化酶系统产生的超氧阴离子自由基和 Fenton 反应生成的羟自由基，并能抑制氧自由基发生系统诱导的小鼠肝匀浆上清液脂质过氧化作用[1]。

10. 其他作用　当归多糖对急性和亚急性辐射损伤小鼠均具有防护作用，并保护白细胞和淋巴细胞免受辐射损伤[49]。当归具有抗氧化、抗银屑病作用，还可以抗抑郁[50, 51]、治疗青光眼[52]和驱蚊[53]。当归能明显降低糖尿病大鼠的血糖，降糖机制可能与促进胰岛素 B 细胞修复和再生有关。当归提取物是预防骨质疏松症的有效天然替代品[54]。当归对学习记忆也有作用，通过多种作用机制，如增强胆碱能、抗氧化和抗 Aβ 活性，在体内和体外发挥记忆改善作用。当归多糖能改善 D- 半乳糖所致的大鼠学习记忆衰老，抑制脑衰老的发展[34, 55]。当归挥发油可作为天然透皮吸收促进剂用于中药外用制剂或护肤品的透皮吸收[56]。当归中苯酞类化合物在有机合成（特别是在功能化萘的全合成中）中起着多功能的构建块的作用[47]。当归提取物能改善鱼类红细胞功能，防止敌百虫对鱼鳃和红细胞的氧化损伤和凋亡，其对鱼类红细胞功能的影响可能与抑制鱼类细胞凋亡和氧化损伤密切相关[57]。

马厂当归：马厂当归药食两用，具有较好的滋补强壮作用。如马厂一带用酒炒归头片配伍柿饼煮食，用于治疗病后、产后体虚，头脑眩晕，自汗盗汗，食少不寐等；也用于炖鸡、炖排骨食用[27]。

【开发应用】

1. 标准规范　当归有药品标准1601项，为当归与其他中药材组成的中成药处方；药材标准27项，为不同版本的《中国药典》药材标准及其他药材标准；中药饮片炮制规范77项，为不同省市、不同年份的当归饮片炮制规范。大理当地优质品种马厂当归尚未见有专门的标准规范。

2. 专利申请　文献检索显示，当归相关的专利共41102项[58-60]，有关化学成分、药理活性以及与其他中药材组成中成药的研究专利34626项，外观设计专利160项，其他专利6316项。

专利信息显示，多数的专利为当归与其他中药材的中药组合物，用于治疗心血管疾病、痛经、阿尔茨海默病、耳聋、肋骨骨折、白血病、肾结石、缺血性脑中风、胃肠湿热疾病、颈椎病、痔疮、糖尿病、慢性咽炎、头晕、牙痛、皮肤溃疡、癌症、祛除黄褐斑等。当归也广泛用于保健品的开发。

（1）罗箭宽等，用于治疗癌症的当归萃取物（CN1943606A）（2007年）。

（2）陈坚等，一种含当归治疗胃肠疾病中药组合物及其制备方法（CN101757291A）（2010年）。

（3）周康，一种当归承气汤及其用途（CN102008582B）（2012年）。

（4）李鲜等，隆尊当归线型呋喃香豆素化合物及其应用（CN102532154B）（2014年）。

（5）郭明火，一种含有当归成分的雾化液及其制备方法（CN104585883A）（2015年）。

（6）徐云等，一种治疗心血管疾病的药物组合物及其制备方法（CN105535890A）（2016年）。

（7）李元勋，一种辅助降血脂中药保健品当归黄芪降脂颗粒及其制备方法（CN104623136B）（2018年）。

（8）崔曦方，一种营养保健当归醋的酿造方法（CN105624017B）（2018年）。

（9）孙平华等，中药当归提取物在制备抗耐药菌药物中的应用（CN105726593B）（2019年）。

（10）付细龙等，铁罐（当归粉）（CN305220727S）（2019年）。

当归相关专利最早出现的时间是1989年。2015～2020年申报的相关专利占总数的47.3%；2010～2020年申报的相关专利占总数的78.1%；2000～2020年申报的相关专利占总数的96.0%。

3. 栽培利用

（1）组织培养：陶金华等[61]发现当归叶柄和根尖均是诱导愈伤组织形成的适宜外植体和应用于细胞悬浮培养的最佳细胞来源。当MS培养基中添加1.0mg/L 2, 4-D、0.2mg/L NAA、0.4mg/L 6-BA诱导叶柄和根尖愈伤组织时，诱导率达到80%以上。根尖和叶柄细胞分别是悬浮培养15、21天时细胞量达到最大值，分别是926.7mg/L、990.6mg/L。

Tsay 等[62]研究发现当归胚性愈伤组织在 MS 基本培养基上比 B5 或 White 培养基上生长快。采用胚性愈伤组织建立悬浮培养体系，培养过程中产生细胞和萌发胚。当初始细胞密度为 0.2mL 细胞 /25mL 培养基，摇瓶速度为 80rpm 时最适合建立悬浮培养，100rpm 培养时产生的体细胞数和萌发胚数较多。在液体培养基中加入 0.3% 琼脂也能促进体细胞和萌发胚的形成。当归未成熟胚的愈伤组织可以制作人工种子和研究药用化合物。

（2）栽培技术：龚成文[63]等总结了当归栽培研究的进展，对当归植物营养学研究、当归早期抽薹研究、当归连作障碍研究、当归主要病害研究进行探讨，为进一步提升当归栽培技术提供参考。

喇晓萍[64]研究了不同栽培模式对当归生育性状及产量的影响，发现双沟垄栽各物候期和生育期适中，早薹率中等，各项农艺性状最佳，产量特等归和一等归比例最高，建议在生产中大力推广应用。

4. 生药学探索　根头及主根粗短，略呈圆柱形，长 1.5 ～ 3.5cm，直径 1.5 ～ 3cm，下部有 3 ～ 5 条或更多的支根，多弯曲，长短不等，直径 0.4 ～ 1cm。表面黄棕色或棕褐色，有不规则纵皱纹及椭圆形皮孔。根头部具横纹，顶端残留多层鳞片状叶基。质坚硬，易吸潮变软，断面黄白色或淡黄棕色，形成层环黄棕色，皮部有多数棕色油点及裂隙，木部射线细密，有浓郁的香气，味甜、辛、微苦。

本品以主根粗长、油润、外皮色黄棕、肉质饱满、断面色黄白、气浓香者为佳。

显微鉴别：侧根横断面木栓层为数列木栓细胞。皮层为数列切向延长的细胞。韧皮部宽广，多裂隙，有多数分泌腔（主为油室，也有油管），类圆形，直径 60 ～ 220μm，周围分泌细胞数个至十多个，近形成层处分泌腔较小。木质部导管单个散在或数个相聚成放射状排列，木射线宽至十多列细胞，木薄壁细胞较射线细胞为小。

粉末特征：米黄色。韧皮薄壁细胞纺锤形，直径 18 ～ 34μm，壁稍厚，非木化，表面（切向壁）有微细斜向交错网状纹理，有时可见菲薄横隔。油室及油管碎片时可察见，油室内径 25 ～ 160μm，含挥发油滴。梯纹、网纹导管直径 13 ～ 80μm，另有具缘纹孔及螺纹导管。此外，有木栓细胞、淀粉粒，偶见木纤维[65]。

5. 其他应用　产品研发：当归广泛与其他中药材组成组方药用。如当归芍药散、当归四逆汤等。当归研发产品较多，功能主治补血活血、调经止痛，多用于面色萎黄、眩晕心悸、妇女月经不调、产后血虚体弱、贫血等，部分产品如下：当归流浸膏（86900267000440 广东邦民制药厂有限公司，国药准字 Z44022019）、当归颗粒（86902237000986 四川省通园制药集团有限公司，国药准字 Z20143026）、当归片（86901916001177 华润三九（黄石）药业有限公司，国药准字 Z42021991）、当归丸（86900356000924 广东三蓝药业股份有限公司，国药准字 Z44023341）、补血当归精（86904850000558 泉州中侨药业有限公司，国药准字 Z35020523）、浓缩当归丸（86905898000876 兰州太宝制药有限公司，国药准字 Z62021227）、当归养血丸
（86900311001218 广东逢春制药有限公司，国药准字 Z44023209）等。

马厂当归：马厂当归作为当归引种大理鹤庆马厂地区一两百年后产生的一个地方化品种，具有质地优良、药用价值高的特点，已成为白族药用植物中的特色性种类。

（1）化学成分：马厂归头水提取物为乙酸乙酯萃取得到的脂溶性部分。脂溶性部分经硅胶柱色谱分离得到 9 个化合物[27]，经光谱分析，分别鉴定为当归素（1，angelicin）、6-甲氧基当归素（2，sphondin）、哥伦比亚内酯（3，columbianadin）、伞形花内酯（4，umbelliferone）、阿魏酸（5，ferulic acid）、falcarindiol（6），以及硬脂酸（7，stearic acid）、β-谷甾醇（8，β-sitosterol）和蔗糖（9，sucrose）。

张金渝发现马厂当归中挥发油成分有顺-罗勒烯（45.20%）、α-蒎烯（21.61%）、z-双氢藁苯内酯（14.10%）、6-丁基-1，4-环庚二烯（2.34%）、双环大香叶烯（2.06%）、E-双氢藁苯内酯（1.36%）等。马厂当归与沾益大坡乡当归的挥发油成分也有研究与对比[28]。

以甲醇 0.1% 磷酸水溶液（30：70）为流动相，柱温 30℃时分离效果最佳。实验结果表明，该方法可以用于马厂当归药材中阿魏酸的含量检测和质量标准的控制，并且具有操作简便、灵敏、准确等特点。大理马厂当归中阿魏酸的含量为 1.048mg/g。大理马厂当归中阿魏酸的含量比其他产地的要高，且品质优良，具有很高的开发应用前景[66]。阿魏酸为当归的重要活性成分，能明显地抑制血小板聚集和释放反应，与当归的活血作用有关。在云南各地的当归中，马厂当归的阿魏酸含量最高，约为 1.459mg/g[67]。

（2）马厂当归的药理研究：马厂当归的药理活性好，对血液及造血系统、心血管系统、免疫功能、肝脏等都有保护作用，并具有能够改善肺功能、抗辐射等药理作用，应用广泛[68]。

（3）马厂当归开发应用状况

1）马厂当归的高产栽培技术：施农家肥 2000～2467 千克/亩，加复合肥 40 千克/亩，理沟盖墒。选用地方传统的紫茎当归良种，要求籽粒饱满、不霉烂的种子，当年 7 月撒播，当归种 2 千克/亩，蔓菁种 2 千克/亩，将当归种、蔓菁种、细土按 1：1：8 的比例混匀，当归与蔓菁混种，共生期近 4 个月，是一种传统的种植方式。当地种植当归以直播为主，10 月底蔓菁收获。当归苗高 8cm 左右，茎粗 0.2～0.3cm，在根部施有机肥 2000 千克/亩，培土，起到保温、保湿的作用，使其安全过冬。翌年 3 月，气温回升，当归开始生长，到四五月，苗高 20～25cm，开始间苗，间去过密的当归苗，去除杂草，每平方米留 10 株左右，追施硝酸铵 20 千克/亩，再培土。进入 10 月下旬，适时采收。当植株枯萎、叶片发黄、营养物质已向根部转移，根部营养器官已成熟时，即可采挖。采挖过早，根条不充实、产量低、品质差；采挖过迟，土壤冻结，易断根。采挖前，先将地上茎叶割收，让太阳暴晒 3～5 天，既有利于土壤水分的蒸发，便于采挖，又有利于物质的积累和转化，使根部更加饱满充实。采挖时力求根部完整无缺，挖起后抖净泥土，捡除病株，运回加工或投入市场销售[69]。

2）马厂当归生药学探索：马厂当归近圆柱形，下部有多条支根，有纵皱纹和横长皮孔样的突起，归头较粗大，当归表面是土面色，比较浅，断面颜色偏白，气味较淡。云南鹤庆的当归中酸不溶性灰分含量最低[70]。云南马厂当归木部导管的排列既有放射状排列又有杂乱无序散开者；且马厂当归含杂质较少[71]。

3）马厂当归根际微生物状况：云南鹤庆当归根际微生物数量均呈现增加的趋势，10月以后各类微生物数量又呈现下降趋势。在当归的不同产区，根际微生物种群多样性及其变化不同，岷当归根际细菌与真菌的数量比值普遍高于其他地区当归[72]。

【药用前景评述】云南是中药当归 *Angelica sinensis*（Oliv.）Diels 主产区之一，药材行业称之为"云归"，品质优良。在大理白族主要聚居区鹤庆县的马厂一带，当归种植是传统产业，已有百年以上的历史。由于种植环境和管理技术独具特色，所产当归药材根茎及主根异常粗壮发达，导致药材以"归头"为主的特异变化，形成了"马厂归头"这一独具特色的中药材品种，其品质独特，有效成分含量更高，进而形成了白族医药中独特的植物药品种。

马厂位于鹤庆县、剑川县、洱源县交界的马耳山北侧，海拔 3200m，属寒温带气候。这里气候冷凉湿润，年平均气温 8.9℃，年降雨量 1267.7mm，常年当归种植面积约40hm²，平均每公顷产当归 15～22.5t，单产居全国之首，所产当归以其头大、结实、油味足、挥发油含量高而成为云归中的精品[73]。从脂溶性部分的化学成分来看，马厂归头的主要成分是香豆素类和阿魏酸，且香豆素类成分总体含量不高，这和以前对甘肃"岷归"的研究结果一致。但其化学成分在所含的具体化合物上有明显区别，如马厂归头含有较多的哥伦比亚内酯（3，属角型呋喃香豆素类），而岷归中未见此成分[27]。

白族民间应用马厂当归补气、补血，可用于妇科月经不调、崩漏等，与鸡一起炖，具有补血的作用，这与传统中药当归用法相近。鉴于研究结果证实马厂当归药用品质较当归更加优良，因此相关应用具有物质基础与合理性。目前，鹤庆、剑川等地正在积极建设当归优质品种马厂当归药材基地，努力将马厂当归的开发应用推向一个新的阶段。

参考文献

[1]陈慧珍.当归的研究进展[J].海峡药学，2008，20（8）：83-85.

[2]李曦，张丽宏，王晓晓，等.当归化学成分及药理作用研究进展[J].中药材，2013，36（6）：1023-1028.

[3]周堃，王月德，董伟，等.当归中1个新香豆素类化合物及其细胞毒活性[J].中草药，2015，46（18）：2680-2682.

[4]Zou J，Chen GD，Zhao H，et al. Triangeliphthalides A–D：bioactive phthalide trimers with new skeletons from *Angelica sinensis* and their production mechanism[J]. Chem Commun，2019，55（44）：6221-6224.

[5]赵雪娇，王海峰，赵丹奇，等.当归化学成分的分离与鉴定[J].沈阳药科大学学报，2013，30（3）：182-185，221.

[6]牛莉，于泓芩.中药当归的化学成分分析与药理作用研究[J].中西医结合心血管病杂志，2018，6（21）：90，92.

［7］董晴，陈明苍.当归化学成分及药理作用研究进展［J］.亚太传统医药，2016，12（2）：32-34.

［8］徐璨.当归化学成分分离与鉴定［J］.亚太传统医药，2016，12（24）：42-43.

［9］陈汝贤，刘叶民，王海燕，等.当归多糖X-C-3-Ⅱ的分离纯化与组成研究［J］.中国新药杂志，2001，10（6）：431-432.

［10］陈汝贤，王海燕，许鸿章，等.岷当归两个多糖组分的分离、纯化与鉴定［J］.中药材，2001，24（1）：36-37.

［11］张林维，赵帜平，沈业寿.当归多糖的分离纯化及其部分性质的研究［J］.生物学杂志，1998，15（3）：12-14.

［12］吴艳，马明华，年华.中药当归化学成分的分离及其内酯类成分结构的鉴定研究［J］.世界中西医结合杂志，2016，11（5）：649-652.

［13］陈鸳谊，李行诺，张翠萍，等.当归中的一个新苯酞类化合物［J］.浙江工业大学学报，2011，39（5）：524-527.

［14］宋秋月，付迎波，刘江，等.当归的化学成分研究［J］.中草药，2011，42（10）：1900-1904.

［15］黄伟晖，宋纯清.当归化学成分研究［J］.药学学报，2003，38（9）：680-683.

［16］路新华，张金娟，张雪霞，等.当归中藁苯内酯二聚体的分离和结构鉴定［J］.中国中药杂志，2008，33（19）：2196-2201.

［17］路新华，张金娟，梁鸿，等.当归化学成分的研究（英文）［J］.中国药学（英文版），2004，13（1）：1-3.

［18］Ma JP，Guo ZB，Jin L，et al. Phytochemical progress made in investigations of *Angelica sinensis*（Oliv.）Diels［J］. Chin J Nat Med，2015，13（4）：241-249.

［19］Zhang L，Lv J. A new ferulic acid derivative and other anticoagulant compounds from *Angelica sinensis*［J］. Chem Nat Compd，2018，54（1）：13-17.

［20］Lv JL，Zhang LB，Guo LM. Phthalide dimers from *Angelica sinensis* and their COX-2 inhibition activity［J］. Fitoterapia，2018，129：102-107.

［21］Zou J，Chen GD，Zhao H，et al. Triligustilides A and B：two pairs of phthalide trimers from *Angelica sinensis* with a complex polycyclic skeleton and their activities［J］. Org Lett，2018，20（3）：884-887.

［22］Zhang LB，Lv JL，Liu JW. Phthalide derivatives with anticoagulation activities from *Angelica sinensis*［J］. J Nat Prod，2016，79（7）：1857-1861.

［23］杨晶，刘涛，颜红，等.基于SFE联用GC-MS技术对当归挥发油主要成分的提取与分析［J］.中国医药指南，2014，12（23）：2-3.

［24］王洮惠，程自银.不同产地当归挥发油的成分研究［J］.药物生物技术，2013，20（6）：535-537.

［25］董岩，魏兴国，崔庆新，等.当归挥发油化学成分分析［J］.山东中医杂志，2004，23（1）：43-45.

当归

［26］李涛，何璇.GC-MS测定野生当归挥发油中的化学成分［J］.华西药学杂志，2015，30（2）：249-250.

［27］孙凤，段志红，普建英，等.马厂归头的化学成分研究［J］.云南中医学院学报，2003，26（2）：14-16，42.

［28］张金渝，王元忠，赵振玲，等.气相色谱-质谱联用分析不同产地云当归挥发油化学成分［J］.安徽农业科学，2009，37（26）：12538-12539，12568.

［29］王晓玲，汪涛，汪雅妮，等.当归多糖对小鼠骨骼肌卫星细胞增殖及干细胞因子受体蛋白表达的影响［J］.中国中西医结合杂志，2012，32（1）：93-96.

［30］Yeh JC, Cindrova-Davies T, Belleri M, et al. The natural compound n-butylidenephthalide derived from the volatile oil of Radix Angelica sinensis inhibits angiogenesis in vitro and in vivo［J］. Angiogenesis, 2011, 14（2）: 187-197.

［31］肖军花，丁丽丽，周健，等.当归A_3部位对心肌生理特性和动作电位的影响［J］.中国药理学通报，2003，19（9）：1066-1069.

［32］伊琳，曲强，纪禄风，等.当归挥发油对自发性高血压大鼠ACE2/Ang1-7/Mas受体轴的影响［J］.临床心血管病杂志，2017，33（6）：584-587.

［33］陈旭东，华新宇，陈世丰，等.当归对宫内缺氧新生大鼠神经元的影响及机制［J］.解剖学杂志，2010，33（6）：771-773.

［34］Chen X P, Li W, Xiao X F, et al. Phytochemical and pharmacological studies on Radix Angelica sinensis［J］. Chin J Nat Med, 2013, 11（6）: 577-587.

［35］Gim SA, Sung JH, Shah FA, et al. Ferulic acid regulates the AKT/GSK-3β/CRMP-2 signaling pathway in a middle cerebral artery occlusion animal model［J］. Lab Anim Res, 2013, 29（2）: 63-69.

［36］杜俊蓉，白波，余彦，等.当归挥发油研究新进展［J］.中国中药杂志，2005，30（18）：1400-1406.

［37］闫升，乔国芳，刘志峰，等.当归油对大鼠离体子宫平滑肌收缩功能的影响［J］.中草药，2000，31（8）：604-606.

［38］王锋，任远，吴国泰.正交设计法研究当归挥发油不同组分对豚鼠气管平滑肌的影响［J］.中国中医药杂志，2008，6（12）：9-11.

［39］王瑞琼，吴国泰，任远，等.当归挥发油对兔离体胃肠平滑肌张力的影响［J］.甘肃中医学院学报，2010，27（1）：12-14.

［40］Gu PF, Xu SW, Zhou SZ, et al. Optimization of Angelica sinensis polysaccharide-loaded poly（lacticcoglycolic acid）nanoparticles by RSM and its immunological activity in vitro［J］. Int J Biol Macromol, 2018, 107: 222-229.

［41］Yang T, Jia M, Meng J, et al. Immunomodulatory activity of polysaccharide isolated from Angelica sinensis［J］. Int J Biol Macromol, 2006, 39（4）: 179-184.

［42］Cao W, Li XQ, Wang X, et al. A novel polysaccharide, isolated from Angelica sinensis（Oliv.）Diels induces the apoptosis of cervical cancer HeLa cells through an intrinsic apoptotic pathway

［J］. Phytomedicine，2010，17（8）：598–605.

［43］Yang J，Shao X，Wang L，et al. *Angelica* polysaccharide exhibits antitumor effect in neuroblastoma cell line SH–SY5Y by up–regulation of miR–205［J］. Biofactors，2019. DOI：10.1002/biof.1586.

［44］Chang C，Chuanhong W，Xinhua L，et al. Coniferyl ferulate，a strong inhibitor of glutathione S–transferase isolated from Radix Angelicae sinensis，reverses multidrug resistance and downregulates P–glycoprotein［J］. Evid Based Complement Alternat Med，2013，2013（47）：639083.

［45］王艳琴，王晓琴，张晓明，等. 当归多糖对肺纤维化大鼠肺功能和肺系数的影响［J］. 甘肃中医，2010，23（11）：28–31.

［46］聂蓉. 当归多糖预防小鼠急性四氯化碳性肝损伤的研究［J］. 武汉工业学院学报，2008，27（4）：23–25，105.

［47］Ji P，Wei Y，Sun H，et al. Metabolomics research on the hepatoprotective effect of *Angelica sinensis* polysaccharides through gas chromatography–mass spectrometry［J］. J Chromatogr B，2014，973：45–54.

［48］Bunel V，Antoine MH，Nortier JL，et al. Nephroprotective effects of ferulic acid，Z–ligustilide and E–ligustilide isolated from *Angelica sinensis* against cisplatin toxicity in vitro［J］. Toxicol in Vitro，2015，29（3）：458–467.

［49］孙元琳，马国刚，汤坚. 当归多糖对亚慢性辐射损伤小鼠的防护作用研究［J］. 中国食品学报，2009，9（4）：33–37.

［50］Gong WX，Zhu SW，Chen CC，et al. The Anti–depression effect of Angelicae sinensis Radix is related to the pharmacological activity of modulating the hematological anomalies［J］. Front Pharmacol，2019，10：192.

［51］Zhang Y，He Z，Liu X，et al. Oral administration of *Angelica sinensis* polysaccharide protects against pancreatic islets failure in type 2 diabetic mice：pancreatic β–cell apoptosis inhibition［J］. J Funct Foods，2019，54：361–370.

［52］董晴，陈明苍. 当归化学成分及药理作用研究进展［J］. 亚太传统医药，2016，12（2）：32–34.

［53］Champakaew D，Junkum A，Chaithong U，et al. Assessment of *Angelica sinensis*（Oliv.）Diels as a repellent for personal protection against mosquitoes under laboratory and field conditions in northern Thailand［J］. Parasit Vectors，2016，9（1）：373.

［54］Lim D，Kim Y. Anti–osteoporotic effects of *Angelica sinensis*（Oliv.）Diels extract on ovariectomized rats and its oral toxicity in rats［J］. Nutrients，2014，6（10）：4362–4372.

［55］Du Q，Zhu XY，Si JR. *Angelica* polysaccharide ameliorates memory impairment in Alzheimer's disease rat through activating BDNF/TrkB/CREB pathway［J］. Exp Biol Med，2020，245（1）：1–10.

［56］赵婷婷，张彤，项乐源，等. 当归、丁香挥发油的促透皮吸收作用［J］. 中成药，2016，38（9）：1923–1929.

当归

［57］Li HT，Wu M，Wang J，et al. Protective role of *Angelica sinensis* extract on trichlorfon-induced oxidative damage and apoptosis in gills and erythrocytes of fish［J］. Aquaculture，2020，519：734895.

［58］SooPAT. 当归［A/OL］.（2020-03-15）［2020-03-15］. http://www1.soopat.com/Home/Result?Sort=&View=&Columns=&Valid=2&Embed=&Db=&Ids=&FolderIds=&FolderId=&ImportPatentIndex=&Filter=&SearchWord=%E5%BD%93%E5%BD%92&FMZL=Y&SYXX=Y&WGZL=Y&FMSQ=Y#.

［59］SooPAT. 当归［A/OL］.（2020-03-15）［2020-03-15］. http://www1.soopat.com/Home/Result?Sort=&View=&Columns=&Valid=9&Embed=&Db=&Ids=&FolderIds=&FolderId=&ImportPatentIndex=&Filter=&SearchWord=%E5%BD%93%E5%BD%92&FMZL=Y&SYXX=Y&WGZL=Y&FMSQ=Y.

［60］SooPAT. 当归［A/OL］.（2020-03-15）［2020-03-15］. http://www1.soopat.com/Home/Result?Sort=&View=&Columns=&Valid=10&Embed=&Db=&Ids=&FolderIds=&FolderId=&ImportPatentIndex=&Filter=&SearchWord=%E5%BD%93%E5%BD%92&FMZL=Y&SYXX=Y&WGZL=Y&FMSQ=Y.

［61］陶金华，江曙，杨念云，等.当归愈伤组织诱导及其细胞悬浮培养的研究［J］.江苏农业科学，2013，41（2）：46-49.

［62］Tsay HS，Huang HL. Somatic embryo formation and germination from immature embryo-derived suspension-cultured cells of *Angelica sinensis*（Oliv.）Diels［J］. Plant Cell Rep，1998，17（9）：670-674.

［63］龚成文，谢志军，米永伟，等.当归栽培研究进展［J］.中国中医药科技，2018，25（5）：160-163.

［64］喇晓萍，苏月琴，韩志强.当归不同种植模式研究［J］.现代农业科技，2018，（7）：77，81.

［65］国家中医药管理局《中华本草》编委会.中华本草［M］.上海：上海科技出版社，1999.

［66］陈兴荣，杨永寿，陈玲.HPLC法测定大理马厂当归中阿魏酸的含量［J］.云南中医中药杂志，2010，31（2）：50-51.

［67］张金渝，王元忠，赵振玲，等.不同产地云当归中阿魏酸的含量比较［J］.安徽农业科学，2009，37（18）：8562，8586.

［68］王宝君，杨樱.不同产地当归的鉴别及现代药理的研究［J］.国医药科学，2014，4（22）：80-81，101.

［69］侯琴慧.马厂当归的高产栽培技术［J］.基层农技推广，2013，1（2）：75-76.

［70］付卫华.不同产地当归饮片的鉴定学及质量研究［J］.中国医学创新，2013，10（26）：140-141.

［71］陈有智，罗文蓉，侯嘉，等.不同产地当归的鉴定学研究［J］.西部中医药，2012，25（5）：25-30.

［72］江曙，段金廒，严辉，等.当归根际微生物种群结构与生态分布的研究［J］.中国中药杂志，2009，34（12）：1483-1488.

［73］柳红.鹤庆"马厂归"的栽培及加工［J］.云南农业科技，2005，（1）：36.

回心草

【植物基原】本品为真藓科大叶藓属植物暖地大叶藓 *Rhodobryum giganteum*（Hook.）Par. 或大叶藓 *R. roseum* Limpr. 的全草。

【别名】茴心草、茴薪草、铁脚一把伞、岩谷伞、大叶藓。

【白语名称】外西高、溪案如忧。

【采收加工】全年可采，洗净，晒干，鲜用或阴干。

【白族民间应用】养心安神、清肝明目、壮阳。用于心悸怔忡、神经衰弱、目赤肿痛。

【白族民间选方】①心脏病：本品5g，大枣50g，冰糖适量，煎汤服。②神经衰弱：本品10～15g，辰砂草5g，酒少许，煎服。

【化学成分】代表性成分：大叶藓主要含简单苯酚和五环三萜类成分木栓酮（1）、表木栓醇（2）、熊果酸（3）、2α-羟基乌苏酸（4）、齐墩果酸（5）、2α-羟基齐墩果酸（6）、3β-羟基齐敦果-9（11）-烯（7）、丁香酸（8）、香草酸（9）、对羟基苯甲酸（10）、3，5-二甲氧基-4-羟基苯甲醛（11）、香草醛（12）、对羟基苯甲醛（13）、1-（4-羟基-3，5-二甲氧苯基）乙酮（14）、1-（4-hydroxy-3-methoxyphenyl）ethanone（15）、3，3′，5，5′-tetra-methoxy-（1，1′-bi-phenyl）-4，4′-diol（16）[1-15]。

从暖地大叶藓中分离鉴定的化合物与大叶藓中的基本一致，值得一提的是一个环肽类化合物 rhopeptin A（17）。

1992～2013年共由回心草中分离鉴定了75个成分，包括简单酚类、五环三萜类、苯丙素、甾体、黄酮、短链脂肪酸等结构类型化合物：

序号	化合物名称	结构类型	参考文献
1	（E）-4-Ethoxy-4-oxobut-2-enoic acid	其他	［7］
2	（E）-4-Hydroxyhex-2-enoic acid	其他	［7］
3	1-（4-Hydroxy-3，5-dimethoxyphenyl）ethanone	酚酸	［7］
4	1-（4-Hydroxy-3-methoxyph enyl）ethanone	生物碱	［7］
5	1，2-Benzenedicarboxylic acid，bis（6-methylheptly）ester	其他	［9］
6	2α-Hydroxyoleanolic acid	三萜	［6，10］
7	2α-Hydroxyursolic acid	三萜	［6，10］
8	3，3′，5，5′-Tetramethoxy-（1，1′-biphenyl）-4，4′-diol	其他	［7］
9	3，5，3′，5′-Tetramethoxy-4，4′-biphenol	酚酸	［5，8，10］
10	3-Hydroxy-2-methyl-4H-pyran-4-one	其他	［7］
11	3β-Hydroxyl-5α，8α-epidioxygosta-6，22-diene	甾体	［2，11］
12	3β-Hydroxyl-5α，8α-epidioxygosta-6，9（11），22-triene	甾体	［2，11］
13	3β-Hydroxy-olean-8（11）-ene	三萜	［7］
14	4-Hydroxy-3，5-dimethoxy-benzaldehyde	酚酸	［7］
15	4-Hydroxy-3，5-dimethoxybenzoic acid	酚酸	［7］
16	4-Hydroxy-3-methoxybenzaldehyde	酚酸	［7］
17	4-Hydroxy-3-methoxy-benzoic acid	三萜	［3，7］
18	4-Hydroxybenzaldehyde	酚酸	［7］
19	4-Hydroxybenzoic acid	酚酸	［4，7，6，10］
20	4-Oxohexanoic acid	其他	［7］
21	5，8-Epidioxy-5α，8α-ergosta-6，22E-dien-3β-ol	甾体	［7］
22	5-Ethoxy-5-oxo-pentanoic acid	其他	［7］
23	7，8-Dihydroxycoumarin	香豆素	［15］
24	7-［O-β-D-Glucopyranosyl-（1→2）-β-D-glucoyranosyl-（1→2）-β-D-glucopyranosyl-（1→2）-β-D-glucopyranosyl］木犀草素	黄酮苷	［9］
25	Adipic acid	其他	［5，8，10］
26	Allantoin	生物碱	［5，8，10，14］

序号	化合物名称	结构类型	参考文献
27	Apigenin	黄酮	[4, 6, 10]
28	Brassicasterol	甾体	[1]
29	Caffeic acid	苯丙素	[5, 8, 10]
30	Caffeic acid methyl ester	苯丙素	[2, 11]
31	Campesterol	甾体	[1]
32	Daucosterine	甾体	[2, 7, 9-13]
33	Dehydrovomifoliol	其他	[3]
34	Diphenoethene	其他	[11]
35	Ergosta-7, 22-diene-3β, 5α, 6β-triol	甾体	[12, 13]
36	Erigeroside	其他	[9]
37	Friedelan-3beta-ol	三萜	[1]
38	Friedelin	三萜	[1, 5, 7, 8, 10]
39	Friedelinol	三萜	[7]
40	Fructose	单糖	[5, 8, 10]
41	Glucose	单糖	[9]
42	Menthol	单萜	[15]
43	Methyl piperate	酚酸	[5, 8, 11]
44	Mono-ethyl fumarate	其他	[3]
45	n-Hexacosanoic acid	其他	[5, 8, 10]
46	n-Octacosanoic acid	其他	[5, 8, 10]
47	Nonacosane	生物碱	[12, 13]
48	n-Tracontanoic acid	其他	[5, 8, 10]
49	Oleanolic acid	三萜	[8, 10]
50	Palatinol C	其他	[9]
51	Palmitamide	其他	[15]
52	Palmitic acid	其他	[1, 5, 8, 10, 12-14]
53	p-Coumaric acid	苯丙素	[3]
54	p-Hydroxycinnamic acid	苯丙素	[4, 9, 10]

序号	化合物名称	结构类型	参考文献
55	Piperine	生物碱	[2, 11]
56	Protocatechuic acid	酚酸	[9, 10]
57	Quercetin	黄酮	[4, 9, 10, 12, 13]
58	Rhopeptin A	环肽	[13, 14]
59	Salicin	酚苷	[15]
60	Sophorose	寡糖	[4]
61	Stevioside	二萜苷	[5, 8, 10]
62	Stigmasterol	甾体	[1]
63	Succinic acid	其他	[5, 8, 10, 12, 13]
64	Tetracosanoic acid	其他	[7]
65	Tritriacontane	其他	[1]
66	Uracil	生物碱	[12, 13]
67	Uracil glycoside	生物碱	[2, 11]
68	Ursolic acid	三萜	[2, 3, 7, 10, 12, 13]
69	Vanillic acid	酚酸	[3]
70	β-Sitosterol	甾体	[1, 2, 7, 9-13]
71	咖啡酸 -4-O-β-D- 吡喃葡萄糖苷	苯丙素苷	[15]
72	蔗糖	单糖	[9]
73	对羟基桂皮酸	苯丙素	[4]
74	芹菜苷	黄酮苷	[4]
75	槐糖	寡糖	[4]

此外，关于回心草的挥发油成分也有研究报道[16]。

【药理药效】回心草主要对心血管系统起作用。具体为：

1. 对心脏的作用

（1）对心脏血流动力和心肌代谢的影响：谭月华等[17, 18]给犬注射回心草醇提液和脂溶性酚后发现药物增加了心输出量和心搏量，可扩张冠状动脉来降低冠脉阻力和增加冠脉血流量，降低血压和心率，但对心肌消耗和摄取营养物质无明显作用。李锐松等[19-21]给左胸冠状动脉前降支结扎的麻醉犬股静脉注射回心草醇透液和脂溶性酚后，发现麻醉犬的回心血量有所增加，心率减慢，心脏舒张期延长。回心草中提取的脂溶性酚类成分可增加麻醉犬的冠脉血流量，显著降低冠脉阻力，中度降低血压、心率和心输出量，减少心肌对氧的消耗与摄取，而不影响心搏量。雷秀玲等[22]发现回心草及回心康均能降低麻醉大鼠的血压，使收缩压、舒张压都显著下降，以 1g/kg 回心草和 1g/kg 及 2g/kg 回心康作用最为显著，未见心率加快，其降压作用具有降压效应平稳和持续时间较长的特点。其他研究发现回心草醇提液可改善心肌缺血后红细胞表面电荷情况，从而降低其聚集性和全血屈服应力，这可能是回心草改善急性心肌梗死后心功能状态的机制之一[23, 24]。王东晓等[25]发现回心草乙酸乙酯部位和各单体成分可改善心肌缺血时的血流动力学紊乱，发挥心肌保护作用，其中乙酸乙酯部位和胡椒碱的作用相对较好。

（2）保护损伤心肌：蔡小军等[15, 26]的研究结果显示回心草水提液能够保护缺氧损伤的心肌细胞，其机制可能与其改善氧化应激有关。徐建民、谢婷婷、刘屏等[11, 27-29]研究回心草对异丙肾上腺素（ISO）诱导大鼠急性心肌缺血的影响。结果表明回心草能减轻S-T 段下移，降低血清谷草转氨酶（AST）、乳酸脱氢酶（LDH）、肌酸激酶（CK）和丙二醛（MDA）的水平，而升高超氧化物歧化酶（SOD）水平，其中以 50% 乙醇提取部分活性最强。这些结果均表明回心草对急性心肌缺血大鼠具有一定的保护作用。李博乐[3]也发现回心草的心肌细胞保护作用与抗氧化、清除自由基作用有关。于腾飞等[30, 31]对回心草活性单体 RR7（胡椒碱）的抗心肌缺血作用及机制进行了研究，结果发现 RR7 可明显提高动物耐缺氧能力，延长其存活时间；可以保护过氧化氢（H_2O_2）损伤的心肌细胞，升高 SOD、GSH、AST，减少线粒体 MDA 的生成和依赖 ATP 的 Na^+-K^+-ATP 酶与 Ca^{2+}-ATP 酶活性，提示 RR7 可能通过抗氧化来保护心肌。此外，RR7 能对抗 ISO 引起的心律失常，改善受损的心肌组织，抑制 β 受体蛋白表达的增强。雷秀玲等[23, 32, 33]也发现回心草对结扎大鼠冠脉所致的心肌缺血、心肌梗塞均有一定的保护作用。王波、田苗等[34, 35]研究回心草乙酸乙酯部位提取物和单体成分胡椒碱、胡椒酸甲酯、咖啡酸甲酯、尿嘧啶苷对 H_2O_2 诱导心肌细胞损伤的保护作用。结果表明胡椒酸甲酯和胡椒碱具有明显的保护作用，咖啡酸甲酯具有部分保护作用，尿嘧啶苷无保护作用。蔡鹰等[36]观察回心草无糖颗粒治疗糖尿病合并冠心病心绞痛的临床疗效，结果表明回心草无糖颗粒对糖尿病合并冠心病心绞痛患者有效。田小燕[9]以大鼠离体心脏灌流模型对回心草抗心肌缺血成分进行了活性追踪，最终确定了一个有效部位 03003-17b-1。

（3）抗心律失常：王东晓等[37]的研究结果表明回心草可提高小鼠耐缺氧能力，对抗氯仿诱导的小鼠室颤以及抗心肌缺血，有效活性部位是 95% 乙醇提取物的醋酸乙酯及正丁醇部分。王波等[11]发现回心草 95% 醇提液可显著延长小鼠心律失常出现的时间，降低室颤发生率，其作用机制可能与影响肾上腺素与心肌细胞膜上 β 受体的结合、减少心肌耗氧和减少 Ca^{2+} 内流有关。

2. 对血管、血液系统的作用

（1）保护血管内皮细胞：李伶、蔡鹰等[4, 38]研究了回心草水提取液和回心草活性部位的 5 个单体（对羟基桂收酸、芹菜苷、槐糖、对羟基苯甲酸、槲皮素）对 H_2O_2 诱导血管内皮细胞损伤的保护作用，发现提取物和活性成分可以减轻内皮细胞的损伤，增加一氧化氮合酶活性，促进 NO 的分泌。

（2）抗动脉粥样硬化作用：肖继明等[39]建立家兔动脉粥样硬化和急性心肌梗死双模型，观察到回心草提取液减轻了动脉粥样硬化和心肌缺血坏死，抑制了心肌组织 CD34 和血管生成因子受体 2 的表达，抑制了缺血心肌的血管新生。余月明等[24]采用灌喂高脂饮食制作兔动脉粥样硬化模型，结果表明服用回心草可减少动脉内膜粥样斑块面积，具有抗动脉硬化、降低血脂和改善血脂代谢的作用。

（3）对血液流变学的影响：余月明等[23, 40]发现回心草注射液可显著降低麻醉犬阻断冠脉血流后引起的全血黏度、血浆黏度的升高，减轻红细胞电泳时间的延长等，而对血细胞比容、血浆纤维蛋白浓度则无明显改变。

3. 抗氧化作用 张海娟[7]对从回心草分离的 3,3′,5,5′-tetramethoxy-(1,1′ -biphenyl)-4,4′ -diol、3，5- 二甲氧基 -4- 羟基苯甲醛、1-（4- 羟基 -3，5- 二甲氧苯基）乙酮和香草醛四个化合物的还原能力进行了考察，结果显示各单体化合物均能明显减轻 H_2O_2 诱导的乳鼠心肌细胞内活性氧的聚集，从而减轻心肌细胞损伤。李超等[41]的研究结果表明，回心草提取物中不同浓度的黄酮类物质对羟基自由基具有较好的清除能力。周卫东等[42]也发现当回心草总黄酮浓度在 8.84 ～ 53.02μg/mL 时，对 DPPH 自由基的清除率为 9.33%～ 48.53%，且存在明显的量效关系。

此外，回心草还可以治疗糖尿病视网膜病变[43]。

【开发应用】

1. 标准规范 回心草有药品标准 2 项、药材标准 1 项、中药饮片炮制规范 1 项。具体是：

（1）药品标准：丹参益心胶囊［WS-10732（ZD-0732）-2002-2012Z］、回心康片［WS-10737（ZD-0737）-2002-2011Z］。

（2）药材标准：回心草（尼木基）[《云南省中药材标准》（2005 年版）]。

（3）中药饮片炮制规范：回心草饮片[《云南省中药饮片标准》（2005 年版）]。

2. 专利申请 文献检索显示，回心草相关的专利共有 122 项，回心草与其他中药材组成中成药申请的专利 101 项，回心草提取及纯化的研究专利 2 项，保健品等的制作 19 项[44]。

专利信息显示，大部分的专利为回心草与其他中药材组成中药组合物用于各种疾病的治疗，包括预防心脑血管疾病，治疗心悸心慌、头晕耳鸣、神经衰弱、高血压、高血脂、心火亢盛型不寐、抑郁症、阳虚气弱型复发性口腔溃疡、慢性充血性心力衰竭，防治左心室肥厚，治疗慢性充血性心力衰竭，抑制小鼠肛门肉瘤细胞 S-180 增殖，治疗心脾两虚型心律失常、更年期综合征、风湿性心脏病、糖尿病，抗衰老，增强免疫力，改善睡眠，防治老年痴呆，治疗病毒性心肌炎、阵发性室上性心动过速、冠心病、老年功能性便秘、三叉神经痛，早老性白发病，防治心肌纤维化等。回心草也可用于保健品等的开发。

涉及回心草的代表性专利有：

（1）张根怀等，一种新的回心康片药物组合物（CN101837051A）（2010年）。

（2）张根怀等，一种治疗冠心病的药物组合物（CN101837051B）（2011年）。

（3）叶福兰等，一种治疗三叉神经痛的外搽药物（CN102370705A）（2012年）。

（4）郑世花等，一种治疗阵发性室上性心动过速的中药组合物（CN102861169A）（2013年）。

（5）郑雪芹等，一种治疗病毒性心肌炎的中药组合物（CN103041134A）（2013年）。

（6）陆子良等，一种调节高血压、高血脂、高血糖的中药制剂（CN103251814A）（2013年）。

（7）冯立顺，一种治疗慢性充血性心力衰竭的中药组合物（CN103520600A）（2014年）。

（8）王春荣，追风消肿正骨粉（CN103495043A）（2014年）。

（9）李佃场等，一种治疗慢性非萎缩性胃炎的中药制剂及其制备方法（CN103520518A）（2014年）。

（10）刘梅等，一种防治心肌纤维化的药物组合物及其应用（CN103877411A）（2014年）。

回心草相关专利最早出现的时间是1993年。2015～2020年申报的相关专利占总数的68.0%；2010～2020年申报的相关专利占总数的93.4%；2000～2020年申报的相关专利占总数的98.4%。

3. 栽培利用 王强等[45]基于13个环境因子和51个地理分布记录数据，预测了暖地大叶藓在中国的潜在地理分布区和其他对13个环境因子的需求特点，发现暖地大叶藓在贵州、云南、重庆、福建、浙江、湖北、四川、湖南、台湾和江西有很高的气候适应性，而在西北、东北和华北的适生能力低；在最冷季节、最干季节、最暖季节的平均温度分别为5～10℃、5～10℃和20～24℃，以及季节雨量变化、植被覆盖度和海拔分别为55～60mm、30%～60%和600～2500m的区域下，暖地大叶藓具有高的潜在分布概率；随着最湿月份雨量增加和平均昼夜温差的下降，暖地大叶藓的分布概率上升。

陈圆圆等[46]以暖地大叶藓幼嫩茎尖为外植体，应用组织培养方法，成功地获得了无菌的暖地大叶藓原丝体和植株，并在此基础上研究了培养基类型、机械切割、激素、温度、配子体自身的提取液、培养基组成等对原丝体诱导和生成量的影响，同时比较了组织培养诱导形成的配子体形态、光合和红外光谱特点。同时，陈圆圆等检测了原丝体增长的影响因素，发现：①改良Knop培养基能够促进体外原丝体的生长和延长其生长时间，而MS培养基能够促进原丝体的分支生长，并且原丝体在改进的White培养基中增长缓慢，伴随着发展的配子体。②切取原丝体增加原丝体的体外增殖。③浓度为0.5mg/L的2，4-D促进了叶原丝体的诱导，但在2.0mg/L时抑制原丝体的诱导，加速衰老过程[47]。

萨如拉等[48]以赛罕乌拉自然保护区8个生境的药用苔藓植物为研究对象，认真梳理药用苔藓植物组成和药用价值，系统分析其多样性，揭示了药用苔藓物种的多样性与生境的分布规律。

在阿克菲尔德地区的沙质土壤上大叶藓这种植物是不育的，而且数量不多。该植物在白垩草地上更为常见，也能容忍中性的河岸和荒野和长时间的干旱[49]。

Lou 等公开了暖地大叶藓人工扩繁的方法，其步骤如下：①对暖地大叶藓的配子体表面进行消毒，与未展开的叶片切割的茎尖接种于诱导配子细胞的培养基上在自然环境中生长，诱导配子体产生丝状体，培养 40～60 天；②将步骤①中获得的广泛增殖的原丝体放入培养基，培养 40～60 天；③移植步骤②中广泛增殖的原丝体于培养基中，诱导原丝体产生配子细胞，培养 40～60 天。该方法开创了暖地大叶藓配子细胞人工扩增繁殖方法的发展，填补了现有技术的空白。人工大量繁殖不仅极大地促进了高强度高密度的工业化生产，也促进了生产的自动化控制，达到暖地大叶藓批量生产的手动广泛增殖，在很短的时间内为制药领域提供了一个市场保证，具有重大经济效益[50]。

梁红柱等探讨了不同培养基、不同培养条件对大叶藓配子体组织培养的影响，以期对大叶藓属植物组织培养研究和快速繁殖技术提供科学依据。结果表明茎尖片段培养的原丝体和新芽生成比例明显高于叶片片段，采用茎段更适合于大叶藓的配子体组织培养；适度的 NaClO 溶液消毒外植体利于大叶藓配子体的组织培养；6-BA 抑制了大叶藓原丝体的生成，2，4-D 则有明显的促进作用；6-BA 促进了大叶藓愈伤组织和新芽的出现；BG11 培养基更适于大叶藓原丝体的萌发和愈伤组织的生成；其他适于大叶藓组织培养的培养基依次为 Knop、改良 Knop、BBM、1/2MS 和 MS[51]。

4. 生药学探索 回心草为真藓科植物暖地大叶藓全草，多干缩，水浸泡后叶片很快舒展并明显返青。根茎纤细，长 5～8cm，着生有红褐色绒毛状假根。茎红棕色，簇生如花苞状着生于茎的顶部或呈楼台状簇生 2 层，绿色至黄绿色。叶片长倒卵状披针形，具短尖，无柄，边缘明显分化，上部有细齿，下部全缘，中肋一条长达叶尖。偶见孢子体丛生于配子体顶端，蒴柄黄色，直立，顶部弯曲成弓状。孢蒴下垂，有短喙。气微，味淡。叶表面观均为薄壁细胞，单层，类菱形或类六边形，排列紧密，长 100～160μm，宽 30～60μm，细胞壁略增厚，或有部分细胞壁呈连珠状增厚。叶缘分化明显，上部叶缘细胞突出呈双列锐齿状排列，下部全缘；中肋一条从基部直达叶尖，由 1～10 列类长圆形或类长方形细胞紧密排列，占叶片比例很小。孢子体很少见，其孢蒴表皮细胞类长方形或不规则形，表面可见众多孢子，红棕色，椭圆形或类圆形，壁略增厚，直径 10～15μm。以上部叶缘细胞突出呈双列锐齿状排列、中肋一条从基部直达叶尖、薄壁细胞及其形态为其主要的鉴别特征。粉末黄绿色至黄褐色，气微，味淡，于显微镜下观察，可见大量叶表皮细胞，近菱形或类六边形，长 100～160μm，宽 100～160μm，细胞壁略增厚，或有的部分呈连珠状增厚；可见部分叶缘细胞突出呈双列锐齿状排列；叶中肋细胞类长圆形或类长方形，宽约 20μm，壁略增厚。黄色或棕红色的条状、团块状碎片可见。偶见孢蒴碎片，细胞类长方形，常带有黄棕色孢子，椭圆形或类圆形，表面可见颗粒状雕纹，直径

10～15μm。粉末显微特征以双列齿状突出的叶缘细胞、排列紧密的叶中肋细胞、近菱形或类六边形的叶表皮细胞为特征，粉末中有时可见孢蒴碎片及孢子。其相关理化鉴定方法也有研究与总结[52]。

此外，熊若莉[53]对回心草进行了生药学研究，介绍了回心草的植物形态特征。唐锐等[54]采用石蜡切片、计算机扫描和数字化处理等手段，对7个不同居群的大叶藓叶片的几个形态解剖特征进行测量和统计分析。乔菲等[55]研究暖地大叶藓的形态组织学特征，寻找可区别暖地大叶藓与大叶藓的依据。李利博和赵建成[56]以中国产10种真藓属（*Bryum*）植物、2种银藓属（*Anomobryum*）植物、2种大叶藓属（*Rhodobryum*）植物、2种丝瓜藓属（*Pohlia*）植物为研究对象，选取了61个植物形态学性状进行分支分析，并对16种植物的形态学特征矩阵进行了MP法分析。

5. 其他应用　目前市场上常见的回心草产品有回心草片、回心康片、回心草注射液，还有做成保健品的回心草保健茶、回心草药枕等。

【药用前景评述】回心草在大理苍山有天然分布，每年三月街民族节及洱源三营等主要药材市场都可以见到大宗销售的回心草药材。回心草是白族传统药用植物，主要用于心脏病、神经衰弱等的治疗。现代研究结果已充分证实，该植物的确具有保护心脏等的相关功效，在对心脏血流动力学和心肌代谢的影响、保护损伤心肌、抗心律失常、保护血管内皮细胞等方面具有显著作用，说明白族对该植物的药用准确、合理。该植物的应用开发已较为深入，相关标准、产品、专利等很多，是一种研究、开发较为成熟的白族药用植物。

参考文献

[1]张奇涵，张明哲.回心草化学成分的研究[J].北京大学学报，1992，28（2）：175-177.

[2]王波，刘屏，沈月毛，等.回心草化学成分研究[J].中国中药杂志，2005，30（12）：895-897.

[3]李博乐.雷公藤及回心草生物活性成分的研究[D].天津：天津医科大学，2010.

[4]李伶，纪永章.回心草单体成分对内皮细胞的保护作用及对血管内皮细胞分泌NO和NOS的影响[J].药物生物技术，2009，16（4）：364-368.

[5]王波，刘屏，林辉.回心草化学成分研究Ⅲ[J].解放军药学学报，2008，24（4）：296-298.

[6]戴畅，刘屏，刘超，等.藓类植物回心草化学成分研究Ⅱ[J].中国中药杂志，2006，31（13）：1080-1082.

[7]张海娟.五种植物的化学成分及其生物活性研究[D].济南：山东大学，2007.

[8]王波，戴畅，刘屏.回心草化学成分研究（Ⅲ）[C]//第六届中国药学会学术年会论文集.广州，2006：2296-2301.

[9]田小雁.四种中草药的活性成分研究[D].北京：中国协和医科大学，2006.

[10]戴畅.藓类植物回心草的化学成分和生物活性研究[D].北京：中国人民解放军军医进修学院，2006.

［11］王波.回心草化学成分及药理活性的研究［D］.北京：中国人民解放军军医进修学院，2005.

［12］焦威，鲁改丽，邵华武，等.暖地大叶藓化学成分的研究［J］.天然产物研究与开发，2010，22（2）：235-237.

［13］焦威.千金子和暖地大叶藓的化学成分研究［D］.成都：中国科学院成都生物研究所，2008.

［14］Jiao W，Wu Z，Chen X，et al. Rhopeptin A：first cyclopeptide isolated from *Rhodobryum giganteum*［J］. Helv Chim Acta，2013，96（1）：114-118.

［15］Cai Y，Lu Y，Chen R，et al. Anti-hypoxia activity and related components of *Rhodobryum giganteum* Par［J］. Phytomedicine，2011，18（2）：224-229.

［16］乔菲，马双成，林瑞超，等.暖地大叶藓挥发油成分的 GC-MS 分析［J］.中国药学杂志，2004，39（9）：704-705.

［17］谭月华，李锐松，陈水英，等.回心草醇透液对麻醉犬血流动力和心肌代谢的影响［J］.中草药，1981，12（5）：23-26.

［18］谭月华，李锐松，俞玉峰，等.回心草脂溶性酚对麻醉犬冠脉循环和心肌代谢的作用［J］.中草药，1981，12（8）：27-30.

［19］李锐松，姚秀娟，俞玉峰，等.回心草醇透液对急性心肌梗死犬血流动力学的影响［J］.中草药，1983，14（7）：19-20+28.

［20］李锐松，姚秀娟，陈水英，等.回心草脂溶性酚对急性心肌梗死犬的血流动力学的影响［J］.中草药，1984，15（4）：24-26.

［21］谭月华，李锐松，陈水英，等.回心草醇透液对麻醉犬血流动力和心肌代谢的影响［J］.第四军医大学学报，1981，（2）：141-145.

［22］雷秀玲，张荣平，董雪峰，等.民族药滇产回心草及回心康对麻醉大鼠血流动力学的影响［J］.中国民族民间医药杂志，2001，（6）：351-353，369.

［23］余月明，马援，夏天，等.回心草降低心肌缺血区红细胞聚集性及全血屈服应力的实验研究［J］.中国中药杂志，1995，20（7）：429-431.

［24］余月明，马援，魏辉，等.回心草防治兔动脉粥样硬化的实验研究［J］.陕西中医，1994，15（12）：562-563.

［25］王东晓，刘屏，安娜，等.回心草活性成分对实验性心肌缺血血流动力学的影响［J］.中国药物应用与监测，2007，4（3）：17-20.

［26］蔡小军，陈艳，俞云，等.回心草对心肌细胞缺氧损伤的保护作用［J］.中国实验方剂学杂志，2012，18（5）：204-206.

［27］徐建民.回心草抗大鼠急性心肌缺血活性部位的实验研究［J］.湖北中医杂志，2007，29（3）：7-8.

［28］谢婷婷，汪进良，王东晓，等.回心草抗大鼠急性心肌缺血有效部位筛选研究［J］.中国中医基础医学杂志，2007，13（2）：113-114，119.

［29］刘屏，王东晓，王波，等.回心草抗大鼠急性心肌缺血有效部位筛选研究［C］//2006

第六届中国药学会学术年会论文集.广州，2006：2302-2306.

［30］于腾飞.回心草活性单体RR7的抗心肌缺血作用及机制研究［D］.北京：中国人民解放军军医进修学院，2008.

［31］于腾飞，刘屏，王东晓，等.胡椒碱对过氧化氢损伤大鼠心肌线粒体的保护作用及机制研究［J］.解放军药学学报，2008，24（1）：7-9.

［32］雷秀玲，张荣平，董雪峰，等.滇产回心草及回心康抗缺血心肌脂质过氧化作用及对前列环素／血栓素的影响［J］.天然产物研究与开发，2001，13（6）：63-66.

［33］雷秀玲，张荣平，董雪峰，等.滇产回心草及回心康对异丙肾上腺素诱导大鼠急性心肌缺血的保护作用［J］.中国民族民间医药杂志，2002，（3）：170-171.

［34］王波，孙艳，刘屏，等.回心草单体成分对H_2O_2诱导心肌细胞损伤的保护作用研究［J］.解放军药学学报，2006，22（3）：164-167.

［35］田苗.兔原代左心房肌细胞的氧化应激损伤及其防护的研究［D］.北京：中国人民解放军军医进修学院，2011.

［36］蔡鹰，赵宁志，张丽玲，等.回心草无糖颗粒对糖尿病合并冠心病心绞痛的疗效观察［J］.中国实验方剂学杂志，2012，18（18）：298-300.

［37］王东晓，刘屏，王波，等.回心草心脏保护作用的活性部位筛选［J］.中草药，2006，37（10）：1536-1539.

［38］蔡鹰，魏群利，陆晓和.回心草对脐静脉内皮细胞的保护作用及对分泌一氧化氮和一氧化氮合酶的影响［J］.中国实验方剂学杂志，2009，15（7）：79-82.

［39］肖继明，吕磊，杨春.回心草对兔动脉粥样硬化和心肌组织CD34、VEGFR2表达的影响［J］.三峡大学学报，2017，39（S1）：1-4.

［40］余月明，马援，夏天，等.回心草对犬急性心肌缺血血液流变学的影响［J］.中国中西医结合杂志，1993，13（11）：672-674，646.

［41］李超，李姣姣.回心草总黄酮清除羟基自由基活性研究［J］.粮油加工，2010，（8）：163-164.

［42］周卫东，李超，王卫东，等.回心草总黄酮的超声辅助提取及其抗氧化活性研究［J］.粮油加工，2010，（8）：140-142.

［43］陈元.回心草治疗糖尿病视网膜病变［J］.中国民族民间医药杂志，2007，（3）：185.

［44］SooPAT.回心草［A/OL］.（2020-03-15）［2020-03-15］.http://www1.soopat.com/Home/Result?Sort=1&View=&Columns=&Valid=-1&Embed=&Db=&Ids=&FolderIds=&FolderId=&ImportPatentIndex=20&Filter=&SearchWord=%E5%9B%9E%E5%BF%83%E8%8D%89&FMZL=Y&SYXX=Y&WGZL=Y&FMSQ=Y.

［45］王强，郭水良.暖地大叶藓的气候适应性及其在中国的潜在分布区预测［J］.杭州师范大学学报，2016，15（4）：368-376.

［46］陈圆圆.暖地大叶藓组织培养的研究［D］.上海：上海师范大学，2009.

［47］Chen YY, Lou YX, Guo SL, et al. Successful tissue culture of the medicinal moss *Rhodobryum giganteum* and factors influencing proliferation of its protonemata［J］. Ann Bot Fenn,

2009，46（6）：516-524.

［48］萨如拉，石松利，白迎春，等.赛罕乌拉自然保护区药用苔藓植物资源调查［J］.时珍国医国药，2018，29（4）：979-983.

［49］Paton JA. A bryophyte flora of the sandstone rocks of kent and sussex［J］. Trans Brit Bryol Soc，1954，2（3）：349-374.

［50］娄玉霞，陈圆圆，曹同，等.一种人工扩繁暖地大叶藓配子体的方法：中国，101248759［P］.2008-08-27.

［51］梁红柱，郭晓莉，赵建成.大叶藓属（*Rhodobryum*）植物组织培养研究［J］.贵州师范大学学报，2010，28（4）：21-24，45.

［52］朱丽萍，蒋晖，房秀艳，等.云南习用药材回心草的质量标准研究［J］.云南中医学院学报，2006，29（6）：13-16.

［53］熊若莉.一把伞的生药研究［J］.中草药，1982，13（8）：39-40.

［54］唐锐，王丽，李高阳，等.大叶鲜7个自然居群的形态解剖学研究［J］.四川大学学报（自然科学版），2009，46（3）：824-828.

［55］乔菲，徐纪民，张继，等.回心草（暖地大叶藓）的鉴别［J］.中药材，2003，26（7）：487-488.

［56］李利博，赵建成.基于形态特征的真藓属（*Bryum* Hedw.）植物分支系统学研究［J］.北方园艺，2018，（9）：105-109.

回
心
草

羊角天麻

【植物基原】本品为漆树科九子母属植物羊角天麻 *Dobinea delavayi*（Baill.）Baill. 的根。

【别名】大九股牛、绿天麻、大接骨、九子不离母。

【白语名称】荣个铁麻（大理）、捣接关等（大理）、咬姑特丝（洱源）。

【采收加工】秋冬春采挖根，洗净切片晒干。

【白族民间应用】祛风除湿、止痒、止痛。主治风湿性关节炎、过敏性皮炎、坐骨神经痛、跌打损伤。

【白族民间选方】①肺热咳嗽、乳腺炎、腮腺炎、痈疮：本品 9～15g，煎汤内服，或泡酒。②骨折、骨裂、脱位：本品鲜根或干粉外包。

【化学成分】代表性成分：羊角天麻主要含当归酰氧化桉烷倍半萜类成分羊角天麻素Ⅰ（dobinin Ⅰ，1）、羊角天麻素Ⅱ（dobinin Ⅱ，2）、dobinin B（3）、3β-angeloyloxy-4β-acetoxy-8β-hydroxy-eudesm-7（11）-en-8α,12-olide（4）、dobinin A（5）、dobinins D-O（6、7、9、10、12、13、15～20）、3β-angeloyloxy-4α,8β-dihydroxy-eudesm-7（11）-en-8α,12-olide（8）、dobinin C（11）、furanoeudesmane B（14）、dodelates A-E（21～25）[1-12]。

此外，羊角天麻还含有二苯甲酮和𠮷酮类化合物 dobiniside A（26）、4′, 6-dihydroxy-2,
3′, 4-trimethoxybenzophenone（27）、2, 6, 4′-trihydroxy-4-methoxybenzophenone（28）、
mangiferin（29）等[1-12]。

1995 年至今已从羊角天麻中分离鉴定了 64 个成分：

序号	化合物名称	结构类型	参考文献
1	1, 2, 3-Tri-O-（2E）-undecenoic acid glycerolester	其他	[7]
2	1, 6, 7-Trihydroxy-3-methoxyxanthone	𠮷酮	[11]
3	1-Glyceryl palmitate	其他	[7]
4	1-O-（β-D-Glucopyranosyl）-（2S, 3S, 4E, 8E）-2-（2R-hydroxy-hexadecanoylamino）-octadecadiene-1, 3-diol	其他	[7]
5	1-O-Hexacosanoic acid glycerol ester	其他	[7]
6	1β, 6β-Dihydroxy-eudesman-4（14）-ene	倍半萜	[7]
7	1β-Angeloyloxy-6β,8α-dihydroxy-10α-methoxyeremophil-7(11)-en-8β, 12-olide	倍半萜	[6]
8	1β-Angeloyloxy-6β,8β-dihydroxy-10β-methoxyeremophil-7(11)-en-8α, 12-olide	倍半萜	[6]
9	2, 4′, 6-Trihydroxy-3′, 4-dimethoxybenzophenone	二苯甲酮	[11]
10	2, 4′, 6-Trihydroxy-4-methoxybenzophenone	二苯甲酮	[11]
11	2, 6, 3′, 4′-Tetrahydroxy-4-methoxybenzophenone	二苯甲酮	[11]
12	24-Metbylenecycloartanol	甾体	[4]
13	3, 4, 2′, 4′, α-Pentahydroxychalcone	查尔酮	[4]
14	3, 4, 2′, 4′-Tetrahydroxydihydrochalcone	查尔酮	[4]
15	3′, 6-Dihydroxy-2, 4, 4′-trimethoxybenzophenone	二苯甲酮	[12]
16	3β-Angeloyloxy-4α, 8β-dihydroxy-eudesm-7（11）-en-8α, 12-olide	倍半萜	[6]

羊
角
天
麻

序号	化合物名称	结构类型	参考文献
17	3β-Angeloyloxy-4β-acetoxy-8β-hydroxy-eudesm-7（11）-en-8α, 12-olide	倍半萜	[6]
18	3β-Angeloyloxy-8β-hydroxy-eudesm-7（11）-en-8α, 12-olide	倍半萜	[1]
19	4′, 6-Dihydroxy-2, 3′, 4-trimethoxybenzophenone	二苯甲酮	[5]
20	6β, 8β-Dimethoxy-10β-hydroxyeremophil-7（11）-en-8β, 12-olide	倍半萜	[6]
21	6β-Hydroxystigmast-4-en-3-one	甾体	[4]
22	Aureusidin	黄酮	[4]
23	Bisphenol A	酚酸	[11]
24	Butin	查尔酮	[4]
25	Daucosterol	甾体	[7]
26	Dobinin Ⅰ（羊角天麻素Ⅰ）	倍半萜	[9, 10]
27	Dobinin Ⅱ（羊角天麻素Ⅱ）	倍半萜	[9]
28	Dobinin A	倍半萜	[1, 6]
29	Dobinin B	倍半萜	[6]
30	Dobinin C	倍半萜	[1, 6]
31	Dobinin D	倍半萜	[1]
32	Dobinin E	倍半萜	[1]
33	Dobinin F	倍半萜	[1]
34	Dobinin G	倍半萜	[1]
35	Dobinin H	倍半萜	[1]
36	Dobinin I	倍半萜	[1]
37	Dobinin J	倍半萜	[1]
38	Dobinin K	倍半萜	[1]
39	Dobinin L	倍半萜	[1]
40	Dobinin M	倍半萜	[1]
41	Dobinin N	倍半萜	[1]
42	Dobinin O	倍半萜	[3]
43	Dobiniside A	二苯甲酮	[5]
44	Dodelate A	倍半萜	[2]
45	Dodelate B	倍半萜	[2]

序号	化合物名称	结构类型	参考文献
46	Dodelate C	倍半萜	[2]
47	Dodelate D	倍半萜	[2]
48	Dodelate E	倍半萜	[2]
49	Ergosterol	甾体	[7]
50	Furanoeudesmane B	倍半萜	[1]
51	Gallic acid	酚酸	[4]
52	Glycoldipalmitate	其他	[7]
53	Mangiferin	𠮷酮	[4]
54	Spathulenol	倍半萜	[11]
55	α-Corymbolol	倍半萜	[7]
56	β-Corymbolol	倍半萜	[7]
57	β-Sitosterol	甾体	[7]
58	硬脂酸	其他	[8]
59	正二十八烷醇	其他	[8]
60	正二十二烷醇	其他	[8]
61	正二十六烷酸	其他	[8]
62	正二十五烷醇	其他	[8]
63	正三十四烷酸	其他	[8]
64	棕榈酸甲酯	其他	[4]

【药理药效】羊角天麻主要具有抗肿瘤、抗疟、镇痛活性。具体为：

1. 抗肿瘤活性 程忠泉等[5, 6]对从羊角天麻中分离得到的倍半萜类、二苯甲酮类及𠮷酮类化合物成分进行了肿瘤细胞毒活性测试，结果显示化合物 dobinins A、B、C 对人白血病细胞 HL60 具有毒性，IC_{50} 分别为 8.0×10^{-5} mol/L、4.7×10^{-5} mol/L、5.1×10^{-5} mol/L；芒果苷对人肺癌细胞 A549 具有毒性，其 IC_{50} 为 7.4×10^{-5} mol/L。

2. 抗疟活性 这部分工作主要由作者团队进行。陈浩、沈怡等[1-4, 11, 13]通过约氏疟原虫（*Plasmodium yoelii*）BY265RFP 株建立 4 天鼠疟模型来考察羊角天麻的抗疟活性，发现其粗提物、部分萃取部位具有显著的抗疟活性；通过活性部位与活性成分追踪，最终发现从羊角天麻中提取出的二聚倍半萜类化合物 dodelate A、dodelate C 和倍半萜类成分 dobinins E、F、K、N、O 具有良好的抗疟活性（表 16～19）；β-羟高铁血红素形成抑制实验结果表明，化合物 3，4，2′，4′-tetrahydroxy-dihydrochalcone、butin、3，4，2′，4′，

羊角天麻

α-pentahydroxychalcone、aureusidin、mangiferin、gallic acid 具有 β- 羟高铁血红素形成抑制活性,其中黄酮类化合物 3,4,2′,4′,α-pentahydroxychalcone、butin、aureusidin 具有较强的抑制活性,其 IC_{50} 分别为 61.5μg/mL、120.3μg/mL、56.0μg/mL(表 20 ~ 21)。崔淑君等[14]进一步研究了从羊角天麻中分离得到的倍半萜类化合物 dobinin K 的抗疟活性机制,结果发现化合物 dobinin K 对鼠疟具有剂量依赖性的抑制活性,可显著延长疟疾感染小鼠的生存时间,明显上调 γ- 干扰素(IFN-γ)的分泌水平,降低免疫调节性 T 细胞(CD4+、CD25+ Treg)含量,诱导疟原虫线粒体膜电位的下降,但对正常淋巴细胞的线粒体膜电位无明显作用。因此,化合物 dobinin K 可能通过破坏疟原虫线粒体功能产生抗疟作用(图 1)。

表 16 羊角天麻总提物的体内抗疟活性实验结果(n=10)

组别	剂量(mg/kg)	平均感染率(%)	抑制率(%)
Control	—	49.99 ± 9.34	—
粗提物	62.5	38.52 ± 7.45*	22.96
粗提物	125	40.95 ± 8.63*	18.10
粗提物	250	31.63 ± 11.26**	36.73
粗提物	500	35.66 ± 5.45**	28.68
粗提物	1000	39.32 ± 9.51*	21.36

注:空白对照组:0.5% 羧甲基纤维素钠。与空白相比,$^*P < 0.05$;$^{**}P < 0.01$。

表 17 羊角天麻总提物各萃取部位的体内抗疟活性实验结果(n=5)

组别	剂量(mg/kg)	平均感染率(%)	抑制率(%)
Control	—	43.86 ± 3.02	—
粗提物	1000	22.13 ± 10.04*	49.54
乙酸乙酯部位	600	30.32 ± 10.76*	30.86
正丁醇部位	600	34.35 ± 8.23	21.69
水部位	600	37.90 ± 7.37	13.59

注:空白对照组:0.5% 羧甲基纤维素钠。与空白相比,$^*P < 0.05$。

表 18 二聚倍半萜类成分 dodelate A、dodelate C 和儿茶素的体内抗疟活性实验结果(n=5)

组别	剂量(mg/kg)	平均感染率(%)	抑制率(%)
Control	—	32.72 ± 5.10	—
Dodelate A	50	25.10 ± 7.56*	23.27
Dodelate C	50	23.25 ± 5.75*	28.94
Catechin	50	31.86 ± 3.44	2.60

注:空白对照组:0.5% 羧甲基纤维素钠。与空白相比,$^*P < 0.05$。

表 19　倍半萜类成分 dobinins E、F、K、N 和 O 的体内抗疟活性实验结果（*n*=6）

组别	剂量（mg/kg）	抑制率（%）
氯喹二磷酸盐	10	97.9
Dobinin E	30	15.0
Dobinin F	30	14.5
Dobinin K	30	59.1
Dobinin N	30	18.5
Dobinin O	30	17.8

表 20　羊角天麻粗提物及萃取部位 β- 羟高铁血红素形成抑制活性结果（mean ± SD，*n*=3）

供试样品	不同浓度（μg/mL）样品的 β- 羟高铁血红素形成抑制率（%）					IC_{50}（μg/mL）
	1388.9	277.8	55.6	11.1	2.2	
氯喹二磷酸盐	—	92.1 ± 3.7	88.0 ± 1.0	3.9 ± 1.5	3.4 ± 0.4	35.8 ± 1.5
Total extract of *D.delavayi*	87.1 ± 3.4	0.9 ± 1.4	-3.4 ± 1.1	-0.4 ± 1.2	-2.4 ± 0.6	858.4 ± 35.9
Ethyl acetate soluble portion	0.2 ± 3.7	1.4 ± 1.8	0.6 ± 1.8	-3.2 ± 0.1	2.3 ± 2.0	无活性
Butanol soluble portion	23.9 ± 4.7	5.2 ± 2.2	-4.1 ± 0.2	-0.9 ± 1.2	-0.5 ± 1.6	> 1388.9
Water soluble portion	43.0 ± 13.7	4.4 ± 1.4	0.3 ± 0.3	-0.3 ± 1.2	-1.3 ± 0.5	> 1388.9

表 21　羊角天麻中单体化合物 β- 羟高铁血红素形成抑制活性结果（mean ± SD，*n*=3）

供试样品	IC_{50}（μg/mL）	供试样品	IC_{50}（μg/mL）
氯喹二磷酸盐	35.8 ± 1.5	2，4′，6-Trihydroxy-4-methoxybenzophenone	无活性
Dodelate A	无活性	Mangiferin	> 277.8
Dodelate C	无活性	3，4，2′，4′-Tetrahydroxydihydrochalcone	> 277.8
Dobinin E	无活性	3，4，2′，4′，α-Pentahydroxychalcone	61.5 ± 3.4[*]
Dobinin K	无活性	Butin	120.3 ± 4.0[*]
Furanoeudesmane B	无活性	Aureusidin	56.0 ± 3.4[*]
3β-Angeloyloxy-4α，8β-dihydroxy-eudesm-7（11）-en-8α，12-olide	无活性	Gallic acid	> 277.8
2，6，3′，4′-Tetrahydroxy-4-methoxybenzophenone	无活性	24-Metbylenecycloartanol	无活性
2，4′，6-Trihydroxy-3′，4-dimethoxybenzophenone	无活性	1-Monopalmitin	无活性
1,6,7-Trihydroxy-3-methoxyxanthone	无活性	β-Sitosterol	无活性

注：与阳性对照组氯喹二磷酸盐比较，[*]$P < 0.05$。

羊角天麻

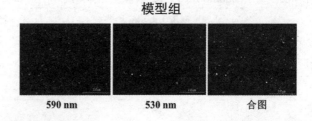

模型组

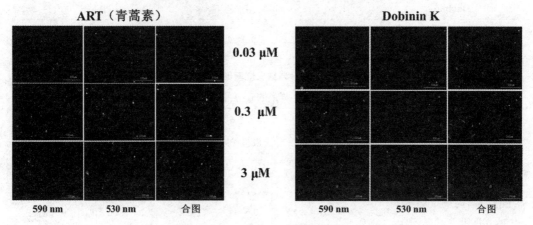

ART（青蒿素）   Dobinin K

0.03 μM

0.3 μM

3 μM

图1 各实验组疟原虫线粒体荧光图

3.镇痛活性 作者团队研究人员单华[15]采用醋酸致小鼠扭体实验对羊角天麻提取物的镇痛活性进行了评估，发现其镇痛效果微弱，小鼠醋酸扭体抑制率仅为43.75%。

【开发应用】

1.标准规范 羊角天麻有药材标准1项：羊角天麻[《云南省中药材标准·彝族药》（2005年版）]。

2.专利申请 目前关于羊角天麻的专利有14项，主要涉及组方药用、保健食品制备以及主要活性成分研究应用等方面。具体如下：

（1）冯成林，一种接骨药及制备方法（CN1062747C）（2001年）。

（2）焦家良等，一种止咳喘彝药组合物（CN106728925A）（2017年）。

（3）胡廷武，包装盒（羊角天麻）（CN304239494S）（2017年）。

（4）冯永敏等，一种松露汤及其制备方法（CN107853593A）（2018年）。

（5）姜北等，九子母属植物提取物及其药物组合物制备方法与抗疟用途（CN109498663A）（2019年）。

（6）姜北等，桉烷倍半萜类化合物及其药物组合物和制备方法与应用（CN109912551A）（2019年）。

（7）姜北等，降桉烷倍半萜类化合物及其药物组合物的制备方法与应用（CN110305017A）（2019年）。

（8）姜北等，一种一步合成抗疟桉烷倍半萜二聚体类化合物的方法

（CN110305089A）（2019年）。

3. 栽培利用 尚未见有该植物栽培利用方面的研究报道。

4. 生药学探索 本品略呈纺锤形，长 5 ～ 20cm，直径 1 ～ 4cm，外表面紫褐色，有不规则的纵皱纹及突起的横向皮孔，断面皮部浅黄棕色，木部类白色或浅黄梅色，气微，味微苦、涩。根（直径 1cm）横切面：木栓层由 10 余列黄棕色的类长方形薄壁细胞组成；皮层由 20 余列类长方形或类多角形薄壁细胞组成，可见黄棕色油室散在。韧皮部较窄，由不规则的小薄壁细胞组成。形成层由 1 ～ 2 列扁平薄壁细胞组成。木质部由导管、木纤维、木薄壁细胞组成，导管单个散在或 2 ～ 5 个相聚，呈径向排列，有木纤维分布在导管周围，木化。木射线由 3 ～ 6 列类长方形薄壁细胞组成。髓部薄壁细胞类长方形、类椭圆形。薄壁细胞中含淀粉粒和草酸钙簇晶。粉末特征：淡黄褐色，气微，味微苦、涩。淀粉粒极多，多为单粒，复粒由 2 ～ 4 分粒组成，单粒类圆形、卵形、矩圆形，直径 4 ～ 14μm，层纹不明显，可见点状、裂缝状或人字状脐点，有的脐点不明显。木栓细胞碎片黄棕色，类长方形或类多角形。木纤维末端较钝或钝尖，壁厚 3 ～ 5μm，具稀疏孔沟，胞腔较窄，具斜纹孔，直径 10 ～ 18μm。导管多数网纹，少数螺纹，有的成束排列，直径 20 ～ 63μm，网纹导管网眼较大。草酸钙簇晶可见散在，直径 14 ～ 36μm。其相关理化鉴定方法也有研究与总结[16]。

张明明等[17]对羊角天麻的原植物、学名、产地、入药部位、性味功效等进行了资源调查和文献考证方面的探索与分析，以梳理品种脉络，理清同名异物的混乱现象，为该民间草药的深入研究提供新的依据。

【药用前景评述】根据文献记载，白族医药中有关羊角天麻的描述主要包括：《滇药录》中记载根治疗肺热咳嗽、腮腺炎、乳腺炎、痈疱；《滇省志》中记载根治跌打损伤、骨折、疗毒痈肿、乳腺炎。其认为该植物主要有消炎止痛、舒筋活络之效。

研究结果显示，羊角天麻镇痛活性不强，与白族民间用来止痛应用不符。另一方面，该植物可用于腮腺炎、乳腺炎、疗毒痈肿，以及止痒、过敏性皮炎，这与该植物富含具有杀虫活性与抗菌活性的倍半萜类成分、酚性成分，以及具有神经系统调节功效的甾体类成分关系密切，因此该植物在抗炎、舒筋活络方面的应用应该具有一定的合理性。

近年来，本书作者团队对羊角天麻的化学成分与药理作用进行了深入系统的研究，对该植物的药用价值有了新的认识。研究结果显示，羊角天麻具有良好的抗疟活性，这种功效在白族医药文献中未有记载，推测这与大理及其周边地区自古以来疟疾疾患较少、民间测试此类疾病药物机会有限有关，为此，作者团队已申请多项发明专利，目前均处于公开审核中。相关研究也为丰富白族医药内涵、开发羊角天麻资源创造了更加有利的条件。

参考文献

［1］Shen Y, Cui SJ, Chen H, et al. Antimalarial eudesmane sesquiterpenoids from *Dobineainelavayi*［J］. J Nat Prod, 2020, 83（4）: 927–936.

［2］Shen Y, Chen H, Shen L, et al. Dodelates A–E: five dimeric eudesmane sesquiterpenoids from *Dobinea delavayi*［J］. Bioorg Chem, 2020, 95: 103488.

羊角天麻

［3］Wu XR, Shen Y, Cui SJ, et al. A new antimalarial noreudesmane sesquiterpenoid from *Dobinea delavayi*［J］. Nat Prod Bioprospect, 2020, 10（2）: 101-104.

［4］沈怡, 陈浩, 崔淑君, 等. 羊角天麻化学成分及 β– 羟高铁血红素形成抑制活性研究［J］. 天然产物研究与开发, 2019, 31（6）: 1017-1022.

［5］Cheng ZQ, Yang D, Ma QY, et al. A new benzophenone from *Dobinea delavayi*［J］. Chem Nat Compd, 2013, 49（1）: 46-48.

［6］Cheng ZQ, Yang D, Ma QY, et al. Three new sesquiterpenes with cytotoxic activity from *Dobinea delavayi*［J］. Planta Med, 2012, 78（17）: 1878-1880.

［7］程忠泉, 杨丹, 马青云, 等. 羊角天麻化学成分的研究［J］. 中草药, 2012, 43（10）: 1916-1919.

［8］程忠泉, 杨丹, 马青云, 等. 羊角天麻的脂肪族成分研究［J］. 安徽农学通报, 2011, 17（19）: 35-36.

［9］刘绍华, 程菊英, 吴大刚. 羊角天麻中的两个新倍半萜［J］. 广西植物, 1995, 15（3）: 252-253.

［10］刘绍华, 吴大刚, 程菊英, 等. 羊角天麻素 I 立体结构的研究［J］. 中国药物化学杂志, 2001, 11（4）: 218-223.

［11］沈怡. 羊角天麻的化学成分及生物活性研究［D］. 大理: 大理大学, 2019.

［12］程忠泉. 四种药物植物的化学成分研究［D］. 昆明: 中国科学院昆明植物研究所, 2009.

［13］陈浩. 滇西植物抗疟活性筛选及两种药用植物抗疟活性研究［D］. 大理: 大理大学, 2018.

［14］崔淑君. 多种滇西植物样品抗疟与镇痛活性评价及其药理作用机制研究［D］. 大理: 大理大学, 2019.

［15］单华. 滇西药用植物镇痛活性筛选及鞍叶羊蹄甲镇痛活性研究［D］. 大理: 大理大学, 2017.

［16］陈善信, 华青, 刘昆云. 民族药羊角天麻的生药学研究［J］. 中国民族民间医药, 1998, （2）: 42-44.

［17］张明明, 马骥. 羊角天麻原植物辨析［J］. 现代中药研究与实践, 2009, 23（5）: 31-33.

鸡肉参

【植物基原】本品为紫薇科角蒿属植物鸡肉参 *Incarvillea mairei*（Levl.）Grierson 的根。

【别名】滇川角蒿、高脚参、波罗花、红花角蒿、土生地、山羊参。

【白语名称】该参（大理）。

【采收加工】秋季采集，洗净，鲜用或晒干。

【白族民间应用】通淋利尿（洱源）、滋补强身。主治产后少乳、体虚、久病虚弱、头晕。

【白族民间选方】滋补强身：与猪脚、猪蹄一起炖，吃肉、喝汤。

【化学成分】鸡肉参及其变种——大花鸡肉参（*Incarvillea mairei* var. grandiflora）与多小叶鸡肉参（*Incarvillea mairei* var. multifoliolata）主要含生物碱类成分和环己烷-乙醇衍生物 incarvine D（1）、isoincarvilline（2）、β-skytanthine（3）、mairine A（4）、mairine B（5）、mairine C（6）、incarvine C（7）、incargranine B（8）、incargranine A（9）、rengyol（10）、cleroindicin B（11）、cleroindicin C（12）、rengyolone（13）、cleroindicin D（14）、cleroindicin E（15）、incarvmarein A（16）、incarvmarein B（17）、incarvmarein C（18）、icarviditone（19）等[1-10]。

此外，鸡肉参还含有苯丙素类化合物，以及少量黄酮、简单苯酚、三萜、甾体等其他结构类型化合物[1-10]。例如，（＋）-2-（1-hydroxyl-4-oxocyclohexyl）ethyl caffeate（20）、2-（1-hydroxy-4，4-dimethoxy- cyclohexyl）ethyl caffeate（21）、槲皮素（22）、槲皮苷（23）、对羟基苯甲酸（24）、3- 甲氧基 -4- 羟基苯甲酸（25）、乌苏酸（26）、齐墩果酸（27）等。

目前鸡肉参及其变种——大花鸡肉参（*Incarvillea mairei* var. grandiflora）与多小叶鸡肉参（*Incarvillea mairei* var. multifoliolata）共报道了 59 个化学成分。

序号	化合物名称	结构类型	参考文献
1	（＋）-2-（1-Hydroxyl-4-oxocyclohexyl）ethyl caffeate	环己烷 - 乙醇类	［6，10］
2	1-O-Caffeoylglycerol	酚类	［2，10］
3	1-O-Feruloyl-3-O-26″-hydroxyhexacosoyl glycerol	其他	［7，8］
4	1-O-Methyl-guaiacylglycerol	其他	［7，8］
5	2-（1-Hydroxy-4，4-dimethoxycyclohexyl）ethyl caffeate	苯丙素	［1］
6	2-Hydroxycinnamic acid	苯丙素	［10］
7	2-Phenylisopropy-*p*-cumylphenol	其他	［8］
8	3，4-Dihydroxycinnamic acid	苯丙素	［10］
9	3，4-Dihydro-2H-pyran-4-ol	其他	［10］
10	3，4-Dihydroxybenzaldehyde	酚酸	［10］
11	3-Methoxy-4-hydroxy-benzoic acid	酚酸	［9］
12	4-Hydroxycinnamic acid	苯丙素	［2，10］
13	4-Hydroxy-3-methoxy cinnamic acid	苯丙素	［10］
14	4-Hydroxy-3-methoxybenzaldehyde	酚酸	［10］
15	6′-8″E，11″E-Octadecadienoyl-clionasterol-3-glucoside	甾体	［7，8］
16	Butyric acid	其他	［10］
17	Caffeic acid ethyl ester	苯丙素	［2，10］

序号	化合物名称	结构类型	参考文献
18	Cleroindicin B	环己烷类	[8, 10, 2]
19	Cleroindicin C	环己烷类	[8, 10, 2]
20	Cleroindicin D	环己烷 - 乙醇类	[8]
21	Cleroindicin E	环己烷 - 乙醇类	[8]
22	Dehydroabietic acid	二萜	[8]
23	Delavayol	倍半萜	[8]
24	Eutigoside A	苯丙素	[2, 10]
25	Hexacosanoic acid	其他	[9, 10]
26	Incargranine A	单萜生物碱	[4, 10]
27	Incargranine B	哌啶生物碱	[3, 10]
28	Incarviditone	环己烷类	[10]
29	Incarvine C	单萜生物碱	[4, 10]
30	Incarvine D	单萜生物碱	[7, 8]
31	Incarvmarein C	环己烷 - 乙醇类	[8]
32	Incarvmarein A	环己烷 - 乙醇类	[5, 8]
33	Incarvmarein B	环己烷 - 乙醇类	[5, 8]
34	Isoacteoside	甾体	[2, 10]
35	Isoincarvilline	单萜生物碱	[4, 10]
36	Mairine A	单萜生物碱	[1]
37	Mairine B	单萜生物碱	[1]
38	Mairine C	单萜生物碱	[1]
39	o-Hydroxybenzoic acid	酚酸	[9]
40	Oleanane	三萜	[10]
41	Oleanolic acid	三萜	[9, 10]
42	Palmitic acid	其他	[9, 10]
43	p-Cumylphenol	其他	[8]
44	p-Hydroxy benzoic acid	酚酸	[9]
45	Piceid	二苯乙烯类	[7, 8]
46	Polygalacerebroside	其他	[2, 10]

鸡肉参

序号	化合物名称	结构类型	参考文献
47	Quercetin	黄酮	[2, 9, 10]
48	Quercetin-7-O-rhamnoside	黄酮	[2]
49	Rengyol	环己烷 - 乙醇类	[5, 8]
50	Rengyolone	环己烷类	[2, 8, 10]
51	Schizandrin	木脂素	[2, 10]
52	Stearin	其他	[10]
53	Stigmasterol	甾体	[2, 9, 10]
54	Ursolic acid	三萜	[9, 10]
55	Vincetoxicoside B	黄酮	[9, 10]
56	β-Amyrin	三萜	[2]
57	β-Daucosterol	甾体	[7, 9, 10]
58	β-Sitosterol	甾体	[7, 9, 10]
59	β-Skytanthine	单萜生物碱	[4, 10]

【药理药效】关于鸡肉参药理药效的研究较少，且部分是关于鸡肉参的变种——大花鸡肉参（ *Incarvillea mairei* var. grandiflora ）及多小叶鸡肉参（ *Incarvillea mairei* var. multifoliolata ）的，而对其同属近缘植物药理药效的相关研究较多，主要集中在镇痛方面[11, 12]，除此之外还有抗氧化、抗炎、抗癌等方面的研究。

鸡肉参的药理药效：研究表明鸡肉参的药理作用与民间应用一致。刘晓波等[13]的研究发现鸡肉参具有明显的抗应激作用，其中 1.6g/kg 的药物能增强小鼠耐缺氧、耐高温、耐低温和抗疲劳的能力。进一步对鸡肉参抗疲劳机制进行研究发现，药物主要是通过影响乳酸、乳酸脱氢酶、尿素氮、肝糖原和肌糖原发挥作用[14]。

鸡肉参同属近缘植物的药理药效：

1. 镇痛活性　Nakamura 等[11, 15]从角蒿（ *Incarvillea sinensis* ）和红波罗花（ *Incarvillea delavayi* ）全草中分离得到的单萜烯生物碱 incarvillateine 对甲醛诱导的小鼠疼痛有显著镇痛作用，其镇痛机制与 κ 亚型阿片受体及腺苷受体有关，且主要是腺苷受体。incarvillateine 的镇痛作用与其单萜生物碱和带环丁烷环的二聚结构有关。

2. 保肝活性　Shen 等[16]对从密生波罗花（ *Incarvillea compacta* ）中分离得到的苯乙醇苷类成分进行肝保护作用研究。结果表明，苯乙醇苷类成分对四氯化碳损伤的 HepG2 细胞具有明显的保护作用，这种作用可能是通过抑制氧化应激和下调核因子 -κB 通路实现的。

3. 抗氧化和抗衰老活性　Pan 等[17]通过生物活性追踪分离技术，从藏波罗花（*Incarvillea younghusbandii*）中得到有抗氧化活性并能延长果蝇生存时间的化合物 acteoside，该化合物对雌性的延长作用优于雄性。通过量效关系研究，发现在 0.64～2.56mg/mL 的剂量时，acteoside 对果蝇的生存时间有显著影响，当剂量偏高或偏低时效果不理想。潘华珍等[18]发现两头毛（*Incarvillea arguta*）提取物（AB-2）可使红细胞膜脂质的氧化物减少，可保护膜蛋白的巯基不致乳化聚合。AB-2 还可防止血红蛋白的自氧化及溶血，并抑制自由基反应，因此 AB-2 可能是自由基清除剂。

4. 抗炎活性　Luo 等[19]认为两头毛中的神经酰胺化合物可能对肝炎和传染性疾病有治疗作用。Tan 等[20]从两头毛中分离得到一个新化合物 1, 10-didehydrolubimin，并测定了该化合物对环氧化酶 -1（COX-1）、环氧化酶 -2（COX-2）和 5- 脂氧化酶（5-LOX）的抑制率。结果表明，该化合物在 100μmol/L 的浓度下，对 COX-1 和 COX-2 有较高的抑制率。王璇等[21]对以 5 种透骨草进行药理活性研究，表明角蒿毒性最低且具有很好的抗炎活性。两头毛在四川民间也用于治疗肝炎及感染性疾病。

5. 抗肿瘤活性　黄大森[22]发现从角蒿中分离的蒿酯碱对人原位胰腺癌细胞 BxPC-3、人胰腺癌细胞 SW1990、人非小细胞肺腺癌 NCI-H157、人小细胞肺癌细胞 NCI-H446 具有中等程度的抑制活性。余正文等[23]对两头毛的不同提取部位得到的 5 个化合物进行了促分化作用研究。结果表明，两头毛 75% 乙醇提取物、石油醚萃取部分、正丁醇萃取部分、水部位及车前醚苷对大鼠嗜铬细胞瘤 PC12 的分化具有促进作用。

6. 抗菌活性　Chen 等[24]采用琼脂扩散实验对从两头毛中分离的化合物 dissectol A 进行了抗结核杆菌实验，发现药物对肺结核杆菌具有中等强度的抑制活性。杨模坤等[25]的研究证实两头毛中分离得到的马桶花酮（argutone）具有抑菌作用。

7. 调血脂活性　包善飞等[26]对藏波罗花提取物进行调血脂药效研究，发现藏波罗花提取物能够不同程度地调节血脂异常，特别是 65% 乙醇提取物对血脂调节更全面，能够极显著降低血清总胆固醇、三酰甘油、低密度脂蛋白胆固醇水平和升高高密度脂蛋白胆固醇水平。藏波罗花水提取物、65% 乙醇提取物都能不同程度的防止动脉粥样硬化。藏波罗花提取物还能够显著降低肥胖指数和脂肪系数，对肾脏和脾脏有不同程度的改善和保护作用。

8. 抗贫血活性　高鹏等[27]建立急性失血性贫血和溶血性贫血模型，以 0.15g 原药 / 只的剂量给小鼠灌胃藏波罗花提取物。结果表明，与模型组相比，藏波罗花的水提物及醇提取物能显著增加小鼠的体重、红细胞数和白细胞数，具有显著的补血效果。

【开发应用】

1. 标准规范　鸡肉参尚未有相关药品标准、药材标准及中药饮片炮制规范。

2. 专利申请　目前，关于鸡肉参植物的专利有 4 项，主要为组方药用。具体如下：

（1）张卫东等，大花鸡肉参酯甲（+）2-（1- 羟基 -4- 氧代环己基）咖啡酸乙酯化合物及其在制备白三烯 A4 水解酶功能调节药物中的应用（CN101513426B）（2012 年）。

（2）庄爱华，一种治疗瘀血内阻型紫斑病的中药（CN104707009A）（2015年）。

（3）陈帙汛，一种治疗气虚型腹部手术后尿潴留的中药（CN104547446A）（2015年）。

（4）于连玲等，一种治疗新生儿高胆红素血症的中药及其制备方法（CN105770348A）（2016年）。

3. 栽培利用　Ai[28, 29]等研究开发了13个新的多态微卫星位点，这些标记为进一步研究该物种或亚属物种的种群遗传结构和繁殖系统提供了有用的工具，将有助于进一步了解该群体的遗传结构，以及研究该群体及其相关物种的繁殖体系和基因流动模式。该研究还在3个自然种群中进行了花形态分析、植物-传粉者相互作用观察和人工传粉实验，结果表明鸡肉参独特的花部特征（敏感柱头和花药刺状结构）与传粉者访花行为相互适应，形成了一套独特的提高外杂交的生殖适应性系统。另外，花寿命的延长和授粉效率的提高是应对传粉者低访花率的一种补偿机制。

4. 生药学探索　肌肉参主根粗大，呈圆柱形，微扭曲，长10～20cm，直径0.5～2cm，顶端膨大，环生膜质的叶鞘，中下部常2～3分枝。表面棕褐色，有不规则的纵纹或纵沟。表皮皱缩，可见稀疏的椭圆形皮孔，老根外皮易呈片状脱落，脱落处可见黄棕色，中间多枯朽成空洞，体轻质脆，易折断，断面不整齐，外侧呈黄白色，疏松，具裂隙。木质部呈黄棕色，具放射状纹理、气微、味微甜。根横切面呈圆形，木栓层由4～6列扁长方形木栓细胞组成，细胞排列紧密。皮层较窄，薄壁细胞类圆形，排列疏松。韧皮部宽广，约占切面1/2，筛管群于形成层处较明显，射线2～3列，外侧弯曲。形成层明显，呈环状。木质部导管单个或数个相聚，呈放射状排列，木纤维与导管相伴，木射线3～5列细胞。薄壁细胞中含细小的淀粉粒。

粉末特征：粉末呈灰黄色，木栓细胞类方形，棕色，外壁增厚，排列整齐；导管多为网纹和梯纹，直径15～30μm，木纤维呈长梭形，直径4～8μm，两端渐尖，壁薄，胞腔较大；薄壁细胞类圆形，内含淀粉粒；淀粉粒较小，多单粒，直径3～6μm，脐点不明显。关于鸡肉参的相关理化鉴定方法也有研究与总结[30-32]。

5. 其他应用　唐宜芳等[33]测定了鸡肉参药材的水分、灰分和浸出物的含量，为建立鸡肉参药材质量标准提供了依据。杨月娥等[34]建立了同时测定鸡肉参中芦丁、槲皮苷、槲皮素含量的HPLC-DAD方法。该方法简便、快速、精确，可同时测定鸡肉参中芦丁、槲皮苷、槲皮素的含量，具有较好的重复性和稳定性，可作为鸡肉参药材质量的控制方法。杨永寿等[35]利用超声水提法对鸡肉参中有效成分多糖进行提取，并用苯酚-硫酸显色法对其含量进行测定。该方法简便、快速、准确、灵敏度高，可为鸡肉参质量控制提供依据。张世梅等[36]采用紫外分光光度法对鸡肉参中总三萜成分的含量进行测定。该方法操作简便、快速、灵敏度高和重现性好，测定结果准确可靠，可用于鸡肉参的质量控制。何发忠[37]等用超声提取法对鸡肉参中多糖提取工艺进行研究。

【药用前景评述】鸡肉参在大理苍山有天然分布，为白族常见药用植物。鸡肉参化学成分独特，其相关生物活性有待进一步研究。本书作者团队曾对该植物药理作用进行了初步探索，结果表明该植物提取物的确具有提高机体耐受力、抗疲劳等方面的作用，并初步证实了白族药用鸡肉参滋补强身具有一定的合理性。目前，该植物的开发应用尚不深入，鉴于其同属近缘植物已被证实具有多种药理活性与功效，因而推测对其的深入研究与开发应用价值仍然很大。

参考文献

［1］Xing AT，Tian JM，Liu CM，et al. Three new monoterpene alkaloids and a new caffeic acid ester from *Incarvillea mairei* var.*multifoliolata*［J］. Helv Chim Acta，2010，93（4）：718–723.

［2］Su YQ，Shen YH，Tang J，et al. Chemical constituents of *Incarvillea mairei* var.*grandiflora*［J］. Chem Nat Compd，2010，46（1）：109–111.

［3］Shen YH，Su YQ，Tian JM，et al. A unique indolo-［1，7］naphthyridine alkaloid from *Incarvillea mairei* var. *grandiflora*（Wehrh.）Grierson［J］. Helv Chim Acta，2010，93（12）：2393–2396.

［4］Su YQ，Shen YH，Lin S，et al. Two new alkaloids from *Incarvillea mairei* var.grandiflora［J］. Helv Chim Acta，2009，92（1）：165–170.

［5］Huang ZS，Pei YH，Shen YH，et al. Cyclohexyl-ethanol derivatives from the roots of *Incarvillea mairei*［J］. J Asian Nat Prod Res，2009，11（6）：523–528.

［6］Su YQ，Zhang WD，Zhang C，et al. A new caffeic ester from *Incarvillea mairei* var. *granditlora*（Wehrhahn）Grierson［J］. Chin Chem Lett，2008，19（7）：829–831.

［7］黄正胜，张卫东，林生，等.鸡肉参的化学成分研究［J］.中国中药杂志，2009，34（13）：1672–1675.

［8］黄正胜.药用植物牛尾蒿和鸡肉参的化学成分研究［D］.沈阳：沈阳药科大学，2009.

［9］苏永庆，沈云亨，张卫东.大花鸡肉参的化学成分研究［J］.药学实践杂志，2008，26（3）：166–168，171.

［10］苏永庆.大花鸡肉参的化学成分及生物活性研究［D］.上海：第二军医大学，2008.

［11］Nakamura M，Chi YM，Yan WM，et al. Structure–antinociceptive activity studies of incarvillateine，a monoterpene alkaloid from *Incarvillea sinensis*［J］. Planta Med，2001，67（2）：114–117.

［12］Nakamura M，Kido K，Kinjo J，et al. Antinociceptive substances from *Incarvillea delavayi*［J］. Phytochemistry，2000，53（2）：253–256.

［13］刘晓波，郭美仙，徐静，等.双参对小鼠抗应激作用的实验研究［J］.现代医药卫生，2008，24（9）：1265–1266.

［14］刘晓波，郭美仙，李雯，等.鸡肉参抗疲劳作用机制［J］.中国实验方剂学杂志，2011，17（24）：168–170.

［15］Nakamura M，Chi YM，Yan WM，et al. Strong antinociceptive effect of incarvillateine，a novel monoterpene alkaloid from *Incarvilleas inensis*［J］. J Nat Prod，1999，62（9）：1293–1294.

［16］Shen T，Li X，Hu W，et al. Hepatoprotective effect of phenylethanoid glycosides from

鸡肉参

Incarvillea compacta against CCl$_4$-induced cytotoxicity in HepG2 cells [J]. J Korean Soc Appl Biol Chem, 2015, 58 (4): 617-625.

[17] Pan W, Jiang S, Luo P, et al. Isolation, purification and structure identification of antioxidant compound from the roots of *Incarvillea younghusbandii* Sprague and its life span prolonging effect in *Drosophila melanogaster* [J]. Nat Prod Res, 2008, 22 (8): 719-725.

[18] 潘华珍, 蔺福宝, 刘晓冰, 等. 马桶花 AB-2 抗氧化作用的研究 [J]. 中药药理与临床, 1989, 5 (3): 5-7, 32.

[19] Luo Y, Yi J, Li B, et al. Novel ceramides and a new glucoceramide from the roots of *Incarvillea arguta* [J]. Lipids, 2004, 39 (9): 907-913.

[20] Tan QG, Cai XH, Feng T, et al. A new cyclooxygenase inhibitor from *Incarvillea arguta* [J]. Z Naturforsch B, 2009, 64 (4): 439-442.

[21] 王璇, 崔景荣, 肖志平, 等. 透骨草类药材抗炎镇痛作用的比较 [J]. 北京大学学报, 1998, 30 (2): 145-147, 168.

[22] 黄大森. 角蒿的化学成分和生物活性研究 [D]. 沈阳: 沈阳药科大学, 2009.

[23] 余正文, 朱海燕, 杨小生, 等. 毛子草化学成分及其促 PC-12 细胞的分化作用研究 I [J]. 中国中药杂志, 2005, 30 (17): 1335-1338.

[24] Chen W, Shen Y, Xu J. Dissectol A, an unusual monoterpene glycoside from *Incarvillea dissectifoliola* [J]. Planta Med, 2003, 69 (6): 579-582.

[25] 杨模坤, 唐耀书, 蔡良谋, 等. 马桶花抑菌新活性成分马桶花酮的分离及化学结构 [J]. 药学学报, 1987, 22 (9): 711-715.

[26] 包善飞, 蒋思萍, 朱颖秋, 等. 藏波罗花提取物降血脂药效初步研究 [J]. 四川动物, 2013, 32 (5): 717-721.

[27] 高鹏, 蒋思萍, 王敬文, 等. 藏波罗花补血效果的实验研究 [J]. 四川动物, 2006, 25 (1): 182-184.

[28] Ai HL, Wang H, Li DZ, et al. Isolation and characterization of 13 microsatellite loci from *Incarvillea mairei* (Bignoniaceae), an endemic species to the Himalaya-Hengduan mountains region [J]. Conserv Genet, 2009, 10 (5): 1613-1615.

[29] Ai H, Zhou W, Xu K, et al. The reproductive strategy of a pollinator-limited Himalayan plant, *Incarvillea mairei* (Bignoniaceae) [J]. BMC Plant Biol, 2013, 13 (1): 1-10.

[30] 杨月娥, 段宝忠. 白族药鸡肉参的生药学研究 [J]. 时珍国医国药, 2009, 20 (1): 181-182.

[31] 杨月娥, 梅群, 段宝忠. 民族药鸡肉参的生药鉴定 [J]. 大理学院学报, 2008, (2): 7-8, 19.

[32] 李德勋, 杨廉玺, 彭代林, 等. 鸡肉参的生药鉴定 [J]. 中国民族民间医药杂志, 2001, (2): 110-111.

[33] 唐宜芳, 陈鹏飞, 段红帆, 等. 鸡肉参药材水分、灰分和浸出物的限量测定 [J]. 大理学院学报, 2015, 14 (8): 5-7.

［34］杨月娥，朱恩焕，胡文，等．HPLC-DAD 同时测定鸡肉参中芦丁、槲皮苷、槲皮素的含量［J］．中国实验方剂学杂志，2013，19（5）：120-122.

［35］杨永寿，肖培云，杨月娥，等．鸡肉参多糖的含量测定研究［J］．现代中药研究与实践，2012，26（1）：21-23.

［36］张世梅，杨艳，陈萍，等．鸡肉参中总三萜含量的测定［J］．大理学院学报，2011，10（12）：21-23.

［37］何发忠，马芳芳，段新波，等．正交实验法优选鸡肉参多糖的提取工艺［J］．大理学院学报，2009，8（10）：21-23.

青叶胆

【植物基原】本品为龙胆科獐牙菜属植物紫红獐牙菜 *Swertia punicea* Hemsl. 的全草，几种近缘植物大籽獐牙菜 *S. macrosperma*（C. B. Clarke）C. B. Clarke、西南獐牙菜 *S. cinta* Burk.、宾川獐牙菜 *S. binchuanensis* T. N. Ho et S. W. Liu、丽江獐牙菜 *S. delavayi* Franch. 以及正品药材青叶胆 *Swertiae mileensis* T. N. Ho et W. L. Shih 也时常作为白族药青叶胆混用。

【别名】肝炎草、走胆草、金鱼胆、小青鱼胆、七疸药、小苦草、细龙胆。

【白语名称】须白芽（大理）、枯忧之（剑川）。

【采收加工】夏秋采集，全草入药，以根为佳，洗净晒干备用。

【白族民间应用】用于胃炎、急性黄疸型肝炎、肾炎、咽炎。

【白族民间选方】①急性黄疸型肝炎：本品 25g 与龙胆、全归各 15g，水煎服。②胃炎：本品 25g，水煎服。

【化学成分】代表性成分：紫红獐牙菜主要含𫄨酮及其苷类成分，其次为环烯醚萜苷类成分，以及少量三萜等。例如，1，3，5，8- 四羟基𫄨酮（1）、1，3，8- 三羟基 -5- 甲氧基𫄨酮（2）、1，5，8- 三羟基 -3- 甲氧基𫄨酮（3）、1, 7, 8-trihydroxy-3-methoxyxanthone（4）、1, 7-dihydroxy-3, 8-dimethoxyxanthone（5）、mangiferin（6）、swertianolin（7）、swertiapuniside（8）、amarogentin（9）、amarogentin B（10）、sweroside（11）、swertiamarin（12）、swertiapunmarin（13）等[1-7]。

1. 紫红獐牙菜 *Swertia punicea* 1992 ～ 2011 年共报道了 30 个紫红獐牙菜化学成分：

序号	化合物名称	结构类型	参考文献
1	1，3，5，8- 四羟基𤧛酮	𤧛酮	[1]
2	1，3，8- 三羟基 -5- 甲氧基𤧛酮	𤧛酮	[1]
3	1，5，8- 三羟基 -3- 甲氧基𤧛酮	𤧛酮	[1]
4	1，7，8-Trihydroxy-3-methoxyxanthone	𤧛酮	[2]
5	1，7-Dihydroxy-3，8-dimethoxyxanthone	𤧛酮	[3]
6	1，8- 二羟基 -3，5- 二甲氧基𤧛酮	𤧛酮	[1]
7	2，3- 二羟基 -1，4- 苯二甲酸	酚酸	[4]
8	8-Hydroxy-10-hydrosweroside	环烯醚萜苷	[5]
9	Amarogentin	环烯醚萜苷	[6]
10	Amarogentin B	环烯醚萜苷	[6]
11	Bellidifodin	𤧛酮	[2，3，7]
12	Campestroside	𤧛酮苷	[5]
13	Daucosterol	甾体	[4]
14	Gentiacaulein	𤧛酮	[2]
15	Gentiopicroside	环烯醚萜苷	[6]
16	Isoswertianolin	𤧛酮苷	[3，5]
17	1，3，5，8- 四羟基甲氧基𤧛酮	𤧛酮	[7]
18	Mangiferin	𤧛酮苷	[3，7]
19	Methylswertianin	𤧛酮	[4]
20	Oleanolic acid	三萜	[1-4]
21	Swerchirin	𤧛酮	[2]
22	Sweroside	环烯醚萜苷	[4，6]
23	Swertiamarin	环烯醚萜苷	[1，3-6]
24	Swertianin	𤧛酮	[3]
25	Swertianolin	𤧛酮苷	[3，5，7]
26	Swertiapuniside	𤧛酮苷	[7]
27	Swertiapunmarin	环烯醚萜苷	[4]
28	Tetrahydrosertianolin	𤧛酮苷	[5]
29	Uridine	嘧啶核苷	[5]
30	β-Sitosterol	甾体	[4]

2. 大籽獐牙菜 Swertia macrosperma 1990 年迄今共报道了 38 个成分：1，2，3，4- 四氢 -1，4，6，8- 四羟基𠮿酮、1，2，3，4- 四氢 -1，6，8 三羟基𠮿酮 -4-O- 葡萄糖苷、1，2，6-trimethoxy-8-hydroxyxanthone、1，3，7，8-tetrahydroxyxanthone- 1-O-β-D-glucopyranoside、1，7，8-trihydroxy-3-methoxyxanthone、1，7-dihydroxy-3，8-dimethoxy- xanthone、1，7-dihydroxy-3-methoxyxanthone、1-hydroxy-3，5-dimethoxyxanthone、2，6，8- 三 羟 基 𠮿酮 -1-O-β- 葡萄糖苷、2'-O-（3-hydroxybenzoyl）-sweroside、2- 对羟基苯基乙醇、3，7，4'，4''- 四羟基 -3'，3''- 二甲氧基 -2，5- 环氧木脂素、3'-O-（3- 羟基苯甲酸酯）獐牙菜苷、3-O-glucopyranosyl-1，7，8-trihydroxyxanthone、7-methoxysweroside、9，10- 二羟基獐牙菜 苷、balanophonin、bellidifodin、bellidifodin-8-O-β-D-glucopyranoside、coniferlaldehyde、daucosterol、decentapicrin、decussatin、loganic acid、mangiferin、methylswertianin、norbellidifolin、norswertianolin、oleanolic acid、sinapaldehyde、swerchirin、sweroside、swertiamacroside、swertiamarin、swertianolin、β-sitosterol、反 -4，4'- 二羟基二苯基乙烯、顺 -4，4'- 二羟基二苯基乙烯[8-13]。

3. 西南獐牙菜 Swertia cinta 1984 年迄今共报道了 29 个成分：(-)-gentiolactone、（R）-(-)-gentiopicroside、1，3，7，8-tetrahydroxyxanthone、2α，3β-dihydroxyolean-12-en-28-oic acid-28-O-β-D-glucopyranoside、3，4- 二羟基苯甲酸、3-epi-taraxerol、4-hydroxyl-3，5-dimethoxyl-6-O-β-D-glucosebenzene、amplexin、6'-O-glucopyranosylsweroside、6'-O-β-D-glucopyranosylgentiopicroside、6'-O-β-D-glucopyranosyl- sweroside、angelone、daucosterol、diisobutyl phthalate、dimethyl phthalate、erythrocentaurin、gentiopicroside、loganic acid、m-hydroxybenzyl alcohol、oleanolic acid、septemfidoside、swericinctoside、sweroside、swertiamarin、β-sitosterol、当药醇苷、山楂酸、异红草苷、正三十一烷醇[14-18]。

4. 宾川獐牙菜 Swertia binchuanensis 2011 年迄今共报道了 32 个成分：1，2，3，4- 四氢 -1，4，8- 三羟基 -6- 甲氧基𠮿酮、1，2，6，8- 四羟基𠮿酮、1，3，5，8- 四羟基𠮿酮、1，3，8- 三羟基 -5- 甲氧基𠮿酮、1，5，8- 三羟基 -3- 甲氧基𠮿酮、1，7，8- 三羟基 -3- 甲氧基𠮿酮、1，7- 二羟基 -3，4，8- 三甲氧基𠮿酮、1，8- 二羟基 -3，5- 二甲氧基𠮿酮、1，8- 二羟基 -3，7- 二甲氧基𠮿酮、1-O-［β-D- 吡喃木糖 -（1-6）-β-D- 吡喃葡萄糖］-3，5- 二甲氧基𠮿酮、1-O-β-D- 吡喃葡萄糖 -1，2，3，4- 四氢 -4，8- 二羟基 -6- 甲氧基𠮿酮、1- 羟基 -3，5- 二甲氧基𠮿酮、1- 羟基 -3，7，8- 三甲氧基𠮿酮、1- 羟基 -3，7- 二甲氧基𠮿酮、2-C-β-D- 吡喃葡萄糖 -1，3，6，7- 四羟基𠮿酮、3，5，7，3'，4'- 五羟基黄酮、3-O-β-D- 吡喃葡萄糖 -1，8- 二羟基 -5- 甲氧基𠮿酮、5，7，3'，4'- 四羟基黄酮、6-C-β-D- 吡喃葡萄糖 -4，5，7- 三羟基黄酮 -4'，5- 二羟基 -7- 甲氧基黄酮、6-C-β-D- 吡喃葡萄糖 -5，7，3'，4'- 四羟基黄酮、7-O-［α-L- 吡喃鼠李糖 -（1→2）-β-D- 吡喃木糖］-1，8- 二羟基 -3- 甲氧基𠮿酮、7-O-β-D- 吡喃葡萄糖 -1，8- 二羟基 -3- 甲氧基𠮿酮、8-O-β-D- 吡喃葡萄糖 -1，5- 二羟基 -3- 甲氧基𠮿酮、β- 谷甾醇、当药苦酯苷、红白金花内酯、胡萝卜苷、齐墩果酸、

羟基当药苦酯苷、山楂酸、獐牙菜苦苷[19-24]。

5. 丽江獐牙菜 Swertia delavayi 2006 年迄今共报道了 17 个成分：1，5，8-trihydroxy-3-methoxyxanthone、1，8- 二羟基 -3，7- 二甲氧基㕷酮、2′-O-acetylswertiamarin、4′-O-[（Z）-coumaroyl]-swertiamarin、8-O-[β-D-xylopyranosyl-（1→6）-β-D-glucopyranosyl]-1-hydroxy-2，3，5-methoxyxanthone、8-O-β-D-glucopyranosyl-1-hydroxy-2，3，5-trimethoxyxanthone、daucosterol、erythrocentaurin、erythrocentaurin dimethylacetal、gentiopicroside、isovitexin、1，7，8- 三羟基 -3-甲氧基㕷酮、oleanolic acid、sweroside、swertiakoside A、swertiamarin、β-sitosterol[25, 26]。

6. 青叶胆 Swertiae mileensis 1975 年迄今共报道了 28 个成分：1，8-dihydroxy-3，5-dimethoxyxanthone、1，8-dihydroxy-3，7-di- methoxyxanthone、1-hydroxy-2，3，5-trimethoxyxanthone、1-hydroxy-2，3，4，5-tetra-methoxyxanthone、1-hydroxy-3，7，8-trimethoxyxanthone、angustin A、angustin B、daucosterol、erythrocentauric acid、erythrocentaurin、oleanolic acid、swerilactone A、swerilactone B、swerilactone C、swerilactone D、swerilactone E、swerilactone F、swerilactone G、swerilactoside A、swerilactoside B、swerilactoside C、swermirin、sweroside、swertia japonin、swertiadecoraxanthone- Ⅱ、swertiamarin、swertisin、龙胆碱[27-36]。

【药理药效】

1. 紫红獐牙菜 Swertia punice

（1）保肝作用：彭芳等[37]观察了紫红獐牙菜总提物对化学性肝损伤小鼠的保护作用，通过实验得出，紫红獐牙菜总提物具有一定保肝降酶及抗氧化作用，对四氯化碳（CCl₄）诱导肝损伤的保护作用比对脂多糖（LPS）诱导肝损伤的保护作用好。

（2）降血糖作用：文莉等[38]对紫红樟牙菜 4 个提取部位的降血糖作用进行筛选，并探查其降血糖活性成分的作用机制。结果显示，乙酸乙酯部位及水溶性部位对链脲佐霉素引起的高血糖小鼠的血糖有较强的抑制作用，而正丁醇及乙醚部位降血糖作用相对较差，但各部位均能显著改善小鼠的胰岛素抵抗。

（3）抗氧化作用：常晓沥等[39]以常用抗氧化剂维生素 C（VC）和二丁基羟基甲苯（BHT）为阳性对照，通过 DPPH 法测定紫红獐牙菜 7 个㕷酮类化合物清除自由基的能力。结果显示，在一定浓度范围内，7 个单体化合物的清除能力与浓度呈量效关系，其中 1，3，7，8- 四羟基㕷酮、1，5，8- 三羟基 -3- 甲氧基㕷酮、2-D- 吡喃葡萄糖基 -1，3，6，7- 四羟基㕷酮对 DPPH 自由基清除能力强于 VC，其他单体的抗氧化能力都低于 VC 和 BHT。说明上述四个化合物具有很强的抗氧化活性，均可作为有效的天然自由基清除剂。刘晓波等[40]的实验结果也证实紫红獐牙菜对糖尿病小鼠具有抗氧化功能。

2. 大籽獐牙菜 Swertia macrosperma 刘亚平[41-43]等发现大籽獐牙菜的全草水提取物具有明显的保肝和利胆作用。熊成文等[44]对大籽獐牙菜乙醇提取物在解酒保肝方面的作用进行了初步研究探讨，实验证明大籽獐牙菜乙醇提取物具有纠正运动失调、解酒以及预防醉酒作用，对乙醇所致的肝损伤也有防治作用。

青叶胆

3. 青叶胆 *Swertia mileensis*

（1）对消化系统的作用

1）保肝作用：郭永强等[45]通过比较藏药"蒂达"6种原植物的抗慢性肝损伤作用，发现包括青叶胆在内的6种药用植物均能降低CCl_4诱导肝损伤小鼠模型血清中的谷丙转氨酶（ALT）、谷草转氨酶（AST）、总蛋白（TP）、总胆红素（TBIL）含量，对化学性肝损伤的保护作用显著。葛近峰等[46]发现使用齐墩果酸能够降低肺结核患者血清中的ALT和SB含量，为预防抗结核药物导致的药源性肝损伤提供了有效的临床依据。

近年来肝炎发病率高，青叶胆被大量采挖，野生资源逐年减少。为发掘新药源，研究者对民间青叶胆代用品进行了保肝作用研究，得到青叶胆及其近缘植物的主要化学成分和保肝活性的对比结果，如下所示：

植物名	齐墩果酸 （黄疸肝炎[17]）	獐牙菜苷 （急性黄疸型病毒性肝炎）	獐牙菜苦苷	𠮩酮	保肝
青叶胆	√	√	√	√	√
紫红獐牙菜	√	√	√		
西南獐牙菜	√	√			
大籽獐牙菜	√				
宾川獐牙菜	√		√	√	
丽江獐牙菜	√	√		√	√

由对比结果可以看出，青叶胆的几种近缘植物紫红獐牙菜、西南獐牙菜、大籽獐牙菜、宾川獐牙菜、丽江獐牙菜与青叶胆含有近似的化学成分，并显示出相近的保肝活性，因此在资源短缺的情况下，它们可以作为青叶胆的代用品。

2）治疗肠炎：程淑敏等[47]总结了120例青叶胆胶囊对急性肠炎的治疗案例，发现大剂量青叶胆胶囊对急性肠炎的疗效与土霉素相似，对中青年组的疗效优于老幼组；2g和4g的剂量对急性肠炎的疗效无显著差异；青叶胆治疗菌痢的效果不佳，而对阿米巴痢疾则完全无效。

（2）抗病毒作用：陈纪军等[34]对青叶胆提取物进行抗乙肝病毒（HBV）活性筛选，发现50%和90%乙醇提取物在抑制HBsAg和HBeAg活性方面明显优于水提取物，并进一步发现提取物中的swerilactones A、C～F均能降低细胞HBV的DNA表达水平。龚一云等[48]发现联合使用青叶胆片和牛黄解毒片，并外搽冰矾，可治疗带状疱疹。

（3）抗菌作用：张虹等[49]发现从青叶胆提取的总黄酮提取液对金黄色葡萄糖球菌、枯草芽孢杆菌、大肠杆菌均有抑菌作用，其抑菌活性依次为：金黄色葡萄糖球菌＞枯草芽孢杆菌＞大肠杆菌。刘锡葵[50]等从青叶胆和三七等4种药用植物中分离得到7种天然配糖体，采用比浊法进行厌氧菌含量测定，发现从青叶胆中分离得到的sweroside能够促进肠道菌群生长。

（4）降血糖作用：字敏等[51]发现从青叶胆提取的化合物具有降血糖作用。

【开发应用】

1. 标准规范　青叶胆及其同属近缘植物共有药品标准40项，为青叶胆及其同属植物与其他中药材组成的中成药处方；药材标准16项，为不同版本的《中国药典》药材标准及其他药材标准；中药饮片炮制规范9项，为不同省市、不同年份的青叶胆及其同属植物饮片炮制规范。

上述标准、规范绝大部分是基于龙胆科獐牙菜属植物青叶胆 *Swertia mileensis* 而设立的，涉及其同属近缘植物设立的标准、规范有：紫红獐牙菜 *S. punicea* 有药材标准2项：紫红青叶胆 [《云南省中药材标准》（2005年版）]、紫红獐牙菜 [《湖北省中药材标准》（2009年版）]；獐牙菜 *S. bimaculata* 有药品标准6项：七味肝胆清胶囊 [WS-10629（ZD-0629）-2002-2011Z]、七味红花殊胜散 [WS-11068（ZD-1068）-2002-2012Z]、二十五味肺病丸（WS$_3$-BC-0156-95）、五味清热汤散（WS$_3$-BC-0272-95）、八味主药散（WS$_3$-BC-0232-95）、十味诃子丸（WS$_3$-BC-0208-95），同时獐牙菜 *S. bimaculata* 还有药材标准2项：獐牙菜 [《湖北省中药材标准》（2009年版）、《贵州省中药材民族药材质量标准》（2003年版）]；西南獐牙菜 *S. cincta* 有药材标准1项：西南獐牙菜 [《贵州省中药材民族药材质量标准》（2003年版）]；大籽獐牙菜 *S. macrosperma* 有药材标准1项：大籽獐牙菜 [《贵州省中药材民族药材质量标准》（2003年版）]；美丽獐牙菜 *S. angustifolia* 有药材标准1项：美丽獐牙菜 [《贵州省中药材民族药材质量标准》（2003年版）]。

2. 专利申请　文献检索显示，青叶胆的相关专利较多，共有201项[52]，主要涉及青叶胆与其他中药材组成的中成药、青叶胆药物及其制备方法、栽培研究等。

专利信息显示，绝大多数的专利为青叶胆与其他中药材配成中药组合物用于各种疾病的治疗，包括烫伤、三叉神经痛、肿瘤、白血病、肝胆湿热型远视、乙肝、便秘、中风、黄疸、细菌性阴道炎、降血压、玻璃体浑浊、胆囊炎、肺栓塞、小儿缺铁性贫血、小儿抽动症、过敏性皮炎、视网膜出血、骨质增生、冠心病、高血压、偏头痛、咳嗽、痤疮、淋巴结炎等。青叶胆还可用于动物饲料、面膜、育发精华液等产品的开发。

与青叶胆相关的代表性专利列举如下：

（1）王平平，一种用于治疗偏头痛的药物（CN105267760A）（2016年）。

（2）王璐等，用于治疗冠心病的中药组合物（CN105560622A）（2016年）。

（3）范明月，一种治疗肺栓塞的中药及其制备方法（CN106109947A）（2016年）。

（4）张永辉，一种治疗玻璃体混浊的中药组合物（CN106390016A）（2017年）。

（5）王伟，一种降血压的中药制剂及其制备方法（CN107334956A）（2017年）。

（6）杨磊，一种治疗三叉神经痛的中药制剂（CN108126111A）（2018年）。

（7）张天寿，一种治疗肿瘤和白血病的药物组合物及其制备方法和应用（CN109125489A）（2019年）。

青叶胆

（8）曾严超，一种无抗富硒仔猪混合饲料添加剂的配制方法（CN109198169A）（2019年）。

（9）于丽，一种治疗便秘的中药组合物（CN107929582A）（2018年）。

（10）宋徐岗，一种治疗烫伤的中药组合物（CN110538278A）（2019年）。

青叶胆相关专利最早出现的时间是2000年。2015～2020年申报的相关专利占总数的63.7%；2010～2020年申报的相关专利占总数的81.1%；2000～2020年申报的相关专利占总数的100%。

3. 栽培利用　李梅等[53]通过实验得出青叶胆种子萌发需要18小时的光周期，发芽温度以25～28℃为宜，发芽对pH值要求不严，GA₃处理能明显促进种子萌发，低温和变温预处理是提高发芽率较好的方法。刘建成等[54]通过对青叶胆种子萌发的研究，结果显示青叶胆种子发芽的适宜温度为20～30℃，光照对种子发芽有促进作用；在自然状态下贮藏4个月的种子发芽率最高；种子寿命约为7个月，4℃低温冷藏可延长种子寿命；GA₃、KNO₃浸种可打破种子休眠，显著提高种子发芽率，为青叶胆种子的保存及人工驯化栽培提供技术依据。黄衡宇等[55]为优化青叶胆组织培养快速繁殖技术，同时比较不同交配方式后代植株的再生能力，还通过实验探讨了青叶胆片断化居群繁殖保障机制。

4. 生药学探索　正品青叶胆应是龙胆科植物青叶胆 *Swertia mileensls* T. N. Hoe et W. L. Shih 的干燥全草。由于滇西地区不产该植物，白族医药中以其同属的近缘植物替代，种类繁多，达5～10种，为此相关生药学研究内容也较为繁杂，报道颇多，以下为其中的部分研究：

宋万志[56]对以青叶胆为药名的各种植物的产地和民间应用和临床应用等做了介绍。王建云等[57]报道了青叶胆及其混淆品紫花獐牙菜、显脉獐牙菜和椭圆叶花锚的性状、显微及理化特性的比较研究。结果表明其有明显的差异，易于鉴别，为该药材的准确鉴定和质量评价提供了依据。汪鋈直等[58]对川东獐牙菜和青叶胆抗菌消炎作用的初步比较研究表明，二者水溶性浸出物成分及药理作用基本相同，可试用青叶胆代替川东獐牙菜入药。高丽[59]对正品青叶胆及常见的习用品的原植物和药材做了鉴定，探讨了青叶胆药用资源可持续利用的途径。杨天梅等[60]对青叶胆、獐牙菜、宾川獐牙菜的药材性状及显微特征进行了比较研究，结果表明青叶胆及其混淆品在药材性状及显微特征上有明显的区别，易于鉴别。巩江等[61]通过文献调研，整理了在民间被称为"肝炎草"的几种常见植物，并对其药学研究资料进行了概述。高丽等[62]对青叶胆及常见8种近缘植物进行了生药学研究。夏杰等[63]对青叶胆与小儿腹痛草二者的性状及显微结构予以比较鉴别，结果表明其性状、显微结构均具代表性，并有明显区别。刘黄刚等[64]从组织形态学、孢粉学、胚胎学、遗传分子标记学等方面系统地综述了獐牙菜属药用植物的亲缘关系，并对该属药用植物的种类和资源分布进行了评价。黄衡宇等[65]以植株高度、个体分枝数、叶片长度、花梗长度和子房长度作为形态指标，对云南弥勒5个青叶胆自然居群的变异式样进行了研究。李水仙等[66]采用ISSR分子标记技术对青叶胆种质资源的遗传多样性进行了研究。

张彬若[67]整理了滇产青叶胆类药材品种，对云南省常用青叶胆类药材进行了生药学研究，初步构建了青叶胆类药材的生药学数据库，为正确使用和评价药材质量、制定药材质量标准提供了依据，为寻找和扩大新的药源奠定了基础。李鹏等[68]对青叶胆的开花动态及有性生殖特征进行了解剖学研究。吴昕怡[69, 70]首次对青叶胆转录组进行测序分析，获得了可能参与獐牙菜苦苷生物合成的候选基因，为后续功能基因的挖掘奠定了基础。李水仙等[71]利用ISSR技术对紫红獐牙菜9个样品进行了亲缘关系分析。

5. 其他应用　近年来，随着国内外肝炎患者数量的增加，獐牙菜属植物因其在抗HBV方面的良好疗效越来越受到国内外学者的关注，其相关制剂产品如青叶胆片、青叶胆滴丸等[72]也都逐渐研发成熟、投放市场。

【药用前景评述】正品青叶胆为龙胆科獐牙菜属植物青叶胆*Swertiae mileensis*，主产自滇南，大理及周边没有天然分布，但大理一带盛产其多种近缘植物，且在白族医药中被用作白族药青叶胆，如紫红獐牙菜*S. punicea*、大籽獐牙菜*S. macrosperma*、西南獐牙菜*S. cinta*、宾川獐牙菜*S. binchuanensis*、丽江獐牙菜*S. delavayi*等，主要用于肝炎、胃炎等的治疗。现代研究结果显示，獐牙菜属植物多含有类似的化学成分，均以黄酮（𠮷酮）成分为主；同时药理学研究结果证实，这些植物基本上都具有保肝利胆、抗菌、抗病毒作用，因此相互替代药用具有可行性与合理性。目前，有关青叶胆及同属近缘植物的研究开发较为成熟，已有大量的相关标准、产品、专利产生，药用前景清晰、明确、稳定。

参考文献

[1]康绍龙，李冬梅，王聪，等.紫红獐牙菜极性部位化学成分研究[J].大理学院学报，2011，10（12）：10-11.

[2]田峦鸢，陈家春，白雪，等.紫红獐牙菜𠮷酮及环烯醚萜类化合物的研究[J].天然产物研究与开发，2010，22（6）：979-983.

[3]张秀桥，田峦鸢，陈家春，等.紫红獐牙菜化学成分的研究[J].中草药，2007，38（8）：1153-1154.

[4]谭沛，刘永漋，侯翠英.紫红獐牙菜中紫药苦苷的结构[J].药学学报，1993，28（7）：522-525.

[5]田峦鸢，陈家春.紫红獐牙菜正丁醇部位化学成分的研究[C]//中华中医药学会第九届中药鉴定学术会议论文集.建德，2008：298-301.

[6]罗跃华，聂瑞麟.紫红獐牙菜的单萜环烯醚苷[J].云南植物研究，1993，15（1）：97-100.

[7]谭沛，刘永漋，侯翠英.紫红獐牙菜中紫药苷的结构[J].药学学报，1992，27（6）：476-479.

[8]熊成文，林鹏程.大籽獐牙菜𠮷酮的研究[J].北方药学，2011，8（1）：16-17.

[9]周慧敏，刘永漋.大籽獐牙菜中大籽獐牙菜苷的结构[J].药学学报，1990，25（2）：123-126.

[10]张媛媛，管棣，谢青兰，等.大籽獐牙菜化学成分研究[J].中国药学杂志，2007，

42（17）：1299–1301.

［11］王洪玲，耿长安，张雪梅，等.大籽獐牙菜化学成分的研究［J］.中国中药杂志，2010，35（23）：3161–3164.

［12］普杰，李亮星，卢燕玲，等.大籽獐牙菜的化学成分研究（Ⅰ）［J］.云南民族大学学报（自然科学版），2012，21（3）：163–166.

［13］赵升逵，普杰，陈永对，等.大籽獐牙菜的化学成分研究［J］.中草药，2013，44（18）：2493–2497.

［14］Brahmachari G，Mondal S，Gangopadhyay A，et al. *Swertia*（Gentianaceae）：Chemical and pharmacological aspects［J］. Chem Biodivers，2004，1：1621–1657.

［15］张俊巍，茅青.西南獐牙菜化学成分的研究［J］.药学学报，1984，19（11）：819–824.

［16］李干鹏，曾思为，黄飞燕，等.西南獐牙菜的化学成分研究（Ⅰ）［J］.云南民族大学学报（自然科学版），2011，20（5）：350–352.

［17］耿家玲，耿长安，陈纪军.西南獐牙菜化学成分的研究［J］.天然产物研究与开发，2012，24（1）：42–46.

［18］李尚秀，汪婷，田倩，等.西南獐牙菜化学成分及其抗前列腺增生活性［J］.中国药学杂志，2015，50（6）：502–506.

［19］李兆云，郭云胶，李龙星，等.宾川獐牙菜化学成分的研究（Ⅱ）［J］.中成药，2016，38（4）：834–837.

［20］李兆云，王聪，张桢，等.宾川獐牙菜化学成分研究［J］.时珍国医国药，2011，22（5）：1086–1087.

［21］李兆云，郭艳华，施洪，等.宾川獐牙菜碳苷类成分的研究［J］.中成药，2017，39（2）：352–355.

［22］李兆云，郭艳华，郭云胶，等.宾川獐牙菜中苷类成分研究［J］.中国药学杂志，2016，51（7）：538–540.

［23］李兆云，康绍龙，李冬梅，等.宾川獐牙菜中苷类成分研究［J］.时珍国医国药，2012，23（9）：2162–2163.

［24］李兆云，王莹，郭云胶，等.宾川獐牙菜中黄酮类化学成分研究［J］.中药材，2016，39（6）：1300–1302.

［25］肖怀，刘光明，王卓，等.丽江獐牙菜（*Swertia delavayi*）化学成分研究［J］.大理学院学报（自然科学），2006，（6）：17–19.

［26］曹团武，耿长安，马云保，等.丽江獐牙菜化学成分及抗乙肝病毒活性研究（英文）［J］.中国中药杂志，2015，40（5）：897–902.

［27］湖南医药工业研究所.青叶胆有效成分的提取分离及药理研究初报［J］.中草药通讯，1975，（3）：47–51.

［28］周敏，黄春球，武正才，等.药用植物青叶胆的化学成分研究［J］.天然产物研究与开发，2014，26：215–216.

［29］梁庆燊，高霞云.青叶胆抗肝炎黄酮成分的研究［J］.中草药通讯，1979，10（9）:1-4.

［30］何仁远，冯树基，聂瑞麟.青叶胆𠮊酮成分的分离和鉴定［J］.云南植物研究，1982，4（1）：68-76.

［31］刘嘉森，黄梅芬.青叶胆中𠮊酮成分的分离与鉴定［J］.中草药，1982，13（10）：1-2.

［32］梁钜忠，韩大君，李辉，等.金沙青叶胆中獐芽菜苦苷的分离和鉴定［J］.中草药，1982，（2）：7-8.

［33］何仁远，聂瑞麟.青叶胆植物中苦味苷的研究［J］.云南植物研究，1980，2（4）：480-482.

［34］陈纪军，耿长安.云南特有抗肝炎中药青叶胆中系列新奇骨架内酯成分与抗乙肝病毒活性［C］//全国第9届天然药物资源学术研讨会论文集.广州，2010：610-612.

［35］聂瑞麟，何仁远.青叶胆植物中的红白金花内酯和青叶胆内酯的结构［J］.云南植物研究，1984，6（3）：325-328.

［36］字敏，袁黎明，刘频，等.高速逆流色谱分离青叶胆中的生物碱［J］.林产化学与工业，2002，22（1）：74-76.

［37］彭芳，刘晓波，方春生，等.紫红獐牙菜对实验性肝损伤的保护作用［J］.中药新药与临床药理，2002，（6）：376-378，409.

［38］文莉，陈家春.紫红獐牙菜对STZ糖尿病小鼠的降糖作用［J］.中国药师，2007，10（2）：140-142.

［39］常晓沥，宋家蕊，刘璐萍，等.紫红獐牙菜7种𠮊酮类成分分离及体外抗氧化研究［J］.天然产物研究与开发，2014，26（5）：687-90，708.

［40］刘晓波，郭美仙，龚王健，等.紫红獐牙菜对糖尿病小鼠抗氧化功能的影响［J］.现代医药卫生，2008，24（16）：2381-2382.

［41］刘亚平，刘杰，时京珍，等.大籽獐牙菜保肝作用的研究（Ⅰ）——对化学毒物损伤动物的影响［J］.中药药理与临床，1987，3（1）：34-37.

［42］刘亚平，刘杰，宛蕾.大籽獐牙菜保肝作用的药理研究——对大白鼠的利胆作用［J］.中药药理与临床，1987，3（2）：55-56.

［43］刘亚平，刘杰.大籽獐牙菜苷保肝作用的药理研究——对体外培养大鼠肝细胞的影响［J］.中药药理与临床，1989，5（2）：34-35，39.

［44］熊成文，贾燕花.大籽獐牙菜醇提物解酒保肝作用的实验研究［J］.西北药学杂志，2013，28（6）：605-607.

［45］郭永强，沈磊，杨晓泉，等.藏药"蒂达"6种原植物抗慢性肝损伤作用比较研究［J］.大理大学学报，2017，2（4）：16-19.

［46］葛近峰.齐墩果酸预防抗结核药物肝损害88例临床观察［J］.重庆医学，2002，（5）：426.

［47］程淑敏，周干南.青叶胆胶囊治疗急性肠炎120例报告［J］.中药材，1990，13（8）：37-38.

［48］龚一云，岳代荣，王小平，等.青叶胆、牛黄解毒片内服加冰矾外搽治疗带状疱疹260

例［J］.人民军医，2000，43（4）：237.

［49］张虹，计红旭，张江梅，等.青叶胆总黄酮提取方法研究［J］.北方园艺，2012，（17）：159–160.

［50］刘锡葵，李海舟，戴诗梅，等.植物配糖体对人肠道厌氧菌群的影响［J］.中国微生态学杂志，2000，12（4）：201–202.

［51］字敏，罗钫，刘频，等.植物降血糖化学成分研究［J］.云南师范大学学报，2000，20（3）：50–52.

［52］技高网.青叶胆［A/OL］.（2020–03–15）［2020–03–15］.http://s.jigao616.com/cse/search?q=%E9%9D%92%E5%8F%B6%E8%83%86&s=516140948282383647.

［53］李梅，尹明权，赵磊，等.青叶胆种子发芽特性的研究［J］.云南农业大学学报，2005，20（4）：593–596.

［54］刘建成，刘冰，陈先玉.青叶胆种子萌发的研究［J］.安徽农业科学，2008，36（24）：10506–10507.

［55］黄衡宇，黄骥，王美蓉，等.青叶胆组织培养条件优化及不同交配方式子代植株再生能力比较研究［J］.中草药，2016，47（3）：480–487.

［56］宋万志.龙胆科的资源植物——"青叶胆"和"藏茵陈"［J］.中药材，1991，14（7）：15–17.

［57］王建云，范亚刚，胡雪佳，等.青叶胆及其混淆品的生药鉴别［J］.中药材，1997，20（6）：283–286.

［58］汪鋆直，叶红，韩莉.青叶胆替代川东獐牙菜初探［J］.中药材，1998，21（11）：545–547.

［59］高丽.青叶胆及民间习用品的鉴定［J］.云南中医中药杂志，2006，27（4）：65–66.

［60］杨天梅，李学芳，王丽，等.青叶胆及其混淆品的药材性状及显微鉴别［J］.云南中医学院学报，2009，32（1）：12–16.

［61］巩江，倪士峰，张雪梅，等.中药"肝炎草"药学研究概况［J］.辽宁中医药大学学报，2009，11（10）：74–75.

［62］高丽，张晓南，杨天梅，等.青叶胆及常见8种近缘种的生药学研究［C］//第八届全国药用植物及植物药学术研讨会论文集.呼和浩特，2009：87.

［63］夏杰，尹蔚萍.青叶胆与小儿腹痛草的比较鉴别［J］.光明中医，2010，25（2）：305–306.

［64］刘黄刚，张铁军，王莉丽，等.獐牙菜属药用植物亲缘关系及其资源评价［J］.中草药，2011，42（8）：1646–1650.

［65］黄衡宇，王美蓉，杨玖钧，等.青叶胆不同居群植株形态变异式样研究［J］.中国民族民间医药杂志，2015，（24）：36–38.

［66］李水仙，陈丽元，夏从龙.正品青叶胆遗传多样性的ISSR分析［J］.时珍国医国药，2015，26（7）：1748–1749.

［67］张彬若.滇产青叶胆类药材的品种整理及生药学初步研究［D］.昆明：云南中医学院，

2015.

［68］李鹂，龙华，张爱丽，等.青叶胆开花动态及有性生殖特征的解剖学研究［J］.西北植物学报，2016，36（6）：1146-1154.

［69］吴昕怡.基于转录组测序的青叶胆獐牙菜苦苷生物合成相关基因表达研究［D］.昆明：云南中医学院，2018.

［70］吴昕怡，严媛，刘小莉.基于高通量测序的青叶胆转录组研究［J］.中国现代应用药学，2018，35（3）：363-369.

［71］李水仙，夏从龙，陈丽元.基于ISSR技术对藏药"蒂达"3种基源植物的亲缘关系分析［J］.中国药房，2019，30（12）：1665-1669.

［72］王莘，王雷.青叶胆滴丸的成型工艺研究［J］.中草药，2004，35（9）：1002-1003.

青刺尖

【植物基原】本品为蔷薇科扁核木属植物青刺尖 *Prinsepia utilis* Royle 的全草。

【别名】扁核木、枪刺果、枪子果、炮筒果、牛奶捶、鸡蛋糕、梅花刺、打枪果、狗奶子、蒙自扁核木。

【白语名称】皱达启尖（剑川、鹤庆）、皱达启季（洱源）、灰鼓颗脂（大理）、叨买启（云龙关坪）、皱达扣之。

【采收加工】春夏采嫩叶尖，秋末采果实，均晒干备用或鲜用。

【白族民间应用】用于湿热口疮、咽喉肿痛、痔疮、骨折。果实用于神经衰弱。

【白族民间选方】①口腔湿热糜烂、咽喉炎、头痛、咳嗽：本品嫩叶梢 5～10g，水煎服，并可用煎液反复漱口。②小儿咽喉炎发热：本品嫩叶梢 2 枚，水煎服。③神经衰弱：青刺尖果实油配鸡蛋蒸吃。④贫血：青刺尖 25g，炖猪肺服食。

【化学成分】青刺尖地上部分主要含五环三萜类成分 ursolic acid（1）、corosolic acid（2）、pomolic acid（3）、tormentic acid（4）、3-O-trans-*p*-coumaroyltormentic acid（5）、3-O-cis-*p*-coumaroyltormentic acid（6）、2*α*-O-trans-*p*-coumaroyl-3*β*，19*α*-dihydroxy-urs-12-en-28-oic acid（7）、2*α*-O-cis-*p*-coumaroyl-3*β*，19*α*-dihydroxy-urs-12-en-28-oic acid（8）、3-O-trans-*p*-coumaroyl-2*α*-hydroxyursolic acid（9）、3-O-cis-*p*- coumaroyl-2*α*-hydroxyursolic acid（10）、cecropiacic acid（11）、oleanolic acid（12）、maslinic acid（13）、3-O-trans-*p*-coumaroylmaslinic acid（14）、3-O-cis-*p*-coumaroylmaslinic acid（15），以及少量黄酮、木脂素、甾体等其他结构类型化合物[1-20]。

青刺尖果实主要含黄酮及其苷类成分 quercetin-3-O-glucoside（16）、rutin（17）、isorhamnetin-3-O- rutinoside（18）；同时意外发现了 6 个氰苷类化合物 prinsepicyanosides A-E（19～24）和 3 个对映 - 贝壳杉烷二萜苷类化合物 prinsosides A-C（25～27）。

关于青刺尖化学成分的研究报道较多，1982年至今先后发现了至少129个成分：

序号	化合物名称	结构类型	参考文献
1	（+）-（2R，3S）-2-Chloro-3-hydroxy-3- methyl-γ-butyrolactone	萜类	[3，5，9]
2	（+）-（2S，3S）-2-Chloro-3-hydroxy-3-methyl-γ-butyrolactone	萜类	[3，9]
3	（E）-4-Hydroxyhex-2-enoic acid	脂肪酸	[9]
4	（E）-p-Coumaric acid	苯丙素	[9，13]
5	（Z）-p-Coumaric acid	苯丙素	[9，13]
6	1，8-Cineole	单萜	[2]
7	1-Glyceryl stearate	其他	[9]
8	2-Dodecanol	其他	[2]
9	2-Ethoxysuccinic acid	脂肪酸	[9]
10	2-Ethyl-3-methylmaleic anhydride	其他	[9]
11	2-Undecanone	其他	[2]
12	2α-O-cis-p-Coumaroyl-3β，19α-dihydroxyurs-12-en-28-oic acid	三萜	[9，10]
13	2α-O-trans-p-Coumaroyl-3β，19α-dihydroxyurs-12-en-28-oic acid	三萜	[9，10]
14	3，4-Dihydroxybenzoic acid	酚酸	[9，14]
15	3-Hydroxybenzoic acid	酚酸	[9，13]
16	3-O-cis-p-Coumaroyl-2α-hydroxyursolic acid	三萜	[10]
17	3-O-cis-p-Coumaroylmaslinic acid	三萜	[9，10]
18	3-O-cis-p-Coumaroyltormentic acid	三萜	[3，6，9]

白族特色药用植物现代研究与应用

序号	化合物名称	结构类型	参考文献
19	3-O-trans-*p*-Coumaroyl-2α-hydroxyursolic acid	三萜	[10]
20	3-O-trans-*p*-Coumaroylmaslinic acid	三萜	[9, 10]
21	3-O-trans-*p*-Coumaroyltormentic acid	三萜	[3, 6, 9]
22	3β-Hydroxy-5α, 6α-epoxy-7-megastigmene-9-one	萜类	[9, 13]
23	3β-O-cis-*p*-Coumaroyl-2α-hydroxy-urs-12-en-28-oic-acid	三萜	[9]
24	3β-O-trans-*p*-Coumaroyl-2α-hydroxy-urs-12-en-28-oic-acid	三萜	[9]
25	4-（Aminomethyl）-2, 6-di-tertbutylphenol	生物碱	[9]
26	4-（Hydroxylmethyl）-5H-furan-2-one	其他	[14]
27	4-Hydroxy-3, 5-dimethoxybenzaldehyde	酚酸	[9, 13]
28	4-Hydroxybenzaldehyde	酚酸	[9, 13]
29	4-Methoxyphenol	酚酸	[9, 13]
30	8α-Hydroxyprinsepiol	木脂素	[9, 13]
31	9-Hydroxy-4, 7-megastigmadien-3-one	萜类	[13]
32	Bergamal	单萜	[2]
33	Blumenol	萜类	[9]
34	Broussonin F	黄酮	[9, 13]
35	Catechin	酚酸	[19]
36	Cecropiacic acid	三萜	[3, 6]
37	cis-Linalooloxide	单萜	[2]
38	cis-Sabinenehydrate	单萜	[2]
39	Corosolic acid	三萜	[3, 6]
40	Coumaric acid	苯丙素	[19]
41	Cyanidin-3-O-glucoside	黄酮	[19]
42	Cyanidin-3-O-rutinoside	黄酮	[19]
43	Dancosterol	甾体	[3, 9, 14]
44	Delphinidin-3-O-rutinoside	黄酮	[19]
45	Dihydroactinidiolide	单萜	[9, 13]
46	Dihydroquercetin rhamnoside	黄酮	[19]
47	Dimethyl 2-methylsuccinate	其他	[9, 14]

序号	化合物名称	结构类型	参考文献
48	Epiutililactone	其他	[6]
49	Eriodictyol	黄酮	[15, 16, 20]
50	Ethyl-4-hydroxybenzoate	酚酸	[9, 11, 13]
51	Ferulic acid	苯丙素	[9, 13]
52	Fikenscher	其他	[12]
53	Isomenihol	单萜	[2]
54	Isorhamnetin-3-O-β-D-rutinoside	黄酮	[9, 13]
55	Isorhamnetin-3-O-glucoside	酚类	[19]
56	Isorhamnetin-3-O-rutinoside	酚类	[19]
57	Isoschaftoside	酚类	[19]
58	Kaempferol	黄酮	[16]
59	Kaempferol 3-O-β-D-rutinoside	黄酮	[9, 13]
60	Kaempferol-3-O-glucoside	酚类	[19]
61	Kaempferol-3-O-hexoside	酚类	[19]
62	Kaempferol-3-O-rhamnosylhexose	酚类	[19]
63	l-Epicatechin	黄酮	[1, 7]
64	Limonene	单萜	[2]
65	Linalool	单萜	[2]
66	Loliolide	萜类	[9, 13]
67	Margaric acid	脂肪酸	[8, 16]
68	Maslinic acid	三萜	[3, 6]
69	Monoethyl oxalate	脂肪酸	[9, 14]
70	N-（2-Aminophenyl）urea	生物碱	[9]
71	o-Cymene	单萜	[2]
72	Oleanolic acid	三萜	[3, 6]
73	Oleic acid	脂肪酸	[8, 16, 18]
74	Osmaronin	氰苷	[9, 14]
75	Palmitic acid	脂肪酸	[9, 14]
76	Penstemide	环烯醚萜	[19]

青刺尖

序号	化合物名称	结构类型	参考文献
77	Peonidin-3-O-rutinoside	黄酮	[19]
78	Peonidin-3-O-sophoroside-5-O-glucoside	黄酮	[19]
79	Petunidin-3-O-glucoside	黄酮	[19]
80	*p*-Hydroxybenzoic acid	酚酸	[9, 13, 14]
81	Pomolic acid	三萜	[3, 6]
82	Prinsepicyanoside A	氰苷	[9, 14]
83	Prinsepicyanoside B	氰苷	[9, 14]
84	Prinsepicyanoside C	氰苷	[9, 14]
85	Prinsepicyanoside D	氰苷	[9, 14]
86	Prinsepicyanoside E	氰苷	[9, 14]
87	Prinsepiol	木脂素	[1, 9, 12]
88	Prinsoside A	二萜	[17]
89	Prinsoside B	二萜	[17]
90	Prinsoside C	二萜	[17]
91	Protocatechuric acid	酚酸	[11, 16, 19, 20]
92	Quercetin	黄酮	[11]
93	Quercetin 3-（6-O-acetyl-beta-glucoside）	酚类	[19]
94	Quercetin 3-O-β-D-glucoside	黄酮	[9, 14]
95	Quercetin 3-O-β-D-rutinoside	黄酮	[9, 13, 14]
96	Quercetin-3-O-glucoside	黄酮	[19]
97	Ransterpineol	单萜	[2]
98	Rutin	酚类	[19]
99	Stigmast-5-ene-3β，7α-diol	甾体	[9, 13]
100	Sucrose	寡糖	[11]
101	Syringaresinol	木脂素	[9, 13]
102	Tormentic acid	三萜	[3, 6]
103	Tridecanone	单萜	[2]
104	Ursolic acid	三萜	[3, 6, 9, 10]

序号	化合物名称	结构类型	参考文献
105	Utililactone	其他	[6]
106	Vanillic acid	酚酸	[9, 11, 16]
107	*α*-Erpineol	单萜	[2]
108	*α*- 亚麻酸	脂肪酸	[18]
109	*β*-Indolylaldehyde	生物碱	[9]
110	*β*-Sitosterol	甾体	[3, 14]
111	*β*-Sitosteryl-*β*-glucoside	甾体	[1]
112	*γ*- 亚麻酸	脂肪酸	[18]
113	花生酸	脂肪酸	[8]
114	花生油酸	脂肪酸	[8]
115	芥酸	脂肪酸	[8]
116	芦丁	酚酸	[20]
117	芹菜素	酚酸	[20]
118	肉豆蔻酸	脂肪酸	[8]
119	山奈酚 -7- 葡萄糖苷	酚酸	[20]
120	山嵛酸	脂肪酸	[8]
121	水仙苷	酚酸	[20]
122	辛酸	脂肪酸	[8]
123	亚麻酸	脂肪酸	[8]
124	亚油酸	脂肪酸	[8, 18]
125	硬脂酸	脂肪酸	[7, 8, 18]
126	正三十四烷醇	脂肪酸	[4]
127	棕榈酸	脂肪酸	[7, 8, 18]
128	棕榈烯酸	脂肪酸	[18]
129	棕榈油酸	脂肪酸	[8]

此外，关于青刺尖的挥发性成分也有研究报道，共鉴定出了 182 个化学成分[9]。

【**药理药效**】青刺尖的药理活性主要表现为抗菌、抗肿瘤、抗免疫、抗氧化、改善皮肤和治疗糖尿病的作用。

青刺尖

1. 抗菌、抗肿瘤作用

（1）抗菌作用：刘刚等[21]发现青刺尖茶水提取液对大肠杆菌具有很强的抑菌效力。张济麟[16]的研究表明青刺尖果乙酸乙酯层提取物具有较好的抑菌活性，对大肠埃希菌、金黄色葡萄球菌、绿脓杆菌、变形杆菌、伤寒沙门菌、痢疾志贺菌、乙型溶血性链球菌和白假丝酵母菌的最低杀菌浓度（MBC）分别为 0.100、0.030、0.011、0.030、0.011、0.030、0.030 和 0.0300g/mL。青刺尖种子也有抗菌活性，其乙酸乙酯部位对金黄色葡萄球菌的抗菌活性优于大肠杆菌和沙门菌[22]。

（2）抗肿瘤作用：有研究[9, 10]表明青刺尖中三萜类化合物对人肺腺癌细胞 A549、人肠癌细胞 HCT116、人乳腺癌细胞 MDA-MB-231 及人白血病细胞 CCRF-CEM 均表现出明显的细胞毒性。

2. 抗氧化、抗缺氧作用

（1）抗氧化作用：Gupta 等通过体外抗氧化活性和抗骨质疏松活性的研究表明青刺尖叶具有一定抗骨质疏松[23]和抗氧化活性[24]。Zhang 等[19]发现青刺尖果实中的成分对过氧化氢（H_2O_2）诱导的 HepG2 细胞损伤有保护作用，可以清除自由基，抑制细胞内活性氧生成，抑制胰脂肪酶、消化酶和 α- 糖苷酶。青刺果的种子和油粕也有较强的清除自由基能力。种子和油粕对 DPPH 自由基清除的 IC_{50} 值分别为 871.31μg/mL、1131.98μg/mL，而对 ABTS 自由基清除的 IC_{50} 值分别为 496.86μg/mL、1100.92μg/mL[20]。进一步研究表明，青刺尖种子含有大量的酚类化合物，通过真菌发酵能显著提高青刺尖种子酚含量和抗氧化活性[25]。

（2）抗缺氧作用：青刺尖种子油具有提高小鼠耐缺氧能力的作用，在常压抗氧实验、$NaNO_2$ 中毒存活实验和急性脑缺血性抗氧实验中，均能延长缺氧小鼠的存活时间[26]。

3. 抗炎、免疫抑制、改善皮肤的作用

（1）抗炎、免疫抑制作用：青刺尖水提物、乙醇提取物的乙酸乙酯部位[4]具有抗炎作用。青刺尖中多数化学成分对淋巴细胞转化有明显的抑制作用，其中乌苏酸、齐墩果酸、2α- 羟基乌苏酸、2α- 羟基齐墩果酸、坡模酸与地塞米松的免疫抑制强度相当[6, 27]。

（2）改善皮肤的作用：有研究[28, 29]表明在婴儿特应性皮炎（AD）维持期内使用含青刺尖（青刺尖果油）提取物的润肤剂可明显降低缓解期 AD 患儿复发的风险，延长 AD 发作时间，改善临床症状，此外还可以改善皮肤状况。尤艺璇等[30]发现青刺果油在修复表皮通透屏障功能的同时可通过增加 cathelicidin 和 β- 防御素的表达来增加表皮抗菌肽的表达，从而可用于 AD 的辅助治疗。含青刺果及马齿苋的医学护肤品可恢复慢性湿疹皮肤屏障功能，降低复发率[31]。青刺果油具有保湿及修复皮肤屏障的作用，其机制与增加神经酰胺含量及上调酸性神经酰胺酶的表达有关[32]。含青刺果提取物的医学护肤品对改善皮肤老化具有较好的疗效，且安全性良好。使用含青刺果提取物的医学护肤品 90 天后，皮肤老化明显改善，皮肤含水量和油脂含量有显著提高[33]。

4. 治疗糖尿病作用 青刺尖中的黄酮具有降血糖作用，能显著降低糖尿病小鼠血清中的葡萄糖、甘油三酯、谷草转氨酶、谷丙转氨酶、极低密度脂蛋白和尿素氮水平[34]；还能减轻四氧嘧啶诱导的糖尿病小鼠的肾脏病变，减小肾小球体积、肾小管内糖原沉积和间质纤维化，减轻细胞器损伤，从而抑制肾脏肥大，对糖尿病肾病产生保护作用[35]。与此同时，青刺尖总黄酮能明显减轻糖尿病小鼠肺的病理变化，有效延缓糖尿病引起的肺损伤，使病变小鼠的肺出血得到缓解，肺泡腔增大，肺泡壁基本恢复正常[36]。青刺果多糖对糖尿病小鼠的心肌也具有保护作用。贾仁勇等[37]发现经青刺果多糖治疗后，糖尿病鼠的心肌纤维纵横纹清晰、排列整齐，嗜酸性病变的心肌纤维减少。在治疗糖尿病的同时，青刺尖还能改善脂质代谢。经过"金花菌"发酵的青刺尖茶具有良好控制高血脂小鼠体重增长、降低血脂各项指标（TC、TG、LDL-C）、控制肝脏脂肪积聚的功效，并呈一定的剂量依赖性[38]。

5. 对其他器官的作用 青刺尖叶提取物能够改善良性前列腺增生（BPH）。在丙酸睾酮诱导的去势大鼠模型中，青刺尖叶能降低 BPH 大鼠的前列腺指数、血清前列腺酸性磷酸酶含量和双氢睾酮含量，减轻上皮细胞增厚的病理症状[39]。方玉等[40]发现青刺尖茶汤对便秘模型小鼠具有润肠通便的作用。

【开发应用】

1. 标准规范 青刺尖现有药材标准 1 项：青刺尖（尼争扭）[《云南省中药材标准·彝族药》（2005 年版）]。

2. 专利申请 目前与青刺尖相关的专利共 69 项，包括与其他中药材组成中成药申请的专利 51 项、食品保健品类专利 7 项、化妆品专利 5 项、外包装类专利 3 项、牲畜类专利 3 项[41]。

专利检索结果显示，青刺尖与其他中药材的中药组合物用于各种疾病的治疗，包括鼻炎、产后便秘、伤食型小儿急性腹泻、狗急性上消化道出血、脂肪肝、损伤淤滞型股骨头坏死、牙髓炎、脾胃虚寒型胃溃疡、慢性原发性血小板减少性紫癜、尿毒症、厌食症、牙周炎、手指屈肌腱鞘炎、血瘀肠络型溃疡性结肠炎、继发性肺结核、卵巢囊肿、低血压、高血糖、抗前列腺增生、胃病、肺气肿、缺铁性贫血、急性乳腺炎、褥疮。食品保健品类专利多为茶叶的制备。化妆品类专利为具有美白和手部护理功效的产品制备方法。牲畜类专利为降低胆固醇且免用抗生素畜禽饲料和治疗奶牛乳腺增生饲料。

与青刺尖相关的代表性专利如下：

（1）陈元祥，治疗胃病的中药（CN103610812A）（2014 年）。

（2）陈萌等，用于缓解产后便秘的中药胶囊剂（CN104800568A）（2015 年）。

（3）赵景岩，一种治疗伤食型小儿急性腹泻的中药制剂及其制备方法（CN104840764A）（2015 年）。

（4）张建国，用于治疗狗急性上消化道出血的药物组合物及其制备方法（CN104873947A）（2015 年）。

（5）季正俊等，青刺尖茶的制备方法（CN105309696A）（2016 年）。

（6）王向丽，一种治疗血瘀肠络型溃疡性结肠炎的中药及制备方法（CN105641438A）（2016年）。

（7）王爱实等，一种缓解肝病晚期症状的中药组合物（CN104257822B）（2016年）。

（8）陶霞霞，一种治疗小儿疳积病的中药制剂（CN106692413A）（2017年）。

（9）俞文洁等，青刺尖提取物在美白用品中的应用及美白用品（CN104523479B）（2018年）。

（10）虞泓等，一种治疗鼻炎的中药组合物（CN110694009A）（2020年）。

青刺尖相关专利最早出现的时间2001年。2015～2020年申报的相关专利占总数的80.9%；2010～2020年申报的相关专利占总数的95.6%；2000～2020年申报的相关专利占总数的100%。

3. 栽培利用 青刺尖繁育较为容易，本书作者20世纪八九十年代曾在大理苍山西坡协助当地林业部门进行了大量的青刺尖种子育苗与人工野外栽培工作，以防止植被较差的沟箐山体滑坡与水土流失。种子育苗最好采用当年采集的成熟种子直接播种在直径5cm、装有含一定量有机质土壤的培育袋中，每袋一粒种子，上面覆盖少量稻草，每天浇水保持土壤湿润，即可成功育苗。

曾妮等[42]采用组织培养快速繁殖的方法扩大资源，选用种子萌发的无菌苗茎尖及带腋芽茎段，经历诱导培养基、壮苗培养基、生根培养基培养，植株成活率在90%以上。

青刺尖由于萌蘖能力较强，耐修剪，是做绿篱的很好材料。另外，它有倒刺，可防人穿行，既可与乔木、草花配置，也可在乔木造林中作为下木，形成混交林，是一种非常理想的退耕还林的优良树种[43]。

郑曼[44]对云南省鹤庆、丽江、剑川、兰坪、禄丰、寻甸、石林、昆明、沪西、沾益、师宗等11个地理种源的总花扁核木的出种率、种子大小（纵径×横径）、种子千粒质量、育苗发芽势、发芽率、幼苗苗高等指标的研究结果表明：不同地理种源的青刺果各项指标都有差异，同一地理种源的不同家系各项指标也有明显的变异。不同地理种源的果实出种率、种子千粒质量、种子的宽度与种源地温度关系密切，与其他地理因素相关性不大。

4. 生药学探索 青刺尖茎圆柱形，表面绿色或黄绿色；断面中心黄白色，直径2～6cm；叶腋有枝刺，刺长1～3cm。叶卷缩，暗黄绿色；叶互生，叶柄长约1cm；完整的叶片呈矩圆状卵形或矩圆形，长3～6cm，宽2～3cm；先端渐尖，基部宽楔形或近圆形，边缘有细锯齿或全缘；两面光滑，稍革质。气微，味苦。叶横切面：上、下表皮细胞不规则、多角形，外被较厚的角质层；垂周壁平直或微波状弯曲；气孔多为不定式；非腺毛多弯曲，由单细胞组成，黄棕色。中脉上表皮有单细胞非腺毛，下表皮细胞外侧有多数棕红色突起，细胞稍大。栅栏细胞2列，靠外侧的一列细胞较长，多数含红棕色物质；海绵细胞5～7列，排列疏松。主脉维管束木质部导管4～6个呈放射状排列。表皮细胞及薄壁细胞中含有棕红色物质。粉末特征：黄绿色粉末。表皮细胞多角形，垂周壁平直或微波状弯曲，气孔多为不定式。非腺毛多弯曲，由单细胞组成，黄棕色。叶肉细胞类长圆形或不规则形，可见小型螺纹导管和簇晶。螺纹导管直径 13～27μm，为具缘纹孔。薄壁细胞内含草酸钙簇晶，直径 17～37μm。此外，该研究还建立了青刺尖中熊果酸薄层色谱鉴别和高效液相色谱含量测定方法，通过薄层色谱可鉴别青刺尖中的熊果酸，采用 HPLC 测定熊果酸的含量，在 0.405～16.2μg 线性关系良好，r=0.9995，平均回收率 100.0%，RSD=1.76%[45]。

5. 其他应用　目前，市场上已有大量的青刺果油产品，作为一种高档的食用油销售。据分析，青刺果油是一种适合人类食用的天然功能性营养油。青刺果油的特性常数为水分及挥发物 0.03%、折光指数 1.4716（n^{20}）、相对密度 0.9260（$d^{20}20$）、碘值 45.91（以 I 计）、皂化值 0.02%、酸价 0.17mg KOH/g、过氧化值 1.20mmol/g，属于非干性油脂；营养指标为 17 种氨基酸总量为 46.97%，其中含有 7 种人体必需氨基酸（异亮氨酸、亮氨酸、赖氨酸、蛋氨酸、苯丙氨酸、苏氨酸、缬氨酸），为 13.2%，占氨基酸总量的 28.1%；富含维生素 A、D、E、K 和 β 胡萝卜素，每 100g 青刺果油含有维生素 A 3.257mg、维生素 D 1.745mg、维生素 E 8.736、维生素 K 0.293mg、β 胡萝卜素 1.234mg。13 种矿物质微量元素，其中钾、钙、镁、磷、铁等元素的含量都很高。脂肪酸 13 种，其中不饱和脂肪酸含量占 78.35%，以油酸和亚油酸为主，含量均为 38%；饱和脂肪酸、单不饱和脂肪酸和多不饱和脂肪酸组成比例接近于 0.7：1：1，油脂营养结构合理，各项指标均符合 GB/T 1535-2003 和 Codex-Stan 210 的要求[46, 47]。

【药用前景评述】青刺尖是大理周边常见的药用植物，分布广泛，资源蕴藏量较大。该植物白族民间主要用于清火消炎，常用于治疗口疮、咽喉肿痛。现代研究结果证实，青刺尖具有抗菌、抗肿瘤、抗免疫、抗氧化等多种药理活性，与白族药用效果相符。值得注意的是，近年来随着人们生活质量的不断提高，对绿色生态天然药物的需求也日益增加，致使青刺尖有向药食两用化发展的趋势。目前，以青刺尖为原料制作的保健茶、功能食品、菜肴、食用油等均已上市，深受消费者欢迎，因此也带动了青刺尖种植业的发展，可见青刺尖的药用前景与产业化发展之路依然十分广阔。

参考文献

［1］Kilidhar SB，Parthasarathy MR，Sharma P. Prinsepiol, a lignan from stems of *Prinsepia utilis*［J］. Phytochemistry，1982，21（3）：796-797.

［2］Rai VK，Gupta SC，Singh B. Volatile monoterpenes from *Prinsepia utilis* L.leaves inhibit stomatal opening in *Vicia faba* L［J］. Biol Plant，2003，46（1）：121-124.

［3］胡君一. 药用植物青刺尖和落新妇生物活性成分的研究［D］.天津：天津大学，2006.

［4］王毓杰，张艺，杜娟，等.民族药青刺尖抗炎活性成分的初步研究［J］.华西药学杂志，2006，21（2）：152-154.

［5］Hu JY，Qiao W，Takaishi Y，et al. A new hemiterpene derivative from *Prinsepia utilis*［J］. Chin Chem Lett，2006，17（2）：198-200.

［6］Xu YQ，Yao Z，Hu JY，et al. Immunosuppressive terpenes from *Prinsepia utilis*［J］. J

Asian Nat Prod Res，2007，9（7）：637-642.

［7］左爱华，韦群辉.民族药青刺尖的研究进展［J］.中国民族医药杂志，2007，（7）：40-41.

［8］杜萍，单云，孙卉，等.丽江产野生青刺果油营养成分分析［J］.食品科学，2011，32（20）：217-220.

［9］管斌.青刺尖化学成分及抗肿瘤活性研究［D］.上海：上海交通大学，2013.

［10］Guan B，Peng CC，Zeng Q，et al. Cytotoxic pentacyclic triterpenoids from *Prinsepia utilis* ［J］. Planta Med，2013，79（5）：365-368.

［11］孙惠峰.青刺果化学成分和生物碱抑菌活性研究［D］.昆明：昆明医科大学，2014.

［12］廖汝丹.民族药青刺尖的化学成分和药理作用研究进展［J］.云南中医中药杂志，2014，35（5）：87-88.

［13］Guan B，Peng CC，Wang C H，et al. Chemical constituents from the aerial parts of *Prinsepia utilis* ［J］. Chem Nat Compd，2014，50（6）：1106-1107.

［14］Guan B，Li T，Xu XK，et al. γ-Hydroxynitrile glucosides from the seeds of *Prinsepia utilis* ［J］. Phytochemistry，2014，105：135-140.

［15］杨惠，代继玲，张济麟，等.青刺尖果中黄酮的提取及结构鉴定［J］.昆明医科大学学报，2015，36（3）：1-3.

［16］张济麟.青刺尖果中黄酮的分离及药理活性研究［D］.昆明：昆明医科大学，2015.

［17］Zhang Q，Liu HX，Tan HB，et al. Novel highly oxygenated and B-ring-seco-ent-diterpene glucosides from the seeds of *Prinsepia utilis* ［J］. Tetrahedron，2015，71（50）：9415-9419.

［18］和琼姬，和加卫，王宇萍，等.青刺果研究概述［J］.中国农学通报，2016，32（7）：74-78.

［19］Zhang X，Jia Y，Ma Y，et al. Phenolic composition, antioxidant properties, and inhibition toward digestive enzymes with molecular docking analysis of different fractions from *Prinsepia utilis* Royle fruits ［J］. Molecules，2018，23（12）：3373.

［20］高凡丁，张成庭，蔡圣宝.青刺果种子和油粕中的营养成分对比及酚类物质组成和抗氧化活性分析［J］.食品与发酵工业，2019，45（2）：151-158.

［21］刘刚，方玉，杨妍，等.青刺尖茶抑菌作用的初步研究［J］.食品工业科技，2014，35（14）：114-117，122.

［22］Pu Z，Yin Z，Jia R，et al. Preliminary isolation and antibacterial activity of the ethyl acetate extract of *Prinsepia utilis* Royle in vitro ［J］. Agric Sci，2014，5：540-545.

［23］Gupta R，Chauhan S，Goyal R，et al. Investigation of anti-osteoporotic potential of *Prinsepia utilis* Royle ［J］. Indian J Pharmacol，2013，45：S188.

［24］Gupta R，Goyal R，Bhattacharya S，et al. Antioxidative in vitro and antiosteoporotic activities of *Prinsepia utilis* Royle in female rats ［J］. Eur J Integr Med，2015，7（2）：157-163.

［25］Huang S，Ma Y，Zhang C，et al. Bioaccessibility and antioxidant activity of phenolics in native and fermented *Prinsepia utilis* Royle seed during a simulated gastrointestinal digestion in vitro［J］.

白族特色药用植物现代研究与应用

J Funct Foods, 2017, 37: 354-362.

［26］刘刚，王庆旭，杨立成，等.青刺尖种子油抗缺氧生理活性的研究［J］.西南农业大学学报，2002，24（6）：548-550.

［27］胡君一，段宏泉.青刺尖中具有免疫抑制作用的化学成分［C］//第八届全国中药和天然药物学术研讨会与第五届全国药用植物和植物药学学术研讨会论文集.武汉，2005：70.

［28］Wang S, Wang L, Li P, et al. The improvement of infantile atopic dermatitis during the maintenance period: A multicenter, randomized, parallel controlled clinical study of emollients in *Prinsepia utilis* Royle［J］. Dermatol Ther, 2020, 33（2）：e13153.

［29］路坦，王珊，王榴慧，等.一种含青刺果油等提取物的润肤剂改善儿童特应性皮炎缓解期临床症状的多中心、随机、平行对照临床研究［J］.中华皮肤科杂志，2019，52（8）：537-541.

［30］尤艺璇，涂颖，刘海洋，等.青刺果油对特应性皮炎样小鼠模型表皮通透屏障及抗菌肽表达的影响［J］.中国皮肤性病学杂志，2018，32（6）：632-637.

［31］邹荞，庞勤，杨成，等.含青刺果及马齿苋的医学护肤品对湿疹屏障修复作用的观察［J］.中华皮肤科杂志，2013，46（10）：753-755.

［32］涂颖，顾华，李娜，等.青刺果油对神经酰胺合成及神经酰胺酶表达的影响［J］.中华皮肤科杂志，2012，45（10）：718-722.

［33］乐艳，项蕾红，李利，等.含青刺果护肤品抗皮肤老化临床观察［J］.临床皮肤科杂志，2009，38（6）：361-363.

［34］贾仁勇，殷中琼，吴小兰，等.青刺果黄酮对四氧嘧啶所致糖尿病小鼠的降糖作用［J］.中药材，2008，（3）：399-403.

［35］吕程，吴小兰，殷中琼，等.青刺果总黄酮对四氧嘧啶致糖尿病小鼠肾组织形态学的影响［J］.中国药理学通报，2014，30（5）：672-675.

［36］吕程，贾仁勇，殷中琼，等.青刺果黄酮对糖尿病小鼠肺病理变化的影响［J］.华西药学杂志，2011，26（6）：540-542.

［37］贾仁勇，陈瑞，殷中琼，等.青刺果多糖对糖尿病小鼠心肌组织病理变化的影响［J］.苏州大学学报（医学版），2008，28（4）：535-537，512.

［38］刘刚，杨妍，胡婷婷，等.青刺尖"金花菌"发酵茶的降血脂效果［J］.食品与生物技术学报，2018，37（3）：323-328.

［39］吴阳，彭颖，彭崇胜，等.青刺尖叶中改善大鼠良性前列腺增生的活性组分筛选［J］.现代食品科技，2019，35（3）：46-51.

［40］方玉，刘刚，张晓喻，等.青刺尖茶汤对便秘模型小鼠润肠通便的效果［J］.食品科学，2014，35（11）：265-268.

［41］SooPAT. 青刺尖［A/OL］.（2020-03-15）［2020-03-15］. http://www2.soopat.com/Home/Result?Sort=&View= &Columns=&Valid=-1&Embed=&Db=&Ids=&FolderIds=&FolderId=&ImportPatentIndex=&Filter=&SearchWord=%E9%9D%92%E5%88%BA%E5%B0%96&FMZL=Y&SYXX=Y&WGZL=Y&FMSQ=Y.

青刺尖

［42］曾妮，陈放，唐琳.青刺果离体快速繁殖［J］.植物生理学通讯，2006，42（6）：1140.

［43］马明霞，张瑞菊，马海英，等.一种具有广阔开发前景的植物——青刺尖［J］.北方园艺，2007，（3）：85-87.

［44］郑曼，李昆，杨文云，等.总花扁核木地理种源变异研究［J］.西南农业学报，2009，22（4）：1077-1081.

［45］张静，杜娟，张艺，等.民族药青刺尖质量标准研究［J］.成都中医药大学学报，2006，（2）：61-64.

［46］杜萍，单云，孙卉，等.丽江产野生青刺果油营养成分分析［J］.食品科学，2011，32（20）：217-220.

［47］袁瑾，李凤起，钟惠民.野生植物青刺尖和火棘果实的营养成分［J］.植物资源与环境学报，2002，11（2）：63-64.

苦参

【植物基原】本品为豆科槐属植物苦参 *Sophora flavescens* Ait. 的根。

【别名】野槐、地槐、苦甘草、山槐根、苦槐、苦槐子、牛苦藤、苦骨。

【白语名称】枯格、枯掛（洱源）、术委整（洱源）、柯格（云龙关坪）、枯角（漾濞）。

【采收加工】秋冬采挖，洗净，晒半干搓直，扎捆再晒干，或切片晒干备用。

【白族民间应用】治疮疡、滴虫、痔疮、胃肠炎、湿疹瘙痒。用于急性痢疾、阿米巴痢疾、肠炎、黄疸渗出型胸膜炎、结核型胸膜炎（腹水型）、尿路感染、小便不利、白带、痔疮、外阴瘙痒、阴道滴虫、天蛆。

【白族民间选方】①疮痈、湿疹瘙痒、干疮、癣：本品250g，水煎液外洗，可加冰片0.5g，疗效增强。②痔疮：苦参15g，水煎液煮鸡蛋吃，7天为一疗程，连服3～4个疗程。③菌痢：苦参30g，加水煎至90mL，每日服20～30mL。④阳痿、遗精：苦参10g，白酒250mL，浸泡7天后服用。

【化学成分】关于苦参化学成分的报道较多，目前从苦参中分离鉴定了近300个成分，主要是异戊烯基化二氢黄酮、异黄酮、黄酮醇、紫檀烷等黄酮类化合物，以及生物碱（苦参碱型、金雀花碱型、臭豆碱型、羽扇豆碱型等）、三萜等其他结构类型化合物。例如，kushenol A（1）、kushenol B（2）、kushenol E（3）、kushenol F（4）、kushenol P（5）、kushenol Q（6）、kushenol R（7）、kushenol S（8）、kushenol T（9）、kushenol U（10）、kushenol V（11）、kushenol W（12）、kurarinone（13）、kushenol H（14）、kushenol L（15）、kushenol M（16）、kushenol X（17）、kosamol A（18）、desmethylanhydroicaritin（19）、8-lavandulylkaempferol（20）、kushenol C（21）、sophoflavescenol（22）、formononetin（23）、daidzein（24）、kushecarpin A（25）、kushecarpin B（26）、苦参碱（matrine，27）、氧化苦参碱（28）、5-hydroxylupanine（29）、7-hydroxylupanine（30）、kushenine（31）、*N*-butylcytisine（32）、sophobiflavonoid A（33）、sophobiflavonoid F（34）等[1-30]。

	R_1	R_2	R_3	R_4	R_5	R_6	R_7
1	H	H	H	C	OH	H	H
2	H	A	H	C	OH	OH	H
3	H	A	H	A	OH	OH	H
4	H	C	H	H	OH	OH	H
5	H	H	H	D	OCH_3	OH	H
6	H	H	H	E	OH	OH	H
7	CH_3	H	H	C	OH	H	H
8	H	H	H	A	OH	OH	H
9	H	H	H	D	OH	OH	H
10	CH_3	H	H	C	H	OH	H
11	H	A	H	H	OH	H	OCH_3
12	H	H	H	A	OH	H	OCH_3
13	CH_3	H	H	C	OH	OH	H

	R_1	R_2	R_3	R_4	R_5	R_6
14	CH_3	H	H	D	OH	OH
15	H	A	A	A	OH	OH
16	H	A	H	C	OH	OH
17	H	H	H	C	OH	OH
18	H	B	H	C	OH	OH

	R_1	R_2	R_3
19	H	A	H
20	H	C	H
21	H	C	OH
22	CH_3	A	H

23   24   25   26   27   28

29   30   31   32   33   34

此外，苦参还含有联苯甲酰类特征化合物 sophodibenzosides A-L（35～46）[1-30]。

	R_1	R_2	R_3
35	A	OCH_3	OH
36	B	OCH_3	OH
37	C	OCH_3	OH
38	A	OCH_3	H
39	B	OCH_3	H
40	C	OCH_3	H

	R_1	R_2	R_3
44	A	OH	OCH_3
45	C	OH	OCH_3
46	A	OH	OCH_3

41   42   43

近年来，有关苦参化学成分的研究报道很多，2013 年至今就报道了近 300 个化学成分：

序号	化合物名称	结构类型	参考文献
1	(-)-Δ^7-Dehydrosophoramine	生物碱	[5]
2	(-)-13-Ethylsophoramine	生物碱	[5]

序号	化合物名称	结构类型	参考文献
3	（-）-5α-Hydroxysophocarpine	生物碱	[5]
4	（-）-7，11-Dehydromatrine	生物碱	[5]
5	（-）-9α-Hydroxysophoramine	生物碱	[5]
6	（-）-9α-Hydroxysophocarpine	生物碱	[5]
7	（-）-Cytisine	生物碱	[5]
8	（-）-Methylcytisine	生物碱	[5]
9	（-）-Rhombifoline	生物碱	[5]
10	（-）-Sophocarpine N-oxide	生物碱	[5]
11	（-）-4-Hydroxy-3-methoxy-8，9-methylenedioxypterocarpan	黄酮	[10]
12	（-）-5，6-Dehydrolupanine	生物碱	[5]
13	（+）-12α-Hydroxysophocarpine	生物碱	[5]
14	（+）-5α，9α-Hydroxymatrine	生物碱	[5]
15	（-）-9α-Hydroxy-7，11-dehydromatrine	生物碱	[5]
16	（+）-9α-Hydroxymatrine	生物碱	[5]
17	（+）-Isomatrine	生物碱	[5]
18	（+）-Kuraramine	生物碱	[5]
19	（+）-Manmanine	生物碱	[5]
20	（+）-Norkurarinone	黄酮	[5]
21	（+）-Oxysophoranol N-oxide	生物碱	[5]
22	（+）-Sophoramine-N-oxide	生物碱	[5]
23	（+）-Sophoranol N-oxide	生物碱	[5]
24	（+）-Lehmannine	生物碱	[5]
25	（+）-Oxymatine	生物碱	[16]
26	（2R）-3α，7，4'-Trihydroxy-5-methoxy-8-prenylflavanone	黄酮	[30]
27	（2R）-3α,7,4'-Trihydroxy-5-methoxy-8-（γ,γ-dimethylallyl）-flavanone	黄酮	[5，6，18，24]
28	（2R）-3α，7，4'-Trihydroxy-5-methoxy-8-dimethylallyl flavanone	黄酮	[11]
29	（2R）-3α，7，4'-Trihydroxy-5-methoxy-8-prenylflavanone	黄酮	[12]
30	（2R）-3β，7，4'-Trihydroxy-5-methoxy-8-prenylflavanone	黄酮	[12]
31	（2R，3R）-8-Isopentenyl-7，2'，4'-trihydroxy-5-methoxy-flavanonol	黄酮	[5]

苦参

序号	化合物名称	结构类型	参考文献
32	（2R，3R）-8-Isopentenyl-7，4'-dihydroxy-5-methoxy-flavanonol	黄酮	[5]
33	（2R，3R）-8-Lavanduly-5，7，4'-trihydroxy-2'-methoxy-flavanonol	黄酮	[5]
34	（2S）-2'-Methoxy kurarinone	黄酮	[27]
35	（2S）-3β,7，4'-Trihydroxy-5-methoxy-8-（γ,γ-dimethylally）-flavanone	黄酮	[5]
36	（2S）-5，4'-Dimethoxy-8-lavandulyl-7，2'-dihydroxy flavanone	黄酮	[5]
37	（2S）-6［2（3-Hydroxyisopropyl）-5-methyl-4-hexenyl］-5-methoxy-7，2'，4'-trihydroxyflavanone	黄酮	[5]
38	（2S）-6-Lavandulyl-isopentenyl-5-methoxy-7，2'，4'-trihydroxy-flavonone	黄酮	[5]
39	（2S）-7，2'，4'-Trihydroxy-5-methoxy-8-dimethylallyl flavanone	黄酮	[5，6，11，18，24]
40	（2S）-7，4'-Dihydroxy-5-methoxy-8-（γ，γ-dimethylallyl）-flavanone	黄酮	[5]
41	（2S）-7-Hydroxy-5-methoxy-8-prenylflavanone	黄酮	[25]
42	（2S）-8-（5-Hydroxy-2-isopropenyl-5-methylhexyl）-7-methoxy-5，2'，4'-trihydroxy-flavanone	黄酮	[5]
43	（2S）-8-［2-（3-Hydroxyisopropyl）-5-methyl-4-hexenyl］-2'-methoxy-5，7，4'-trihydroxyflavanone	黄酮	[25]
44	（2S）-8-Isopentenyl-7，2'，4'-5-methoxyflavonone	黄酮	[5]
45	（2S）-Liquiritigenin	黄酮	[9]
46	（l）-14β-Hydroxymatrine	生物碱	[5]
47	（Z）-4，2'，4'-Trihydroxy chalcone	黄酮	[5]
48	10-Oxy-5，6-dehydromatrine	生物碱	[22]
49	10-Oxysophoridine	生物碱	[22]
50	13，14-Dehydroxysophoridine	生物碱	[5]
51	14β-Hydroxymatrine	生物碱	[22]
52	2，3，4'-Trihydroxy-homoisoflavone7-O-β-D-glucopyranoside	黄酮	[5]
53	2，3-Dihydroxy-4'-methoxy-homoisoflavone-7-O-xyloside	黄酮	[5]
54	2,3-Dihydroxy-4'-methoxy-isoflavonone-7-O-β-D-xylose-（1→6）-β-D-glucopyranoside	黄酮	[5]
55	2,3-Dihydroxy-4'-methoxy-isoflavonone7-O-β-D-apiose-（1→6）-β-D-glucopyranoside	黄酮	[5]
56	2'，4-Dihydroxy-4'，6'-dimethoxychalcone	黄酮	[5]

序号	化合物名称	结构类型	参考文献
57	2，4-Dihydroxybenzoic acid	酚酸	[5]
58	2'-Hydroxy-isoxanthohumol	黄酮	[9]
59	2'-Methoxykurarinone	黄酮	[5]
60	3-(3,4-Dihydroxyphenyl)-7-{[(2S,3R,4S,5S,6R)-3,4,5-trihydroxy-6-(hydroxymethyl)tetrahydro-2H-pyran-2-yl]oxy}-4H-chromen-4-one	黄酮	[4]
61	3-（3-Hydroxy-4-methoxyphenyl）-7-{[(2S,3R,4S,5S,6R)-3,4,5-trihydroxy-6-（hydroxymethyl）tetrahydro-2H-pyran-2-yl]oxy}-4H-chromen-4-one	黄酮	[4]
62	3-（4-(((2S,3R,4S,5S,6R)-4,5-Dihydroxy-6-（hydroxymethyl）-3-(((2S,3R,4R,5R,6S)-3,4,5-trihydroxy-6-methyltetrahydro-2H-pyran-2-yl)oxy)tetrahydro-2H-pyran-2-yl)oxy)phenyl)-5,7-dihydroxy-4H-chromen-4-one	黄酮	[4]
63	3-（4-Hydroxyphenyl）-7-(((2R,3R,5R,6S)-3,4,5-trihydroxy-6-((((2R,3S,4S,6R)-3,4,5-trihydroxy-6-（hydroxymethyl）tetrahydro-2H-pyran-2-yl)oxy)methyl)tetrahydro-2H-pyran-2-yl)oxy)-4H-chromen-4-one	黄酮	[4]
64	3-（4-Methoxyphenyl）-7-{[(2S,3R,4S,5S,6R)-3,4,5-trihydroxy-6-（hydroxymethyl）tetrahydro-2H-pyran-2-yl]oxy}-4H-chromen-4-one	黄酮	[4]
65	3-（Benzo[d][1,3]dioxol-5-yl)-7-{[(2S,3R,4S,5R,6R)-3,4,5-trihydroxy-6-（hydroxymethyl）tetrahydro-2H-pyran-2-yl]oxy}-4H-chromen-4-one	黄酮	[4]
66	3',4'-Dihydroxy-isoflavone-7-O-β-D-glucopyranoside	黄酮	[5]
67	3',4'-Methylenedioxyisoflavone-7-O-β-D-apiofuranosyl-（1→6）-β-D-glucopyranoside	黄酮	[5]
68	3,7-Dihydroxycoumarin	香豆素	[12]
69	3-Hydroxy-4-methoxy-8,9-methylenedioxypterocarpan	黄酮	[5]
70	3'-Hydroxy-4'-methoxyisoflavone-7-O-β-D-apiofuranosyl-（1→6）-β-D-glucopyranoside	黄酮	[5]
71	3'-Hydroxy-4'-methoxyisoflavone-7-O-β-D-xylopyranosyl-（1→6）-β-D-glucopyranoside	黄酮	[5]
72	3-Hydroxydaidzein	黄酮	[30]
73	3'-Hydroxykushenol O	黄酮	[5]
74	3'-Methoxy-4'-hydroxyisoflavone-7-O-β-D-apiose-（1→6）-β-D-glucopyranoside	黄酮	[5]
75	3'-Methoxy-4'-hydroxyisoflavone-7-O-β-D-xylose-（1→6）-β-D-glucopyranoside	黄酮	[5]

苦参

序号	化合物名称	结构类型	参考文献
76	3β, 7, 4′-Trihydroxy-5-methoxy-8-（3, 3-dimethylallyl）-flavanone	黄酮	[5]
77	4H-1-Benzopyran-4-one, 2-（4-hydroxyphenyl）-3, 7-dihydroxy-5-methoxy-8-［5-methyl-2-（1-methylethenyl）-4-hexenyl］	黄酮	[30]
78	4′-Hydroxy-3′-methoxyisoflavone-7-O-β-D-apiofuranosyl-（1→6）-β-D-glucopyranoside	黄酮	[5]
79	4′-Hydroxy-3′-methoxyisoflavone-7-O-β-D-xylopyranosyl-（1→6）-β-D-glucopyranoside	黄酮	[5]
80	4′-Hydroxyisoflavone-7-O-β-D-apiose-（1→6）-β-D-glucopyranoside	黄酮	[5]
81	4′-Hydroxyisolonchocarpin	黄酮	[5]
82	4′-Methoxyisoflavone-7-O-β-D-apiose-（1→6）-β-D-glucopyranoside	黄酮	[5]
83	4-Methoxymaackiain	黄酮	[5]
84	5,4′-Dihydroxyisoflavone-7-O-β-D-xylose-（1→6）-β-D-glucopyranoside	黄酮	[5]
85	5, 6-Dimethoxy-3-（4-methoxyphenyl）-7-（（（2R, 3R, 5R, 6S）-3, 4, 5-trihydroxy-6-（（（（2R, 4S, 5R）-3, 4, 5-trihydroxy-6-methyltetrahydro-2H-pyran-2-yl）oxy）methyl）tetrahydro-2H-pyran-2-yl）oxy）-4H-chromen-4-one	黄酮	[4]
86	5,7-二羟基-4-甲氧基黄酮-3-O-β-D-木糖-（1-6）-β-D-葡萄糖或5,7-二羟基-4-甲氧基黄酮-3-O-β-D-芹糖-（1-6）-β-D-葡萄糖	黄酮	[28]
87	5-epi-Sophocarpine	生物碱	[5]
88	5-Hydroxy-3-（4-hydroxyphenyl）-7-{［（2S, 3R, 4S, 5S, 6R）-3, 4, 5-trihydroxy-6-（hydroxymethyl）tetrahydro-2H-pyran-2-yl］oxy}-4H-chromen-4-one	黄酮	[4]
89	5′-Hydroxy-4′-methoxyisoflavone-2′-β-D-glucopyranoside	黄酮	[5]
90	5-Hydroxy-4′-methoxy-isoflavone-7-O-β-D-apiose-（1→6）-β-D-glucopyranoside	黄酮	[5]
91	5-Hydroxy-4′-methoxy-isoflavone-7-O-β-D-xylose-（1→6）-β-D-glucopyranoside	黄酮	[5]
92	5-Hydroxy-7-（（（2S, 3R, 4S, 5S, 6R）-3, 4, 5-trihydroxy-6-（hydroxymethyl）tetrahydro-2H-pyran-2-yl）oxy）-3-（4-（（（2S, 3R, 4S, 5S, 6R）-3, 4, 5-trihydroxy-6-（hydroxymethyl）tetrahydro-2H-pyran-2-yl）oxy）phenyl）-4H-chromen-4-one	黄酮	[4]
93	5-Hydroxylupanine	生物碱	[16]
94	5-Methoxy-7, 2′, 4′-trihydroxy-8-prenylflavanone	黄酮	[5]
95	5-Methylkushenol C	黄酮	[5]
96	5-Methylsophoraflavanone B	黄酮	[5]

序号	化合物名称	结构类型	参考文献
97	7，11-Dehydromatrine	生物碱	[22]
98	7，11-Dehydrooxymatrine	生物碱	[22]
99	7，4′-Dihydroxy-5-methoxy-8-（γ，γ-dimethylallyl）-flavanone	黄酮	[17]
100	7，4′-Dihydroxy-3′-methoxyisoflavone	黄酮	[5]
101	7-Hydroxy-4′-hydroxy-isoflavonone-3′-O-β-D-glucopyranoside	黄酮	[5]
102	7-Hydroxylupanine	生物碱	[16]
103	7-Methoxy-4′-hydroxyisoflavone	黄酮	[5]
104	8-（3-Hydroxymethyl-2-butenyl）-5，7，2′，4′-tetrahydroxyflavanone	黄酮	[12，30]
105	8-Dimethylallyltsugafolin	黄酮	[18]
106	8-Lavandulyl-5，7，4′-trihydroxy-flavonol	黄酮	[5，9]
107	8-Lavandulylkaempferol	黄酮	[5]
108	8-Prenylkaempferol	黄酮	[5]
109	8-Prenylnaringenin	黄酮	[21]
110	9a-羟基苦参碱	生物碱	[28]
111	9a-羟基氧化槐果碱	生物碱	[28]
112	9α-Hydroxysophocarpine N-oxide	生物碱	[5]
113	9β-Hydroxylamprolobine N-oxide	生物碱	[28]
114	Alaschanioside A	木脂素	[5]
115	Allomatrine	生物碱	[22]
116	Alopecurin A	生物碱	[22]
117	Alopecurine B	生物碱	[22]
118	Anagyrine	生物碱	[15]
119	Baptifoline	生物碱	[15]
120	Benzyl O-β-D-glucopyranoside	酚苷	[5]
121	Biochanin A	黄酮	[5]
122	Calycosin	黄酮	[5]
123	cis-Neomatrine	生物碱	[5]
124	Citrusin A	木脂素	[5]
125	Citrusin B	木脂素	[5]

苦参

序号	化合物名称	结构类型	参考文献
126	Citrusinol	黄酮	[5]
127	Coniferin	苯丙素	[5]
128	Corchionoside C	其他	[5]
129	Cyclokuraridin	黄酮	[5]
130	Daidzein	黄酮	[5]
131	Daidzein-7-O-β-D-xylose-（1→6）-β-D-glucopyranoside	黄酮	[5]
132	Daidzin	黄酮	[28]
133	Desmethylanhydroicaritin	黄酮	[8]
134	Flavascensine	生物碱	[5]
135	Flavenochromane A	黄酮	[5]
136	Flavenochromane B	黄酮	[5]
137	Flavenochromane C	黄酮	[5]
138	Flavesine G	生物碱	[22]
139	Flavesine H	生物碱	[22]
140	Flavesine I	生物碱	[22]
141	Flavesine J	生物碱	[22]
142	Formononetin	黄酮	[5]
143	Genistein	黄酮	[10]
144	Glabranin	黄酮	[25]
145	Isoanhydroicaritin	黄酮	[5]
146	Isokuraramine	生物碱	[5]
147	Isokuraridin	黄酮	[9]
148	Isokurarinone	黄酮	[5]
149	Isosophocarpine	生物碱	[5]
150	Isosophoridine	生物碱	[22]
151	Isoxanthohumol	黄酮	[5]
152	Kaempferol	黄酮	[30]
153	Kosamol A	黄酮	[5]
154	Kuraridin	黄酮	[5]

序号	化合物名称	结构类型	参考文献
155	Kuraridine	黄酮	[6]
156	Kuraridinol	黄酮	[5]
157	Kurarinol	黄酮	[5]
158	Kurarinone	黄酮	[5]
159	Kushecarpin A	黄酮	[5]
160	Kushecarpin B	黄酮	[5]
161	Kushecarpin C	黄酮	[5]
162	Kushecarpin D	黄酮	[1]
163	Kushenin	黄酮	[5]
164	Kushenine	生物碱	[16]
165	Kushenol	黄酮	[6]
166	Kushenol A	黄酮	[5]
167	Kushenol B	黄酮	[5]
168	Kushenol C	黄酮	[5]
169	Kushenol D	黄酮	[5]
170	Kushenol E	黄酮	[5]
171	Kushenol F	黄酮	[5]
172	Kushenol G	黄酮	[5]
173	Kushenol H	黄酮	[5]
174	Kushenol I	黄酮	[5]
175	Kushenol J	黄酮	[5]
176	Kushenol K	黄酮	[5]
177	Kushenol L	黄酮	[5]
178	Kushenol M	黄酮	[5]
179	Kushenol N	黄酮	[5]
180	Kushenol O	黄酮	[5]
181	Kushenol P	黄酮	[5]
182	Kushenol Q	黄酮	[5]
183	Kushenol R	黄酮	[5]

苦参

序号	化合物名称	结构类型	参考文献
184	Kushenol S	黄酮	[5]
185	Kushenol T	黄酮	[5]
186	Kushenol U	黄酮	[5]
187	Kushenol V	黄酮	[5]
188	Kushenol W	黄酮	[5]
189	Kushenol X	黄酮	[5]
190	Kushenol Z	黄酮	[18]
191	Kushequinone	醌类	[5]
192	Lamprolobine	生物碱	[28]
193	Leachianone A	黄酮	[5]
194	Leachianone B	黄酮	[25]
195	Leachianone G	黄酮	[5]
196	Leontalbinine N-oxide	生物碱	[28]
197	Lupanine	生物碱	[5]
198	Lupenone	三萜	[5]
199	Lupeol	三萜	[2]
200	Maackiain	黄酮	[5]
201	Maackiain-7-O-β-D-apiose-（1→6）-β-D-glucopyranoside	黄酮	[5]
202	Matrine	生物碱	[2]
203	Matrine-N-oxide	生物碱	[5]
204	Medicarpin-3-O-β-D-apiose-（1→6）-β-D-glucopyranoside	黄酮	[5]
205	Monogynol B	三萜	[5]
206	Naringenin	黄酮	[5]
207	Naringenin-7-O-β-D-glucosyl-4'-O-β-D-glucose	黄酮	[5]
208	N-Butylcytisine	生物碱	[16]
209	Neokurarinol	黄酮	[5]
210	N-Methylcytisine	生物碱	[15]
211	Noranhydroicaritin	黄酮	[5]
212	Norkurarinol	黄酮	[5]

白族特色药用植物现代研究与应用

序号	化合物名称	结构类型	参考文献
213	Norkurarinone	黄酮	[30]
214	Ononin	黄酮	[5]
215	Oxylupanine	生物碱	[16]
216	Oxymatrine	生物碱	[2]
217	Oxysophocarpine	生物碱	[7]
218	Piscidic acid	酚酸	[5]
219	Pseudobaptigenin	黄酮	[5, 28]
220	Pseudobatigenin-7-O-β-D-xylose-（1→6）-β-D-glucopyranoside	黄酮	[5]
221	Pterocarpin	黄酮	[5]
222	Quercetin	黄酮	[5]
223	Resokaempferol	黄酮	[5]
224	Rutin	黄酮	[5]
225	Shandougenine B	其他	[12]
226	Sophflavone A	黄酮	[5]
227	Sophflavone B	黄酮	[5]
228	Sophobiflavonoid A	黄酮	[29]
229	Sophobiflavonoid B	黄酮	[29]
230	Sophobiflavonoid C	黄酮	[29]
231	Sophobiflavonoid D	黄酮	[29]
232	Sophobiflavonoid E	黄酮	[29]
233	Sophobiflavonoid F	黄酮	[29]
234	Sophobiflavonoid G	黄酮	[29]
235	Sophobiflavonoid H	黄酮	[29]
236	Sophocarpine	生物碱	[7]
237	Sophodibenzoside A	苯甲酰类	[5]
238	Sophodibenzoside B	苯甲酰类	[5]
239	Sophodibenzoside C	苯甲酰类	[5]
240	Sophodibenzoside D	苯甲酰类	[5]
241	Sophodibenzoside E	苯甲酰类	[5]

苦参

序号	化合物名称	结构类型	参考文献
242	Sophodibenzoside F	苯甲酰类	[5]
243	Sophodibenzoside G	苯甲酰类	[5]
244	Sophodibenzoside H	苯甲酰类	[5]
245	Sophodibenzoside I	苯甲酰类	[5]
246	Sophodibenzoside J	苯甲酰类	[5]
247	Sophodibenzoside K	苯甲酰类	[5]
248	Sophodibenzoside L	苯甲酰类	[5]
249	Sophoflavanones A	黄酮	[19]
250	Sophoflavanones B	黄酮	[19]
251	Sophoflavescenol	黄酮	[5]
252	Sophopterocarpan A	黄酮	[14]
253	Sophoraflavanone B	黄酮	[5]
254	Sophoraflavanone G	黄酮	[6]
255	Sophoraflavanone K	黄酮	[5]
256	Sophoraflavanone L	黄酮	[5]
257	Sophoraflavanone M	黄酮	[25]
258	Sophoraflavanone N	黄酮	[25]
259	Sophoraflavone G	黄酮	[26]
260	Sophoraflavoside Ⅰ	三萜	[5]
261	Sophoraflavoside Ⅱ	三萜	[5]
262	Sophoraflavoside Ⅲ	三萜	[5]
263	Sophoraflavoside Ⅳ	三萜	[5]
264	Sophoramine	生物碱	[15]
265	Sophoranol	生物碱	[22]
266	Sophoridine	生物碱	[15]
267	Soyasaponin I	三萜	[5]
268	Specionin	酚酸	[12]
269	Syringin	苯丙素	[5]
270	Tetracosanoic acid	脂肪酸	[5]

序号	化合物名称	结构类型	参考文献
271	Tetrahydroneosophoramine	生物碱	[5]
272	trans-Neomatrine	生物碱	[5]
273	Trifolirhizin	黄酮	[5]
274	Trifolirhizin-6′-monoacetate	黄酮	[5]
275	Umbelliferone	香豆素	[5]
276	Xanthohumol	黄酮	[5]
277	β-Amyrenol	三萜	[5]
278	β-Sitosterol	甾体	[5]
279	黄叶槐碱	生物碱	[28]
280	氧化槐叶碱	生物碱	[28]

【药理药效】苦参在临床上被用于治疗癌症和感染性疾病[31]。作为药用植物，苦参的药理活性广泛，具体为：

1. 抗肿瘤作用 苦参根是我国治疗乙肝和肝癌的重要中药。苦参根多糖可明显抑制肝癌细胞 HepG2 分泌的 HBsAg 和 HBeAg[32]。苦参中黄酮类化合物对吲哚胺 -2，3- 双加氧酶具有抑制活性，在癌症免疫治疗中具有潜在的应用价值[27]。苦参乙酸乙酯部位中的成分槐属二氢黄酮 G、苦参酮、苦参新醇 A，具有较好的抑制非小细胞肺癌 A549 的作用，IC_{50} 值分别为 $5.8 \pm 0.9\mu g/mL$、$6.2 \pm 1.1\mu g/mL$、$5.3 \pm 1.3\mu g/mL$[18]。徐婵等[11]从苦参乙酸乙酯部位提取物中分离得到的 15 个黄酮类化合物进行体外抗肝癌活性研究，结果表明这些化合物均具有一定的抗肝癌活性，其中（-）-kurarinone 和 sophoraflavanone G 活性最好，对肝癌细胞的 IC_{50} 值在 $20\mu g/mL$ 以下，而对正常肝细胞 L-02 的增殖抑制作用极弱。苦参碱可通过抑制 Akt/mTOR 信号通路诱导急性髓系白血病细胞的自噬和凋亡[33]；并剂量依赖性地抑制胶质瘤 C6 的生长，将 C6 细胞阻滞于 G_1 期[2]。从苦参根中提取的 kurarinone 可以上调 PERK-ATF4 通路靶基因 TRB3 和 CHOP 的表达来治疗癌症，并诱导 CDK 抑制剂 p21 在癌细胞中的表达来抑制癌细胞生长[23]。苦参素 D 通过抑制细胞增殖、细胞迁移、细胞黏附和成管来抑制肿瘤细胞的血管生成，将细胞阻滞于 G_2/M 期，但不诱导细胞凋亡，是一种较好的抗肿瘤药物[1]。氧化苦参碱和苦参碱通过激活 Nrf2/ALS 细胞中的氧化应激途径发挥抗癌作用，这些成分组成的祛瘀解毒汤可用来治疗结直肠癌[20]。从苦参中分离的 DMAI 能抑制人胶质母细胞瘤 U87MG 的增殖，其机制与调控 Rac-1 和 cdc-42 导致了丝状体的改变和对丝状体形成的抑制有关，也与下调 ERK/MAPK、PI3K/Akt/mTOR 信号通路有关[8]。苦参中双功能核酸酶 1 基因的开放读码框（*SfBFN1*）也与抗肿瘤有关[34]。从苦参中分离得到的苦参素 G 可能通过抑制 MAPK 相关通路来诱导人乳腺

苦参

癌 MDA-MB-231 的凋亡，减少细胞迁移和侵袭，从而发挥抗肿瘤和抗炎作用[35]。作为 cAMP-PDE 抑制剂和 Akt 抑制剂，苦参活性成分 Kushenol Z 能剂量依赖性和时间依赖性地杀伤非小细胞肺癌细胞[24]。

2. 抗菌作用　从苦参中分离提取的苦参总生物碱、苦参碱、氧化苦参碱、槐果碱及氧化槐果碱对金黄色葡萄球菌、大肠埃希杆菌、铜绿假单胞菌、乙型溶血性链球菌和白色念珠菌均具有一定的抑菌活性。苦参总生物碱对 5 种菌的抑菌作用强于各单体化合物[15]。苦参乙醇提取物对荔枝霜疫霉菌有抑制作用，IC_{50} 值为 1.21mg/mL[36]。苦参提取物能够抑制口腔主要致龋细菌的浮游和生物膜状态下的生长、黏附、产酸和产糖，有望成为一种龋齿预防制剂。苦参提取物对口腔主要致龋细菌的最低抑菌浓度均为 4g/L，此浓度下对变形链球菌、远缘链球菌、血链球菌、黏性放线菌和内氏放线菌黏附抑制率分别为 77.6%、66.7%、60.68%、79.8% 和 85.1%[37]。苦参总碱能影响阴道常见乳杆菌的体外增殖，对鼠李糖乳杆菌的最低抑菌浓度（MIC）为 40mg/mL，对卷曲乳杆菌、詹氏乳杆菌、加氏乳杆菌、罗伊氏乳杆菌的 MIC 为 20mg/mL，对阴道乳杆菌的 MIC 则为 10mg/mL[38]。苦参对植物病原菌也有抑制作用。于娜等[39]从苦参的新鲜种子中分离纯化出了内生真菌 BS002 菌株，该菌株对梨轮纹病菌、苹果轮纹病菌、水稻恶苗病菌、黄瓜黑星病菌、黄瓜枯萎病菌等具有较好的抑制作用。苦参提取物对香蕉灰纹病菌、黄瓜炭疽病菌、葡萄白腐病菌、棉花黄萎病菌、黄瓜枯萎病菌、小麦纹枯病菌、水稻稻瘟病菌、辣椒疫霉病菌的菌丝生长抑制率均在 80% 以上[40]。

3. 抗炎、抗氧化作用

（1）抗炎作用：苦参中的黄酮类化合物（FSF）对结核杆菌具有杀菌活性，能显著抑制结核杆菌含有的脂多糖对小鼠肺泡巨噬细胞释放促生殖因子的作用[41]。苦参水提物和乙酸乙酯提取物能显著抑制脂多糖（LPS）诱导的 RAW264.7 细胞释放促炎细胞因子 NO、肿瘤坏死因子 -α（TNF-α）、白介素 -6（IL-6）和单核细胞趋化蛋白 -1（MCP-1）[42]。苦参水提物能够调节 Th17 细胞的分化从而抑制炎症反应[43]。苦参对卵白蛋白诱导的哮喘小鼠有治疗作用，对嗜酸性粒细胞肺炎有抑制作用[44]。

（2）抗氧化活性：苦参化合物有抗氧化活性，特别是类黄酮[9]。

4. 治疗糖尿病　Yan 等[29]从苦参根中分离出的黄酮类化合物在体外蛋白酪氨酸磷酸酶 1B 抑制实验中表现出较强的抑制活性，提示苦参具有抗糖尿病的生物活性。苦参乙酸乙酯提取物通过激活 AMPK 调控的葡萄糖转运蛋白 4（GLUT4）转位，在一定程度上改善了葡萄糖耐量，降低了高血糖，恢复了胰岛素水平[45]。苦参根中的黄酮通过抑制 α- 葡萄糖苷酶来降低血糖，其 IC_{50} 值为 11.0 ～ 50.6μM[46]。苦参甲醇部分对钠 - 葡萄糖协同转运蛋白 2（SGLT2）有较好的抑制作用，从而抑制肾脏对葡萄糖的重吸收，降低血糖[47]。

5. 治疗皮肤病　苦参提取物可修复受损肌肤，抑制磷酸组胺所致的皮肤瘙痒[48]。Wu 等[49]总结了苦参在 T 细胞介导的皮肤良恶性疾病中的应用，发现苦参对湿疹、特应性皮炎、扁平苔藓、银屑病和皮肤 T 细胞淋巴瘤都有可观的疗效。苦参乙醇提取物通过改变角质形成细胞 HaCaT 的表达以及黑素体的转运，对黑色素瘤细胞 SK-MEL-2 产生抑制作用，因此具有一定的美白作用[50]。

6. 对中枢神经系统的作用

（1）镇痛、镇静作用：苦参根中的水溶性多糖能明显减少醋酸所致的小鼠扭体次数，减轻福尔马林诱导的小鼠疼痛[45]。苦参碱及其生物活性成分通过激活下丘脑视前区神经元和调节 5- 羟色胺能传递，减轻咖啡因引起的多动症，促进非快速眼动睡眠[51]。

（2）治疗退行性神经疾病：苦参对 MPP+ 诱导的神经瘤细胞 SH-SY5Y 死亡具有神经保护作用，可抑制 MPP^+ 介导的活性氧生成和线粒体膜电位的下降，并抑制 Bcl-2、Bax、Caspase-3 等凋亡相关蛋白表达，对帕金森病可能有潜在的应用价值[52]。从苦参根中分离得到的化合物（-）-maackiain 能选择性抑制单胺氧化酶 B，可能是治疗帕金森病、阿尔茨海默病和抑郁症等疾病的有用先导化合物[10]。苦参根的水提取物能促进小鼠大脑皮层神经元的轴突生长，改善了脊髓损伤小鼠的运动功能[53]。

7. 对钙通道的影响 从苦参碱提取的化合物 7，4′-dihydroxy-5-methoxy-8-（γ，γ-dimethylallyl）-flavanone、kuraridin 和 kuraridinol 能激活大电导 Ca^{2+} 激活 K^+ 通道（BKCa）[54]。苦参素也具有激活 BKCa 的作用，从而改善膀胱过度活动症[55]。苦参碱具有抗心律失常作用。在哇巴因诱导的心律失常模型中，苦参碱剂量依赖性地增加了诱发心律失常所需的哇巴因剂量，并缩短了心律失常的持续时间。这些作用与缩短动作电位时程，抑制哇巴因诱导的 L 型 Ca^{2+} 电流和 Ca^{2+} 瞬变的增加有关[56]。

8. 其他作用 苦参提取物对大鼠肛周溃疡有治疗作用，能促进伤口愈合，显著降低前列腺素（PGE_2）和 IL-8 的表达[57]。苦参总黄酮对醋酸铅诱导雄性小鼠的生精障碍模型也有保护作用，增高模型小鼠的精子密度和精子活力，降低精子畸形率，增高睾丸组织中 Mg^{2+}-ATP、Ca^{2+}-ATP、SOD、SDH 活性，使生精上皮增厚，生精细胞层次和数量明显增多[58]。从苦参中提取的生物碱是良好的植物杀虫剂，具有抗氧化和提高植物品质的作用[59]。

9. 毒性 苦参实含有大量的生物碱类，直接入血后会产生急性毒性[28]。苦参有肝毒性，大鼠口服苦参醇提物后，胆汁酸、脂肪酸、甘油磷脂和氨基酸代谢发生紊乱[60]。苦参素葡糖苷酸在肝脏中水解成苦参素，苦参素通过减少 L- 肉碱和抑制 PPAR 途径抑制脂肪酸氧化，最终导致脂质堆积和肝损伤[13]。

【开发应用】

1. 标准规范 苦参有药品标准 221 项，为苦参与其他中药材组成的中成药处方；药材标准 17 项，为不同版本的《中国药典》苦参药材标准及其他苦参药材标准；中药饮片炮制规范 48 项，为不同省市、不同年份的苦参饮片炮制规范。

2. 专利申请 文献检索显示，与苦参相关的专利共计 22624 项[61]，可用专利 13868 项，主要涉及中药复方制剂、食品与保健品、化妆品、牲畜用药及饲料、植物栽培、农药用品、中药洗液及化合物分离等多个方面。

苦参

复方制剂主要是苦参与其他药材配伍用于治疗皮肤病（湿疹、皮癣、银屑病、急性毛囊炎、荨麻疹、牛皮癣、皮肤瘙痒症、手足癣等）、过敏、脚气、细菌感染、泌尿系统疾病、清热燥湿、杀虫、活血化瘀、灰指甲、关节痛、痔疮、天疱疮、臁疮、祛痘、风热喘证、阴道炎、早搏、女性外阴白斑、宫颈糜烂、脾阳虚、胸痹、鼻塞、口舌生疮、结肠小袋虫病、小儿腹泻、阴囊湿疹、黄水疮、伤口感染久治不愈、萎缩性胃炎、慢性中耳炎、生殖器疣、肠炎、白血病、火毒上攻型咽喉痛、婴儿黄疸、风热犯肺型瘾疹、湿热下注型痔疮、咳嗽变异性哮喘、烧烫伤、面瘫、保肝、免疫调节、祛湿除寒等。

农药用品方面主要是与其他植物合用制作杀虫剂、杀菌剂、除草剂、复合肥料。其中杀虫剂主要用于水稻、海桐、枫树、柳树、沙棘、番茄、洋葱、洋芋、大蒜、胡萝卜、茶叶、哈密瓜、杨梅、苹果等。

食品、保健品类专利主要包括治疗风湿的药枕，治疗头痛的药酒、石榴酒的制备方法，治疗皮肤烧伤的软膏剂和清热生津茶的制备方法。牲畜用药及饲料类专利包括治疗犊牛大肠杆菌病、仔香猪腹泻、鸡大肠杆菌病、鸡泻痢症、火鸡黑头病的饲料制备方法，以及混合饲料、有机菌肥、蛋鸡保健的中药饲料添加剂、催熟农药、乳猪浓缩饲料、笼养鸡用的消毒液、李子种植用的肥料、木材植物型防霉剂、刺梨肥料等的制备方法。

中药洗液主要用于治疗火赤疮、皮炎、包皮龟头炎、妇科炎症、瘙痒、湿疹、生殖器疣等。

化妆品主要是洗发剂、沐浴露、护发剂、抗菌防螨洗衣液、抗菌衣物柔顺剂、补水面膜、护肤液、养发定型液、祛痘乳液、祛痘中药保湿水、祛痘中药身体乳、祛痘抗痘精华液、人体润滑液、润肤乳、祛屑止痒祛头癣洗发液、美白手工皂、抗菌滋养洗手液、治疗日光性皮炎的参草花精油、生发剂、防脱洗发水、玉容香皂等。

植物栽培主要涉及人工种植方法及培养基的制备。化合物分离主要涉及苦参中苦参碱、苦参总碱、苦参总黄酮、苦参多糖等的制备及测定，以及利用酸性氧化和碱性还原电位水提取苦参中有效成分等。

有关苦参的代表性专利列举如下：

（1）洪锡全等，含苦参的纸尿裤（CN108378991A）（2018年）。

（2）陈娇娇等，一种苦参碱和氧化苦参碱的提取制备方法（CN107955005A）（2018年）。

（3）刘鼎阔等，一种中草药杀虫剂（CN107969445A）（2018年）。

（4）林家洪等，一种苦参修复祛痘剂及其制备方法和应用（CN107929134A）（2018年）。

（5）张杰等，治疗湿热下注型带下病的苦参组合物（CN104352557B）（2018年）。

（6）李晓静，一种生百部苦参祛风止痒泡腾片（CN109985193A）（2019年）。

（7）谢立红，一种苦参的人工种植方法（CN109418123A）（2019年）。

（8）马德强，一种具有脱敏、止痒和皮损修复功能的皮肤消毒液（CN110496190A）（2019年）。

（9）杨天钧，一组治疗湿疹的枯矾苦参粉配方（CN109674850A）（2019年）。

（10）蒙建玲，何首乌苦参洗发剂及其制备方法（CN110693787A）（2020年）。

苦参相关专利最早出现的时间是1990年。2015～2020年申报的相关专利占总数的56.4%；2010～2020年申报的相关专利占总数的82.7%；2000～2020年申报的相关专利占总数的97.7%。

3. 栽培利用　苦参为深根系植物，宜选择土层深厚、肥沃、排水良好的砂质壤土和黏质壤土，施复合肥，耕翻20～25cm，整细整平，开宽1.5m的畦。春播或秋播均可，一般采用条播或穴播的方式。秋播后需覆盖，否则土壤表面易板结，不利于春季出苗。秋播宜早不宜迟，种子成熟之后即可播种。春播应在清明前后下种，此时土壤墒情较好，利于出苗。正常条件下播种后7天左右出苗。由于杂草生长较快，应及时清除，并适当松土。在采收之前，每年均重复上一年的管理工作，同时去掉花序进行打顶，保证根部对营养物质的积累，以便获得量高质优的中药材。栽种2～3年后，于春秋季采挖，以秋采者为佳。挖出根后，去掉根头、须根，洗净泥沙，晒干。鲜根切片晒干，称为苦参片[62]。

刘佳等通过对苦参离体培养及发根农杆菌诱导其毛根的研究，确定无菌苗的最佳培养条件：25℃，不含激素的1/2 MS（大量元素减半）固体培养基上，先暗培养1周，再放到光下生长，人工光照环境，光强2000～3000Lx，光照时长为16h/d；苦参离体培养诱导不定根的最佳外植体为苦参的根段，最适培养基为B5+1.5mg/L IBA（吲哚乙酸）；苦参愈伤组织诱导的最佳外植体是子叶，最适培养基为MS+1.5mg/L 2, 4-D和1.0mg/L 6-BA。以苦参子叶、子叶节、叶片、茎段和根段作为供试的外植体，以发根农杆菌R1000、R1601、15834、A4、LBA9402为转化菌株，最终确定使用改良后的直接接种法，以发根农杆菌R1601可以成功诱导苦参毛状根的产生，且子叶节处诱导率最高。毛状根的产生不经过愈伤化过程，乳白色，呈多分支丛生状，诱导率为33%。4周后，将诱导出来长势良好的毛状根在无激素的MS（固体和液体）培养基上进行继代培养，毛状根可以自主生长，生物量增倍很快，随培养时间延长毛状根生长停止，颜色逐渐变深而成熟老化，同时可以证明毛状根和正常根生物学特性相同，添加一定量的乙酰丁香酮可将毛状根诱导率提高到50%以上[63]。

刘龙元等探明了植物生长调节剂对药用植物苦参生长的影响，认为不同植物生长调节剂、不同浓度、不同浸泡时间对苦参生长的影响效果不一，其中50mg/L ABT浸泡12小时处理的成活率略高于对照组，并能显著促进地上部分和地下部分的生长，小区产量最高，比对照组高113.97%，综合评价第一。因而得出50mg/L ABT浸泡12小时处理适合作为苦参生产中的增产措施[64]。苦参能通过调节自身生长和渗透物质等来抵抗水分胁迫的伤害，表现出较强的耐旱性。在轻度干旱胁迫（50%田间持水量）下，苦参有效成分积累低于对照组（总黄酮和生物碱分别下降23.25%、19.95%），但根系生物量显著高于对照组，使得有效成分单株含量略有增加。而当干旱胁迫程度超过25%以后，干旱胁迫显著抑制苦参生长和有效成分积累。说明既有利于苦参生物量生长，又有利于苦参药用成分积累的适宜土壤水分含量为50%～75%。该实验对于苦参在人工栽培过程中的节水灌溉有一定的参考价值，同时丰富和提高苦参人工栽培技术[65]。

苦参种子萌发具有一定的耐盐碱能力，裴毅等为了明确 NaCl 和 NaHCO$_3$ 对苦参种子萌发的影响，采用单盐胁迫 - 培养皿纸上发芽法，对苦参种植进行胁迫处理，随着 NaCl 和 NaHCO$_3$ 浓度的增加，苦参种子发芽率、发芽势、相对发芽、苗鲜重、培根长呈下降趋势。在 NaCl 胁迫下，苦参种子的耐盐浓度为 3.926‰，半数抑制浓度为 6.823‰；在 NaHCO$_3$ 胁迫下，苦参种子的耐盐浓度为 4.243‰，半数抑制浓度为 8.679‰，蒸馏水复萌。经 NaCl 和 NaHCO$_3$ 胁迫的苦参种子均有不同程度的复萌[66]。

通过分子生物学技术研究不同产地苦参的生源关系，进而构建苦参样本的 DNA 指纹图谱，作为对不同产地来源苦参鉴定和溯源的依据，为苦参育种、种质鉴定和基因组学分析提供参考依据，也是近年较为热点的研究领域[67-80]。

4. 生药学探索 苦参呈长圆柱形，下部常有分枝，长 10～30cm，直径 1～2cm。表面灰棕色或棕黄色，具纵皱纹及横长皮孔。外皮薄，多破裂反卷，易剥落，剥落处显黄色，光滑。质硬，不易折断，断面纤维性。切面黄白色，具放射状纹理及裂隙，有的可见同心性环纹。气微，味极苦。根横切面木栓层为 8～10 余列细胞，有时栓皮剥落。韧皮部有多数纤维常数个至数十个成束，束间形成层有的不明显。木质部自中央向外分叉为 2～4 束，木质部束导管单个或数个稀疏散列。射线宽数至十余列细胞，常为裂隙。薄壁细胞中含众多淀粉粒及草酸钙方晶。粉末淡黄色。淀粉粒众多，单粒类圆形或长圆形，直径 4～22μm，脐点裂缝状，大粒层纹隐约可见；复粒较多，由 2～12 分粒组成。纤维及晶纤维众多，成束，纤维细长，平直或稍弯曲，直径 11～27μm；壁不均匀，木化增厚。草酸钙方晶呈类双锥形、菱形或多面形，直径约 23μm，长至 41μm。导管主为具缘纹孔导管，直径 27～126μm；具缘纹孔排列紧密，有的数个纹孔口连接成线状；也有网纹导管，直径约至 54μm。木栓细胞横断面观呈扁长方形，表面观呈类多角形，多层重叠，平周壁表面有不规则细裂纹，垂周壁有纹孔呈断续状。薄壁细胞呈类圆形或类长方形，壁稍厚，有的呈不均匀连珠状，非木化，纹孔大小不一，有的集成纹孔域，有的胞腔内含细小针晶，长约至 11μm。关于苦参相关理化鉴定方法也有研究与总结[81]。

此外，基于充分的化学研究和定性、定量分析，赵凤春等[82]建立了苦参提取物的质量控制方法和标准，涉及性状、检查（水分、灰分）和以三叶豆紫檀苷、氧化苦参碱和氧化槐果碱为指标成分的薄层色谱鉴别及以氧化苦参碱、苦参碱、氧化槐果碱和槐果碱为指标成分的 HPLC 含量测定，用于苦参提取物及其制剂的质量分析和评价。段永红等[83]还利用大宗药材苦参现有的 EST 资源开发 EST-SSR 标记，分析不同地理种源苦参的遗传多样性，构建了苦参特有的 DNA 指纹图谱。

5. 其他应用 利用苦参中苦参总生物碱、苦参碱、氧化苦参碱、槐果碱及氧化槐果碱能够有效抑制金黄色葡萄球菌、大肠埃希杆菌、铜绿假单胞菌、乙型溶血性链球菌和白色念珠菌活性的药理活性，设计生产了一系列相关产品。例如，苦参片具有清热燥湿杀虫的功效，可制作苦参碱栓抗菌消炎药，用于滴虫或念珠菌性阴道炎、慢性宫颈炎，亦可用于老年性阴道炎、盆腔炎等。以苦参为主药及辅药制作的复方制剂有口服液、查干汤、苦参七味汤、忠伦 -5、四味土木香散汤等[53]。

【药用前景评述】苦参在全国各地均有分布，是中国传统的药用植物（中国科学院《中国植物志》），作为药材在中国已有两千多年的历史，其药效始载于《神农本草经》。其以根入药，味苦、性寒，有清热燥湿、杀虫利尿的功效，主治热痢、便血、黄疸、尿闭、赤白带下等症，因此是一种现代研究与开发应用均已开展的较为深入的药用植物。根据现代研究结果，苦参在抗菌抗炎、杀虫、治疗皮肤病方面效果显著，药理机制明确，与中医药及白族传统应用均完全吻合。大理地方民族企业清逸堂生产的含有苦参成分的妇女保健用品十分畅销，经久不衰。目前，苦参已有大量的标准、产品、专利问世，栽培技术规范成熟，因此药用前景十分稳定。

参考文献

［1］Pu LP，Chen HP，Cao MA，et al. The antiangiogenic activity of kushecarpin D，a novel flavonoid isolated from *Sophora flavescens* Ait［J］. Life Sci，2013，93（21）：791–797.

［2］Zheng K，Li C，Shan X，et al. A study on isolation of chemical constituents from *sophora flavescens* ait.and their anti–glioma effects［J］. Afr J Tradit Complement Altern Med，2014，11（1）：156–160.

［3］Zhou Y，Wu Y，Deng L，et al. The alkaloid matrine of the root of *Sophora flavescens* prevents arrhythmogenic effect of ouabain［J］. Phytomedicine，2014，21（7）：931–935.

［4］Yang J，Yang X，Wang C，et al. Sodium–glucose–linked transporter 2 inhibitors from *Sophora flavescens*［J］. Med Chem Res，2015，24（3）：1265–1271.

［5］He X，Fang J，Huang L，et al. *Sophora flavescens* Ait.：Traditional usage，phytochemistry and pharmacology of an important traditional Chinese medicine［J］. J Ethnopharmacol，2015，172：10–29.

［6］Yang X，Yang J，Xu C，et al. Antidiabetic effects of flavonoids from *Sophora flavescens* EtOAc extract in type 2 diabetic KK–ay mice［J］. J Ethnopharmacol，2015，171：161–170.

［7］赵凤春，李浩，陈两绵，等.苦参提取物的质量标准研究［J］.中国中药杂志，2015，40（2）：245–250.

［8］Kang CW，Kim NH，Jung HA，et al. Desmethylanhydroicaritin isolated from *Sophora flavescens*，shows antitumor activities in U87MG cells via inhibiting the proliferation，migration and invasion［J］. Environ Toxicol Pharmacol，2016，43：140–148.

［9］Huang Q，Xu L，Qu WS，et al. TLC bioautography–guided isolation of antioxidant activity components of extracts from *Sophora flavescens* Ait［J］. Eur Food Res Technol，2016，243（7）：1127–1136.

［10］Lee HW，Ryu HW，Kang MG，et al. Potent selective monoamine oxidase B inhibition by maackiain，a pterocarpan from the roots of *Sophora flavescens*［J］. Bioorg Med Chem Lett，2016，26（19）：4714–4719.

［11］徐婵．三种药用植物的抗肝癌活性及其作用机制研究［D］.武汉：中南民族大学，2016.

［12］Huang R，Liu Y，Zhao LL，et al. A new flavonoid from *Sophora flavescens* Ait［J］. Nat Prod Res，2017，31（19）：2228-2232.

［13］Jiang P，Zhang X，Huang Y，et al. Hepatotoxicity Induced by *Sophora flavescens* and hepatic accumulation of kurarinone，a major hepatotoxic constituent of *Sophora flavescens* in rats［J］. Molecules，2017，22（11）：1809.

［14］Zhu H，Yang YN，Xu K，et al. Sophopterocarpan A，a novel pterocarpine derivative with a benzotetrahydrofuran- fused bicyclo［3.3.1］nonane from *Sophora flavescens*［J］. Org Biomol Chem，2017，15（26）：5480-5483.

［15］孙磊，郭江玉，闫彦，等．苦参化学成分及其生物碱抑菌活性研究［J］.辽宁中医药大学学报，2017，19（11）：49-53.

［16］Zhang SY，Li W，Nie H，et al. Five new alkaloids from the roots of *Sophora flavescens*［J］. Chem Biodivers，2018，15（3）：e1700577.

［17］Lee S，Choi JS，Park CS. Direct activation of the large-conductance calcium-activated potassium channel by flavonoids isolated from *Sophora flavescens*［J］. Biol Pharm Bull，2018，41（8）：1295-1298.

［18］杨洁．三种药用植物的抗肿瘤活性及分子机制研究［D］.武汉：中南民族大学，2018.

［19］Zhu H，Yang YN，Feng ZM，et al. Sophoflavanones A and B，two novel prenylated flavanones from the roots of *Sophora flavescens*［J］. Bioorg Chem，2018，79：122-125.

［20］Fang R，Wu R，Zuo Q，et al. *Sophora flavescens* Containing-QYJD formula activates Nrf2 anti-oxidant response，blocks cellular transformation and protects against DSS-induced colitis in mouse model［J］. Am J Chin Med，2018，46（7）：1609-1623.

［21］Hoon KJ，Sook CI，Kang SY，et al. Kushenol A and 8-prenylkaempferol，tyrosinase inhibitors，derived from *Sophora flavescens*［J］. J Enzyme Inhib Med Chem，2018，33（1）：1048-1054.

［22］Zhang YB，Luo D，Yang L，et al. Matrine-type alkaloids from the roots of *Sophora flavescens* and their antiviral activities against the hepatitis B virus［J］. J Nat Prod，2018，81（10）：2259-2265.

［23］Nishikawa S，Itoh Y，Tokugawa M，et al. Kurarinone from *Sophora Flavescens* roots triggers ATF4 activation and cytostatic effects through PERK phosphorylation［J］. Molecules，2019，24（17）：3110.

［24］Chen H，Yang J，Hao J，et al. A novel flavonoid kushenol Z from *Sophora flavescens* mediates mTOR pathway by inhibiting phosphodiesterase and Akt activity to induce apoptosis in non-small-cell lung cancer cells［J］. Molecules，2019，24（24）：4425.

［25］Ma JY，Zhao DR，Yang T，et al. Prenylflavanones isolated from *Sophora flavescens*［J］. Phytochem Lett，2019，29：138-141.

［26］Yim D，Kim MJ，Shin Y，et al. Inhibition of cytochrome P450 activities by *Sophora flavescens* extract and its prenylated flavonoids in human liver microsomes［J］. Evid Based Complement Alternat Med，2019，2019：2673769.

［27］Kwon M，Ko SK，Jang M，et al. Inhibitory effects of flavonoids isolated from *Sophora flavescens* on indoleamine 2，3-dioxygenase 1 activity［J］. J Enzyme Inhib Med Chem，2019，34（1）：1481-1488.

［28］宿美凤，雒晓梅，王小明，等.基于 UHPLC-MS/MS 苦参实定性定量及其入血成分分析［J］.中草药，2019，50（9）：2041-2048.

［29］Yan HW，Zhu H，Yuan X，et al. Eight new biflavonoids with lavandulyl units from the roots of *Sophora flavescens* and their inhibitory effect on PTP1B［J］. Bioorg Chem，2019，86：679-685.

［30］Huang XB，Yuan LW，Shao J，et al. Cytotoxic effects of flavonoids from root of *Sophora flavescens* in cancer cells［J］. Nat Prod Res，2020.DOI：10.1080/14786419.14782020.11712382.

［31］Bao YJ，Yang LP，Hua BJ，et al. A systematic review and meta-analysis on the use of traditional Chinese medicine compound kushen injection for bone cancer pain［J］. Support Care Cancer，2014，22（3）：825-836.

［32］Yang H，Zhou Z，He L，et al. Hepatoprotective and inhibiting HBV effects of polysaccharides from roots of *Sophora flavescens*［J］. Int J Biol Macromol，2018，108：744-752.

［33］Wu J，Hu G，Dong Y，et al. Matrine induces Akt/mTOR signalling inhibition-mediated autophagy and apoptosis in acute myeloid leukaemia cells［J］. J Cell Mol Med，2017，21（6）：1171-1181.

［34］赵德蕊，廖怡，刘苗苗，等.苦参双功能核酸酶1的体外表达及结构性质分析［J］.生物学杂志，2019，36（2）：17-21.

［35］Huang WC，Gu PY，Fang LW，et al. Sophoraflavanone G from *Sophora flavescens* induces apoptosis in triple-negative breast cancer cells［J］. Phytomedicine，2019，61：152852.

［36］曾令达，彭惠莲，宋冠华，等.5种植物乙醇提取物及其复配物对荔枝霜疫霉菌的抑菌活性［J］.南方农业学报，2016，47（8）：1332-1337.

［37］从兆霞，袁曦玉，吴泽钰，等.苦参提取物对口腔主要致龋细菌作用的实验研究［J］.中国微生态学杂志，2019，31（10）：1186-1192.

［38］陶址，张瑞，张蕾，等.苦参总碱对阴道常见乳杆菌增殖影响的体外研究［J］.中国实用妇科与产科杂志，2019，35（10）：1137-1141.

［39］于娜，何璐，刘丹丹.一株苦参内生真菌的分离鉴定及抗菌活性研究［J］.上海农业学报，2014，30（6）：67-70.

［40］王勇，杨宁，晋春燕，等苦参提取物对植物病原真菌抑制作用及提取工艺条件优化［J］.扬州大学学报（农业与生命科学版），2017，38（2）：106-109.

［41］Liu D，Chan B CL，Cheng L，et al. *Sophora flavescens* protects against mycobacterial trehalose dimycolate-induced lung granuloma by inhibiting inflammation and infiltration of macrophages［J］. Sci Rep，2018，8（1）：3903.

苦参

［42］Ma H，Huang Q，Qu W，et al. In vivo and in vitro anti-inflammatory effects of *Sophora flavescens* residues［J］. J Ethnopharmacol，2018，224：497-503.

［43］张丽华，陈燕，危荧靖，等. 中药苦参水提物对慢性湿疹模型豚鼠炎症反应的影响［J］. 中药新药与临床药理，2019，30（2）：168-172.

［44］Tsuzuki H，Arinobu Y，Miyawaki K，et al. *Sophora Flavescens* suppresses lung eosinophilia by inhibiting both eosinophil hematopoiesis and migration［J］. J Allergy Clin Immunol，2016，137（2）：AB166.

［45］Jia R，Li Q，Shen W，et al. Antinociceptive activity of a polysaccharide from the roots of *Sophora flavescens*［J］. Int J Biol Macromol，2016，93：501-505.

［46］Kim JH，Cho CW，Kim HY，et al. α-Glucosidase inhibition by prenylated and lavandulyl compounds from *Sophora flavescens* roots and in silico analysis［J］. Int J Biol Macromol，2017，102：960-969.

［47］Yang J，Yang X，Wang C，et al. Sodium-glucose-linked transporter 2 inhibitors from *Sophora flavescens*［J］. Med Chem Res，2015，24（3）：1265-1271.

［48］王领. 抗敏止痒植物组合提取物制备工艺、功效及作用途径研究［D］. 哈尔滨：东北农业大学，2015.

［49］吴芳妮，张芊，张春雷. 苦参在 T 细胞介导的皮肤良恶性疾病中的应用进展［J］. 中国皮肤性病学杂志，2016，30（8）：847-849.

［50］Shin DH，Cha YJ，Joe GJ，et al. Whitening effect of *Sophora flavescens* extract［J］. Pharm Biol，2013，51（11）：1467-1476.

［51］Lee HJ，Lee SY，Jang D，et al. Sedative effect of *Sophora flavescens* and matrine［J］. Biomol Ther，2017，25（4）：390-395.

［52］Kim HY，Jeon H，Kim H，et al. *Sophora flavescens* aiton decreases MPP+-induced mitochondrial dysfunction in SH-SY5Y cells［J］. Front Aging Neurosci，2018，10：119.

［53］Tanabe N，Kuboyama T，Kazuma K，et al. The extract of roots of *Sophora flavescens* enhances the recovery of motor function by axonal growth in mice with a spinal cord injury［J］. Front Pharmacol，2016，6：326.

［54］Lee S，Choi JS，Park CS. Direct activation of the large-conductance calcium-activated potassium channel by flavonoids isolated from *Sophora flavescens*［J］. Biol Pharm Bull，2018，41（8）：1295-1298.

［55］Lee HJ，Kim M，You KY，et al. Effects on overactive bladder and acute toxicity of the extracts of *Sophora flavescens* aiton［J］. Yakhak Hoeji，2019，63（5）：268-273.

［56］Zhou Y，Wu Y，Deng L，et al. The alkaloid matrine of the root of *Sophora flavescens* prevents arrhythmogenic effect of ouabain［J］. Phytomedicine，2014，21（7）：931-935.

［57］Xu X，Li X，Zhang L，et al. Enhancement of wound healing by the traditional Chinese medicine herbal mixture *Sophora flavescens* in a rat model of perianal ulceration［J］. In Vivo，2017，31（4）：543-549.

［58］范红艳，任旷，沈楠，等.苦参总黄酮对醋酸铅所致雄性小鼠生精障碍的影响［J］.毒理学杂志，2016，30（1）：18-22.

［59］Xiong X，Yao M，Fu L，et al. The botanical pesticide derived from *Sophora flavescens* for controlling insect pests can also improve growth and development of tomato plants［J］. Ind Crops Prod，2016，92：13-18.

［60］Jiang P，Sun Y，Cheng N. Liver metabolomic characterization of *Sophora flavescens* alcohol extract-induced hepatotoxicity in rats through UPLC/LTQ-Orbitrap mass spectrometry［J］. Xenobiotica，2020，50（6）：670-676.

［61］SooPAT. 苦参［A/OL］.（2020-03-15）［2020-03-15］. http://www.soopat.com /Home /Result? Sort =&View= &Columns=&Valid=&Embed=&Db=&Ids=&FolderIds=&FolderId=&ImportPatentIndex=&Filter=&SearchWord=%E8%8B%A6%E5%8F%82&FMZL=Y&SYXX=Y&WGZL=Y&FMSQ=Y.

［62］邹清华.苦参栽培种植技术［J］.农村实用技术，2012，（12）：25.

［63］刘佳.苦参离体培养及发根农杆菌诱导其毛状根的研究［D］.晋中：山西农业大学，2015.

［64］刘龙元，陈桂葵，贺鸿志，等.3种植物生长调节剂对苦参生长的影响［J］.广东农业科学，2015，42（9）：16-22.

［65］刘龙元，贺鸿志，黎华寿.水分胁迫对苦参生长生理及有效成分的影响［J］.广东农业科学，2015，42（23）：76-81.

［66］裴毅，杨雪君，聂江力，等.NaCl和NaHCO$_3$胁迫对苦参种子萌发的影响［J］.时珍国医国药，2016，27（11）：2752-2755.

［67］乔永刚，贺嘉欣，王勇飞，等.药用植物苦参的叶绿体基因组及其特征分析［J］.药学学报，2019，54（11）：2106-2112.

［68］雷海英，侯沁文，白凤麟，等.八种不同产地苦参的染色体数目及核型分析［J］.植物生理学报，2019，55（7）：967-974.

［69］廖怡.苦参功能基因RPS13s和HSP17.8的克隆、表达以及蛋白功能初步分析［D］.合肥：安徽中医药大学，2018.

［80］段永红，雷海英，张旭，等.药用植物苦参EST-SSR标记的开发及DNA指纹图谱的构建［J］.中国农业大学学报，2018，23（9）：21-31.

［81］曹海，曹谷珍.苦参及其混淆品刺果甘草的生药学初步研究［J］.时珍国医国药，2004，40（5）：279-280.

［82］赵凤春，李浩，陈两绵，等.苦参提取物的质量标准研究［J］.中国中药杂志，2015，40（2）：245-250.

［83］段永红，雷海英，张旭，等.药用植物苦参EST-SSR标记的开发及DNA指纹图谱的构建［J］.中国农业大学学报，2018，23（9）：21-31.

岩白菜

【植物基原】本品为虎耳草科岩白菜属植物岩白菜 *Bergenia purpurascens*（Hook. F. et Thoms.）Engl. 的根茎。

【别名】滇岩白菜、观音莲、岩壁菜、呆白菜、岩菖蒲、蓝花岩陀、岩七。

【白语名称】额冲普（云龙）、儒冲普（鹤庆）、石娄桑（洱源邓川）。

【采收加工】夏、秋季采挖，洗净，晒干。

【白族民间应用】治跌打痨伤、风湿痛、胃痛、咳嗽、外伤出血。

【白族民间选方】①胃痛、腹泻：本品 5～10g，生嚼服或水煎服。②外伤出血：本品研细粉，外撒。

【化学成分】代表性成分：岩白菜主要含没食子酸苷（酯）及其衍生物 1，2，4，6-tetra-O-galloyl-β-D-glucose（1）、2，4，6-tri-O-galloyl-D-glucose（2）、4，6-di-O-galloylarbutin（3）、6-O-galloylarbutin（4）、11-O-（4′-hydroxy-benzoyl）bergenin（5）、11-O-galloylbergenin（6）、4-O-galloylbergenin（7）、岩白菜素（bergenin，8）、ardimerin（9）、1-O-β-D-glucopyranosyl-2-methoxy- 3-hydroxyl-phenylethene（10）、gallic acid（11）、arbutin（12）、hydroquinone（13）等[1-6]。

此外，岩白菜还含有少量黄酮、三萜、甾体等其他结构类型化合物。例如，2α-hydroxyursolic acid（14）、ursolic acid（15）、betulinic acid（16）、oleanolic acid（17）、taraxerol（18）、catechin（19）、quercetin（20）、quercetin-3-O-β-D-glucoside（21）、rutin（22）等[1-6]。

2014年至今共由岩白菜中分离鉴定了近46个化学成分：

序号	化合物名称	结构类型	参考文献
1	（+）-Catechin	黄烷醇	[1, 4]
2	（+）-Catechin-3-O-gallate	黄烷醇	[1]
3	（2S）-1-O-Heptatriacontanoyl glycerol	其他	[1]
4	1，2，4，6-Tetra-O-gallicacyl-β-D-glucose	没食子酸苷	[3]
5	11-O-（4'-Hydroxybenzoyl）bergenin	岩白菜素类	[1]
6	11-O-Galloylbergenin	岩白菜素类	[1, 2, 4]
7	1-O-β-D-Glucopyranosyl-2-methoxy-3-hydroxyl-phenylethene	苯乙醇苷	[2]
8	2，4，6，3-O-Gallic acid-D-glucose	没食子酸酯	[3]
9	2α-Hydroxyursolic acid	三萜	[1, 2]
10	3β，5α-Dihydroxy-15-cinnamoyloxy-14-oxolathyra-6Z，12E-diene	二萜	[2]
11	4，6-di-O-Galloylarbutin	没食子酸酯	[3]
12	6-O-Galloylarbutin	没食子酸酯	[3]
13	7-O-Gallicacyl-（+）catechin	黄酮	[3]
14	Afzelechin	黄酮	[3, 4]
15	Apigenin	黄酮	[1]
16	Arbutin	酚苷	[1-4]
17	Ardimerin	没食子酸苷	[2]

序号	化合物名称	结构类型	参考文献
18	Bergenin	岩白菜素类	[1-4]
19	Betulinic acid	三萜	[1, 2]
20	Breynioside A	酚类	[3, 4]
21	Catechin	黄烷醇	[3]
22	Daucosterol	甾体	[2]
23	Diethyl disulfoxide	其他	[3, 4]
24	Ellagic acid	酚酸	[1]
25	Ferulic acid	苯丙素	[2]
26	Gallic acid	酚酸	[1-4]
27	Glucose	糖类	[2]
28	Hydroquinone	苯醌	[1, 2]
29	Kaempferol	黄酮	[1, 2]
30	Luteolin	黄酮	[1]
31	Luteolin-5-O-β-D-glucoside	黄酮	[1]
32	Luteolin-7-O-β-D-glucoside	黄酮	[1]
33	Methyl gallate	其他	[1]
34	Ocimol	三萜	[2]
35	Oleanolic acid	三萜	[1-4]
36	p-Hydroxybenzoic acid	酚酸	[2]
37	Procyanidin B3	黄酮	[3]
38	Protocatechuic acid	酚酸	[2]
39	Quercetin	黄酮	[1, 2]
40	Quercetin-3-O-β-D-glucoside	黄酮	[1]
41	Rutin	黄酮	[1, 2]
42	Sucrose	寡糖	[2]
43	Taraxerol	三萜	[2]
44	Ursolic acid	三萜	[1, 2]
45	β-Sitosterol	甾体	[1, 2]
46	β-Taraxerol	三萜	[1]

【**药理药效**】酚类中的岩白菜素及熊果苷是岩白菜中存在的主要活性成分。岩白菜素含有 5 个羟基，这种结构使该成分具有抗炎、抗菌、免疫增强、保肝及抗糖尿病等多种药理作用。熊果苷是岩白菜的另一主要活性成分，具有抗炎、抗菌、镇咳、祛痰、平喘及抑制胰岛素降解等多种药理作用。

1. 岩白菜素的药理作用 岩白菜素广泛存在于植物的根茎叶花中，根茎中的含量较高[7, 8]，具有良好的药理活性，包括抗氧化、抗肿瘤、抗病毒、免疫增强、创伤修复、抗凝血、镇痛、镇咳、抗真菌、抗心律失常、抗疟原虫、抗炎、保肝、保肾、抗溃疡、降血糖、降压等[9-14]。

（1）抗肿瘤和免疫增强活性

1）抗肿瘤活性：王蒙等[15]发现岩白菜素及其衍生物具有抗肿瘤活性。Jayakody 等[16]的研究证明了岩白菜素为有效的半乳凝素 -3 抑制剂，可以靶向侵袭癌症相关的癌基因。陈业文等[17]研究发现岩白菜素能显著抑制肝癌 HepG2 细胞的增殖、克隆形成、迁移和侵袭能力，并呈剂量依赖性。王聪等[18]发现岩白菜素衍生物 D-23 具有体外抗人白血病细胞 K562 和 Jurkat 增殖的作用，其机制与降低线粒体膜电位，激活 Caspase 通路，诱导细胞凋亡有关，也与抑制 Akt/mTOR 信号通路介导的自噬有关。毛泽伟等[19]发现岩白菜素衍生物对人宫颈癌细胞 Hela 的增殖有一定的抑制作用。刘祎等[20]的研究表明岩白菜素与 DNA 之间存在着嵌插作用，这可能是岩白菜素的抗癌机制。裴少萌等[21]发现一些新型岩白菜素衍生物在体内及体外均有抗肿瘤活性。

2）免疫增强活性：阿斯亚·拜山佰[22]的研究表明岩白菜素可提高小鼠血清溶血素含量，增强绵羊红细胞诱发的小鼠迟发型超敏反应，提高血清溶菌酶含量和全血白细胞的吞噬功能，从而增强免疫功能。Qi 等[23]发现岩白菜素对环磷酰胺诱导的免疫抑制小鼠具有增强免疫力的作用。

（2）抗炎和抗菌活性

1）抗炎活性：Shi 等[24]通过二甲苯致小鼠耳肿胀、棉球肉芽肿和醋酸致小鼠腹腔毛细血管通透性的实验模型观察岩白菜提取物的抗炎作用，结果表明岩白菜提取物对上述模型具有一定的抗炎作用。黄丽萍等[25]发现岩白菜素对醋酸引起的小鼠扭体反应、甲醛致痛反应、二甲苯引起的小鼠耳肿胀和纽扣致小鼠肉芽肿均有明显的抑制作用。陈杰等[26]的研究结果表明岩白菜素预处理可抑制脂多糖（LPS）诱导 RAW264.7 细胞分泌炎症因子白介素 -6（IL-6）和肿瘤坏死因子（TNF-α），并能抑制炎症通路核因子 -κB（NF-κB）的活化，从而发挥抗炎作用。

2）抗菌活性：成英等[27]发现岩白菜乙醇浸取物的甲醇萃取部分对大肠杆菌、表皮葡萄球菌、志贺杆菌有抑菌作用，且抑菌强度随浓度的增加而增强。李治滢等[28]从岩白菜植物中分离获得内生真菌 89 株，其中优势属种为青霉属和拟青霉属，提示岩白菜可能有抗菌作用。Zhao 等[29]从岩白菜内生真菌中分离出 9 种新的卤代环戊烯酮、双色素和 3 种已知的环戊烯酮，为寻找抗真菌候选药物提供了依据。

岩白菜

（3）抗氧化和降血糖活性

1）抗氧化活性：潘国庆等[30]的研究结果表明岩白菜乙醇提取物对 4 种食用油脂均有较好的抗油脂氧化能力。郝志云等[31]发现岩白菜素明显抑制过氧化脂质，抑制羟自由基对 DNA 的氧化损伤。成英等[22]发现岩白菜乙醇浸取物的甲醇萃取部分有较强的抗氧化活性。

2）降血糖活性：Qiao[32]等的研究发现岩白菜素可通过 mTOR/β-TrcP/Nrf2 途径抑制氧化应激，从而抑制肾小球系膜细胞的细胞外基质生成，改善糖尿病肾病。金文等[33]发现岩白菜素可以显著降低动物血中胰岛素水平和空腹血糖水平，并显著提高 2 型糖尿病大鼠的肾小球滤过率，从而改善 2 型糖尿病大鼠对胰岛素的敏感性。Yang 等[34]发现岩白菜素可通过抑制肾脏炎症和 TGF-β1-Smads 途径改善糖尿病肾病。

（4）对呼吸系统和中枢神经系统的影响

1）对呼吸系统的影响：董成梅等[7]总结资料发现岩白菜素对电刺激猫喉上神经所引起的咳嗽及氨水喷雾引起的小鼠咳嗽都有明显的止咳作用。王进等[35]对镇咳作用机制进行研究发现，岩白菜素的镇咳作用机制可能与影响离子通道有关。岩白菜素通过增加 A 型 γ- 氨基丁酸受体的开放概率来增强抑制性电流 I_{GABA}。吴红红等[36]通过观察不同剂量岩白菜素对慢性阻塞性肺疾病（COPD）大鼠的肺功能及血气分析指标的影响，发现岩白菜素对 COPD 有一定的治疗作用。岩白菜素片已被开发为治疗慢性支气管炎（CB）的药物[15]。任晓磊等[37]推测岩白菜素可能通过调节支链氨基酸代谢过程以及甘氨酸和苏氨酸的代谢来治疗 CB。

2）对中枢神经系统的影响：蒲含林[38]评价了岩白菜素对缺血再灌注脑组织的影响，结果表明岩白菜素能有效地抑制缺血后脑组织发生的脂质过氧化反应，对黄嘌呤 - 黄嘌呤氧化酶体系产生的超氧阴离子自由基也有明显的清除作用，进而对脑缺血再灌注损伤产生保护作用。

3）其他作用：田景全等[39]的研究表明岩白菜可用于外伤性出血。

（5）药代动力学研究：Dong 等[40]发现岩白菜素对人肝细胞色素 P450 酶有体外抑制作用，可能会与 CYP3A4、2E1 和 2C9 代谢酶系发生相互作用。窦伟等[41]研究岩白菜素在健康小鼠体内的药动学，发现其在健康小鼠体内吸收迅速，生物利用度低，分布较广，消除较快。秦瑄等[42, 43]采用大鼠在体灌流模型研究血浆中岩白菜素的含量，结果发现岩白菜素在 0.07 ～ 0.21mg/mL 范围内的吸收具有线性动力学特征；在十二指肠、空肠、回肠和结肠的吸收各不相同；在 pH 5.40 ～ 7.80 范围内，吸收速率随 pH 值增大而减小。这些结果表明岩白菜素在大鼠全肠段均有吸收，但吸收较差，呈一级动力学过程，吸收机制主要为被动扩散。郑新宇等[44]通过研究岩白菜素在兔子体内药物代谢动力学，发现岩白菜素在兔子血浆中的代谢过程符合二室开放模型特征，是一种吸收快、消除快的药物。秦瑄等[45]研究了岩白菜素在大鼠肠道中的吸收机理，结果表明岩白菜素在全肠段均有吸收，但不同肠段的吸收存在差异，且药物浓度和循环液的 pH 对吸收均有影响。

2. 熊果苷的药理作用 熊果酸是一种广泛存在于天然植物中的五环三萜类化合物，同时也是岩白菜的一种主要化学成分。大量文献报道，熊果酸具有多种生物活性，其中最主要的是抗肿瘤活性，对各种类型的肿瘤细胞均表现出强效的细胞毒性作用。蒋伟等[1]对岩白菜根的化学成分进行研究，设计、合成了 24 个新型的具有 NF-κB 抑制作用的熊果酸长链二酰胺类衍生物，并对其抗肿瘤作用进行了评估。熊果苷也有抗炎及抗氧化作用等。Seyfizadeh 等[46]的研究表明熊果苷可剂量依赖性地抑制 HepG2 细胞中叔丁基过氧化氢诱导的活性氧和氮。熊果苷还具有神经保护作用，其机制可能与抗氧化和清除自由基有关。Dastan 等[47]发现熊果苷通过抑制链脲佐霉素（STZ）产生的过多自由基，来对抗 STZ 诱导的海马记忆功能损伤。Nasiruddin Nalban 等的研究表明熊果苷对异丙肾上腺素诱发的小鼠心脏肥大具有明显的保护作用。熊果苷已被广泛用于皮肤色素沉着。Lv 等[48]研究发现熊果苷通过调节 miR-27a/JNK/mTOR 轴减轻了高糖诱导的人肾小管上皮细胞 HK-2 的凋亡和自噬。何盾等[49]研究发现熊果苷对黄褐斑模型鼠有较好的治疗作用，其机制可能与提高皮肤局部组织中超氧化物歧化酶活性，降低酪氨酸、丙二醛的含量相关。

3. 其他成分的药理作用 岩白菜含有治疗腹泻、痢疾等疾病的活性成分。Liu 等[50]的研究结果显示紫岩白菜醇提物对多种细菌具有抗菌活性，可用于治疗细菌性呼吸道感染。岩白菜提取物具有明显的抗氧化活性，与酚类物质和黄酮类化合物含量呈正相关。Zhang 等[5]发现从岩白菜干叶乙醇提取物中分离的化合物 1-O-β-D-glucopyranosyl-2-methoxy-3-hydroxylphenylethene 可通过扰乱线粒体功能和激活 Caspase-3 蛋白，从而诱导了人膀胱癌 T24 细胞的凋亡。

【开发应用】

1. 标准规范 岩白菜有药品标准 5 项、药材标准 4 项、中药饮片炮制规范 5 项。具体为：

（1）药品标准：复方岩白菜素片［WS1-69（B）-89］、云胃宁胶囊［WS-11176（ZD-1176）-2002］、安儿宁颗粒［WS-10640（ZD-0640）-2002-2012Z］、痢速宁片（WS3-B-3701-98）、矽肺宁片［WS-070（Z-14）-92-2014Z］。

（2）药材标准：岩白菜［《中国药典》（2015 年版）一部、《四川省中药材标准》（2010 年版）］。

（3）中药饮片炮制规范：岩白菜［《中国药典》（2015 年版）一部、《四川省中药饮片炮制规范》（2015 年版）、《天津市中药饮片炮制规范》（2012 年版）、《重庆市中药饮片炮制规范及标准》（2006 年版）、《中药切制规范》（1958 年版）］。

2. 专利申请 文献检索显示，岩白菜相关的专利共 127 项[51]，其中有关化学成分及药理活性的研究专利 94 项，岩白菜与其他中药材组成中成药申请的专利 29 项，其他专利 4 项。

专利信息显示，绝大多数的专利为对岩白菜化学成分及药理活性的研究，以及与其他中药材配成中药组合物用于各种疾病的治疗，包括肝郁痰凝型乳腺增生、骨结核、血胆固醇过高、不孕不育症、咽喉癌、放射性直肠炎、功能失调性子宫出血、腱鞘囊肿、心血管疾病、肺气管疾病、肠癌、慢性胃炎、肝硬化、老年人高血压、糖尿病、病毒性心肌炎、腰椎间盘突出症等。岩白菜也可大量用于保健品的开发。

其中与岩白菜相关的代表性专利如下：

（1）陈庆党等，复方岩白菜素滴丸及制备方法（CN1799544）（2006年）。

（2）刘剑等，一种治疗喘咳的中药组合物及其制备方法（CN100411643C）（2008年）。

（3）袁建平等，复方金荞麦制剂（CN100455304C）（2009年）。

（4）杨立新等，岩白菜提取物及其制备方法与应用（CN105193881A）（2015年）。

（5）邱贤凤等，一种治疗癌症的中药及其制备方法（CN103385943B）（2015年）。

（6）曲玮等，岩白菜素类衍生物及其制备方法和应用（CN105037382A）（2015年）。

（7）李云仙等，一种复方岩白菜素片及制备方法（CN103610713B）（2016年）。

（8）毛庆云等，一种治疗病毒性肝炎的中药组合物（CN103830667B）（2016年）。

（9）张扬等，用于改善胃癌前病变的药物组合物及其制剂（CN108210493B）（2019年）。

（10）邵成雷等，一种用于治疗儿童感冒咳嗽的中药组合物及其制备方法（CN105641413B）（2019年）。

岩白菜相关专利最早出现的时间是2005年。2015～2020年申报的相关专利占总数的86.6%；2010～2020年申报的相关专利占总数的96.1%；2000～2020年申报的相关专利占总数的100%。

3. 栽培利用 周国雁等[52, 53]在调查云南岩白菜过程中发现，不同生境下的岩白菜植株长势差异较大，岩白菜在阴暗潮湿、有腐植土覆盖、土质疏松的环境中生长良好，这可为岩白菜的GAP栽培提供科学依据，也说明云南境内的岩白菜存在着丰富的遗传多样性。这与云南独特的立体气候是相适应的，可对岩白菜进行遗传多样性研究。陈郦君等[54]通过研究不同光质处理对岩白菜形态指标和生物量的影响，为岩白菜的高效栽培提供参考。研究情况表明在人工栽培岩白菜时，覆盖黄膜和红膜有利于岩白菜生长和生物量的积累。杨丽云等[55]通过发芽实验研究了光照、温度、pH等因素对岩白菜种子萌发的影响，发现岩白菜种子无后熟休眠特性，其种子最适萌发温度为25℃，并对pH具有广泛的适应性，在pH值为5～11范围内均可萌发，且随pH升高其萌发率随之升高。Li等[56]采用不同浓度的IAA、NAA、6-BA、GA3、KNO35药剂对岩白菜种子进行浸种处理，研究其对岩白菜种子出苗率的影响，结果表明所有处理均可提高岩白菜种子的出苗率，其中5mg/L的6-BA浸种120小时效果最佳，出苗率达到80%。赵桂茹等[57]综合10个产量和品质指标发现，遮阴40%为栽培岩白菜的最佳相对光照强度。

吕秀立等[58]根据市场需求和野生资源现存状况，筛选厚叶岩白菜（*Bergenia crassifolia*）、秦岭岩白菜（*B. scopulosa*）和岩白菜（*B. purpurascens*）进行规模化繁殖，并利用ISSR分子标记对组培苗进行遗传稳定性分析。ISSR分子标记结果表明，岩白菜后代遗传变异较大且平均遗传变异率随继代次数的增加而增加。该结果为繁殖体系的稳定性提供理论依据，并对保障岩白菜产业的发展具有指导意义。

林凯等[59]探讨岩白菜中熊果苷的积累动态，认为不同采收时期各部位熊果苷含量也存在极显著差异，岩白菜最佳利用部位为成熟叶，最佳采收时期为秋季，此时熊果苷含量最高。刘喜军等[60]通过建立用 HPLC 法检测岩白菜中没食子酸含量的方法，并探索岩白菜中没食子酸的积累动态，结果表明叶片是合成和积累没食子酸的主要器官，夏季是采收岩白菜中没食子酸的最佳时期。这也为探讨岩白菜中岩白菜素的生物合成途径和没食子酸的开发利用提供科学依据。

从岩白菜根成分研究[1]以及叶成分研究[2]中可以得出岩白菜素生成于叶片中，累积于根茎中。岩白菜素在主根和须根中含量较高，在叶中含量较少，无药用价值。野生岩白菜中岩白菜素的含量高于人工栽培品种。

4. 生药学探索 岩白菜根茎圆柱形，有时稍扁，略弯曲，直径 0.6～2cm，长至30cm。表面灰棕色至黑褐色，具密集或疏而隆起环节，节上有棕黑色叶基残留或带有完整的叶，并有皱缩条纹及凹点状或突起的根痕。质坚，易折断，断面棕黄色，略显粉质，近边缘有点状维管束环列，有时折断面可见部分组织枯朽或呈棕黑色。气微，味苦涩。根茎（直径约 1cm）横切面观：最外常有残存表皮组织，由一列扁长方形或类方形的表皮细胞组成。木栓组织形成于皮层外侧，由十余列扁平的木栓细胞组成。维管束一侧稍大，外韧型，外侧偶见中柱鞘纤维；韧皮部组织皱缩状；木质部以导管为主，无木纤维；髓部宽阔；皮层、射线及髓部薄壁细胞含有淀粉粒、草酸钙簇晶及棕色内含物。粉末棕黄色，气微，味微苦涩。主要显微特征：草酸钙簇晶较多，直径 15～75μm。淀粉粒为单粒，椭圆形或梨形，两端通常稍尖，少数类圆形，直径 4～18μm，长至30μm，层纹及脐点均不明显。导管网纹或螺纹，直径 5～40μm。根茎表皮细胞表面观多角形或长方形，直径 20～35μm；叶下表皮细胞易见。木栓细胞表面观类长方形或长多角形，直径15～25μm，常多层重叠[61]。

此外，尹冬梅等[62]以岩白菜的幼叶、成熟叶、叶柄、一年生根状茎、二年生根状茎和根为材料，利用 qRT-PCR 方法测定 6 个候选内参基因在岩白菜不同器官中的表达量，再利用 GeNorm、NormFinder 和 BestKeeper 3 个内参基因稳定性分析软件筛选出适合岩白菜实时荧光定量 PCR 分析的内参基因，为岩白菜的后续基因表达研究工作打下基础。刁雨辰等[63,64]对岩白菜转录组测序获得的 94755 条 Unigene 用 MISA 软件进行 SSR 位点挖掘和分析，结果表明基于岩白菜转录组序列开发 SSR 标记是可行的，这些 SSR 引物的开发有助于岩白菜的遗传多样性分析和分子标记辅助育种。刘芸君等[65]采用 5 因子 4 水平正交设计法优化岩白菜 ISSR-PCR 反应体系，结果表明五个因子从大到小的影响力排序结果为：dNTPs > Mg^{2+} >模板 DNA >引物 =Taq 酶，研究获得的最佳反应体系具有标记位点清晰、反应系统稳定、检测多态性能力强、重复性好等特点，为利用 ISSR 标记技术研究岩白菜遗传多样性奠定了基础。

5. 其他应用 岩白菜已有一系列药物产品，除此之外，左佩佩等[66]通过显微观察和生长量测定研究了岩白菜内酯抑制柑橘炭疽病菌的机理，采用夏橙果实贮藏实验研究了岩白菜内酯用于柑桔保鲜的效果，结果表明岩白菜内酯抑菌作用很好，可作为柑桔保鲜剂进行开发利用。柏梦炎等[67]在密闭条件下采用熏气法模拟居室装修后的甲醛污染环境，发现岩白菜在净化甲醛方面有很大潜力。岩白菜具有的某些药效很可能与其含有的丰富金属元素有关，且无机元素特别是副族元素很容易与有机化合物形成配合物，从而增强其效果。

【药用前景评述】岩白菜喜半阴，耐寒，主要生长在滇西北高海拔地区的轿子雪山、梅里雪山、高黎贡山、碧罗雪山、玉龙雪山、老君山等多座高山的海拔2500～4800m的针叶林下或间有很多杜鹃的针阔叶混交林下，常有苔藓植物与之伴生，是白族传统药用植物，主要用于治疗跌打瘀伤、风湿痛、胃痛、咳嗽等病症。现代研究已证实，岩白菜及其主要成分岩白菜素、熊果苷等具有多种药理活性，包括抗炎、抗菌、镇咳、祛痰、平喘等，充分显示该植物白族药用的合理性。目前，有关岩白菜的研究与开发利用已相对成熟，标准、产品、专利众多，昆明制药股份有限公司等多家企业以岩白菜为原料生产复方岩白菜素片等产品上市多年，产生了很好的社会效益与经济效益，且各种新的药用功效仍在不断发现中，应用前景难以估量。

参考文献

［1］蒋伟.岩白菜（*Bergenia purpurascens*）根化学成分及其有效物熊果酸结构修饰研究［D］.南京：东南大学，2018.

［2］张姗姗.岩白菜（*Bergenia purpurascens*）叶的化学成分研究［D］.南京：东南大学，2017.

［3］夏晓旦，普天磊，黄婷，等.岩白菜的化学成分、含量考察与药理作用研究概况［J］.中国药房，2017，28（16）：2270-2273.

［4］石晓丽，毛泽伟，左爱学，等.民族药岩白菜的化学成分研究［J］.云南中医学院学报，2014，37（1）：34-37.

［5］Zhang SS, Liao ZX, Huang RZ, et al. A new aromatic glycoside and its anti-proliferative activities from the leaves of *Bergenia purpurascens*［J］. Nat Prod Res, 2018, 32（6）: 668-675.

［6］Chen X, Yoshida T, Hatano T, et al. Galloylarbutin and other polyphenols from *Bergenia purpurascens*［J］. Phytochemistry, 1987, 26（2）: 515-517.

［7］董成梅，杨丽川，邹澄，等.岩白菜素的研究进展［J］.昆明医学院学报，2012，33（1）：150-154.

［8］王碧霞，赵欢，黎云祥.岩白菜属植物研究的新进展［J］.光谱实验室，2012，29（1）：367-370.

［9］Zhang C, Zhao B, Zhang C, et al. Mechanisms of bergenin treatment on chronic bronchitis analyzed by liquid chromatography-tandem mass spectrometry based on metabolomics［J］. Biomed Pharmacother, 2019, 109: 2270-2277.

［10］刘斌，谭成玉，池晓会，等.岩白菜素的研究进展［J］.西北药学杂志，2015，30（5）：

660–662.

［11］夏从龙，刘光明，马晓匡.岩白菜素的研究进展［J］.时珍国医国药，2006，17（3）：432–433.

［12］王继良，何瑾，邹澄，等.岩白菜素的研究进展［J］.中国民族民间医药杂志，2006，（83）：321–325.

［13］王刚，麻兵继.岩白菜素的研究概况［J］.安徽中医学院学报，2002，21（6）：59–62.

［14］Li BH，Wu JD，Li XL. LC–MS/MS determination and pharmacokinetic study of bergenin, the main bioactive component of *Bergenia purpurascens* after oral administration in rats［J］. J Pharm Anal，2013，3（4）：229–234.

［15］王蒙，牛有红，吴艳芬.岩白菜素及其衍生物抗肿瘤活性的相关研究进展［J］.药学研究，2018，37（7）：408–412.

［16］Jayakody RS，Wijewardhane P，Herath C，et al. Bergenin：a computationally proven promising scaffold for novel galectin–3 inhibitors［J］. J Mol Model，2018，24（10）：1–11.

［17］陈业文，张灏，甘亚平，等.岩白菜素对肝癌的抑制作用［J］.重庆医学，2018，47（26）：3365-3367，3371.

［18］王聪，朱晶晶，郑秀静，等.岩白菜素衍生物D–23抗白血病作用及机制研究［J］.中国药学杂志，2018，53（19）：1638–1644.

［19］毛泽伟，万春平，姜圆，等.岩白菜素衍生物的合成及其抗肿瘤活性研究［J］.化学试剂，2014，36（8）：689–692.

［20］刘炜，张琼梅.岩白菜素与DNA相互作用的光谱研究［J］.海南师范大学学报，2011，24（2）：177–179.

［21］裴少萌.岩白菜素的提取、衍生化与生物活性研究［D］.西安：陕西科技大学，2019.

［22］阿斯亚·拜山佰，刘发.岩白菜素的免疫增强作用［J］.新疆医学院学报，1998，21（3）：189–193.

［23］Qi Q，Dong Z，Sun Y，et al. Protective effect of bergenin against cyclophosphamide-induced immunosuppression by immunomodulatory effect and antioxidation in balb/c mice［J］. Molecules，2018，23（10）：2668.

［24］Shi X，Li X，He J，et al. Study on the antibacterial activity of *Bergenia purpurascens* extract［J］. Afr J Tradit Complement Altern Med，2014，11（2）：464–468.

［25］黄丽萍，吴素芬，张甦.岩白菜素镇痛抗炎作用研究［J］.中药药理与临床，2009，25（3）：24–25.

［26］沈映冰，陈杰，许静，等.岩白菜素对脂多糖诱导RAW264.7细胞IL-6、TNF-α及NF-κB表达的影响［J］.中药材，2012：35（10）：1660-1662.

［27］成英，刘素君，谢孔平.岩白菜提取物药理学活性研究［J］.乐山师范学院学报，2016，31（12）：49–53.

［28］李治滢，周斌，李绍兰，等.岩白菜内生真菌的分离和分类鉴定［J］.云南中医中药杂志，2008，29（8）：42–43.

［29］Zhao M，Guo DL，Liu GH，et al. Antifungal halogenated cyclopentenones from the endophytic fungus saccharicola bicolor of *Bergenia purpurascens* by the one strain–many compounds strategy［J］. J Agric Food Chem，2020，68（1）：185–192.

［30］潘国庆，卢永昌，鲁芳.岩白菜对食用油脂抗氧化作用的初步研究［J］.青海科技，2005，（4）：32–33.

［31］郝志云，高云涛，王雪梅.岩白菜素体外抗氧化作用研究［J］.云南中医中药杂志，2007，28（8）：27–28，64.

［32］Qiao S，Liu R，Lv C，et al. Bergenin impedes the generation of extracellular matrix in glomerular mesangial cells and ameliorates diabetic nephropathy in mice by inhibiting oxidative stress via the mTOR/β–TrcP/Nrf2 pathway［J］. Free Radic Biol Med，2019，145：118–145.

［33］金文，罗骏，张广庆.岩白菜素改善大鼠胰岛素抵抗［C］//第十一次全国中西医结合学会微循环学术会议.烟台，2011：58.

［34］Yang J，Kan M，Wu GY. Bergenin ameliorates diabetic nephropathy in rats via suppressing renal inflammation and TGF–β1–Smads pathway［J］. Immunopharmacol Immunotoxicol，2016，38（2）：145–152.

［35］王进.岩白菜素的人体与动物药代动力学及对 I_{GABA} 的作用研究［D］.济南：山东大学，2010.

［36］吴红红，王立，吴江雁.岩白菜素对慢性阻塞性肺疾病大鼠肺功能及血气分析的影响［J］.世界临床药物，2017，38（4）：248–251.

［37］任晓磊.基于代谢组学的慢性支气管炎发病机理及岩白菜素作用机制研究［D］.北京：北京中医药大学，2016.

［38］蒲含林.岩白菜素清除小鼠脑组织自由基及抗脂质过氧化作用［J］.暨南大学学报，2006，（2）：239–241.

［39］田景全，胡正晖.岩白菜治疗外伤性出血［J］.中国民间疗法，2007，15（7）：59–60.

［40］Dong G，Zhou Y，Song X. In vitro inhibitory effects of bergenin on human liver cytochrome P450 enzymes［J］. Pharm Biol，2018，56（1）：620–625.

［41］窦伟，李英伦，肖潇，等.岩白菜素在小鼠体内的药动学研究［J］.中国畜牧兽医文摘，2015，31（5）：64–65.

［42］秦瑄，周丹，黄园.岩白菜素大鼠在体肠吸收动力学的研究［J］.四川大学学报（医学版），2007，38（6）：1013–1016.

［43］秦瑄.岩白菜素的生物药剂学和药代动力学基础研究［D］.成都：四川大学，2007.

［44］郑新宇，郑丽辉，谢勇平，等.岩白菜素在兔子体内药物代谢动力学［J］.云南大学学报，2011，33（2）：206–209.

［45］秦瑄，周丹，张志荣，等.岩白菜素的大鼠在体肠吸收动力学［J］.华西药学杂志，2007，22（2）：186–188.

［46］Seyfizadeh N，Tazehkand MQ，Palideh A，et al. Is arbutin an effective antioxidant for the discount of oxidative and nitrosative stress in Hep–G2 cells exposed to tert–butyl hydroperoxide?［J］.

Bratisl Lek Listy, 2019, 120（8）：569-575.

［47］Dastan Z, Pouramir M, Ghasemi-Kasman M, et al. Arbutin reduces cognitive deficit and oxidative stress in animal model of Alzheimer's disease［J］. Int J Neurosci, 2019, 129（11）：1145-1153.

［48］Lv L, Zhang J, Tian F, et al. Arbutin protects HK-2 cells against high glucose-induced apoptosis and autophagy by up-regulating microRNA-27a［J］. Artif Cells Nanomed Biotechnol, 2019, 47（1）：2940-2947.

［49］何盾, 吴芳兰, 徐晓芃, 等. 熊果苷对黄褐斑鼠模型治疗效果及机制研究［J］. 中国现代医学杂志, 2018, 28（34）：6-10.

［50］Liu B, Wang M, Wang X. Phytochemical analysis and antibacterial activity of methanolic extract of *Bergenia purpurascens* against common respiratory infection causing bacterial species in vitro and in neonatal rats［J］. Microb Pathog, 2018, 117：315-319.

［51］SooPAT. 岩白菜［A/OL］.（2020-03-15）［2020-03-15］. http://www2.soopat.com/Home/Result?Sort=&View= &Columns=&Valid=&Embed=&Db=&Ids=&FolderIds=&FolderId=&ImportPatent Index=&Filter=&SearchWord=%E5%B2%A9%E7%99%BD%E8%8F%9C&FMZL=Y&SYXX=Y&FMSQ=Y.

［52］周国雁, 李文春, 郭凤根. 云南岩白菜资源调查及其生物学特性观察［J］. 中国农学通报, 2007, 23（5）：390-392.

［53］Zhang L, Luo T, Liu X, et al. Altitudinal variation in leaf construction cost and energy content of *Bergenia purpurascens*［J］. Acta Oecol, 2012, 43：72-79.

［54］陈骊君, 郭凤根. 不同光质对岩白菜农艺性状的影响［J］. 西北农林科技大学学报, 2015, 43（2）：217-222.

［55］杨丽云, 陈翠, 汤王外, 等. 药用植物岩白菜种子发芽特性研究［J］. 种子, 2010, 29（12）：81-82, 86.

［56］李玉强, 郭凤根, 王仕玉, 等. 5种药剂处理对岩白菜种子出苗率的影响［J］. 种子, 2013, 32（3）：70-72.

［57］赵桂茹, 王仕玉, 郭凤根, 等. 不同相对光照强度对岩白菜产量和品质的影响［J］. 西部林业科学, 2013, 42（6）：104-108.

［58］吕秀立, 张群, 陈香波, 等. 岩白菜属植物规模化繁殖及遗传稳定性［J］. 植物学报, 2018, 53（5）：643-652.

［59］林凯, 王仕玉, 郭凤根. 岩白菜中熊果苷积累动态分析［J］. 中成药, 2019, 41（7）：1736-1738.

［60］刘喜军, 王仕玉, 郭凤根, 等. 岩白菜中没食子酸的积累动态的研究［J］. 时珍国医国药, 2015, 26（12）：2848-2850.

［61］舒光明, 张永林. 岩白菜及其混淆品的生药鉴别［J］. 中药材, 1991, 14（8）：15-20.

［62］尹冬梅, 赵振宇, 郭凤根, 等. 岩白菜实时荧光定量PCR分析的内参基因的筛选［J］. 基因组学与应用生物学, 2017, 36（10）：4256-4262.

岩白菜

［63］刁雨辰，李沛欣，郭凤根，等.基于转录组序列的岩白菜SSR位点特征与引物开发［J］.分子植物育种，2019，17（22）：7428-7432.

［64］王仕玉，郭凤根，张应华，等.18份滇产岩白菜资源的ISSR分析［J］.中国农学通报，2012，28（7）：114-118.

［65］刘芸君，王仕玉，郭凤根，等.岩白菜ISSR-PCR反应体系的优化［J］.生物技术，2012，22（1）：52-55.

［66］左佩佩，李敏敏，胡军华，等.岩白菜内酯对柑橘病原真菌抑制作用研究［J］.中国南方果树，2012，41（4）：1-4.

［67］柏梦焱，朱琼洁，赵泽清，等.大理苍山5种野生植物对甲醛净化能力比较研究［J］.大理大学学报，2016，1（12）：75-81.

岩陀

【**植物基原**】本品为虎耳草科鬼灯檠属植物西南鬼灯檠 *Rodgersia sambucifolia* Hemsl. 及羽叶鬼灯檠 *R. pinnata* Franch. 的根茎。

【**别名**】红升麻、蛇疙瘩、毛青红、毛七、红姜、毛头寒药。

【**白语名称**】绕忧倍（剑川）、满忧（鹤庆、大理）、含忧、绕德补、散忧。

【**采收加工**】秋冬初采挖，洗净，晒干；或切片晒干，研粉备用。

【**白族民间应用**】治四季感冒、风湿痛、痢疾、外伤出血、妇人崩漏、尿血、小便淋漓涩痛、痛经、月经过多、跌打损伤。

【**白族民间选方**】①外伤出血：本品研细粉外敷。②跌打损伤、风湿性关节炎：本品适量泡酒服。

【**化学成分**】西南鬼灯檠含 yantuines I-III（1～3）、14α-hydroxy-7α-ethoxy-11, 16-diketo-apian-8-en-（20,6）-olide（4）、7α-hydroxy-11, 16-diketo-apian-8, 14（15）-dien-（20, 6）-olide（5）、岩白菜素（bergenin, 6）、7-methoxybergenin（7）、5, 4'-dihydroxy-7, 8-［（3″, 4″-dihydro-3″, 4″-dihydroxy）-2″, 2″-dimethylpyran］-flavone（8）、5, 4'-dihydroxy-3', 5'-dimethoxy-6, 7-（2″, 2″-dimethylpyran）-flavone（9）、quercetin（10）、（+）-catechin（11）、儿茶素-3-O-没食子酸酯（12）、procyanidin B-2 monogallate（13）、hypophyllanthin-2α-O-β-apiofuranosyl-（1→6）-O-β-glucopyranoside（14）、8-methoxyhy-pophyllanthin-2α-O-β-apiofuranosyl-（1→6）-O-β-gluco- pyranoside（15）、（7S, 8R）-2, 4-dihydroxy-7, 3'-epoxy-8, 4'-oxyneolign-7'-ene（16）、（7S, 8S）-2, 4-dihydroxy-7, 3'-epoxy-8, 4'-oxyneolign-7'-ene（17）、（7S, 8R）-2, 4-dihydroxy-7, 3'-epoxy-8, 4'-oxyneolign-7'-ine（18）、（7S, 8S）-2, 4-di-hydroxy-7, 3'-epoxy-8, 4'-oxyneolign-7'-ine（19）、2, 2-dimethyl-2H-（8-hydroxyl-6-acetyl）-［2,3-b］pyran-8-O-β-D-apiofuranosyl-（1→6）-β-D-glucopyranoside（20）、ergosterol（21）、stigmast-5-en-3β-ol（22）、齐墩果酸（23）、*p*-hydroxybenzoic acid（24）、methylparaben（25）、（E）-3, 7-dimethyl-1-O-［α-L-rhamnopyranosyl-（1→6）-β-D-glucopyranosyl］-oct-2-en-7-ol（26）、（E）-3, 7-dimethyl-1-O-［α-L-arabino-furanosyl-（1→6）-β-D-glucopyranosyl］-oct-2-en-7-ol（27）、geranyl-1-O-α-L-arabinofuranosyl-（1→6）-β-D- glucopyranoside（28）、geranyl-1-O-α-L-rhamnopyranosyl-（1→6）-β-D-glucopyranoside（29）、geranyl-1-O-β-D-xylopyranosyl-（1→6）-β-D-glucopyranoside（30）、geranyl-1-O-α-L-arabinopyranosyl-（1→6）-β-D-glucopyranoside（31）等化合物 [1-16]。

岩陀

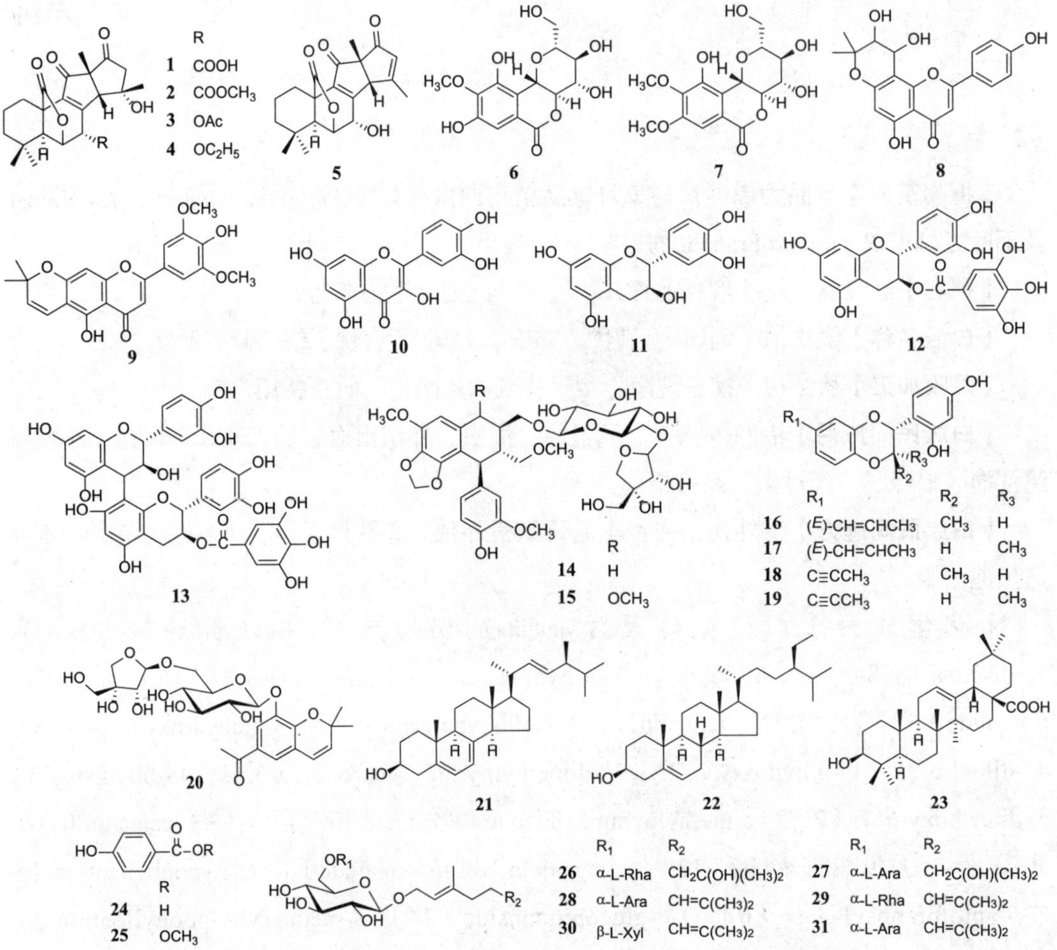

R
1 COOH
2 COOCH₃
3 OAc
4 OC₂H₅

5

6

7

8

9

10

11

12

13

14 R H
15 R OCH₃

R₁ R₂ R₃
16 (E)-CH=CHCH₃ CH₃ H
17 (E)-CH=CHCH₃ H CH₃
18 C≡CCH₃ CH₃ H
19 C≡CCH₃ H CH₃

20

21

22

23

24 R H
25 R OCH₃

R₁ R₂
26 α-L-Rha CH₂C(OH)(CH₃)₂
28 α-L-Ara CH=C(CH₃)₂
30 β-L-Xyl CH=C(CH₃)₂

R₁ R₂
27 α-L-Ara CH₂C(OH)(CH₃)₂
29 α-L-Rha CH=C(CH₃)₂
31 α-L-Ara CH=C(CH₃)₂

1985～2015 年共由岩陀中分离鉴定了 73 个化学成分：

序号	化合物名称	结构类型	参考文献
1	（+）-Catechin	黄酮	［2，3，7，11，13］
2	（3-O-Galloyl）-epicatechin-（4β-8）-（3-O-galloyl）-epicatechin	黄酮	［10］
3	（7S，8R）-2，4-Dihydroxy-7，3′-epoxy-8，4′-oxyneolign-7′-ene	木脂素	［3］
4	（7S，8R）-2，4-Dihydroxy-7，3′-epoxy-8，4′-oxyneolign-7′-ine	木脂素	［3］
5	（7S，8S）-2，4-Dihydroxy-7，3′-epoxy-8，4′-oxyneolign-7′-ene	木脂素	［3］
6	（7S，8S）-2，4-Dihydroxy-7，3′-epoxy-8，4′-oxyneolign-7′-ine	木脂素	［3］
7	（E）-3，7-Dimethyl-1-O-［α-L-arabinofuranosyl-（1→6）-β-D-glucopyranosyl］-oct-2-en-7-ol	单萜	［3，6，7］
8	（E）-3，7-Dimethyl-1-O-［α-L-rhamnopyranosyl-（1→6）-β-D-glucopyranosyl］-oct-2-en-7-ol	单萜	［3，6，7］

序号	化合物名称	结构类型	参考文献
9	1，2，4，6-Telra-O-galloyl-*β*-D-glucose	没食子酸酯	[10，13]
10	11-O-Galloylbergenin	岩白菜素类	[4，7，13]
11	14*α*-Hydroxy-7*α*-ethoxy-11，16-diketo-apian-8-en-（20，6）-olide	二萜	[3，9]
12	1-O-Galloyl-*β*-D-glucose	没食子酸苷	[7]
13	2，2-Dimethyl-2*H*-（8-hydroxyl-6-acetyl）-［2，3-b］pyran-8-*O*-*β*-D-apiofuranosyl-（1→6）-*β*-D-glucopyranoside	糖苷	[3]
14	2，4，6-Tri-O-galloyl-D-glucose	没食子酸酯	[13]
15	3，3′，4′，5，7-Pentahydroxuflaven	黄酮	[4]
16	3，4-Dihydroxybenzoic acid	酚酸	[1]
17	3，5-Dimethoxy-4-O-*β*-D-glucopyranosyl-phenylpropane-7，8，9-triol	苯丙素	[7]
18	3-Methoxy-4-O-*β*-D-glucopyranosyl-phenylpropane-7，8，9-triol	苯丙素	[7]
19	3-O-Galloyl-（-）-epicatechin	黄酮	[7，10]
20	3-O-Galloylprocyanidin B-l	黄酮	[13]
21	3-O-Methylgallic acid	酚酸	[1]
22	3-O-*β*-Hydroxy-*δ*-8-*α*-（3，4-dihydroxyphenyl）-penranone	黄酮	[4]
23	3-O-*β*-Hydroxy-*δ*-8-*β*-（3，4-dihydroxyphenyl）-penranone	黄酮	[4]
24	3*α*-O-（E）-*p*-Hydroxy-cinnamoyl-olean-12-en-27-oic acid	三萜	[7]
25	3-*β*-Hydroxy-olean-12-en-27-oic acid	三萜	[1]
26	4，6-Di-O-galloylarbutin	没食子酸酯	[13]
27	4-O-Galloylbergenin	岩白菜素类	[7，13]
28	4-O-Methylgallic acid	没食子酸酯	[1]
29	5，4″-Dihydroxy-7，8-［（3″，4″-dihydro-3″，4″-dihydroxy）-2″，2″-dimethylpyran］-flavone	黄酮	[3]
30	5,4′-Dihydroxy-3′,5′-dimethoxy-6,7-（2″,2″-dimethylpyran）-flavone	黄酮	[3]
31	6-O-Galloylarbutin	没食子酸酯	[13]
32	6-O-Galloyl-D-glucose	没食子酸酯	[7]
33	7-Methoxybergenin	岩白菜素类	[3，12，14]
34	7-O-Galloyl-（+）-catechin	黄酮	[13]
35	7*α*-Hydroxy-11，16-diketo-apian-8，14（15）-dien-（20，6）-olide	二萜	[3，9]

岩陀

序号	化合物名称	结构类型	参考文献
36	Arbutin	酚酸	[12, 13, 15]
37	Benzoic acid, 3, 4, 5-trihydroxy-ethyl ester	酚酸	[1]
38	Bergenin	岩白菜素类	[1-4, 11-15]
39	Catechol	酚酸	[1]
40	Daucosterol	甾体	[1, 7]
41	Epicatechin-3-O-gallate	黄酮	[2]
42	Ergosterol	甾体	[3, 12]
43	Gallic acid	酚酸	[4, 7, 12, 15]
44	Geranyl-1-O-α-L-arabinofuranosyl- (1→6) -β-D-glucopyranoside	单萜	[3, 6, 7]
45	Geranyl-1-O-α-L-arabinopyranosyl- (1→6) -β-D-glucopyranoside	单萜	[3, 6, 7]
46	Geranyl-1-O-α-L-rhamnopyranosyl- (1→6) -β-D-glucopyranoside	单萜	[3, 6, 7]
47	Geranyl-1-O-β-D-xylopyranosyl- (1→6) -β-D-glucopyranoside	单萜	[3, 6, 7]
48	Junipetrioloside B	苯丙素	[7]
49	Kaempferol-3-O-α-L-3-acetyl-arabinofuranoside	黄酮	[5]
50	Kaempferol-3-O-α-L-5-acetyl-arabinofuranoside	黄酮	[5]
51	Linalool	单萜	[12]
52	Methyl gallate	酚酸	[10]
53	Methyl paraben	酚酸	[3]
54	Methyl-2, 6-dihydroxyphenglacetae	酚酸	[12]
55	Oleanolic acid	三萜	[2]
56	p-Hydroxybenzoic acid	酚酸	[3]
57	Procyanidin B-3	黄酮	[13]
58	Procyanidin B-2 monogallate	黄酮	[3, 11]
59	Quercetin	黄酮	[3, 7, 12]
60	Quercetin-3-O-α-L-3, 5-diacetyl-arabinofuranoside	黄酮	[5]
61	Rutin	黄酮	[4]
62	Stigmast-5-en-3β-ol	甾体	[3, 12]

序号	化合物名称	结构类型	参考文献
63	Yantuine Ⅰ	二萜	[8]
64	Yantuine Ⅱ	二萜	[8]
65	Yantuine Ⅲ	二萜	[8]
66	β-Peltoboykinolicacid（3β-Hydroxy-olean-12-en-27-oic acid）	三萜	[7]
67	β-Sitosterol	甾体	[7]
68	二十六烷酸	其他	[7]
69	鬼灯檠新内酯	岩白菜素类	[15]
70	鬼灯檠酯	酚酸	[15]
71	十八烷酸	其他	[7]
72	十六烷酸	其他	[7]
73	紫丁香酸	酚酸	[12, 15]

此外，岩陀挥发性成分也有研究报道，共鉴定出 31 个化学成分[17]。

同属植物羽叶鬼灯檠中的化合物与西南鬼灯檠中的基本相似，在此不再赘述。

【药理药效】岩陀的活性成分主要为岩白菜素，具有与岩白菜类似的药理活性。具体为：

1. 抗菌、抗病毒、免疫增强活性

（1）抗菌活性：岩陀提取物对金黄色葡萄球菌、绿脓杆菌、大肠杆菌、福氏痢疾杆菌均有抑制作用，其醋酸乙酯、丙酮提取液对肺炎克雷伯菌、胸膜肺炎放线杆菌也有一定抑制作用[18]。七叶鬼灯檠对表皮葡萄球菌、白色葡萄球菌、巨大芽孢杆菌、凝结芽孢杆菌、肺炎克雷伯菌、酿酒酵母、粘红酵母和解脂假丝酵母具有不同强度的抑制作用[19]。进一步对七叶鬼灯檠乙醇提取物及其萃取部位进行抗菌活性研究，发现正丁醇部分和乙酸乙酯部分对受试菌都具有较强的抑制活性，尤其对绿脓杆菌[20, 21]。

（2）抗病毒活性：鬼灯檠的乙醇浸膏在一定浓度下，不仅抑灭 DNA 病毒，还抑制 RNA 病毒；其不同极性的提取部分对Ⅰ～Ⅵ型柯萨奇 B 组病毒和Ⅰ型单纯疱疹病毒（HSV-1）有不同程度的抑制作用，对细胞外病毒的抑灭作用较强，但对细胞内的病毒抑灭作用较差[22]。

（3）免疫增强作用：岩白菜素能增强小鼠的免疫功能[23]。

2. 对呼吸系统的作用　岩陀中的岩白菜素对电刺激猫喉上神经所引起的咳嗽及氨水喷雾引起的小鼠咳嗽都有明显的止咳作用。岩白菜素选择性抑制咳嗽中枢，对呼吸中枢无抑制作用，对尼可刹米引起的呼吸兴奋也无明显对抗作用[24]。

3. 对消化系统的作用　Abe 等[25]发现岩白菜素可预防压力诱导的胃溃疡形成，其机制可能是阻止乙酰胆碱的释放，并提高胃动力。陈聪颖等[26]研究发现日本鬼灯檠地上部分对过氧化氢损伤原代培养的大鼠肝细胞具有保护作用，其中3位有α-L-吡喃鼠李糖基成分的保肝作用强于3位上有α-L-吡喃阿拉伯糖基成分的。

4.其他作用 岩白菜素还有护肝、抗心律失常[27]、改善大鼠胰岛素抵抗的作用[28]。

5.毒性 研究表明鬼灯檠没有或很少有毒副反应，最大无毒浓度为0.191mg/mL[22]。向小鼠腹腔注射岩白菜素，最小致死量为10g/kg。给幼大白鼠连续服用岩白菜素60天，发现药物对幼白鼠的生长发育、肝功能以及心电图并无影响，对心、肝、脾、胃、肾、肠、脑等脏器无毒性作用[24]。谢相悦等[29]对岩陀中黄酮类成分进行毒性实验研究，结果表明，岩陀黄酮化合物在实验剂量范围内属于安全无毒。

【开发应用】

1.标准规范 岩陀有药品标准8项、药材标准4项、中药饮片炮制规范1项。具体是：

（1）药品标准：岩鹿乳康片（YBZ12062006-2009Z）、岩鹿乳康胶囊［WS-10306（ZD-0306）-2002-2011Z］、散痛舒片（WS₃-B-4023-98）、涩肠止泻散［WS-10653（ZD-0653）-2002-2011Z］、饿求齐胶囊（国药准字Z20025685）、散痛舒分散片（国药准字Z20090669）、散痛舒胶囊（YBZ01152005-2011Z）、散痛舒分散片（国药准字Z20090730）。

（2）药材标准：岩陀［《湖南省中药材标准》（2009年版）］、岩陀（毛青冈）［《贵州省中药材、民族药材质量标准》（2003年版）、《贵州省中药材质量标准》（1988年版）］、岩陀［《中国药典》（1977年版）一部］。

（3）中药饮片炮制规范：岩陀［《湖南中药饮片炮制规范》（2010年版）］。

2.专利申请 专利检索结果显示，与岩陀相关的专利共65项[30]，其中有关岩陀与其他中药材组成的中药制剂的专利61项，有关种植栽培的专利4项。

专利检索结果显示，大部分专利为岩陀与其他中药材组合物用于治疗各种疾病，包括胃炎、十二指肠溃疡、痤疮、慢性宫颈炎、月经不调、原发性痛经寒凝血瘀证、乳腺增生、膀胱结石、支气管哮喘、小儿疳积、对称性进行性红斑角化症、视神经炎、肾阳虚痹证、肾阴虚痹证、风湿性多肌痛、骨裂伤、水貂自咬症、硬皮病、放射性内分泌紊乱、颈椎炎、风湿关节炎、恶性小汗腺汗孔瘤、多肌腱末端病、产后泌乳障碍、慢性肾衰竭、恶性肿瘤化疗后便秘、腹痛、黄褐斑。其他应用包括岩鹿乳康制剂、清肝明目汤料以及一种稳定性好且生物利用度高的岩陀药物组合物及制备方法与应用。

其中代表性的专利如下：

（1）王颜等，一种用于治疗黄褐斑的药物及其制备方法（CN104666719A）（2015年）。

（2）武亮，一种治疗恶性肿瘤化疗后便秘的中药组合物（CN104922312A）（2015年）。

（3）郑玉霞，一种用于治疗放射性内分泌紊乱的中药制剂及制备方法（CN105596907A）（2016年）。

（4）梁干君，一种用于治疗胃病的中药组合物及其制备方法（CN105796905A）

（2016年）。

（5）王文春，一种治疗支气管哮喘的药物及其制备方法（CN107441411A）（2017年）。

（6）罗永贤等，一种治疗急性肠炎的药物组合物及其制备方法、制剂与应用（CN107625818A）（2018年）。

（7）赵天云，治疗十二指肠溃疡的中药（CN108143927A）（2018年）。

（8）王礼华等，一种治疗慢性宫颈炎的中西药复合制剂及制备方法（CN107913307A）（2018年）。

（9）徐天才等，一种痤疮药膏及其制备方法（CN107961323A）（2018年）。

（10）舒相华等，岩陀黄酮、黄柏黄酮和当归多糖复合物在制备兽药中的应用（CN108635445A）（2018年）。

本书作者研究团队申请的相关专利：姜北等，岩陀提取物及其药物组合物的制备方法和应用（CN109331090A）（2019年）。

岩陀相关专利最早出现的时间是2002年；2015～2020年申报的相关专利占总数的58.5%；2010～2020年申报的相关专利占总数的83.1%；2000～2020年申报的相关专利占总数的100%。

3. 栽培利用 根据指标成分和土壤类型关系的分析，黄壤、黄棕壤、紫色土较适合岩陀中岩白菜素的积累，建议在黄壤和黄棕壤的地块发展岩陀的栽培[31]。

4. 生药学探索 西南鬼灯檠：性状鉴别：根茎圆柱形或扁圆柱形，长8～25cm，直径1.5～6cm。表面褐色，有纵皱纹，上侧有数个黄褐色茎痕，一端有残留叶基和黑褐色苞片及棕色长绒毛，下侧有残存细根及根痕。质坚硬，不易折断，断面黄白色或粉红色，有纤维状突起及多数白色亮晶小点。气微，味苦、涩、微甘。以条粗、断面色黄白或粉红、质坚者为佳。显微鉴别：根茎横切面，木栓层缰胞15～25列。皮层中偶有根迹维管束。维管束外韧型，大小不一，断续环列，有的韧皮部外侧有纤维束，木质部内侧的导管中常含黄棕色物质，束内形成层明显，射线宽窄不一。髓部宽大，髓周有维管束散在，其韧皮部位于内侧，木质部位于外侧。薄壁细胞中含淀粉粒及草酸钙针晶束[32]。

羽叶鬼灯檠：显微鉴别：横切面木栓层15～25列细胞。皮层中偶有根迹维管束。维管束外韧形，大小不一，断续环列，有的韧皮部外侧有纤维束，木质部内侧的导管中常含黄棕色物质，束内形成层明显，射线宽窄不一。髓部宽大，髓周有维管束散在，其韧皮部位于内侧，木质部位于外侧。薄壁细胞中含有淀粉粒及草酸钙针晶束。粉末显微：木栓细胞呈多角形，黄棕色，壁增厚。导管为梯纹导管和螺纹导管，直径24～38μm。非腺毛由1～4个细胞组成，壁薄，外壁光滑。淀粉粒众多，多单粒，呈类椭圆形、卵圆形、三角形或不规则形，脐点呈裂缝状或人字形，多数不甚明显，有的隐约可见层纹，直径2～16μm。草酸钙针晶单个散在，长30～86μm[33]。

2011年，王燕等[34]收集20批岩陀药材，以岩陀中主要成分岩白菜素为指标，分别采用TLC和HPLC法进行定性鉴别和含量测定研究，其余检查项目参照《中国药典》方

岩陀

法进行检测。对岩陀的水分、总灰分、酸不溶性灰分、浸出物、薄层色谱鉴别、岩白菜素含量等质量标准项目进行了全面系统地研究和归纳。其实验研究可作为岩陀药材质量标准的修订内容。

2016年，潘玉杰等[35]采用高效液相色谱（HPLC）法测定岩陀中有效成分岩白菜素含量，色谱柱用C18（250mm×4.6mm，5μm）；甲醇：水（25：75）为流动相；检测波长为275nm，流速1.0mL/min，进样量10μL；并进行水分检查、总灰分测定、酸不溶性灰分测定。岩陀药材水分限度应低于14%，总灰分量应低于6%，酸不溶性灰分应低于1%。岩白菜素浓度在0.02～1.00mg/mL呈良好线性关系，r=0.9999。平均加样回收率为98.67%、101.84%、100.28%，RSD分别为2.43%、0.85%、0.84%（n=3）。该方法准确灵敏，重复性好，提升后的质量标准能更有效地控制岩陀药材质量。

5. 其他应用 岩鹿乳康胶囊由岩陀、鹿衔草、鹿角霜三味中药组成，益肾，活血，软坚散结，用于肾阳不足、气滞血瘀所致的乳腺增生症，临床上多用于治疗乳腺增生症和月经不调[36-45]。

【药用前景评述】岩陀主产于云南、贵州、四川等省，主要有两个植物基原，其中西南鬼灯檠主要分布于海拔2200～3500m的林下、灌丛、草甸或石隙，而羽叶鬼灯檠则主要生长在海拔2400～3800m的林下、林缘、灌丛、高山草甸或石隙。滇西北白族、纳西族、傈僳族、彝族等多个少数民族对其有药用记载。岩陀在大理苍山、洱源等地有大量天然分布，因此是白族传统药用植物，主要用于治疗感冒、风湿痛、外伤出血、跌打损伤等病症。现代研究已证实，岩陀具有抗菌、抗病毒、免疫增强活性，对呼吸道与消化系统疾病也有显著的作用，显示该植物白族药用方式的合理性。目前，有关岩陀的研究与开发利用已有一定的进展，产生了一系列标准、产品、专利，其应用前景值得期待。

参考文献

［1］张诗昆.海枣和岩陀的化学成分研究［D］.昆明：云南中医学院，2015.

［2］施贵荣，李冬梅，刘光明.西南鬼灯檠的化学成分研究［J］.大理学院学报，2008，7（4）：1-2.

［3］Hu HB, Jian YF, Cao H, et al. Chemical constituents from the root bark of *Rodgersia Sambucifolia*［J］. J Chin Chem Soc, 2007, 54（1）: 75-80.

［4］罗万玲.美洲大蠊和岩陀的化学成分研究［D］.昆明：昆明理工大学，2007.

［5］Chin YW, Kim J. Three new flavonol glycosides from the aerial parts of *Rodgersia podophylla*［J］. Chem Pharm Bull, 2006, 54（2）: 234-236.

［6］嵇长久，谭宁华，付娟，等.羽叶鬼灯檠中的单萜二糖苷（英文）［J］.云南植物研究，2004，26（4）：465-470.

［7］嵇长久.羽叶鬼灯檠的化学成分及活性研究和两种生物活性筛选模型的应用研究［D］.昆明：中国科学院昆明植物研究所，2004.

［8］Zheng SZ, An HG, Shen T, et al. Studies on the new diterpene lactones from *Rodgersia sambucifolia* H [J]. Indian J Chem B, 2002, 41 (1): 228-231.

[9] Zheng SZ, Yang CX, Fu ZS, et al. Two new diterpene lactones from *Roadgersia aesculifolia* [J]. Planta Med, 1998, 64 (6): 579-580.

[10] 刘延泽, 袁珂, 王玲, 等. 鬼灯擎中丹宁类化合物的分离及结构的核磁共振分析 (Ⅱ) [J]. 天然产物研究与开发, 1995, 7 (3): 1-7.

[11] 袁珂, 吉田隆志. 鬼灯擎根茎中丹宁及多元酚类化合物的分离与鉴定 I [J]. 河南科学, 1994, 12 (1): 38-43.

[12] 沈序维, 郑尚珍, 付正生, 等. 鬼灯擎化学成分的分离和鉴定 [J]. 高等学校化学学报, 1987, 8 (6): 528-532.

[13] Chen XM, Yoshida T, Hatano T, et al. Galloylarbutin and other polyphenols from *Bergenia purpurascens* [J]. Phytochemistry, 1987, 26 (2): 515-517.

[14] 付正生, 郑尚珍, 沈序维. 两种异香豆精类化合物的分离和鉴定 [J]. 西北师范大学学报, 1986, (1): 30-34.

[15] 郑尚珍, 沈序维. 鬼灯檠化学成分的研究 (Ⅰ) [J]. 化学通报, 1985, (6): 20-21.

[16] Hu HB, Zheng SZ, Zheng XD, et al. Chemical constituents of *Rodgersia sambucifolia* Hemsl [J]. Indian J Chem B, 2005, 44 (11): 2399-2403.

[17] 郑尚珍, 沈序维, 陈颢, 等. 中药鬼灯擎根精油成分的研究 [J]. 有机化学, 1988, (8): 143-146.

[18] 张东佳, 杨永建, 史彦斌, 等. 鬼灯檠的体外抑菌及急性毒性试验 [J]. 中成药, 2005, 27 (5): 604-605.

[19] 王健, 黄慧, 王喆之, 等. 七叶鬼灯檠挥发油及不同提取物抑菌活性的研究 [J]. 食品工业科技, 2013, (1): 74-76, 84.

[20] 蔡正军, 但飞君, 李海龙, 等. 鬼灯檠的抗菌有效部位研究 [J]. 实用医学进修杂志, 2009, 37 (1): 54-57.

[21] 郑尚珍, 沈序维, 付正生, 等. 薄层层析——分光光度法联用测定鬼灯檠甲素和乙素的含量 [J]. 西北师范大学学报, 1984, (4): 93-96.

[22] 徐以珍, 白翠贤, 周琪, 等. 黄药子乙醇浸膏管内抑制灭活病毒的研究 [J]. 中国药学杂志, 1988, 23 (9): 535-537.

[23] 阿斯亚·拜山佰, 刘发. 岩白菜素的免疫增强作用 [J]. 新疆医学院学报, 1998, 21 (3): 189-193.

[24] 李百华, 王俊平. 岩白菜素研究概况 [J]. 西北药学杂志, 1990, 5 (3): 45-47.

[25] Abe K, Sakai K, Uchida M. Effects of bergenin on experimental ulcers-prevention of stress induced ulcers in rats [J]. Gen Pharmacol, 1980, 11 (4): 361-368.

[26] 陈聪颖. 日本鬼灯檠地上部分中具肝保护作用的黄酮醇苷 [J]. 国外医药 (植物药分册), 2005, 20 (4): 163.

[27] Pu HL, Huang X, Zhao JH, et al. Bergenin is the antiarrhythmic principle of *Fluggea virosa* [J]. Planta Med, 2002, 68 (4): 372.

岩陀

［28］金文，罗骏，张广庆，等.岩白菜素改善大鼠胰岛素抵抗［C］//第十一次全国中西医结合学会微循环学术会议会议指南及论文摘要.烟台，2011：58.

［29］谢相悦，宋春莲，舒相华，等.岩陀黄酮化合物毒理性试验［J］.中国兽医学报，2019，39（1）：117-120.

［30］SooPAT.岩陀［A/OL］.（2020-03-15）［2020-03-15］.http://www2.soopat.com/Home/Result? SearchWord=%E5%B2%A9%E9%99%80&FMZL=Y&SYXX=Y&WGZ L=Y&FMSQ=Y.

［31］李海涛，张高魁，张忠廉，等.云南省岩陀资源与适生环境因子分析［J］.中国现代中药，2019，21（10）：1314-1320，1333.

［32］国家中医药管理局《中华本草》编委会.中华本草［M］.上海：上海科技出版社，1999.

［33］马春云，沈嘉华.彝族药材岩陀显微及薄层色谱鉴别［J］.中国药业，2012，21（14）：99-100.

［34］王燕，鲍家科，金杨，等.岩陀药材质量标准研究［J］.中国实验方剂学杂志，2011，17（10）：85-88.

［35］潘玉杰，蒋坤，夏文，等.岩陀中岩白菜素含量测定［J］.医药导报，2016，35（10）：1130-1133.

［36］卜宁.岩鹿乳康胶囊治疗乳腺增生疗效观察［J］.北方药学，2016，13（2）：45.

［37］高智慧.岩鹿乳康胶囊配合乳腺中频仪治疗乳腺增生疗效观察［J］.按摩与康复医学，2016，7（5）：43-44.

［38］郭宇飞，周海军，赵素贞，等.岩鹿乳康胶囊联合逍遥丸治疗肝郁气滞型乳腺增生症60例疗效观察［J］.光明中医，2015，30（10）：2139-2140.

［39］李鸣晓.岩鹿乳康胶囊治疗乳腺增生症疗效分析［J］.河北医药，2012，34（4）：609.

［40］李瑞.岩鹿乳康胶囊治疗乳腺增生症兼月经不调168例临床观察［J］.中医中药，2015，13（2）：220-221.

［41］李志伟.岩鹿乳康胶囊治疗乳腺增生症兼月经不调的临床观察［J］.中外女性健康研究，2016，（15）：210，212.

［42］罗胜，赖立扬，伍植文，等.托瑞米芬片、岩鹿乳康胶囊及定向治疗仪联合治疗乳痛症效果观察［J］.深圳中西医结合杂志，2017，27（6）：33-34.

［43］彭绵林.岩鹿乳康胶囊联合逍遥丸治疗乳腺增生120例疗效观察［J］.中国现代药物应用，2011，5（12）：19-20.

［44］王丰莲，庞利涛，姜丽萍，等.三苯氧胺联合岩鹿乳康治疗子宫肌瘤伴乳腺增生的疗效观察［J］.实用癌症杂志，2015，30（6）：840-842.

［45］王晓武，杨勇莉，杨如易，等.三苯氧胺联合岩鹿乳康胶囊治疗中重度乳腺增生肾阳不足型疗效观察［J］.山东医药，2014，54（20）：61-62.

肺心草

【植物基原】本品为阴地蕨科阴地蕨属植物绒毛阴地蕨 *Botrychium lanuginosum* Wall. ex Hook. et Grev. 及阴地蕨 *B. ternatum*（Thunb.）Sw. 的全草。

【别名】蕨叶一枝蒿、蕨苗一枝蒿、小春花、大百改、蕨箕参、毛蕨鸡爪参。

【白语名称】汤支会、改滋忧（大理）、百桂勒（云龙关坪）、百改（剑川）。

【采收加工】夏秋采全草，干燥或鲜用。

【白族民间应用】治体虚咳嗽、头晕、肝肾虚哮喘、肺结核、肺脓肿、肺心病、肾炎水肿、植物药中毒及酒中毒。生咬鲜全草成团外敷用于治疗狂犬咬伤、蛇伤、疮痛，并可适量内服。

【白族民间选方】①肺结核咳嗽：本品50g，用猪肉炖服。兼虚热者加生地黄、黄柏，水煎服。②肺脓肿：本品30～50g，鱼腥草35g，水煎服。

【化学成分】阴地蕨主要含黄酮苷类化合物山柰酚 -3-O-α-L- 鼠李糖苷（1）、槲皮素 -3-O-α-L-鼠李糖苷（2）、kaempferol 3-O-（2″-O-β-D-glucopyranosyl）-α-L-rhamnopyranoside（3）、ternatumoside Ⅰ（4）、quercetin 3-O-（2″-O-β-D-glucopyranosyl）-α-L-rhamnopyranoside（5）、ternatumoside Ⅱ（6）、kaempferol 3-O-α-L-rhamnopyranoside-7-O-α-L-rhamnopyranoside（7）、kaempferol 3-O-β-D- glucopyranosyl-（1→2）-α-L-rhamnopyranoside-7-O-α-L-rhamnopyranoside（8）、quercetin 3-O-β-D-glucopyranosyl-（1→2）-α-L-rhamnopyranoside-7-O-α-L-rhamnopyranoside（9）、kaempferol 3-O-β-D-glucopyranosyl-（1→2）-O-α-L-rhamnopyranoside-7-O-β-D-glucopyranoside（10）、quercetin 3-O-α-L-（2-O-β-D-glucopyranosyl）rhamno- pyranoside-7-O-β-D-glucopyranoside（11）、ternatumoside Ⅸ（12）、quercetin 3-O-α-L-rhamnosyl-7-O-β-glucoside（13）、kaempferol 3-O-α-L-（2，3-di-O-β-D-glucopyranosyl）rhamnopyranoside（14）、ternatumoside Ⅲ（15）、ternatumoside Ⅳ（16）、ternatumoside Ⅴ（17）、ternatumoside Ⅵ（18）、ternatumoside Ⅶ（19）、ternatumoside Ⅷ（20）、ternatumoside Ⅹ（21）、kaempferol 3-O-α-L-［2，3-di-O-β-D-（6-E-*p*-coumaroyl）glucopyranosyl］- rhamnopyranosyl-7-O-α-L-rhamnopyranoside（22）、ternatumoside Ⅺ（23）、ternatumoside Ⅻ（24）、5-hydroxy-2-（4-hydroxyphenyl）-4-oxo-7-［（α-L-rhamnopyranosyl）oxy］-4H-chromen-3-yl β-D-glucopyranosyl-（1→2）-［β-D-glucopyranosyl-（1→4）］-{6-O-［（2*E*）-3-（4-hydroxyphenyl）prop-2-enoyl］-β-D-glucopyranosyl-（1→3）}-α-L-rhamnopyranoside（25）、5-hydroxy-2-（4-hydroxyphenyl）-4-oxo-7-［（α-L-rhamnopyranosyl）oxy］-4H-chromen-3-yl-{6-O-［（2E）-3-（4-hydroxyphenyl）prop-2-enoyl］-β-D-glucopyranosyl-（1→2）}-［β-D-glucopyranosyl-（1→4）］-{6-O-［（2E）-3-（4-hydroxyphenyl）prop-2-enoyl］-β-D-glucopyranosyl-（1→3）}-α-L-rhamnopyranoside（26）、 ternatumoside XIII（27）、ternatumoside XIV（28）、ternatumoside XV（29）、ternatumoside XVI（30）、ternatumoside XVII（31）、山奈酚 -7-O-α-L- 鼠李糖苷（32）、槲皮素 -7-O-β-D- 葡萄糖苷（33），以及阴地蕨素（ternatin，34）、少量黄酮苷元芹菜素（apigenin，35）、木犀草素（luteolin，36）、甾体等其他结构类型化合物[1-3]。

	R₁	R₂	R₃	R₄		R₁	R₂	R₃	R₄
1	H	H	H	H	**14**	H	H	H	H
2	H	OH	H	H	**15**	H	H	p-coumaroyl	H
3	H	H	Glc	H	**16**	H	p-coumaroyl	p-coumaroyl	H
4	H	H	Qui	H	**17**	H	H	H	Glc
5	H	OH	Glc	H	**18**	H	p-coumaroyl	H	Glc
6	H	H	H	Glc	**19**	H	H	p-coumaroyl	Xyl
7	Rha	H	H	H	**20**	Rha	H	H	H
8	Rha	H	Glc	H	**21**	Rha	H	p-coumaroyl	H
9	Rha	OH	Glc	H	**22**	Rha	p-coumaroyl	H	H
10	Glc	H	Glc	H	**23**	Glc	H	p-coumaroyl	H
11	Glc	OH	Glc	H	**24**	Glc	p-coumaroyl	H	H
12	Glc(2→1)Glc	H	Glc	H	**25**	Rha	H	p-coumaroyl	Glc
13	Glc	OH	H	H	**26**	Rha	p-coumaroyl	H	Glc
					27	Rha	H	p-coumaroyl	Xyl
					28	Rha	p-coumaroyl	p-coumaroyl	Xyl
					29	Glc	p-coumaroyl	p-coumaroyl	Xyl
					30	Glc	p-coumaroyl	p-coumaroyl	Glc
					31	Glc(6→1)Glc	p-coumaroyl	p-coumaroyl	H

32

33　**34**

	R₁	R₂
35	OH	H
36	H	OH

　　同属植物绒毛阴地蕨中的化合物与阴地蕨中的基本相似，主要含有（6'-O-palmitoyl）-sitosterol-3-O-β-D-glucoside、1-O-β-D-glucopyranosyl-（2S，3R，4E）-2-［（2（R）-hydroxy-hexadecanoyl）amino］-4-octadecaene-1，3-diol、1-O-β-D-glucopyranosyl-（2S，3R，4E，8Z）-2-［（2R-hydroxy- hexadecanoyl）amino］-4，8-octadecadiene-1，3-diol、2，3-dihydroxybenzoicacid、30-nor-21β-hopan-22-one、apigenin、D-tagatose、luteolin、luteolin-7-O-glucoside、sucrose、thunberginol A、daucosterol、β-sitosterol 等成分[4，5]。

【**药理药效**】肺心草作用广泛，对多个系统疾病表现出药理活性。

1. 抗肿瘤和增强免疫活性

（1）抗肿瘤作用：阴地蕨多糖对 3 种肿瘤细胞小鼠结肠癌细胞 CT-26、人慢性髓原白血病细胞 K562、小鼠血细胞 WEHI-3 均有生长抑制作用，且呈现一定的浓度依赖性，抑制作用强弱为 WEHI-3 > K562 > CT-26，IC_{50} 分别为 0.85mg/mL、2.13mg/mL、2.52 mg/mL[6]。阴地蕨粗多糖对人宫颈癌细胞 Hela 和人肺癌细胞 A549 的增殖也具有抑制作用，其中对于肺癌细胞增殖的抑制作用更强，并呈浓度依赖性和时间依赖性[7]。文献[8]的研究表明阴地蕨可通过抑制肿瘤细胞黏附、迁移及侵袭来抑制肿瘤的转移。除了有体外抗肿瘤活性外，阴地蕨对在体肿瘤也有抑制活性。王少明等[9]发现小春花（阴地蕨）对巴豆油所致的小鼠耳郭肿胀有明显的抑制作用，对 DM-BA/ 巴豆油诱发的小鼠皮肤乳头状瘤的形成有明显抑制作用，说明小春花具有较强预防癌症的作用。

（2）增强免疫活性：小春花（阴地蕨）滴丸能增强地塞米松导致的免疫低下小鼠的免疫功能，显著增加免疫力低下小鼠的胸腺重量，提高小鼠碳粒廓清能力和吞噬指数，具有提高网状内皮系统的功能。小春花还能对抗环磷酰胺导致的小鼠血清溶血素水平的下降，提高机体的非特异性免疫系统的功能[10]。含小春花（阴地蕨）复方制剂的小伏口服液具有双向免疫调节作用，对免疫功能低下者增强免疫，对免疫功能亢进者抑制免疫[11]。

2. 抑菌活性　阴地蕨多糖提取物对 3 种鱼病病原菌有抑制活性，尤其是对肠炎病病原菌，最小抑菌浓度为 6.25mg/mL[12]。阴地蕨粗多糖对于大肠杆菌和金黄色葡萄球菌均有抑制作用，其中抑制大肠杆菌的能力更强，最小抑菌浓度为 0.5mg/mL。阴地蕨粗多糖可不同程度地降低大肠杆菌和金黄色葡萄球菌的生长速率，缩小其生长范围，间接起到抑菌的作用[7]。对阴地蕨全草粉 95% 乙醇提取物不同有机相部位抗菌活性的研究表明，乙酸乙酯（EtOAc）部分和石油醚（PE）部分提取物对大肠杆菌及金黄色葡萄球菌均有抑制作用，两者对大肠杆菌的抑制效果均优于金黄色葡萄球菌。在大肠杆菌的抑菌活性方面，PE 部分优于 EtOAc 部分；而在金黄色葡萄球菌的抑菌活性方面，低浓度条件下 PE 部分优于 EtOAc 部分，高浓度下则相反[7]。

3. 抗炎、抗过敏活性　从阴地蕨分离鉴定出的水溶性多糖 BTp1 可以显著提高巨噬细胞 RAW264.7 中的 NO 活性，促进 NO 的释放[13]。小春花（阴地蕨）中的阴地蕨素和苷类衍生物具有抗炎、抗过敏等功效，效能强于消炎痛[14]。王少明等制成的小春花口服液有良好的抗炎、免疫调节、镇静和祛痰作用[15]。阴地蕨也能减轻变应性接触性皮炎样皮肤病变，机制为调节 Th2 型过敏反应和抑制炎症介质来减少变应性接触性皮炎模型小鼠的皮肤增厚[16]。

4. 抗氧化活性　阴地蕨抗氧化的主要活性成分为黄酮。赵之丽[17]对阴地蕨的总黄酮进行提取分离纯化，并考察其体内和体外的抗氧化活性。结果表明黄酮提取物有较强抗油脂氧化的活性，该活性与黄酮提取物浓度呈正相关。研究表明[18]阴地蕨的乙醇提取物对 DPPH、ABTS 自由基具有一定的清除能力，且提取物抗氧化活性与总黄酮和总酚含量正相关。周施雨[7]发现阴地蕨地上部分提取物对于 DPPH 自由基清除率高于地下部分，而对于 ABTS 自由基的清除率则低于地下部分，对于 Fe 的还原能力，两部分表现差异不大。进一步对阴地蕨全草粉末进行萃取后评价不同部分的抗氧化活性，结果表明乙酸乙酯部分

肺心草

提取物对 DPPH、ABTS 自由基清除能力均大于石油醚部分。体内实验中，阴地蕨提取物可以改善长时间高强度耐力运动后大鼠肾脏组织的氧化应激水平，增加肾脏组织的抗氧化酶活性和谷胱甘肽（GSH）含量，降低脂质过氧化反应，减少丙二醛（MDA）生成[19]。进一步对其活性成分分析发现阴地蕨中富含 β 胡萝卜素、维生素 C 等小分子抗氧化物质，可以提高机体抗氧化、抗疲劳能力，延缓疲劳的发生[20]。

5. 对呼吸系统的影响

（1）镇咳、抗哮喘活性：用不同溶剂萃取小春花（阴地蕨）后进行活性测定，发现氯仿层和乙酸乙酯层具有明显的镇咳作用并且能明显降低气道炎症反应[21]。其他研究[22]也有类似的结果，如阴地蕨的氯仿和乙酸乙酯提取物可明显减少 3 分钟内咳嗽次数、潮气量、嗜酸性粒细胞、淋巴细胞和中性粒细胞百分比；石油醚、三氯甲烷和正丁醇提取物降低了哮喘小鼠的呼吸间歇值；石油醚和乙酸乙酯提取物显著降低了 IL-4 的表达和 IL-4/TNF-α 比值；所有溶剂提取物均降低了 1 型半胱氨酰白三烯受体（CysLT$_1$）的 mRNA 表达。除了上述作用，阴地蕨还能升高 Th1/Th2 比值，明显抑制哮喘肺组织的病理改变，具有抗哮喘作用[23]。

（2）对肺动脉高压的影响：小春花对野百合碱诱导的大鼠肺心病具有一定的干预作用，但作用机制及起效的活性成分并不明确[24]。阴地蕨的乙酸乙酯浸出液对于野百合碱所致的肺动脉高压也有预防的作用，可减轻肺血管疾病，减少炎症通路 NF-κB 和 p65α-SMA 介导的炎症反应[25]。

6. 对其他系统的影响

（1）泌尿系统：每日灌服阴地蕨酊剂，连续 5 日，有非常显著的利尿作用，但活性成分不是钾盐[20]。小春花（阴地蕨）可降低高尿酸血症小鼠的血尿酸值[26]，可以用于高尿酸血症及痛风的治疗。小春花对腺嘌呤和乙胺丁醇诱导的高尿酸血症也有明显的干预作用[20]。

（2）肝脏：小春花（阴地蕨）能减少小鼠肝脏炎症因子转化因子 β$_1$（TGFβ$_1$）和结缔组织生长因子（CTGF）的表达，减轻肝细胞损伤，阻断和逆转肝纤维化的形成，对四氯化碳诱导的小鼠肝纤维化有明确的治疗作用，而对正常肝脏无明显毒性[27]。

（3）神经系统：从阴地蕨分离得到的黄酮类化合物 luteolin、apigenin、luteolin-7-O-glucoside 和苯酚类衍生物具有一定的 β 分泌酶抑制活性[4]，提示阴地蕨有治疗阿尔茨海默病的潜力。

【开发应用】

1. 标准规范　肺心草尚未见有相关的药品标准、药材标准及中药饮片炮制规范，但有较多的相关研究报道。

2. 专利申请　目前没有检索到绒毛阴地蕨的专利。与阴地蕨相关的专利有 50 项[28]，其中有关种植及栽培方法研究的专利有 3 项，阴地蕨与其他中药材组成中成药的专利有 29 项，其他专利 18 项。

专利信息显示，阴地蕨与其他中药材组成中成药用于各种疾病的治疗，包括：气阴两虚型干眼症、偏头痛、烧烫伤、擦伤及伤口感染、小儿急惊风、慢性中耳炎、癌症、癫狂、结合针灸治疗面肌痉挛、鼻息肉、白内障、风湿性关节炎、中风、顽固性头痛、小儿惊厥、雏鸡白痢病、辅助肿瘤化疗、脑胶质瘤、禽病毒性疾病、溢脂性皮炎、阴虚火旺证肾结核、风疹、老年性阴道炎、肺结核、肝阳上亢型偏头痛、精神分裂症、放射性肺损伤、痔疮、褥疮、高脂血症。

此外，阴地蕨还可用于制备治疗神经性头痛的饮料、清热口服液、中药洗鼻剂、灸药炷、药润肤乳液、清肺剂等。阴地蕨提取物可制备抗肿瘤转移的药物，可制备塑胶清洗剂、民间戒毒草药、沐浴泡腾片、清热沐浴露、重症监护室消毒的药剂等。在种植与栽培方面有高效仿野生栽培方法、阴地蕨孢子的繁殖方法等相关专利。

与肺心草相关的代表性专利如下：

（1）王少明等，阴地蕨提取物在制备抗肿瘤转移药物中的应用（CN101849975B）（2012年）。

（2）吉庆勇等，一种阴地蕨的高效仿野生栽培方法（CN103999673B）（2016年）。

（3）李蒋萍，一种治疗肺结核的中药汤剂（CN104971278A）（2015年）。

（4）张昕，一种阴地蕨清热口服液及其制备方法（CN106806692A）（2017年）。

（5）辛莉等，一种治疗气阴两虚型干眼症的中药（CN105708924A）（2016年）。

（6）陈向宇等，一种治疗手术后肺炎的中药制剂（CN106039063A）（2016年）。

（7）陈明宪，一种治疗肺癌、肺结核的药物及其制备方法（CN106963864A）（2017年）。

（8）覃泉芳，一种治疗肺结核的药物及其制备方法（CN107441424A）（2017年）。

（9）张继秋，一种治疗心脏疾病的药剂（CN109925434A）（2019年）。

（10）王慧玲，治疗偏头痛的药物（CN107982403A）（2018年）。

肺心草相关专利最早出现的时间是1995年。2015～2020年申报的相关专利占总数的58.0%；2010～2020年申报的相关专利占总数的96.1%；2000～2020年申报的相关专利占总数的98.2%。

3. 栽培利用　目前尚未见有关于作为药材的肺心草全人工栽培方面的研究报道。在大理当地白族人家中偶见野生移栽的肺心草，多作为观赏植物、盆景。

阴地蕨药材中木犀草素的含量在不同生长时期、不同部位有明显的变化规律。不同部位木犀草素的含量由高到低的顺序为叶、茎、根；一年生长期内在8月阴地蕨根、茎、叶中木犀草素的含量最高[29]。

有文献报道了绒毛阴地蕨茎顶端分生组织的发育过程。在幼嫩植株中，顶端活动由表层中间可见的一个倒金字塔顶端原始细胞控制。在青春发育期的植株中，虽然仍能识别出顶端原始细胞，但它已经变成一个长方形，甚至与基部侧的细胞相切。成年植株中已找不到顶端原始细胞，其顶端活动由形成离散层的一组细胞控制。一般来说，成体植株的分生组织由一个覆盖内部组织的表层细胞组成。根据细胞的染色情况和大小，可以进一步将内部组织分为三个区，即中心区、侧区和外周区[30]。

Imaichi 和 Nishida[31] 对阴地蕨叶片三维形态的发育解剖学进行了研究。Lee 等[32] 从阴地蕨根的表层细胞中观察到兰科菌根（orchid mycorrhizae）和丛植菌根（arbuscular mycorrhizae）两种类型的菌根，这在自然界是非常罕见的，尤其是发生在蕨类植物上。

通过高通量测序获得阴地蕨全转录组，通过生物信息学方法对其进行分析，得到阴地蕨转录组的整体注释信息，筛选出植物激素信号转导相关的潜在基因及其单核苷酸多态性（single nucleotide polymorphism，SNP）和短序列重复多态性（short sequence repeat polymorphism，SSR）等信息，为进一步从分子水平开展阴地蕨生长发育、品种鉴定等研究提供了有用的资源[33]。

4. 生药学探索 本品根状茎短，直立；根肉质，少分枝。孢子囊圆球形，黄色。气微，味微甘而微苦。根（直径 3mm）横切面：表皮细胞外壁木栓化，无根毛。皮层宽阔，细胞内充满淀粉粒。内皮层凯氏点明显。根的木质部为二到四元型，木质部中央常镶嵌 $4 \sim 8$ 个薄壁细胞。粉末灰绿色至棕褐色，淀粉粒直径 $2.5 \sim 15\mu m$，甚多，单粒，大多呈圆形和类圆形，脐点点状、星状、裂缝状或三叉状，层纹明显。复粒较多，由 $2 \sim 5$ 分粒组成，各分粒脐点明显。气孔特异，内陷，保卫细胞侧面观呈哑铃形或顶面观呈电话听筒状。孢子为四面体，三角状圆锥形，顶面观呈三角锥形，可见三叉状裂隙，侧面观呈类三角形，顶面观类圆形，直径 $15.5 \sim 39\mu m$，孢子边缘波状弯曲，外壁显类圆形或呈多角形的瘤状纹理。孢子囊壁细胞黄棕色，无细胞间隙，壁呈微波状弯曲或连珠状增厚。管胞多为孔纹，直径 $7.5 \sim 20\mu m$[34]。以木犀草素为对照品进行 TLC 色谱研究，采用紫外分光光度法测定总黄酮，高效液相色谱法测定木犀草素含量，并检查其水分、总灰分、酸不溶性灰分、醇溶性浸出物[7]。结果显示，TLC 采用硅胶 G 板，以环己烷-乙酸乙酯-甲醇-甲酸（20∶10∶3∶1.5）为展开剂，1% $FeCl_3$ 乙醇溶液为显色剂，可见清晰的斑点；紫外分光光度法以芦丁为对照品，以总黄酮含量为指标，对 8 批药材测定，药材中阴地蕨总黄酮含量不低于 12.55mg/g；HPLC 法以木犀草素为对照品，以甲醇-水（含 0.5% 冰醋酸）为流动相，检测波长 350nm，对 8 批药材测定，药材中阴地蕨木犀草素含量不低于 13.75μg/g。

辛文秀等[35] 也对阴地蕨（小春花）药材质量标准进行了研究，提升并建立了新的药材质量标准。

5. 其他应用

（1）产品开发：肺心草根黄酮对油脂的氧化具有良好的保护效果，在油脂抗氧化添加剂的应用方面具有潜在的开发价值[17, 36, 37]。目前已经研发出的产品有小春花口服液、小春花滴丸、小伏口服液等[10, 11, 15]。

（2）不良反应：口服过量阴地蕨会出现中毒现象，引起多器官功能损伤[38]，导致横纹肌溶解症[39]，须引起关注，规范用药剂量，同时建议加强对中草药的毒理研究，使我国传统的药用蕨类植物更加安全地应用于临床。另外，小春花中毒可致锥体外系症状，目前尚未见文献报道本品有神经系统的副作用，其作用机理可能是药物过量阻断多巴胺受体所致，应引起重视[40]。

【药用前景评述】肺心草为阴地蕨科阴地蕨属植物，在江南大部分地区有分布，因此在许多民族中均有药用记载，如贵州苗药"莴莴窖"，汉文译为"一朵云"（《天宝本草》）；在《植物学大辞典》中肺心草又被称作花蕨，《闽东本草》中称为小春花、蛇不见、吊竹良枝、良枝草，《民间常用草药汇编》中则称为脚蒿、冬草等，具有清热解毒、平肝息风、止咳、止血、明目去翳等功效，常用于小儿高热惊搐、肺热咳嗽、咳血、百日咳、癫狂、痫疾、疮疡肿毒、瘰疬、毒蛇咬伤、目赤火眼、目生翳障等症。现代研究结果显示，阴地蕨所含化学成分以黄酮（苷）类为主，包括阴地蕨素、木犀草素和槲皮素及其相关苷类成分等，具有抗肿瘤、抗炎、免疫调节、抗过敏、抗氧化、心脏保护及呼吸系统影响等多种药理作用，与白族药用功效基本吻合。以本品为原料制成的成药小儿喜，可用于治疗小儿上感、咽炎、扁桃体炎、腮腺炎、下颌淋巴结炎等，有消炎退热作用。用肺心草研制开发的口服液，具有清肝解热、散风解毒的功效，临床上用于呼吸系统疾病的治疗。肺心草在临床上应用也越来越广泛，然而《中国药典》（2015年版）尚未对肺心草进行收载，依据现有标准不能满足肺心草相关制剂研究的需要。因此，肺心草的研究与开发仍有很大的提升空间。

参考文献

[1]羊波，韩冰，黄萍，等.小春花醋酸乙酯部位的化学成分研究[J].中草药，2017，48（5）：43-46.

[2]Warashina T，Umehara K，Miyase T. Flavonoid glycosides from *Botrychium ternatum*[J]. Chem Pharm Bull，2012，60（12）：1561-1573.

[3]Tanaka N，Wada H，Murakami T，et al. Chemical and chemotaxonomic studies of pterophyten.LXIV.Chemical studies on the contents of *Sceptridium ternatum* var.*ternatum*[J]. Chem Pharm Bull，1986，34（9）：3727-3732.

[4]王冬.绒毛阴地蕨和小连翘的活性成分研究[D].沈阳：沈阳药科大学，2008.

[5]王冬，刘晓秋，姚春所，等.绒毛阴地蕨石油醚部分化学成分研究[J].中国中药杂志，2008，33（22）：2627-2629.

[6]曹剑锋，任朝辉，罗春丽，等.阴地蕨多糖提取工艺及抗肿瘤活性测定研究[J].现代农业科技，2016，（15）：261-262，269.

[7]周施雨.阴地蕨化学成分提取分离及其生物活性分析[D].上海：上海师范大学，2019.

[8]王少明，阮君山.阴地蕨对A549肿瘤细胞增殖、黏附及迁移能力的影响[J].中国医院药学杂志，2011，31（24）：2008-2011.

[9]王少明，阮君山.小春花对小鼠二阶段皮肤乳头状瘤的抑制作用[J].中药材，2008，31（3）：418-420.

[10]庄捷，阮君山.小春花滴丸对小鼠免疫功能的影响[J].福建中医药，2007，38（3）：

40–41.

［11］王少明，庄捷，阮君山，等.小伏口服液的免疫学作用研究［J］.福建医药杂志，2001，23（2）：102–104.

［12］陈晓清，陈郑斌.半边旗和阴地蕨粗多糖抗鱼病病原菌活性初步研究［J］.亚热带植物科学，2009，38（2）：48–50.

［13］Zhao X，Li J，Liu Y，et al. Structural characterization and immunomodulatory activity of a water soluble polysaccharide isolated from *Botrychium ternatum*［J］. Carbohydr Polym，2017，171：136–142.

［14］阮君山.小春花及其有效成分研究进展［J］.中国药科大学学报，2002，33（suppl.）：328–329.

［15］王少明，阮君山，庄捷.小春花口服液对慢性支气管炎模型小鼠病理形态影响及祛痰作用［J］.福建中医药，2001，32（3）：18–19.

［16］Lim D，Kim MK，Jang YP，et al. Sceptridium ternatum attenuates allergic contact dermatitis–like skin lesions by inhibiting T helper 2–type immune responses and inflammatory responses in a mouse model［J］. J Dermatol Sci，2015，79（3）：288–297.

［17］赵之丽.阴地蕨药材质量标准及其总黄酮抗氧化活性研究［D］.武汉：湖北中医药大学，2018.

［18］吴帅，李懿宸，张思嫔，等.阴地蕨、银粉背蕨总黄酮和总酚含量及其抗氧化能力分析［J］.上海师范大学学报，2018，47（6）：734–743.

［19］黎远军，刘芹.阴地蕨提取物对运动训练大鼠肾脏抗氧化能力的影响［J］.江西农业学报，2015，27（5）：84–86.

［20］刘芹，黎远军，鲁宗成，等.阴地蕨生物学功能的研究进展［J］.中国医药导报，2014，11（23）：151–153.

［21］章红，黄萍，羊波，等.小春花镇咳平喘有效部位活性筛选［J］.中华中医药学刊，2016，34（3）：700–704.

［22］Huang P，Xin W，Zheng X，et al. Screening of sceptridium ternatum for antitussive and antiasthmatic activity and associated mechanisms［J］. J Int Med Res，2017，45（6）：1985–2000.

［23］Yuan Y，Yang B，Ye Z，et al. Sceptridium ternatum extract exerts antiasthmatic effects by regulating Th1/Th2 balance and the expression levels of leukotriene receptors in a mouse asthma model［J］. J Ethnopharmacol，2013，149（3）：701–706.

［24］应茵，叶佐武，黄萍，等.小春花治疗肺心病模型大鼠肺动脉高压的研究［J］.中国现代应用药学，2014，31（7）：790–794.

［25］Xin WX，Li QL，Fang L，et al. Preventive effect and mechanism of ethyl acetate extract of sceptridium ternatum in monocrotaline–induced pulmonary arterial hypertension［J］. Chin J Integr Med，2020，26：205–211.

［26］林宇星，阮君山，傅慧玲，等.小鼠高尿酸血症模型的建立及小春花的干预作用［J］.中国民族民间医药，2011，20（18）：48–49.

［27］阮君山，庄捷，周欢，等.小春花对肝纤维化小鼠肝功能及 TGFβ$_1$、CTGF 水平的影响［J］.福建医药杂志，2011，33（6）：86–88.

［28］SooPAT.阴地蕨［A/OL］.（2020–03–15）［2020–03–15］.http://www2.soopat.com/Home/Result? SearchWord=%E9%98%B4%E5%9C%B0%E8%95%A8#.

［29］李俊雅，李君，梁晓.阴地蕨不同采收期木犀草素含量的动态积累研究［J］.中国民族民间医药，2019，28（15）：21–24.

［30］Bhambie S，Madan P. Studies in Pteridophytes. XⅦ . Ontogenetic study on the shoot apex of *Botrychium lanuginosum*（Wall.）［J］.Proc Plant Sci，1980，89（1）：29–35.

［31］Imaichi R，Nishida M. Developmental anatomy of the three–dimensional leaf of *Botrychium ternatum*（Thunb.）Sw.［J］.Bot Mag，1986，99（1），85–106.

［32］Lee JK，Eom AH，Lee SS. Multiple symbiotic associations found in the roots of *Botrychium ternatum*［J］.Mycobiology，2002，30（3）：146–153.

［33］张林甦，韩忠耀，王传明，等.阴地蕨全转录组分析及植物激素信号转导相关基因筛选［J］.广西植物，2019，（4）：536–545.

［34］赵之丽，罗颖，刘义梅.阴地蕨药材质量标准研究［J］.中南药学，2017，15（9）：1228–1232.

［35］辛文秀，钟里科，张轶雯，等.小春花药材质量标准研究［J］.中国现代应用药学，2018，35（4）：542–546.

［36］徐连巧，曹剑锋，谢之英，等.响应面法优化小春花根黄酮提取工艺及其抗油脂氧化活性研究［J］.食品安全质量检测学报，2018，9（5）：985–992.

［37］曹剑锋，刘其高，蒋小飞，等.阴地蕨总黄酮的提取及抗氧化活性研究［J］.江苏农业科学，2018，46（21）：228–231.

［38］高艳，杨兰艳，殷芳，等.过量服用阴地蕨引起多器官功能损伤1例［J］.实用医药杂志，2017，34（5）：449.

［39］陈美松，谢璐涛.阴地蕨中毒致横纹肌溶解症一例并文献复习［J］.浙江中西医结合杂志，2019，29（12）：1015–1016.

［40］范金茂，严宝裕.小春花致锥体外系症状6例［J］.福建中医药，1992，23（3）：63.

肺心草

鱼眼草

【植物基原】本品为菊科鱼眼草属植物小鱼眼草 *Dichrocephala benthamii* C. B. Clarke 的全草。

【别名】星宿草、地胡椒、鸡眼草、小馒头草、蛆头草、白顶草、白芽草、翳子草、地苋菜、口疮叶、馒头草。

【白语名称】务喂粗（洱源）。

【采收加工】夏秋采集，晾干备用或鲜用。

【白族民间应用】消炎止痛、止泻、清热解毒、祛风明目。用于肺炎、小儿消化不良、目翳、口疮、疮疡。外用治疗鸡眼。

【白族民间选方】①黄疸型肝炎、小儿疳积：本品30g，水煎服。②口腔炎、牙龈肿痛：本品15g，煎水漱口，并内服。③癣、脓疱癣：本品与硫黄各适量（等量），共研细，用菜油调搽患处。

【化学成分】小鱼眼草主要含萜类及其苷类化合物 dichrocephone A（1）、dichrocephone B（2）、modhephene（3）、6，6，8，9-tetramethyltricyclo［3.3.3.0］undec-7-en-2-ol（4）、pisumionoside（5）、staphylionoside D（6）、dichrocephoside A（7）、（6R，7E，9S）-9-hydroxy-megastigman-4，7-dien-3-one-9-O-β-D-glucopyranoside（8）、corchoionoside C（9）、dichrocephnoid C（10）、dichrocephnoid E（11）、dichrocephnoid D（12）、dichrocephnoid A（13）、dichrocephnoid B（14）、mkapwanin（15）、marrubiastrol（16）、desoxyarticulin（17）、齐墩果-12-烯（18）、β-香树脂醇（19）、β-香树脂酮（20）、β-香树脂醇甲酸酯（21）、β-香树脂醇乙酸酯（22）、齐墩果-11，13（18）-二烯-3β-醇（23）、表木栓醇（24）、木栓酮（25）、达玛烷二烯醇乙酸酯（26）等[1-8]。

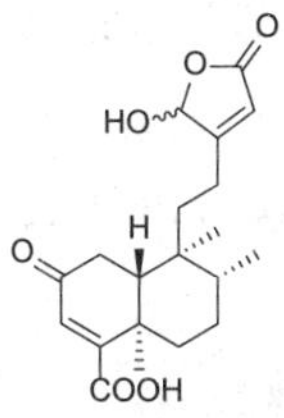

12 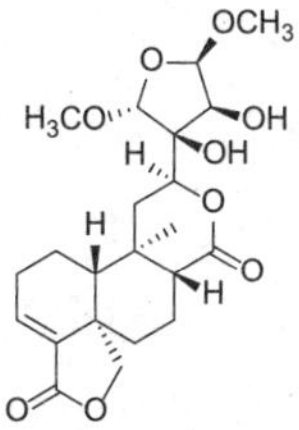　　　13 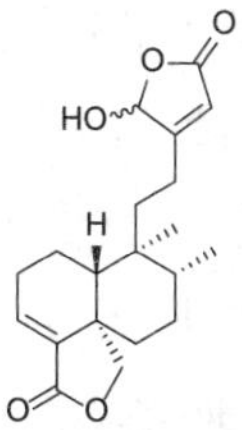　　　14 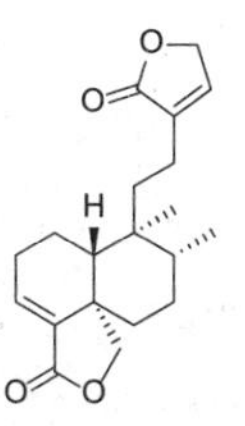　　　15 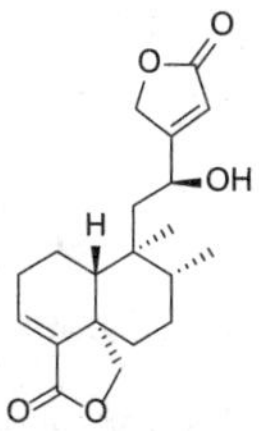　　　16 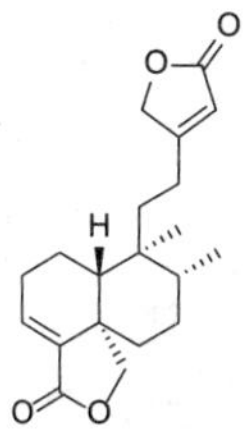　　　17

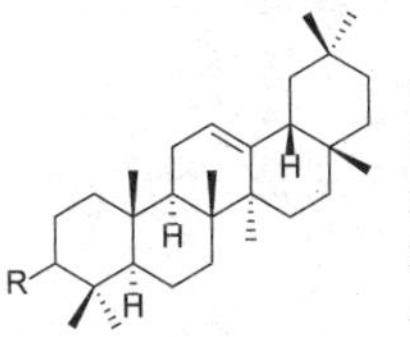

18　R
19　H
20　β-OH
21　O
22　β-OCOH
　　β-OAc

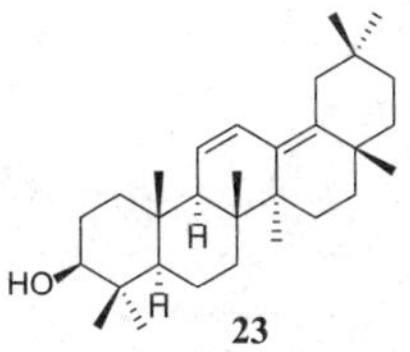

23　　24　R H
　　25　　O

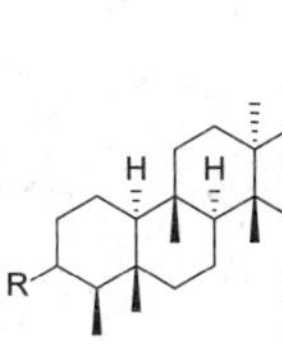

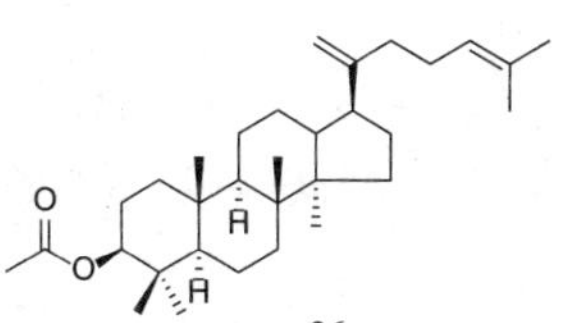

26

此外，小鱼眼草还含有少量黄酮、苯丙素、蒽醌等其他结构类型化合物[1-8]。例如，dichrocephols A–D（27～30）、山柰酚（31）、槲皮素（32）、芦荟大黄素（33）、大黄酚（34）、大黄素甲醚（35）。

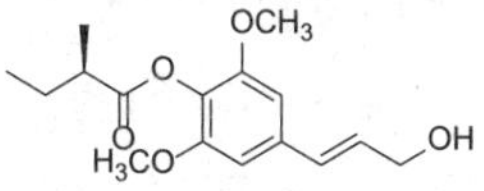

27 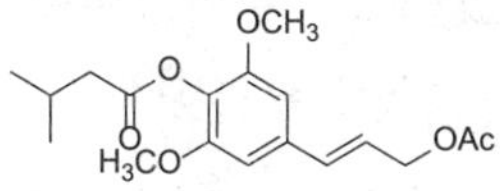　　28 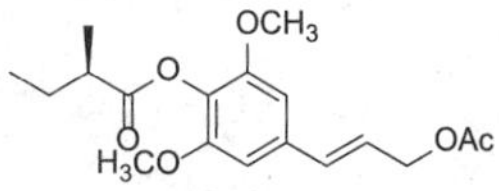　　29 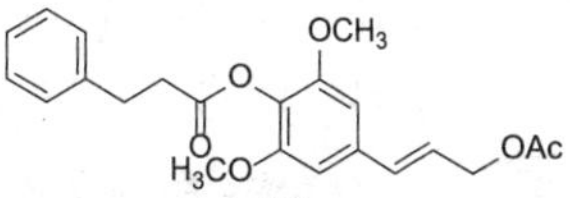　　30

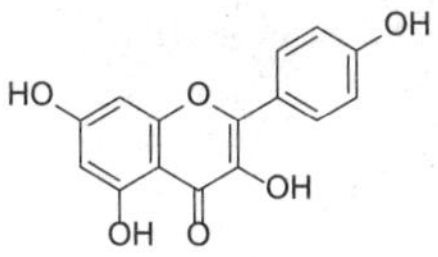

31 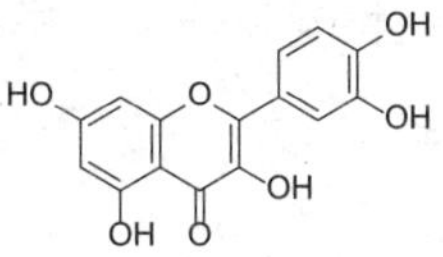　　32 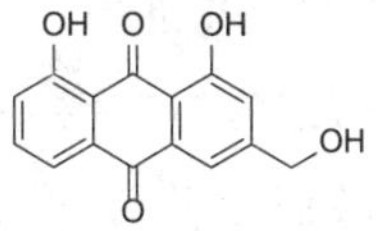　　33 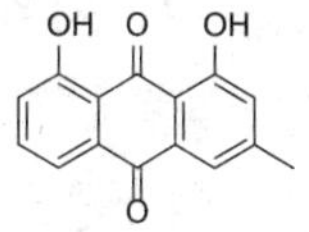　　34 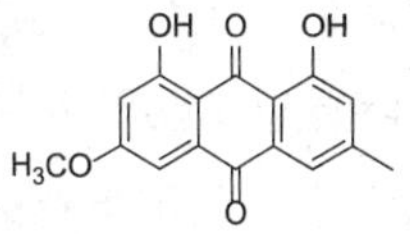　　35

关于小鱼眼草挥发性成分也有研究报道，鉴定出了一系列化学成分[8-10]。

【药理药效】 鱼眼草的药理作用与民间应用有一致性。具体为：

1. 抑菌活性　采用水蒸气蒸馏法从小鱼眼草提取出挥发油，气相色谱 - 质谱联用技术进行挥发油化学组分分析，打孔法进行抑菌活性实验。结果显示挥发油的主要成分为萜类，其次为不饱和脂肪烃；小鱼眼草挥发油提取率为 0.5%，主要成分为 α，α，4- 三甲基 - 环己 -3- 烯 -1- 甲醇，占 6.66%，其次为苯甲醛，占 5.68%，α- 杜松醇，占 4.33%。抗菌活性结果显示，小鱼眼草挥发油对大肠杆菌、绿脓杆菌、金黄色葡萄球菌、枯草杆菌均有抗菌活性，且挥发油用无水乙醇配制后，其 1∶1 和 1∶10 两种浓度的抑菌效果优于 25mg/mL 的青霉素钠的抑菌效果，挥发油浓度越大，抑菌作用越强。实验表明其对革兰阳性菌和革兰阴性菌都有较强的抑菌效果[11]。其他研究[8]也表明小鱼眼草的挥发油具有广谱抗菌作用，而对黄霉素无抑菌作用，表明黄霉素对小鱼眼草挥发油是耐药的。

2. 杀虫活性　有文献表明，小鱼眼草的甲醇、乙醇，以及水提取物具有较高的杀虫（菜青虫）活性。药物处理菜青虫 24 小时后，可使虫体死亡率达到或超过 50%。在所选择的 6 种溶剂（石油醚、氯仿、丙酮、乙醇、甲醇、水）中，以乙醇和甲醇的提取物表现出较高的杀虫活性，尤其是用这两种溶剂制备的黄花蒿和鱼眼草提取物，表现出最高的杀虫活性。这个结果为进一步从鱼眼草中分离出杀虫活性成分奠定了基础。但关于菊科植物杀虫活性成分的活性跟踪、提取、分离、筛选和利用，还有待做进一步的研究[12]。

3. 抗肿瘤活性　有研究从小鱼眼草全株中分离得到了五种化合物，并用 MTT 法测定了其对人肝癌细胞 HepG2 的细胞毒性。结果表明 staphylionoside D 有弱的抗肝癌细胞活性，而其他化合物无明显的抑制作用[1]。另一个研究也发现从小鱼眼草中分离得到的化合物 Dichrocephone B，可杀伤宫颈癌细胞 HeLa、人口腔表皮样癌 KB 和非小细胞肺癌 A549[4]。

【开发应用】

1. 标准规范　鱼眼草有药品标准 1 项：鱼眼草［《云南省中药材标准·彝族药》（2005年版）］。

2. 专利申请　关于小鱼眼草仅有 1 项专利：张步彩等，一种治疗鸡大肠杆菌病的中药组合物及其制备方法和应用（CN107854526A）（2018 年）。

关于其近缘植物鱼眼草（*Dichrocephala integrifolia*）的专利较多，目前已有 35 项，主要涉及组方用药、保健食品的制备等。其中鱼眼草与其他中药材组成中成药及其制剂的专利有 18 项、制备保健品的专利有 4 项、制备成饲料的专利有 4 项、其他专利有 9 项。

专利信息显示，绝大多数的专利为鱼眼草与其他中药材配成中药组合物用于各种疾病的治疗，包括调理女性内分泌、月经失调、子宫内膜炎、结肠感染性腹泻、升高血小板、肝郁化火型神经衰弱、急性扁桃体炎、小儿急性化脓性扁桃体炎、慢性鼻炎、口腔溃疡、降血糖、防治糖尿病、提高缺氧耐受力。

有关鱼眼草的代表性专利列举如下：

（1）高忠清，一种含鱼眼草减肥茶及其制备方法（CN103960398A）（2014 年）。

（2）兰秀丽等，一种防治口腔溃疡的咀嚼片及其制备方法（CN104173699B）（2018 年）。

（3）张鑫，一种治疗结肠感染性腹泻的中药制剂（CN104997993A）（2015 年）。

（4）田丽华，中药组合物在制备升高血小板药物中的应用（CN104784366A）（2015 年）。

（5）覃卫恒，提高肉鸡抗病能力的饲料（CN106615925A）（2017 年）。

（6）杨宇，一种清热散瘀的中药配方及其提取方法（CN107982334A）（2018 年）。

（7）杨宇，一种调理女性内分泌的中药配方及其制备方法（CN108042660A）（2018 年）。

（8）杨宇，一种治疗月经失调的滋阴补血中药方及其制备方法（CN107998191A）（2018 年）。

（9）焦家良等，一种彝药排毒牙膏的药用组合物（CN106821926A）（2017 年）。

（10）胡诚礼，一种香茅养生保健茶及其制备方法（CN108094601A）（2018 年）。

鱼眼草相关专利最早出现的时间是 2006 年。2015～2020 年申报的相关专利占总数的 62.9%；2010～2020 年申报的相关专利占总数的 94.3%；2000～2020 年申报的相关专利占总数的 100%。

3. 栽培利用　尚未见有鱼眼草栽培利用方面的研究报道。

4. 生药学探索　小鱼眼草的显微结构为根的维管束宽广，外围可见中柱鞘纤维成束。

茎的棱脊处下方常见数列厚角组织，维管束 8～15 个环列，外侧可见中柱鞘纤维，髓部宽广，可见环髓纤维。叶的上下表皮均有气孔和非腺毛；主脉维管束外韧型，上下两侧均有纤维。粉末中可见非腺毛、淀粉粒、纤维、花粉粒等。上述特征稳定、可靠，可用于小鱼眼草的鉴别[13]。

【药用前景评述】 小鱼眼草在大理一带广泛分布，是民间常用药用植物，主要用于消炎止痛、止泻、呼吸道病症、肝炎等。现代研究结果显示，小鱼眼草主要含有萜类成分，具有抗菌、抗真菌、镇痛、抗肿瘤、抗病毒、免疫调节及驱虫杀虫等作用，因此该植物的白族民间药用应该具有相关物质基础支撑。有关小鱼眼草药理学方面的研究尚未见有报道，但同属近缘植物鱼眼草的药理研究结果也证实其具有抑菌、杀虫、抗肿瘤活性。根据白族民间药用经验，认为小鱼眼草的功效较鱼眼草更为强烈，因此小鱼眼草应该具有更好的抗菌、抗炎活性，由此也说明白族对小鱼眼草及其近缘植物药用价值的掌握十分精准合理。近年来虽然专门针对小鱼眼草的开发应用不是很多，但有关鱼眼草的开发应用日渐增多，相关专利均为 2000 年以后申请获得，显示其日益趋热的发展势头。

参考文献

［1］Song B，Si JG，Yu M，et al. Megastigmane glucosides isolated from *Dichrocephala benthamii* ［J］. Chin J Nat Med，2017，15（4）：288-291.

［2］Song B，Ding G，Tian XH，et al. Anti-HIV-1 integrase diterpenoids from *Dichrocephala benthamii* ［J］. Phytochem Lett，2015，14：249-253.

［3］宋波，张秋博，王孟华，等. 小鱼眼草三萜类化学成分研究 ［J］. 中国中药杂志，2015，40（11）：2144-2147.

［4］Tian X，Li L，Hu Y，et al. Dichrocephones A and B，two cytotoxic sesquiterpenoids with the unique［3.3.3］propellane nucleus skeleton from *Dichrocephala benthamii* ［J］. RSC Adv，2013，3（21）：7880-7883.

［5］胡美忠，何赛. 小鱼眼草化学成分研究 ［J］. 中国民族民间医药杂志，2014，23（4）:9，13.

［6］Tian X，Ding G，Peng C，et al. Sinapyl alcohol derivatives from the lipo-soluble part of *Dichrocephala benthamii* C.B.Clarke ［J］. Molecules，2013，18（2）：1720-1727.

［7］田新慧，丁刚，彭朝忠，等. 小鱼眼草脂溶性成分研究 ［J］. 中国药学杂志，2012，47（17）：1366-1369.

［8］何赛. 小鱼眼草化学成分研究 ［D］. 贵阳：贵州大学，2008.

［9］陈青，钟宏波，张前军，等. 固相微萃取法结合 GC-MS 分析小鱼眼草中挥发性化合物 ［J］. 贵州化工，2011，36（3）：38-39.

［10］陈青，张前军，朱少晖，等. SPME-GC-MS 分析鱼眼草花茎叶挥发油成分 ［J］. 中国实验方剂学杂志，2011，17（8）：92-95.

［11］何赛，国兴明，伍祥龙. 小鱼眼草挥发油化学成分及抑菌活性研究 ［J］. 贵州大学学报，2007，24（5）：547-550.

鱼眼草

［12］李云寿，邹华英，唐绍宗，等.14种菊科植物提取物对菜青虫的杀虫活性［J］.华东昆虫学报，2000，9（2）：99-101.

［13］朱华，黎理，梁雁，等.小鱼眼草的显微鉴别研究［J］.时珍国医国药，2013，24（7）：1649-1650.

鱼腥草

【植物基原】本品为三白草科蕺菜属植物蕺菜 *Houttuynia cordata* Thunb. 的根茎。

【别名】折耳根、摘耳根、侧耳根、鱼鳞草、臭草、壁虱菜。

【白语名称】些粗、乌斜粗（鹤庆）、星粗（洱源）、协逞（洱源）。

【采收加工】夏秋采集，洗净切碎晒干备用或鲜用。

【白族民间应用】治感冒咳嗽、发热、肺脓疡、泌尿系感染、肾炎水肿、痈疮等症。

【白族民间选方】①头晕、头痛：本品根 5 ～ 10g，温服。②肺炎、发热恶寒、咳嗽痰黄稠、苔黄：本品适量，水煎服，日服 1 剂，每剂 3 服。③肺病初期：本品 15g，鸡蛋 1 个，红糖 30g；本品煮汤去渣，再加糖煮鸡蛋，煮熟喝汤吃蛋，日服 1 剂，常服有效。④急性黄疸型肝炎：鱼腥草 180g，白糖 30g，水煎服，连服 1 周。

【化学成分】关于蕺菜化学成分的报道较多，目前从中分离鉴定出 200 余个成分，主要含阿朴菲型、马兜铃内酰胺型、酰胺型、吡啶型等生物碱类化合物，其次为黄酮类和简单酚酸类化合物，以及少量萜类、苯乙醇苷类、苯丙素类等结构类型化合物。例如，金线吊乌龟二酮 A（1）、金线吊乌龟二酮 B（2）、缺碳金线吊乌龟二酮 B（3）、降马兜铃二酮（noraristolodione，4）、ouregidione（5）、7-氯代-6-去甲基头花千金藤二酮（6）、atherospermidine（7）、liriodenine（8）、1，2，3，4，5-五甲氧基-二苯并-喹啉-7-酮（9）、4-羟基-1，2，3-三甲氧基-7H-二苯并-喹啉-7-酮（10）、7-oxodehydroasimilobine（11）、lysicamine（12）、splendidine（13）、马兜铃内酰胺 A（14）、马兜铃内酰胺 B（15）、胡椒内酰胺 A（16）、胡椒内酰胺 B（17）、胡椒内酰胺 C（18）、胡椒内酰胺 D（19）、houttuynamide A（20）、houttuynamide B（21）、houttuynamide C（22）、nicotinamide（23）、3，5-二癸酰基吡啶（24）、quinolinone（25）、adenosine（26）、orientaline（27）、perlolyrine（28）、尿苷（29）、吲哚-3-羧酸（30）、N-甲基-5-甲氧基吡咯烷-2-酮（31）、houttuynoid A（32）、houttuynoid E（33）、houttuynoid G（34）、houttuynoid H（35）、houttuynoid I（36）、芦丁（rutin，37）、orientin（38）、vitexin（39）、isovitexin（40）、山奈酚（41）、木犀草素（42）、槲皮素（43）、3，4-二羟基苯甲酸（44）、香草醛（45）、3，4-二羟基苯甲醛（46）、对羟基苯甲酸甲酯（47）、阿魏酸甲酯（48）、4-羟基肉桂酸（49）、吐叶醇（50）、plantainoside A（51）、plantainoside B（52）、plantamajoside（53）、秦皮乙素（54）、芝麻素（55）、β-谷甾醇（56）等[1-16]。

	R₁	R₂	R₃	R₄	R₅
2	OCH₃	OCH₃	H	CH₃	H
3	OCH₃	OCH₃	H	H	H
4	OCH₃	OH	H	H	H
5	OCH₃	OCH₃	OCH₃	H	H
6	OCH₃	OCH₃	H	H	Cl

	R₁	R₂	R₃	R₄	R₅
9	OCH₃	OCH₃	OCH₃	OCH₃	OCH₃
10	OCH₃	OCH₃	OCH₃	OH	H
11	OCH₃	OH	H	H	H
12	OCH₃	OCH₃	H	H	H
13	OCH₃	OCH₃	H	OCH₃	H

	R₁	R₂	R₃	R₄
20	OH	OH	OH	H
21	OH	H	H	OH

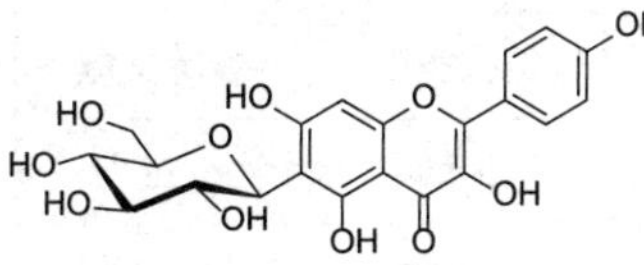

40 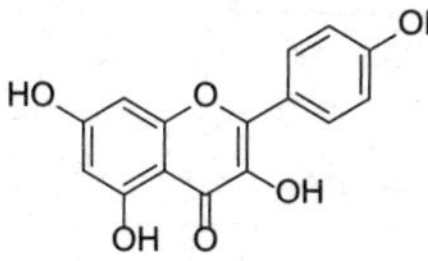　　　　　　　41 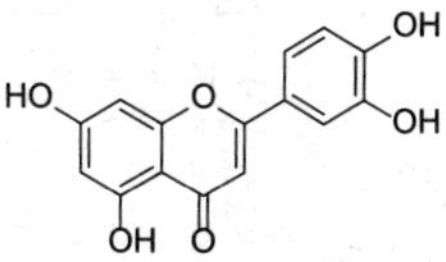　　　　　　　42 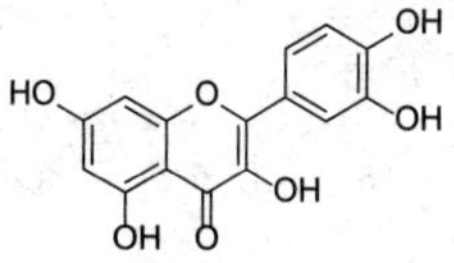　　　　　　　43

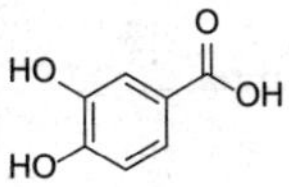

44 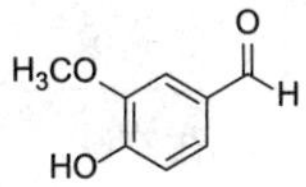　　　　　45 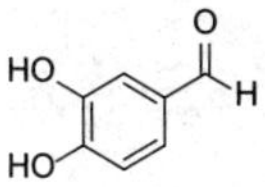　　　　　46 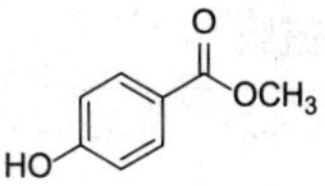　　　　　47 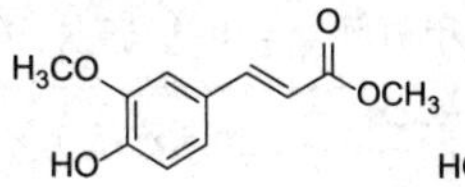　　　　　48 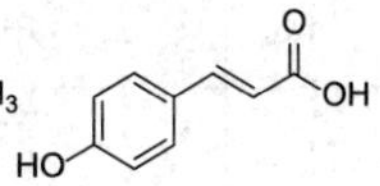　　　　　49

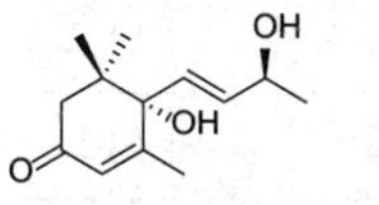

50 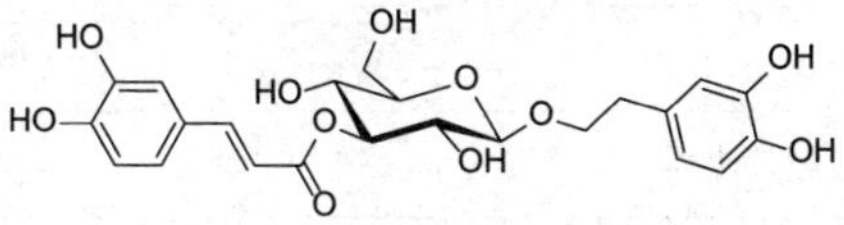　　　　　　51 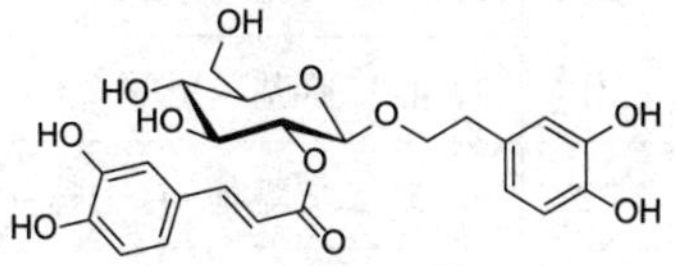　　　　　　　52

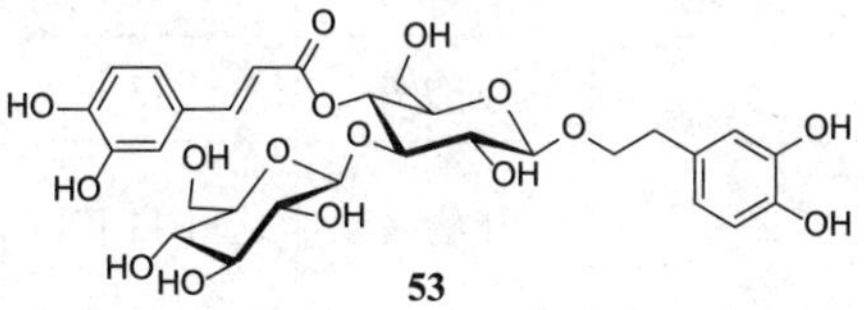

53 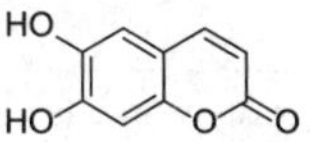　　　　　　54 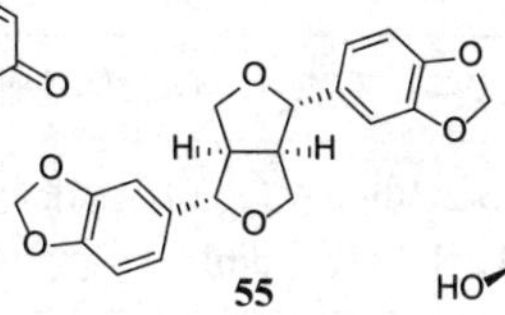　　　　　55 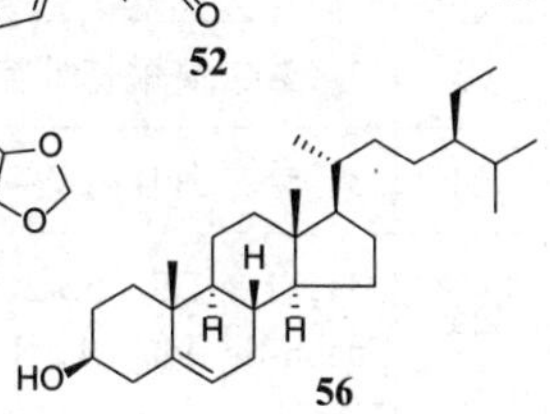　　　　　56

21 世纪以来从鱼腥草中分离鉴定了 200 多个化学成分：

序号	化合物名称	结构类型	参考文献
1	2-（3，4- 二羟基苯基）乙基 -β-D- 葡萄糖苷	苯乙醇苷	[13]
2	N- 甲基 -5- 甲氧基吡咯烷 -2- 酮	生物碱	[13]
3	(-)-Clovane-2β，9α-diol	倍半萜	[12]
4	（+）-（7S，8S）- 愈创木基丙三醇 -8-O-β-D- 葡萄糖苷	苯丙素	[13]
5	（+）-Isoboldine β-N-oxide	生物碱	[12]
6	（1H）-Quinolinone	生物碱	[13]
7	（S）-5，6，6a，7- 四氢 -2，10- 二甲氧基 -4H- 二苯并［de,g］喹啉 -1，9- 二醇	生物碱	[12]
8	1，2，3，4，5- 五甲氧基 - 二苯并 - 喹啉 -7- 酮	生物碱	[13]
9	1，2，3-Trimethoxy-3-hydroxy-5-oxonoraporphine	生物碱	[13]
10	1，2，3-Trimethoxy-4H，6H-dibenzoquinolin-5-one	生物碱	[13]
11	1，2，3-Trimethoxy-6-methyl-4H，6H-dibenzoquinolin-5-one	生物碱	[13]
12	1，2-Dimethoxy-3-hydroxy-5-oxonoraporphine	生物碱	[13]
13	1，3，5- 十三酰苯	其他	[13]
14	1，4- 二甲氧基苯	酚酸	[13]
15	2-（3，4- 二羟基苯基）乙基 -β-D- 葡萄糖苷	苯乙醇苷	[13]

序号	化合物名称	结构类型	参考文献
16	2，5-二甲氧基间苯二酚	酚酸	[13]
17	2-壬基-5-癸酰基吡啶	生物碱	[9，13]
18	3，4-二甲氧基-N-甲基马兜铃内酰胺	生物碱	[13]
19	3，4-二羟基-N-（2-苯乙基）苯甲酰胺	生物碱	[13]
20	3，4-二羟基苯甲醛	酚酸	[13]
21	3，4-二羟基苯甲酸	酚酸	[13]
22	3，5-二癸酰基-4-壬基-1，4-二羟基吡啶	生物碱	[13]
23	3，5-二癸酰基吡啶	生物碱	[13]
24	3，5-二月桂酰基-4-壬基-1，4-二羟基吡啶	生物碱	[13]
25	3a，12a-Dihydro-2H-furo [3，2-b] indolo [3，2，1-ij] [1，5] naph-thyridine-1，1（4H）-diol	生物碱	[13]
26	3-Hydroxy-1，2-dimethoxy-5-methyl-5H-dibenzoindol-4-one	生物碱	[13]
27	3-Methoxy-5-methyl-5H-benzodioxolo-benzoindol-4-one	生物碱	[13]
28	3-Methoxy-6H-benzodioxolo-benzoquinoline-4，5-dione	生物碱	[13]
29	3-Methoxy-6-methyl-6H-benzodioxolo-benzoquinoline-4，5-dione	生物碱	[13]
30	3-O-甲基黄药苷	苯乙醇苷	[13]
31	3-癸酰基-4-壬基-月桂酰基-1，4-二羟基吡啶	生物碱	[13]
32	3-羟基-β-谷甾-5-烯-7-酮	甾体	[13]
33	4，5-Dioxodehydroasmilobine	生物碱	[13]
34	4-［Formyl-5-（methoxymethyl）-1H-pyrrol-1-yl］butanoic acid	生物碱	[13]
35	4-Hydroxy-3-methoxybenzamide	生物碱	[13]
36	4-Hydroxybenzamide	生物碱	[13]
37	4-β-D-葡萄糖-3-羟基苯甲酸	酚酸苷	[13]
38	4-羟基-1，2，3-三甲氧基-7H-二苯并-喹啉-7-酮	生物碱	[13]
39	4-羟基-4［3′-（β-D-葡萄糖）亚丁基］-3,5,5-三甲基-2-环己稀-1-醇	萜类	[13]
40	4-羟基肉桂酸	酚酸	[13]
41	5-Deoxystrigol	萜类	[13]
42	5-α-豆甾-3，6-二酮	甾体	[13]
43	5′-脱氧-5′-甲基亚磺酰腺苷	生物碱	[13]

序号	化合物名称	结构类型	参考文献
44	6-（9-Hydroxy-but-7-ethyl）-1，1，5-trimethylcyclohexane-3，5，6-triol	萜类	[13]
45	6，7-Dimethyl-1-ribitol-1-yl-1，4-dihydroquinoxaline-2，3-dione	生物碱	[13]
46	6-甲氧基-7-羟基香豆素	香豆素	[13]
47	7-（3，5，6-Trihydroxy-2，6，6-trimethylcyclohexyl）-byt-3-en-2-one	萜类	[13]
48	7，4′，4‴-三-O-甲基穗花双黄酮	黄酮	[13]
49	7-Oxodehydroasimilobine	生物碱	[13]
50	7-氯代-6-去甲基头花千金藤二酮	生物碱	[13]
51	Acantrifoside E	苯丙素	[12，13]
52	Acteoside	苯乙醇苷	[13]
53	Adenosine	生物碱	[13]
54	Afzelin（阿福豆苷）	黄酮	[13]
55	Atherospermidine	生物碱	[13]
56	Benzamide	生物碱	[13]
57	Calceolarioside A	苯乙醇苷	[13]
58	Calceolarioside B	苯乙醇苷	[13]
59	Chiritoside C	苯乙醇苷	[13]
60	Cycloart-25-ene-3β，24-diol	萜类	[13]
61	Forsythiaside A	苯乙醇苷	[13]
62	Forsythiaside F	苯乙醇苷	[13]
63	Houttuynamide A	生物碱	[13]
64	Houttuynamide B	生物碱	[13]
65	Houttuynamide C	生物碱	[13]
66	Houttuynine	生物碱	[13]
67	Houttuynoside A	酚酸	[13]
68	Houttuynoid A	黄酮	[13]
69	Houttuynoid B	黄酮	[13]
70	Houttuynoid C	黄酮	[13]
71	Houttuynoid D	黄酮	[13]
72	Houttuynoid E	黄酮	[13]

鱼腥草

序号	化合物名称	结构类型	参考文献
73	Houttyunoid F	黄酮	[13]
74	Houttyunoid G	黄酮	[13]
75	Houttyunoid H	黄酮	[13]
76	Houttyunoid I	黄酮	[13]
77	Houttyunoid J	黄酮	[13]
78	Indole-3-carboxylic acid	生物碱	[13]
79	Isophytadiene	萜类	[14]
80	Isophytol	萜类	[14]
81	Isoquercitrin	黄酮	[13]
82	Isorhamnetin	黄酮	[10]
83	Kaempferol	黄酮	[10]
84	Kaempferol-3-O-glucoside	黄酮	[10]
85	Laetanine	生物碱	[13]
86	Liriodenine	生物碱	[13]
87	Liriotulipiferine	生物碱	[12]
88	Lysicamine	生物碱	[13]
89	Methyl neoabietate	萜类	[14]
90	N-（4-Hydroxyphenylethyl）benzamide	生物碱	[13]
91	N-（1-Hydroxymethyl-2-phenylethyl）benzamide	生物碱	[13]
92	N-（2-葡萄糖基-2-苯乙基）苯甲酰胺	生物碱	[13]
93	Neodecadiene	萜类	[14]
94	Nicotinamide	生物碱	[13]
95	N-苯乙基苯甲酰胺	生物碱	[9,13]
96	N-反式阿魏酸酰酪胺	生物碱	[13]
97	N-甲基巴婆碱	生物碱	[13]
98	N-甲基六驳碱	生物碱	[13]
99	N-降荷叶碱	生物碱	[13]
100	Oleanolic acid	萜类	[14]
101	Ouregidione	生物碱	[13]

序号	化合物名称	结构类型	参考文献
102	*p*-Cymene	其他	[14]
103	Perlolyrine	生物碱	[13]
104	Phytane	二萜	[14]
105	Phytol	二萜	[14]
106	Pilloin	黄酮	[13]
107	Plantainoside A	苯乙醇苷	[13]
108	Plantainoside B	苯乙醇苷	[13]
109	Plantainoside D	苯乙醇苷	[13]
110	Plantamajoside	苯乙醇苷	[13]
111	Quercitrin	黄酮	[14]
112	Quinolinone	生物碱	[13]
113	Reseoside	萜类	[13]
114	Sabinene	萜类	[14]
115	Salicylideneimine	生物碱	[13]
116	Scroside E	苯乙醇苷	[13]
117	Sitoindoside I	甾体	[9, 13]
118	Sorgomol	萜类	[13]
119	Splendidine	生物碱	[13]
120	Strigol	萜类	[13]
121	Strigone	萜类	[13]
122	Suspensaside A	苯乙醇苷	[13]
123	Telitoxinone	生物碱	[13]
124	Ursolic acid	萜类	[14]
125	*α*-Terpineol	其他	[14]
126	*β*-Stitoterol	甾醇	[13]
127	*β*-谷甾-3, 6-二酮	甾体	[13]
128	*β*-谷甾-4-烯-3-酮	甾体	[13]
129	*γ*-Terpinene	其他	[14]
130	巴婆碱	生物碱	[13]

鱼腥草

序号	化合物名称	结构类型	参考文献
131	苯甲酸	酚酸	[13]
132	苯氧基 -β-D- 葡萄糖苷	苯乙醇苷	[13]
133	苄基 -β-D- 葡萄糖苷	其他	[13]
134	表恩施新甲醚	苯丙素	[13]
135	橙黄胡椒酰胺	生物碱	[13]
136	橙黄胡椒酰胺苯甲酸酯	生物碱	[13]
137	橙黄胡椒酰胺乙酯	生物碱	[13]
138	东罂粟灵	生物碱	[13]
139	豆甾 -4- 烯 -3, 6- 二酮	甾体	[13]
140	豆甾 -4- 烯 -3β, 6β- 二醇	甾体	[13]
141	豆甾 -4- 烯 -6β- 醇 -3- 酮	甾体	[13]
142	豆甾醇	甾体	[13]
143	豆甾烷 -3, 6- 二酮	甾体	[13]
144	豆甾烷 -4- 烯 -3- 酮	甾体	[13]
145	对苯二酚	酚酸	[13]
146	对羟基苯甲醛	酚酸	[13]
147	对羟基苯甲酸	酚酸	[13]
148	对羟基苯甲酸甲酯	酚酸	[13]
149	对羟基苯甲酸乙酯	酚酸	[13]
150	对羟基苯乙醇 -β-D- 葡萄糖苷	苯乙醇苷	[13]
151	鹅掌楸碱	生物碱	[13]
152	儿茶酚	黄酮	[13]
153	二十三烷酸	脂肪酸	[13]
154	反式 -N-（4- 羟基苯乙烯基）苯甲酰胺	生物碱	[13]
155	反式 - 阿魏酸甲酯	酚酸	[13]
156	癸酰乙醛	其他	[13]
157	苙草素	黄酮	[13]
158	胡椒内酰胺 A	生物碱	[13]
159	胡椒内酰胺 C	生物碱	[13]

白族特色药用植物现代研究与应用

序号	化合物名称	结构类型	参考文献
160	胡椒内酰胺 D	生物碱	[13]
161	胡椒内酰胺 B	生物碱	[13]
162	胡萝卜苷	甾体	[9, 13]
163	槲皮苷	黄酮	[13]
164	槲皮素 -3-O-α-D- 鼠李糖 -7-O-β-D- 葡萄糖苷	黄酮	[13]
165	槲皮素 -3-O-α-L- 鼠李糖 -（1→6）-β-D- 半乳糖苷	黄酮	[13]
166	槲皮素 -3-O-β-D- 半乳糖 -7-O-β-D- 葡萄糖苷	黄酮	[13]
167	琥珀酸	脂肪酸	[9, 13]
168	甲基壬基酮	其他	[13]
169	降马兜铃二酮	生物碱	[13]
170	金丝桃苷	黄酮	[13]
171	金线吊乌龟二酮 A	生物碱	[13]
172	金线吊乌龟二酮 B	生物碱	[13]
173	咖啡酸	酚酸	[13]
174	亮氨酸苷 K	酚酸	[13]
175	亮氨酸苷 L	酚酸	[13]
176	六驳碱	生物碱	[13]
177	芦丁	黄酮	[13]
178	绿原酸	酚酸	[13]
179	绿原酸甲酯	酚酸	[13]
180	马兜铃内酰胺 A	生物碱	[13]
181	马兜铃内酰胺 A Ⅱ	生物碱	[13]
182	马兜铃内酰胺 B	生物碱	[13]
183	马兜铃内酰胺 F Ⅱ	生物碱	[13]
184	蒙花苷	黄酮	[13]
185	牡荆素	黄酮	[13]
186	木犀草素	黄酮	[13]
187	尿苷	生物碱	[13]
188	胖大海素 A	萜类	[13]

鱼腥草

序号	化合物名称	结构类型	参考文献
189	齐墩果酸	萜类	[13]
190	芹菜素	黄酮	[13]
191	秦皮乙素	苯丙素	[13]
192	去甲异波尔定	生物碱	[13]
193	去氢催吐萝芙木醇	萜类	[13]
194	缺碳金线吊乌龟二酮 B	生物碱	[13]
195	染料木素	黄酮	[13]
196	染料木素 -4′-O-β-D- 葡萄糖苷	黄酮	[13]
197	三白草内酰胺	生物碱	[13]
198	山奈酚	黄酮	[13]
199	山奈酚 -3-O-α-L- 鼠李糖 -（1→6）-β-D- 葡萄糖苷	黄酮	[13]
200	山奈酚 -3-O-α-L- 鼠李糖苷	黄酮	[13]
201	山奈酚 -3-O-β-D- 半乳糖苷	黄酮	[13]
202	山奈酚 -3-O-β-D- 葡萄糖苷	黄酮	[13]
203	十八烷酸	脂肪酸	[13]
204	十六烷酸	脂肪酸	[13]
205	十七烷酸	脂肪酸	[13]
206	石竹烯氧化物	萜类	[13]
207	顺式 -N-（4- 羟基苯乙烯基）苯甲酰胺	生物碱	[13]
208	顺式 - 阿魏酸甲酯	酚酸	[13]
209	头花千金藤酮 B（马兜铃内酰胺 B Ⅱ）	生物碱	[13]
210	吐叶醇	萜类	[13]
211	吐叶醇 -4-O-β-D- 葡萄糖苷	萜类	[13]
212	香草醛	酚酸	[13]
213	香草酸甲酯	酚酸	[13]
214	新绿原酸	酚酸	[13]
215	新绿原酸甲酯	酚酸	[13]
216	熊果酸	萜类	[13]
217	亚麻酸	脂肪酸	[13]

序号	化合物名称	结构类型	参考文献
218	亚油酸	脂肪酸	［13］
219	亚油酸 -1- 甘油酯	脂肪酸	［9，13］
220	野黄芩素	黄酮	［13］
221	叶绿醇	萜类	［13］
222	异波尔定碱	生物碱	［12］
223	异荭草素	黄酮	［13］
224	异牡荆素	黄酮	［13］
225	异银杏双黄酮	黄酮	［13］
226	银杏黄酮	黄酮	［13］
227	吲哚	生物碱	［13］
228	吲哚 -3- 羧酸	生物碱	［13］
229	隐绿原酸	酚酸	［13］
230	隐绿原酸甲酯	酚酸	［13］
231	油酸	脂肪酸	［13］
232	愈创木基丙三醇	苯丙素	［13］
233	原花青素 B	黄酮	［13］
234	月桂酸	脂肪酸	［13］
235	正丁基 -α-D- 呋喃果糖苷	糖苷类	［13］
236	芝麻素	苯丙素	［13］

　　鱼腥草中的挥发油占总鲜株重的 0.018%，包括蒎烯、香桧烯、α- 水芹烯、松油烯、对聚伞花素、柠檬烯、α-β- 罗勒烯、异松油烯、苏子油烯、壬醛、壬醇、松油烯 -4- 醇、乙酸橙花酯、乙酸香叶酯、十二硫醛、β- 丁香烯、β- 金合欢烯、蛇麻烯、癸酸、β- 芹子烯、乙 - 十三酮、γ- 杜松烯、月桂酸、金合欢醇、十八烷、异十九烷、二十烷等[2]，以及癸酰乙醛（鱼腥草素）、月桂醛、d- 柠檬烯、甲基正壬基酮、癸醛、癸酸 -α- 范烯、茨烯、芳樟醇、乙酸龙脑酯和丁香烯等。其中癸酰乙醛、甲基正壬酮、月桂醛等为抗菌、抗病毒的主要药效成分。现人工合成了其主要成分癸酰乙醛的亚硫酸加成物，称为合成鱼腥草素，克服了癸酰乙醛易聚合不稳定的缺点，可供药用[4, 15]。

　　【药理药效】鱼腥草被称为"中药抗生素"，具有抗炎、抗菌、抗氧化、抗病毒、抗过敏、利尿等多种药理活性，具体为：

1. 抗菌和抗病毒作用

（1）抗菌作用：体外抑菌试验表明鱼腥草素对各种微生物（尤其是酵母菌和霉菌）均有抑制作用，其中对溶血性链球菌、金黄色葡萄球菌、流感嗜血杆菌、卡他球菌、肺炎球菌的抑制作用明显，对大肠杆菌、痢疾杆菌、伤寒杆菌也有较强的抑制作用[17, 18, 19]。鱼腥草提取物主要通过破坏细菌细胞壁，造成细胞内容物泄漏来实现抑菌功效，与大部分黄酮物质的抑菌机理相同[20]。因此鱼腥草有"天然抗生素"之美誉[21]。鱼腥草是治疗肺炎的传统药用植物。类黄酮是鱼腥草的主要生物活性成分之一。黄酮苷类化合物对甲型流感病毒所致的小鼠急性肺损伤有良好的治疗效果[22]。鱼腥草不同部位挥发油组分有着不同的抗菌活性[23]。

（2）抗病毒作用：鱼腥草提取物对亚洲甲型病毒、流感病毒、出血热病毒有明显的抑制作用，对 HIV 也有抑制作用，利用鱼腥草防治艾滋病是其药品开发的主要趋势[21]。刘苗苗等[24]发现鱼腥草多糖对 RSV、CV-B3 和 EV71 病毒具有一定的抑制作用。另外，鱼腥草提取物对 HSV-1、EV71 的抗病毒活性较高，这为临床应用鱼腥草治疗这两种病毒感染引发的疾病提供了参考依据[25]。

2. 抗炎作用

鱼腥草具有利尿、抵抗病原微生物及抗炎的功效，临床中可广泛应用于多种炎性疾病的治疗，如应用于细菌性肺炎、病毒性肺炎、支原体肺炎等多种肺炎的治疗；也可以通过抗炎反应、免疫反应、生物刺激反应等发挥治疗支气管炎的作用[26, 27]。另外，鱼腥草在治疗急性喉炎、急性上呼吸道感染、急慢性气管炎、小儿外阴炎、感染后咳嗽等小儿常见疾病时疗效显著[28, 29]。鱼腥草治疗肺炎的机制主要有两方面：①直接作用于微生物，抑制其繁殖；②调节机体细胞因子水平，提高免疫力[30]。鱼腥草素能显著抑制巴豆油、二甲苯所致的小鼠耳肿胀和增加皮肤毛细血管通透性，对 HCA 引起的腹腔毛细血管染料渗出也有显著抑制作用。鱼腥草所含槲皮素、槲皮苷及异槲皮苷等黄酮类化合物亦有显著抗炎作用，能显著抑制炎症早期的毛细血管通透性增加[21]。许贵军等[31]采用硅胶、反相高效液相色谱等各种柱色谱技术，从鱼腥草醇提物乙酸乙酯部位中共分离鉴定了 10 个化合物，利用脂多糖诱导的巨噬细胞（RAW264.7）模型进行了活性测试，结果表明化合物 sequinoside L、sequinoside K、香草酸和槲皮素具有显著的抗炎活性。鱼腥草煎剂对大鼠甲醛性脚肿有显著抗炎作用，亦能显著抑制人 γ-球蛋白在 Cu^{2+} 存在下的热变性。Zhang 等[32]研究鱼腥草对脂多糖诱导的小胶质细胞活化的影响，并探讨其可能的分子机制，研究表明鱼腥草通过抑制 p38-丝裂原活化蛋白激酶来抑制脂多糖诱导的视网膜小胶质细胞活化，可用于治疗小胶质细胞过度活化的眼病。鱼腥草多糖 hc-ps1 和 hc-ps3 对于治疗与补体系统过度活化相关的疾病是有价值的[33]。鱼腥草提高了扁口鱼的非特异性免疫反应和对爱德华氏菌病的抵抗力[34]。应通过加强鱼腥草抗炎作用不良反应的控制，解析鱼腥草抗炎的具体分子机制，发现鱼腥草的新应用来提高鱼腥草的临床应用范围和疗效[35]。

3. 抗肿瘤和增强免疫作用

（1）抗肿瘤作用：鱼腥草素和新鱼腥草素对小鼠艾氏腹水癌有明显抑制作用，对癌细胞有丝分裂最高抑制率为45.7%[36]。新鱼腥草素对艾氏腹水癌的抑制效果可能与提高癌细胞中的cAMP水平有关；在不同时间对小鼠腹腔注射不同剂量的新鱼腥草素，其癌细胞总数、癌细胞分裂指数、腹水量均有明显降低，而癌细胞内的cAMP水平却有增高。鱼腥草生物活性化合物甲基壬基酮可通过激活NRF2-HO-1/NQO-1信号通路，显著抑制苯并芘诱导的肺肿瘤发生[37]。鱼腥草挥发油对肝癌细胞HepG2有抑制作用[38]。鱼腥草多糖也有抗肺癌细胞A549的生物活性[39]。鱼腥草总黄酮可促进人乳腺癌细胞株MCF-7的凋亡，其中浓度为6g/L时促凋亡作用最强，推测是通过下调PI3K、Bcl-2 mRNA和PI3K、pAkt、Bcl-2蛋白表达，上调Bax mRNA和蛋白的表达来发挥作用。药物的抗癌机制与PI3K/Akt信号通路有关[40]。

（2）增强免疫作用：鱼腥草可以增强白细胞（WBC）的吞噬能力，显著提高外周T淋巴细胞的比例，促进免疫球蛋白的生成。在治疗慢性气管炎时，鱼腥草素可明显提高患者WBC对白色葡萄球菌的吞噬能力并升高血清素。试验表明鱼腥草能增强机体非特异性和特异性免疫能力[21]。鱼腥草叶水提液和总黄酮均可在一定程度上提高X射线辐射损伤大鼠的免疫力，且以黄酮类成分效果最为显著[41]。鱼腥草还可以作为海参海产养殖的免疫增强剂[42]。

4. 抗氧化、抗辐射作用 鱼腥草具有抗氧化作用，是一种天然的抗氧化剂[43, 44]。鱼腥草提取物去甲头花千金藤二酮B可通过抗氧化、抗凋亡作用减轻过氧化氢（H_2O_2）诱导的神经元损伤，其机制可能与激活PI3K/Akt/HO-1信号通路有关[45]。鱼腥草是唯一在原子弹爆炸点能顽强再生的中药材。鱼腥草具有抗辐射作用和增强机体免疫功能的作用，且无任何毒副作用。对鱼腥草多糖进行硫酸酯化修饰后进行抗羟自由基和DPPH自由基体外清除活性评价，结果表明硫酸化多糖清除自由基活性与其硫酸化的取代度相关[46]。

5. 对泌尿、呼吸、心血管和生殖系统的影响

（1）对泌尿系统的影响：鱼腥草中的钾盐和槲皮苷能使肾动脉扩张，增加肾动脉的血流量及尿液分泌，从而具有利尿的作用。复方鱼腥草提取物不同组分对高糖诱导肾小球系膜细胞的增殖均具有抑制作用，总提取物效果最明显[47]。

（2）对呼吸系统的影响：鱼腥草挥发油能明显拮抗慢反应物质（SRS-A）对豚鼠离体回肠和离体肺条的作用，静脉注射挥发油能拮抗SRS-A增加豚鼠肺溢流的作用，并能明显抑制致敏豚鼠回肠痉挛性收缩和对抗组胺，表现出良好的抗过敏作用。另一方面，鱼腥草油能明显拮抗乙酰胆碱对呼吸道平滑肌的作用[48]。鱼腥草多糖对大鼠急性肺损伤和内毒素损伤具有保护作用[49]。

（3）对心血管系统的影响：从鱼腥草中分离出的N_2四羟基苯酰胺化合物，被认为是治疗血小板减少症的有效成分[2]。鱼腥草中的黄酮成分能保持血管柔软，可防治因动脉硬化引起的高血压、冠心病和脑出血[21]。鱼腥草挥发油对大鼠心肌缺血再灌注损伤具有保护作用且呈剂量依赖性，其作用机制可能与减轻炎症和抗过氧化损伤有关[50]。此外，鱼腥草可通过抑制氧化应激，对多柔比星所致的心肌损伤发挥保护作用[51]。

（4）对生殖系统的影响：鱼腥草挥发油对去卵巢小鼠骨质疏松具有明显的预防作用，其机制可能与减轻炎症和抗过氧化损伤有关[52]。

6. 其他作用　鱼腥草70%乙醇提取物具有止咳化痰，镇痛，抑制浆液分泌，促进组织再生，愈合伤口，促进红皮病、银屑病的好转等作用[53]。由鱼腥草的花制成的花茶，坚持服用，能起到减肥作用。世界卫生组织推荐鱼腥草为戒烟的首选药材。此外，鱼腥草可作为服毒患者急救药，可治疗毒蛇咬伤，还具有轻度镇痛抗惊厥作用。

【开发应用】

1. 标准规范　鱼腥草现有药品标准91项，为鱼腥草与其他中药材组成的中成药处方；药材标准12项，为不同版本的中国药典药材标准及其他药材标准；中药饮片炮制规范47项，为不同省市、不同年份的鱼腥草饮片炮制规范。

2. 专利申请　文献检索显示[54]，鱼腥草相关有权专利共1229项，其中包括鱼腥草各种制剂57项、种植与栽培13项、化学成分与药理活性11项、鉴别与检测3项，鱼腥草与其他中药材组成中成药申请的专利1170项，其他专利25项。

专利信息显示，绝大多数的专利为鱼腥草与其他中药材配成中药组合物用于各种疾病的治疗，包括肺结核、慢性支气管炎、前列腺炎、风湿病、肺癌、腹泻、尖锐湿疣、鼻炎、性功能障碍、梅毒、喉科、疟疾、咳嗽、急性胰腺炎、慢性肾衰竭、结膜炎。鱼腥草也可大量用于饮品、功能茶等的开发。

有关鱼腥草的代表性的专利有：

（1）程建明等，一种注射用鱼腥草冻干粉针的制备方法（CN101249170B）（2010年）。

（2）叶剑锋等，一种复方鱼腥草合剂的制备方法（CN102429995B）（2013年）。

（3）张壮丽等，鱼腥草有效部位及其提取方法和应用（CN103055006B）（2014年）。

（4）李尔广等，一种鱼腥草水提液及其制备方法和应用（CN103070967B）（2014年）。

（5）潘红炬等，一种鱼腥草注射液及其制备方法（CN102885932B）（2014年）。

（6）石振拓，一种复方鱼腥草片的制备方法及应用（CN103494930B）（2015年）。

（7）杨继远，鱼腥草提取液的制备方法（CN104383079B）（2016年）。

（8）王建方等，一种高含量复方鱼腥草合剂的制备工艺（CN105168509B）（2018年）。

（9）黄莜萍等，一种鱼腥草滴眼液及其制备方法（CN104983876B）（2018年）。

（10）陈道峰等，鱼腥草多糖在制备防治流感及病毒性肺炎药物中的用途（CN105311048B）（2019年）。

鱼腥草相关专利最早出现的时间是2001年。2015～2020年申报的相关专利占总数的23.0%；2010～2020年申报的相关专利占总数的87.1%；2000～2020年申报的相关专利占总数的100%。

3. 栽培利用　鱼腥草作为一种药食两用的蔬菜类植物，在西南一带有着较为悠久的栽培历史与广泛的种植范围，因此其相关的栽培方法研究、介绍也十分繁多。

李星等[55]总结了黔东南州山地鱼腥草绿色栽培技术，包括选地、整地、施基肥、繁殖、大田管理、采收、贮藏、运输等。韦小芳等[56]的研究发现干鱼腥草浸提液对绿豆种子萌发，幼苗株高、根长、生物量和 SOD 具有抑制作用，对幼苗的 POD、MDA 具有促进作用，暗示了鱼腥草对绿豆生长具有化感效应，这为鱼腥草与绿豆建立合理的种植模式提供理论依据和技术支持。

人工栽培有五大要求：鱼腥草喜湿润、阴凉的生长环境，对温度适应性较强，根茎在 12℃以上就可以萌发，在 12℃以下或 25℃以上生长不良[57]。鱼腥草野生于阴湿或水边低地，喜温暖潮湿环境，忌干旱，耐寒，怕强光，在 -15℃可越冬。土壤以肥沃的砂质壤土及腐殖质壤土生长最好，不宜于黏土和碱性土壤栽培。种子繁殖时发芽率不高，发芽适宜 17～25℃变温，发芽率为 20% 左右。根茎繁殖可采用春季将老苗上的根茎挖出，选白色而粗壮的根茎剪成 10～12cm 小段，每段带 2 个芽，按行株 20cm×20cm 开穴栽植，繁殖，覆土 3～4cm，稍稍镇压后浇水，1 周后可生出新芽。分株繁殖则以 4 月下旬挖掘母株，分成几小株，按上法栽种。栽种后注意浇水，需保持土壤潮湿，出苗后，要勤除杂草，地上部封垄以后，可以不进行锄草，以免锄伤根苗[58]。

种子繁殖时发芽率不高与鱼腥草花粉母细胞减数分裂特征及其育性有一定的关系，相关研究显示[1]：①鱼腥草减数分裂的进程与花序大小、花药颜色、花药长度均有密切的关系。②2 个居群的鱼腥草中花粉母细胞减数分裂过程正常占 88.2%，有 11.8% 的花粉母细胞减数分裂异常。③减数分裂异常表现在减数分裂过程中出现微核、落后染色体、染色体桥、不均等分离、多分体等现象，并发现在二分体阶段及单核花粉发育过程中存在细胞融合。④2 个居群的鱼腥草花粉活力均不超过 1.5%，花粉几乎不萌发。研究认为，鱼腥草花粉育性低的主要原因是单核花粉的发育过程异常，而非鱼腥草花粉母细胞减数分裂异常所致。

4. 生药学探索[58, 59]

（1）性状特征：茎扁圆形，皱缩而弯曲，长 20～30cm，表面黄棕色，具纵棱，节明显，下部节处有须根残存，质脆，易折断。叶互生，多皱缩，上面暗绿或黄绿色，下面绿褐色或灰棕色。叶柄细长，基部与托叶合成鞘状。穗状花序顶生，搓碎有鱼腥气，叶微涩，以叶多、色绿、有花穗、鱼腥气浓者为佳。

（2）显微特征：上、下表皮细胞呈多角形，有较密的波状纹理，气孔不定式，副卫细胞 4～5 个。油细胞散在，类圆形，周围 7～8 个表皮细胞，呈放射状排列。腺毛无柄，头部 3～4 个细胞内含淡棕色物，顶部细胞常已无分泌物、皱缩。非腺毛（叶脉处）2～4 个细胞，长 180～200μm，基部直径约 40μm，表面有条状纹理。下表皮气孔、非腺毛较多，叶肉组织中有小簇晶微在，直径 6～10μm。

（3）干药性状：①干药茎扁圆柱形或类圆柱形，表面淡红褐色至黄棕色，具纵皱纹或细沟纹，节明显可见。②近下部的节上有须根痕迹残存，叶片极皱缩而卷折，上表面暗黄绿色至暗棕色，下表面青灰色或灰棕黄色。③花穗少见，质稍脆，易碎，茎折断面不平坦而显粗纤维状，微具有鱼腥气，味微涩，以淡红褐色、茎叶完整、无泥土等杂质者为佳。

其相关理化性质与鉴别方法也有研究总结。

5. 其他应用

（1）产品开发：鱼腥草既是食品又是药品，随着药理研究和临床应用的深入，鱼腥草药用保健产品的开发研制也日益受到重视[60]。鱼腥草茶、鱼腥草饮料、鱼腥草营养液、鱼腥草袋装方便食品和鱼腥草蜜酒等许多新产品先后问世。

①鱼腥草食品：鱼腥草是一种药食两用的植物，全株都可食用，凉拌鱼腥草就是云贵川一带的特色美食。鱼腥草不仅有丰富的营养价值，富含蛋白质、脂肪、多糖、维生素等多种营养成分，还能起到清热解毒的功效。另外，鱼腥草还可制成酥饼[61]。

②鱼腥草的药物：目前有 30 多个药物品种运用了鱼腥草做原料，常用于治疗呼吸系统疾病、妇科疾病、肿瘤、消化系统疾病、泌尿系统疾病、五官科疾病等多种疾病[62]。如鱼腥草注射液为鲜鱼腥草加工制成的灭菌水溶液，主要含有正壬酮、癸酰乙醛、月桂醛等挥发油，具有清热解毒利湿的作用，临床主要用于肺脓疡、痰热咳嗽、尿路感染、痛经等[63]。复方鱼腥草片（由鱼腥草、黄芩、板蓝根、连翘组成）具有清热解毒的作用，用于外感风热引起的咽喉疼痛、扁桃腺炎等。许多药膳中也选择添加鱼腥草[64]。

③鱼腥草的保健品开发：鱼腥草还可以加工成为鱼腥草茶，不仅有减肥的作用，还具有一定抗辐射功能。例如，中国科学院天然产物化学重点实验室研制的鱼腥草苦丁茶保健饮料、福建农林大学科技开发公司研制的鱼腥草袋泡茶。鱼腥草还可加工成为饮料，包括纯鱼腥草饮料或混合其他植物成分的饮料、保健酒、戒烟产品及具有不同保健功能的保健品等。鱼腥草正从传统的半成品（凉拌、干品）及饮料、酒、茶等轻工食品向航空食品、减肥食品、美容护肤品和戒烟食品的方向发展，并有望在肿瘤治疗、老年病防治、多种感染性疾病的控制方面发挥更大的作用[65]。

（2）安全性问题：鱼腥草极易富集土壤中的 Pb、Zn、Cd、Cu 等重金属[66]，因此选择食用和药用的鱼腥草均应注意产地，以确保原料没有受到重金属污染。作为传统的药食两用植物，鱼腥草中各元素在同一器官内含量的大小排序为 Ca > Mg > Fe > Zn > Cu。对鱼腥草各器官中同一种元素在不同地区间的相关性进行分析可知，不同地区 Fe、Zn、Cu 均在 1% 的水平存在着极显著的相关性；少数地区 Mg、Ca 在 5% 水平存在着显著的相关性，其他地区间相关性不明显[67]。李聪[68]研究表明鱼腥草在锑胁迫下通过提高抗氧化酶活性和渗透调节物质含量，并在共同作用下增强其对锑的耐受性，减缓所受伤害。另外，鱼腥草体内的 SOD 活性、SS 含量、SP 含量对 Sb（Ⅲ）、Sb（Ⅴ）的胁迫敏感度较高，可将这 3 个指标作为鉴定鱼腥草在锑胁迫下生理长势的首要表征指标。

目前并没有明确规定保健食品中鱼腥草用量的限制范围，但是《中华人民共和国药典》（2010 年版）中规定鱼腥草原料药日用量为 15 ～ 25g，新鲜原料加倍。因而鱼腥草作为药食两用植物，其作为保健食品原料时的用量应该是可以超过药典规定上限的。

Fan 等[69]系统地挖掘鱼腥草的潜在不良反应，并进一步研究含有鱼腥草成分的食物和药物是否会引起马兜铃酸肾病或癌症，结果表明鱼腥草制剂不良反应主要表现为过敏症状，主要由注射剂、中成药制剂等引起，并没有引起肾炎、肾间质纤维化、马兜铃酸肾病或癌症的不良反应。有机鱼腥草中抗生素、抗药性基因的丰度和多样性高于非有机来源的鱼腥草，表明其具有潜在的食品安全风险[70]。鱼腥草有毒活性成分及其对应的联系度最高的蛋白 PTGS2、PRSS1、MAPT、SLC6A2 等可能通过 Toll 样受体信号通路、MAPK 信号通路、Nod 样受体信号通路、RIG-I 样受体信号通路、mTOR 信号通路引起过敏反应；可能抑制中枢神经系统；还可能通过对细胞凋亡的调节引起其他自身免疫系统疾病[71]。

伪品鱼腥草，经鉴定，分别为眼子菜科植物抱茎眼子菜和玄参科植物水苦荬[72]。通过应用 ICP-MS 结合化学计量学方法可实现野生和栽培鱼腥草的鉴别[73]。

【药用前景评述】 我国鱼腥草资源丰富。鱼腥草是"药食两用"的品种之一。通过对鱼腥草有效成分、药理作用的研究表明，其生物活性较高、用途广、疗效确切。据报道鱼腥草是唯一在原子弹爆炸点能顽强再生的中药材，具有抗辐射作用和增强机体免疫功能的作用，不仅适用于空勤人员，也适用于经常接近辐射源的人员，如 X 线机和电脑操作人员，以及常看电视的人群。鱼腥草在医药行业用途极为广泛，是畅销中成药急支糖浆的主要成分，也是抗病毒冲剂、鱼腥草注射液等产品的主要成分，有着较高的开发价值与广阔的市场前景。

长期以来，白族就有生食鱼腥草的习惯，已成为其民间最为常见的一种凉拌菜食材。白族民间对于该植物具有防治上火、抗菌消炎、防治感冒、治疗泌尿系感染等方面的功效有着很高的认知度，这些功效也多被现代研究所证实。虽然近年来有研究显示，鱼腥草中存在着具有潜在致癌风险的马兜铃内酰胺等成分，但鱼腥草中主要含有的是马兜铃内酰胺-BII、马兜铃内酰胺-AII 和马兜铃内酰胺-FII（总 0.016g/kg），未见含有毒性较强的马兜铃内酰胺-Ⅰ；同时，鱼腥草中的马兜铃内酰胺类成含量均较低，其安全性应该是有保障的。临床上有不少鱼腥草注射液引起过敏反应的报道，应引起重视。

参考文献

［1］李爱民，赵丽娟，何庆，等.鱼腥草花粉母细胞减数分裂特征及其育性研究［J］.西北植物学报，2017，37（4）：682-688.

［2］白玲，马敏怡.鱼腥草的研究概述［J］.兵团医学，2018，（1）：65-67.

［3］瞿万云，谭志伟，余爱农，等.恩施山区鱼腥草挥发油的化学成分分析［J］.湖北民族学院学报（自然科学版），2010，28（1）：6-9，36.

［4］王大勇，毕秀丽，周园，等.合成鱼腥草素对巨噬细胞呼吸爆发、细胞内游离钙离子浓度及 T 细胞分泌白细胞介素 -2 的影响［J］.沈阳药科大学学报，2003，（3）：210-214.

［5］张连富，吉宏武，任顺成.药食兼用资源与生物活性成分［M］.北京：化学工业出版社，2005.

［6］杨靖，吕瑞，邓俊华.双水相萃取法分离鱼腥草总黄酮的研究［J］.食品工业科技，

2016，37（24）：319-332.

　　［7］李瑞玲，崔运启，秦彩霞.鱼腥草中槲皮素的提取及含量测定［J］.化学与生物工程，2014，31（2）：72-74.

　　［8］马新方，李勇.鱼腥草多糖体内抗氧化活性研究［J］.中医研究，2011，24（2）：19-20.

　　［9］刘敏，蒋跃平，刘韶.鱼腥草中生物碱类化学成分及其生物活性研究进展［J］.天然产物研究与开发，2018，30（1）：141-145，133.

　　［10］Zhang ZY，Luo SQ，Yang ZN. Phenolics and antioxidant activities of *Houttuynia cordata* Thunb.［J］. Med Plant，2019，10（3）：1-7.

　　［11］Feng X，Yang ZN，Hu J，et al. Analysis of amino acids in *Houttuynia Cordata* Thunb.by high performance liquid chromatography-diode array detector（HPLC-DAD）［J］. Med Plant，2019，（2）：28-34.

　　［12］杨小露，杨宇萍，葛跃伟，等.鱼腥草氯仿部位的化学成分研究［J］.中国中药杂志，2019，44（2）：314-318.

　　［13］蔡红蝶，刘佳楠，陈少军，等.鱼腥草化学成分、生物活性及临床应用研究进展［J］.中成药，2019，41（11）：2719-2728.

　　［14］Dong XY，Jin Y，Yang LP. Systematic analysis of components and contents in *Houttuynia cordata* Thunb［J］. Tradit Med Res，2017，2（4）：176-188.

　　［15］薛青松，殷华茹.溶剂浸提条件下鱼腥草中癸酰乙醛的高效提取［J］.分析科学学报，2013，29（3）：386-390.

　　［16］王利勤，赵友兴，周露，等.鱼腥草的化学成分研究［J］.中草药，2007，38（12）：1788-1790.

　　［17］郑冬超，冯岚清，汪红，等.鱼腥草对金黄色葡萄球菌和大肠杆菌的抑菌效果研究［J］.实验科学与技术，2019，17（4）：103-108.

　　［18］周庆兰，熊艳，余晓东，等.鱼腥草根及地上部分乙醇提取物抑菌活性和化学成分的分析［J］.重庆师范大学学报，2019，36（2）：103-108.

　　［19］徐未芳，展俊岭，祝敏，等.鱼腥草抑菌作用研究进展［J］.绿色科技，2019，（2）：135-137.

　　［20］霍健聪，邓尚贵，励建荣.鱼腥草黄酮的制备及其对枯草芽孢杆菌的抑制机理［J］.中国食品学报，2017，17（9）：87-94.

　　［21］石跃桂.鱼腥草研究文献综述［J］.北京农业，2011，（9）：121-122.

　　［22］Lee JH，Ahn JM，Kim JW，et al. Flavonoids from the aerial parts of *Houttuynia cordata* attenuate lung inflammation in mice［J］. Arch Pharm Res，2015，38（7）：1304-1311.

　　［23］陈清赔，杨辉.鱼腥草不同部位挥发油组分与抗菌活性分析［J］.临床合理用药杂志，2018，11（32）：112-114.

　　［24］刘苗苗，崔清华，范路路，等.鱼腥草多糖的制备及其体外抗病毒活性研究［J］.天然产物研究与开发，2020，32（1）：113-120.

［25］范路路，侯林，刘苗苗，等.鱼腥草不同溶剂提取物的抗病毒活性研究［J］.中国现代应用药学，2019，36（21）：2643-2647.

［26］黄秋兰，薛娜丽，范德平，等.鱼腥草抗炎药理作用的研究进展［J］.海南医学，2019，30（18）：2431-2433.

［27］王韧，樊启猛，李文姣，等.基于网络药理学的鱼腥草治疗支气管炎作用机制研究［J］.中国中医药信息杂志，2019，26（10）：91-95.

［28］园园，胡淑萍.胡淑萍运用鱼腥草治疗小儿常见病举隅［J］.亚太传统医药，2018，14（10）：152-153.

［29］徐凌，王冠南，许霞，等.鲜品鱼腥草治疗儿童风热感冒临床观察［J］.泰山医学院学报，2018，39（10）：1153-1154.

［30］鱼腥草抗肺炎机制的研究进展［C］//中国毒理学会第七次全国会员代表大会暨中国毒理学会第六次中青年学者科技论坛论文摘要.重庆，2018：44.

［31］许贵军，李志军，王琦，等.鱼腥草的抗炎活性成分［J］.中国药科大学学报，2016，47（3）：294-298.

［32］Zhang YH，Ren LM，Wang XY. Inhibitory effect of *Houttuynia cordata* Thunb on LPS-induced retinal microglial activation［J］. Int J Ophthalmol，Planta Med，2019，12（7）：1095-1100.

［33］Lu Y，Zhang JJ，Huo JY，et al. Structural characterization and anti-complementary activities of two polysaccharides from *Houttuynia cordata*［J］.Planta Med，2019，85（13）：1098-1106.

［34］季桓涛，祝璟琳，杨弘，等.池塘种植鱼腥草对罗非鱼链球菌抗病力影响及机理研究［J］.淡水渔业，2019，49（2）：71-77.

［35］麦明朗，余林中，刘俊珊."中药抗生素"鱼腥草抗炎作用研究及临床应用进展［J］.中药药理与临床.2018，34（5）：172-176.

［36］吴佩颖，徐莲英，陶建生.鱼腥草的研究进展［J］.上海中医药杂志，2006，40（3）：62.

［37］Lou YM，Guo ZZ，Zhu YF，et al. *Houttuynia cordata* Thunb.and its bioactive compound 2-undecanone significantly suppress benzo（a）pyrene-induced lung tumorigenesis by activating the Nrf2-HO-1/NQO-1 signaling pathway［J］. J Exp Clin Cancer Res，2019，38（1）：242.

［38］Yang LS，Ji WW，Zhong H，et al. Anti-tumor effect of volatile oil from *Houttuynia cordata* Thunb.on HepG2 cells and HepG2 tumor-bearing mice［J］. RSC Adv，2019，9（54）：31517-31526.

［39］Han K，Jin C，Chen HJ，et al. Structural characterization and anti-A549 lung cancer cells bioactivity of a polysaccharide from *Houttuynia cordata*［J］. Int J Biol Macromol，2018，120（Part A）：288-296.

［40］陈光华，魏莹，舒波.鱼腥草总黄酮调控 PI3K/Akt 信号通路诱导人乳腺癌细胞株 MCF-7 凋亡的实验研究［J］.中国医院药学杂志，2020，40（4）：391-396.

［41］李宗生，王洪生，洪佳璇，等.鱼腥草总黄酮与利血生抗辐射功效的比较［J］.航空

航天医学杂志，2016，27（6）：669–673.

［42］Dang HF, Zhang T, Yi F, et al. Enhancing the immune response in the sea cucumber *Apostichopus japonicus* by addition of Chinese herbs *Houttuynia cordata* Thunb as a food supplement［J］. Aquac Fish, 2019, 4（3）：114–121.

［43］宋继敏，展俊岭，徐未芳，等.鱼腥草抗氧化活性研究进展［J］.现代园艺，2019，（2）：19–20.

［44］罗秋水，谢升，汤凯洁，等.鱼腥草挥发油抗氧化作用的研究［J］.中国粮油学报，2020，35（2）：105–109.

［45］曹桂花，李娟，王晓明，等.鱼腥草提取物去甲头花千金藤二酮B对H_2O_2诱导的海马神经元损伤的作用及可能机制［J］.中华老年多器官疾病杂志，2019，18（12）：928–934.

［46］姚秋萍，何可群，黎璐，等.鱼腥草多糖硫酸酯化修饰及清除自由基活性［J］.食品工业，2019，40（8）：36–39.

［47］唐莹，王海颖.复方鱼腥草提取物不同组分对高糖培养小鼠肾小球系膜细胞增殖的影响［J］.中国中医药科技，2018，25（6）：815–818.

［48］李爽，于庆海，金佩珂.鱼腥草的有效成分、药理作用及临床应用的研究进展［J］.沈阳药科大学学报，1997，14（2）：144–147.

［49］姜韵，卢燕，章蕴毅，等.鱼腥草的抗补体活性成分与药理作用［C］//第十届全国药用植物及植物药学术研讨会论文集.昆明，2011：16.

［50］李少金，方婉仙，肖水秀，等.鱼腥草挥发油对大鼠心肌缺血再灌注损伤的保护作用及机制研究［J］.中南药学，2018，16（7）：973–977.

［51］吴文英，尹术华，李露，等.鱼腥草挥发油对多柔比星致大鼠心肌损伤的保护机制［J］.食品工业科技，2020，4（14）：1–13.

［52］黄定根，邓雪峰，吴雅丽，等.鱼腥草挥发油对去卵巢小鼠骨质疏松的预防作用及机制研究［J］.中南药学，2019，17（1）：25–29.

［53］于兵兵，余红霞，王君明，等.鱼腥草70%乙醇提取物止咳化痰抗炎镇痛活性研究［J］.时珍国医国药，2019，30（4）：829–832.

［54］SooPAT.鱼腥草［A/OL］.（2020–03–15）［2020–03–15］. http://www.soopat.com/Home/Result?Sort=0&View= 7&Columns=&Valid=2&Embed=&Db=&Ids=&FolderIds=&FolderId=&ImportPatentIndex=&Filter=&SearchWord=%E9%B1%BC%E8%85%A5%E8%8D%89&FMZL=Y&SYXX=Y&WGZL=Y&FMSQ=Y.

［55］李星，吴凤莲，余彬情，等.黔东南州山地鱼腥草绿色栽培技术［J］.现代农业科技，2019，（18）：60+64.

［56］韦小芳，杨占南，罗世琼，等.鱼腥草水浸提液对绿豆种子萌发及幼苗生长的化感作用［J］.种子，2019，38（2）：78–82.

［57］鱼腥草生长的五大要求［J］.农家之友，2019，（8）：59.

［58］国家中医药管理局《中华本草》编委会.中华本草［M］.上海：上海科技出版社，1999.

［59］国家药典委员会.中华人民共和国药典（一部）［S］.北京：中国医药科技出版社，2015：248.

［60］冯堃，秦昭，王文蜀，等.鱼腥草保健功能及开发利用研究进展［J］.食品研究与开发，2019，40（7）：189-193.

［61］高秀，谷秋荣，李亚丽，等.鱼腥草酥饼的研制［J］.安徽农业科学，2019，47（16）：196-199.

［62］周欢欢，刘同祥，耿少华，等.鱼腥草的研究进展［J］.医学信息，2011，（8）：4125.

［63］陈原，骆为民，李志.鱼腥草注射液临床应用概述［J］.中国药研究，2002，18（6）：51-53.

［64］赵萍，腾惠丽.复方鱼腥草合剂提取工艺研究［J］.中草药，2003，34（8）：719-721.

［65］Wang LC，Pan TM，Tsai TY. Lactic acid bacteria-fermented product of green tea and *Houttuynia cordata* leaves exerts anti-adipogenic and anti-obesity effects［J］. J Food Drug Anal，2018，26（3）：973-984.

［66］李雅萌，王亚茹，杨娜，等.ICP-MS测定鱼腥草中14种重金属元素［J］.特产研究，2018，40（1）：32-35.

［67］秦樊鑫，杨昱.不同微量元素在鱼腥草植株不同器官中的分布特征［J］.食品研究与开发，2015，36（2）：10-14.

［68］李聪，杨爱江，陈蔚洁，等.锑胁迫对鱼腥草抗氧化能力及渗透调节物质的影响［J］.江苏农业科学，2019，47（13）：175-179.

［69］Fan WX，Yu LT，Yang LP. Mining potential adverse drug reactions of *Houttuynia cordata* Thunb from "real world" cases［J］. Food Ther Health Care，2019，（3）：78-88.

［70］Xiang W，Lu K，Zhang N，et al. Organic *Houttuynia cordata* Thunb harbors higher abundance and diversity of antibiotic resistance genes than non-organic origin，suggesting a potential food safe risk［J］. Food Res Int，2019，120：733-739.

［71］李洁，郑小松.基于网络分析的鱼腥草毒性作用机制［J］.沈阳药科大学学报，2019，36（11）：1047-1055.

［72］宋学华.鱼腥草的真伪鉴别［J］.中草药通讯，1978，（11）：40-42，26，49.

［73］周美丽，范晓旭，杨春花，等.应用电感耦合等离子体质谱法结合化学计量学方法对野生和栽培鱼腥草的鉴别［J］.理化检验（化学分册），2019，55（11）：1305-1311.

茴香

【植物基原】本品为伞形科茴香属植物茴香 *Foeniculum vulgare* Mill. 的根。

【别名】茴香草、山茴香、土茴香、小茴香。

【白语名称】喂兄咪（鹤庆）、喂孝珍（鹤庆）、喂孝（兄）呆（云龙关坪）、五肖（洱源）。

【采收加工】全年可采挖，鲜用或晒干备用。

【白族民间应用】治寒疝、咳喘、水肿、腹痛、乳胀积滞、风湿关节炎、胃寒呕逆、耳鸣、杀虫、鼻疳、蛔虫病。

【白族民间选方】①止咳平喘：老茴香根皮 100g，老鸭子 1 只，共炖吃。②腹胀、嗳气：本品 15～30g，煎服。③乳汁积滞胀痛：茴香根 20～30g，水煎服，连续 2～3 次。④肾虚、夜尿多、遗尿：本品与桑螵蛸各 9g，鸡肉参 10g，焙干，共研细末，开水送服。

【化学成分】茴香主要含黄酮苷、苯丙素类化合物，以及香豆素、简单酚酸类等其他结构类型化合物。例如，quercetin-3-O-glucoside（1）、quercetin-3-O-galactoside（2）、quercetin-3-O-arabinoside（3）、quercetin-3-O-rutinoside（4）、kaempferol-3-O-glucoside（5）、kaempferol-3-O-arabinoside（6）、kaempferol-3-O-rutinoside（7）、异槲皮素（8）、isorhamnetin-3-O-glucoside（9）、quercetin-3-glucuronide（10）、kaempferol-3-glucuronide（11）、eriodictyol-7-rutinoside（12）、estragole（13）、anethole（14）、dillapional（15）、dillapiol（16）、3，4-dihydroxyphenethylalchohol-6-O-caffeoyl-β-D-glucopyranoside（17）、3-O-caffeoylquinic acid（18）、4-O-caffeoylquinic acid（19）、5-O-caffeoylquinic acid（20）、1，3-O-dicaffeoylquinic acid（21）、1，4-O-dicaffeoyl-quinic acid（22）、1，5-O-dicaffeoylquinic acid（23）、psoralen（24）、bergapten（25）、scopoletin（26）[1-2]，以及 5-羟甲基糠醛、7-羟基 -6-甲氧基香豆素、β-谷甾醇、豆甾醇 -β-D-吡喃葡萄糖苷、胡萝卜苷、槲皮素、焦谷氨酸乙酯、镰叶芹二醇、邻苯二甲酸丁基异丁基二酯、莳萝脑、亚油酸甘油三酯、亚油酸蔗糖苷、蔗糖等[3-6]。

	R₁	R₂
1	OH	glucose
2	OH	galactose
3	OH	arabinose
4	OH	glucose-rhamnose
5	H	glucose
6	H	arabinose
7	H	glucose-rhamnose

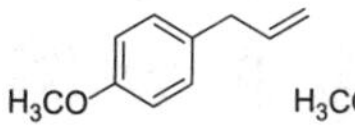

13 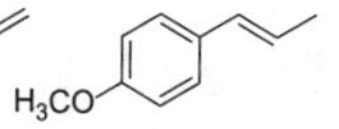 14 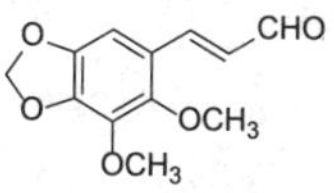 15 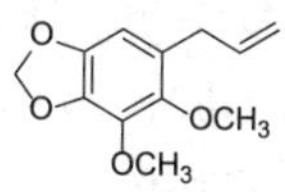 16 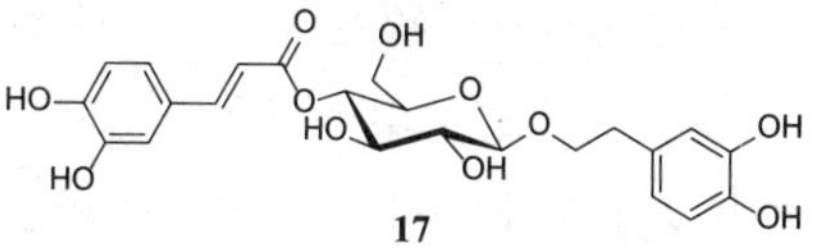 17

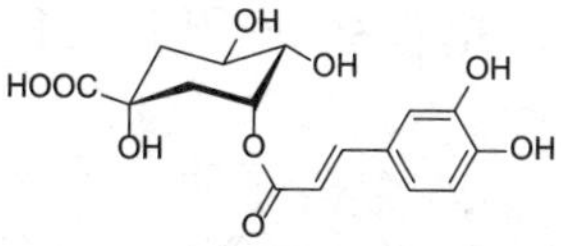

18 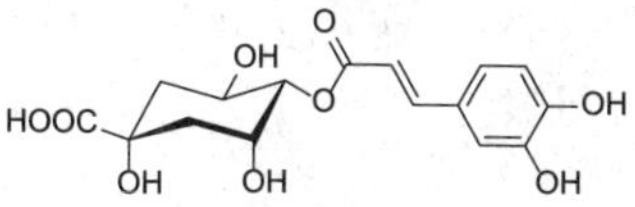 19 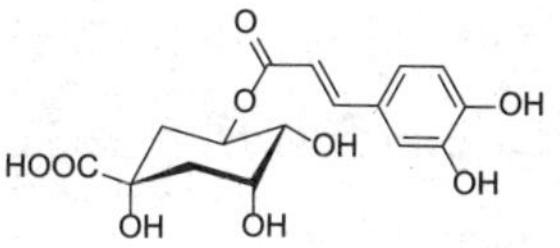 20 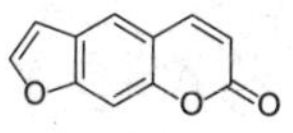 24

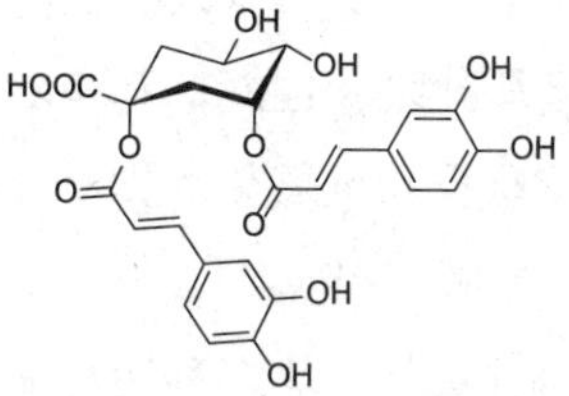

21 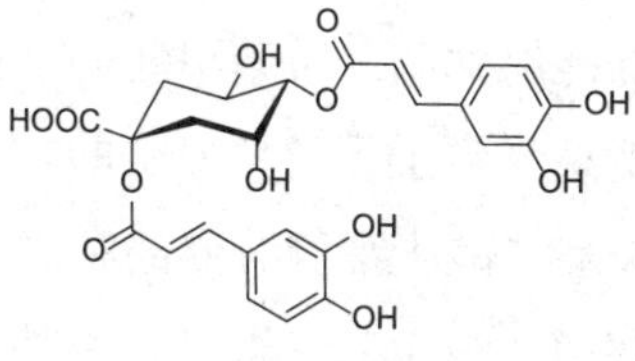 22 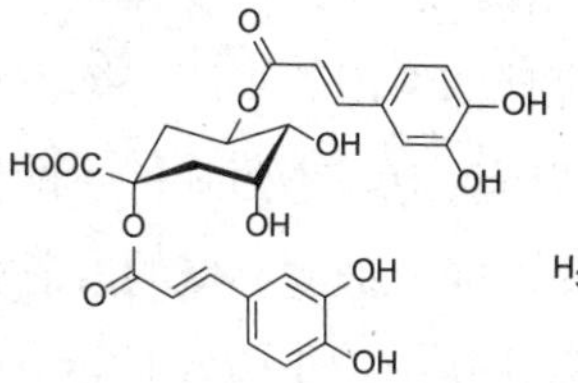 23 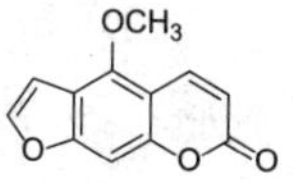 25 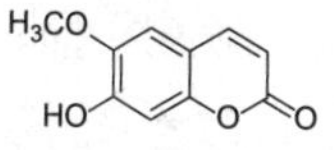 26

小茴香根挥发油中共鉴定出 26 个成分：2- 正戊基呋喃、α- 水芹烯、邻异丙基苯、（1S）-（+）-3- 蒈烯、D- 柠檬烯、苯乙酮、3- 甲基苯甲醛、对甲基苯甲醛、2- 甲基苯甲醛、4- 蒈烯、2- 蒈烯、萜品油烯、2-（4- 甲基苯基）丙 -2- 醇、3，3，5- 三甲基 -2-（3- 甲基苯基）-2- 己醇、乙酸小茴香、茴香脑、4- 烯丙基苯甲醚、肉豆蔻醚、莳萝脑、洋芹脑、1，2，5- 三甲基吡咯、棕榈酸、邻苯二甲酸环己基新戊基酯、邻苯二甲酸新戊基壬基酯、苯二甲酸二异辛酯、邻苯二甲酸单乙基己基酯[4]。

【药理药效】现代药理研究证明，小茴香具有显著的抑菌、调节胃肠功能、利尿等作用，同时还具有利胆、保肝、抗癌、抗突变、抗炎、镇痛及抗氧化等活性[7]。

1. 抗感染作用

（1）抗菌作用：小茴香挥发油对金黄色葡萄球菌的抑制作用最强，其次是枯草芽孢杆菌和变形杆菌，对大肠杆菌抑制作用最差[8]。茴香水提物对大肠杆菌、枯草杆菌和绿脓杆菌具有抗菌活性，但不具有任何抗真菌活性[9]。小茴香籽精油的主体成分为反式茴香脑（70.78%）、爱草脑（7.78%）、小茴香酮（5.87%）、柠檬烯（5.85%）和 δ-3- 蒈烯（2.01%）。在评价小茴香籽精油对 7 种食源性致病菌和 2 种腐败性真菌的抑制活性实验中，小茴香籽精油表现出优良的广谱性抗菌活性。其中黑曲霉和副溶血性弧菌对该精油最为敏感，MIC 分别小于 0.004% 和 0.015%（体积分数）[10]。张冠楠[11]首次在抗菌机制，即膜机制的水平以及基因和蛋白表达水平详细分析了茴香醛对金黄色葡萄球菌的抑制作用，阐明了茴香醛抑制金黄色葡萄球菌的微观分子机制。

（2）抗病毒作用：小茴香油脂中含有酚类成分，这些酚类物质已被认为是植物病毒的有效抑制剂，通过与病毒体体外相互作用，导致病毒感染性的丧失，也可能通过阻断叶表面的侵染位点而对寄主的敏感性产生影响[9]。

（3）抗寄生虫作用：小茴香水提取物对人芽囊原虫的抑制作用呈时间和浓度依赖性关系[12]，且水提取物比甲醇提取物具有更强的杀虫和杀卵活性[13]。此外，小茴香挥发油对草地贪夜蛾有亚致死效应，可使幼虫体质量、蛹重、卵总数和成虫存活率显著下降[14]。

2. 抗肿瘤作用 郑甜田等[15]对不同产地小茴香的不同极性段进行抗肿瘤活性评价。结果表明云南小茴香 C 段、D 段、甲醇段对人早幼粒急性白血病细胞 HL60 有明显抑制活性，对肺癌 A549、肝癌 SMMC-7721、乳腺癌 MCF-7 和结肠癌 SW480 也有抑制作用；甘肃小茴香 A 段、B 段仅对 HL60 有抑制作用。

3. 抗炎、抗氧化作用

（1）抗炎作用：中医认为，小茴香挥发油为一种辛味药剂，而辛味中药具有改善血液流通、缓解疼痛的作用。小茴香挥发油能够抑制二甲苯引起的小鼠耳肿胀，也能抑制醋酸导致的小鼠扭体反应。小茴香衍生的硒纳米粒子保留了显著的抗关节炎和抗氧化潜力[16]。研究表明小茴香能够抑制小鼠的肝脏炎症，减少细胞分泌的肿瘤坏死因子[17]。

（2）抗氧化作用：小茴香对超氧阴离子自由基、羟基自由基和过氧化氢等多种活性氧或自由基有不同程度的清除作用，是有效的抗突变物质[18]。采用不同的有机溶剂从小茴香种子中提取成分，发现其甲醇提取物含有活性较强的抗氧化物质[19]。Shahat 等[20]对小茴香中所含的草蒿脑、小茴香酮和柠檬烯均具有较强的 DPPH 自由基清除、抗脂质过氧化和金属螯合等作用[20]。

4. 性激素样作用 莫庸等[21]发现小茴香挥发油对于小鼠子宫平滑肌具有解痉挛的作用，能明显降低离体子宫的收缩幅度和收缩频率，提高子宫的收缩张力。

5. 对消化、泌尿、中枢神经系统的影响

（1）对消化系统的影响：小茴香能影响胃肠动力，对胃张力先降低后兴奋，从而缩短排空时间；同时增加肠张力和蠕动，促进气体的排出。这些作用与拮抗乙酰胆碱受体有关，从而缓解胃肠道痉挛、减轻胃肠疼痛[22]。小茴香热熨可用于剖宫产术后促进胃肠恢复[23]。临床试验显示，与常规护理法相比，小茴香热敷有助于腹腔镜结直肠癌根治术的患者术后胃肠功能的恢复，机制可能是利用热传导功能加上辐射的作用，促进胃肠道平滑肌的蠕动，改善腹腔和肠壁的血液循环，减轻肠壁水肿、充血以及改善肠黏膜屏障功能，从而避免内环境紊乱。这种作用还与维持血清胃动素和胃泌素的平衡，促胃肠运动及功能的恢复有关[24]。有学者也将小茴香良好的调节胃肠功能应用于养殖业，如 Cetin 等[25]研究发现迷迭香、牛至、小茴香挥发油单用及混合使用均可刺激肉鸡生长并改善其肠道微生物平衡（大肠菌群的减少和乳酸杆菌的增加），且高浓度混合使用效果最好。小茴香有利胆作用，伴随着胆汁固体成分增加，小茴香能促进胆汁分泌[26]。小茴香还有保肝作用。Gershbein[27]研究表明小茴香具有抑制大鼠肝脏炎症，保护肝细胞，促进纤维化肝脏中胶原降解及逆转肝纤维化的作用。研究表明小茴香挥发油具有预防或抗肝纤维化作用[28]。其机理可能与抑制肝脏内的脂质过氧化、增加胶原的降解有关，也与调解电解质平衡从而改善消化道功能及饮食状况有关。研究发现小茴香水提取物可降低血清中谷丙转氨酶（ALT）、谷草转氨酶（AST）和透明质酸的水平，降低肝组织内胶原纤维含量，并减少 α- 平滑肌动蛋白 / 转化生长因子 -β_1（TGF-β_1）/ Ⅰ 型 TGF-β 受体 / 信号转导分子 Smad2 mRNA 的表达，表明其可通过抑制 TGF-β/Smad 信号转导通路来抑制肝星状细胞活化，从而减轻大鼠肝纤维化[29]。也有研究表明小茴香对丙戊酸钠诱导的肝肾毒性具有保护作用[30]。联合用药方面，Sheweita 等[31] 发现环磷酰胺与小茴香挥发油联合用药可使肝脏异常生化指标 AST、ALT 及碱性磷酸酶水平趋向正常，在一定程度上减轻肝脏变化，且对正常肝脏无影响，但单独使用小茴香挥发油不会改变肝功能指标，因此，环磷酰胺与小茴香挥发油的联合使用可作为治疗癌症时减轻环磷酰胺引起的肝毒性的新方法。也有学者制备小茴香挥发油纳米乳液，并研究其对四氯化碳所致肝毒性大鼠的影响，结果发现给药后 AST、ALT、碱性磷酸酶、胆红素、白蛋白、丙二醛、血氨水平等反映肝功能的指标均有明显改善[32]。

（2）对中枢神经系统的影响：王文慧等[33] 研究茴香脑对局灶性脑梗死小鼠的影响。结果发现茴香脑具有脑保护作用，能降低小鼠脑梗死急性期的神经功能缺损，减小脑梗死体积，同时减轻脑水肿。进一步研究发现，茴香脑能够降低小鼠脑梗死急性期血脑屏障的通透性，上调 Claudin-5、Occludin 和 JAM-1 的表达量，同时减少炎症因子（TNF-α、IL-1β、IL-6）的含量。小茴香乙醇提取物还具有显著的抗焦虑活性[34]。有学者观察了小茴香挥发油不同给药剂量对焦虑小鼠的影响，发现 200mg/kg 剂量组的小茴香挥发油抗焦虑作用更强[35]。Bhatti 等[36] 发现小茴香的 75% 乙醇提取物的抗氧化活性最高，其次为 100% 乙醇提取物，其乙醇提取物能使氧化应激标志物和淀粉样前体蛋白亚型的表达水平趋向正常，将神经元毒性降至最低，从而发挥神经保护作用。此外，小茴香还具有增强记忆的特性，可以作为胆碱酯酶抑制剂用于治疗认知障碍，其水提取物也能剂量依赖性地恢复东莨菪碱引起的遗忘症[37]。

6. 对心血管系统的作用

（1）降血脂作用：小茴香水提物具有显著的降血脂和抗动脉粥样硬化作用，降低高脂血症小鼠的胆固醇、甘油三酯、低密度脂蛋白和载脂蛋白 B 等血脂水平，而升高高密度脂蛋白和载脂蛋白 A_1 水平，可作为高脂血症、糖尿病的辅助治疗药物[38-40]。

（2）抗氧化、抗应激作用：小茴香发挥抗氧化、抗应激作用的主要活性部位是水提取物、甲醇提取物、乙醇提取物和挥发油，发挥作用的物质基础可能是小茴香提取物中的抗氧化成分[41]。进一步研究证明，小茴香挥发油可使异常的超氧化物歧化酶、过氧化氢酶、谷胱甘肽还原酶、谷胱甘肽 S- 转移酶及谷胱甘肽过氧化物酶的活性恢复至正常水平，其活性可能与茴香脑、葑酮、草蒿脑成分的含量有关，并且小茴香水提物比挥发油具有更强的抗氧化能力[42]。

7. 对内分泌系统的作用　小茴香水提取物能降低四氧嘧啶和肾上腺素引起的血糖升高，提高血清胰岛素水平和超氧化物歧化酶活性，降低丙二醛含量，减轻四氧嘧啶对胰岛细胞的破坏，其作用机制可能是通过促进胰岛素的分泌、提高糖尿病小鼠抗氧化能力及减轻氧自由基对胰岛 B 细胞的破坏等多种途径调节糖代谢，从而降低血糖[43, 44]。

8. 对免疫系统的作用

（1）抗衰老作用：小茴香是潜在的预防和治疗紫外线照射所致皮肤损伤的天然植物。Sun 等[45]发现小茴香的 50% 乙醇提取物的抗衰老机制为：促进胶原蛋白、弹性蛋白和 TGF-β$_1$ 的生成，阻断基质金属蛋白酶的产生，抑制丝裂原活化蛋白激酶（MAPK）信号通路，提高核转录因子 E2 相关因子 2（Nrf2）的核蛋白表达量和谷胱甘肽等抗氧化剂的表达来降低细胞活性氧和乳酸脱氢酶的生成。此外，有学者认为其抗衰老主要活性物质为反式茴香脑[46]。

（2）增强免疫作用：研究发现小茴香加吴茱萸联合穴位热熨能拮抗化疗药物导致的免疫功能下降，避免化疗期间口服中药的不适，有助于提高化疗后患者的生存质量[47]。

9. 其他作用　小茴香除了对人体多个系统产生作用外，还具有抗遗传毒性、灭蚊作用。Tripathi 等[48]通过小鼠骨髓染色体畸变试验、微核试验、精子畸形试验，发现经小茴香挥发油处理后，嗜多染红细胞微核率、染色体畸变率、异常精子量等指标均得到明显改善，提示小茴香挥发油能抑制环磷酰胺诱导的遗传毒性。灭蚊实验研究表明，小茴香挥发油可剂量依赖性地杀灭埃及伊蚊幼虫[49]。

【开发应用】

1. 标准规范　茴香包括伞形科属植物茴香的成熟果实（小茴香）及茴香根皮，现有药品标准 120 项，为茴香与其他中药材组成的中成药处方；药材标准 17 项，为不同版本的《中国药典》药材标准及其他药材标准；中药饮片炮制规范 51 项，为不同省市、不同年份的茴香饮片炮制规范。

2. 专利申请　文献检索显示，小茴香相关有权专利共 712 项，其中有关化学成分及药理活性研究的专利 2 项，茴香和其他中药组成复合剂在中医药领域申请的专利 177 项，与其他天然化合物在食品科学与工程领域申请的专利 502 项，其他专利 33 项[50]。

专利信息显示，绝大多数的专利为小茴香与其他中药材配成中药组合物用于各种疾病的治疗，包括慢性盆腔炎、甲状腺功能减退症、糖尿病、前列腺炎、肝肾阴虚证、妇科炎症、视网膜病变及弱视、脾胃虚寒证、肾盂肾炎、祛湿镇痛、肝硬化腹水、肠胃病、平喘止咳、心绞痛、急性鼻窦炎、骨关节炎与类风湿关节炎、风湿腰痛、小儿腹泻、风湿骨病、盆腔炎性包块等疾病。

与茴香相关的代表性专利有：

（1）钱英杰等，小茴香吸品及其制法（CN102228309B）（2012 年）。

（2）陈宇光等，中药小茴香的新用途（CN102670677B）（2014 年）。

（3）唐选明等，小茴香杆及其提取物驱避老鼠的应用（CN103355359B）（2015 年）。

（4）谢静科，一种改善失眠多梦的中药药酒（CN104740441B）（2017 年）。

（5）周然，一种小茴香酒的制备方法及其应用（CN104946462B）（2017 年）。

（6）赵振东等，一种合成草酸小茴香酯的方法（CN105348093B）（2017 年）。

（7）王鸿雁等，一种小茴香茶及其制备方法（CN104642613B）（2017 年）。

（8）王燕，一种治疗慢性盆腔炎的中药组合物（CN104815302 B）（2018年）。

（9）温晓蓉等，抗病、改善肉质的中药组合物（CN104800821 B）（2018年）。

（10）苗明三等，小茴香总黄酮在制备治疗绝经前综合征药物中的应用（CN106138133B）（2019年）。

茴香相关专利最早出现的时间是2001年。2015～2020年申报的相关专利占总数的15.9%；2010～2020年申报的相关专利占总数的86.5%；2000～2020年申报的相关专利占总数的100%。

3. 栽培利用 李晓微等[51]对我国北方地区小茴香标准化栽培技术进行总结，详细介绍了小茴香的植物学特征、生物学特性和栽培的各个环节及需要注意的事项，为小茴香种植者提供了标准化栽培方法。

小茴香为长日照、半耐寒、喜冷凉的双子叶春季作物，较耐旱但不耐涝，多在春季栽培。春播在当年春天播种、管理、收获（春播时间的提前程度与收获茴香产量呈非直线形正相关性）；套播利用茴香生育期短的特性，在春播地膜宽窄行作物播种结束后，宽行套种茴香。应尽量选择土壤肥力中上、保水性较好的沙壤土或壤土种植，施足基肥，耕翻平整，浇足播前水，精细整地。早春田管以增温保墒为中心；苗期田管以化调为主，辅以人工拔草和间定苗；花果期田管以防积雨淹害为重点，养根保叶，促粒实，增粒重。茴香花果期虽对水肥要求不高，但重叠期较长。茴香生长中后期，有脱肥早衰（叶色发黄）的点片，可喷施1.5%～3%尿素叶肥，提高植株根叶吸收养分的能力，促使果实正常成熟。对叶色浓绿、有贪青晚熟趋势的点片，可喷施0.2%～0.4%的磷酸二氢钾，提高千粒重，达到整体收获期一致。收获通常采用人工拔除后集中晾晒，碾压后机械除杂质清选，装袋储藏，防止受潮[52]。

4. 生药学探索 茴香根：根呈长圆柱形，下部渐细，有的略弯曲，长10～20cm，直径0.5～1.5cm，头部有残存的叶基。表面棕黄色，皱缩，有纵皱纹。体轻，质脆，易折断，断面不平，皮部有裂隙，木部黄白色。根横切面（直径约4mm）木栓细胞壁薄，由2～4列细胞组成，下有一层红棕色色素层，细胞不明显。皮层细胞类圆形或类长圆形，裂隙众多。韧皮部细胞排列较整齐，被众多裂隙分开，韧皮薄壁细胞不规则。束中形成层约10列细胞组成，排列成断续的环状，被射线和裂隙分开。木质部呈放射状排列，导管多角形，大小不一，木射线明显，由2～10列细胞组成。根粉末呈黄白色。木栓细胞长方形或不规则形，壁略增厚。导管众多，大小不一，成片或单个散在，网纹，直径13～100μm。木纤维少，壁薄，直径13～20μm，两端梭形。淀粉粒众多，单粒，类圆形、长圆形或不规则形，大小不一，直径6～30μm。其相关理化鉴别方法也有研究描述[53]。

茴香果实：生药材双悬果，呈圆柱形，有的稍弯曲，长4～8mm，直径1.5～2.5mm。两端略尖，顶端残留有黄棕色突起的柱基，基部有的残留细小果梗。分果呈长椭圆形，接合面扁平而略宽，背面有5条纵棱。切面略呈五边形，背面的四边近等长。有特异香气，味微甘、辛。分果横切面呈五边形，背部的四边近相等，接合面长而平。外果皮为一列整齐扁长较小的细胞，外被角质层，中果皮含数层薄壁细胞，背部每两肋线间各有油管1个，联合面有离生油管2个，棱脊处有维管束，内果皮为1列镶嵌细胞，种皮细胞为狭长形，壁常增厚，含棕色内含物，内胚乳呈肾形，由多角形细胞组成，内含糊粉粒、脂肪油及簇晶。其相关理化性质与鉴别方法也有研究总结[54]。

5. 其他应用　小茴香是一种重要的多用途芳香植物，具有很高的价值，被广泛用于医药、食品和化妆品等行业[55, 56]。随着生活水平的提高，人们对食品饮料、化妆品、医疗用品的要求也不断增高，作为这些产品的原料，小茴香的需求量也越来越大。作为天然的调味香料，小茴香主要应用于食品工业及家庭烹饪中。小茴香的香气纯正，是大众所喜爱的一种香型，广泛应用于方便面调料、快餐食品、膨化食品，尤其是肉类食品中。另外，小茴香油也常被用于日化产品中，可通过从其挥发油中分离茴香醛、茴香脑等单体香料用于花香型香精的配制。在家庭烹饪中，小茴香拥有很大的市场。

用茴香脑制成的制剂升白宁及升血宁是能够影响血液及造血系统的药物。小茴香籽精油对食源性致病菌和腐败真菌具有优良的广谱性抗菌作用，还有祛风、祛寒、止痛和健脾之功效，可用于治胃气弱胀痛、消化不良、腰痛、呕吐等疾病[57]。

小茴香制成的花草茶有温肾散寒、和胃理气的作用，对于饮食过量所引起的腹胀以及女性痛经也有一定效果。小茴香作为饲料添加剂可以增加食欲、消导促长。小茴香油的香气可去除异味，增加食品的香味，因此在食品制作过程中常被作为提香剂、调味剂使用。茴香醛可制造抗微生物的药物阿莫西林，有较强的抗真菌活性，并已尝试着将其做成软膏，用于皮肤真菌的治疗，疗效良好[58]。

从小茴香中提取的精油可用于牙膏、牙粉、肥皂、香水、化妆品等，还有良好的防腐、杀虫等作用。小茴香茎叶制成烟丝，由于不含尼古丁、焦油量低，对人体危害小，燃烧性类似烟叶，香味浓郁，有望成为新型香烟替代品[58]。

小茴香药材虽然在《中国药典》上只收载了一个植物来源，但在地方市场上却有蒔萝子、葛缕子、田葛缕子、孜然等多种混伪品存在[59]。除传统的外观及显微鉴别方法外，利用紫外光谱法、薄层色谱鉴别法、凝胶电泳法、蛋白电泳法等多种方法均可以对他们加以区别鉴定[60]，从而达到去伪存真的目的，确保药材的质量[61-64]。

【药用前景评述】 茴香资源丰富、使用广泛，作为药食同源之品，食疗价值明确，口感适宜，特别是用于肉类食品、方便食品、调味品。茴香精油具有良好的防腐作用，可用于腌渍食品。在药用方面，茴香常用于治疗寒疝腹痛、痛经、食少吐泻、少腹冷痛、脘腹胀痛、睾丸偏坠及睾丸鞘膜积液等病症。

长期以来，茴香就是众多民族共同使用的药食两用植物。然而，各民族在对该植物的应用方式上存在一定的差异。例如，白族用根，利气消肿、止咳平喘，用于寒疝、咳喘浮肿、腹痛、乳胀积滞、风湿性关节炎。傣族用根，治疗癫病、头晕眼花、腹胀，用籽治发热不退。傈僳族用全株，行气止痛、健胃散寒；种子调味理气，用于胃寒痛、小腹冷痛、痛经、疝气痛、睾丸鞘膜积液、血吸虫病。苗族用果实和根，外敷止痛，内服消积。蒙古族用果实，解毒、明目、开胃、消肿，用于"赫依热"性头痛、眼花、胃寒胀痛、疝气、恶心、毒症、睾丸肿痛。藏族用果实，清肺热、壮胃阳、消食开胃，用于肺热病、"培根"病、消化不良。维吾尔族用果实，止咳、平喘、益胃、利尿、调经、下乳、明目。壮族用叶、种子、全草，叶浸酒服或水煎服，治跌打；种子研末治腰痛、疝气胀痛等。在外国的很多酒吧中流行一种茴香酒，其重要成分就是茴香精油，一方面因茴香酒的香味浓郁独特，而另一方面则是在喝茴香酒时加入水或冰块，可使酒液由透明转变为乳白色的悬浊液，可见茴香确实是一种应用极其广泛的世界性药用植物。

茴香主要含黄酮苷、苯丙素类、香豆素、简单酚酸类化合物，这些成分往往具有抗菌抗炎、抗氧化功效。现代药理研究也进一步证实，茴香的确具有显著的抑菌、调节胃肠功能、利尿、利胆、保肝、抗癌、抗突变、抗炎、镇痛及抗氧化等多种生物活性，与白族药用功效基本吻合。值得注意的是，白族民间认为哺乳期妇女如食用老茴香根会产生回乳的效果。为此，本书作者团队对老茴香根化学成分进行了初步的研究，仅分离得到了莳萝脑等几个常见的成分，无法与相关作用相关联，因此茴香是否具有回乳效果，仍有待进一步研究、验证。

目前，茴香多用作药材或佐料，与茴香众多功效相对应的现代研究仍然缺少，以茴香为主的功能性食品也明显缺少，这或许与茴香具有的独特气味有一定的关系。随着科技的不断发展、新工艺新技术的不断涌现，茴香抗菌镇痛、改善胃肠功能相关功能性食品的开发或将出现新的飞跃，进而为茴香开发带来更广阔的前景。

参考文献

[1] Rather MA，Dar BA，Sofi SN，et al. *Foeniculum vulgare*：a comprehensive review of its traditional use，phytochemistry，pharmacology，and safety [J]. Arab J Chem，2016，9（S2）：1574-1583.

[2] Badgujar SB，Patel VV，Bandivdekar AH. *Foeniculum vulgare* Mill：a review of its botany，phytochemistry，pharmacology，contemporary application，and toxicology [J]. J Biomed Biotechnol，2014：842674.

[3] 武拉斌，黄波，肖朝江，等. 茴香根化学成分研究 [J]. 大理学院学报，2013，12（9）：1-3.

[4] 宋凤凤. 新疆小茴香根化学成分及质量评价的研究 [D]. 新疆：新疆医科大学，2015.

[5] 林健博，古丽娜·沙比尔. 小茴香根皮化学成分研究 [J]. 新疆医科大学学报，2014，37（1）：54-55.

[6] 张嫩玲，马青云，胡江苗，等. 小茴香根的化学成分研究 [J]. 天然产物研究与开发，2011，23（2）：273-274.

[7] 董思敏，张晶. 小茴香化学成分及药理活性研究进展 [J]. 中国调味品，2015，40（4）：121-124.

[8] 高莉，斯拉甫·艾白等. 小茴香挥发油化学成分及抑菌作用的研究 [J]. 中国民族医药杂志，2007，（12）：67-68.

[9] Shahmokhtar MK，Armand S. Phytochemical and biological studies of fennel（*Foeniculum*

vulgare Mill.）from the south west region of Iran（Yasouj）[J]. Nat Prod Chem Res, 2017, 5（4）: 1000267.

［10］钟瑞敏，肖仔君，张振明，等.小茴香籽精油成分及其抗菌活性研究［J］.林产化学与工业，2007，27（6）：36-40.

［11］张冠楠.茴香醛抗金黄色葡萄球菌的活性及机制研究［D］.长春：吉林大学，2016.

［12］Méabed EMH., El-Sayed NM, Abou-Sreea AIB, et al. Chemical analysis of aqueous extracts of *Origanum majorana* and *Foeniculum vulgare* and their efficacy on *Blastocystis* spp. cysts［J］. Phytomedicine, 2018, 43: 158-163.

［13］Váradyová Z, Pisarčíková J, Babják M, et al. Ovicidal and larvicidal activity of extracts from medicinal-plants against *Haemonchus contortus*［J］. Exp Parasitol, 2018, 195: 71-77.

［14］Cruz GS, Wanderley-Teixeira V, Oliveira JV, et al. Sublethal effects of essential oils from *Eucalyptus staigeriana*（Myrtales: Myrtaceae）, *Ocimum gratissimum*（Lamiales: Laminaceae）, and *Foeniculum vulgare*（Apiales: Apiaceae）on the biology of *Spodoptera frugiperda*（Lepidoptera: Noctuidae）[J]. J Econ Entomol, 2016, 109（2）: 660-666.

［15］郑甜田.小茴香果实挥发油成分分析和抗肿瘤活性研究［D］.昆明：昆明医科大学，2016.

［16］Ammara A, Attya B, Peter J. Therapeutic potential of *Foeniculum vulgare* Mill. derived selenium nanoparticles in arthritic Balb/c mice［J］. Int J Nanomedicine, 2019, 14: 8561-8572.

［17］滕光寿，刘曼玲，毛锋锋，等.小茴香会发油的抗炎镇痛作用［J］.现代生物学进展，2011，11（2），344-346.

［18］范强，阿地力江·伊明，王水泉，等.小茴香对肝纤维化大鼠脂质过氧化水平的影响［J］.现代生物医学进展，2011，11（21）：4043-4046.

［19］杨晓泉，张水华，高建华，等.小茴香甲醇提取物的抗氧化性质研究［J］.中国粮油学报，1998，13（3）：37-40.

［20］Shahat AA, Ibrahim AY, Hendawy SF, et al. Chemical composition, anyimicrobia and antioxidant aetivities of essential oils from organically fennel cultivars［J］. Molecules, 2011, 16（2）: 1366-1377.

［21］莫庸，黄继杰，杨敏，等.茴香提取液对痛经模型小鼠的镇痛作用及对离体子宫收缩的影响［J］.中国妇幼保健，2019，34（18）：4297-4300.

［22］张思超，安丽君，钟佩茹，等.小茴香挥发油对小鼠胃排空和肠推进的影响［J］.天津中医药大学学报，2019，38（5）：473-477.

［23］陆刘冰.小茴香热敷治疗剖宫产术后腹胀疗效观察［J］.护理研究，2014，28（7）：846-847.

［24］钦传辉，宾菊兰.小茴香热敷对腹腔镜结直肠癌根治术后胃肠功能恢复的影响［J］.中国现代医学杂志，2019，29（20）：92-95.

［25］Cetin E, Yibar A, Yesilbag D, et al. The effect of volatile oil mixtures on the performance and ilio-caecal microflora of broiler chickens［J］. Br Poult Sci, 2016, 57（6）: 780-787.

［26］王婷，苗明三，苗艳艳.小茴香的化学、药理及临床应用［J］.中医学报，2015，30（6）：856-858.

［27］甘子明，方志远.中药小茴香对大鼠肝纤维化的预防作用［J］.新疆医科大学学报，2004，27（6）：566-568.

［28］Özbek H，Uğraş S，Dülger H，et al. Hepatoprotective effect of *Foeniculum vulgare* essential oil［J］. Fitoterapia，2003，74（3）：317-319.

［29］张泽高，肖琳，詹欣宇，等.维药小茴香抗肝纤维化作用及对 TGF-β/smad 信号转导通路的影响［J］.中国肝脏病杂志，2014，6（1）：32-37.

［30］Al-Amoudi WM. Protective effects of fennel oil extract against sodium valproate-induced hepatorenal damage in albino rats［J］. Saudi J Biol Sci，2017，24（4）：915-924.

［31］Sheweita SA，El-Hosseiny LS，Nashashibi MA. Protective effects of essential oils as natural antioxidants against hepatotoxicity induced by cyclophosphamide in mice［J］. PLoS One，2016，11（11）：e0165667.

［32］Mostafa DM，El-Alim SHA. Transdermal fennel essential oil nanoemulsions with promising hepatic dysfunction healing effect：In vitro and in vivo study［J］. Pharm Dev Technol，2019，24（6）：729-738.

［33］王文慧.茴香脑对局灶性脑梗死小鼠神经功能及血脑屏障保护作用的机制研究［D］.石家庄：河北医科大学，2016.

［34］Kishore RN，Anjaneyulu N，Ganesh MN，et al. Evaluation of anxiolytic activity of ethanolic extract of *Foeniculum vulgare* in mice model［J］. Int J Pharm Pharm Sci，2012，4（3）：584-586.

［35］Mesfin M，Asres K，Shibeshi W. Evaluation of anxiolytic activity of the essential oil of the aerial part of *Foeniculum vulgare* Miller in mice［J］. BMC Complement Altern Med，2014，14：310.

［36］Bhatti S，Shah SAA，Ahmed T，et al. Neuroprotective effects of *Foeniculum vulgare* seeds extract on lead-induced neurotoxicity in mice brain［J］. Drug Chem Toxicol，2018，41（4）：399-407.

［37］Koppula S，Kumar H. *Foeniculum vulgare* Mill（Umbelliferae）attenuates stress and improves memory in wister rats［J］. Trop J Pharm Res，2013，12（4）：553-558.

［38］Gengiah K，Hari R，Anbu J，et al. Antidiabetic antihyperlipidemic and hepato-protective effect of gluconorm-5：a polyherbal formulation in steptozotocin induced hyperglycemic rats［J］. Anc Sci Life，2014，34（1）：23-32.

［39］Oulmouden F，Salie R，Gnaoui NE，et al. Hypolipidemic and anti-atherogenic effect of aqueous extract of fennel（*Foeniculum vulgare*）extract in an experimental model of atherosclerosis induced by triton WR-1339［J］. Eur J Sci Res，2011，52（1）：91-99.

［40］Abdel-Wahhab KG，Fawzi H，Mannaa FA. Paraoxonase-1（PON1）inhibition by tienilic acid produces hepatic injury：antioxidant protection by fennel extract and whey protein concentrate［J］.

Pathophysiology，2016，23（1）：19–25.

［41］李蜀眉，王丽荣，陈永青，等.小茴香中黄酮类化合物提取及抗氧化性研究［J］.中国调味品，2016，41（12）：29–32.

［42］Arantes S，Piçarra A，Candeias F. Antioxidant activity and cholinesterase inhibition studies of four flavouring herbs from Alentejo［J］. Nat Prod Res，2017，31（18）：2183–2187.

［43］Hilmi Y，Abushama MF，Abdalgadir H，et al. A study of antioxidant activity，enzymatic inhibition and in vitro toxicity of selected traditional sudanese plants with anti–diabetic potential［J］. BMC Complement Altern Med，2014，14：149.

［44］黄彦峰，王彩冰，何显教，等.小茴香水提液调节血糖及抗氧化作用的实验研究［J］.广西中医药，2014，37（1）：70–73.

［45］Sun ZW，Park SY，Hwang E，et al. Dietary *Foeniculum vulgare* Mill extract attenuated UVB irradiation–induced skin photoaging by activating of Nrf2 and inhibiting MAPK pathways［J］. Phytomedicine，2016，23（12）：1273–1284.

［46］Nam JH，Lee DU. *Foeniculum vulgare* extract and its constituent，trans–anethole，inhibit UV–induced melanogenesis via or all channel inhibition［J］. J Dermatol Sci，2016，84（3）：305–313.

［47］蒋著椿，罗春艳.中药穴位热熨对大肠癌术后化疗患者生存质量及免疫功能的影响［J］.中医学报，2018，33（7）：1170–1173.

［48］Tripathi P，Tripathi R，Patel RK，et al. Investigation of antimutagenic potential of *Foeniculum vulgare* essential oil on cyclophosphamide induced genotoxicity and oxidative stress in mice［J］. Drug Chem Toxicol，2013，36（1）：35–41.

［49］Intirach J，Junkum A，Lumjuan N，et al. Antimosquito property of *Petroselinum crispum*（Umbellifereae）against the pyrethroid resistant and susceptible strains of *Aedes aegypti*（Diptera：Culicidae）［J］. Environ Sci Pollut Res Int，2016，23（23）：23994–24008.

［50］SooPAT. 小茴香［A/OL］.（2020–03–15）［2020–03–15］. http://www.soopat.com/Home/Result?Sort=&View= 7&Columns=&Valid=2&Embed=&Db=&Ids=&FolderIds=&FolderId=&ImportPatentIndex=60&Filter=&SearchWord=%E5%B0%8F%E8%8C%B4%E9%A6%99&FMSQ=Y.

［51］李晓微，郭文场，周淑荣.北方地区小茴香标准化栽培技术［J］.特种经济动植物，2019，22（12）：25–26，34.

［52］阿米娜·阿部都热.疏附县小茴香播种技术及管理要点［J］.新农村（黑龙江），2017，（11）：82.

［53］韦群辉，朱兆云.茴香根的生药学研究［J］.华西药学杂志，2000，15（5）：338–340.

［54］刘伟新，陈梅英，陈蕾.三种茴香的生药鉴别［J］.新疆中医药，2006，（3）：51–52.

［55］刘桂兰.小茴香油的开发利用［J］.农村牧区机械化，1995，（1）：20–21.

［56］Aprotosoaie AC，Hăncianu M，Poiată A，et al. In vitro antimicrobial activity and chemical composition of the essential oil of *Foeniculum vulgare* Mill［J］. Rev Med Chir Soc Med Nat Iasi，2008，112（3）：832–836.

［57］叶丽琴，孙萌，张忠爽，等.药用芳香植物资源开发与利用［J］.辽宁中医药大学学报，2017，19（5）：127-130.

［58］黄宝康，梁婕，郑汉臣.家庭百草园系列之十六小茴香［J］.园林，2010，（10）：72-73.

［59］小茴香的真伪鉴别［J］.中华中医药学刊，2012，30（6）：1414.

［60］聂凌云，吴玫涵.小茴香的质量分析研究进展［J］.解放军药学学报，2001，17（4）：198-200.

［61］孙迎东，汪凤芹，张静，等.小茴香与伪品的鉴别研究［J］.时珍国医国药，2005，16（4）：338.

［62］小茴香与伪混品的鉴别［J］.国内外香化信息，2008，（11）：4.

［63］姚仲青，俞明霞.小茴香与其伪品孜然鉴别［J］.时珍国医国药，1999，10（2）：44-45.

［64］杨德俊，周仕林，黄宝康.茴香类药材的基原植物考证［J］.时珍国医国药，2018，29（11）：2664-2666.

重楼

【植物基原】本品为延龄草科（或百合科）重楼属植物滇重楼 *Paris polyphylla* Sm. var. *yunnanensis*（Franch.）Hand.-Mazz. 的根状茎。

【别名】七叶一枝花、独脚莲、蚤休、草河车、独脚莲。

【白语名称】荣模坡（云龙关坪）、尤卯铺、额个乖（剑川）、两登台（剑川）、纽姆扑（鹤庆）、初火需（洱源）。

【采收加工】秋末采挖，洗净，去须根，鲜用或晒干备用。有小毒。

【白族民间应用】清热解毒、消肿止痛。治诸疮、肿瘤、无名肿毒、癌肿、瘰疬、乳腺炎、支气管炎、淋巴结核、胃痛、神经性头痛、内外伤出血、跌打损伤、骨折。亦用于健胃消食、驱虫、消化系统癌症、腹部痉挛性疼痛、毒虫叮咬。

【白族民间选方】①疮痈溃破，久不收口：本品 20g，独定子 10g，共研粉，加凡士林 50g，拌匀外敷。②疮痈、无名肿毒、乳腺炎、腮腺炎：本品干粉 10～15g，拌甜米酒，蒸吃或水煎服，滴酒为引；或配蒲公英、紫花地丁、松风草各 10g，水煎服。外用配龙葵、土黄芪全草各 10g，捣敷；或配白芷 20g，栀子 10g，共研粉，调糊状外敷；或配野葡萄根。

【化学成分】代表性成分：滇重楼主要含甾体皂苷类化合物，其次为齐墩果烷三萜皂苷类化合物。例如，重楼皂苷 C（1）、重楼皂苷 E（2）、重楼皂苷Ⅲ（3）、pariposide A（4）、pariposide D（5）、pariposide B（6）、pariposide C（7）、延龄草素（8）、chonglouoside SL-9（9）、chonglouoside SL-10（10）、chonglouoside SL-11（11）、parisyunnanoside A（12）、parisyunnanoside B（13）、paritriside A（14）、paritriside B（15）、paritriside C（16）、paritriside D（17）等[1-43]。

此外，滇重楼还含有少量黄酮苷、甾体等其他结构类型化合物。例如，槲皮素（quercetin，18）、芹菜素-7-O-β-D-葡萄吡喃糖苷（19）、kaempferol 3-O-β-D-glucopyranosyl-7-O-α-L-rhamnopyranoside（20）等[1-43]。

关于重楼化学成分的研究历史悠久，早在1965年便有报道，迄今共分离鉴定了200多个化学成分：

序号	化合物名称	结构类型	参考文献
1	（23S，24S）-Spirost-5，25（27）-diene-1β，3β，21，23，24-pentol-1-O-{α-L-rhamnopyranosyl-（1→2）-[β-D-xylopyranosyl-（1→3）]-β-D-glucopyranosyl}-24-O-β-D-fucopyranoside	甾体皂苷	[33，36]
2	（23S，24S）-Spirost-5，25（27）-diene-1β，3β，21，23α，24α-pentol-1-O-{α-L-rhamnopyranosyl-（1→2）[β-D-xylopyranosyl-（1→3）]-β-D-glucopyranosyl}-21-O-β-D-galactopyranosyl-24-O-β-D-galactopyranosyl	甾体皂苷	[32]
3	（23Z）-9，19-Cycloart-23-ene-3α，25diol	三萜	[31]
4	（25R）-Pennogenin-3-O-α-L-rhamnopyranosyl（1→4）-α-L-rhamnopyranosyl（1→4）[α-L-rhamnopyranosyl（1→2）]-β-D-glucopyranoside	甾体皂苷	[12]
5	（25R）-$\Delta^{5(6)}$-烯-螺甾-17α，3β-二羟基-3-O-α-L-吡喃鼠李糖基-（1→4）-β-D-吡喃葡萄糖苷	甾体皂苷	[16]
6	（25R）-$\Delta^{5(6)}$-烯-螺甾-17α，3β-二羟基-3-O-α-L-呋喃阿拉伯糖基-（1→4）-β-D-吡喃葡萄糖苷	甾体皂苷	[16]
7	（25R）-$\Delta^{5(6)}$-烯-螺甾-17α，3β-二羟基-3-O-β-D-吡喃葡萄糖苷（1→3）-[α-L-吡喃鼠李糖基-（1→2）]-β-D-吡喃葡萄糖苷	甾体皂苷	[16]
8	（25R）-Diosgenin-3-O-α-L-arabinofuranosyl（1→4）-β-D-glucopyranoside	甾体皂苷	[12]
9	（25R）-Diosgenin-3-O-α-L-rhamnopyranosyl（1→2）-β-D-glucopyranoside	甾体皂苷	[12]
10	（25R）-Diosgenin-3-O-β-D-glucopyranoside	甾体皂苷	[12]
11	（25R）-Diosgenin-3-O-β-D-glucopyranosyl（1→3）[α-L-rhamnopyranosyl（1→2）]-β-D-glucopyranoside	甾体皂苷	[12]
12	（25R）-Pennogenin-3-O-α-L-arabinofuranosyl（1→4）[α-L-arabinofuranosyl（1→2）]-β-D-glucopyranoside	甾体皂苷	[12]
13	（25R）-Spirost-5-en-3β，7α-diol-3-O-α-L-arabinofuranosyl-（1→4）-[α-L-rhamnopyranosyl（1→2）]-β-D-glucopyranoside	甾体皂苷	[40]
14	（25R）-Spirost-5-en-3β，7β-diol-3-O-α-L-arabinofuranosyl-（1→4）-[α-L-rhamnopyranosyl（1→2）]-β-D-glucopyranoside	甾体皂苷	[40]
15	（3β，17α，25R）-Spirost-5-ene-3，17，27-triol-3-O-α-L-arabinofuranosyl-（1→4）-β-D-glucopyranoside	甾体皂苷	[22]
16	（3β，17α，25R）-Spirost-5-ene-3，17-diol-3-O-α-L-arabinofuranosyl（1→4）-[α-L-rhamnopyranosyl-（1→2）]-β-D-glucopyranoside	甾体皂苷	[35]
17	（3β，17α，25R）-Spirost-5-ene-3，17-diol-3-O-α-L-rhamnopyranosyl-（1→2）-β-D-glucopyranoside	甾体皂苷	[35，38]
18	（3β，17α，25R）-Spirost-5-ene-3，17-diol-3-O-β-D-glucopyranoside	甾体皂苷	[35]

序号	化合物名称	结构类型	参考文献
19	（3β，17α，25R）-Spirost-5-ene-3，17-diol-3-O-α-L-arabinofuranosyl-（1→4）-β-D-glucopyranoside	甾体皂苷	［22］
20	（3β，17α，25R）-Spirost-5-ene-3，17-diol-3-O-α-L-rhamnopyranosyl（1→4）-α-L-rhamnopyranosyl-（1→4）-［α-L-rhamnopyranosyl（1→2）］-β-D-glucopyranoside	甾体皂苷	［22］
21	（3β，17α，25R）-Spirost-5-ene-3，17-diol-3-O-α-L-rhamnopyranosyl-（1→4）-α-L-rhamnopyranosyl-（1→4）-β-D-glucopyranoside	甾体皂苷	［22］
22	（3β,17α,25R）-Spirost-5-ene-3,17-diol-3-O-β-D-apiofuranosyl-（1→3）-［α-L-rhamnopyranosyl（1→2）］-β-D-glucopyranoside	甾体皂苷	［22］
23	（3β，17α，25R）-Spirost-5-ene-3，17-diol-3-O-β-D-glucopyranosyl-（1→5）-α-L-arabinofuranosyl-（1→4）-［α-L-rhamnopyranosyl-（1→2）］-β-D-glucopyranoside	甾体皂苷	［22］
24	（3β，17α，25R）-Spirost-5-ene-3，17-diol-3-O-β-D-xylopyranosyl-（1→5）-α-L-arabinofuranosyl-（1→4）-β-D-glucopyranoside	甾体皂苷	［22］
25	（3β，22E）-Stigmasterol-5，22-dien 3-O-β-D-glucopyranoside	甾体皂苷	［35］
26	（3β，25R）-3-Hydroxyspirost-5-en-7-one-3-O-α-L-arabinofuranosyl-（1→4）-［α-L-rhamnopyranosyl-（1→2）］-β-D-glucopyranoside	甾体皂苷	［22］
27	（3β，25R）-3-Hydroxyspirost-5-en-7-one-3-O-α-L-rhamnopyranosyl-（1→2）-β-D-glucopyranoside	甾体皂苷	［22］
28	（3β，25R）-Spirost-5-en-3-ol 3-O-α-L-rhamnopyranosyl-（1→2）-βD-glucopyranoside	甾体皂苷	［35］
29	（3β，25R）-Spirost-5-en-3-ol 3-O-α-L-rhamnopyranosyl-（1→4）-α-L-rhamnopyranosyl-（1→4）-［α-L-rhamnopyranosyl-（1→2）］-β-D-glucopyranoside	甾体皂苷	［35］
30	（3β，25R）-Spirost-5-en-3-ol 3-O-α-L-rhamnopyranosyl-（1→4）-α-L-rhamnopyranosyl-（1→4）-β-D-glucopyranoside	甾体皂苷	［35］
31	（3β,25R）-Spirost-5-en-3-ol 3-O-β-D-glucopyranosyl-（1→6）-［α-L-rhamnopyranosyl-（1→2）］-β-D-glucopyranoside	甾体皂苷	［35］
32	（3β，25R）-Spirost-5-en-3-ol 3-O-β-D-glucopyranosyl-（1→6）-glucopyranoside	甾体皂苷	［35］
33	（3β，25R）-Spirost-5-en-3-ol-3-O-α-L-arabinofuranosyl-（1→4）-［α-L-rhamnopyranosyl-（1→2）］-β-D-glucopyranoside	甾体皂苷	［22］
34	（3β，25R）-Spirost-5-en-3-ol-3-O-β-D-apiofuranosyl-（1→3）-［α-L-rhamnopyranosyl-（1→2）］-β-D-glucopyranoside	甾体皂苷	［22］
35	（3β，25R）-Spirost-5-en-3-ol-3-O-β-D-glucopyranosyl-（1→3）-［α-L-rhamnopyranosyl（1→2）］-β-D-glucopyranoside	甾体皂苷	［22］

重楼

白族特色药用植物现代研究与应用

序号	化合物名称	结构类型	参考文献
36	（3β，25R）-Spirost-5-en-3-ol-3-O-β-D-glucopyranosyl-（1→4）-α-L-rhamnopyranosyl-（1→4）-［α-L-rhamnopyranosyl-（1→2）］-β-D-glucopyranoside	甾体皂苷	［22］
37	（3β，25S）-Spirost-5-ene-3，27-diol-3-O-α-L-rhamnopyranosyl-（1→4）-α-L-rhamnopyranosyl-（1→4）-［α-L-rhamnopyranosyl-（1→2）］-β-D-glucopyranoside	甾体皂苷	［22］
38	（3β，5α，6β，25R）-Spirostane-3，5，6-triol-3-O-α-L-rhamnopyranosyl-（1→2）-β-D-glucopyranoside	甾体皂苷	［22］
39	（3β，5α，6β，25R）-Spirostane-3，5，6-triol-3-O-β-D-apiofuranosyl-（1→3）-［α-L-rhamnopyranosyl-（1→2）］-β-D-glucopyranoside	甾体皂苷	［22］
40	（3β，7α，25R）-Spirost-5-ene-3，7-diol-3-O-α-L-arabinofuranosyl-（1→4）-β-D-glucopyranoside	甾体皂苷	［22］
41	（3β,7β,25R)-Spirost-5-ene-3,7-diol-3-O-β-D-glucopyranosyl-（1→3）-［α-L-rhamnopyranosyl-（1→2）］-β-D-glucopyranoside	甾体皂苷	［22］
42	（8R*，9R*，10S*，6Z）-Trihydroxyoctadec-6-enoic acid	其他	［25］
43	1-O-（β-D- 吡喃葡萄糖基）-（2S，3S，4E，8E）-2-［（2′R）-2′-羟基十六酰氨基］-4（E），8（E）- 十八二烯 -1，3- 二醇	其他	［14］
44	20-Hydroxyecdysone	甾体	［26，37］
45	21-Methoxylpregna-5，16-dien-3β-ol-20-one 3-O-α-L-rhamnopyranosyl（1→2）-［α-L-rhamnopyranosyl（1→4）-β-D-glucopyranoside	甾体皂苷	［21］
46	24-epi-Pinnatasterone	甾体	［35］
47	24-O-β-D- 吡喃半乳糖基 -（23S，24S）- 螺甾 -5，25（27）- 二烯 -1β，3β，23，24- 四醇 -1-O-β-D- 吡喃木糖基（1→6）-β-D- 吡喃葡萄糖基（1→3）［α-L- 吡喃鼠李糖基（1→2）］-β-D- 吡喃葡萄糖苷	甾体皂苷	［15］
48	24-α-Hydroxyl-pennogenin-3-O-α-L-rhamnopyranosyl（1→2）-［α-L-arabinofuranosyl（1→4）］-β-D-glucopyranoside	甾体皂苷	［20］
49	25S-Isonuatigenin-3-O-α-L- 鼠李吡喃糖基（1→2）［α-L- 鼠李吡喃糖基（1→4）］-β-D- 葡萄吡喃甙	甾体皂苷	［7］
50	26-O-β-D-Glucopyranosyl-nuatigenin-3-O-α-L-rhamnopyranosyl（1→2）-β-D-glucopyranoside	甾体皂苷	［31］
51	26-O-β-D-Glucopyranosyl-nuatigenin-3-O-α-L-rhamnopyranosyl（1→4）-β-D-glucopyranoside	甾体皂苷	［31］
52	26-O-β-D-Glucopyranosyl-（25R）-Δ$^{5(6),17(20)}$-dien-16，22-dione-cholestan-3β，26-diol-3-O-α-L-arabinofuranosyl-（1→4）-［α-L-rhamnopyranosyl-（1→2）］-β-D-glucopyranoside	甾体皂苷	［40］

序号	化合物名称	结构类型	参考文献
53	26-O-β-D-Glucopyranosyl-3β，20α，26-triol-（25R）-5，22-dienofurostan 3-O-α-L-rhamnopyranosyl-（1→2）-［α-L-rhamnopyranosyl（1→4）］-β-D-glucopyranoside	甾体皂苷	［21］
54	26-β-D-葡萄吡喃糖基-纽替皂苷元-3-O-β-D-α-L-鼠李吡喃糖基（1→2）［α-L-鼠李吡喃糖基（1→4）］-β-D-葡萄吡喃糖甙	甾体皂苷	［7］
55	27，23β-Dihydroxyl-pennogenin	甾体	［6］
56	27-Hydroxyl-pennogenin	甾体	［6］
57	2-Feruloyl-O-α-D-glucopyranoyl-（1′→2）-3，6-di-O-feruloyl-β-D-fructofuranoside	苯丙素苷	［13］
58	3-O-β-D-Glucopyranosyl-（1→2）-α-L-arabinopyranosyl oleanolic acid 28-O-α-L-rhamnopyranosyl-（1→4）-β-D-glucopyranosyl-（1→6）-β-D-glucopyranoside	三萜皂苷	［32］
59	3-O-β-D-Glucopyranosyl-（1→3）-α-L-arabinopyranosyl oleanolic acid 28-O-α-L-rhamnopyranosyl-（1→4）-β-D-glucopyranosyl-（1→6）-β-D-glucopyranoside	三萜皂苷	［32］
60	3β，21-Dihydroxypregnane-5-en-20S-（22，16）-lactone-1-O-α-L-rhamnopyranosyl-（1→2）-［β-D-xylopyranosyl-（1→3）］-β-D-glucopyranoside	甾体皂苷	［32，36］
61	3β，23-Dihydroxyoleane-12-en-28-oic acid 3-O-β-D-glucopyranosyl-（1→4）-α-L-arabinopyranoside	三萜皂苷	［24］
62	3β，23-Dihydroxyoleane-12-en-28-oic acid 3-O-β-D-xylopyranosyl-（1→2）-α-L-arabinopyranoside	三萜皂苷	［24］
63	3β-Hydroxyoleane-12-en-28-oic acid 3-O-α-L-arabinopyranoside	三萜皂苷	［24］
64	3β-Hydroxyoleane-12-en-28-oic acid 3-O-α-L-rhamnopyranosyl-（1→2）-β-D-glucopyranoside	三萜皂苷	［24］
65	3β-Hydroxyoleane-12-en-28-oic acid 3-O-β-D-glucopyranosyl-（1→2）-α-L-arabinopyranoside	三萜皂苷	［24］
66	3β-hydroxyoleane-12-en-28-oic acid 3-O-β-D-glucopyranosyl-（1→2）-β-D-glucopyranoside	三萜皂苷	［24］
67	3β-Hydroxyoleane-12-en-28-oic acid 3-O-β-D-glucopyranosyl-（1→2）-β-D-xylopyranoside	三萜皂苷	［24］
68	3β-Hydroxyoleane-12-en-28-oic acid 3-O-β-D-glucuronide	三萜皂苷	［24］
69	3β-Hydroxyoleane-12-en-28-oic acid 3-O-β-D-xylopyranoside	三萜皂苷	［24］
70	4-［Hydroxy（4-hydroxyphenyl）-methyl］tetrahydrofuran-3-ol	其他	［28］
71	4-［Hydroxy（4-methoxyphenyl）-methyl］tetrahydrofuran-3-ol	其他	［28］

重楼

序号	化合物名称	结构类型	参考文献
72	7-O-α-L- 鼠李吡喃基 - 山奈酚 -3-O-β-D- 葡萄吡喃糖基 -（1→6）-β-D- 葡萄吡喃甙	黄酮苷	［7］
73	7α-Hydroxystigmasterol-3-O-β-D-glucopyranoside	甾体皂苷	［31］
74	7β-Hydroxysitosterol-3-O-β-D-glucopyranoside	甾体皂苷	［31］
75	Abutiloside L	甾体皂苷	［31］
76	Borassoside B	甾体皂苷	［31］
77	Calonysterone	甾体	［26］
78	Chonglouoside H	甾体皂苷	［16，26］
79	Chonglouoside SL-1	甾体皂苷	［21］
80	Chonglouoside SL-10	甾体皂苷	［31］
81	Chonglouoside SL-11	甾体皂苷	［31］
82	Chonglouoside SL-12	甾体皂苷	［31］
83	Chonglouoside SL-13	甾体皂苷	［31］
84	Chonglouoside SL-14	甾体皂苷	［31］
85	Chonglouoside SL-15	甾体皂苷	［31］
86	Chonglouoside SL-16	甾体皂苷	［31］
87	Chonglouoside SL-17	甾体皂苷	［31］
88	Chonglouoside SL-18	甾体皂苷	［31］
89	Chonglouoside SL-19	甾体皂苷	［31］
90	Chonglouoside SL-2	甾体皂苷	［21］
91	Chonglouoside SL-20	甾体皂苷	［31］
92	Chonglouoside SL-3	甾体皂苷	［21］
93	Chonglouoside SL-4	甾体皂苷	［21］
94	Chonglouoside SL-5	甾体皂苷	［21］
95	Chonglouoside SL-6	甾体皂苷	［21］
96	Chonglouoside SL-7	甾体皂苷	［23］
97	Chonglouoside SL-8	甾体皂苷	［23］
98	Chonglouoside SL-9	甾体皂苷	［31］
99	Cussonoside B	三萜皂苷	［26］
100	Dianchonglouoside A	甾体皂苷	［27］

序号	化合物名称	结构类型	参考文献
101	Dianchonglouoside B	甾体皂苷	[27]
102	Dichotomin	甾体皂苷	[16, 27]
103	Dioscin	甾体皂苷	[21, 39]
104	Diosgenin	甾体	[1, 21, 33, 34, 36]
105	Diosgenin 3-O-α-L-rhamnopyranosyl（1→2）-α-L-arabinofuranosyl（1→4）-β-D-glucopyranoside	甾体皂苷	[9]
106	Diosgenin 3-O-α-L-rhamnopyranosyl（1→4）-α-L-rhamnopyranosyl（1→4）-［α-L- rhamnopyranosyl（1→2）］-β-D-glucopyranoside	甾体皂苷	[9]
107	Diosgenin 3-O-α-L-rhamnopyranosyl（1→4）-α-L-rhamnopyranosyl-（1→4）-β-D- glucopyranoside	甾体皂苷	[31]
108	Diosgenin-3-O-α-L-arabinofuranosyl（1→4）-β-D-glycopyranoside	甾体皂苷	[14, 17]
109	Diosgenin-3-O-α-L-rhamnopyranosyl（1→4）［α-L-rhamnopyranosyl（1→2）］-β-D-glucopyranoside	甾体皂苷	[18]
110	Diosgenin-3-α-L-arabinofuranosyl（1→4）-［α-L-rhamnopyranosyl（1→2）］-β-D-glycopyranoside	甾体皂苷	[34]
111	Disoseptemloside D	甾体皂苷	[21]
112	Disoseptemloside E	甾体皂苷	[21]
113	Disoseptemloside H	甾体皂苷	[21]
114	Dumoside	甾体皂苷	[23]
115	Ennogenin-3-O-α-L-rhamnopyranosyl-（1→4）-α-L-rhamnopyranosyl-（1→4）-［α-L-rhamnopyranosyl-（1→2）］-β-D-glycopyranoside	甾体皂苷	[14]
116	Ethyl-α-D-fructofuranoside	其他	[14]
117	Falcarindiol	其他	[11]
118	Formosanin C	甾体皂苷	[39]
119	Glycoside St-J	三萜皂苷	[26]
120	Gracillin	甾体皂苷	[36]
121	Heptasaccharide	其他	[10]
122	Hypoglaucin H	甾体皂苷	[21]
123	Isonuatigenin 3-O-α-L-rhamnopyranosyl（1→2）-β-D-glucopyranoside	甾体皂苷	[21]
124	Isorhamnetin-3-O-β-D-glycopyranoside	黄酮苷	[14]
125	Isorhamnetin-3-O-gentiobioside	黄酮苷	[14]

重楼

序号	化合物名称	结构类型	参考文献
126	Isorhamnetin-3-O-neohe-speridoside	黄酮苷	[14]
127	Kaempferol 3-O-β-D-glucopyranosyl-（1→6）-β-D-glucopyranosyl-7-O-β-D- glucopyranoside	黄酮苷	[31]
128	Kaempferol 3-O-β-D-glucopyranosyl-7-O-α-L-rhamnopyranoside	黄酮苷	[31]
129	Kaempferol-5-O-α-L-rhamnopyranoside	黄酮苷	[31]
130	Loureiroside	甾体皂苷	[16]
131	Methyl（9S，10R，11S）-trihydroxy-12（Z）-octadecenoate	其他	[25]
132	Methyl 3，4-dihydroxybenzoate	其他	[26]
133	Methyl ester of glycoside St-J	三萜皂苷	[26]
134	Methylprotodioscin	甾体皂苷	[21]
135	Nuatigenin 3-O-α-L-rhamnopyranosyl-（1→2）-β-D-glucopyranoside	甾体皂苷	[31]
136	Octasaccharide	其他	[10]
137	Padelaoside B	甾体皂苷	[36，37]
138	Pariposide A	甾体皂苷	[35]
139	Pariposide B	甾体皂苷	[35]
140	Pariposide C	甾体皂苷	[35]
141	Pariposide D	甾体皂苷	[35]
142	Pariposide E	甾体皂苷	[35]
143	Pariposide F	甾体皂苷	[35]
144	Paris Ⅶ	甾体皂苷	[39]
145	Paris H	甾体皂苷	[39]
146	Paris saponin Ⅰ	甾体皂苷	[27，36]
147	Paris saponin Ⅱ	甾体皂苷	[21]
148	Paris saponin Ⅴ	甾体皂苷	[36]
149	Paris saponin Ⅶ	甾体皂苷	[21，36]
150	Paris saponin Ⅺ	甾体皂苷	[12，27]
151	Parisaponin I	甾体皂苷	[9，16，19，26]
152	Parispolyside F	苯丙素苷	[14]
153	Parispolyside G	酚苷	[14]

白族特色药用植物现代研究与应用

序号	化合物名称	结构类型	参考文献
154	Parisvietnaside A	甾体皂苷	[19]
155	Parisyunnanoside A	甾体皂苷	[16]
156	Parisyunnanoside B	甾体皂苷	[16, 26, 27]
157	Parisyunnanoside C	甾体皂苷	[16]
158	Parisyunnanoside D	甾体皂苷	[16]
159	Parisyunnanoside E	甾体皂苷	[16]
160	Parisyunnanoside F	甾体皂苷	[16]
161	Parisyunnanoside G	甾体皂苷	[37]
162	Parisyunnanoside H	甾体皂苷	[27, 37]
163	Parisyunnanoside I	甾体皂苷	[32, 37]
164	Parisyunnanoside J	甾体皂苷	[36, 37]
165	Paritriside A	三萜皂苷	[24]
166	Paritriside B	三萜皂苷	[24]
167	Paritriside C	三萜皂苷	[24]
168	Paritriside D	三萜皂苷	[24]
169	Paritriside E	三萜皂苷	[24]
170	Paritriside F	三萜皂苷	[24]
171	Pennogenin 3-O-α-L-rhamnopyranosyl（1→2）-［α-L-arabinofuranosyl（1→4）］-β-D-glucopyranoside	甾体皂苷	[4, 9]
172	Pennogenin 3-O-α-L-rhamnopyranosyl-（1→4）-α-L-rhamnopyranosyl-（1→4）-［α-L-rhamnopyranosyl-（1→2）］-β-D-glucopyranoside	甾体皂苷	[5, 28, 41]
173	Pennogenin 3-O-β-D-glucopyranosyl-（1→3）-［α-L-rhamnopyranosyl-（1→2）］-β-D-glucopyranoside	甾体皂苷	[42]
174	Pennogenin-3-O-α-L-arabinofuranosyl（1→4）-β-D-glycopyranoside	甾体皂苷	[11, 14, 17, 28]
175	Pennogenin-3-O-α-L-glucopyranosyl-（1→4）-α-L-［rhamnopyranosyl-（1→2）］-β-D-glucopyranoside	甾体皂苷	[41]
176	Pennogenin-3-O-α-L-rhamnopyranosyl-（1→2）-β-D-glucopyranoside	甾体皂苷	[14, 20, 41]
177	Pennogenin-3-O-α-L-rhamnopyranosyl-（1→4）［α-L-rhamnopyranosyl-（1→2）］-β-D-glucopyranoside	甾体皂苷	[20]

重楼

序号	化合物名称	结构类型	参考文献
178	Pennogenin3-O-*α*-L-rhamnopyranosyl-（1→4）-*α*-L-rhamnopyranosyl-（1→4）-*β*-D-glucopyranoside	甾体皂苷	[21]
179	Pennogennin 3-O-*α*-L-rhamnopyranosyl-（1→4）[*β*-L-rhamnopyranosyl-（1→2）]-*β*-D-glucopyranoside	甾体皂苷	[39]
180	Pinnatasterone	甾体皂苷	[26, 37]
181	Polyphyllin V	甾体皂苷	[21]
182	Polyphyllin A	甾体皂苷	[21]
183	Polyphyllin D	甾体皂苷	[2, 3, 12, 16, 29, 33, 36, 39]
184	Polyphylloside Ⅲ	甾体皂苷	[8]
185	Polyphylloside Ⅳ	甾体皂苷	[8]
186	Prisvientnaside A	甾体皂苷	[16]
187	Progenin Ⅱ	甾体皂苷	[21]
188	Prosapogenin A of dioscin	甾体皂苷	[16]
189	Protodioscin	甾体皂苷	[21]
190	Protogracillin	甾体皂苷	[9, 16]
191	Pseudoproto-Pb	甾体皂苷	[16, 27]
192	Quercetin	黄酮	[33]
193	Reclinatoside	甾体皂苷	[16]
194	Sansevierin A	甾体皂苷	[21]
195	Saponin Ⅰ	甾体皂苷	[16]
196	Saponin Th	甾体皂苷	[16]
197	Stigmasterol-3-O-*β*-D-glucopyranoside	甾体皂苷	[14, 33, 36]
198	Trigofoenoside A	甾体皂苷	[9, 27]
199	Vanillin	其他	[31]
200	*α*-Ecdysone	甾体	[26]
201	*β*-Daucosterol	甾体	[35]
202	*β*-Ecdysone	甾体	[28]

序号	化合物名称	结构类型	参考文献
203	*β*-Ecdysterone	甾体	[2, 11, 14, 20]
204	偏诺皂苷元 -3-O-*α*-L- 阿拉伯呋喃糖基（1→4）-[*α*-L- 鼠李吡喃糖基（1→2）]-*β*-D- 葡萄吡喃糖苷	甾体皂苷	[15, 17, 28]
205	偏诺皂苷元 -3-O-*α*-L- 木吡喃糖基（1→3）-[*α*-L- 鼠李吡喃糖基（1→2）]-*β*-D- 葡萄吡喃糖苷	甾体皂苷	[28]
206	偏诺皂苷元 -3-O-*α*- 阿拉伯糖（1←4）-[*α*-L- 鼠李吡喃糖 -(1→2)]-*β*-D- 葡萄吡喃糖苷	甾体皂苷	[11]
207	偏诺皂苷元 -3-O-*β*-D- 葡萄吡喃糖苷	甾体皂苷	[28]
208	芹菜素 -7-O-*β*-D- 葡萄吡喃糖苷	黄酮苷	[28]
209	三裂鼠尾草素	黄酮	[29]
210	山奈酚 -3-O- 葡萄吡喃糖基（1→6）-*β*-D- 葡萄吡喃甙	黄酮苷	[7]
211	薯蓣皂苷元 -3-O-{*α*-L- 鼠李吡喃糖基（1→4）-*α*-L- 鼠李吡喃糖基（1→4）-[*α*-L- 鼠李吡喃糖基（1→2）]}-*β*-D- 葡萄吡喃糖苷	甾体皂苷	[28]
212	薯蓣皂苷元 -3-O-*α*-L- 阿拉伯呋喃糖基（1→4）-[*α*-L- 鼠李吡喃糖基（1→2）]-*β*-D- 葡萄吡喃糖苷	甾体皂苷	[28]
213	薯蓣皂苷元 -3-O-*α*-L- 阿拉伯呋喃糖基（1→4）-*β*-D- 葡萄吡喃糖苷	甾体皂苷	[28]
214	薯蓣皂苷元 -3-O-*α*-L- 吡喃鼠李糖基（1→2）-*β*-D- 吡喃葡萄糖苷	甾体皂苷	[14]
215	薯蓣皂苷元 -3-O-*α*-L- 吡喃鼠李糖基（1→4）-[*α*-L- 吡喃鼠李糖基（1→2）]-*β*-D- 吡喃葡萄糖苷	甾体皂苷	[14, 17]
216	薯蓣皂苷元 -3-O-*α*-L- 吡喃鼠李糖基（1→4）-*α*-L- 吡喃鼠李糖基（1→4）-[*α*-L- 吡喃鼠李糖基（1→2）]-*β*-D- 吡喃葡萄糖苷	甾体皂苷	[14, 17]
217	薯蓣皂苷元 -3-O-*α*-L- 呋喃阿拉伯糖基（1→4）-[*α*-L- 吡喃鼠李糖基（1→2）]-*β*-D- 吡喃葡萄糖苷	甾体皂苷	[14, 17]
218	薯蓣皂苷元 -3-O-*α*-L- 葡萄吡喃糖基（1→3）-[*α*-L- 鼠李吡喃糖基（1→2）]-*β*-D- 葡萄吡喃糖苷	甾体皂苷	[28]
219	薯蓣皂苷元 -3-O-*α*-L- 鼠李吡喃糖基（1→2）-*β*-D- 葡萄吡喃糖苷	甾体皂苷	[28]
220	薯蓣皂苷元 -*α*-L- 鼠李吡喃糖（1→2）-*β*-D- 葡萄吡喃糖苷	甾体皂苷	[11]
221	薯蓣皂苷元 -*α*-L- 鼠李吡喃糖（1→4）-*β*-D- 葡萄吡喃糖苷	甾体皂苷	[11]
222	薯蓣皂苷元 -*α*-L- 鼠李吡喃糖（1←4）-[*α*-L- 鼠李吡喃糖 -(1→2)]-*β*-D- 葡萄吡喃糖苷	甾体皂苷	[11]
223	薯蓣皂苷元 *β*-D- 葡萄吡喃糖苷	甾体皂苷	[11]
224	乌索酸	三萜	[29]
225	纤细薯蓣皂苷	甾体皂苷	[15, 16]

序号	化合物名称	结构类型	参考文献
226	孕甾 -5，16- 二烯 -3β- 醇 -20- 酮，3β-O-α-L- 鼠李吡喃糖基（1→2）〔α-L- 鼠李吡喃糖基（1→4）〕-β-D- 葡萄吡喃糖苷	甾体皂苷	〔4〕
227	孕甾 -5，16- 二烯 -3β- 醇 -20- 酮，3β-O-α-L- 鼠李吡喃糖基（1→2）〔α-L- 鼠李吡喃糖基（1→4）-α-L- 鼠李吡喃糖基（1→4）〕-β-D- 葡萄吡喃糖苷	甾体皂苷	〔4〕
	重楼皂苷 I	甾体皂苷	〔12〕
228	重楼皂苷 II	甾体皂苷	〔2，12，16，26，30〕
229	重楼皂苷 III	甾体皂苷	〔2〕
230	重楼皂苷 V	甾体皂苷	〔3，29〕
	重楼皂苷 VI	甾体皂苷	〔16，21，29〕
231	重楼皂苷 A	甾体皂苷	〔15〕

关于重楼的脂溶性成分也有研究报道，其鉴定出了 15 个脂肪类成分[44]。

【药理药效】现代药理学研究表明，重楼具有抗肿瘤、抗菌、抗炎、抗氧化等多种活性。具体为：

1. 抗肿瘤作用 重楼对各种类型的肿瘤细胞均显示出较好的活性。苏成业等[45]初步实验证明滇重楼总皂苷在体外能直接杀死小鼠艾氏腹水瘤 EAC 与小鼠肉瘤白血病细胞 L759。颜璐璐等[46]通过体外抑瘤实验评价了 6 种滇重楼皂苷，即薯蓣皂苷元 -3-O-α-L- 阿拉伯糖基（1→4）-α-L- 鼠李糖基（1→2）-β-D- 葡萄糖苷、薯蓣皂苷元 -3-O-α-L- 鼠李糖基（1→4）-α-L- 鼠李糖基（1→4）-〔α-L- 鼠李糖基（1→2）〕-β-D- 葡萄糖苷、薯蓣皂苷元 -3-O-α-L- 鼠李糖基（1→4）-〔α-L- 鼠李糖基（1→2）〕-β-D- 葡萄糖苷、偏诺皂苷元 -3-O-α-L- 阿拉伯糖基（1→4）-〔α-L- 鼠李糖基（1→2）〕-β-D- 葡萄糖苷、偏诺皂苷元 -3-O-α-L- 阿拉伯糖基（1→4）-β-D- 葡萄糖苷、薯蓣皂苷元 -3-O-α-L- 阿拉伯糖基（1→4）-β-D- 葡萄糖苷对 10 种不同类型的肿瘤细胞株的细胞毒活性，根据测得的 IC_{50}，滇重楼皂苷对各肿瘤细胞株的抑制强弱依次为小鼠肺腺癌 LA795、人非小细胞肺癌 A549、人宫颈癌细胞 Hela、人结肠癌细胞 Caco-2、人早幼粒急性白血病细胞 HL60、人肾癌细胞 A498、人皮肤鳞癌细胞 A431、人肝癌细胞 HepG2、人肝癌细胞 BEL7402、人口腔表皮样癌细胞 KB。Wen 等[27]初步评估了滇重楼根茎部分甾体皂苷的细胞毒性，其中一种甾体皂苷 Dichotomin（原皂苷 Pb）对人胚胎肾细胞 HEK293 和 HepG2 细胞有较强的细胞毒性。Wu 等[24，32]从滇重楼中分得了 18 种甾体皂苷，对人鼻咽癌上皮细胞 CNE 体外细胞毒性进行评估，其中（23S，24S）-Spirost-5，25（27）-diene-

1β，3β，21，23α，24α-pentol-1-O-{α-L-rhamnopyranosyl-（$1\rightarrow2$）-[β-D-xylopyranosyl-（$1\rightarrow3$）]-β-D-glucopyranosyl}-21-O-β-D-galactopyranosyl-24-O-β-D-galactopyranosyl、parisyunnanoside I、3β-hydroxyoleane-12-en-28-oic acid 3-O-β-D-gluco- pyranosyl-（$1\rightarrow2$）-α-L-arabinopyranoside、3β-hydroxyoleane-12-en-28-oic acid 3-O-β-D-glucopyranosyl-（$1\rightarrow2$）-β-D-xylopyranoside 及 3β-hydroxyoleane-12-en-28-oic acid 3-O-β-D-xylopyranoside 对 CNE 细胞显示出有效的抗增殖作用。王羽等[47]采用体外抑瘤试验研究了从滇重楼根茎中分得的 6 个化合物对小鼠肺腺癌 LA795 细胞生长的抑制作用，证明其中 5 个化合物，即薯蓣皂苷元 -3-O-α-L- 呋喃阿拉伯糖基（$1\rightarrow4$）-β-D- 葡萄糖苷、偏诺皂苷元 -3-O-α-L- 呋喃阿拉伯糖基（$1\rightarrow4$）-β-D- 葡萄糖苷、异鼠李素 -3-O-β-D- 葡萄糖苷、偏诺皂苷元 -3-O-α-L- 吡喃鼠李糖基（$1\rightarrow4$）-[α-L- 吡喃鼠李糖基（$1\rightarrow2$）]-β-D- 葡萄糖苷、偏诺皂苷元 -3-O-α-L- 吡喃鼠李糖基（$1\rightarrow4$）-α-L- 吡喃鼠李糖基（$1\rightarrow4$）-[α-L- 吡喃鼠李糖基（$1\rightarrow2$）]-β-D- 葡萄糖苷对 LA795 有一定的抑制作用，其中黄酮类化合物异鼠李素 -3-O-β-D- 葡萄糖苷是首次从重楼属植物中得到的有潜在抗肿瘤作用的苷元，可诱导细胞凋亡。许新恒等[48]探究了滇重楼茎叶总皂苷对 HepG2 细胞的作用，结果表明，高剂量滇重楼茎叶总皂苷提取物能显著抑制细胞增殖，且具有时间、剂量依赖效应，能阻滞细胞周期于 S 期，并能诱导细胞凋亡。Qin 等[49]对重楼地上部分总皂苷细胞毒性进行了研究，实验证明地上部分总皂苷对 HL60 细胞、A594 细胞、SMMC-7721 细胞、MCF-7 细胞和结肠癌 SW480 细胞均表现出一定的细胞毒作用。李涛[50]利用不同质量浓度滇重楼总皂苷作用于人舌鳞癌 CAL-27 细胞后检测其增殖抑制率，发现在一定浓度范围内滇重楼总皂苷呈浓度依赖性的抑制 CAL-27 细胞的增殖。田爱[51]从滇重楼中获得了代号为 CV 的提取物，并证明 CV 能够抑制云南宣威肺腺癌细胞 XWLC-05 的体外增殖，并促进细胞凋亡。刘翊等[52]探索了滇重楼根茎中甾体皂苷类化合物的体外抗肿瘤作用，讨论了细胞毒活性与化合物结构之间的构效关系，推测皂苷元 C-3 位连接糖链时，糖的数目、连接位置及组成类型对其抗肿瘤活性都起着重要作用。Yan 等[34]评估了滇重楼甾体皂苷对 T739 近交小鼠肺腺癌 LA795 的抗肿瘤活性，结果显示重楼甾体皂苷有显著细胞毒性，并以剂量依赖性方式引起肿瘤细胞凋亡，且证明了螺固醇 3-O- 糖苷的结构和糖苷的数量是导致化合物细胞毒性的两个主要因素。李泰[53]初步比较了滇重楼和七叶一枝花总皂苷对 Caco-2 细胞生长的抑制作用，发现滇重楼总皂苷可明显抑制 Caco-2 细胞的生长及增殖，活性强于七叶一枝花。据文献报道，滇重楼总皂苷对涎腺腺样囊性癌 ACC-83 及 ACC-LM 细胞具有增殖抑制作用，可抑制 MIF、CD74、RSF1、PI3K、Akt 的表达，另能抑制裸鼠移植瘤生长，促进肿瘤细胞凋亡[54,55]。也有研究以 HeLa 细胞、小鼠成纤维 L929 细胞对云南重楼提取物进行抗肿瘤活性研究，发现云南重楼醋酸乙酯和正丁醇提取物对肿瘤细胞均有较强抑制作用，而其石油醚提取物在较高浓度下仅有一定的抗肿瘤活性[11,56]。闵沙东[57]研究发现重楼总皂苷可诱导髓系人白血病祖细胞凋亡。张朴花[58]比较了滇重楼茎叶皂苷 Ⅴ 与 Ⅱ 对白血病细胞 K562 的抑制作用，发现滇重楼茎叶皂苷 Ⅱ 促进 K562 细胞凋亡的作

重楼

用更明显。

很多研究致力于对重楼抗肿瘤机制的探讨。杨福冬等[59]观察了滇重楼茎叶总皂苷急性毒性及抗胃癌效应，猜测其抗胃癌机制可能与 Bcl-2 蛋白表达下调，Bax 蛋白表达增加，阻断或下调瘤组织血管内皮生成因子（VEGF）蛋白表达有关。张文、徐峥[60, 61]研究表明滇重楼混合物或滇重楼茎叶皂苷 II 抗 K562 细胞增殖的机制可能是下调某些促进细胞周期进程的基因和参与信号转导通路的基因，上调诱导细胞凋亡的基因，从而引起肿瘤细胞的死亡，抑制细胞的增殖。张华[62]利用滇重楼总皂苷刺激 K562 细胞，发现经滇重楼总皂苷处理后，细胞中 β-catenin mRNA 和蛋白表达水平降低，猜测滇重楼总皂苷可能通过抑制 Wnt 信号通路来抑制白血病细胞的增殖和生长，促进细胞凋亡。王方方[63]探讨了滇重楼茎叶皂苷 II 诱导 K562 细胞、HL60 细胞凋亡的作用与机制，证明滇重楼茎叶皂苷 II 促进两种细胞凋亡的机制可能与降低 Bcl-2 蛋白表达有关。张颜[64]证实滇重楼茎叶总皂苷对体内的 K562 细胞具有明显的抗肿瘤活性，可降低荷瘤裸鼠的脾指数以及外周血红细胞和白细胞数目，对免疫器官也具有一定的作用，并能抑制造血系统，其抗肿瘤机制与下调白血病细胞 Bcl-2 蛋白表达，增加 Bax 蛋白表达，从而促进白血病细胞凋亡有关。

2. 抗菌作用　Zhu 等[20]研究证明了重楼地上部分的总皂苷抗细菌作用较弱，但对白色念珠菌、烟曲霉和近平滑念珠菌表现出一定的抗真菌活性。Qin 等[21]测试滇重楼根茎提取物中的部分甾体皂苷的抗菌活性，发现 chonglouoside SL-2、chonglouoside SL-3、chonglouoside SL-6、dioscin、polyphyllin V、progenin II、pennogenin 3-O-α-L-rhamnopyranosyl（1→4）-α-L-rhamnopyranosyl（1→4）-β-D-glucopyranoside、paris saponin VII、hypoglaucin H、methylprotodioscin 对痤疮丙酸杆菌有一定的抑制作用。李焘[53]研究发现滇重楼乙酸乙酯相提取物有一定抑菌活性，对不同细菌的抑制活性为：肺炎克雷伯氏菌＞枯草芽孢杆菌＞大肠杆菌。李艳红等[65]测定了滇重楼对 21 株口腔临床常见病原菌模式株、临床分离株的体外抗菌活性，证明了滇重楼对变形链球菌、乳杆菌、放线菌、拟杆菌、产黑色素厌氧杆菌、普雷沃菌、梭杆菌等口腔常见病原菌的生长均有抑制作用。陆克乔等[66]对云南重楼正丁醇提取物抑制体外白念珠菌生物膜形成进行了实验研究，证明该提取物对耐药性强的白念珠菌生物膜具有显著的抑制作用，并猜测其机制与抑制生物膜相关基因的表达有关。孙东杰等[67]研究发现滇重楼醇提物在体外对痤疮相关致病菌（痤疮丙酸杆菌、表皮葡萄球菌和金黄色葡萄球菌）有明确抑制作用。

3. 抗炎作用　董玮等[68]使用 5% 尿酸钠混悬液制作大鼠急性痛风性关节炎模型对滇重楼抗炎作用进行研究，发现外敷重楼巴布剂可降低炎症因子 IL-1β 与 TLR4 的表达，减轻炎症反应。陆俊锟[69]通过临床观察发现与单纯口服双氯芬酸钠缓释胶囊相比，外敷滇重楼巴布剂联合口服双氯芬酸钠缓释胶囊可更明显地减轻关节疼痛、红肿，改善关节活动功能。

4. 抗氧化作用　申世安[70]通过注射 D-半乳糖构建衰老小鼠模型，评价重楼地上、地下根茎多糖的体内抗氧化能力，证明高剂量滇重楼地上、地下根茎多糖在体内具有较强抗氧化能力。韦蒙等[71]对滇重楼茎叶总皂苷进行了体外抗氧化活性分析，发现滇重楼茎叶总皂苷对 DPPH 自由基、羟基自由基和超氧阴离子自由基的最大清除率分别为98%、58% 和 64%。

5. 对不同系统的作用

（1）对消化系统的作用：Matsuda 等[9]首次发现滇重楼醇提物中的 4 种螺甾皂苷，即 pennogenin 3-O-α-L-rhamnopyranosyl（1→2）-［α-L-arabinofuranosyl（1→4）]-β-D-glucopyranoside、pennogenin 3-O-α-L-rhamnopyranosyl（1→4）-α-L-rhamnopyranosyl（1→4）-［α-L-rhamnopyranosyl（1→2）]-β-D- glucopyranoside、diosgenin 3-O-α-L-rhamnopyranosyl（1→2）-［α-L-arabinofuranosyl（1→4）]-β-D- glucopyranoside、diosgenin 3-O-α-L-rhamnopyranosyl（1→4）-α-L-rhamnopyranosyl（1→4）-［α-L-rhamnopyranosyl（1→2）]-β-D-glucopyranoside 能够强烈抑制乙醇和吲哚美辛诱导的胃部病变，具有一定的胃保护作用。其中化合物结构中的 3-O- 糖苷部分和螺固醇结构对于该活性是必不可少的，并且糖苷配基部分中的 17- 羟基增强了抗乙醇诱导的胃损伤作用。熊伟等[72]考察了不同浓度滇重楼灌胃预处理对脂多糖诱导脓毒症大鼠早期肠损伤模型的影响，证明滇重楼预处理可能通过抑制小肠高迁移率族蛋白 B1（HMGB1）表达参与抗炎反应，从而改善小肠黏膜屏障通透性，发挥肠道保护功能，同时提高脓毒症大鼠的生存率，优化预后。熊伟[73]通过实验证明滇重楼总皂苷可下调 Caco-2 细胞中 HMGB1 的表达，从而发挥抗炎作用，改善肠上皮屏障通透性和完整度，抑制肠上皮屏障功能障碍进展，起到保护肠道功能的作用。

（2）对生殖系统的作用：滇重楼在国内被应用于治疗子宫异常出血，但其机制尚不清楚。Guo 等[74]利用雌激素诱发妊娠大鼠子宫肌条等距收缩，在共聚焦显微镜下观察滇重楼总皂苷对子宫肌层细胞内钙离子变化的影响，发现滇重楼总皂苷刺激的子宫肌层收缩是由细胞外钙的流入和细胞内释放的钙离子增加而介导的，并鉴定出化合物 Pennogenin-3-O-α-L-arabinofuranosyl（1→4）［α-L-rhamnopyranosyl（1→2）]-β-D-glucopyranoside 为滇重楼甾体皂苷治疗子宫出血的活性成分之一。

（3）对血液系统的作用：申世安[70]通过饲喂高脂饲料构建小鼠高血脂模型，发现高剂量滇重楼地上、地下根茎多糖都具有一定的降血脂功效。丁立帅等[75]比较了七叶一枝花和滇重楼提取物体外溶血作用强弱，发现滇重楼溶血活性弱于七叶一枝花，溶血成分为偏诺皂苷和薯蓣皂苷，溶血作用的强弱主要由植物中所含偏诺皂苷和薯蓣皂苷类成分的绝对含量和相对比例决定。李洪梅等[76]研究发现云南重楼水提物可明显降低醋酸致小鼠扭体次数，抑制角叉菜胶致大鼠足肿胀和醋酸致小鼠腹腔毛细血管通透性增高，缩短出血时间和凝血时间。

【开发应用】

1. 标准规范　重楼有药品标准 90 项，为重楼与其他中药材组成的中成药处方；药材标准 17 项，为不同版本的《中国药典》药材标准及其他药材标准（狭叶重楼、黑籽重楼）；中药饮片炮制规范 35 项，为不同省市、不同年份的重楼饮片炮制规范。

2019 年 9 月 2 日，国家药典委员会拟修订重楼国家药品标准，将拟修订的重楼国家药品标准公示征求社会各界意见[77]，由《中国药典》（2015 年版）规定的含重楼皂苷 Ⅰ（$C_{44}H_{70}O_{16}$）、重楼皂苷 Ⅱ（$C_{51}H_{82}O_{20}$）、重楼皂苷 Ⅵ（$C_{39}H_{62}O_{13}$）和重楼皂苷 Ⅶ（$C_{51}H_{82}O_{21}$）的总量不得少于 0.60%，更正为含重楼皂苷 Ⅰ（$C_{44}H_{70}O_{16}$）、重楼皂苷 Ⅱ（$C_{51}H_{82}O_{20}$）和重楼皂苷 Ⅶ（$C_{51}H_{82}O_{21}$）的总量不得少于 0.60%，并取消了对重楼皂苷 Ⅵ 的检定。

2. 专利申请　以"重楼""七叶一枝花"为关键词，范围筛选设置为中国专利，分别检索得到 2952 条和 1441 条数据，剔除重复无效条目及相关性小的数据，得到有效分析数据 3123 条[78]。其中涉及滇重楼的专利共有 277 项[79]，包括有关化学成分及药理活性的研究的专利 14 项、种植及栽培研究的专利 210 项、滇重楼与其他中药材组成中成药申请的专利 10 项、其他专利 43 项（其中包括滇重楼炮制方法及生产装置研究专利 32 项）。

专利信息显示，绝大多数的专利为云南重楼种植及栽培研究，包括云南重楼种子贮藏、萌发、育苗、快速繁殖技术，种植方法及排水、施肥、保护、覆土等种植设备等。云南重楼与其他中药材配成的中药组合物可用于部分疾病的治疗，包括妇科崩漏、肿瘤、腰椎间盘突出症、感冒、肝损伤、静脉曲张、癌症及止痛等。云南重楼还被用于肥皂、牙膏、面膜等日化产品中。

有关重楼的代表性专利有：

（1）何明生等，滇重楼茎叶单体皂苷在制药中的应用（CN1923212）（2007 年）。

（2）徐开华等，滇重楼根茎多发芽育苗方法（CN101213914）（2008 年）。

（3）李家儒等，一种提高滇重楼根状茎中多种甾体皂苷含量的方法（CN101518184）（2009 年）。

（4）杨成金等，一种滇重楼的炮制方法（CN104547435A）（2015 年）。

（5）周敏等，一种异香豆素类化合物及其制备方法和应用（CN105481817A）（2016 年）。

（6）白奕等，一种滇重楼快速繁殖方法（CN106106170A）（2016 年）。

（7）刘贵周等，一种提高成苗率的滇重楼育苗方法（CN106034705A）（2016 年）。

（8）葛锋等，用于治疗胃癌的中药复方组合物及其制备方法（CN106943550A）（2017 年）。

（9）杨立新等，一种滇重楼偏诺皂苷 Pb 的制备方法（CN109438548A）（2019 年）。

（10）刘长宁等，一种治疗肝损伤的滇重楼总皂苷肠溶缓释制剂及其制备方法（CN110538261A）（2019 年）。

重楼相关专利最早出现的时间是 1999 年。2015～2020 年申报的相关专利占总数的 91.2%；2010～2020 年申报的相关专利占总数的 96.3%；2000～2020 年申报的相关专利占总数的 99.6%。

3. 栽培利用

（1）环境条件：滇重楼生长所需环境条件中，适宜滇重楼自然生长的年日照时数在1000小时左右，适宜光照度为1000～3500Lx，正常生长适宜的年均气温为12～18℃，最适温度为16～28℃，生长水分适中，怕旱怕积水，适宜年均降雨量为826～1900mm，土壤要求疏松透气、平整、土粒细碎、富含腐殖质、保湿、遮阴、雨季能利水且呈酸性（pH4.5～6.3）的地块[80]。

①温度：刘涛等[81]采用不用温度处理滇重楼，生长6个月测定其开花期阶段叶片的光合特性及根茎中有效成分含量的变化，发现22℃/15℃（昼温/夜温）处理不仅有利于滇重楼甾体皂苷的积累，也利于其光合作用。张家玲等[82]在25℃/20℃（昼温/夜温）、33℃/28℃（昼温/夜温）、39℃/34℃（昼温/夜温）的不同温度条件下连续胁迫处理滇重楼生长健壮苗7天，实验结果表明温度为25℃/20℃条件下为适宜生长温度，植物生长状态良好；33℃/28℃温度条件下，长时间的持续胁迫处理会引起植株叶片损伤，39℃/34℃持续高温胁迫则会严重损伤植株生理活性与形态结构，严重时甚至会导致植株死亡。

②光照：周文等[83]以三年生滇重楼种苗为实验材料，采用6000K白光（W）与波长620nm的橙光（O）组成的组合光源，总光强固定并设置6个光质配比处理，综合分析发现处理 W：O/1：2 比例的橙光补光有利于滇重楼叶片色素积累及Fv'/Fm'、φPSⅡ和qP值提高，有利于有机物的积累。蔡虎铭等[84]采用460nm的LED蓝光光源，结果显示150μmol/（m²·s）光强下，滇重楼植株鲜重、叶片叶绿素含量、净光合速率、Fv'/Fm'、PSⅡ、qP值均为最大。曹嘉芮等[85]将三年生滇重楼分别放于光照强度为50、100、150、200μmol/（m²·s）的460nm单质蓝光下进行栽培，发现蓝光光强150μmol/（m²·s）最有利于促进滇重楼叶片生长和光合作用，100μmol/（m²·s）最有利于滇重楼根茎皂苷累积。张勤涛等[86]采用波长为590nm±5nm的黄光为照射光源，结果显示黄光75μmol/（m²·s）对促进滇重楼叶片的光合作用最有利，黄光100μmol/（m²·s）对增加滇重楼根茎皂苷含量最有利。张勤涛等[87]采用波长为525nm±5nm的绿光为照射光源对三年生滇重楼种苗进行处理，发现绿光光强为100μmol/（m²·s）时最有利于滇重楼的生长及品质的提高。

③水分：刘倩等[88]人为控制水分胁迫程度后复水常规管理，调查滇重楼出苗率、农艺性状、光合特性、各器官生物量和生物量分配比例及皂苷积累等情况，发现干旱会导致滇重楼根茎失水，显著影响了出苗及后期生长，但适度失水后有助于重楼皂苷Ⅶ的积累。

④土壤：陈翠等[89]研究发现土壤相对含水量60%左右，可使繁殖材料损失率降低到10%以内。毛玉东等[90]研究表明土壤pH对新老根茎、根系氮含量有显著的影响。新老根茎磷含量随土壤pH升高而增加，而茎叶和根系磷含量则有相反趋势；土壤pH对根系和茎叶钾含量的影响远大于对根茎钾含量的影响。新老根茎总皂苷含量随土壤pH升高而增加，建议在滇重楼人工栽培中，土壤pH控制在中性范围（6.50～7.50）为宜。何忠俊等[91]以30个县（市）32个样点滇重楼根茎为研究对象，采用高效液相色谱及常规土壤农化分析法，研究了33个生态指标与滇重楼根茎总皂苷含量的数量关系，结果表明经

重楼

度、纬度和土壤阳离子交换量（CEC）是影响滇重楼根茎总皂苷含量的主导生态因子；滇重楼适宜种植在土壤有机质和粘粒含量高、土壤 pH 在中性范围的土壤上。

（2）种子萌发：云南重楼果期为 9～11 月，果实开裂，种子外皮转深红色为成熟，成熟时种胚发育不完全，植物内源激素如 ABA、GA 等对种子发育和萌发进行调节。部分研究认为其休眠类型属形态生理休眠，部分认为其休眠属物理休眠；其休眠期长达 18 个月甚至更长，需通过生理后熟才能促胚轴生长；常见的解除种子休眠的措施为变温、水浸、沙层积、低温处理等；研究者将两株云南重楼内生真菌接种到种子上后种子萌发率显著增长；胚发育不完全受基因调控，*NCED*、*CYP707A*、*ABI2*、*GA20ox2*、*GA20ox3* 等基因参与了云南重楼种子休眠过程；含种子数为 30～45 粒的果实具更高萌发率，种胚后熟萌发的最适温度为 18～20℃，在此温度下处理 3～4 个月后转 0～10℃低温处理 2～4 个月可促种子萌发出苗；13% 湿度下种子发根率较高[92]。陈伟等[93]以石蜡切片法、抑制物生物鉴定法及对比分析法开展滇重楼种子休眠类型的研究，认定滇重楼种子休眠类型为综合性休眠。

唐玲等[94]研究表明，高浓度（200mg/L、500mg/L）的赤霉素、20mg/L 的吲哚乙酸与低浓度（10mg/L、20mg/L）下的硝酸钾均能显著促进种子发芽；6- 苄氨基嘌呤在低浓度（10mg/L）下显著促进种子发芽，高浓度（50mg/L、100mg/L）下抑制其发芽；萘乙酸与高浓度（500mg/L）下的硼酸显著抑制了其种子发芽。石燕碧等[95]的实验表明在三七愈伤组织上进行暗培养能明显缩短滇重楼种子的萌发时间，最快在第 10 天就开始萌发，萌发高峰期在第 20～30 天，平均萌发率为 12.5%。王艳芳等[96]选择成熟度好的滇重楼种子，去除外种皮，采用 600ppm 浓度赤霉素拌种，选择冬季最低温高于 10℃的热区或温室进行直接撒播育苗。该方法可使滇重楼的出苗时间缩短到 4～5 个月，出苗率达 50%以上。张绍山等[97]将除去外种皮的人工授粉的种子用 100mg/L 赤霉素处理，经 4～18℃变温湿沙培养至萌芽。萌芽种子播种于大田，可缩短云南重楼种子的出苗周期 1 年，获得高达 80% 以上的出苗率。杨根林等[98]对滇重楼种子进行去除假种皮、冷藏、不同浓度 GA₃ 浸泡等对比处理，研究表明假种皮对种子的萌发时间、萌发率、成苗率影响不大；低温冷藏对促进种子提早萌发有一定的作用；GA₃ 浓度为 500mg/L 时萌发时间最佳，浓度为 300mg/L 时相对萌发率（142%）及相对成苗率（158%）最大。浦梅[99]的研究结果认为种子萌发过程中仅 ABA 含量降低不足以解除滇重楼种子休眠，同期 GA 含量升高和 GA/ABA 值达到某一阈值时能有效的解除滇重楼种子的休眠和促进胚的发育；种子萌发过程中超氧化物歧化酶（SOD）和过氧化氢酶（CAT）对活性氧以及 H_2O_2 的清除起到了一定的作用，为种子萌发创造了良好的条件；激素作为信号分子在调节酶活性和营养物质分解过程中起到了重要作用。

（3）滇重楼适宜采收期研究：滇重楼种子的最适宜采收期为果实裂开后外种皮为深红色时。滇重楼药材适宜采收期为 5 年生，最佳采收期以 9～10 月为宜，实施"多年栽培，分期采收"，技术间隔时间为 3 年，采收时间以 12 月至翌年 3 月为宜[80]。吴喆[100]的研究显示，重楼皂苷Ⅰ、重楼皂苷Ⅱ、重楼皂苷Ⅵ及重楼皂苷Ⅶ在8年生滇重楼样品中含量最高，滇重楼最佳采收年限为8年。同时，其他研究结果也表明不同采收期、不同生长年限、不同产地或同一产地滇重楼品质存在差异，授粉期5～6月重楼皂苷含量达到最高，为最佳采收期，与目前产地普遍在衰老期9～10月采收滇重楼根茎有所出入；结合不同生长年限中重楼皂苷与薯蓣皂苷元含量的变化趋势，滇重楼根茎采收年限以8年为宜[101]。

（4）影响滇重楼生产与药材质量的因素：综合多方因素，质量为10g左右的种苗根茎为最适宜移栽种苗的根茎大小，其移栽种植密度以10cm×20cm规格为宜。林下、遮阴网下或用蔓生植物在上层作为遮阴物来种植滇重楼变异不大，透光率在12%～45%可行，而人工种植滇重楼时应以适当遮阴为好，遮阴度以不超过75%为宜；林下种植适宜透光率为30%～40%；也有研究认为滇重楼种植的遮阴物以遮阳网最好，透光率20%时种苗存活率最高，透光率40%时根茎产量最高。滇重楼在疏松、有机质或速效肥力较高的土壤中生长产量较高，在中下肥力条件下，农家肥的最佳用量为每667m²施用3000～4500kg。氮素和磷素是其生长的养分限制因子，综合考虑滇重楼生长及有效成分含量，各营养元素适宜的施用量分别为：钙40～80mg/kg、镁40mg/kg、锌0.5～1.0mg/kg、钼0.2～0.4mg/kg。单施氮对生长和光合速率的促进作用显著小于不同形态氮配施，施用比例以酰胺态氮：硝态氮=6：4较为适宜；等氮量条件下：单施铵态氮＞酰胺态氮＞硝态氮，施用叶面肥能提高滇重楼的最大光合效率，改善滇重楼光合特性[80,89]。李金龙等[102]通过"3414"（3因素、4水平、14个处理）田间小区肥料效应实验，设N 23kg/667m²、P_2O_5 12kg/667m²、K_2O 30kg/667m²为常规施肥水平，研究不同水平氮、磷、钾对滇重楼产量及皂苷含量的影响，结果表明当氮肥和磷肥施用量分别为23kg/667m²和18kg/667m²时，滇重楼新、老根茎总皂苷含量最高；钾肥施用量为0kg/667m²时，滇重楼新根茎总皂苷含量最高。

根茎腐烂程度对药材品质有一定影响，其中腐烂部分占21%～40%的样品，重楼皂苷Ⅶ、PA和H含量最高，完全健康和完全腐烂的滇重楼根茎重楼皂苷含量较低；土壤全钾和速效钾含量与滇重楼根茎中总皂苷含量呈极显著正相关，与根茎中多糖含量呈显著正相关；在一定范围内，滇重楼根茎的偏诺类皂苷Ⅶ、偏诺类皂苷H含量与土壤有机质含量和pH值呈线性正相关；薯蓣类皂苷Ⅰ含量与土壤速效磷含量呈线性负相关，与土壤速效钾含量呈线性正相关；薯蓣类皂苷Ⅱ含量与土壤有机质和速效钾含量呈线性正相关；微量元素施用量对滇重楼皂苷含量有影响，镁、钼能显著增加根茎总皂苷含量；新根茎总皂苷含量与施钙水平呈极显著正相关，但不同钙水平对老根茎总皂苷含量影响不显著，随着锌肥用量增加，根茎总皂苷含量呈下降趋势[80]。苏豹等[103]测定了滇重楼药材、健康根茎及腐烂根茎中氨基酸、矿质元素等成分，结果表明滇重楼腐烂根茎与药材和健康根茎相比，氨基酸、硫、钾、粗纤维含量存在不同程度的下降，钙、铜、锰、灰粉和粗脂肪含量都呈增长趋势；镁、锌、蛋白质和粗纤维与药材相比含量有所增加，与健康根茎相比含量有所下降。

周浓等[104-108]对滇重楼根部丛枝菌根真菌（AMF）侵染情况及根际土中 AMF 孢子的种类与数量、滇重楼根际丛枝菌根真菌的侵染率、孢子密度与其次生代谢产物甾体皂苷含量的相关性进行了研究，比较了接种和不接种丛枝菌根（AM）真菌对滇重楼根茎中甾体皂苷类成分及重金属元素的影响。结果表明从滇重楼根际采集的 10 个土样中共分离出 24 种 AMF，其中双网无梗囊霉是滇重楼的优势种，且丛枝菌根真菌是影响滇重楼活性成分含量的重要因素；种丛枝菌根真菌能部分降低其根茎中重金属含有量；AM 真菌与滇重楼之间具有选择性，根内球囊霉是最适宜滇重楼接种的优良菌种。周浓等[109]又在随后的研究中观察了接种 28 种丛枝菌根（AM）真菌对药用植物滇重楼根系 AM 真菌侵染能力和入药质量的影响。结果表明滇重楼与 AM 真菌之间的共生关系具有一定的相互选择性，近明球囊霉 *Claroideoglomus claroideum* 和瑚状盾巨囊霉 *Racocetra coralloidea* 是最适宜滇重楼大田栽培时推广应用的优良接种菌剂。周浓等[110]的研究还发现水分胁迫下接种 AM 真菌，有利于提高滇重楼根系侵染强度，改善滇重楼根茎的品质，并影响滇重楼根茎甾体皂苷数量和主要组分的含量。综合接种效果，2015 年韦正鑫等[111]的实验结果表明在田间栽种滇重楼时，瑚状盾巨囊霉 *Racocetra coralloidea*、美丽盾巨孢囊霉 *Scutellospora calospora*、近明球囊霉 *Claroideoglomus claroideum*、透明盾巨孢囊霉 *S. pellucida* 以及明球囊霉 *Rhizophagus clarus* 是最适合滇重楼的 AM 真菌。

（5）病虫害：滇重楼栽培过程中发现并有报道的病害有叶斑病、红斑病、灰斑病、根腐病、黑斑病、猝倒病、叶枯病、茎腐病、炭疽病、立枯病及细菌性穿孔病；虫害有地老虎、金龟子、蛴螬、似小杆线虫、弹尾目及螨类[80]。

4. 生药学探索 梁汉兴等[112, 113]描述了滇重楼与五指莲的胚胎学过程及特点，认为其小孢子母细胞减数分裂时胞质分裂为连续型，雄配子体为二胞型，药壁由五层细胞组成，绒毡层属腺质型，但五指莲花粉群体中异常花粉发生的频率高于滇重楼，种子具两层种皮；两种重楼种子成熟时的外部形态显著不同，其中滇重楼的种子鲜红色，不规则圆形，外种皮肉质多浆，无假种皮，珠柄橙黄色，短而纤细。王世林等[114]对粉质和胶质滇重楼进行了讨论，得出正常滇重楼地下茎为粉质，粉质多糖（FP）含量 2.56%；因黑团孢霉（*Periconia* Tode）和其他微生物寄生，致使地下茎转化为胶质，胶质多糖（JP）含量 5.44%，FP 和 JP 的动物体内实验表明均有显著的免疫增强作用。这些结果显示胶质地下茎的药用价值相同于粉质的，它们可等同药用。

王艳芳等[115]对重楼属植物滇重楼和南重楼进行显微结构鉴别研究，结果表明其显微结构相似，根茎由栓皮层、薄壁组织和散布在其中的排列不规则的维管束组成，维管束结构主要为周木型。不定根包括表皮层、皮层、内皮层、维管束 4 部分；内皮层由一层长方形的细胞组成，径向壁有带状加厚的凯氏带，维管组织由木质部和韧皮部交互排列，木质部内侧管状细胞比外侧大，管状细胞由内向外渐次成熟。茎横切面由外向内依次为表皮、薄壁组织、维管束 3 部分；维管束两轮，为外韧型。滇重楼和南重楼叶包括叶片和叶柄两部分，叶片为异面叶，叶肉由栅栏组织和海绵组织组成，下表皮具有大量气孔。二者相似的显微结构用于种间鉴定仍有一定难度。

方海兰等[116]采用 DNA 条形码技术进行研究，结果表明云南重楼和七叶一枝花种内遗传距离分别小于种间遗传距离；ITS 条形码可有效鉴别正品重楼及其混伪品的种子种苗。吴喆等[117]利用傅里叶变换红外光谱结合化学计量学方法研究发现，云南重楼与白花重楼和南重楼的亲缘关系较近，与毛重楼和五指莲的关系较远。赵飞亚等[118]基于形态和红外光谱法的研究结果表明云南重楼、七叶一枝花、狭叶重楼、矮重楼和多叶重楼的亲缘关系较近。

5. 其他应用 目前，重楼应用已十分广泛，主要是作为药材单独或配伍组成各种药品，包括云南白药、复方川贝止咳糖浆、红卫蛇药片等[119]。

表 22 重楼相关中成药

药品名称		
一粒止痛丸	宫血宁胶囊	筋骨疼痛酒
三七血伤宁散	小儿清热灵	红卫蛇药片
三七血伤宁胶囊	小儿退热冲剂	肝复乐片
复方重楼酊	小儿退热口服液	肿痛凝胶
九味双解口服液	小儿退热合剂	肿痛搽剂
博尔宁胶囊	小儿退热合剂（小儿退热口服液）	肿痛气雾剂
博落回肿痒酊	小儿退热颗粒	茵莲清肝合剂
卫生散	少林跌打止痛膏	茵莲清肝颗粒
乳癖清胶囊	尿清舒颗粒	草仙乙肝胶囊
云南白药创可贴	忍冬感冒颗粒	雪上一枝蒿速效止痛搽剂
云南白药气雾剂	抗病毒颗粒	雪胆胃肠丸
云南白药片	散结止痛膏	蟾乌巴布膏
云南白药胶囊	楼莲胶囊	解毒通淋丸
云南红药散	消痔洁肤软膏	跌打榜药酒
云南红药胶囊	百宝丹	软坚口服液
伤益气雾剂	百宝丹搽剂	重楼解毒酊
克痒敏醑	百宝丹胶囊	银冰消痤酊
兰花咳宁片	芪珍胶囊	长春红药片
参柏舒阴洗液	清肝败毒丸	长春红药胶囊
参贝止咳颗粒	湛江蛇药	元七骨痛酊
喉舒口含片	热毒清片	骨风宁胶囊

药品名称		
复方岩连片	熊胆跌打膏	鹿筋壮骨酒
复方川贝止咳糖浆	玄七通痹胶囊	鼻咽清毒剂
复方蛇胆川贝散	痛舒胶囊	鼻咽清毒颗粒
复方雪上一枝蒿搽剂	痛血康胶囊	鼻咽清毒颗粒（鼻咽清毒剂）
复方雪参胶囊	盘龙七片	消癥扶正口服液
外用无敌膏	盘龙七药酒	肝复乐胶囊
奇应内消膏	碧云砂乙肝颗粒	肤痔清软膏
姜黄消痤搽剂	祛瘀益胃胶囊	乳癖清片
清热止咳颗粒	神农镇痛膏	祛瘀益胃片

【药用前景评述】重楼属植物作为中药材，其药用在我国有着悠久的历史，自古以来就有许多记载。《神农本草经》记载："蚤休，味苦微寒，主惊痫，摇头弄舌，热气在腹中，癫痫，痈疮，阴蚀，下三虫，去蛇毒。"《本草纲目》也提到："蚤休，根苦，微寒，有毒。主治惊痫，瘰疬，痈肿。磨醋敷痈肿蛇毒，甚有效。"《滇南本草》载："重楼（滇重楼），味辛、苦、微辣，性微寒。俗云：是疮不是疮，先用重楼解毒汤。此乃外科之至药也，主治一切无名肿毒。攻各种疮毒痈疽，发背痘疔等症最良，利小便。"

滇重楼又名重楼一枝箭、独角莲、大重楼、七叶一枝花和两把伞等，主要分布于我国西南部的云南、四川和贵州一带，生长于海拔 1400～3100m 的常绿阔叶林、云南松林、竹林、灌丛或草坡中，缅甸也有分布。作为我国西南地区的道地药材，滇重楼具有重要药用价值，是"云南白药""季胜德蛇药片""热毒清"和"宫血宁"等多种中成药的主要原料之一，因此已越来越受到关注。

滇重楼化学成分复杂，主要含有甾体皂苷类、三萜类成分，目前已分离鉴定的成分超过 200 个。其苷元和糖基不同，药理活性就会有所差别，这也是滇重楼具有多种药理活性的重要原因。药理学研究结果显示，滇重楼具有抗肿瘤、抗菌、抗心肌缺血、抗氧化、免疫调节、止血、驱虫等多种作用，且药理活性强，因此滇重楼的醇提物和以其为主要原料的云南白药、宫血宁胶囊都显示出较强的止血和较强的镇痛作用。

滇重楼是西南地区少数民族特别是彝族、白族的传统药用植物，不同民族在药用方式与作用病症方面大同小异，但基本上都是清热解毒、消肿止痛，主要用于无名肿毒、内外伤出血、跌打损伤、骨折等的治疗。彝族医学家曲焕章为此还发明了著名的民族药"云南白药"，这与现代药理药效研究结果十分吻合，进一步显示出白族、彝族等少数民族在掌握滇重楼药性药效方面的丰富经验与高超智慧。

滇重楼不仅是中药方剂及民间家庭的常用药物，还是云南白药、宫血宁胶囊、云南红药胶囊、金复康口服液、楼莲胶囊、肝复乐片等40余种著名国药准字号中成药的原料，药材需求量巨大，加之民间需求量也大幅增长，导致其价格持续上涨，已经从2000年的30～40元/公斤上涨到最高的1000～1200元/公斤。在经济利益的驱使下，滇重楼野生资源被无序采挖，由于每年的消耗量远远超出野生资源的年再生能力，加之滇重楼根茎生长极其缓慢，资源再生周期长（平均需要8～12年），导致野生滇重楼已经出现了严重的资源危机。近年来，人工栽培已渐成重楼生产的主流，且栽培技术日臻完善。但是，滇重楼的生长需要特殊的环境，导致滇重楼种植不仅需要占用大量的土地资源，且种植过程中费工、费时，同时滇重楼甾体皂苷活性成分的含量还因海拔、土壤、温度、湿度、光照等的不同而异，其遗传多样性和化学成分含量等极易发生变化，药材品质因此存在很大的不确定性，致使滇重楼种植生产成本极高、经营风险大。要根据滇重楼生物学属性、地域性和生境依赖性因地制宜地开展种植。如何达到"安全、有效、稳定、可控"的要求，实现滇重楼的现代化GAP（Good Agricultural Practice）种植，是现实滇重楼规模化和规范化生产、发展好滇重楼产业的重要环节。

随着滇重楼人工栽培规模的日益扩大，滇重楼的药用发展前景还存在种质难以保障、鱼龙混杂的难题，进而可能导致药材质量进一步受到严重影响。《中国药典》（2010年版）收载的重楼药用品种虽然规定为七叶一枝花和滇重楼，但在实际种植与用药过程中，并未严格区分品种，而不同品种混种又导致药材质量不一。实行重楼规范化种植，建立健全的规范机制是推进重楼药材及其他中药材产业发展的关键所在。另外，检测标准有待进一步提高与完善。我国药典所规定的重楼药材检测标准成分仅为重楼皂苷Ⅰ、Ⅱ、Ⅵ和Ⅶ，而目前从滇重楼中分离得到化合物多达200个以上，除药典所规定的4种皂苷之外，其余的化合物也表现出了多种生物活性，仅用以上几个成分很难对滇重楼的品质进行全面客观地评价。加之中药功效往往具有多成分、多靶点的特点，因此更加需要建立一套符合中医药理论体系的滇重楼质量检测标准，以保证药材质量与临床用药安全有效。

总之，滇重楼药用价值极高，许多药用功效还未得到充分的开发和利用。且滇重楼人工培育与质量标准也有待进一步的研究探讨。因此，无论是在研究开发，还是资源可持续利用方面，滇重楼都有进一步探索、开拓的发展空间。

参考文献

[1]黄伟光.滇产植物的皂素成分研究Ⅲ.重楼属植物的皂苷及皂苷元[J].药学学报，1965，12（10）：657-661.

[2]陈昌祥，周俊.滇产植物皂素成分的研究Ⅴ.滇重楼的甾体皂苷和β-蜕皮激素[J].云南植物研究，1981，3（1）：89-93.

[3]陈昌祥，张玉童，周俊.滇产植物皂素成分的研究——Ⅵ.滇重楼皂苷（2）[J].云南植物研究，1983，5（1）：91-97.

[4]陈昌祥，连红兵，李运昌，等.滇重楼种子中的甾体皂苷[J].云南植物研究，1990，12（4）：452.

重楼

［5］陈昌祥，周俊，张玉童，等.滇重楼地上部分的甾体皂苷［J］.云南植物研究，1990，12（3）：323-329.

［6］陈昌祥，周俊.滇重楼的两个新甾体皂苷元［J］.云南植物研究，1992，14（1）：111-113.

［7］陈昌祥，张玉童，周俊.滇重楼地上部分的配糖体［J］.云南植物研究，1995，17（4）：473-478.

［8］陈昌祥，周俊，Hiromichi N，等.滇重楼地上部分的两个微量皂苷［J］.云南植物研究，1995，17（2）：215-220.

［9］Matsuda H，Pongpiriyadacha Y，Morikawa T，et al. Protective effects of steroid saponins from *Paris polyphylla* var. *yunnanensis* on ethanol- or indomethacin-induced gastric mucosal lesions in rats: structural requirement for activity and mode of action［J］. Bioorg Med Chem Lett, 2003, 13（6）：1101-1106.

［10］Zhou L，Yang C，Li J，et al. Heptasaccharide and octasaccharide isolated from *Paris polyphylla* var. *yunnanensis* and their plant growth-regulatory activity［J］. Plant Sci, 2003, 165（3）：571-575.

［11］左予桐.云南重楼抗肿瘤活性成分研究［D］.天津：天津大学，2005.

［12］刘海，张婷，陈筱清，等.云南重楼的甾体皂苷类成分［J］.中国天然药物，2006，4（4）：264-267.

［13］Yan L，Gao W，Zhang Y，et al. A new phenylpropanoid glycosides from *Paris polyphylla* var.*yunnanensis*［J］.Fitoterapia，2008，79（4）：306-307.

［14］王羽.滇重楼抗肿瘤活性成分的研究［D］.天津：天津大学，2007.

［15］徐暾海，毛晓霞，徐雅娟，等.云南重楼中的新甾体皂苷［J］.高等学校化学学报，2007，28（12）：2303-2306.

［16］赵玉.滇重楼中甾体皂苷类成分的研究［D］.北京：中国人民解放军军事医学科学院，2007.

［17］刘翊，杜连祥，高文远，等.滇重楼活性物质的分离鉴定与体外药理作用的研究［J］.药物生物技术，2008，15（6）：481-484.

［18］Zhang T，Liu H，Liu XT，et al. Qualitative and quantitative analysis of steroidal saponins in crude extracts from *Paris polyphylla* var. *yunnanensis* and *P. polyphylla* var. *chinensis* by high performance liquid chromatography coupled with mass spectrometry［J］. J Pharm Biomed Anal, 2010, 51（1）：114-124.

［19］刘奕训，康利平，赵玉，等.Parisaponin Ⅰ和Parisvietnaside A的NMR数据分析［J］.波谱学杂志，2009，26（3）：316-326.

［20］Zhu L，Tan J，Wang B，et al. *In-vitro* antitumor activity and antifungal activity of pennogenin steroidal saponins from *Paris polyphylla* var. *yunnanensis*［J］. Iran J Pharm Res, 2011, 10（2）：279-286.

［21］Qin XJ，Sun DJ，Ni W，et al. Steroidal saponins with antimicrobial activity from stems and leaves of *Paris polyphylla* var.*yunnanensis* ［J］. Steroids，2012，77（12）：1242–1248.

［22］Wu X，Wang L，Wang H，et al. Steroidal saponins from *Paris polyphylla* var. *yunnanensis* ［J］. Phytochemistry，2012，81：133–143.

［23］Qin XJ，Chen CX，Ni W，et al. C_{22}-steroidal lactone glycosides from stems and leaves of *Paris polyphylla* var.*yunnanensis* ［J］. Fitoterapia，2013，84：248–251.

［24］Wu X，Wang L，Wang GC，et al. Triterpenoid saponins from rhizomes of *Paris polyphylla* var. *yunnanensis* ［J］. Carbohydr Res，2013，368：1–7.

［25］吴霞，张玉波，王国才，等.云南重楼中2个脂肪酸的分离鉴定及其抑制鼻咽癌细胞活性研究［J］.广东药学院学报，2014，30（6）：698–701.

［26］张玉波，吴霞，李药兰，等.云南重楼的化学成分［J］.暨南大学学报（自然科学与医学版），2014，35（1）：66–72.

［27］Wen YS，Ni W，Qin XJ，et al. Steroidal saponins with cytotoxic activity from the rhizomes of *Paris polyphylla* var. *yunnanensis* ［J］. Phytochem Lett，2015，12：31–34.

［28］谈文状.滇重楼抗肿瘤活性成分研究［D］.昆明：昆明理工大学，2015.

［29］文彦诗，耿圆圆，王军民，等.滇重楼须根中的化学成分［J］.西部林业科学，2015，44（6）：51–54.

［30］文彦诗，华燕.滇重楼须根的化学成分研究［J］.北京农业，2015，（11）：78–79.

［31］Qin XJ，Yu MY，Ni W，et al. Steroidal saponins from stems and leaves of *Paris polyphylla* var. *yunnanensis* ［J］. Phytochemistry，2016，121：20–29.

［32］Wu X，Chen NH，Zhang YB，et al.A new steroid saponin from the rhizomes of *Paris polyphylla* var. *yunnanensis* ［J］.Chem Nat Compd，2017，53（1）：93–98.

［33］景松松.百合目三种药用植物的化学成分研究［D］.天津：天津大学，2017.

［34］Yan LL，Zhang YJ，Gao WY，et al. In vitro and in vivo anticancer activity of steroid saponins of *Paris polyphylla* var. *yunnanensis* ［J］. Exp Oncol，2009，31（1）：27–32.

［35］Wu X，Wang L，Wang GC，et al. New steroidal saponins and sterol glycosides from *Paris polyphylla* var. *yunnanensis* ［J］. Planta Med，2012，78（15）：1667–1675.

［36］Jing S，Wang Y，Li X，et al. Chemical constituents and antitumor activity from *Paris polyphylla* Smith var. *yunnanensis* ［J］. Nat Prod Res，2017，31（6）：660–666.

［37］Kang LP，Liu YX，Eichhorn T，et al. Polyhydroxylated steroidal glycosides from *Paris polyphylla* ［J］. J Nat Prod，2012，75（6）：1201–1205.

［38］Ke JY，Zhang W，Gong RS，et al. A monomer purified from *Paris polyphylla*（PP–22）triggers S and G2/M phase arrest and apoptosis in human tongue squamous cell carcinoma SCC–15 by activating the p38/cdc25/cdc2 and caspase 8/caspase 3 pathways ［J］. Tumour Biol，2016，37（11）：14863–14872.

［39］Man S，Gao W，Zhang Y，et al. Paridis saponins inhibiting carcinoma growth and metastasis *in vitro* and *in vivo* ［J］. Arch Pharm Res，2011，34（1）：43–50.

［40］Zhao Y，Kang LP，Liu YX，et al. Three new steroidal saponins from the rhizome of *Paris polyphylla* [J]. Magn Reson Chem, 2007, 45 (9): 739-744.

[41] Fu YL, Yu ZY, Tang XM, et al. Pennogenin glycosides with a spirostanol structure are strong platelet agonists: structural requirement for activity and mode of platelet agonist synergism [J]. J Thromb Haemost, 2008, 6 (3): 524-533.

[42] Luo XF, Lei F, He Y, et al. The synthesis of pennogenin 3-O-β-D-glucopyranosyl-(1→3)-[α-L-rhamnopyranosyl-(1→2)]-β-D-glucopyranoside [J]. J Asian Nat Prod Res, 2012, 14 (4): 314-321.

[43] 杨远贵, 张霁, 张金渝, 等. 重楼属植物化学成分及药理活性研究进展 [J]. 中草药, 2016, 47 (18): 3301-3323.

[44] 郭婷, 李焘, 张自萍, 等. 七叶一枝花与滇重楼脂溶性成分的 GC-MS 分析 [J]. 陕西农业科学, 2011, 57 (4): 14-16, 114.

[45] 苏成业, 魏淑香. 滇重楼总皂苷及其多糖抗肿瘤作用的研究 [J]. 大连医学院学报, 1983, 5 (2): 1-4.

[46] 颜璐璐, 张艳军, 高文远, 等. 滇重楼皂苷对 10 种肿瘤细胞株的细胞毒谱及构效关系研究 [J]. 中国中药杂志, 2008, 33 (16): 2057-2060.

[47] 王羽, 张彦军, 高文远, 等. 滇重楼的抗肿瘤活性成分研究 [J]. 中国中药杂志, 2007, 32 (14): 1425-1428.

[48] 许新恒, 康梦瑶, 匡坤燕, 等. 滇重楼茎叶总皂苷抗肝癌 HepG2 细胞活性 [J]. 基因组学与应用生物学, 2016, 35 (8): 1865-1870.

[49] Qin XJ, Ni W, Chen CX, et al. Seeing the light: Shifting from wild rhizomes to extraction of active ingredients from above-ground parts of *Paris polyphylla* var. *yunnanensis* [J]. J Ethnopharmacol, 2018, 224: 134-139.

[50] 李涛. 滇重楼总皂苷对人舌鳞癌 CAL-27 细胞增殖抑制及其机制的研究 [D]. 昆明: 昆明医科大学, 2018.

[51] 田爱. 滇重楼提取物 CV 抑制云南宣威肺腺癌细胞株 XWLC-05 的实验研究 [D]. 昆明: 昆明医科大学, 2013.

[52] 刘翊, 杜连祥, 高文远, 等. 滇重楼活性物质的分离鉴定与体外药理作用的研究 [J]. 药物生物技术, 2008, 15 (6): 481-484.

[53] 李焘. 滇重楼与七叶一枝花化学成分及生物活性的研究 [D]. 西安: 陕西师范大学, 2011.

[54] 娄慧全. 滇重楼总皂苷对涎腺腺样囊性癌细胞 ACC-LM 影响的实验研究 [D]. 昆明: 昆明医科大学, 2016.

[55] 何秋敏. 滇重楼总皂苷对涎腺腺样囊性癌 ACC-83 细胞增殖抑制及其机制的研究 [D]. 昆明: 昆明医科大学, 2017.

[56] 张兰天, 左予桐, 高文远, 等. 云南重楼提取物及化学成分的抗肿瘤活性研究 [J]. 中草药, 2007, 38 (3): 422-424.

[57] 闵沙东. 滇重楼茎叶总皂苷抗人白血病祖细胞作用的研究 [D]. 昆明: 昆明医科大学,

2012.

［58］张朴花.滇重楼皂苷对白血病 K562 细胞抑制作用的研究［D］.昆明：昆明医科大学，2013.

［59］杨福冬.滇重楼茎叶总皂苷抗 BGC823 胃癌模型药效学及机制研究［D］.昆明：昆明医学院，2009.

［60］张文.滇重楼茎叶皂苷Ⅱ对 K562 细胞作用的基因表达谱研究［D］.昆明：昆明医学院，2010.

［61］徐铮.滇重楼混合物抑制白血病细胞相关基因的研究［D］.昆明：昆明医学院，2010.

［62］张华.滇重楼茎叶总皂苷抑制白血病 K562 细胞分子机制的研究［D］.昆明：昆明医科大学，2013.

［63］王方方.滇重楼茎叶皂苷Ⅱ诱导白血病细胞凋亡及其机制的研究［D］.昆明：昆明医学院，2006.

［64］张颜.滇重楼茎叶总皂苷抗白血病模型的建立及其药效学的研究［D］.昆明：昆明医学院，2011.

［65］李艳红，刘娟，杨丽川，等.滇重楼对口腔病原菌生长影响的体外实验研究［J］.昆明医学院学报，2009，30（11）：15-18.

［66］陆克乔，张梦翔，施高翔，等.云南重楼正丁醇提取物对白念珠菌生物膜形成的抑制作用［J］.中草药，2016，47（3）：440-446.

［67］孙东杰，涂颖，何黎.滇重楼乙醇提取物对痤疮发病相关菌抑制作用的研究［J］.皮肤病与性病，2013，35（2）：67-69，73.

［68］董玮，袁小淋，李皎，等.滇重楼巴布剂对大鼠急性痛风性关节炎及炎症的调控机制［J］.昆明医科大学学报，2018，39（2）：21-24.

［69］陆俊锟.滇重楼巴布剂治疗急性痛风性关节炎的临床研究［D］.昆明：云南中医学院，2016.

［70］申世安.滇重楼多糖的分离纯化与结构鉴定及其生物活性研究［D］.成都：四川农业大学，2017.

［71］韦蒙，许新恒，李俊龙，等.滇重楼茎叶总皂苷提取工艺优化及其体外抗氧化活性分析［J］.天然产物研究与开发，2015，27（10）：1794-1800.

［72］熊伟，陈思如，修光辉，等.滇重楼预处理对脓毒症大鼠的肠道功能保护及小肠 HMGB1 表达的影响［J］.云南中医中药杂志，2017，38（11）：71-74.

［73］熊伟.HMGB1 在滇重楼治疗脓毒症所致肠道功能障碍中的表达研究［D］.昆明：昆明医科大学，2018.

［74］Guo L，Su J，Deng BW，et al. Active pharmaceutical ingredients and mechanisms underlying phasic myometrial contractions stimulated with the saponin extract from *Paris polyphylla* Sm. var. *yunnanensis* used for abnormal uterine bleeding［J］. Hum Reprod，2008，23（4）：964-971.

［75］丁立帅，赵猛，李燕敏，等.七叶一枝花和滇重楼提取物的制备、表征及其体外溶血作用分析［J］.中国实验方剂学杂志，2017，23（21）：7-12.

重楼

［76］李洪梅，孙建辉，康利平，等.重楼同属植物长柱重楼与药用重楼的药效学对比研究［J］.中国中药杂志，2017，42（18）：3461-3464.

［77］国家药典委员会.关于重楼国家药品标准修订草案的公示［A/OL］.（2019-09-02）［2020-03-15］.http://www.chp.org.cn/gjydw/zy/4996.jhtml.

［78］国家知识产权局.专利检索及分析系统［A/OL］.（2020-03-15）［2020-03-15］.http://pss-system.cnipa.gov.cn/sipopublicsearch/portal/uiIndex.shtml.

［79］SooPAT.滇重楼［A/OL］.（2020-03-15）［2020-03-15］.http://www.soopat.com/Home/Result?Sort=&View=&Columns=&Valid=&Embed=&Db=&Ids=&FolderIds=&FolderId=&ImportPatentIndex=&Filter=&SearchWord=%E6%BB%87%E9%87%8D%E6%A5%BC&FMZL=Y&SYXX=Y&WGZL=Y&FMSQ=Y.

［80］韦美丽，陈中坚，黄天卫，等.滇重楼栽培研究进展［J］.文山学院学报，2015，28（3）：11-14.

［81］刘涛，王玲，李玛，等.不同温度对滇重楼光合作用及有效成分含量的影响［J］.中国现代中药，2015，17（10）：1041-1043.

［82］张家玲，马英姿，胡文俐，等.高温胁迫对滇重楼生理指标的影响［J］.中草药，2018，49（17）：4131-4137.

［83］周文，梁社往，蔡虎铭，等.LED白橙光不同配比对滇重楼叶片光合特性和叶绿素荧光参数的影响［J］.山东农业科学，2017，49（11）：52-55.

［84］蔡虎铭，梁社往，黄希，等.LED蓝光不同光强对滇重楼光合荧光特性和解剖结构的影响［J］.西南农业学报，2018，31（2）：313-317.

［85］曹嘉芮，梁社往，张勤涛，等.不同光强LED蓝光对滇重楼生长、光合特性及皂苷累积的影响［J］.中国农学通报，2019，35（14）：77-81.

［86］张勤涛，梁社往，曹嘉芮，等.不同光强LED黄光对滇重楼生长、光合特性和皂苷含量的影响［J］.现代食品科技，2018，34（3）：178-183.

［87］张勤涛，梁社往，曹嘉芮，等.LED绿光对滇重楼叶片光合特性、生长状况及品质的影响［C］//2019年中国照明论坛——半导体照明创新应用暨智慧照明发展论坛论文集.常州，2019：116-125.

［88］刘倩，左应梅，杨维泽，等.水分胁迫后复水对滇重楼生长以及皂苷积累的影响［J］.中药材，2018，41（10）：2277-2281.

［89］陈翠，杨丽云，吕丽芬，等.云南重楼种子育苗技术研究［J］.中国中药杂志，2007，32（19）：1979-1983.

［90］毛玉东，梁社往，何忠俊，等.土壤pH对滇重楼生长、养分含量和总皂苷含量的影响［J］.西南农业学报，2011，24（3）：985-989.

［91］何忠俊，黄希，梁社往，等.滇重楼根茎皂苷含量与生态因子的关系［J］.生态环境学报，2016，25（3）：409-414.

［92］董新玉，邵建莲.不同贮藏方式对滇重楼种子发芽率的影响［J］.现代农业科技，2015，（3）：75，78.

［93］陈伟，杨奕，马绍宾，等.滇重楼种子休眠类型的研究［J］.西南农业学报，2015，28（2）：783-786.

［94］唐玲，王艳芳，李荣英，等.外源试剂对滇重楼种子萌发的影响［J］.云南中医学院学报，2015，38（5）：37-40.

［95］石燕碧，武文君，梁晖辉，等.三七愈伤组织对滇重楼种子萌发的影响［J］.山西农业科学，2017，45（9）：1438-1440，1444.

［96］王艳芳，李戈，唐玲，等.滇重楼种子萌发过程观察及出苗影响因素研究［J］.中药材，2017，40（9）：2022-2025.

［97］张绍山，刘璇，王景富，等.多因素处理对云南重楼及其多芽品系种子萌发的影响［J］.中草药，2017，48（10）：2111-2115.

［98］杨根林，谭凤琼，高云，等.不同处理方法对滇重楼种子萌发及成苗的影响［J］.种子，2019，38（9）：81-84.

［99］浦梅.滇重楼种子发芽过程中生理生化特征研究［D］.北京：中国林业科学研究院，2016.

［100］吴喆.滇重楼化学指纹图谱鉴别与评价［D］.昆明：云南中医学院，2017.

［101］金琳，马永军，戴雪雯，等.滇重楼品质差异研究进展［J］.中药材，2019，42（6）：1449-1453.

［102］李金龙，熊俊芬，张海涛，等.氮、磷、钾对滇重楼产量及皂苷含量的影响［J］.云南农业大学学报（自然科学），2016，31（5）：895-901.

［103］苏豹，杨志雷，杨永红，等.滇重楼药材及腐烂根茎中氨基酸和元素的测定［J］.中国现代中药，2013，15（7）：587-589.

［104］黄艳萍，张杰，杨敏，等.接种时期对丛枝菌根真菌侵染的滇重楼幼苗生长发育及甾体皂苷含量的影响［J］.中草药，2019，50（18）：4438-4448.

［105］周浓，夏从龙，姜北，等.滇重楼丛枝菌根的研究［J］.中国中药杂志，2009，34（14）：1768-1772.

［106］周浓，张德伟，郭冬琴，等.菌根真菌对人工栽培滇重楼重金属元素的影响［J］.中成药，2014，36（12）：2583-2586.

［107］周浓，张德全，孙琴，等.真菌诱导子对滇重楼中次生代谢产物甾体皂苷的影响［J］.药学学报，2012，47（9）：1237-1242.

［108］周浓，邹亮，王光志，等.滇重楼丛枝菌根与次生代谢产物甾体皂苷的关系初探［J］.中国实验方剂学杂志，2010，16（16）：85-88.

［109］周浓，丁博，冯源，等.接种不同AM真菌对滇重楼菌根侵染率和入药品质的影响［J］.中国中药杂志，2015，40（16）：3158-3167.

［110］周浓，张杰，郭冬琴，等.水分胁迫下丛枝菌根真菌对滇重楼品质的初步影响［J］.中药材，2017，40（7）：1511-1515.

［111］韦正鑫，郭冬琴，李海峰，等.AM真菌对滇重楼光合参数及生理指标的影响［J］.中国中药杂志，2015，40（20）：3945-3952.

重楼

［112］梁汉兴，张香兰.重楼属两种植物小孢子和雄配子体的发育［J］.云南植物研究，1984，6（4）：435-440，478-479.

［113］梁汉兴，张香兰.重楼属两种植物种子及其附属结构的发育［J］.云南植物研究，1987，9（3）：319-324，381-382.

［114］王世林，赵永灵，李晓玉，等.粉质和胶质滇重楼的研究［J］.云南植物研究，1996，18（3）：345-348.

［115］王艳芳，唐玲，李荣英，等.滇重楼和南重楼的显微结构研究［J］.云南中医学院学报，2012，35（4）：40-43.

［116］方海兰，夏从龙，段宝忠，等.基于DNA条形码的中药材种子种苗鉴定研究——以重楼为例［J］.中药材，2016，39（5）：986-990.

［117］吴喆，王元忠，张霁，等.基于红外光谱法的云南重楼及其近缘种的亲缘关系研究［J］.中草药，2017，48（11）：2279-2284.

［118］赵飞亚，陶爱恩，黎氏文梅，等.基于形态和红外光谱分析的云南重楼及近似种的快速鉴别［J］.中草药，2019，50（3）：702-709.

［119］药智网.重楼［A/OL］.（2020-03-15）［2020-03-15］.https：//db.yaozh.com/chufang?chufangs=%E9%87%8D%E6%A5%BC&first=%E5%85%A8%E9%83%A8&p=2&pageSize=20.

独定子

【植物基原】本品为石竹科金铁锁属植物金铁锁 *Psammosilene tunicoides* W. C. Wu et C. Y. Wu 的根。

【别名】地蜈蚣、蜈蚣七、野马分鬃、夺定子、独地子、锁喉剑。

【白语名称】稗忧脂（大理、剑川）、麻拉滋（剑川）、坡地丁（鹤庆）、野娄册（云龙）。

【采收加工】初冬采挖，刮薄皮，晒干。有小毒。

【白族民间应用】治跌打损伤、骨折、风湿痹痛、外伤出血、翳膜、疮痛。

【白族民间选方】①跌打挫伤、瘀血肿痛、风湿性关节炎、腰腿痛、疮疖毒虫叮咬：本品粉末 0.6～0.9g，用温开水吞服或酒吞服；外用干粉撒敷患处。②陈旧性伤口溃疡不愈、外伤出血：本品粉末外撒敷数次。

【化学成分】代表性成分：独定子主要含齐墩果烷三萜（苷）、环肽类化合物，其次为 β- 咔啉生物碱类化合物。例如，丝石竹酸（1）、丝石竹皂苷元（2）、表丝石竹皂苷元（3）、16- 异皂树酸（4）、16- 异皂树酸甲酯（5）、3β- 羟基 -12，17- 二烯 -28- 降齐墩果烷 -23- 醛（6）、3β-hydrohxy-12，14-diene-27- norolean-28-oic acid（7）、3-O-β-D-galactopyranosyl-（1→2)-[β-D-xylopyranosyl-（1→3）]-β-D-6-O-methyl- glucuronopyranosyl-gypsogenin（8）、齐墩果烷 -3α，16α- 二羟基 -12- 烯 -23- 酸 -28-O-β-D- 葡萄吡喃糖基（1→3）-β-D- 葡萄吡喃糖基（1→6）-β-D- 葡萄吡喃糖苷（9）、齐墩果烷 -3α，16α- 二羟基 -12- 烯 -23- 酸 -28-O-β-D- 葡萄吡喃糖基（1→6）-[β-D- 葡萄吡喃糖基（1→3）]-β-D- 葡萄吡喃糖苷（10）、tunicosaponin A（11）、tunicosaponin E（12）、psammosilenin A（13）、psammosilenin B（14）、tunicyclin A（15）、tunicyclin B（16）、tunicyclin C（17）、tunicyclin D（18）、tunicoidine A（19）、tunicoidine B（20）、tunicoidine C（21）、tunicoidine D（22）等[1-30]。

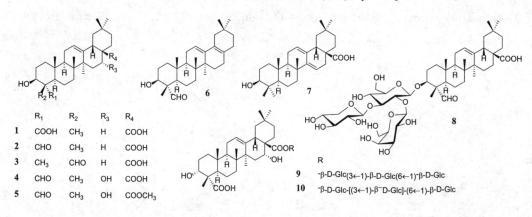

	R₁	R₂	R₃	R₄
1	COOH	CH₃	H	COOH
2	CHO	CH₃	H	COOH
3	CH₃	CHO	H	COOH
4	CHO	CH₃	OH	COOH
5	CHO	CH₃	OH	COOCH₃

	R
9	-β-D-Glc(3←1)-β-D-Glc(6←1)-β-D-Glc
10	-β-D-Glc-[(3←1)-β-D-Glc]-(6←1)-β-D-Glc

11 -Fuc-(2←1)-Rha-[(4←1)-Xyl]-(3←1)-Glc
12 -Fuc-(2←1)-Rha-(4←1)-Ara-(3←1)-Ara-(4←1)-Ara

此外，独定子还含有少量苯丙素、黄酮、甾体等其他结构类型化合物。例如，金铁锁酚苷 A（tunicoside A，23）、金铁锁酚苷 B（tunicoside B，24）、麦芽酚（maltol，25）、白杨素（chrysin，26）、千层纸素 A（oroxylin A，27）、汉黄芩素（wogonin，28）、川牛膝甾酮（capitasterone，29）、tunicoidol A（30）、β-谷甾醇（β-sitosterol，31）、2′-脱氧尿嘧啶核苷（32）、尿嘧啶核苷（33）、胸腺嘧啶核苷（34）、6，6′-dihydroxy-5，5′-dimethoxy-1，1′-biphenyl-3，3′-dipropanoic acid（35）、4′-hydroxy-5，5′-dimethoxy-3，3′-biphenyl-1，1′-dipropanoic acid 4-O-β-glucopyranoside（36）、tunicoidoside B（37）、4，4′，9-trihydroxy-3，3′-dimethoxy-7，9′-epoxylignan 4-O-β-glucopyranoside（38）、4，7′-epoxy-5，3′-dimethoxy-9-aldehyde-9′-hydroxy-3，8′-bilign-7-ene-4-O-β-glucoside（39）、4，7，9，9′-tetrahydroxy-3，3′-dimethoxy-8-O-4′-neolignan（40）等[1-30]。

关于独定子化学成分的研究报道较多，1984 年至今已从独定子中分离鉴定了 176 个成分：

序号	化合物名称	结构类型	参考文献
1	（2′S）-Methyl N-［（1-acetyl-β-carboline-3-yl）carbonyl］phenylalaninate	生物碱	［26］
2	2-Coniferylglycerol ether	苯丙素	［14］
3	（2R，4αR，8αR）-3，4，4α，8α-Tetrahydro-4α-hydroxy-2，6，7，8α-tetramethyl-2-（4，8，12-trimethyltridecyl）-2H-chromene-5，8-dione	其他	［26］
4	（2′S）-Methyl N-［（1-acetyl-β-carboline-3-yl）carbonyl］valinate	生物碱	［26］
5	（3）-Z-Pent-2-one β-D-glucopyranoside	其他	［26］
6	（5E）-Gamma-decendide	其他	［26］
7	（6R，9R）-3-Oxo-α-ionol-9-O-β-D-glucopyranoside	其他	［26，27］
8	（6S，9R）-6-Hydroxy-3-oxo-α-ionol-9-O-β-D-glucopyranoside	其他	［26］
9	1-Acetyl-3-carbomethoxyl-β-carboline	生物碱	［26］
10	16-iso-Quillaic acid	三萜	［1，20，21］
11	16-Isoquillaic acid methylate	三萜	［1］
12	1-Acetyl-3-methoxycarbonyl-4-hydroxyl-β-carboline	生物碱	［21，22］
13	1-Acetyl-3-methoxycarbonyl-β-carboline	生物碱	［21，22］
14	1-Acetyl-β-carboline-3-carboxylic acid	生物碱	［15］
15	1-Acetyl-β-carboline-3-carboxylate	生物碱	［14］
16	1-O-（4-Hydroxymethylphenyl）-α-L-rhamnopyranoside	酚苷	［26，27］
17	28-Normethylolean-12，17-diene-16-actone 3-O-5，13-diene-octadecanoate	其他	［14］
18	2α-Hydroxyursolic acid	三萜	［11］

序号	化合物名称	结构类型	参考文献
19	3-O-*β*-Galactopyranosyl-（1→2）-*β*-xylopyranosyl-（1→3）-*β*-6-O-methylglucuronopyranosylquillaic acid	三萜苷	［28］
20	3,3′-（4,5-Dimethoxynaphthalene-2,7-diyl）bis（1-nitropropan-1-one）	其他	［24］
21	3-Hydroxy-12,14-diene-27-nordeane-28-oic acid	三萜	［2］
22	3-Methyl-1-acetyl-*β*-carboline-3-carboxylate	生物碱	［14］
23	3-O-*β*-D-Galactopyranosyl-（1→2）-［*β*-D-xylopyranosyl-（1→3）］-*β*-D-6-O-methylglucuronopyranosyl-gypsogenin	三萜苷	［11］
24	3-O-*β*-D-Galactopyranosyl-（1→2）-［*β*-D-xylopyranosyl-（1→3）］-*β*-D-6-O-methylglucuronopyranosyl-quillaic acid	三萜苷	［8］
25	3-O-*β*-D-Galactopyranosyl-（1→2）-*β*-D-6-O-methylglucuronopyranosyl-quillaic acid	三萜苷	［8］
26	3-O-*β*-D-Galactopyranosyl-（1→2）-［*β*-D-xylopyranosyl-（1→3）］-*β*-D-glucuronopyranosyl-quillaic acid	三萜苷	［8］
27	3-O-*β*-D-Galactopyranosyl-（1→2）-［*β*-D-xylopyranosyl-（1→3）］-*β*-D-6-O-ethylglucuronopyranosyl-quillaic acid	三萜苷	［8］
28	3-O-*β*-D-Galactopyranosyl-（1→2）-*β*-D-glucuronopyranosyl-grpsogenin-28-O-*β*-D-xylopyranosyl-（1→4）-［*β*-D-6-O-acetylglucopyranosyl-（1→3）］-*α*-L-rhamnopyranosyl-（1→2）-*β*-D-fucopyranoside	三萜苷	［9］
29	3-O-*β*-D-Galactopyranosyl-（1→2）-*β*-D-galactopyranosyl-（1→3）-*β*-D-glucuronopyranosyl-gypsogenin	三萜苷	［9］
30	3-O-*β*-D-Galactopyranosyl-（1→2）-*β*-D-glucuronopyranosyl-gypsogenin	三萜苷	［9］
31	3-O-*β*-D-Galactopyranosyl-（1→2）-*β*-D-glucuronopyranosyl-gypsogenin-28-O-*β*-D-xylopyranosyl-［（1→4）-*β*-D-glucopyranosyl-（1→3）]-*α*-L-rhamnopyranosyl-（1→2）-*β*-D-fucopyranoside（Lobatoside I）	三萜苷	［9］
32	3-O-*β*-D-Galactopyranosyl-（1→2）-［*β*-D-xylopyranosyl-（1→3）］-*β*-D-glucuronopyranosylgypsogenin-28-O-*β*-D-xylopyranosyl-（1→4）-［*β*-D-glucopyranosyl-（1→3）]-*α*-L-rhamnopyranosyl（1→2）-*β*-D-fucopyranoside	三萜苷	［9］
33	3-O-*β*-Galactopyranosyl-（1→2）-［*β*-xylopyranosyl-（1→3）］-*β*-glucuronopyranosylgypsogenin-28-O-*β*-6-O-acetylglucopyranosyl-（1→3）-［*β*-xylopyranosyl-（1→4）]-*α*-rhamnopyranosyl-（1→2）-*β*-fucopyranoside	三萜苷	［14］
34	3-O-*β*-Galactopyranosyl-（1→2）-［*β*-xylopyranosyl-（1→3）］-*β*-6-O-methylglucuronopyranosylquillaic acid	三萜苷	［14］
35	3-O-*β*-Galactopyranosyl-（1→2）-［*β*-xylopyranosyl-（1→3）］-*β*-glucuronopyranosylgypsogenin	三萜苷	［14］

序号	化合物名称	结构类型	参考文献
36	3-O-β-Galactopyranosyl-（1→2）-β-xylopyranosyl-（1→3）-β-6-O-methylglucuronopyranosyl-gypsogenin	三萜苷	[28]
37	3β，16β，13β-Trihydroxy-olean-11α，12α-epoxy-23-carboxyl-13，28-lactone	三萜	[14]
38	3β-Hydroxy-12，17-diene-28-nordeane-23-al	萜类	[1]
39	3-羟基-4-甲氧基苯甲酸	酚酸	[23]
40	4，4′，9-Trihydroxy-3，3′-dimethoxy-7，9′-epoxylignan 4-O-β-glucopyranoside	木脂素苷	[14]
41	4，7，9，9′-Tetrahydroxy-3，3′-dimethoxy-8-O-4′-neolignan	木脂素苷	[14]
42	4，7′-Epoxy-5，3′-dimethoxy-9-aldehyde-9′-hydroxy-3，8′-bilign-7-ene 4-O-β-glucopyranoside	其他	[14]
43	4-O-（α-L-Rhamnopyranosyl）-E-p-coumaroyl ethyl ester	苯丙素苷	[26]
44	4-O-（α-L-Rhamnopyranosyl）-Z-p-coumaroyl ethyl ester	苯丙素苷	[26]
45	4-Hydroxyphenyl α-L-rhamnopyranoside	酚苷	[26]
46	5，7，4′-Trihydroxy-3′-methoxyflavone	黄酮	[26]
47	6，6′-Dihydroxy-5，5′-dimethoxy-1，1′-biphenyl-3，3′-dipropanoic acid 6-O-β-glucopyranoside	其他	[14]
48	6，6′-Dihydroxy-5，5′-dimethoxy-1，1′-biphenyl-3，3′-dipropanoic acid	其他	[14]
49	Acetovanillone	酚酸	[26]
50	Allantoin	其他	[12]
51	Azelaic acid	其他	[23]
52	Benzyl-β-D-glucopyranoside	酚苷	[26，27]
53	Capitasterone	甾体	[26，27]
54	Chrysin	黄酮	[26]
55	cis-Methyl rhamnosyl p-coumarate	苯丙素苷	[26]
56	Corchoionoside C	其他	[14]
57	Cyclo（-Ala-Ala-）	环肽	[5]
58	Cyclo（-Val-Ala-）	环肽	[5]
59	Cyclo Ala-Ala	环肽	[6，12]
60	Cyclo Ala-Ile	环肽	[6]
61	Cyclo Ala-Leu	环肽	[6]

独定子

序号	化合物名称	结构类型	参考文献
62	Cyclo Ala-Val	环肽	[6]
63	D-3-O-甲基肌醇	其他	[12]
64	Daucosterol	甾体	[10, 12, 20, 21]
65	Deoxythymidine	生物碱	[26, 27]
66	Deoxyuridine	生物碱	[26, 27]
67	D-Glucitol	其他	[26]
68	Dihydroactinidiolide	其他	[26]
69	Epigypsogeinin	三萜	[1]
70	Friedelin	三萜	[26]
71	Germanicol	三萜	[23]
72	Goyaprosaponin	三萜苷	[10]
73	Gypsogenic acid	三萜	[1]
74	Gypsogenin	三萜	[1, 20-22, 30, 32]
75	Gypsogenin3-O-β-D-galactopyranosyl-（1→2）-methyl-β-D-glucopyranuronate	三萜苷	[28]
76	Gypsogenin3-O-β-D-glucuronopyranoside	三萜苷	[30]
77	Isoalantolactone	倍半萜	[26]
78	Lindeic acid	其他	[26]
79	Maltol	麦芽酚	[14, 26, 27]
80	Maltol 3-hydroxyl-2-methyl-4H-pyran-4-one-3-O-（6-O-feruloyl）-β-D-glucopyranoside	麦芽酚苷	[26]
81	Maltol 3-O-（6-O-dihydroferuloyl）β-D-glucopyranoside	麦芽酚苷	[26]
82	Maltol 3-O-［6-O-（4-O-rhamopyransoyl）-Z-p-coumaroyl］β-D-glucopyranoside	麦芽酚苷	[26]
83	Maltol 3-O-［6-O-（4-O-rhamopyransoyl）-E-p-coumaroyl］β-D-glucopyranoside	麦芽酚苷	[26]
84	Maltol 3-O-glucopyranoside	麦芽酚苷	[14, 26]
85	Maltol 6-O-cis p-coumaroyl β-D-glucoside	麦芽酚苷	[26]
86	Maltol β-D-glucopyranoside	麦芽酚苷	[26]

序号	化合物名称	结构类型	参考文献
87	Maltol-（6-O-acetyl）-*β*-D-glucopyranoside	麦芽酚苷	［26］
88	Maltol-3-O-（6'-O-ethyl-hydroxyl-azelate）-*β*-D-glucopyranoside	麦芽酚苷	［26］
89	Maltol-3-O-［6'-O-（4''-hydroxyl-trans-cinnamyl）］-*β*-D-glucopyranoside	麦芽酚苷	［26］
90	Methyl *p*-hydroxybenzoate	酚酸	［23］
91	n-Hexacosanol	其他	［12］
92	Nicotinamide	其他	［26，27］
93	N-Methylsaccharin	其他	［23］
94	n-Octadecanoic acid	其他	［12］
95	n-Pentadecanoic acid	其他	［10］
96	Octacosane	其他	［23］
97	Oleanolic acid	三萜	［26］
98	Oroxylin A	黄酮	［26］
99	Psammosilenin A	环肽	［4］
100	Psammosilenin B	环肽	［4，14］
101	Ptp1-1-1	寡糖	［13］
102	Quillaic acid	三萜	［14，30］
103	Quillaic acid 3-O-*β*-D-glucuronopyranoside	三萜苷	［30］
104	Saponin acid	萜类	［26，30］
105	Soyacerebroside Ⅰ	其他	［10，12］
106	Stellarine A	生物碱	［23］
107	Stigmasterol	甾体	［12］
108	Succinic acid	其他	［23］
109	Tectoridin	黄酮	［10，12］
110	Thymidine	其他	［26，27］
111	Tormentic acid	三萜	［11］
112	Trapsmethyl rhamnosyl *p*-coumarate	苯丙素苷	［26］
113	Tricosanoic acid	其他	［23］
114	Tunicoidine A	生物碱	［14，15］
115	Tunicoidine B	生物碱	［14，15］

独定子

序号	化合物名称	结构类型	参考文献
116	Tunicoidine C	生物碱	［1415］
117	Tunicoidine D	生物碱	［1415］
118	Tunicoidine E	生物碱	［15］
119	Tunicoidol A	甾体	［14，26］
120	Tunicoidol B	甾体	［14］
121	Tunicoidol C	甾体	［14］
122	Tunicoidoside A	木脂素苷	［14］
123	Tunicoidoside B	木脂素苷	［14］
124	Tunicosaponin A	三萜苷	［14］
125	Tunicosaponin B	三萜苷	［14］
126	Tunicosaponin C	三萜苷	［14］
127	Tunicosaponin D	三萜苷	［14］
128	Tunicosaponin E	三萜苷	［14］
129	Tunicosaponin F	三萜苷	［14］
130	Tunicosaponin G	三萜苷	［14］
131	Tunicosaponin H	三萜苷	［14］
132	Tunicosaponin I	三萜苷	［14］
133	Tunicosaponin J	三萜苷	［14］
134	Tunicoside A	麦芽酚苷	［14］
135	Tunicoside B	麦芽酚苷	［14］
136	Tunicoside C	麦芽酚苷	［14］
137	Tunicoside D	麦芽酚苷	［14］
138	Tunicoside E	麦芽酚苷	［14］
139	Tunicoside F	麦芽酚苷	［14］
140	Tunicoside G	麦芽酚苷	［14］
141	Tunicoside H	麦芽酚苷	［14］
142	Tunicoside I	麦芽酚苷	［14］
143	Tunicoside J	麦芽酚苷	［14］
144	Tunicoside K	麦芽酚苷	［14］

序号	化合物名称	结构类型	参考文献
145	Tunicoside L	麦芽酚苷	[14]
146	Tunicoside M	麦芽酚苷	[14]
147	Tunicyclin A	环肽	[14, 17]
148	Tunicyclin B	环肽	[14, 16]
149	Tunicyclin C	环肽	[14, 16, 25]
150	Tunicyclin D	环肽	[14, 16]
151	Tunicyclin E	环肽	[14, 19]
152	Tunicyclin F	环肽	[14, 19]
153	Tunicyclin G	环肽	[14, 18]
154	Tunicyclin H	环肽	[14]
155	Tunicyclin I	环肽	[14]
156	Tunicyclin J	环肽	[14]
157	Tunicyclin K	环肽	[25]
158	Uracil	生物碱	[26, 27]
159	Uridine	生物碱	[26, 27]
160	Vanillin	酚酸	[26]
161	Wogonin	黄酮	[26]
162	Z-p-Coumaricacid-4-O-α-rhamnoside	苯丙素苷	[26]
163	α-Apinasterol	甾体	[10, 12, 20-22, 26]
164	α-Methyl-D-galactose	单糖	[30]
165	α-Spinasterol-3-O-β-D-glucoside	甾体	[20, 21, 24]
166	α- 菠甾醇 -3-O-β-D- 葡萄糖苷 -6'-O- 棕榈酸酯	甾体	[24]
167	β-Sitosterol	甾体	[10, 12, 26]
168	β-Sitosterol-3-O-β-D-glucoside	甾体	[30]
169	环（脯 - 丙）	环肽	[7]
170	环（脯 - 脯）	环肽	[7]
171	环（脯 - 缬）	环肽	[7]

独定子

序号	化合物名称	结构类型	参考文献
172	麦芽酚 -3-O- [6-O-（4-O-α-L- 吡喃鼠李糖基）-E-p- 香豆酰基］-β-D- 吡喃葡萄糖苷	麦芽酚苷	［29］
173	麦芽酚 -3-O- [6-O-（4-O-α-L- 吡喃鼠李糖基）-Z-p- 香豆酰基］-β-D- 吡喃葡萄糖苷	麦芽酚苷	［29］
174	齐墩果烷 -12- 烯 -3α，16α- 二羟基 -23，28- 二酸	三萜	［23］
175	齐墩果烷 -3α，16α- 二羟基 -12 烯 -23- 酸 -28-O-β-D- 葡萄吡喃糖基（1→3）-β-D- 葡萄吡喃糖基（1→6）-β-D- 葡萄吡喃糖苷	三萜苷	［3］
176	齐墩果烷 -3α，16α- 二羟基 -12 烯 -23- 酸 -28-O-β-D- 葡萄吡喃糖基（1→6）- [-β-D- 葡萄吡喃糖基（1→3）]-β-D- 葡萄吡喃糖苷	三萜苷	［3］

关于独定子的挥发性成分也有研究报道，已鉴定的成分 33 个[31]。

【药理药效】独定子（金铁锁）的药理活性与民间应用相一致，主要表现为镇痛抗炎作用。

1. 抗炎镇痛作用 金铁锁总皂苷主要成分是由丝石竹皂苷元衍生而成的皂苷。宋烈昌等[32]的实验表明，金铁锁总皂苷对巴豆油所引起的炎症初期毛细血管通透性升高具有抑制作用，对棉球所致无菌性炎症所引起的肉芽组织增生也有抑制作用，表明它对急慢性炎症和炎症诱导的疼痛均有作用。

金铁锁对多种炎症，如类风湿关节炎（RA）、佐剂性关节炎（AA）和骨性关节炎（OA）均有治疗作用。研究表明金铁锁总皂苷抗 RA 的机制与抑制促炎细胞因子白细胞介素 -1β（IL-1β）、肿瘤坏死因子（TNF-α）的水平有关[33]。许建阳等[34]经试验证明金铁锁治疗 RA 的机制与影响痛觉调节的神经递质 5-HT、5-HTP 等的含量有关。许建阳等[35]通过金铁锁水煎浸膏对实验性类风湿关节痛镇痛作用的研究表明，金铁锁水煎浸膏也对实验性 RA 的关节痛具有镇痛效应，能提高痛阈、减轻皮肤的肿胀度、降低疼痛级别等，镇痛机制与降低血清 NO 和一氧化氮合酶有关[36]。王美娥等[37]的研究表明金铁锁水煎浸膏对实验性 RA 关节痛具有显著的镇痛效应，可明显提高痛阈并显著提高大鼠脑中 5-HT 和羟吲哚乙酸的含量，降低多巴胺、去甲肾上腺素的含量。王学勇等[38-41]发现金铁锁总皂苷能有效提高佐剂性关节炎（AA）大鼠致炎足的痛阈，降低炎性组织液中丙二醛（MDA），双向调节血中皮质醇的水平，具有良好的抗炎镇痛作用。王胜民等[42, 43]研究了金铁锁对膝关节骨性关节炎 OA 兔关节软骨的保护作用，并探讨其作用机制。结果表明金铁锁对（OA）兔的软骨具有浓度依赖性的保护作用，其机制可能与降低软骨组织 IL-1β、IL-6、TNF-α 的表达有关。

此外，还有致力于对金铁锁抗炎活性成分追踪的研究。在相同剂量下，黑骨藤配伍金铁锁 70% 乙醇提取物的镇痛抗炎作用显著优于配伍水提取物的作用[35]。有研究表明[38]无论是野生还是栽培的金铁锁，其浸膏的镇痛效果相似，均含有高活性的镇痛成分。

从对化学刺激致痛的抑制效果来看，栽培与野生金铁锁镇痛活性成分均存在于正丁醇部分（扭体抑制率分别为 99.1%±3.0% 和 100.0%±0.0%）、乙酸乙酯部分（97.9%±6.3% 和 81.9%±11.7%）和石油醚部分（78.8%±17.7% 和 70.9%±10.3%），但栽培金铁锁乙酸乙酯部分的镇痛效果明显优于野生金铁锁。从对热刺激致痛模型的镇痛作用来看，野生金铁锁的镇痛活性成分存在于正丁醇部分（30 分钟痛阈提高率为 166.5%±71.6%，60 分钟为 186.9%±79.0%），而栽培金铁锁的镇痛活性成分存在于正丁醇部分（30 分钟痛阈提高率为 128.3%±53.1%，60 分钟为 136.5%±65.2%）和乙酸乙酯部分（30 分钟为 53.7%±24.4%，60 分钟为 186.9%±79.0%）。结果显示虽然人工栽培金铁锁的镇痛活性成分与野生药材有所不同，但其镇痛功效与野生药材无明显区别，可作为镇痛药物等效替代野生药材。

2. 对免疫功能的影响 郑维发等[44]研究了金铁锁皂苷对小鼠细胞免疫功能的影响，发现 60 ～ 100mg/kg 的金铁锁总皂苷（TGP）能显著提高细胞免疫抑制小鼠的Ⅳ型超敏反应（DTH），20 ～ 100mg/kg 能显著下调细胞免疫增强小鼠的 DTH，3μg/mL TGP 能显著提升小鼠巨噬细胞产生 IL-1 的水平；20 ～ 80mg/kg TGP 对小鼠脾淋巴细胞增殖反应有明显的促进作用，而以 80mg/kg 的作用最为显著，至 100mg/kg 时这种促进作用反而减弱；20 ～ 80mg/kg TGP 给药 15 天后能显著提升小鼠脾淋巴细胞产生 IL-2 的水平，以 60mg/kg 最为显著，而剂量增加到 80mg/kg 以上后这种提升作用反而减弱。以上结果表明金铁锁总皂苷既是小鼠细胞免疫的增强剂，又是调节剂。

3. 毒性 宋烈昌等[32]对小鼠皮下注射金铁锁总皂苷生理盐水溶液后，观察其急性毒性，计算得到 LD_{50} 为 48.7mg/kg，95% 的可信限为 37.6 ～ 62.9mg/kg；LD_{10} 为 36.2mg/kg，95% 的可信限为 27.8 ～ 47.2mg/kg。小鼠中毒后表现为活动减少、闭目嗜睡、四肢无力、腹部着地匍匐不动、呼吸急促、毛耸立，最终呼吸衰竭而死。另一个毒性实验对小鼠皮下注射金铁锁醇提液，计算得 LD_{50} 为 15.63±0.23g/kg。动物中毒后表现为活动减少、肌肉松弛、呼吸加速、毛耸立，部分动物有流涎，最终死于呼吸困难[45]。

【开发应用】

1. 标准规范 独定子有药品标准 16 项，为金铁锁与其他中药材组成的中成药处方；药材标准 6 项，为不同版本的《中国药典》药材标准及其他药材标准；中药饮片炮制规范 3 项。具体如下：

（1）药品标准：一粒止痛丸（WS₃-B-3126-98）、杜仲壮骨胶囊（WS₃-B-2325-97）、百宝丹搽剂［WS-10911（ZD-0911）-2002-2011Z］、百宝丹胶囊［WS-11350（ZD-1350）-2002-2012Z］、痛血康胶囊［WS₃-145（Z-135）-98（Z）］、肿痛凝胶［WS-10604（ZD-0604）-2002-2012Z］、金红止痛消肿酊［WS-10330（ZD-0330）-2002-2012Z］、金骨莲胶囊［WS-10093（ZD-0093）-2002］、云南红药散（WS₃-B-3143-98）、杜仲壮骨丸（WS₃-B-3413-98）。

（2）药材标准：金铁锁［《中国药典》（2015 年版）一部、《云南省中药材标准·彝族药》（2005 年版）］、金铁锁（独丁子）［《贵州省中药材民族药材质量标准》（2003 年版）、

《贵州省中药材质量标准》（1988年版）]。

（3）中药饮片炮制规范：金铁锁［《重庆市中药饮片炮制规范》（2006年版）]、金铁锁饮片［《云南省中药饮片标准》（2005年版）]、金铁锁粉［《云南省中药饮片标准》（2005年版）]。

2. 专利申请　文献检索显示，与独定子（金铁锁）相关的专利共230项[46, 47]，其中有关化学成分及药理活性的研究的专利1项、种植及栽培研究的专利72项、独定子（金铁锁）与其他中药材组成中成药申请的专利142项、其他专利15项。

专利信息显示，绝大多数的专利为独定子（金铁锁）与其他中药材的中药组合物用于各种疾病的治疗，包括治疗骨伤、风湿骨痛、皮肤创伤、痤疮、褥疮、冻疮、强直性脊柱炎、急性上呼吸道感染、尿路感染、乳腺病、足跟痛、瘀热型脉管炎、慢性心力衰竭、视觉疲劳、脱发、小儿化脓性扁桃体炎、男性不育、偏头痛、慢性胰腺炎、红斑狼疮等。独定子（金铁锁）也可大量用于护手霜、牙膏、动物饲料等产品的开发。

独定子的代表性专利如下：

（1）王学勇等，具有抗肿瘤活性的金铁锁总皂苷及其制剂（CN102232988A）（2011年）。

（2）万成江，金铁锁种植方法（CN107241989A）（2017年）。

（3）卢娜，一种用于止血镇痛的中成药及其制备方法和应用（CN106963919A）（2017年）。

（4）王恩瀚等，一种具有治疗痤疮作用的药物组合物的澄清工艺和质量控制方法（CN107648369A）（2018年）。

（5）杨晓彬，一种具有祛风湿散寒功能的药水及其制备方法（CN107898886A）（2018年）。

（6）刘铭等，一种含有中药添加物的新型鸭子饲料及其制备方法（CN108391762A）（2018年）。

（7）谢朝阳，一种用于损伤骨折的中药配方及其制备方法（CN108685997A）（2018年）。

（8）万江波等，一种止痛护龈且防止牙龈出血的牙膏及其制备方法（CN108338961A）（2018年）。

（9）和胜，一种金铁锁雾灌装置（CN208972217U）（2019年）。

（10）朱永发，一种治疗皮肤创伤的中药组合物及其制备方法（CN109966364A）（2019年）。

独定子相关专利最早出现的时间是1995年。2015～2020年申报的相关专利占总数的72.6%；2010～2020年申报的相关专利占总数的92.2%；2000～2020年申报的相关专利占总数的99.1%。

3. 栽培利用　孙长生等[48]通过实验发现金铁锁种子在人工环境下容易萌发，有休眠现象，但出苗时间持续较长。杨丽云等[49]的研究显示金铁锁种子千粒重为2.26g，种子无后熟休眠特性，在室温条件下贮藏寿命至少在2年以上；其种子萌发的最适温度为20～25℃，最适出苗湿度为50%～60%，种子最适覆土厚度为0.5～1.0cm；金铁锁种子发芽率高，种子繁殖是金铁锁大面积人工种植的最佳繁殖方式。杨斌等[50]的试验研究表明，金铁锁种苗于10月份地上部分枯萎、越冬芽形成时进行移栽最佳。此时种苗已有明显主根，其营养充分、抵抗力强、移栽后容易成活。吕小梨等[51]的研究结果表明，金铁锁种子无后熟特性，以20℃发芽率最高；在盐胁迫条件下，随着盐溶液浓度的升高种子发芽率逐渐下降；浸种处理小于24小时，对发芽率影响不显著，过长则降低发芽率；不同浓度的赤霉素处理种子，发芽率与对照差异不显著，但萌发时间提前。何丽萍等[52, 53]的研究显示金铁锁种子萌发的最适温度为恒温25℃，第15天发芽结束时发芽率为86%；经0.01%GA3、KNO_3 和 PEG6000 溶液渗透调节引发处理金铁锁种子都能显著地提高金铁锁种子的发芽力和种子活力（$P < 0.05$），其中0.1%的 KNO_3 渗透引发处理8小时、12小时和20%的 PEG6000 渗透引发处理24小时，金铁锁种子的发芽势、发芽率、发芽指数、活力指数等指标均达到了最大值。王倩等[54]为建立金铁锁有性繁殖的有效技术，探索了不同种类的酸（盐酸、硫酸、柠檬酸）及其不同浓度（5%～20%）和浸泡时间（15～45分钟）处理金铁锁成熟种子对其发芽率、发芽势和发芽指数的影响，结果表明不同酸处理均可促进金铁锁种子萌发，但酸的种类、浓度和处理时间的不同其效果有较大差异。

孙小红等[55]用盆栽的方式研究不同pH值土壤对金铁锁生长的影响，结果表明叶片长势最好的为碱性土和中性土，茎秆长势最好的为碱性土和中性土，根系长势最好的为中性土和酸性土，建议中性到微酸性土壤作为金铁锁栽培的适宜土壤。常晓等[56]以金铁锁实生苗为试验材，对其进行水分胁迫处理，测量枝长、鲜质量、根长、叶绿素含量、可溶性糖含量、可溶性蛋白质含量、游离脯氨酸含量、过氧化物酶（POD）活性、多酚氧化酶（PPO）活性、丙二醛（MDA）含量等生物量和生理指标，结果显示金铁锁实生苗有一定的抗旱能力，适当的干旱胁迫对金铁锁的物质积累有一定的促进作用。

杨雨迎等[57]探究 NO_3^-/NH_4^+ 对金铁锁毛状根生长状态的影响。以B5培养基为基本培养基，改变培养基中的氮总量及 NO_3^-/NH_4^+ 比，分析比较金铁锁毛状根的生长状态，结果显示氮总量对金铁锁毛状根的生长量有一定影响。刘兴斌等[58]为了规模化培养金铁锁毛状根，进一步解决金铁锁资源短缺问题，以金铁锁毛状根为材料，通过改变培养基类型、碳源及碳源浓度，观察和分析毛状根的生长状态，找出了影响毛状根构型的因素。通过该项研究，优化了培养基中营养成分的配比，实现了金铁锁毛状根的快速生长和生物量的积累。

陈翠等[59]在对金铁锁人工驯化栽培技术多年的试验研究基础上，总结了金铁锁驯化栽培管理技术。郭乔仪等[60]鉴于金铁锁用量剧增，且目前栽培中主要采用直播和春季露地育苗移栽的方法，认为小拱棚育苗移栽方法作为常规栽培方法的补充有一定的优势。吕

独定子

金富等[61]从选地整地、播种、合理施肥、病虫害综合防治、收获等方面介绍了金铁锁的人工栽培技术，以促进金铁锁产业健康和可持续发展，增加山区农民的经济收入，促进贫困地区经济发展。廖凯等[62]通过对金铁锁覆膜栽培技术的示范研究，探索解决因杂草生长导致金铁锁栽培效益低下的问题。示范研究表明，覆膜栽培技术的应用有效解决了杂草抑制金铁锁生长的问题。

4. 生药学探索 金铁锁为多年生匍匐草本，长 30 ～ 50cm；根粗壮，多单生，长圆锥形，挺直或略扭曲，长 8 ～ 25cm，直径 0.6 ～ 2cm；表面黄白色，有多数纵皱纹及褐色横长皮孔；质硬，易折断，断面皮部淡黄色，不平坦，粉性，皮部白色，木部黄色；维管束呈黄色密集放射状，排列紧密；气微，味辛、麻，有刺喉感[63, 64]。

药材横切片显微特征：木栓层部分残存，由扁长方形、长圆形或类圆形的细胞组成；栓内层多列细胞，细胞较大，呈不规则的切向排列，有裂隙；韧皮部较窄，韧皮细胞长方形，较小；形成层环明显，为 1 ～ 2 列细小的扁长圆形细胞；木质部宽广，较发达，木射线明显，导管单个或数个相聚，放射状排列至中心，或外部导管呈放射状排列，内部散生[65]。

取金铁锁药材研磨成细粉，粉末呈类白色，以水合氯醛透化后于显微镜下观察：淀粉粒扁卵形，单粒或复粒，单粒直径 6 ～ 12μm；网纹导管多见，偶有螺纹或孔纹导管，直径 16 ～ 45μm[65, 66]。

5. 其他应用 目前，以金铁锁为主要原料的药用产品已较多，有治疗伤科的"云南白药"和"百宝丹"，治疗风湿痹阻引起的肌肉酸痛、屈伸不利、关节红肿疼痛等症的"金骨莲胶囊"，治疗出血、疼痛及多种妇产科疾病的"痛血康胶囊"，治疗革兰阴性菌、革兰阳性菌、厌氧菌引起的阴部感染的"消灵"，治疗跌打损伤和各种关节痛的"雪上一枝蒿"速效止痛搽剂，治疗风湿痹痛、筋骨无力、屈伸不利、步履艰难、腰膝疼痛、畏寒喜温的"杜仲壮骨丸"和"杜仲壮骨胶囊"，治疗刀枪伤、跌打伤、妇女经痛及部分晚期恶性肿瘤所致疼痛的"一粒止痛丸"等[67]。

【药用前景评述】 独定子（金铁锁）是我国西南地区特有的濒危单种属植物，分布区域狭窄，仅分布于我国云南西北部德钦、中甸、维西、宁蒗、丽江、剑川、永胜、昆明、东川，西藏东部林芝、芒康，四川西部至西南部巴塘、乡城、稻城、木里、米易，以及贵州西部威宁、赫章等地，生长于金沙江和雅鲁藏布江沿岸、海拔 2000 ～ 3800m 的砾石山坡或石灰质岩石缝中及沙质微酸性土壤中，耐寒、耐旱性强，生长条件要求严格。独定子为我国特色的民族药材。500 多年前，金铁锁就已在云南民间作为药材使用，在苗族、彝族、白族、傈僳族、纳西族居住区有着悠久的药用历史。其根入药，主要用于跌打损伤、风湿、胃痛、痈疽疮疖、创伤出血等。据《滇南本草》记载："金铁锁，味辛、辣，性大温，有小毒，吃之令人多吐。专治面寒痛，胃气心气痛，攻疮痈排脓。"

独定子为云南白药的重要成分，也是云南红药、百宝丹、金骨莲、痛血康等成药的主要成分，主要含齐墩果烷三萜（苷）、环肽类化合物、β- 咔啉类化合物，以及少量苯丙素、黄酮、甾体等其他结构类型化合物。药理学研究结果显示，独定子具有显著的镇痛抗炎作用，对类风湿关节炎、佐剂性关节炎、骨性关节炎等多种炎症均有治疗作用，与白族药用治疗跌打损伤、骨折、风湿痹痛、外伤出血、翳膜、疮痛完全一致。

独定子为古地中海成分的孑遗类型，既是研究石竹科系统分类和进化极为宝贵的材料，又是重要的药用原料，具有重要的研究与经济价值。随着对独定子需求量的日益扩大，独定子野生资源量急剧下降，已渐成为珍贵濒危药用植物，并于1999年列入《中国植物红皮书》《国家重点保护野生植物名录（第一批）》，为国家二级重点保护植物。为此，近年来已开始了独定子规模化人工培植的研究，在大理北部洱源、剑川、丽江、香格里拉等地均可见到一定规模的种植，这在一定程度上缓解了野生独定子资源缺乏的状况。然而有研究发现，不同产地生长的金铁锁，由于海拔、气温和土壤等的复杂多变，使其在形态、生理、遗传等方面发生较显著的居群分化，其化学成分与有效成分含量和分布式样在居群间是否有变化、长期种植后独定子种质量是否能够保持稳定，尚有待进一步研究。

独定子疗效明确、资源有限，且是云南白药等多种药物的重要原料，因此应用前景十分光明。同时，该植物在根、茎、叶化学成分、药理活性及作用机制、新药开发等方面尚有进行系统深入研究的空间，是一个具有良好临床使用价值和巨大市场开发价值的白族药用植物。

参考文献

［1］浦湘渝，杨崇仁，周俊.金铁锁的三萜化合物［J］.云南植物研究，1984，6（4）：463-466.

［2］浦湘渝，周俊.金铁锁的一个新三萜成分［J］.云南植物研究，1987，9（3）：369-370.

［3］浦湘渝，周俊.金铁锁皂苷的研究［J］.云南植物研究，1989，11（2）：198-202.

［4］Ding ZT，Wang YC，Zhou J，et al. Two new cyclic peptides from *Psammosilene tunicoides*［J］. Chin Chem Lett，1999，10（12）：1037-1040.

［5］丁中涛，汪有初，周俊，等.金铁锁根中的环肽成分（英文）［J］.云南植物研究，2000，22（3）：331-336.

［6］丁中涛，周俊，谭宁华.金铁锁中的四个环二肽［J］.中草药，2000，31（11）：803-805.

［7］丁中涛，保志娟，杨雪琼，等.金铁锁根中的3个环二肽［J］.中国中药杂志，2003，28（4）：337-339.

［8］钟惠民，华燕，倪伟，等.金铁锁的两个新三萜皂苷（英文）［J］.云南植物研究，2003，（3）：361-365.

［9］钟惠民，倪伟，华燕，等.金铁锁的新三萜皂苷［J］.云南植物研究，2002，24（6）：781-786.

［10］刘潇潇，王磊，王强，等.金铁锁根的化学成分研究［J］.中国中药杂志，2007，32（10）：921-923.

［11］Deng XT，Liu XX，Zhu D，et al. A new triterpenoid saponin from *Psammosilene tunicoides*［J］. Chin J Nat Med，2009，7（2）：101-104.

　　[12] 陈华国，李明，龚小见，等.金铁锁化学成分研究 [J].中草药，2010，41（2）：204-206.

　　[13] 孙晓燕，王强，王顺春，等.金铁锁寡糖的分离纯化和初步结构研究 [J].上海中医药杂志，2011，45（9）：71-72.

　　[14] 田均勉.中药金铁锁的系统化学成分研究 [D].上海：第二军医大学，2011.

　　[15] Tian JM, Shen YH, Li H, et al. Carboline alkaloids from *Psammosilene tunicoides* and their cytotoxic activities [J]. Planta Med, 2012, 78（6）: 625-629.

　　[16] Tian JM, Shen YH, Yang XW, et al. Antifungal cyclic peptides from *Psammosilene tunicoides* [J]. J Nat Prod, 2010, 73（12）: 1987-1992.

　　[17] Tian JM, Shen YH, Yang XW, et al. Tunicyclin A, the first plant tricyclic ring cycloheptapeptide from *Psammosilene tunicoides* [J]. Org Lett, 2009, 11（5）: 1131-1133.

　　[18] Tian JM, Gao JM, Lu L, et al. Two new cycloheptapeptides from *Psammosilene tunicoides* [J]. Helv Chim Acta, 2012, 95（6）: 929-934.

　　[19] Tian JM, Yang SS, Zhang X, et al. Experimental and computational insights into the conformations of tunicyclin E, a new cycloheptapeptide from *Psammosilene tunicoides* [J]. RSC Adv, 2012, 2（3）: 1126-1135.

　　[20] 袁琳，王微，沈放，等.金铁锁有效部位的化学成分 [J].中国实验方剂学杂志，2012，18（14）：92-94.

　　[21] 王微.金铁锁和心叶兔儿风活性成分研究 [D].开封：河南大学，2013.

　　[22] 王微，袁琳，顾雪竹，等.金铁锁中1个新 *β*-咔啉生物碱 [J].中国中药杂志，2012，37（21）：3240-3242.

　　[23] 王垒，龚小见，周欣，等.金铁锁化学成分及抑菌活性研究 [J].中国中药杂志，2012，37（23）：3577-3580.

　　[24] 周欣，王垒，田园，等.金铁锁化学成分研究 [J].中国中药杂志，2013，38（20）：3507-3509.

　　[25] 黄建华，肖建青，刘锡葵.中药金铁锁中一个新的环七肽 [J].中国实验方剂学杂志，2013，19（22）：120-123.

　　[26] 文波.中药金铁锁地上部分的化学成分与生物活性研究 [D].福州：福建中医药大学，2014.

　　[27] 文波，李博，沈云亨.金铁锁地上部分化学成分研究（英文） [J].天然产物研究与开发，2014，26（5）：675-678.

　　[28] 李续宏，蒋华夷，徐明，等.金铁锁皂苷类化学成分研究 [J].云南中医学院学报，2015，38（4）：19-22.

　　[29] 亓小坡，田均勉，沈云亨，等.金铁锁根中2个新的麦芽酚苷类化合物 [J].中草药，2019，50（11）：2513-2517.

　　[30] 王双梅.金铁锁和盾叶木的化学成分研究 [D].昆明：云南中医学院，2015.

　　[31] 曹桂红，杨占南，周欣，等.气相色谱－质谱法测定金铁锁根挥发油化学成分 [J].

理化检验（化学分册），2009，45（11）：1276-1277.

［32］宋烈昌.金铁锁总皂苷的药理研究［J］.云南植物研究，1981，3（3）：287-290.

［33］中国中医科学院发现金铁锁总皂苷抗 RA 作用机制［J］.世界科学技术，2006，（5）：69.

［34］许建阳，王发强，郑维发，等.贵州苗药金铁锁对类风湿性关节炎小鼠大脑单胺类神经递质的影响［C］//2003 全国苗医药学术研讨会论文集.龙里，2003：252，254.

［35］许建阳，王发强，郑维发，等.金铁锁水煎浸膏对实验性类风湿关节痛镇痛作用的研究［J］.武警医学，2003，14（10）：589-591.

［36］许建阳，王发强，郑维发，等.金铁锁对实验性 RA 小鼠痛阈及血清 NO/NOS 含量的影响［J］.中医药学刊，2004，22（1）：82-84.

［37］王美娥，潘惠娟，许建阳，等.金铁锁对实验性类风湿性关节炎大鼠痛阈及其脑儿茶酚胺类神经递质的影响［J］.中国临床康复，2005，9（10）：96-97.

［38］王学勇，许建阳，邱德文，等.金铁锁总皂苷抗炎镇痛作用及作用机理研究［J］.中国实验方剂学杂志，2006，12（5）：56-58.

［39］王学勇，张元，许建阳，等.金铁锁总皂苷抗类风湿性关节炎作用及其作用机制研究［J］.中国中药杂志，2006，31（5）：419-421.

［40］王学勇，张元，许建阳，等.金铁锁总皂苷镇痛作用及其对佐剂性关节炎大鼠 c-fos 基因的表达的影响［J］.中国实验方剂学杂志，2010，16（3）：94-96.

［41］王学勇，邱德文.金铁锁总皂苷抗类风湿性关节炎（RA）作用及其作用机理研究［C］//第三届国际传统医药大会.北京，2004：255.

［42］王胜民，刘毅，刘晓丽，等.金铁锁对膝关节骨性关节炎兔关节软骨的保护作用及其机制［J］.山东医药，2016，56（16）：27-29.

［43］王胜民，刘毅，熊华章.金铁锁灌胃对兔膝骨关节炎的治疗作用及其机制探讨［J］.山东医药，2017，57（31）：36-40.

［44］郑维发，石枫，王莉，等.金铁锁总苷对小鼠细胞免疫功能的影响［J］.武警医学，2003，14（10）：598-602.

［45］赵鑫，王丹，朱瑞良，等.金铁锁的化学成分和药理活性研究进展［J］.中草药，2006，37（5）：796-799.

［46］SooPAT.独定子［A/OL］.（2020-03-15）［2020-03-15］.http://www.soopat.com/Home/Result?FMSQ=Y&FMZL=Y&SYXX=Y&SearchWord=%E9%87%91%E9%93% 81%E9%94%81&WGZL=Y.

［47］技高网.独定子［A/OL］.（2020-03-15）［2020-03-15］.http://s.jigao616.com/cse/search?q=%E7%8B%AC%E5%AE%9A%E5%AD%90&p=0&s=516140948282383647.

［48］孙长生，韩见宇.金铁锁种子萌发试验［J］.中药材，2004，27（4）：241.

［49］杨丽云，李绍平，陈翠，等.金铁锁种子繁殖技术研究［J］.西南农业学报，2009，22（2）：449-453.

［50］杨斌，李林玉，李绍平.金铁锁种子育苗技术［J］.云南农业科技，2009，（4）：45-

46.

［51］吕小梨，王华磊，赵致.金铁锁种子发芽试验研究［J］.种子，2010，29（6）：84-86.

［52］何丽萍，李龙根，钱建双.不同化学药剂处理对金铁锁（*Psammoilene tunieoides* W. C. Wu et C. Y，Wu）种子萌发的影响［J］.云南农业大学学报，2012，27（3）：340-345.

［53］何丽萍，钱建双.不同化学药剂处理对金铁锁（*Psammoilene tunieoides*）种子发芽力和活力的影响［C］//第二届全国种子科学与技术学术研讨会.长沙，2011：7.

［54］王倩，李雪，张明生，等.不同酸处理对金铁锁种子萌发的影响［J］.山地农业生物学报，2019，38（4）：81-85.

［55］孙小红，江勋，邓小容，等.土壤酸碱性对金铁锁生长的影响［J］.园艺与种苗，2018，38（1）：14-15，33.

［56］常晓，张红玉，王济红.水分胁迫对金铁锁实生苗生长量与生理指标的影响［J］.江苏农业科学，2019，47（1）：126-130.

［57］杨雨迎，雒怀宇，曹方，等.NO_3^-/NH_4^+对金铁锁毛状根生长的影响［J］.分子植物育种，2018，16（5）：1698-1703.

［58］刘兴斌，雒怀宇，闵聪，等.金铁锁毛状根构型对其生长的影响［J］.广西植物，2018，38（7）：859-865.

［59］陈翠，袁理春，杨丽云，等.金铁锁驯化栽培技术［J］.中国野生植物资源，2006，25（6）：66-67.

［60］郭乔仪，鲁菊芬，王洪丽，等.金铁锁秋冬季小拱棚育苗技术［J］.农村实用技术，2015，（4）：34-35.

［61］吕金富，李忠林，陈国发.金铁锁栽培技术［J］.云南农业，2018，（4）：58-59.

［62］廖凯，飞兴文.中药材金铁锁引种覆膜栽培技术示范研究［J］.乡村科技，2018，（7）：103-104.

［63］张洁，尹子丽，杨丽云，等.金铁锁野生品与栽培品的鉴别比较研究［J］.云南中医学院学报，2013，36（2）：43-46，53.

［64］王世清，郑芸.金铁锁的显微和理化鉴定研究［J］.中国民族民间医药杂志，2002，（6）：351-354.

［65］房楠，吴玟萱，明全忠，等.苗药金铁锁质量标准完善研究［J］.药物分析杂志，2015，35（2）：344-350.

［66］黄春青，林亚平.金铁锁的研究进展［J］.贵阳中医学院学报，2007，29（6）：56-59.

［67］赵军，王伟，高嵘.金铁锁化学成分和药理研究进展［J］.安徽农业科学，2009，37（24）：11526-11529.

【植物基原】本品为五加科人参属植物珠子参 *Panax japonicus* C. A. Meyer var. *major*（Burkill）C. Y. Wu et Feng ex C. Chow et al. 的根茎、叶。

【别名】钮子七、疙瘩七、大叶三七、野三七、竹节参。

【白语名称】永脂妻（鹤庆）、野商妻（大理）。

【采收加工】根茎秋末冬初采挖，洗净，用水煮约10分钟，或蒸20分钟，均不透心，然后脱去薄皮，晒干备用或研细粉备用。

【白族民间应用】补肺养阴、活络止血。根茎用于气血双亏、烦热口渴、虚劳咳嗽、跌打损伤、腰肌劳损、关节疼痛、胃痛、高血压、冠心病、外伤出血、咳血。叶清凉解毒、润喉，用于喉肿痛、支气管炎、咽喉充血。

【白族民间选方】①跌打损伤、腰腿痛：本品根茎25g，泡酒500mL，口服10mL，日服1次（内服治疗咯血，外用治疗外伤出血）。②咽喉肿痛、支气管炎：本品叶15～20g，水煎服，或用沸水泡饮。③肺结核咯血、久咳：本品根茎10g，研细粉，用鲜猪肉蒸吃。

【化学成分】代表性成分：珠子参主要含达玛烷型四环三萜苷和齐墩果烷型五环三萜苷元类化合物，以及少量甾体等其他结构类型化合物。例如，人参皂苷 Rd（1）、人参皂苷 Rb$_1$（2）、人参皂苷 Rb$_2$（3）、人参皂苷 Rb$_3$（4）、人参皂苷 Rc（5）、西洋参皂苷 R$_1$（6）、人参皂苷 Rg$_1$（7）、majoroside F$_1$（8）、bipinnatifidusoside F$_1$（9）、三七皂苷 R$_2$（10）、24（R）-majonoside R$_1$（11）、人参皂苷 Rg$_5$（12）、majoroside F$_3$（13）、majoroside F$_4$（14）、oleanolic acid 28-O-β-D-glucopyranoside（15）、竹节参皂苷Ⅳ（16）、竹节参皂苷Ⅴ（17）等[1-14]。

关于珠子参的化学成分报道较多，2002年至今已从中分离鉴定了200多个化学成分：

序号	化合物名称	结构类型	参考文献
1	（20R）-Ginsenoside Rg$_3$	三萜皂苷	[7]
2	（20R）-Ginsenoside Rh$_1$	三萜皂苷	[8]
3	（20S）-20，24-Epoxy-3β，6α，12β-trihydroxy-dammaran-25-O-β-D-glucopyranoide	三萜皂苷	[1]
4	（20S）-3β，6α，12β，20，26-Pentahydroxydammar-24-ene 6-O-α-L-rhamnopyranosyl-（1→2）-β-D-glucopyranosyl-20-O-（6-O-acetyl）-β-D-glucopyranoside	三萜皂苷	[3]
5	（20S）-Ginsenoside Rg$_3$	三萜皂苷	[7]
6	（20S，24Z）-3β，6α，12β，20，26-Pentahydroxydammar-24-ene 6-O-β-D-glucopyranoside	三萜皂苷	[3]
7	（20S，24Z）-3β，6α，12β，20，26-Pentahydroxydammar-24-ene 6-O-β-D-xylopyranosyl-（1→2）-β-D-glucopyranoside	三萜皂苷	[3]
8	（24S）-Pseudoginsenoside F$_{11}$	三萜皂苷	[5]
9	（24S）-Pseudoginsenoside RT$_4$	三萜皂苷	[5]
10	20（21），24-达玛二烯-3β，6α，12β-三醇	三萜皂苷	[2]
11	20（22）Z，24-达玛二烯-3β，6α，12β-三醇	三萜皂苷	[2]
12	20（S）-Glucosyl-ginsenoside Rf	三萜皂苷	[11]
13	20，25-Epoxy-3-hydroxy-dammaran-6-O-α-D-glucopyranosyl-12-O-β-D-glucopyranoide	三萜皂苷	[1]
14	20-O-Gluco-ginsenoside Rf	三萜皂苷	[1，5]
15	24（R）-Majonoside R$_1$	三萜皂苷	[1]
16	24（R）-Ocotillol F$_{11}$	三萜	[1]

序号	化合物名称	结构类型	参考文献
17	24（S）-Majonoside R$_2$	三萜皂苷	[1]
18	24（S）-Majonoside R$_1$	三萜皂苷	[1]
19	28-Desglucosylchikusetsusaponin Ⅳa	三萜皂苷	[10, 14]
20	28-Desglucosylchikusetsusaponin Ⅳa butyl ester	三萜皂苷	[8]
21	28-Glu-oleanolic acid ester	三萜皂苷	[6]
22	28-O-β-D-Glucopyranoside	三萜皂苷	[3]
23	3-O-［β-D-（6'-Methyl ester）-glucuronopyranoside］-oleanolic acid-28-O-β-D- glucopyranoside	三萜皂苷	[1]
24	3-O-［β-D-Glucopyranosyl-（1→2）-β-D-（6'-O-ethyl）-glucuronopyranosyl］-oleanolicacid-28-O-β-D-glucopyranoside	三萜皂苷	[13]
25	3-O-［β-D-Glucopyranosyl-（1→2）-β-D-glucopyranosyl］-oleanolicacid 28-O-β-D-glucopyranosid	三萜皂苷	[1]
26	3-O-［β-D- 吡喃葡萄糖 -（1→2）-β-D- 吡喃葡萄糖］-20-O-［-β-D- 吡喃木糖 -（1→6）-β-D- 吡喃葡萄糖］-23E，25- 二烯 -20（S）- 原人参二醇	三萜皂苷	[2]
27	3-O-［β-D- 吡喃葡萄糖基（1→2）-β-D- 吡喃葡萄糖基］- 齐墩果酸 -28-O-β-D- 吡喃葡萄糖苷	三萜皂苷	[11]
28	Oleanolic acid 3-O-β-D-Glucopyranosyl-（1→2）-β-D-（6'-methyl ester）glucuronopyranoside	三萜皂苷	[3]
29	3β，6α，12β，25-Tetrahydroxy-（20S，24S）-epoxy-dammarane	三萜	[1]
30	6''-Acetyl-ginsenoside Rd	三萜皂苷	[1]
31	6-Hydroxystigmast-4-en-3-one	甾体	[1]
32	6-O-［β-D-Glucopyranosyl（1→2）-β-D-glucopyranosyl］-20-O-［β-D-glucopyranosyl（1→4）-β-D-glucopyranosyl］-20-（S）-protopanaxatriol	三萜皂苷	[1]
33	6-O-［β-D-Glucopyranosyl-（1→2）-β-D-glucopyranosyl］-dammar-25（26）-ene-3β，6α，12β，20S，24R-pentaol	三萜皂苷	[13]
34	6'''-O-Acetyl-ginsenoside Re	三萜皂苷	[11]
35	Adenosine	其他	[6]
36	Araloside A methyl ester	三萜皂苷	[13]
37	Baisanqisaponin A	三萜皂苷	[8]
38	Baisanqisaponin B	三萜皂苷	[8]
39	Baisanqisaponin C	三萜皂苷	[8]
40	Benzoic acid	酚酸	[1]

珠子参

序号	化合物名称	结构类型	参考文献
41	Bipinnatifidusoside F_1	三萜皂苷	[1]
42	Bipinnatifidusoside F_2	三萜皂苷	[1]
43	Chikusetsusaponin FH_1	三萜皂苷	[10]
44	Chikusetsusaponin FH_2	三萜皂苷	[10]
45	Chikusetsusaponin FK_2	三萜皂苷	[9, 10]
46	Chikusetsusaponin FK_3	三萜皂苷	[10]
47	Chikusetsusaponin FK_4	三萜皂苷	[10]
48	Chikusetsusaponin FK_5	三萜皂苷	[10]
49	Chikusetsusaponin FK_6	三萜皂苷	[9]
50	Chikusetsusaponin FK_7	三萜皂苷	[9]
51	Chikusetsusaponin FT_1	三萜皂苷	[9, 10]
52	Chikusetsusaponin FT_2	三萜皂苷	[10]
53	Chikusetsusaponin FT_3	三萜皂苷	[10]
54	Chikusetsusaponin FT_4	三萜皂苷	[10]
55	Chikusetsusaponin L_{10}	三萜皂苷	[9]
56	Chikusetsusaponin L_5	三萜皂苷	[9]
57	Chikusetsusaponin l_{9a}	三萜皂苷	[9]
58	Chikusetsusaponin l_{9bc}	三萜皂苷	[9]
59	Chikusetsusaponin LM_1	三萜皂苷	[9]
60	Chikusetsusaponin LM_2	三萜皂苷	[9]
61	Chikusetsusaponin LM_3	三萜皂苷	[9]
62	Chikusetsusaponin LM_4	三萜皂苷	[9]
63	Chikusetsusaponin LM_5	三萜皂苷	[9]
64	Chikusetsusaponin LM_6	三萜皂苷	[9]
65	Chikusetsusaponin LN_4	三萜皂苷	[10]
66	Chikusetsusaponin V	三萜皂苷	[1, 9, 10]
67	Chikusetsusaponin IV methyl ester	三萜皂苷	[1, 3, 8]
68	Chikusetsusaponin IVa	三萜皂苷	[1, 3, 6, 9, 10, 13]

序号	化合物名称	结构类型	参考文献
69	Chikusetsusaponin Ⅳa butyl ester	三萜皂苷	[8]
70	Chikusetsusaponin Ⅳa ethyl ester	三萜皂苷	[8]
71	Chikusetsusaponin Ⅴ	三萜皂苷	[3, 8, 13]
72	Chikusetsusaponin Ⅴ methyl ester	三萜皂苷	[3]
73	Chikusetsusaponin-Ib	三萜皂苷	[7]
74	Chikusetsusaponin- Ⅴ ethyl ester	三萜皂苷	[8]
75	Cholesta-4，6-dien-3-ol	甾体	[1]
76	Cholesta-4，6-dien-3-one	甾体	[1]
77	Cholesterol	甾体	[1]
78	Cholesteryl acetate	甾体	[1]
79	Dammar-20（22）E，24-diene-3β，6α，12β-triol	三萜	[1]
80	Dammar-20（22）Z，24-diene-3β，6α，12β-triol	三萜	[1]
81	Dammar-20，24-diene-3β，6α，12β- triol	三萜	[1]
82	Daucosterol	甾体	[8]
83	Desglucosylchikusetsusaponin Ⅳ	三萜皂苷	[3, 11]
84	Docosyl trans-ferulate	苯丙素	[1]
85	Ecdysterone	甾体	[3]
86	Ginsenjilinol	三萜皂苷	[13]
87	Ginsenoside F$_3$	三萜皂苷	[9]
88	Ginsenoside F$_5$	三萜皂苷	[9]
89	Ginsenoside F$_6$	三萜皂苷	[9]
90	Ginsenoside I	三萜皂苷	[13]
91	Ginsenoside Rb$_3$	三萜皂苷	[9]
92	Ginsenoside Rc	三萜皂苷	[9]
93	Ginsenoside Rd	三萜皂苷	[4, 9]
94	Ginsenoside Re	三萜皂苷	[9, 10]
95	Ginsenoside Rg$_1$	三萜皂苷	[9]
96	Ginsenoside Rg$_5$	三萜皂苷	[7]
97	Ginsenoside Rh$_1$	三萜皂苷	[3]

珠子参

序号	化合物名称	结构类型	参考文献
98	Ginsenoside Rh_4	三萜皂苷	[8]
99	Ginsenoside Ro	三萜皂苷	[6]
100	Ginsenoside Ro 6′-O-butyl ester	三萜皂苷	[8]
101	Glycosphingolipid	其他	[6]
102	Gypenoside IX	三萜皂苷	[1]
103	Gypenoside XVII	三萜皂苷	[3]
104	Gypenosiden IX	三萜皂苷	[13]
105	Majonoside R_2	三萜皂苷	[5, 7, 13]
106	Majoroside F_1	三萜皂苷	[1]
107	Majoroside F_2	三萜皂苷	[1]
108	Majoroside F_3	三萜皂苷	[1]
109	Majoroside F_4	三萜皂苷	[1]
110	Majoroside F_5	三萜皂苷	[1]
111	Majoroside F_6	三萜皂苷	[1]
112	Majoroside Z	三萜皂苷	[1]
113	Notoginsenoside G	三萜皂苷	[3]
114	Notoginsenoside J	三萜皂苷	[3]
115	Notoginsenoside R_2	三萜皂苷	[4]
116	Notoginsenoside R_6	三萜皂苷	[5]
117	Oleanolic acid 3-O-[β-D-glucopyranosyl-(1 → 2)-β-D-glucuronopyranosyl-6′-O-n-butyl ester]	三萜皂苷	[11]
118	Oleanolic acid	三萜	[1, 7]
119	Oleanolic acid 28-O-β-D-glucopyranoside	三萜皂苷	[1, 7, 8]
120	Oleanolic acid 3-O-[β-D-glucopyranosyl-(1 → 2)-β-D-glucuronopyranosyl-6′-O-n-butyl ester]	三萜皂苷	[1]
121	Oleanolic acid 3-O-β-D-(6′-methylester)-glucuronopyranoside	三萜皂苷	[1]
122	Oleanolic acid-28-O-β-D-glucopyranoside	三萜皂苷	[13]
123	Oleanolic acid-3-O-α-L-arabinofuranosyl-(1 → 4)-β-D-glucuronopyranoside	三萜皂苷	[13]
124	Oleanolic acid-3-O-β-D-glucopyranosyl-(1 → 2)-β-D-glucuronopyranoside	三萜皂苷	[13]
125	Panajaponol	三萜皂苷	[13]

序号	化合物名称	结构类型	参考文献
126	Panajaponol A	三萜皂苷	[7]
127	Panasenoside	黄酮	[1]
128	Panaxytriol	三萜	[8]
129	Polysciassaponin P_5	三萜皂苷	[3]
130	Pseudoginsenoside RT_1	三萜皂苷	[7]
131	Pseudo-ginsenoside-F_{11}	三萜皂苷	[1]
132	Quinquenoside L_1	三萜皂苷	[1]
133	Quinquenoside L_{11}	三萜皂苷	[1, 13]
134	Quinquenoside R_1	三萜皂苷	[1, 13]
135	Sap-1	三萜皂苷	[11]
136	Sap-10	三萜皂苷	[11]
137	Sap-2	三萜皂苷	[11]
138	Sap-5	三萜皂苷	[11]
139	Stigmasta-3，5-dien-7-one	甾体	[1]
140	Stigmasterol	甾体	[1]
141	Stipuleanoside R_2	三萜皂苷	[1, 7, 13]
142	Taibaienoside Ⅰ	三萜皂苷	[1, 7, 8]
143	Taibaienoside Ⅱ	三萜皂苷	[8]
144	Vinaginsenoside R_1	三萜皂苷	[5]
145	Vinaginsenoside R_{15}	三萜皂苷	[3]
146	Vinaginsenoside R_2	三萜皂苷	[5]
147	Vinaginsenoside R_6	三萜皂苷	[5]
148	Yesanchinoside R_1	三萜皂苷	[4, 11]
149	Yesanchinoside R_2	三萜皂苷	[11, 13]
150	Yesanchinoside R_3	三萜皂苷	[4]
151	Yesanchinoside A	三萜皂苷	[5, 11]
152	Yesanchinoside B	三萜皂苷	[5, 11]
153	Yesanchinoside C	三萜皂苷	[5, 11]
154	Yesanchinoside D	三萜皂苷	[5, 11]

白族特色药用植物现代研究与应用

序号	化合物名称	结构类型	参考文献
155	Yesanchinoside E	三萜皂苷	[5, 11]
156	Yesanchinoside F	三萜皂苷	[5, 11]
157	Yesanchinoside G	三萜皂苷	[11]
158	Yesanchinoside H	三萜皂苷	[11]
159	Yesanchinoside I	三萜皂苷	[11]
160	Yesanchinoside J	三萜皂苷	[11]
161	*β*-D-Glucopyranosiduronic acid, （3*β*）-17-carboxy-28-norolean-12-en-3-yl 2-O-*β*-D-glucopyranosyl 6-butyl ester	三萜皂苷	[8]
162	*β*-Sitosterol 3-O-*β*-D-glucopyranoside	甾体	[3, 7, 11]
163	*β*-Sitosteryl acetate	甾体	[1]
164	*β*- 谷甾醇	甾体	[1]
165	*γ*-Sitosterol	甾体	[1]
166	*γ*- 氨基丁酸	氨基酸	[1]
167	苯丙氨酸	氨基酸	[1]
168	丙氨酸	氨基酸	[1]
169	蛋氨酸	氨基酸	[1]
170	蛋白质 ZP-1	其他	[1]
171	蛋白质 ZP-2	其他	[1]
172	丁二酸	其他	[11]
173	甘氨酸	氨基酸	[1]
174	谷氨酸	氨基酸	[1]
175	胱氨酸	氨基酸	[1]
176	假人参苷 RS$_1$	三萜皂苷	[14]
177	姜状三七苷 R$_1$	三萜皂苷	[13]
178	金盏花苷 E	三萜皂苷	[13]
179	精氨酸	氨基酸	[1]
180	赖氨酸	氨基酸	[1]
181	酪氨酸	氨基酸	[1]
182	亮氨酸	氨基酸	[1]

序号	化合物名称	结构类型	参考文献
183	脯氨酸	氨基酸	[1]
184	齐墩果酸 -3-O-β-D-（6'- 甲酯）- 吡喃葡萄糖醛酸苷	三萜皂苷	[11]
185	去葡萄糖竹节参皂苷Ⅳa	三萜皂苷	[13]
186	人参黄酮	三萜皂苷	[12]
187	人参皂苷 Ra	三萜皂苷	[12]
188	三七皂苷 Fa	三萜皂苷	[13]
189	三七皂苷 Fc	三萜皂苷	[13]
190	三七皂苷 R_3	三萜皂苷	[12]
191	三七皂苷 R_4	三萜皂苷	[13]
192	丝氨酸	氨基酸	[1]
193	苏氨酸	氨基酸	[1]
194	太白楤木皂苷 Ⅰ	三萜皂苷	[13]
195	太白楤木皂苷Ⅳ	三萜皂苷	[13]
196	天冬氨酸	氨基酸	[1]
197	西洋参花蕾皂苷 E	三萜皂苷	[14]
198	西洋参皂苷 R_1	三萜皂苷	[13]
199	缬氨酸	氨基酸	[1]
200	异亮氨酸	氨基酸	[1]
201	羽叶三七苷 F_1	三萜皂苷	[12]
202	羽叶三七苷 F_2	三萜皂苷	[12]
203	竹节参皂苷 FK_1	三萜皂苷	[14]
204	竹节参皂苷 FM_1	三萜皂苷	[14]
205	组氨酸	氨基酸	[1]

此外，关于珠子参的挥发油成分也有研究报道，已鉴定出的成分超过 100 个[15-17]。

【药理药效】现代药理研究证实，珠子参具有抗肿瘤、增强免疫、抗炎、抗氧化作用，并对全身各大系统具有不同的药理活性。

1. 抗肿瘤和增强免疫作用

（1）抗肿瘤作用：陈涛等[18, 19]研究发现珠子参水提物及珠子参多糖能够有效抑制 H_{22} 肝癌细胞荷瘤小鼠的肿瘤增长，延长荷瘤小鼠生命。珠子参水提物能够有效抑制

SMMC-7721 细胞和人早幼粒白血病细胞 HL60 的增殖并诱导其凋亡[20, 21]。另外,实验证明珠子参对化疗药物氟尿嘧啶有明显的减毒作用[22]。宋蓓等[23]从珠子参中分离鉴定出 6 个皂苷类化合物,发现三七皂苷 R_2、人参皂苷 Rf 和人参皂苷 Ro 对肿瘤细胞的增殖无明显效果,而金盏花苷 E、太白楤木皂苷Ⅳ和太白楤木皂苷Ⅰ具有明显的抑制肿瘤细胞增殖的活性。珠子参的根茎多糖在体内能抑制 H_{22} 生长,能改善肝癌细胞的微环境,如下调宿主胸腺 / 脾脏指数,抑制刀豆蛋白(ConA)和脂多糖(LPS)诱导的脾细胞增殖,提高自然杀伤(NK)细胞和 CD_8^+T 细胞对 H_{22} 的细胞毒活性,还能减少免疫抑制因子如转化因子 -β(TGF-β),白介素 -10(IL-10)和前列腺素(PGE$_2$)的产生[24]。

(2)增强免疫的作用:珠子参总皂苷可促进 LPS 诱导小鼠腹腔巨噬细胞分泌 IL-1,促进 ConA 诱导小鼠脾细胞分泌 IL-2,同时对抗环磷酰胺对巨噬细胞分泌 IL-1 及脾细胞分泌 IL-2 的抑制作用,表明珠子参总皂苷具有增强免疫功能的作用[25]。此外,珠子参总皂苷也可通过直接增强 NK 细胞和 T 细胞的活性达到提高机体免疫力的效果[26, 27]。杨涛等[28]的研究结果表明珠子参多糖具有很好的抗补体活性作用。

2. 抗炎、抗氧化作用

(1)抗炎作用:珠子参叶总皂苷可抑制二甲苯引起的小鼠耳郭肿胀并降低醋酸引起的小鼠毛细血管扩张,表明珠子参叶总皂苷具有抑制急性炎症的作用。珠子参叶总皂苷也具有抑制慢性炎症的作用,可显著降低小鼠肉芽组织增生,并呈剂量依赖性[29]。贺海波等[30]使用过氧化氢(H_2O_2)刺激心肌细胞建立氧化应激损伤模型,并用珠子参总皂苷进行干预。结果显示珠子参总皂苷能降低模型中升高的人单核细胞趋化蛋白 -1(MCP-1)、肿瘤坏死因子 -α(TNF-α)和 TGF-β$_1$ 的含量,具有一定的抗炎作用。研究发现珠子参皂苷对衰老大鼠的结肠炎有治疗作用,其抗炎机制包括下调 MAPK 和核因子 - B(NF-κB)信号通路的磷酸化,增加肠上皮紧密连接蛋白 claudin-1 和 occludin 的表达来对抗紧密连接的损伤[31]。"太白七药"的秦七风湿方是由珠子参、秦艽、山茱萸组成的,被证实具有散寒除湿、益气养阴、祛风止痛之功效,对寒湿阻络所致的痹证如类风湿关节炎等具有显著疗效[32]。

(2)抗氧化作用:研究表明珠子参多糖为良好的抗氧化剂,具有清除羟基自由基、DPPH 自由基和超氧化物自由基的活性[33]。其中低分子量的多糖对 DPPH 自由基和 ABTS 自由基具有更强的清除能力,而分子量可能是珠子参多糖抗氧化能力的重要因素[34]。珠子参总皂苷可有效治疗酒精诱导的大鼠肝损伤,其作用机制可能与直接清除活性氧或自由基,上调抗氧化的超氧化物歧化酶(SOD)、谷胱甘肽过氧化物酶(GSH-Px)和过氧化氢酶(CAT)的表达有关,从而保护肝脏细胞线粒体和细胞核的结构及功能[35]。范少敏等[36]发现秦巴山区人参属中药——珠子参、西洋参、竹节参有良好的抗疲劳和抗应激作用,尤以竹节参更为突出。

3. 对不同系统的影响。

(1)保肝作用:研究发现珠子参总皂苷中两个主要皂苷成分——人参皂苷 Ro 和竹节

参皂苷Ⅳa均具有抗肝损伤活性，但竹节参皂苷Ⅳa的效果要好于人参皂苷Ro[37]。王薇等[38]发现珠子参总皂苷对大鼠实验性肝损伤具有保护作用，其机制可能与抑制脂质过氧化反应，减少自由基生成，提高组织抗氧化能力，促进蛋白质合成有关。此外，珠子参总皂苷能有效促进骨髓干细胞定向募集至大鼠肝损伤部位并减轻肝纤维化程度，改善肝脏形态学，最终达到保肝效果[39]。张继红等[40]通过观察珠子参皂苷对骨髓间充质干细胞（BMSCs）分化实验研究发现，珠子参皂苷可诱导BMSCs分化为肝细胞，使其具有合成糖原、摄取低密度脂蛋白及分泌尿素的能力，还能显著增加肝细胞特异性生长因子（HGF）、c-met、甲胎蛋白（AFP）、白蛋白、CK18基因的表达和AFP、白蛋白、CK18蛋白的表达。珠子参总皂苷可通过抑制JNK和CHOP蛋白的表达来阻碍高脂饮食模型组大鼠的肝细胞凋亡，因此对高脂饮食诱发的肝损伤具有一定保护作用[41]。珠子参皂苷V能通过阻断NF-κB通路来减轻LPS对肝脏造成的严重损伤[42]。竹节参总皂苷（SPJ）能对抗脂肪肝引起的纤维化，改善肝脏脂肪变性和胶原纤维、炎性细胞浸润；减弱胶原蛋白Ⅰ（ColⅠ）、α平滑肌肌动蛋白（α-SMA）、MMPs组织抑制剂（TIMP）、CHOP和78kD葡萄糖调节蛋白（GRP78）mRNA的表达水平，降低磷酸化的JNK、ColⅠ和GRP78的蛋白表达水平，说明SPJ对肝纤维化的作用途径与CHOP和JNK介导的细胞凋亡和炎症途径有关[43]。

（2）对组织缺血的保护作用：①对脑缺血的作用。金家红等[44]和石孟琼等[45]发现珠子参总皂苷和珠子参醇提物对缺血性脑损伤具有显著的保护作用，其机制与提高机体清除自由基的能力，抑制脂质过氧化反应有关，同时能提高受损脑组织中ATP酶的活性来促进脑能量代谢。段晋宁等[46]的研究进一步证实珠子参皂苷对小鼠缺血再灌注损伤具有较好的保护作用，其作用机制可能与其激活PI3K/Akt通路和抑制线粒体介导的凋亡通路有关。苏婧等[47]也发现珠子参水提物能显著降低血液中TNF-α和IL-1β含量及脑组织中TNF-α和IL-1β表达水平，对小鼠急性脑缺血损伤具有较好的保护作用。珠子参水溶性黄酮部分对海马区域迟发性坏死的神经元有明显的保护作用，有防治短暂性脑缺血发作、增强记忆和抗衰老的潜力[48]。②对心肌缺血的作用。珠子参总皂苷对心肌缺血性损伤具有较好的保护作用，其作用机制可能与抗氧化损伤有关。珠子参总皂苷可通过刺激Nrf2核移位，使Nrf2从Nrf2-Keap1复合物中解离出来并移位至细胞核内，再与核内Maf蛋白结合形成二聚体，然后与核基因中的抗氧化反应元件（ARE）结合从而激活Nrf2-ARE信号通路并启动下游抗氧化酶体系的表达，进而有效提高血液中各种氧化酶的活性，最终抑制心肌缺血过程中因氧化应激损伤引起的活性氧（ROS）过度积累，减轻ROS对心肌的损伤和抑制心肌细胞凋亡[49-51]。张磊等[52]发现珠子参总皂苷对心肌缺血再灌注大鼠心肌具有保护作用，其机制可能与其抑制MCP-1、MIF、TNF-α的表达有关。研究表明[53]，竹节参总皂苷可能通过NF-κB，SIRT1和MAPK信号传导途径显着改善心脏功能，减少炎症和心肌细胞凋亡，保护缺血性心肌。此外，珠子参总皂苷可通过抑制NF-κB的活化来抑制炎症反应，治疗心肌梗死；还能通过上调SIRT1的表达水平发挥保护心肌组织的作用[54]。陈良金等[55]发现，珠子参总皂苷对 H_2O_2 所致新生大鼠心肌细胞凋亡具有抑制作用，可抑制大鼠心肌细胞内 ROS 的产生和聚集，从而改善心肌缺血性损伤。

（3）对神经系统的作用：珠子参总皂苷对中枢神经系统具有显著抑制作用[56]，表现为安定、镇静效果；能协同利血平、戊巴比妥钠等神经系统抑制药，加强利血平对小鼠自发活动的抑制作用，延长戊巴比妥钠注射组小鼠的睡眠时间；对咖啡因、苯丙胺等中枢神经系统兴奋药也具有较为明显的拮抗作用。珠子参总皂苷对化学刺激和热刺激诱发的疼痛均具有显著的拮抗作用，并存在明显的量效关系[29]。李巧云等[57]的研究结果也表明珠子参总皂苷具有镇痛和镇静作用。珠子参皂苷可保护神经细胞免受氧化应激损伤，其机制可能是提高了 Nrf2、SIRT1、PGC-1 和 Mn-SOD 等氧化应激反应相关转录因子的活性，进而提高抗氧化酶体系的表达水平，最终修复神经系统的抗氧化能力[58, 59]。研究表明，竹节参总皂苷可通过减少氧化应激和细胞凋亡来防止 D- 半乳糖引起的神经元损伤，从而改善衰老脑组织的认知能力，其机制与 Nrf2 和 SIRT1 介导的抗氧化信号通路有关[60]。此外，珠子参皂苷可通过调节有丝分裂原激活的蛋白激酶和 NF-κB 信号传导途径来减轻与年龄有关的神经炎症，治疗中枢神经系统退行性疾病[61]。Li 等[62]的研究结果也表明珠子参可治疗阿尔茨海默氏病。珠子参根中的人参皂苷和苦参皂苷具有抑制 cAMP- 磷酸二酯酶活性的作用[63]。熊尚林等[64]的研究发现珠子参对白细胞减少症有一定的疗效，可治疗头昏失眠、消瘦神倦等症状。

（4）对血液系统的作用：珠子参总皂苷良好的止血功效与民间用于外伤止血、跌打止痛相一致。研究[65]显示珠子参总皂苷具有良好的止血功效，其止血强度与止血敏相似，较小剂量（ < 50mg/kg）就已表现出显著的凝血作用，但是止血效果无剂量依赖性。另一方面，珠子参总皂苷的溶血指数为 1 ：50000，不适宜制作成注射剂型产品，但可制作成口服型产品。舒盼盼等[66]发现竹节参、珠子参及三七的抗凝血作用显著，可显著延长凝血酶原时间（ PT ）、活化部分凝血酶原时间（ APTT ），并降低纤维蛋白原（ FIB ）水平。李道俊等[67]研究发现珠子参皂苷可促进骨髓造血干细胞的增殖和分化，增加 CFU-E、CFU-GM、BFU-E 集落形成数量，其作用机制可能与上调 SDF-1、CXCR-4、GATA-1、RU.1 基因 mRNA 和蛋白表达，促进细胞因子 SCF 和 IL-3 的分泌有关。张红[68]研究结果表明珠子参粗提物能显著升高环磷酰胺所致白细胞减少症小鼠血中的白细胞、淋巴细胞、血小板等水平，降低血清肌酐水平，表明珠子参对环磷酰胺所致小鼠白细胞减少症有改善作用。珠子参中两种组分珠子参粗多糖和珠子参总皂苷都能促进造血活性，加速血虚模型小鼠白细胞、红细胞、血红蛋白水平的恢复。其促进造血活性的机制可能与刺激血清 IL-3、IL-6、EPO、GM-CSF、M-CSF 分泌和抗脾细胞凋亡有关。珠子参多糖能明显增加小鼠脾脏 Bcl-2 蛋白表达，降低 Bax 蛋白表达，对抗环磷酰胺和乙酰苯肼引起的造血功能损害，促进小鼠造血功能恢复。

（5）对代谢的影响：①对糖脂代谢的影响。珠子参总皂苷中的竹节参皂苷Ⅲ、Ⅳ、Ⅴ和 28- 去葡萄糖竹节参皂苷Ⅳ具有抑制胰脂肪酶活性的功效，从而降低人体对食物中脂肪酸的摄入量，达到减肥的目的[69]。糖智宁胶囊由葛根、珠子参、黄连3味中药组成，能刺激胰岛释放胰岛素产生降糖作用[70]。②对骨代谢的影响。飞天蜈蚣七和珠子参提取物可促进成骨细胞的增殖、分化和矿化，其作用机制与Wnt/β-catenin信号通路有关[71]。潘亚磊等[72]也发现珠子参可能通过调节骨形成和骨吸收来影响骨代谢，可促进成骨细胞的增殖、分化和矿化，并对成骨细胞的OPG和RANKL蛋白有调节作用。

（6）其他作用：珠子参皂苷1～4和甲醇提取物能抑制Fas-medi介导的角质形成细胞系、HaCaT细胞和Pam212细胞的凋亡，可能通过Fas/FasL途径缓解皮肤细胞的过度凋亡[73]。

【开发应用】

1. 标准规范　检索后发现，珠子参有药品标准3项、药材标准10项，为不同版本的《中国药典》药材标准；中药饮片炮制规范28项，为不同省市、不同年份的珠子参饮片炮制规范。其中部分标准如下：

（1）药品标准：痛舒胶囊［WS-10359（ZD-0359）-2002-2012Z］、盘龙七片（WS$_3$-B-3998-98）、盘龙七药酒（WS$_3$-B-3999-98）。

（2）药材标准：珠子参［《中国药典》（2015年版）一部］。

（3）中药饮片炮制规范：珠子参［《中国药典》（2015年版）一部、《安徽省中药饮片炮制规范》（2005年版）、《浙江省中药炮制规范》（2005年版）、《河南省中药饮片炮制规范》（2005年版）、《贵州省中药饮片炮制规范》（2005年版）、《天津市中药饮片炮制规范》（2005年版）、《江西省中药饮片炮制规范》（2008年版）、《广西中药饮片炮制规范》（2007年版）、《湖南省中药饮片炮制规范》（2010年版）、《四川省中药饮片炮制规范》（2015年版）］。

2. 专利申请　文献检索显示，珠子参相关的专利共177项[74]，其中有关化学成分及药理活性研究的专利19项、种植及栽培研究的专利25项、珠子参与其他中药材组成中成药申请的专利117项、其他专利16项。

专利信息显示，绝大多数的专利为珠子参与其他中药材配成中药组合物用于治疗各种疾病，包括类风湿关节炎、慢性单纯性鼻炎、慢性盆腔炎、急性咽炎、结核性渗出性胸膜炎、乳腺炎、慢性化脓性中耳炎、脂溢性皮炎、骨创伤性骨髓炎、小儿支原体肺炎、放射性肺炎、牙周炎、角膜炎、咽喉瘤、消化道肿瘤、肺癌、原发性肝癌、前列腺癌、痛风、颈椎病、骨折、股骨头坏死、肿痛、骨质疏松症、痉挛性偏瘫、肠易激综合征、痢疾、产后便秘、痔疮、扁平疣、过敏性紫癜、外阴白斑病、创伤性气胸、肺间质纤维化、原发性肾上腺皮质功能减退症、肾阳亏型不孕、内分泌失调、神经衰弱、冠心病、脑梗死、早搏、呼吸困难、慢性咳嗽、手足口病、干燥综合征、青春痘等。珠子参也可大量用于保健品的开发。

有关珠子参具有代表性的专利列举如下：

（1）朱兆云等，一种含有玛咖、石斛和珠子参的保健品及其制备方法（CN104055115A）

（2014年）。

（2）张继红等，珠子参皂苷诱导干细胞分化肝细胞及治疗肝病药物的应用（CN104962515A）（2015年）。

（3）李绪文等，一种从珠子参中制备20-葡萄糖-人参皂苷Rf单体的方法（CN105348356B）（2016年）。

（4）马洁，一种治疗神经衰弱的中药组合物（CN106963867A）（2017年）。

（5）陈平等，一种珠子参β-香树素合酶基因及其应用（CN104293758B）（2017年）。

（6）和及华，珠子参的培育方法（CN108029485A）（2018年）。

（7）孙水，一种治疗角膜炎的滴眼液（CN108451963A）（2018年）。

（8）唐志书等，一种治疗类风湿性关节炎的中药组合物及其制备、检测和应用方法（CN103977067B）（2018年）。

（9）潘亚磊等，一种治疗骨质疏松症的中药组合物制剂及其制备与应用（CN108743748A）（2018年）。

（10）王炜等，珠子参的活性单体化合物在制备抗肿瘤药物中的应用（CN109662972A）（2019年）。

珠子参相关专利最早出现的时间是1993年。2015～2020年申报的相关专利占总数的57.1%；2010～2020年申报的相关专利占总数的92.7%；2000～2020年申报的相关专利占总数的99.4%。

3. 栽培利用 珠子参国内主产于云南，分布于陕西、四川、贵州、西藏、湖北、河南、甘肃等省份，国外分布于日本、尼泊尔、缅甸、越南等亚洲国家[14]。由于珠子参具有较高的药用价值，促使其商品价格不断攀升，而高价位又吸引人们无序采挖，导致珠子参产区植被生态系统遭到严重破坏，现已被国家列为珍稀濒危物种[75]。

珠子参适宜在山区林下生长，生长于海拔1700～3600m林下背阴处的黑褐色腐殖质土壤上[14,76]，或者是棕壤或黄棕壤，并且需要土层较厚、腐殖质丰富、湿润、质地疏松、透水透气性良好、pH5～6.4的酸性土壤中[77,78]。珠子参伴生植物多为报春科、毛茛科、松科和杜鹃科植株，伴生药材有三棵针、重楼、天麻、猪苓、淫羊藿等，其共同构成完整的依存生态系统[14]。

珠子参的产地海拔应在1200m以上，年降水量应不低于800mm，选择以微酸或中性的沙壤土或腐殖质土做畦，要求畦沟、"十字沟"边沟，沟沟相通，排水通畅，通风减湿；选3年生以上植株所结种子或者采收时按生长年限分级的根茎冬季或春季播种；搭建荫棚，其透光度必须根据珠子参不同生长期和季节，随时加以调节；田间应定期进行除草、施肥、摘除花蕾（提高珠子参的产量和质量）和灌排水；坚持"预防为主，综合防治"的原则，采取农业防治、生物防治和化学防治相结合，将病虫害（立枯病、猝倒病、疫病、根腐病、地老虎、蛴螬、蝼蛄等）对珠子参的危害降到最低；合理间作、轮作，可与滇重楼间作，同五加科以外的作物轮作[79,80]。

珠子参种胚属高低温型，在15℃下发育最好，约160天即可达到满胚，后再转入5℃低温处理60天即裂口；裂口种子10℃培养5天就开始萌发[81]。珠子参可采用种子繁殖和根茎繁殖两种方式。种子繁殖苗期长、收获迟，育苗2年后才能移栽，6年才能采收，生产中多采用根茎直播。珠子参根茎在土中呈水平生长，根系分布浅，主要集中分布于5～10cm的土层中，对土层深度要求不严；喜湿润，忌积水，要求选择土壤疏松、排水性良好地块进行种植，以缓坡最宜。栽培中选择1～3年生根茎作为繁殖材料。珠子参呈链珠状，每年只产生一段膨大的根茎，4年生以上根茎萌芽率低，不宜作为繁殖材料。根茎播期选择在9～10月为宜，将1年生、2年生和3年生根茎分别播种，播种深度为5cm左右。珠子参4月初出苗，集中生长期短，地上部分只有1个月左右的时间，施肥以苗高3～5cm时集中一次性施肥效果好[82]。

黄文静等[83]的研究发现在人工栽培珠子参时应根据栽培年限的不同选取不同透光率的遮阳网遮阴，1年生珠子参遮阳网的透光率应小于2年和3年生珠子参；7月时应适度加盖遮阳网减少透光率，降低环境温度以利于珠子参叶片的生长和发育。

和琼姬等[84]研究发现滇西北珠子参的主要病害有3种，分别为圆斑病、黑斑病和锈病；其他病害如灰霉病、白粉病、炭疽病和疫病也有不同程度的发生。农事措施得当的观测点病害发生情况相对较低，与重楼套种或杂草滋生的观测点发病率相对较高。圆斑病、黑斑病和锈病是珠子参生产上危害最严重的病害，可采取选择地势较高、通风效果较好、排水条件通畅的地块进行建园，设计避雨遮阴棚，可极大限度地降低珠子参病害的发生程度。

4. 生药学探索　云南产珠子参呈圆锥形和扁圆球形，混有节间碎段，长0.5～2cm，直径0.5～2.5cm；表面淡黄白色、淡黄色至黄棕色，有明显的沟槽状纵皱纹，膨大部分的一侧或两侧有残存细的节间或有细小的不定根痕，偶有圆形凹陷的茎痕；质坚硬，断面较平坦，黄白色，有黄色点状树脂道；气微，味苦、微甘。贵州和甘肃产珠子参药材性状与云南产药材相似，主要区别在于药材多呈不规则菱角形，大小悬殊，表面颜色较深，为棕褐色或黄褐色，疣状突起明显，除有沟槽状纵纹外，还有明显的皱缩状纹理。

根茎横切面：云南产珠子参木栓层为5～6层细胞，皮层稍窄，外侧为数列厚角细胞；维管束为无限外韧型，7～10束断续呈环状排列，射线宽；韧皮部有多数树脂道存在，呈类圆形；形成层明显；木质部束呈放射状排列，导管类圆形及类多角形；中央有髓，约占横切片的1/2；薄壁细胞含有草酸钙簇晶，并含淀粉粒。与云南产珠子参比较，贵州和甘肃产药材根茎横切片的主要区别在于：贵州产珠子参药材木栓层为5～8层细胞，维管束常7束断续呈环状排列，髓部较小，约占横切片的1/3；甘肃产珠子参木栓层为6～10层细胞，维管束10～12束断续呈环状排列，髓部较小，占横切片的1/2～2/3；草酸钙簇晶众多，尤其是皮层及射线部位较多[85]。

粉末特征：云南产珠子参药材粉末呈淡黄白色；木栓细胞表面观呈多角形，壁薄，草酸钙簇晶较多，棱角多宽钝，少数较尖；厚角细胞呈长圆形或类多角形，无色；树脂道呈长方形或细管状，内含淡黄至棕黄色分泌物；淀粉粒众多，多为单粒，类球形、卵形或椭圆形，脐点点状、裂隙状，层纹不明显，复粒由 2～8 分粒组成，导管多为网纹，可见螺纹及梯纹导管。与云南产珠子参相比，贵州产珠子参草酸钙簇晶较少，棱角多宽钝，淀粉粒复粒由 2～4 分粒组成；甘肃产珠子参草酸钙簇晶众多，棱角多宽钝，淀粉粒复粒由 2～4 分粒组成[85]。

5. 其他应用　目前，以珠子参为原料的药用产品日益增多，如糖智宁胶囊（葛根、珠子参、黄连）[70, 86]、痛舒胶囊（七叶莲、三七、珠子参、灯盏细辛）[87]等。

【药用前景评述】珠子参主产于云南，陕西、四川等地也有少量出产，是云南较名贵而又常用的中药之一，为白族、纳西族、傈僳族、藏族、彝族等少数民族的传统用药。20世纪 70 年代初，昆明植物研究所将珠子参和羽叶三七两种植物确定为竹节参的变种。这两种植物以根茎节间纤细、节膨大成球形念球状为特征，其根茎的化学成分相似，医疗用途基本一致，故将其统称为"珠子参"。

珠子参化学成分丰富，主要含有达玛烷型四环三萜苷和齐墩果烷型五环三萜苷元类化合物，以及少量甾体、氨基酸等其他结构类型化合物，目前已分离鉴定出化学成分超过 200 个。现代药理研究证实，珠子参具有抗肿瘤、增强免疫、抗炎、抗氧化作用，并对全身各大系统具有不同的药理活性。珠子参既有人参属植物人参、西洋参、三七、竹节参等相似的化学成分与药理活性，又具有因其分布区域与生长环境独特而产生的特异性化学成分与药理活性，故而在抗肿瘤、治疗血液系统疾病和调节机体的免疫功能等方面显示出良好的药理活性，基本与中医、民间以及白族用药习惯相符。当然，从临床应用来看，珠子参地下及地上部分（习称参叶）分别具有不同的药用价值。而化学研究显示，珠子参根茎及叶子化学成分均以皂苷类成分为主，但根茎部分的皂苷成分以齐墩果烷型为主，含少量达玛烷型皂苷；而叶子中则以达玛烷型皂苷为主。珠子参为人参属植物，该属植物富含三萜皂苷，其中达马烷型皂苷是其主要的生理活性成分之一，因此单从医药学价值上而言，前者高于后者。这是否为其疗效的差异所在，尚有待进一步研究。根据白族药用文献记载，珠子参根茎用于气血双亏、虚劳咳嗽、跌打损伤、腰肌劳损，而叶可清凉解毒、润喉，用于咽喉肿痛、支气管炎。由于目前珠子参药理研究主要集中在珠子参的根茎部分，对地上部分参叶的研究报道较少，因此上述应用是否完全合理，尚有待进一步证实。

目前。市场上的珠子参药材多以野生为主，随着市场需求量的增加，野生资源的匮乏必将制约其开发利用，因此，加强珠子参野生驯化栽培及组织培养等方面的研究、解决珠子参资源紧缺状况十分必要。《中国药典》（2015 年版）一部珠子参项下仅以竹节参皂苷 Ⅳa 作为珠子参药材的指标成分，然而珠子参化学成分复杂，活性成分难以少许成分代表，因此如何全面评价珠子参的质量和功效、保障珠子参栽培质量，尚需进行深入研究。

综上所述，珠子参具有极高的药用价值，但随着其化学和药理等研究的深入，其药效物质基础必将得到阐明，这也将推动珠子参资源及相关产业的发展，其药用开发与产业化发展前景依然十分广阔。

参考文献

[1] 张海元，李小辉，梅双喜，等.珠子参化学成分研究进展[J].中草药，2017，48（14）：2997–3004.

[2] 张化为，姜祎，黄文丽，等.珠子参叶中一个新的三萜皂苷[J].中草药，2020，51（1）：26–30.

[3] Zhou M，Xu M，Wang D，et al. New dammarane–type saponins from the rhizomes of *Panax japonicus*[J]. Helv Chim Acta，2011，94（11）：2010–2019.

[4] Zhu TF，Deng QH，Li P，et al. A new dammarane–type saponin from the rhizomes of *Panax japonicus*[J]. Chem Nat Compd，2018，54（4）：714–716.

[5] Zou K，Zhu S，Tohda C，et al. Dammarane–type triterpene saponins from *Panax japonicus*[J]. J Nat Prod，2002，65（3）：346–351.

[6] Guo ZY，Zou K，Dan FJ，et al. Panajaponin，a new glycosphingolipid from *Panax japonicus*[J]. Nat Prod Res，2010，24（1）：86–91.

[7] Chan HH，Hwang TL，Reddy MVB，et al. Bioactive constituents from the roots of *Panax japonicus* var.major and development of a LC–MS/MS method for distinguishing between natural and artifactual compounds[J]. J Nat Prod，2011，74（4）：796–802.

[8] Liu Y，Zhao J，Chen Y，et al. Polyacetylenic oleanane–type triterpene saponins from the roots of *Panax japonicus*[J]. J Nat Prod，2016，79（12）：1–7.

[9] Yoshizaki K，Devkota HP，Yahara S. Four new triterpenoid saponins from the leaves of *Panax japonicus* grown in southern Miyazaki Prefecture（4）[J]. Chem Pharm Bull，2013，61（3）：273–278.

[10] Yoshizaki K，Murakami M，Fujino H，et al. New triterpenoid saponins from fruit specimens of *Panax japonicus* collected in Toyama Prefecture and Hokkaido（2）[J]. Chem Pharm Bull，2012，60（6）：728–735.

[11] 王加付.珠子参化学成分的研究[D].长春：吉林大学，2012.

[12] 张延妮.珠子参化学成分及其活性成分的筛选研究[D].西安：陕西师范大学，2010.

[13] 李敏.珠子参化学成分及生物活性研究[D].长春：吉林大学，2017.

[14] 杨延，张翔，姜淼，等.珠子参中皂苷成分及其药理活性研究进展[J].食品工业科技，2019，40（2）：347–356.

[15] 蓝正学，赖普辉，韩森.秦巴山区钮子七挥发油化学成分及药用价值的研究[J].化学世界，1995，36（12）：641–643.

[16] 刘朝霞，潘家荣，邹坤，等.扣子七挥发油成分的研究[J].时珍国医国药，2007，18（2）：301–302.

[17] 赖普辉，田光辉，高艳妮，等.钮子茎中石油醚提取物成分的GC–MS分析[J].安徽农业科学，2008，36（23）：10026–10027，10231.

[18] 胡卫，陈涛.珠子参抑制小鼠肝癌及诱导细胞凋亡的研究[J].时珍国医国药，2005，16（10）：1073–1074.

珠子参

［19］陈涛，陈茂华，胡月琴，等.珠子参多糖抗肝癌作用的实验研究［J］.时珍国医国药，2010，21（6）：1329-1331.

［20］陈涛，陈龙飞，金国琴，等.珠子参体外诱导人肝癌细胞凋亡效应及机制研究［J］.肿瘤，2006，26（2）：144-147.

［21］陈涛，胡卫，巩仔鹏，等.珠子参皂苷对人早幼粒白血病 HL-60 细胞增殖抑制和诱导分化的研究［J］.时珍国医国药，2010，21（4）：831-833.

［22］陈涛，龚张斌，付亚玲.珠子参对 S180 荷瘤小鼠化疗的减毒作用［J］.中西医结合学报，2008，6（12）：1255-1258.

［23］宋蓓，徐悦，李玉泽，等."太白七药"珠子参化学成分及抗肿瘤活性研究［J］.中南药学，2019，17（8）：1210-1214.

［24］Shu GW，Jiang SQ，Mu J，et al. Antitumor immunostimulatory activity of polysaccharides from *Panax japonicus* C. A. Mey: Roles of their effects on CD_4^+ T cells and tumor associated macrophages［J］. Int J Biol Macromol，2018，111：430-439.

［25］李惠兰，李存德.珠子参总皂苷对白细胞介素 -1、白细胞介素 -2 的影响［J］.云南中医学院学报，1994，17（1）：27-29.

［26］朱新华，后文俊，李存德.珠子参总皂苷对脾细胞增殖效应影响的研究［J］.昆明医科大学学报，1994，15（1）：65-67.

［27］李存德，朱新华，杨庆周，等.珠子参总皂苷对小鼠 NK 活性的影响［J］.昆明医科大学学报，1991，12（3）：37-39.

［28］杨涛，陈平.珠子参多糖结构的初步表征和抗补体活性研究［J］.武汉轻工大学学报，2016，35（1）：26-29.

［29］姜祎，考玉萍，宋小妹.珠子参叶总皂苷抗炎镇痛作用的实验研究［J］.陕西中医，2008，29（6）：732-733.

［30］贺海波，石孟琼，罗涛，等.珠子参总皂苷减弱炎症应答和对 H_2O_2 诱导新生大鼠心肌细胞损伤的保护作用［J］.中药药理与临床，2012，28（2）：50-54.

［31］Dun YY，Liu M，Chen J，et al. Regulatory effects of saponins from *Panax japonicus* on colonic epithelial tight junctions in aging rats［J］. J Ginseng Res，2018，42（1）：50-56.

［32］王梅，唐志书，周瑞，等.秦七风湿胶囊的镇痛作用及其对免疫功能的影响［J］.世界中医药，2017，12（11）：2740-2743，2748.

［33］Wang RF，Chen P，Jia F，et al. Optimization of polysaccharides from *Panax japonicus* C.A.Meyer by RSM and its anti-oxidant activity［J］. Int J Biol Macromol，2012，50（2）：331-336.

［34］Yang XL，Wang RF，Zhang SP，et al. Polysaccharides from *Panax japonicus* C.A.Meyer and their antioxidant activities［J］. Carbohydr Polym，2014，101：386-391.

［35］Li YG，Ji DF，Zhong S，et al. Saponins from *Panax japonicus* protect against alcohol-induced hepatic injury in mice by up-regulating the expression of GPX3，SOD1 and SOD3［J］. Alcohol Alcohol，2010，45（4）：320-331.

［36］范少敏，郭琳，冯改利，等.秦巴山区人参属中药抗应激和抗疲劳作用的研究［J］.

陕西中医，2014，35（6）：756-757.

［37］许苗苗，张旋，宋蓓，等.珠子参抗肝损伤药效的物质基础研究［J］.西北药学杂志，2014，29（5）：486-489.

［38］王薇，张旋，许苗苗，等.珠子参总皂苷对四氯化碳致大鼠慢性肝损伤的保护作用［J］.中药药理与临床，2014，30（5）：70-73.

［39］张继红，王海燕，石孟琼，等.珠子参皂苷与BMSCs联用治疗大鼠肝纤维化作用研究［J］.三峡大学学报，2016，38（3）：104-107.

［40］张继红，王心怡，石孟琼，等.珠子参皂苷诱导骨髓干细胞分化为肝样细胞的体外实验研究［J］.中药药理与临床，2016，32（2）：103-106.

［41］Yuan D，Xiang TT，Hou YX，et al. Preventive effects of total saponins of *Panax japonicus* on fatty liver fibrosis in mice［J］. Arch Med Sci，2016，12（3）：486-493.

［42］Dai YW，Zhang CC，Zhao HX，et al. Chikusetsusaponin V attenuates lipopolysaccharide-induced liver injury in mice［J］. Immunopharmacol Immunotoxicol，2016，38（3）：1-8.

［43］Yuan D，Xiang TT，Huo YX，et al. Preventive effects of total saponins of *Panax japonicus* on fatty liver fibrosis in mice［J］. Arch Med Sci，2018，14（b11）：396-406.

［44］金家红，贺海波，石孟琼，等.珠子参总皂苷对小鼠局灶性脑缺血的保护作用［J］.第三军医大学学报，2011，33（24）：2631-2633.

［45］石孟琼，贺海波，卢训丛.珠子参醇提物对小鼠局灶性脑缺血损伤的保护作用［J］.中药与临床，2011，2（5）：19-23.

［46］段晋宁，向常清，钱爱红，等.珠子参皂苷通过激活PI3K/Akt通路对小鼠脑缺血再灌注损伤的保护作用研究［J］.中国临床药理学与治疗学，2019，24（7）：750-758.

［47］苏婧，石孟琼，贺海波，等.珠子参水提物对小鼠急性脑缺血损伤的影响［J］.中国老年学杂志，2012，32（6）：1217-1220.

［48］尹翠芬，李麟仙，王子灿.三七、珠子参及荞麦花粉水溶性黄酮部分对沙土鼠短暂性脑缺血后海马DND的影响（摘要）［J］.昆明医科大学学报，1991，（12）：76.

［49］He HB，Xu J，Xu YQ，et al. Cardioprotective effects of saponins from *Panax japonicus* on acute myocardial ischemia against oxidative stress-triggered damage and cardiac cell death in rats［J］. J Ethnopharmacol，2012，140（1）：73-82.

［50］刘爱华，石孟琼，杨文雁，等.珠子参总皂苷对大鼠心肌缺血/再灌注损伤的保护作用及机制研究［J］.中国临床药理学与治疗学，2013，18（11）：1224-1232.

［51］贺海波，石孟琼，罗涛，等.珠子参总皂苷通过促进Nrf2转位拮抗新生大鼠心肌细胞氧化应激损伤［J］.第三军医大学学报，2012，34（15）：1527-1532.

［52］张磊，许强，李盈盈，等.珠子参总皂苷对心肌缺血再灌注大鼠血清MCP-1、MIF和TNF-α的影响［J］.中西医结合心脑血管病杂志，2019，17（10）：1479-1481.

［53］Wei N，Zhang C，He H，et al. Protective effect of saponins extract from *Panax japonicus* on myocardial infarction：involvement of NF-κB，Sirt1 and mitogen-activated protein kinase signalling pathways and inhibition of inflammation［J］. J Pharm Pharmacol，2014，66（11）：1641-

珠子参

1651.

［54］包中文，覃慧林，石孟琼，等.珠子参总皂苷对心肌梗死保护作用机制研究［J］.中药材，2015，38（6）：1230-1236.

［55］陈良金，石孟琼，贺海波，等.珠子参总皂苷对H_2O_2诱导新生大鼠心肌细胞凋亡的抑制作用［J］.中国临床药理学与治疗学，2012，17（8）：860-867.

［56］王懋德，陈植和，张正仙，等.珠子参总苷的中枢抑制作用［J］.中药药理与临床，1985：90.

［57］李巧云，赵恒，岳松健，等.大叶珠子参总皂苷的镇痛镇静作用研究［J］.华西药学杂志，1993，8（2）：90-92.

［58］Wan JZ，Deng LL，Zhang CC，et al. Chikusetsu saponin V attenuates H_2O_2-induced oxidative stress in human neuroblastoma SH-SY5Y cells through Sirt1/PGC-1α/Mn-SOD signaling pathways［J］. Can J Physiol Pharmacol，2016，94（9）：1-28.

［59］邓丽丽，万静枝，袁丁，等.竹节参总皂苷通过线粒体途径保护H_2O_2诱导的SH-SY5Y神经细胞损伤［J］.中药材，2015，38（8）：1690-1693.

［60］Wang T，Di GJ，Yang L，et al. Saponins from *Panax japonicus* attenuate D-galactose-induced cognitive impairment through its anti-oxidative and anti-apoptotic effects in rats［J］. J Pharm Pharmacol，2015，67（9）：1284-1296.

［61］Deng LL，Yuan D，Zhou ZY，et al. Saponins from *Panax japonicus* attenuate age-related neuroinflammation via regulation of the mitogen-activated protein kinase and nuclear factor kappa B signaling pathways［J］. Neural Regen Res，2017，12（11）：1877-1884.

［62］Li SN，Liu CY，Liu CM，et al. Extraction and in vitro screening of potential acetylcholinesterase inhibitors from the leaves of *Panax japonicus*［J］. J Chromatogr B，2017，1061-1062：139-145.

［63］Nikaido T，Ohmoto T，Sankawa U，et al. Inhibitors of cyclic AMP phosphodiesterase in *Panax ginseng* C. A. Meyer and *Panax japonicus* C. A. Meyer［J］. Chem Pharm Bull，1984，32（4）：1477-1483.

［64］熊尚林.珠子参治疗30例白细胞减少症临床观察［J］.中西医结合心脑血管病杂志，1996，（5）：22.

［65］段径云，陈瑞明.珠子参对血液和造血功能的影响［J］.西北药学杂志，1996，11（2）：72-73.

［66］舒盼盼，朱鹏飞，杨鑫龙，等.6种人参属药材体外抗凝血活性与皂苷含量的相关性研究［J］.中草药，2019，50（4）：918-924.

［67］李道俊，李小妹，石孟琼，等.珠子参皂苷诱导骨髓造血干细胞增殖分化的体外实验研究［J］.巴楚医学，2018，1（3）：20-27.

［68］张红.珠子参促进造血活性及其多糖分析研究［D］.西安：西北大学，2015.

［69］Han LK，Zheng YN，Yoshikawa M，et al. Anti-obesity effects of chikusetsusaponins isolated from *Panax japonicus* rhizomes［J］. BMC Complement Altern Med，2005，5（1）：1-10.

[70] 张欣，王洁，许苗苗，等.正交试验优选糖智宁胶囊提取工艺[J].中南药学，2015，13（7）：735-738.

[71] 李引刚，刘艳平，潘亚磊."太白七药"防治骨质疏松症的基础研究——飞天蜈蚣七和珠子参对成骨细胞的调控作用及机制[C]//2019楚天骨科高峰论坛暨第二十六届中国中西医结合骨伤科学术年会论文集.武汉，2019：294.

[72] 潘亚磊，谢培，史鑫波，等.珠子参提取物促进大鼠成骨细胞增殖、分化、矿化及调节OPG/RANKL表达的作用[J].中南药学，2019，17（11）：1851-1855.

[73] Hosononishiyama K，Matsumoto T，Kiyohara H，et al. Suppression of Fas-mediated apoptosis of keratinocyte cells by chikusetsusaponins isolated from the roots of *Panax japonicus*[J]. Planta Med，2006，72（3）：193-198.

[74] SooPAT.珠子参[A/OL].（2020-03-15）[2020-03-15].http://www2.soopat.com/Home/Result? SearchWord=%E7%8F%A0%E5%AD%90%E5%8F%82&FMZL=Y&SY XX =Y&WGZL =Y&FMSQ=Y.

[75] 赵毅，赵仁，宋亮，等.珠子参药材品种概述及资源现状调查[J].中国现代中药，2011，13（1）：11-17.

[76] 李利霞，赵厚涛，朱虹，等.珍稀濒危植物珠子参研究进展[J].陕西农业科学，2015，61（2）：59-61，71.

[77] 赵仁，赵毅，李东明，等.珠子参研究进展[J].中国现代中药，2008，10（7）：3-6.

[78] 赵新礼.珠子参生殖生物学特性的研究[J].中国现代中药，2015，17（12）：1298-1301.

[79] 刘万里，刘婷，何忠军，等.珠子参规范化栽培技术[J].陕西农业科学，2014，60（8）：127-128.

[80] 和金花.珠子参人工栽培管理技术[J].吉林农业，2016，377（8）：111.

[81] 赵新礼，张馨.温度对珠子参种胚生长发育的影响[J].安徽农业科学，2016，44（24）：125-126+165.

[82] 郭乔仪，普荣，鲁菊芬，等.中海拔地区珠子参栽培技术[J].农村实用技术，2015，（6）：28-29.

[83] 黄文静，王楠，李铂，等.不同栽培年限珠子参在不同生长期的光合特性及保护酶活性研究[J].中国现代中药，2017，19（10）：1415-1419.

[84] 和琼姬，苏泽春，程远辉，等.滇西北珠子参田间主要病害发生情况调查初报[J].中国农学通报，2018，34（16）：139-143.

[85] 李佳，李慢中，邓晓露，等.不同产地珠子参的生药学鉴别和含量测定[J].世界中医药，2016，11（9）：1882-1884.

[86] 张欣，许苗苗，康亚国，等.糖智宁胶囊定性定量方法研究[J].中南药学，2013，11（3）：235-237.

[87] 杨洁，缪文.痛舒胶囊内服配合肿痛搽剂外用治疗类风湿炎节炎120例[J].云南中医中药杂志，2004，25（5）：11.

铁箍散

【植物基原】本品为木兰科五味子属植物铁箍散 *Schisandra propinqua*（Wall.）Baill. subsp. *sinensis* 的全株。近年来植物分类学中将铁箍散 *Schisandra propinqua*（Wall.）Baill. subsp.sinensis、藤香树（中间近缘五味子）*Schisandra propinqua*（Wall.）Baill var. *intermidia* 及合蕊五味子原变种 *Schisandra propinqua*（Wall.）归并为一个种[1]。

【别名】香血藤、年藤、香巴我、大绿叶、铁骨散。

【白语名称】谋叶子、腾其加瓜（鹤庆）、且忧山（大理）（两万绿）、木举（剑川）。

【采收加工】秋季采挖，鲜用或晒干备用。

【白族民间应用】用于风湿麻木、跌打损伤、胃痛、月经不调、血栓闭塞性脉管炎、痈疽、腹泻。

【白族民间选方】①风湿麻木、脉管炎、胃痛、月经不调、骨折、毒蛇咬伤、外伤出血：本品 15～30g，水煎或泡酒服。②骨折：本品叶、野葡萄、接骨丹各等分研细粉，开水调匀外敷，酒为引，敷患处，5 天换药一次。③疮疡：用本品鲜叶捣烂外敷患处，或干叶研粉撒患处。

【化学成分】代表性成分：铁箍散主要含芳联苯环辛烯、芳基萘、四氢呋喃型木脂素类化合物。例如，tiegusanin A（1）、tiegusanin B（2）、tiegusanin C（3）、propinquanin A（4）、propinquanin B（5）、propinquanin D（6）、tiegusanin L（7）、tiegusanin D（8）、tiegusanin E（9）、tiegusanin F（10）、tiegusanin G（11）、tiegusanin H（12）、tiegusanin I（13）、tiegusanin G（14）、tiegusanin K（15）、tiegusanin M（16）、propinquanin C（17）、表恩施辛（18）、恩施辛（19）、sinensisin A（20）、sinensisin B（21）、sinensisin C（22）、henricine A（23）、ganschisandrin（24）、schpropinrin A（25）、schpropinrin B（26）、schpropinrin C（27）、schpropinrin D（28）等[2-16]。

	R₁	R₂	R₃	R₄	R₅
8	OCH₃	OBz	α-OH	β-H	OBz
9	OCH₃	OBz	α-OH	β-H	OCap
10	OCH₃	OCin	α-OH	β-H	OBz
11	OCH₃	OAng	α-OH	β-H	OCin
12	OCH₃	OAng	α-H	β-H	OBz
13	OCH₃	OAng	α-H	β-H	OProp
14	OCH₃	OTig	α-H	β-H	OTig
15	OH	OAng	β-H	β-H	OCin
16	OCH₃	H	β-H	α-OOH	=O

此外，铁箍散还含有少量三萜、甾体等其他结构类型化合物。例如，schisandrolic acid（29）、schisandronic acid（30）、schisanterpene B（31）、泽泻醇（alismol，32）、儿茶素（33）、芦丁（34）、对羟基苯乙醇葡萄糖苷（salidroside，35）、β-谷甾醇（β-sitosterol，36）、胡萝卜苷（37）等[2-16]。

1988～2013 年已从铁箍散中分离鉴定了近百个化学成分：

序号	化合物名称	结构类型	参考文献
1	（-）-Machilusin	木脂素	[13]
2	（+）-Anwulignan	木脂素	[15]
3	（2R，3S，4R，5R）-2-（3，4-Dimethoxyphenyl）-3，4-dimethyl-5-piperonyltetrahydrofuran	木脂素	[13]

铁箍散

序号	化合物名称	结构类型	参考文献
4	（7S，8S，R-biar）-6，6，7，8-Tetrahydro-12，13-methylenedioxy-1，2，3，14-tetramethoxy -7，8-dimethyldibenzo［a，c］cycloocten-9-one	木脂素	［13］
5	（8R，7′R，8R）-5-Hydroxy-4，3′，4′-trimethoxy-2，7′-cyclolignan	木脂素	［12］
6	1-（3，4-Dimethoxyphenyl）-4（3，4-methylenedioxyphenyl）-2，3-dimethylbutane	木脂素	［15］
7	2，3-二羟基丙基二十四酸酯	其他	［5］
8	2，3-二羟基丙基十八酸酯	其他	［5］
9	2，3-二羟基丙基十六酸酯	其他	［5］
10	2R-（2α，3α，4α，5β）-4，4′-（Tetrahydro-3，4-dimethyl-2，5-furandiyl）bis（2-methoxy- phenol）	木脂素	［10］
11	4，4′-［（2R，3S）-2，3-Dimethylbutane-1，4-diyl］bis（1，2-dimethoxybenzene）	木脂素	［13］
12	4，4-di（4-Hydroxy-3-methoxyphenly）-2，3-dimethylbutanol	木脂素	［15］
13	Alismol	倍半萜	［6，8］
14	Anwulignan	木脂素	［4］
15	Anwuweizonic acid	三萜	［3］
16	Austrobailignan-7	木脂素	［13］
17	Chicanine	木脂素	［10］
18	Deoxyschizandrin	木脂素	［2］
19	Dihydroguaiaretic acid	木脂素	［4］
20	Dimethyltetrahydrofuroguaiacin	木脂素	［13］
21	Enshicine	木脂素	［2］
22	ent-Spathulenol	倍半萜	［6，8］
23	Epienshicine	木脂素	［2］
24	Galgravin	木脂素	［13］
25	Gallic acid	酚酸	［4，15］
26	Ganschisandrin	木脂素	［10］
27	Henricine A	木脂素	［10］
28	Henricine B	木脂素	［8］
29	Heteroclitin A	木脂素	［4，16］
30	Interiotherin C	木脂素	［13］

序号	化合物名称	结构类型	参考文献
31	Isoschisandrolic acid	三萜	[2, 4, 16]
32	Kadoblongifolin C	木脂素	[8]
33	Kadsuphilin B	木脂素	[8]
34	Kadsurarin Ⅱ	木脂素	[4, 14]
35	Kadsurin	木脂素	[13]
36	Manwuweizic acid	三萜	[3]
37	meso-Dihydroguaiaretic acid	木脂素	[13, 15]
38	Methyl schisantherin F	木脂素	[13]
39	Neoolivil	木脂素	[10]
40	Propinquanin A	木脂素	[6, 8, 16]
41	Propinquanin B	木脂素	[8, 16]
42	Propinquanin C	木脂素	[8, 16]
43	Propinquanin D	木脂素	[6, 8, 16]
44	Propinquanin E	木脂素	[8, 12, 14]
45	Propinquanin F	木脂素	[8, 12, 14]
46	Propinquanin G	木脂素	[8, 12]
47	Propinquanin H	木脂素	[8, 12]
48	Propinquanin I	木脂素	[8, 12]
49	Propinquanin J	木脂素	[8, 12]
50	Propinquanin K	木脂素	[8, 12]
51	Protocatechuic acid	酚酸	[4, 15]
52	Quercetin-3-O-rutinoside	黄酮	[7]
53	Quercetine	黄酮	[4, 15]
54	Salidroside	苯乙醇苷	[7]
55	Schisandrolic acid	三萜	[4, 16]
56	Schisandronic acid	三萜	[4, 16]
57	Schisanterpene A	三萜	[11]
58	Schisanterpene B	三萜	[14]

铁箍散

序号	化合物名称	结构类型	参考文献
59	Schisantherin F	木脂素	[4, 6, 8, 14]
60	Schisantherin G	木脂素	[4, 14]
61	Schisantherin H	木脂素	[8]
62	Schisantherin I	木脂素	[4, 6, 8, 16]
63	Schizandrin J	木脂素	[8]
64	Schpropinrin A	木脂素	[10]
65	Schpropinrin B	木脂素	[10]
66	Schpropinrin C	木脂素	[10]
67	Schpropinrin D	木脂素	[10]
68	Sinensisin A	木脂素	[9]
69	Sinensisin B	木脂素	[9]
70	Sinensisin C	木脂素	[9]
71	Stearic acid	其他	[2]
72	Tiegusanin A	木脂素	[13]
73	Tiegusanin B	木脂素	[13]
74	Tiegusanin C	木脂素	[13]
75	Tiegusanin D	木脂素	[13]
76	Tiegusanin E	木脂素	[13]
77	Tiegusanin F	木脂素	[13]
78	Tiegusanin G	木脂素	[13]
79	Tiegusanin H	木脂素	[13]
80	Tiegusanin I	木脂素	[13]
81	Tiegusanin J	木脂素	[13]
82	Tiegusanin K	木脂素	[13]
83	Tiegusanin L	木脂素	[13]
84	Tiegusanin M	木脂素	[13]
85	Tiegusanin N	木脂素	[13]
86	Tyrosol	苯乙醇类	[15]

白族特色药用植物现代研究与应用

序号	化合物名称	结构类型	参考文献
87	Vanillin	酚酸	[15]
88	Vanillic acid	酚酸	[4]
89	Veraguensin	木脂素	[5]
90	*β*-Sitosterol	甾体	[2, 14]
91	胡萝卜苷	甾体	[7]
92	琥珀酸	其他	[7]

同时，对铁箍散的挥发性成分也有研究报道，已鉴定的成分超过 50 个[17]。

需要特别注意的是，近年来植物分类学中将铁箍散 Schisandra propinqua（Wall.）Baill. subsp. sinensis、藤香树（中间近缘五味子）Schisandra propinqua（Wall.）Baill var. intermidia 及合蕊五味子原变种 Schisandra propinqua（Wall.）归并为一个种[1]。其中关于合蕊五味子原变种 Schisandra propinqua 的化学成分已有较多的研究报道，从中分离鉴定了 200 多个成分[16, 18-37]；关于藤香树（中间近缘五味子）Schisandra propinqua 的化学成分也有研究报道，从中分离鉴定了 40 余个成分[38-44]。

【药理药效】铁箍散（包括藤香树和合蕊五味子）中含有木脂素、三萜类等多种生物活性成分。经现代药理研究证实，铁箍散及其变种具有抗肿瘤、抗氧化、抗病毒、植物激素样作用等药理活性。

1. 抗肿瘤活性 铁箍散：周英等[7]研究显示铁箍散根及茎的水提物在动物体内外均可抑制肺癌细胞的活性。黄峰[4]的研究表明铁箍散中的木脂素、三萜类化合物在体外对多个肿瘤细胞株均有明显的细胞毒作用，其作用机制可能与诱导细胞凋亡及抑制肿瘤细胞生长依赖的蛋白酪氨酸激酶活性有关。Xu 等[16]发现铁箍散藤茎氯仿提取物对肿瘤细胞具有显著的细胞毒活性，随后从中分离得到 4 个新的联苯环辛二烯木脂素，其中化合物 propinquanin B 对人肝癌细胞 HepG2 和人早幼粒白血病细胞 HL-60 具有显著的体外细胞毒活性（$IC_{50} < 10\mu M$）。Gao 等[45]发现铁箍散中分离的五味子素 F 可通过诱导细胞凋亡来抑制 A375 细胞增殖。进一步的研究表明，五味子素 F 能降低活性氧的过量产生，减少线粒体膜电位的去极化，并开放线粒体通透性过渡孔。Jin 等[12]从铁箍散乙醇提取物中分离得到 7 个新的联苯环辛二烯木脂素，其中 propinquain G 对淋巴细胞增殖有抑制作用。

合蕊五味子：Liu 等[3]从合蕊五味子中分离得到的化合物 manwuweizic acid 对肺癌细胞 Lewis 和固体肝癌细胞具有显著的抑制作用。Chen 等[20]实验证明化合物 nigranoic acid 和 manwuweizic acid 在体外对人蜕膜细胞及大鼠黄体细胞具有很强的细胞毒活性。Xu 等[14]验证了化合物 schisanterpene B 对两种人肝癌细胞 HepG2 和 Bel7402 具有细胞毒性，其 IC_{50} 值分别为 61.32μM、72.93μM。

铁箍散

2. 抗氧化活性 黄锋[4]从铁箍散中分得的多个化合物在体外对 DPPH、羟自由基、超氧阴离子等自由基表现出了很强的清除作用，并且在体外可抑制脂质过氧化反应发生，其活性强于维生素 C，表明铁箍散可以作为寻找高效抗氧化剂的新来源。

3. 抗病毒活性 Li 等[9]从铁箍散地上部分分离得到 3 种新的芳基萘木脂素 *sinensis* A-C，其中 *sinensis* A 具有较弱的抗 HIV-1 活性，且对正常细胞作用弱，治疗指数（TI 值）为 6.7。Lei 等[27]从合蕊五味子中分离得到的 propindilactone L 具有显著抑制乙肝表面抗原（HBsAg）和乙肝 e 抗原（HBeAg）的作用，这是首次关于三萜具有抗乙型肝炎病毒作用的报道。该化合物的选择性指数（SI）值分别为 2.68、1.11。Lei 等[28]评估了合蕊五味子的中化合物的抗 HBV 活性，化合物 wuweizidilactone B 对 HBsAg 和 HBeAg 的细胞毒性高，活性低，SI 值 < 1.0。

4. 植物激素样作用 黄锋[4]的研究表明铁箍散的木脂素成分具有植物雌激素样作用，在体外可促进成骨细胞增殖，对血管平滑肌细胞生长则表现为抑制作用，并且能剂量依赖性地抑制血小板聚集。铁箍散对绝经后骨质疏松及心血管风险升高具有良性调节作用。

【开发应用】

1. 标准规范 铁箍散尚未见有相关的药品标准、药材标准及中药饮片炮制规范。

2. 专利申请 文献检索显示，铁箍散植物相关的专利共 47 项[46, 47]，其中有关化学成分及药理活性的研究的专利 5 项、铁箍散与其他中药材组成中成药以及制剂申请的专利 38 项、其他专利 4 项。

专利信息显示，绝大多数的专利为铁箍散与其他中药材的组合物用于各种疾病的治疗，包括风湿性颈肩腰腿痛、痛风、心脏病引起的下肢水肿、腰颈椎椎间盘突出症、腰部扭伤、肩周炎、甲沟炎、视神经炎、产褥感染、产后经期异常、慢性尿路感染、上呼吸道感染、痰热壅肺型阻塞性肺气肿、脾虚湿滞型溃疡性结肠炎、骨折及骨质增生等。铁箍散也可用于茶、药酒等饮品的制作，以及抗肿瘤药物的研究。

与铁箍散相关的代表性专利有：

（1）肖培根等，一个新颖的类木脂素及其制备方法和用途（CN1699321）（2005 年）。

（2）颜昌礼，抗癌外用药及其制备方法（CN103479802A）（2014 年）。

（3）张定棋等，治疗跌打损伤的外用中草药组合物及其制备方法和应用（CN104721480A）（2015 年）。

（4）高雪梅，一种治疗慢性尿路感染的中药制剂及护理方法（CN105250510A）（2016 年）。

（5）吴姗姗等，一种治疗脾虚湿滞型溃疡性结肠炎的药物（CN105267587A）（2016 年）。

（6）孙晓伟等，一种治疗上呼吸道感染的中药（CN105920475A）（2016 年）。

（7）王京涛等，一种治疗甲沟炎的中药制剂及其制备方法（CN106075111A）（2016 年）。

（8）肖丽芳等，一种治疗心脏病引起下肢水肿的中药组合物（CN106177513A）（2016年）。

（9）朱洪岩，治疗风湿性颈肩腰腿疼的活血舒筋膏（CN108355092A）（2018年）。

（10）方建中，治疗骨质疾病的中药（CN108379410A）（2018年）。

铁箍散相关专利最早出现的时间是2002年。2015～2020年申报的相关专利占总数的51.1%；2010～2020年申报的相关专利占总数的87.2%；2000～2020年申报的相关专利占总数的100%。

3. 栽培利用[48, 49]　基地选择：铁箍散属于本土植物，其适生性、抗逆性较强，对土壤要求不是十分严格，只要在土层不十分浅薄、严重干旱或浸渍积水的地段都可以较好地生长。

播种育苗：穗呈紫红色成熟时采收种子带回室内处理，播种时选择生产条件好、排灌管理方便、地势平坦、阳光充足、肥力较好的沙壤土地块作苗床。

水肥管理：铁箍散较为喜肥喜水，栽种后，半年内可用10%～25%的稀薄人粪尿浇施2～3次，以后每年至少施肥2次。

病虫害防治：人工栽培的铁箍散可见果腐病、根腐病、叶枯病、白粉病，卷叶虫、蚜虫、叶螨的发生。为保障产品质量安全，应牢固树立绿色防控理念，通过农业、物理、生物措施综合进行防治，控制病虫害的发生。

采收加工：铁箍散的根、茎、叶、果均可药用。采果穗在8月下旬至10月果穗呈紫红色时随熟随采。采摘时注意轻拿轻放，采收后可晒干或烘干。烘干时开始在室内进行，烘至8成干后，移至室外晒。待全干后，搓去果柄，挑去黑粒即可装袋贮藏待用待售。采收根、茎、叶在10～11月进行，采收后运回室内用水浸湿，将根切成片，将藤蔓剪短，然后晒干装袋贮藏备用或销售。

4. 生药学探索[50]　铁箍散为落叶木质藤本，长达2m；根圆柱形，木质而坚硬，略弯曲，外皮灰棕色，微有香气。

根部外观性状：根呈长圆柱形，细长而弯曲，有分枝，表面棕红色或棕褐色，具纵皱纹，分枝有断痕和疣状突起，横裂深者露出木心，形成长短不等的节。质坚韧，不易折断，断面粉性。皮部薄，棕褐色；木部类白色，约占直径的80%。气香，味微苦、涩、辛，嚼之发黏。

横切面显微鉴别：铁箍散根茎横切面木栓细胞数列，韧皮部较窄，皮层和韧皮部有嵌晶纤维散在，呈长梭形，壁厚、木化，并有黏液细胞，形成层环明显，木质部全部木化，导管1～2列散在，呈圆多角形，射线宽1～2列细胞。髓部薄壁细胞类圆形，排列较疏松，棕色色素细胞呈类方形、类长方形较多，木纤维发达。

显微特征鉴别：淀粉粒众多，复粒多，单粒少，存在于棕色色素细胞中；黏液质块较多，块状物呈不规则形，其外分布有未溶解的黏液细胞；嵌晶纤维较多，呈长梭形，末端急尖或渐尖，壁厚、木化。草酸钙小方晶嵌于纤维次生壁外层，常偏于纤维一侧；棕色色素细胞较多，呈类方形、长方形。

5. 其他应用　铁箍散有一定的药用价值，还可用于酿酒、制作果汁、编制工艺品、竹制品包边固着和装饰、绑扎扫把等。

【药用前景评述】铁箍散是白族著名的传统药用植物。据考证其为白族古代药物"获歌诺木"，是为数不多的白族古籍中记载的药物，具有十分重要的历史地位与白族医药史料研究价值。古时铁箍散在大理白族地区主要用于治疗风湿麻木、跌打损伤，是一种重要的接骨、抗风湿良药。

化学成分研究结果显示，铁箍散茎和根中主要含有木脂素类化合物，此类成分通常具有利尿、退热、止痛、抗风湿的作用，同时，木脂素类成分还具有植物激素样作用，可促进成骨细胞增殖，这与铁箍散的白族传统用法、用途完全一致，显示白族对此药物使用的合理性。此外，根据药理学研究结果，铁箍散总提物及其分离产物在体内外显示出了一定的细胞毒作用及抗氧化、抗病毒活性，表明该植物应该具有多种药用价值，也为开发铁箍散新的用途及临床应用提供了理论依据。

目前，针对铁箍散传统药用研究开发的产品尚未见有报道，仅有少量以铁箍散配伍的方剂产品。此外，鉴于铁箍散为一种五味子基原植物，因此其还有一些以五味子为药用部位开发的产品，以及人工栽培方面的应用研究等。

需要特别注意的是，白族药物铁箍散是一种药用植物，与中医药中的铁箍散完全是两种不同的药物；后者为一种方剂，由多种药材组合而成。据《急救广生集》载："铁箍散，一切肿毒初起者，围即消。已成者，围之，毒气不至他攻。无脓围之有脓，未溃即溃，已溃追脓。用大黄、陈小粉炒，各一两，九月九日取芙蓉叶、姜黄、白蔹、白及、五倍子各五钱，蟹壳五个共研末，醋调围。"《理瀹骈文》曰："铁箍散，主治痈毒疔疮。苍耳草灰、芙蓉叶、赤小豆各等分，共为细末，醋调围患处。"目前，中医药中的铁箍散已有成药上市，主成分为生川乌、生草乌、生半夏、赤小豆、芙蓉叶、五倍子、白及等，主要用于解毒消肿、软坚、止痛，用于疔疮痈疡、红肿疼痛、坚硬未溃。因此，在使用铁箍散时要特别留意两种铁箍散之间的区别。

参考文献

［1］林祁.五味子属植物的分类学订正［J］.植物分类学报，2000，38（6）：532-550.

［2］刘嘉森，马玉廷，黄梅芬.神农架地区五味子科植物成分的研究Ⅰ.铁箍散茎和根的化学成分研究［J］.化学学报，1988，46（4）：345-348.

［3］Liu JS, Huang MF, Tao Y. Anwuweizonic acid and manwuweizic acid, the putative anticancer active principle of *Schisandra propinqua*［J］. Can J Chem, 1988, 66（3）: 414-415.

［4］黄锋.铁箍散药理活性研究［D］.北京：中国协和医科大学，2005.

［5］许利嘉，刘海涛，彭勇，等.铁箍散藤茎的化学成分研究［J］.中国中药杂志，2008，33（5）：521-523.

［6］靳美娜，唐生安，段宏泉.铁箍散化学成分的研究［J］.药物评价研究，2010，33（2）：

129–131.

［7］周英，杨峻山，王立为，等.铁箍散化学成分的研究 I ［J］.中国药学杂志，2002，37（4）：260–261.

［8］靳美娜.三种药用植物化学成分及其生物活性研究［D］.天津：天津医科大学，2013.

［9］Li XN, Lei C, Yang LM, et al. Three new arylnaphthalene lignans from *Schisandra propinqua* var. *sinensis*［J］. Fitoterapia, 2012, 83（1）: 249–252.

［10］Shang SZ, Han YS, Shi YM, et al. Four new lignans from the leaves and stems of *Schisandra propinqua* var. *sinensis*［J］. Nat Prod Bioprospect, 2013, 3（2）: 56–60.

［11］周英，杨峻山，王立为，等.铁箍散化学成分的研究 II ［C］//2001' 全国药用植物与中药院士论坛及学术研讨会论文集.大连，2001：136–140.

［12］Jin MN, Yao Z, Takaishi Y, et al. Lignans from *Schisandra propinqua* with inhibitory effects on lymphocyte proliferation［J］. Planta Med, 2012, 78（8）: 807–813.

［13］Li XN, Pu JX, Du X, et al. Lignans with anti–HIV activity from *Schisandra propinqua* var. *sinensis*［J］. J Nat Prod, 2009, 72（6）: 1133–1141.

［14］Xu L, Huang F, Chen S, et al. A new triterpene and dibenzocyclooctadiene lignans from *Schisandra propinqua*（Wall.）Baill.［J］. Chem Pharm Bull, 2006, 54（4）: 542–545.

［15］Xu L, Huang F, Chen S, et al. A cytotoxic neolignan from *Schisandra propinqua*（Wall.）Baill.［J］. J Integr Plant Biol, 2006, 48（12）: 1493–1497.

［16］Xu LJ, Huang F, Chen SB, et al. New lignans and cytotoxic constituents from *Schisandra propinqua*［J］. Planta Med, 2006, 72（2）: 169–174.

［17］李群芳，娄方明，张倩茹，等.铁箍散根茎挥发油成分的GC–MS分析［J］.精细化工，2010，27（2）：138–141.

［18］陈业高，秦国伟，谢毓元.满山香化学成分的研究［J］.中国中药杂志，2001，26（10）：694–696.

［19］Chen YG, Qin GW, Xie YY. A novel triterpenoid lactone, schiprolactone A, from *Schisandra propinqua*（Wall.）Hook. f. et Thoms［J］. Chin J Chem, 2001, 19（3）: 304–307.

［20］Chen YG, Qin GW, Cao L, et al. Triterpenoid acids from *Schisandra propinqua* with cytotoxic effect on rat luteal cells and human decidual cells in vitro［J］. Fitoterapia, 2001, 72（4）: 435–437.

［21］李甫.满山香子有效成分的提取与分离［D］.桂林：广西师范大学，2006.

［22］李俊，李甫，陆园园，等.满山香子中水杨酸甲酯 2-O-β-D- 木糖基（1→6）-β-D-葡萄糖苷的分离与鉴定［J］.广西科学，2006，13（3）：217–218，225.

［23］李俊，李甫，陆园园，等.满山香子抗炎成分研究［J］.中国药学杂志，2007，42（4）：255–257.

［24］Lei C, Huang SX, Chen JJ, et al. Four new schisanartane-type nortriterpenoids from *Schisandra propinqua* var. *propinqua*［J］. Helv Chim Acta, 2007, 90: 1399–1405.

［25］Lei C, Huang SX, Chen JJ, et al. Lignans from *Schisandra propinqua* var. *propinqua*［J］.

铁
箍
散

Chem Pharm Bull，2008，55（8）：1281-1283.

［26］Lei C，Huang SX，Chen JJ，et al. Propindilactones E-J，schiartane nortriterpenoids from *Schisandra propinqua* var.*propinqua*［J］. J Nat Prod，2008，71（7）：1228-1232.

［27］Lei C，Pu JX，Huang SX，et al. A class of 18（13→14）-abeo-schiartane skeleton nortriterpenoids from *Schisandra propinqua* var. *propinqua*［J］. Tetrahedron，2009，65（1）：164-170.

［28］Lei C，Huang SX，Xiao WL，et al. Bisnortriterpenoids possessing an 18-nor-schiartane skeleton from *Schisandra propinqua* var. *propinqua*［J］. Planta Med，2010，76（14）：1611-1615.

［29］Lei C，Huang SX，Xiao WL，et al. Schisanartane nortriterpenoids with diverse post-modifications from *Schisandra propinqua*［J］. J Nat Prod，2010，73（8）：1337-1343.

［30］Lei C，Xiao WL，Huang SX，et al. Pre-schisanartanins C-D and propintrilactones A-B，two classes of new nortriterpenoids from *Schisandra propinqua* var. *propinqua*［J］. Tetrahedron，2010，66（13）：2306-2310.

［31］Lei C，Pu JX，Xiao WL，et al. Propinic lactones A and B，two new triterpenoids from *Schisandra propinqua* var. *propinqua* and the significance in biosythesis pathway［J］. Chin J Nat Med，2010，8（1）：1-5.

［32］Liu M，Wan Jun，Luo YQ，et al. Triterpenoids from *Schisandra propinqua* var. *propinqua*［J］. Nat Prod Commun，2016，11（7）：925-927.

［33］Liu M，Hu ZX，Luo YQ，et al. Two new compounds from *Schisandra propinqua* var. *propinqua*［J］. Nat Prod Bioprospect，2017，7（3）：257-262.

［34］郝庆秀，康利平，朱寿东，等.基于 UPLC-Q-TOF/MS^E 技术的彝药满山香的化学成分鉴别研究［J］.中国中药杂志，2017，42（21）：4234-4245.

［35］Ding WP，Hu K，Liu M，et al. Five new schinortriterpenoids from *Schisandra propinqua* var. *propinqua*［J］. Fitoterapia，2018，127：193-200.

［36］丁文平.合蕊五味子（原变种）的次生代谢物及其生物活性研究［D］.昆明：云南大学，2018.

［37］陈业高，秦国伟，谢毓元.满山香中的联苯环辛二烯木脂素［J］.高等学校化学学报，2001，22（9）：1518-1520.

［38］Li HM，Wang WG，Li XN，et al. The chemical constituents from *Schisandra propinqua* var. *intermedia*［J］. Chin Chem Lett，2008，19（12）：1450-1452.

［39］吴彤，李燕，孔德云，等.藤香树茎藤的化学成分［J］.中国药学杂志，2010，45（12）：902-905.

［40］李良，杨存保，张洪彬，等.五味子化学成分研究（Ⅰ）［J］.云南大学学报（自然科学版），1995，17（4）：378-380.

［41］李子燕，李良，张洪彬.中间五味子化学成分的研究［J］.中草药，1996，27（1）：3-4.

［42］吴彤，孔德云，李惠庭.藤香树中二个新的脂肪硝基酚苷的鉴定［J］.药学学报，2004，39（7）：534-537.

［43］王光凤，李燕，吴彤，等.藤香树茎藤中一个新酚苷的结构鉴定［J］.中草药，2006，37（9）：1293-1295.

［44］Li HM, Lei C, Luo YM, et al. Intermedins A and B: new metabolites from *Schisandra propinqua* var. *intermedia*［J］.Arch Pharm Res, 2008, 31（6）: 684-687.

［45］Gao D, Qu Y, Wu H. Inhibitory effects of schisantherin F from *Schisandra propinqua* subsp. *sinensis* on human melanoma A375 cells through ROS-induced mitochondrial dysfunction and mitochondria-mediated apoptosis［J］.Nat Prod Res, 2018. DOI: 10.1080/14786419.2018.1509332.

［46］SooPAT. 铁箍散［A/OL］.（2020-03-15）［2020-03-15］.http://www2.soopat.com/Home/Result?Sort=&View= &Columns=&Valid=&Embed=&Db=&Ids=&FolderIds=&FolderId=&ImportPatentIndex=20&Filter=&SearchWord=%E9%93%81%E7%AE%8D%E6%95%A3&FMZL=Y&SYXX=Y&WGZL=Y&FMSQ=Y.

［47］SooPAT.*Schisandra propinqua* sinensis［A/OL］.（2020-03-15）［2020-03-15］.http://www.soopat.com/Home/Result?Sort=&View=&Columns=&Valid=&Embed=&Db=&Ids=&FolderIds=&FolderId=&ImportPatentIndex=&Filter=&SearchWord=Schisandra+propinqua+sinensis.

［48］陈振华.小血藤资源养护及种植技术［J］.农业科技通讯，2017，（2）：213-216.

［49］林燕.铁箍散人工栽培技术［J］.中国农技推广，2017，33（3）：48-50.

［50］吴向莉.巴戟天与混用品之一的铁箍散的鉴别［J］.贵州医药，2005，29（5）：452-453.

铁
箍
散

倒钩刺

【植物基原】本品为蔷薇科悬钩子属植物三叶悬钩子 *Rubus delavayi* Franch. 的全草。

【别名】三叶薦、绊脚刺、小黄泡刺、刺茶。

【白语名称】松夫如忧（剑川）、赤启芝（洱源）。

【采收加工】夏秋采集，晾干备用。

【白族民间应用】清热解毒、除湿止痢、驱蛔虫。用于四季感冒、扁桃体炎、急性结膜炎、腮腺炎、乳腺炎、无名肿毒、风湿性关节炎、痢疾、蛔虫病等。

【白族民间选方】咽喉肿痛：本品 20～30g，煎服。

【化学成分】代表性成分：（S）-3,7-dimethyloct-1-en-3-ol（1）、（+）-1-hydroxylinalool（2）、6-hydroxy-2, 6-dimethyloct-7-enoic acid（3）、sachalinoide B（4）、（4α）-3-（5, 5-dimethyltertrahydrofuranyl）-1-buten-3-ol 3-O-β-D-glucopyranoside（5）、（3R，6E，10S）-2, 6，10-trimethyl-3-hydroxydodeca-6，11-diene- 2，10-diol（6）、amarantholidoside IV（7）、schensianol A（8）、schensianolside A（9）、齐墩果酸（10）、trachelo- speridoside E-1（11）、乌苏酸（12）、trachelosperoside B-1（13）、山奈酚（14）、木犀草素（15）、木犀草素 -7-O-β-D- 吡喃葡萄糖苷（16）、芦丁（17）、反式 - 对羟基肉桂酸甲酯（18）、反式 - 咖啡酸（19）、trans-1-O-methyl-6-O-caffeoyl-β-D-glucopyranose（20）、methyl（2R，3R）-2-bromo-3-hydroxy-3-（4-hydroxy phenyl）-propionate（21）、没食子酸（22）、5- 甲氧基间苯二酚（23）、邻苯二酚（24）、水杨酸（25）、l-O-β-D-glucopyranosyloxy-3-methoxy-5-hydroxybenzene（26）、苯甲醇 -O-β-D- 吡喃葡萄糖苷（27）等[1-3]。

14 15 16 17

18 19 20 21

22 23 24 25 26 27

迄今已从三叶悬钩子中分离得到了近 100 个化学成分，包括单萜（苷）、倍半萜（苷）、五环三萜（苷）、黄酮（苷）、苯丙素（苷）、简单酚酸类，以及少量甾体等其他结构类型化合物等：

序号	化合物名称	结构类型	参考文献
1	（-）-epi-Catechin	黄酮	[1]
2	（+）-1-Hydroxylinalool	单萜	[2]
3	（+）-Catechin	黄酮	[1]
4	（1′R，2′R）-Guaiacyl glycerol	苯丙素	[1]
5	（1′S，2′R）-Guaiacyl glycerol	苯丙素	[1]
6	（2S，3R，4S，5S，6R）-2-{［（3S，10R，E）-3，10-Dihydroxy-2，6，10-trimethyldodeca-6，11-dien-2-yl］oxy}-6-（hydroxymethyl）tetrahydro-2H-pyran-3，4，5-triol	倍半萜	[1]
7	（3R，6E，10S）-2，6，10-Trimethyl-3-hyd- roxydodeca-6-11-diene-2，10-diol	倍半萜	[2]
8	（4α）-3-（5，5-Dimethyltertrahydrofuranyl）-1-buten-3-ol 3-O-β-D-glucopyranoside	单萜	[2]
9	（6S，9S）-Vimifoliol	倍半萜	[2]
10	（R）-1-（3-Ethylphenyl）-1，2-ethanediol	酚酸	[2]
11	（S）-3，7-Dimethyloct-1-en-3-ol	单萜	[2]
12	（S）-Menthiafolic acid	单萜	[2]
13	1-（3-Ethylphenyl）-1′-（4-ethlphenyl）-1，2-ethanediol ether	酚酸	[2]
14	10，11-Dihydroxy-β-bisabolene-10-O-β-D-glucopyranoside	倍半萜	[2]
15	10，11-Dihydroxy-β-bisabolene-11-O-β-D-glucopyranoside	倍半萜	[2]

倒钩刺

序号	化合物名称	结构类型	参考文献
16	10-Hydroxyverbenon	单萜	[2]
17	16α，17，19- 三羟基贝壳杉烷	二萜	[3]
18	28-β-D-Glucopyranosyl-2α，3α，19α-23-tetrahydroxyolean-12-ene-24，28-dioic acid	三萜	[2]
19	28-β-D-Glucopyranosyl-2α，3β-dihudroxy-24-oxo-olean-12-en-28-oate	三萜	[2]
20	2α，3α- 二羟基 -12- 烯 -28- 齐墩果酸	三萜	[3]
21	2β，3β，19β-Trihydroxyolean-12-ene-24，28-dioic acid	三萜	[2]
22	3，4- 二羟基苯甲酸	酚酸	[2]
23	3，5-Dimethoxyphenyl-β-D-glucopyranoside	酚酸	[1]
24	3，5- 二羟苯基乙酸酯	酚酸	[1]
25	3β，16α，17- 三羟基贝壳杉烷	二萜	[3]
26	5，6-Dihydro-5-hydroxy-3，6-epoxy-β-ionol	倍半萜	[2]
27	5- 甲氧基间苯二酚	酚酸	[1]
28	6，7- 二甲氧基香豆素	苯丙素	[2]
29	6-Hydroxy-2，6-dimethyloct-7-enoic acid	单萜	[2]
30	6- 羟基 -7- 甲氧基香豆素	苯丙素	[2]
31	Amarantholidoside Ⅳ	倍半萜	[2]
32	Amarantholidoside Ⅴ	倍半萜	[1，2]
33	Arjungenin	三萜	[2]
34	Arjunglucoside I	三萜	[1，2]
35	Arjunic acid	三萜	[2]
36	Arjunolic acid	三萜	[2]
37	Aromadendrane-4β，10β-diol	倍半萜	[2]
38	Bellericagenin B	三萜	[2]
39	Bridelionol B	倍半萜	[1]
40	cis-1-O-Methyl-6-O-caffeoyl-β-D-glucopyranose	苯丙素	[2]
41	Epoxyconiferyl alcohol	苯丙素	[2]
42	Glucosyl tormentate	三萜	[1]
43	Grasshopper ketone	倍半萜	[2]
44	Icariside C1	倍半萜	[2]

白族特色药用植物现代研究与应用

序号	化合物名称	结构类型	参考文献
45	Ioloolide	单萜	[2]
46	Kaempferol-3-O-［2-O-D-xylopyranosyl-O-α-L-rhamonpoyranosyl］-β-D-glucopyranoside	黄酮	[2]
47	Linalol-8-oic acid	单萜	[2]
48	l-β-D-Glucopyranosyloxy-3-methoxy-5-hydroxybenzene	酚酸	[1]
49	Methyl（1R, 2R, 2′Z）-2-（5′-hydroxy-pent-2′-enyl）-3-oxo-cyclopentaneacetate	倍半萜	[2]
50	Methyl（2R,3R）-2-bromo-3-hydroxy-3-（4-hydroxyphenyl）-propionate	苯丙素	[2]
51	Methyl（2S, 3S）-2-bromo-3-（4-hydroxyphenyl）-propionate	苯丙素	[2]
52	Methyl（2S,3S）-2-bromo-3-hydroxy-3-（4-methoxyphenyl）-propionate	苯丙素	[2]
53	Negunfurol	倍半萜	[2]
54	Negunfurolside	倍半萜	[1, 2]
55	Neroplofurol	倍半萜	[2]
56	Quercetin-3-rutinoside	黄酮	[2]
57	rel-（3S, 6R, 7R, 10R）-7, 10-Epoxy-3, 7, 11-trimeth-yldodec-1-ene-3, 6, 11-triol	倍半萜	[2]
58	Sachalinoide B	单萜	[2]
59	Scaphopetalone	苯丙素	[2]
60	Schensianol A	倍半萜	[2]
61	Schensianoside A	倍半萜	[2]
62	Teasperol	倍半萜	[1]
63	Trachelosperidoside E-1	三萜	[2]
64	Trachelosperoside B-1	三萜	[2]
65	trans-1-O-Methyl-6-O-caffeoyl-β-D-glucopyranose	苯丙素	[2]
66	α-Terpineol（p-menth-1-en-8-ol）	单萜	[2]
67	β-谷甾醇	甾体	[1, 2]
68	苯甲醇-O-β-D-吡喃葡萄糖苷	酚酸	[1]
69	短叶苏木酚酸甲酯	苯丙素	[2]
70	对羟基苯乙酮	酚酸	[2]
71	反式-2-溴-5羟基-肉桂酸甲酯	苯丙素	[2]
72	反式-对羟基肉桂酸	苯丙素	[2]

倒钩刺

序号	化合物名称	结构类型	参考文献
73	反式 - 对羟基肉桂酸甲酯	苯丙素	[2]
74	反式 - 咖啡酸	苯丙素	[2]
75	反式 - 山柰酚豆酰基葡萄吡喃糖苷	黄酮	[2]
76	胡萝卜苷	甾体	[1, 2]
77	槲皮素 -3-O-β-D- 吡喃葡萄糖苷	黄酮	[3]
78	邻苯二酚	酚酸	[1]
79	没食子酸	酚酸	[1, 2]
80	没食子酸甲酯	酚酸	[2]
81	木犀草素	黄酮	[2]
82	木犀草素 -7-O-β-D- 吡喃葡萄糖苷	黄酮	[2]
83	坡莫酸	三萜	[2]
84	齐墩果酸	三萜	[2, 3]
85	蔷薇酸	三萜	[2]
86	山柰酚	黄酮	[2, 3]
87	山柰酚 -3-O-α-L- 鼠李糖 -（1→6）-β-D- 吡喃葡萄糖苷	黄酮	[1, 2]
88	山柰酚 -3-O-β-D-（6″-O- 对香豆酸酯）吡喃葡萄糖苷	黄酮	[3]
89	山柰酚 -3-O-β-D- 吡喃葡萄糖苷	黄酮	[1, 3]
90	水杨酸	酚酸	[1]
91	顺式 - 对羟基肉桂酸甲酯	苯丙素	[2]
92	顺式 - 咖啡酸	苯丙素	[2]
93	顺式 - 山柰酚香豆酰基葡萄吡喃糖苷	黄酮	[2]
94	脱落酸	倍半萜	[2]
95	委陵菜酸	三萜	[2]
96	乌苏酸	三萜	[2]
97	枳实酚苷 A	酚酸	[1]

【药理药效】目前文献报道的关于三叶悬钩子的药理活性主要有[4]：抗炎、抗菌、杀虫、抗肿瘤、增强免疫、抗氧化、镇痛镇静等。

1. 抗炎、抗氧化作用 秦攀等[5]的研究结果表明三叶悬钩子可明显抑制二甲苯致小鼠耳肿胀和醋酸所致小鼠腹腔毛细血管通透性增高，且存在剂量依赖性。缪茜等[6]发现三叶悬钩子可减少角叉菜胶诱导的小鼠急性渗出性胸膜炎的胸腔渗出液量，减少渗出液中的白细胞数目，降低肺组织和肝组织中的丙二醛（MDA）水平，升高超氧化物歧化酶（SOD）活性，提示三叶悬钩子对急性渗出性胸膜炎具有一定的保护作用。郭美仙等[7]考察三叶悬钩子乙醇提取物对大鼠酒精性肝炎的影响，结果证明其能够显著降低肝炎大鼠血清中的谷丙转氨酶和谷草转氨酶活性，减少肝组织 MDA 含量，能显著升高肝组织 SOD 活性，并降低肝炎大鼠的肝脏指数，减轻肝组织水肿和脂肪变性。

2. 抗菌作用 刘晓波等[8]采用试管稀释法和纸片扩散法测定三叶悬钩子不同溶剂提取部分的体外抗菌作用。结果显示乙醇部分、乙酸乙酯部分和正丁醇部分提取物对 8 种受试菌（白假丝酵母菌、变形杆菌、金黄色葡萄球菌、痢疾志贺菌、枯草芽孢杆菌、铜绿假单胞菌、伤寒沙门菌、大肠埃希菌）均有抑制作用。

3. 抗肿瘤和增强免疫作用

（1）抗肿瘤作用：郝芳芳等[9]以不同浓度的三叶悬钩子提取物作用于体外培养的人胃腺癌细胞 SGC7901、人慢性髓系白血病细胞 K562 及人早幼粒白血病细胞 HL-60，然后以 MTT 法检测细胞的增殖率。结果显示三叶悬钩子氯仿提取物和石油醚提取物均能够抑制三种细胞的生长，抑制作用随药物浓度的增大而增强。氯仿提取物对 SGC7901 细胞和 K562 细胞的半数抑制浓度（IC_{50}）分别为 55.53μg/mL 和 28.03μg/mL；石油醚提取物对 SGC7901 细胞和 K562 细胞的 IC_{50} 分别为 29.52μg/mL 和 14.99μg/mL。

（2）增强免疫作用：郭美仙等[10]通过连续 14 天给小鼠灌胃三叶悬钩子总提物，观察三叶悬钩子对正常小鼠免疫器官指数的影响；用碳粒廓清实验测定小鼠网状内皮系统中巨噬细胞的吞噬功能。结果显示三叶悬钩子能剂量依赖性地提高正常小鼠的脾脏及胸腺指数，提高小鼠网状内皮系统中巨噬细胞吞噬碳粒的能力，说明三叶悬钩子对小鼠免疫功能有增强作用。

4. 抗旋毛虫作用 2001 年段泽虎[11]曾报道三叶悬钩子可用于治疗家畜炎症、绦虫病、血吸虫病等。本书作者团队长期从事三叶悬钩子抗旋毛虫的研究，取得了多项研究成果，初步证实了三叶悬钩子水提物的确具有一定的抗旋毛虫活性，部分实验结果如下：

（1）体外抗旋毛虫实验：取已感染旋毛虫 7 天的小鼠，取小肠，生理盐水冲洗除去小肠内容物，收集含有成虫的混悬液备用。将成虫混悬液与培养液及三叶悬钩子混悬液混匀，分别于给药后 1、30 分钟以及 1、3、6、8、10、15、20、24、36、48、55、66、72 小时等不同时间点置于倒置显微镜下观察每孔成虫的活动状态，结果见表 23。

表 23　三叶悬钩子体外抗小肠旋毛虫（成虫）实验结果

药物作用时间	组别					
	空白组	阴性组	1.96mg/mL	3.85mg/mL	7.41mg/mL	28.57mg/mL
1min	虫体活跃	虫体活跃	虫体活跃	虫体活跃	虫体活跃	虫体活跃
10h	虫体活跃	虫体活跃	虫体活动减弱	虫体部分死亡少数活动减弱	虫体死亡	虫体死亡
15h	虫体活动减弱	虫体活动减弱	虫体活动减弱	虫体极微弱活动，多数死亡	虫体死亡	虫体死亡
20h	虫体活动减弱	虫体活动减弱	虫体大部分死亡，少数活动减弱	虫体死亡	虫体死亡	虫体死亡
24h	虫体活动减弱少数死亡	虫体活动减弱部分死亡	虫体大部分死亡，少数微弱活动	虫体死亡	虫体死亡	虫体死亡
36h	虫体微弱活动，部分死亡	虫体微弱活动，部分死亡	虫体几乎死亡，仅见一条有微弱活动	虫体死亡	虫体死亡	虫体死亡
48h	虫体死亡	虫体死亡	虫体死亡	虫体死亡	虫体死亡	虫体死亡

（2）体内抗旋毛虫实验

①旋毛虫小肠成虫期的检测：取已感染旋毛虫的小鼠，解剖取肌肉消化后收集肌幼虫。配成每毫升 1000 条的含幼虫的混悬液，每只小鼠灌胃感染液 0.2mL。感染后第 1 天灌胃三叶悬钩子。第 7 天解剖取小肠，放入 37℃恒温水浴锅中孵育 3 小时。去除小肠，收集杯底成虫镜检计数，并计算其减虫率。计算公式为：减虫率＝[（感染对照组平均虫数－治疗组平均虫数）/ 感染对照组平均虫数]×100%。结果见表 24。

表 24　三叶悬钩子体内抗小肠旋毛虫（成虫）实验结果

组别	剂量（mg/kg）	平均虫数（mean ± SD）	减虫率（%）
空白对照组	—	54.00 ± 31.20	—
阳性药组（阿苯达唑）	50	0.00 ± 0.00	100
三叶悬钩子组	1000	34.60 ± 13.81	35.93
三叶悬钩子组	500	43.50 ± 21.30	19.44

②旋毛虫幼虫移行期的检测：取已感染旋毛虫 15 天的小鼠，灌胃三叶悬钩子，连续7 天，于感染后第 30 天解剖取膈肌及后腿肌肉，加入人工消化液于 37℃孵育 24 小时消化组织。次日过滤后水洗沉淀收集杯底肌幼虫镜检计数，并计算其减虫率。结果见表 25。

表 25　三叶悬钩子体内对幼虫移行期肌幼虫的影响

组别	剂量（mg/kg）	平均虫数（mean ± SD）	减虫率（%）
空白对照组	—	83.60 ± 21.56	—
阳性药组（阿苯达唑）	50	15.60 ± 6.53	81.34
三叶悬钩子组	1000	39.60 ± 16.74	52.63
三叶悬钩子组	500	22.33 ± 7.20	73.29

③旋毛虫成囊期幼虫的检测：取已感染旋毛虫 25 天的小鼠，灌胃三叶悬钩子，连续 15 天，于感染后第 45 天解剖取膈肌及后腿肌肉，加入人工消化液于 37℃孵育 24 小时消化组织，次日过滤后水洗沉淀收集杯底肌幼虫镜检计数，并计算其减虫率。结果见表 26。

表 26　成囊期肌幼虫计数结果

组别	剂量（mg/kg）	平均虫数（mean ± SD）	减虫率（%）
空白组	—	47.67 ± 16.51	—
阳性药组（阿苯达唑）	50	19.53 ± 3.81	59.02
三叶悬钩子组	1000	46.60 ± 23.10	2.24
三叶悬钩子组	500	31.33 ± 9.76	34.27

以上结果表明，三叶悬钩子在体外可剂量依赖性地抑制旋毛虫的繁殖；在体内，三叶悬钩子可抑制成虫期、幼虫移行期和成囊期的旋毛虫繁殖。

【开发应用】

1. 标准规范　倒钩刺尚未见有相关的药品标准、药材标准及中药饮片炮制规范。

2. 专利申请　目前涉及倒钩刺的专利共有 7 项：

（1）殷建忠等，三叶悬钩子保健速溶茶及其制备方法（CN105145987A）（2015 年）。

（2）殷建忠等，三叶悬钩子植物复合饮料及其制备方法（CN105146662A）（2015 年）。

（3）殷建忠等，三叶悬钩子发酵乳酸饮料及其制备方法（CN105285099A）（2016 年）。

（4）毛昌武，一种虫茶的制作方法（CN105325640A）（2016 年）。

（5）李振杰等，一种咖啡酸糖苷类化合物、其制备方法及应用（108033984A）（2018 年）。

（6）李振杰等，一种醚类化合物、其制备方法及应用（CN108409545A）（2018 年）。

（7）姜北等，三叶悬钩子植物提取物及其药物组合物的制备方法与抗旋毛虫用途（CN109806304A）（2019 年）。

3. 栽培利用　杨洪涛等[12]报道了三叶悬钩子的组织培养和快速繁殖方法。陈曦等[13]

对三叶悬钩子的生长习性、结果习性、开花结果物候期及椭圆悬钩子的果实发育动态等特性进行了调查，发现三叶悬钩子叶腋处会不断有新生花序抽生，虽单花花期短，但整株花期长，属开花与果实发育同步的类型。

4. 生药学探索　尚未见有系统的三叶悬钩子生药学研究报道。李维林等[14]对中国悬钩子属花粉形态进行了观察，结果发现三叶悬钩子花粉外壁纹饰以条纹为主，在条纹间有或多或少、或大或小的穿孔。

5. 其他应用　云南滇西彝族、白族等少数民族常用倒钩刺泡水制作清凉解毒茶饮，在食用烧烤肉食后饮用。

【药用前景评述】倒钩刺在滇西少数民族，尤其是彝族、白族中是十分熟悉且常用的草药，主要用于清热解毒，特别是在食用烧烤食品（烤羊、烤肉）后作为清热降火的必备茶饮而在滇西地区广泛使用。根据现代研究结果，倒钩刺中含有大量的三萜、黄酮、酚性成分。药理研究结果显示，倒钩刺具有抗炎、抗菌、提高免疫力、护肝等多种生物活性，的确与该植物民族药用防治四季感冒、咽喉肿痛、扁桃体炎、急性结膜炎、腮腺炎、乳腺炎、无名肿毒等十分吻合，说明白族对该植物的基本用法具有科学性与合理性。

然而，倒钩刺之所以神奇，不仅仅是因为其上述药用功效，更在于它还是一种典型的具有鲜明白族特色的植物药。众所周知，白族有许多独特的风俗习惯，如绕三灵、葛根会、三月街、蝴蝶会……无不充满了白族文化气息；同时，白族也有许多独特的饮食，如乳扇、饵块、雕梅、冻鱼、喜洲粑粑……不胜枚举，这其中最为独特神奇的当属白族特色菜肴——生皮。生皮白语称为"亥格"，在大理地区也称为"生肉"。生皮的原料为火烧猪（生猪宰杀后整猪用干稻草火烧，此时皮已经九成熟，而里面的肉仍为生的）的肉和皮，切成丝或片，用酱油、酸醋、辣椒等调料配制的蘸水蘸食，或者直接凉拌食用。生皮味道鲜美，是旧时年节的宴客菜肴。食生皮是白族古风，其最早汉文典籍的记载出自唐朝樊绰所著的《蛮书》，其中记载南诏白蛮"食贵生"。《马可波罗游记》里记载：昆明居民（不排除是当年随元世祖忽必烈征讨南宋时滞留、聚居于昆明地区的白族群落）有吃生肉的习俗。生皮虽然美味，但食用时存在一定的风险，即因所食用生猪带有寄生虫（主要是旋毛虫等）而染病，这在大理、洱源等有吃生皮习俗的地区曾是高发疾病。为此，这些地区的白族先民逐步摸索出了倒钩刺可以用于旋毛虫病防治的药用方法，可不同程度地缓解生皮相关疾病的蔓延。根据笔者团队开展的相关研究结果显示，倒钩刺提取物确实具有抗旋毛虫的效果，其主要成分中也含有大量的倍半萜类成分，具有抗虫活性物质基础，充分显示白族人民的智慧与探索精神。

有趣的是，笔者在大理民间走访倒钩刺用于旋毛虫防治的区域时发现，使用倒钩刺防治旋毛虫病的主要是大理、洱源等白族地区，特别是在洱源三营一带药市走访时几乎人人知晓。然而，在走访剑川、鹤庆等白族聚居地时却几乎无人知晓，显示剑川、鹤庆一带几乎从不用倒钩刺治疗旋毛虫病，这充分说明药物、疾病与生活方式之间有很大的关系。剑川、鹤庆虽然是白族核心聚居区，白族文化深厚，但这些地区从无生食猪肉习俗。笔者曾走访这两地白族村落，均告知无食用生肉习惯，几乎从没有旋毛虫病的发生，也不知倒钩刺的抗旋毛虫用法，这更进一步证实倒钩刺抗旋毛虫用法确系由生食猪肉的大理、洱源白族摸索、总结而成，具有白族原创性与唯一性，是道地的白族医药用法。

目前，倒钩刺的开发利用主要围绕该植物清热解毒的角度进行，以保健茶饮为主。随着对该植物功效的认识深入，相信会有更多的研究成果涌现，因此倒钩刺应该是一种具有较大开发潜力的白族特色药用植物。

参考文献

［1］罗晓磊.白族药倒钩刺和梁王茶化学成分研究［D］.大理：大理大学，2020.

［2］李振杰.三叶悬钩子和棠梨枝叶的化学成分及顺反苯丙烯酸衍生物的转化研究［D］.昆明：云南大学，2016.

［3］郑玲，邓亮，龙飞.三叶悬钩子的化学成分研究［J］.药物分析杂志，2013，33（12）：2104-2108.

［4］王宝珍，解红霞.悬钩子属植物化学成分和药理作用研究新进展［J］.中南药学，2014，12（5）：466-469.

［5］秦攀，刘庆，张羽，等.三叶悬钩子的抗炎作用初探［J］.云南中医中药杂志，2008，29（9）：41-42.

［6］缪茜，胡亚婷，彭芳，等.三叶悬钩子对小鼠急性渗出性胸膜炎的保护作用［J］.中成药，2013，35（11）：2506-2508.

［7］郭美仙，杨毅雯，刘晓波，等.三叶悬钩子对大鼠酒精性肝炎保护作用［J］.大理学院学报，2014，13（10）：1-4.

［8］刘晓波，郭美仙，施贵荣，等.三叶悬钩子体外抗菌作用的研究［J］.大理学院学报，2017，2（8）：6-9.

［9］郝芳芳，庄孝龙，郭美仙，等.三叶悬钩子对3种肿瘤细胞体外生长的抑制作用［J］.安徽农业科学，2012，40（21）：10870-10872.

［10］郭美仙，施贵荣，刘晓波.三叶悬钩子对小鼠免疫器官和巨噬细胞吞噬功能的影响［J］.中国药事，2009，23（5）：428-429.

［11］段泽虎.中草药三叶悬钩子在中兽医临床上的应用［J］.云南畜牧兽医，2001，（1）：38.

［12］杨洪涛，和加卫，唐开学，等.三叶悬钩子的组织培养［J］.植物生理学通讯，2008，44（5）：945-946.

［13］陈曦，张梅芳，陈素梅.三种悬钩子的生物学特性观察［J］.山西果树，2007，（6）：4-5.

［14］李维林，贺善安，顾姻，等.中国悬钩子属花粉形态观察［J］.植物分类学报，2001，39（3）：234-248，296-300.

倒钩刺

臭灵丹

【植物基原】本品为菊科六棱菊属植物臭灵丹 *Laggera pterodonta*（DC.）Benth. 及六棱菊 *L. alata*（D. Don）Sch. Bip. ex Oliv. 的全草。

【别名】鹿耳林、大黑药、臭叶子、翼齿六棱菊、灵丹草。

【白语名称】粗烟筛（大理）、楚筛忧。

【采收加工】夏秋季采集，洗净鲜用或晒干备用。

【白族民间应用】消炎、解毒、镇痛、拔毒、散瘀。内服治（流行性）感冒、中暑、口腔炎、扁桃体炎、咽喉炎、腮腺炎、中耳炎、支气管炎、疟疾；外用治疮痂、肿毒、烧烫伤、毒蛇咬伤、跌打损伤、骨折。叶子泡水，清热解毒。

【白族民间选方】①感冒、中暑、口腔炎、支气管炎：本品 15～25g，煎服。②预防流行性感冒：臭灵丹 2500g，生姜 1000g，红糖适量，此为 100 人服一次量，水煎服，每日 2 次。③疮痂、肿毒、毒蛇咬伤、跌打损伤：本品鲜全草适量，捣烂敷患处；或水煎浓汁洗患处。④疟疾：本品草尖 7 枝，捣烂，加酒服之。⑤口腔溃疡、化脓性扁桃体炎：本品鲜叶 5g，生姜 10g，温开水浸泡服用。

【化学成分】代表性成分：臭灵丹主要含桉烷倍半萜及其苷类化合物。例如，臭灵丹二醇（pterodondiol，1）、臭灵丹三醇甲（pterodontriol A，2）、臭灵丹三醇乙（pterodontriol B，3）、pterodontriol E（4）、pterodontriol F（5）、pterodontriol C（6）、pterodontriol D（7）、4β，9α，11-三羟基对映桉烷（8）、臭灵丹四醇（9）、臭灵丹酸（10）、1β-羟基-臭灵丹酸（11）、3β-羟基-臭灵丹酸（12）、2α，3β-二羟基-臭灵丹酸（13）、2α-hydroxy pterodontic acid（14）、4α，5α-dihydroxyeudesma-11（13）-en-12-oic acid（15）、ilicic acid（16）、epiilicic acid（17）、isocostic acid（18）、7β，11β-epoxy-eudesman-4α-ol（19）、7α，11α-epoxyeudesman-4α-ol（20）、pterodolide（21）、laggeric acid（22）、pterodontoside A（23）、pterodontoside B（24）、pterodontoside C（25）、pterodontoside E（26）、pterodontoside B（27）、pterodontoside F（28）、pterodontoside A（29）、pterodontoside D（30）、pterodontoside G（31）、pterodontoside H（32）等[1-34]。

此外，臭灵丹还含有黄酮（苷）、氨基酸、三萜等其他类型化合物。例如，洋艾素（artemitin, 33）、5-hydroxy-3,4′,6,7-tetramethoxyflavone（34）、casticin（35）、penduletin（36）、金腰素乙（chrysosplenetin B，37）、橙皮苷（hesperidin，38）、4′,5,7-三羟基-6-甲氧基黄酮-3-O-β-D-芸香糖苷（39）、3,5-O-dicaffeoylquinic acid（40）、3,4-O-dicaffeoylquinic acid（41）、4,5-O-dicaffeoylquinic acid（42）、tormentic acid（43）、β-amyrin acetate（44）、苯丙氨酸（45）、酪氨酸（46）、甘氨酸（47）、谷氨酸（48）、丙氨酸（49）、蛋氨酸（50）等[1-34]。

1994 年至今已从臭灵丹中分离得到了 160 多个化学成分，包括倍半萜（苷）、黄酮（苷）以及氨基酸类化合物等：

序号	化合物名称	结构类型	参考文献
1	（2β）-2-Deoxo-2-methoxytessaric acid	倍半萜	[10, 12]
2	（3α, 4β, 8α）-4-（Acetyloxy）-3-（2, 3-dihydroxy）-2-methyl-1-oxobutoxy-8-hydroxyeudesm-7（11）-eno-12,8-lactone	倍半萜	[10, 12]
3	（3αH, 4βH, 6αH, 1αMe）-1,6-Epoxy-3-hydroxycarvotanacetone	黄酮	[22]
4	（3β, 10α）-3-Methoxyeudesma-4, 11（13）-dien-12-oic acid	倍半萜	[10, 12]
5	（E）-3-（3′, 4′- 二羟基苯基）丙烯酸	酚酸	[3]
6	14, 5α-Epoxyeudesm-11（13）-en-12-oic acid	倍半萜	[10]
7	1β, 3α-Dihydroxy-eudesman-5, 11（13）-dien-12-oic-acid	倍半萜	[3, 11]
8	1β, 3α-Dihydroxy-5, 11（13）-dien-eudesman-13-oic acid	倍半萜	[26]
9	1β, 9β-Dihydroxy-4αH-eudesman-5, 11（13）-dien-12-oic-acid	倍半萜	[3, 11]
10	1β, 9β-Dihydroxy-5, 11（13）-dien- eudesman-13-oic acid	倍半萜	[26]
11	1β-Hydroxy pterodontic acid	倍半萜	[3, 5, 20]
12	1β-Hydroxyilicic acid	倍半萜	[3]
13	1β-Hydroxyl-4αH-eudesma-5, 11（13）-dien-12-oic acid	倍半萜	[12]
14	2-（3, 4-Dihydroxyphenyl）-5, 7-dihydroxy-3-methoxy-4H-chromen-4-one	黄酮	[6]
15	2-（3, 4-Dihydroxyphenyl）-5-hydroxy-3, 6, 7-trimethoxy-4H-chromen-4-one	黄酮	[6]
16	2-Hydroxy-benzoic acid	酚酸	[1, 14]
17	2-Naphtaleneacetic acid	倍半萜	[3]
18	2α-Hydroxycostic acid	倍半萜	[25]
19	2α, 3β-Dihydroxy pterodontic acid	倍半萜	[3, 5]
20	2α, 3β- 二羟基桉烷 -5, 11（13）- 二烯 -12- 酸	倍半萜	[2]
21	2α-Acetoxycostoate	倍半萜	[3, 9]
22	2β-Acetoxy pterodontic acid	倍半萜	[3, 9]
23	2β-Hydroxyilicic acid	倍半萜	[3, 11, 26]
24	3, 3′, 5- 三羟基 -4′, 6, 7- 三甲氧基黄酮	黄酮	[27]
25	3, 4′, 5- 三羟基 -6, 7- 二甲氧基黄酮	黄酮	[27]
26	3′, 4′, 5-Trihydroxy-3, 5, 6-trimethoxyflavone	黄酮	[3]
27	3′, 4′, 5-Trihydroxy-3, 6, 7-trimethoxyflavone	黄酮	[3]

序号	化合物名称	结构类型	参考文献
28	3，4-O-Dicaffeoylquinic acid	酚酸	[17]
29	3，4- 二羟基苯基甲醛	酚酸	[3]
30	3，5-O-Dicaffeoylquinic acid	酚酸	[17]
31	3，5- 二羟基 -6，7，3′，4′- 四甲氧基黄酮	黄酮	[14]
32	3，5- 二羟基 -6，7，3′，4′- 四甲氧基黄酮醇	黄酮	[2]
33	3，6，7，4′-Tetra-O-methyl-5，3′-dihydroxyflavone	黄酮	[6]
34	3H-Naphth［1，8a-b］oxirene-7-acetic acid	倍半萜	[6]
35	3-O-（2，3-Dihydroxy-2-methylbutyroyl）cuauthemone	倍半萜	[10，12]
36	3-O-（2，3-Expoxy-2-methylbutanoyl）cuauthemone	倍半萜	[10，12]
37	3α-（2，3-Dihydroxy-2-methyl-butyryloxy）-4α-hydroxy-11-hydroxy-6，7-dehydroeudesman-8-one	倍半萜	[12]
38	3α，4β，11-Trihydroxyenantioeudesmane（pterodontriol E）	倍半萜	[8]
39	3α-Angeloyloxy-4α，11-dihydroxy-eudesm-6-en-8-one	倍半萜	[24]
40	3β-Acetoxy，4α-hydroxy-7-epi-eudesm-11（13）-ene	倍半萜	[24]
41	3β-Hydroxy pterodontic acid	倍半萜	[3，5]
42	3β- 羟基桉烷 -5，11（13）- 二烯 -12- 酸	倍半萜	[2]
43	3- 羟基香豆素	香豆素	[21]
44	4，5，7-Trihydroxy-6-methoxyflavone-3-O-β-D-rutinoside	黄酮	[1]
45	4′，5，7- 三羟基 -6- 甲氧基黄酮 -3-O-β-D- 芸香糖苷	黄酮	[14]
46	4′，5-Dihydroxyflavone	黄酮	[6]
47	4，5-O-Dicaffeoylquinic acid	酚酸	[17]
48	4-O-Acetyl-3-O-（2，3-expoxy-2-methylbutanoyl）cuauthemone	倍半萜	[10，12]
49	4-O-Acetyl-3-O-［2-（acetyloxy）-2-methyl-2-hydroxybutanoyl）-cuauthemone	倍半萜	[12]
50	4-O-Acetyl-3-O-［3-（acetyloxy）-2-methyl-2-hydroxybutanoyl）cuauthemone	倍半萜	[10，12]
51	4α，5α-Dihydroxy-eudesma-11（13）-en-12-oic acid	倍半萜	[3，10，12，23]
52	4α，5α-Epoxyeudesm-11（13）-en-12-oic acid	倍半萜	[12]
53	4β，11-Dihydroxyenantioeudesmane-l-one	倍半萜	[9]
54	4β，8β，11-Trihydrox yenantioeudesmane（pterodontriol F）	倍半萜	[8]
55	4β，9α，11-Trihydroxyl-enantio-eudesmane	倍半萜	[3]

臭灵丹

序号	化合物名称	结构类型	参考文献
56	5，4′- 二羟基 -6，7- 二甲氧基黄酮	黄酮	[13]
57	5，6，4′- 三羟基 -3，7- 二甲氧基黄酮	黄酮	[2，14]
58	5，6- 二羟基 -3，7，4′- 三甲氧基黄酮	黄酮	[13]
59	5，7，4′- 三羟基 -6- 甲氧基黄酮 -3-O-β-D- 芸香糖	黄酮	[2]
60	5，7，4′- 三羟基 -3，3′- 二甲氧基黄酮	黄酮	[27]
61	5-Hydroxy-2-（4-hydroxy-3-methoxyphenyl）-3,6,7-trimethoxy-4H- chromen-4-one	黄酮	[6]
62	5-Hydroxy-3，4′，6，7-tetramethoxyflavone	黄酮	[3，6，16，20]
63	5α，11-Dihydroxy-3-ene-eudesman-2-one	倍半萜	[9]
64	5α-Hydroxy-4α，14-dihydrocostic acid	倍半萜	[3，10，12]
65	5α-Hydroxycostic acid	倍半萜	[3，10，12，25]
66	5β-Hydroxycostic acid	倍半萜	[3，10，12，25]
67	Eudesma-4（15），11（13）-dien-12，5β-olide	倍半萜	[6]
68	5- 羟基 -3′，4′，7- 三甲氧基黄酮	黄酮	[15]
69	5- 羟基 -3，6，7，3′，4′- 五甲氧基黄酮	黄酮	[3]
70	5- 羟基 -4′，7- 二甲氧基黄烷	黄酮	[27]
71	5- 羟基 -6，7，3′，4′- 四甲氧基黄酮醇	黄酮	[3]
72	5- 羟基 -7，3′，4′- 三甲氧基黄酮	黄酮	[2，3]
73	6-O-β-D-Glucopyranosyl-carvotanacetone	单萜	[20]
74	Alatoside	倍半萜	[25]
75	Apigenin	黄酮	[27]
76	Artemitin（洋艾素）	黄酮	[2，3，12-16，18，20，21]
77	Axillarin	黄酮	[12]
78	Casticin	黄酮	[16]
79	Chrysosplenetin	黄酮	[6，12]
80	Chrysosplenetin B（金腰素乙）	黄酮	[13，21，27]
81	Chrysosplenol C	黄酮	[12]
82	Chrysosptertin B	黄酮	[2，3，14，15，18，20]
83	Costic acid	倍半萜	[2，3，21，23]

序号	化合物名称	结构类型	参考文献
84	D-甘露醇	其他	[21]
85	Enantio-7（11）-eudesmen-4-ol	倍半萜	[3]
86	*ent*-7（11）-Selinen-4-ol	倍半萜	[9]
87	Eudesma-5，12-dien-13-oic acid	倍半萜	[28]
88	Gossypetin 3，7，3′-trimethyl ether	黄酮	[12]
89	Hesperidin	黄酮	[2，3]
90	Ilicic acid	倍半萜	[1-3，10，12，14，21，23]
91	Integrifoside B	倍半萜	[25]
92	Isocostic acid	倍半萜	[6，25]
93	Jaceidin	黄酮	[12]
94	Kurarinone	黄酮	[12]
95	*Laggera pterodonta*-1	倍半萜	[3]
96	*Laggera pterodonta*-2	倍半萜	[3]
97	*Laggera pterodonta*-3	倍半萜	[3]
98	*Laggera pterodonta*-4	倍半萜	[3]
99	*Laggera pterodonta*-5	倍半萜	[3]
100	Laggerone A	倍半萜	[3]
101	Laggerone B	倍半萜	[3]
102	Laggeric acid	倍半萜	[25]
103	Luteolin	黄酮	[27]
104	Odonticinin	倍半萜	[3]
105	Patuletin	黄酮	[1，2，14]
106	Penduletin	黄酮	[2，6，16，21]
107	Pendultin	黄酮	[3，13]
108	Pinostrobin	黄酮	[27]
109	Pterodondiol	倍半萜	[1-4，14，16，20]
110	Pterodonta acid	倍半萜	[23]
111	Pterodonoic acid	倍半萜	[3]

臭灵丹

序号	化合物名称	结构类型	参考文献
112	Pterodontetraol	倍半萜	[2，3]
113	Pterodontic acid	倍半萜	[3，5，20]
114	Pterodontoside A	倍半萜	[3，7，20，26]
115	Pterodontoside B	倍半萜	[3，7，11，26]
116	Pterodontoside C	倍半萜	[3，11]
117	Pterodontoside D	倍半萜	[3，11]
118	Pterodontoside E	倍半萜	[3，11]
119	Pterodontoside F	倍半萜	[3，11]
120	Pterodontoside G	倍半萜	[3，11]
121	Pterodontoside H	倍半萜	[3，11]
122	Pterodontriol A	倍半萜	[2-4，23]
123	Pterodontriol B	倍半萜	[2-4，20，23]
124	Pterodontriol C	倍半萜	[2，3，9]
125	Pterodontriol D	倍半萜	[3，9]
126	Quercetin	黄酮	[2，3，14，15，20]
127	Quercetin 3，3′-dimethyl ether	黄酮	[12]
128	Retusin	黄酮	[12]
129	Stigmasterol 3-O-β-D-glucopyranoside	甾体	[1，14]
130	Tamarixetin	黄酮	[1，14]
131	Tormentic acid	三萜	[2，21]
132	β-Amyrin	三萜	[24]
133	β-Amyrin acetate	三萜	[2，21]
134	β- 谷甾醇	甾体	[1，2，14，20]
135	γ-Costic acid	倍半萜	[3]
136	γ- 氨基丁酸	氨基酸	[19]
137	桉烷 -5，11（13）- 二烯 -12- 酸	倍半萜	[2]
138	苯丙氨酸	氨基酸	[19]
139	丙氨酸	氨基酸	[19]
140	蛋氨酸	氨基酸	[19]

序号	化合物名称	结构类型	参考文献
141	豆甾醇	甾体	[14]
142	甘氨酸	氨基酸	[19]
143	谷氨酸	氨基酸	[19]
144	胱氨酸	氨基酸	[19]
145	槲皮素 -3-O- (6-*p*- 香豆酰基) -*β*-D- 吡喃葡萄糖苷	黄酮	[2, 14]
146	槲皮素 -3-O-*β*-D- 半乳吡喃糖苷	黄酮	[14]
147	金丝桃苷	黄酮	[2]
148	精氨酸	氨基酸	[19]
149	赖氨酸	氨基酸	[19]
150	酪氨酸	氨基酸	[19]
151	雷杜辛黄酮醇	黄酮	[2, 15]
152	亮氨酸	氨基酸	[19]
153	蔓荆子黄素	黄酮	[13]
154	猫眼草酚 (5, 3′, 4′- 三羟基 -3, 6, 7- 三甲氧基黄酮)	黄酮	[2]
155	脯氨酸	氨基酸	[19]
156	芹菜素 -7-O-*β*-D- 葡糖糖苷	黄酮	[2, 3, 15]
157	山柰酚 -3-O-*β*-D- 吡喃葡萄糖苷	黄酮	[2, 14]
158	丝氨酸	氨基酸	[19]
159	苏氨酸	氨基酸	[19]
160	它普酸 -*β*-D- 葡萄糖苷	其他	[21]
161	天冬氨酸	氨基酸	[19]
162	万寿菊素 -3-O-*β*-D- 吡喃葡萄糖苷	黄酮	[2, 14]
163	缬氨酸	氨基酸	[19]
164	异亮氨酸	氨基酸	[19]
165	棕榈酸 -*β*-D- 葡萄糖苷	其他	[21]
166	组氨酸	氨基酸	[19]

此外，作为臭灵丹中的重要药效部分，臭灵丹挥发油成分也有较多的研究报道，已鉴定的成分超过 300 个[29, 35-38]。

【**药理药效**】经现代药理研究证实，臭灵丹具有抗肿瘤、抗菌、抗病毒、抗炎、抗氧

臭灵丹

化和保肝等作用。

1. 抗肿瘤作用 曹长姝等[39-41]采取 MTT 法评价臭灵丹分离得到的 6 个黄酮类化合物对宫颈癌细胞 HeLa 与非小细胞肺癌细胞 A549 的作用。结果发现 5，7，3，4- 四甲氧基 -3- 羟基黄酮对 HeLa 与 A549 两种肿瘤细胞增殖的抑制作用明显，金腰素乙也具有相似的效果，这两种化合物能够调节细胞周期并诱导细胞凋亡从而发挥抗肿瘤活性。此外，3，5- 二羟基 -6，7，3，4- 四甲氧基黄酮类化合物可通过线粒体途径诱导鼻咽癌细胞 CNE 与喉癌细胞 Hep2 的凋亡，其作用机制与降低线粒体跨膜电位，诱导 Caspase-3 和 Caspase-9 促凋亡蛋白活化有关。有研究表明，臭灵丹水煎浓缩乙醇提取液对急性淋巴细胞白血病、急性粒细胞白血病及急性单核细胞白血病患者的血细胞脱氢酶都有较强的抑制作用[42]。臭灵丹三醇甲、臭灵丹酸、冬青酸对口腔上皮鳞癌细胞株、人恶性黑素瘤细胞株、人肺腺癌细胞株也有抑制作用[23]。从臭灵丹中分离得到的多甲氧基黄酮 3，5-dihydroxy-6，7，3′，4′-tetramethoxyflavone 可通过内在线粒体凋亡途径的激活诱导抗伊马替尼的 K562R 细胞凋亡[43]。臭灵丹 95% 乙醇提取物对 3 种癌细胞（A549、MCF-7、SMMC-7721）具有较强的细胞毒活性；从中分离得到的洋艾素和金腰素乙两种单体化合物也具有抗癌活性，可剂量依赖性地诱导癌细胞凋亡，且凋亡受多基因影响[2]。钱文丹[6]从翼齿六棱菊中分离得到了 4 个黄酮和 3 个倍半萜，发现 eudesma-4（15），11（13）-dien-12，5β-olide 抗肿瘤活性最好；用 eudesma-4（15），11（13）-dien-12，5β-olide 对多种肿瘤细胞进行抑制增殖试验，发现其可以剂量依赖性地抑制多种肿瘤细胞的增殖，其中对肝癌细胞 7721 抑制最强。此外，eudesma-4（15），11（13）-dien-12，5β-olide 能引起活性氧（ROS）介导的肿瘤细胞凋亡。由于 ROS 可以激活 Caspases 启动细胞凋亡的级联反应，因此推断 eudesma-4（15），11（13）-dien-12，5β-olide 可以通过线粒体途径引起细胞凋亡。韦孝晨等[15]发现臭灵丹乙醇提取物（CLD）和大孔树脂 95% 乙醇洗脱部位（CLD-95）均具有抑制人白血病细胞 K562 和 NB4 的增殖的作用。CLD-95 较 CLD 的活性强，推测 CLD-95 可能是臭灵丹抗白血病的主要活性部位，并从中分离出了黄酮类成分。

2. 抗菌作用 臭灵丹提取物在体外对多种细菌均有抑制作用。魏均娴等[31]发现从臭灵丹中分离的冬青酸对金黄色葡萄球菌、乙型溶血性链球菌、甲型溶血性链球菌有一定抑菌作用。胡伟等[44]证实臭灵丹不同浓度水浸液可剂量依赖性地抑制幽门螺杆菌，最低抑菌浓度（MIC）范围为 3.125～200mg/mL。杨光忠等[20]应用滤纸扩散法检测臭灵丹酸、臭灵丹二醇的抑菌活性，结果发现此两种化合物具有明显抑制金黄色葡萄球菌、草分枝杆菌、枯草芽胞杆菌、铜绿假单胞菌、环状芽胞杆菌的作用，但对大肠埃希氏菌未呈现抑菌活性。豆涛[45]采用不同产地臭灵丹制备的臭灵丹液对金黄色葡萄球菌进行体外抑菌试验，结果表明，不同产地的臭灵丹都具有抑菌作用，不同产地臭灵丹的 MIC 值具有显著的差异，其中产于金沙江干热河谷（攀枝花、元谋）的臭灵丹抑菌效果明显优于其他地区。有研究表明，臭灵丹茎、叶的乙醇提取物对金黄色葡萄球菌、铜绿假单胞菌、大肠埃希菌均有抑菌作用，对金黄色葡萄球菌的抑菌作用较强。臭灵丹叶醇提物的抑菌作用强于茎醇提物，临床上叶入药可以获得更好的抑菌疗效[46]。挥发油是臭灵丹抗菌作用的重要成分，因受环境因素影响，不同产地挥发油的化学组成存在着差异，故臭灵丹抗菌敏感程度也存在差别[37]。

3. 抗病毒作用

（1）抗疱疹病毒：臭灵丹水提物中 3，5-O- 二咖啡酰奎宁、3，4-O- 二咖啡酰奎宁酸、4，5-O- 二咖啡酰奎宁酸对Ⅰ型单纯疱疹病毒（HSV-1）、Ⅱ型单纯疱疹病毒（HSV-2）、流感病毒 IVA 所致的细胞病变有抑制作用，且 3，4-O- 二咖啡酰奎宁酸和 4，5-O- 二咖啡酰奎宁酸的作用比 3，5-O- 二咖啡酰奎宁酸强[17]。从翼齿六棱菊中分离得到的两种甲基黄酮具有显著的抗肠道病毒 EV71 的作用[47]。施树云[48] 发现臭灵丹的水提物具有较强抗流感病毒和抗单纯疱疹病毒的作用，其中三个异绿原酸类化合物被确定为主要的具有抗病毒活性的化合物。

（2）抗流感病毒：王玉涛等[49, 50] 发现，臭灵丹乙醇提取物对甲型 H1N1 流感病毒 PR8 株的 TC_{50} 为 3.07mg/mL。在预防模式和治疗模式下，臭灵丹对 PR8 株均具有抑制作用，IC_{50} 分别为 0.31mg/mL、0.73mg/mL，选择指数分别为 9.90 和 4.21。动物体内实验进一步表明臭灵丹有抑制甲型流感病毒的活性，可显著降低甲型 H1N1 流感病毒 FM1 株感染小鼠的肺指数，缓解肺组织病理性炎症。关文达[53] 研究发现臭灵丹酸针对流感病毒复制周期的多个靶点发挥抗 H1N1 病毒的作用，其抗病毒机制与抑制核因子 -κB（NF-κB）通路活化有关。夏晓玲等[52] 采用中和抑制实验和增殖抑制实验比较臭灵丹不同溶剂萃取物对 H1N1 病毒在体外增殖的影响。结果发现臭灵丹乙酸乙酯萃取物和石油醚萃取物在体外对病毒有明显的中和作用和直接的抑制增殖作用。从臭灵丹分离得到的 pterodontic acid 对 H1 型流感病毒表现出选择性抗病毒活性。进一步的实验表明该化合物可以抑制 NF-κB 信号通路和病毒 RNP 复合物从细胞核的输出，还可以抑制病毒诱导的促炎分子白介素 -6（IL-6）、巨噬细胞炎性蛋白 -1β（MIP-1β）、人单核细胞趋化蛋白 -1（MCP-1）和干扰素诱导蛋白 -10（IP-10）的表达，下调病毒诱导的细胞因子和趋化因子的表达[53]。何家扬[54] 深入研究了臭灵丹黄酮类化合物抑制 H1N1 病毒的机制，发现与调节 p38/MAPK、NF-κB、STAT3 等信号通路，在 mRNA 转录水平抑制各种炎症介质的表达，调节炎症介质释放等多种作用有关。黄婉怡等[55] 也发现臭灵丹挥发油对流感病毒感染引起的肺炎有抑制作用。

（3）对其他病毒的抑制：从臭灵丹中发现了具有广泛抗流感病毒活动的化合物，主要在病毒复制的早期阶段（0～6 小时）起作用，抗病毒机制与抑制 p38/MAPK、NF-κB 和 COX-2，阻止细胞因子的增加和减少趋化因子表达有关[56]。刘云华等[57] 发现，臭灵丹微量元素含量与抗 HIV 活性呈一定的正相关。臭灵丹水提取物显示出一定的抗呼吸道合胞病毒（RSV）、抗 HSV-1 病毒、抗 HSV-2 病毒和抗流感病毒的活性[58]。祁进康等[59] 研究了 11 种植物不同溶剂提取物的抗烟草花叶病毒（TMV）活性。结果显示，当浓度为 1mg/mL 时，臭灵丹石油醚提取物、水层提取物对 TMV 增殖有显著抑制活性，抑制率分别为 68.47%、94.57%；臭灵丹石油醚提取物、水提取物对 TMV 有较强的钝化活性，抑制率分别为 80.00%、83.33%。

4. 抗炎、抗氧化作用

（1）抗炎作用：研究表明[60]，臭灵丹总黄酮对 3 种急性炎症模型（二甲苯诱导的小鼠耳肿胀、角叉菜胶诱导的大鼠足跖肿胀和醋酸导致的小鼠腹腔血管通透性增加）和 1 种慢性炎症模型（大鼠棉球肉芽肿）均有明显的抑制作用，可明显抑制角叉菜胶所引起的大鼠胸膜炎炎性渗出和白细胞游走，降低血清溶菌酶和丙二醛的水平，增加血清超氧化物歧化酶和谷胱甘肽过氧化物酶水平，降低胸膜炎渗出液中总蛋白、NO 和前列腺素 E_2 的含量。赵永娜等[61]对臭灵丹水提物的抗炎镇痛作用进行了研究，结果显示，臭灵丹水提取物能够显著抑制醋酸导致的小鼠扭体数，减少福尔马林致痛试验后期小鼠的舔足行为，而对热板法所致疼痛无明显作用。赵晓彬[62]的研究显示，六棱菊总黄酮可抑制大鼠结肠黏膜上皮细胞的凋亡数目，对溃疡性结肠炎有疗效。

（2）抗氧化作用：李书华等[18]发现臭灵丹中分离的洋艾素、金腰乙素均有明显的抗氧化作用，其 IC_{50} 分别为 9.88μg/mL 和 10.28μg/mL。杜清华等[63]通过 FRAP 法、水杨酸法、ABTS 法和邻苯三酚法检测翼齿六棱菊多糖的抗氧化能力，结果显示翼齿六棱菊多糖的 Fe^{3+} 还原抗氧化能力弱于抗坏血酸，强于茶多酚；清除 $ABTS^+$ 自由基能力及清除超氧阴离子自由基能力比抗坏血酸弱，但比茶多酚强；清除羟基自由基能力弱于抗坏血酸和茶多酚。郝志云等[64]考察了云南 13 个样点臭灵丹不同提取物对 DPPH 自由基活性的清除能力，结果显示不同地区臭灵丹样品的乙醇、甲醇、丙酮提取物抗氧化能力有一定的差异，清除 DPPH 自由基活性的能力依次为甲醇提取物＞乙醇提取物＞丙酮提取物。出现该现象的原因可能是甲醇提取物中含有大量的黄酮类化合物及抗氧化活性物质。采自丽江、玉溪、大理、临沧、德宏、楚雄、西双版纳等地的样品乙醇提取物抗氧化能力均大于香草酸。

5. 对呼吸系统和消化系统的影响

（1）对呼吸系统的影响：臭灵丹所含挥发油可明显减少上呼吸道黏液分泌，改善局部血液循环，促进炎症痊愈，延迟动物呼吸道窒息致死的生存时间[65]。邓士贤等[66]发现臭灵丹提取物具有显著的祛痰作用，通过减少上呼吸道黏液分泌、改善局部血液循环、促进炎症痊愈来减少过多的痰量。薛满等[67]观察了臭灵丹黄酮对脂多糖（LPS）引起的小鼠急性肺损伤（ALI）的保护作用。结果显示臭灵丹黄酮对 LPS 所致 ALI 具有保护作用，其作用机制可能与抑制肺组织中炎症介质和减轻肺组织脂质过氧化损伤有关。

（2）对消化系统的影响：伍义行等[68]研究了臭灵丹提取物对四氯化碳、D- 半乳糖、硫代乙酰胺和叔丁基氢过氧化物诱导原代肝细胞损伤的作用，结果表明在 1 ～ 100μL 浓度时，臭灵丹提取物能显著抑制肝细胞损伤造成的谷丙转氨酶和谷草转氨酶含量升高；在相同剂量下，其抗损伤作用强于阳性对照药物水飞蓟宾。

6. 其他作用 高甜甜等[69]研究发现臭灵丹对蚜虫和蝗虫都有较好的触杀活性，这是首次发现臭灵丹在农业杀虫方面的应用，为之后臭灵丹在农业上尤其是植物源杀虫剂方面的研究提供很好的依据。赵永娜等[61]对小鼠腹腔注射臭灵丹水提物，发现其LD_{50}为1.9g/kg，毒性较小。

【开发应用】

1. 标准规范 臭灵丹有药品标准7项、药材标准5项，为不同版本的《中国药典》药材标准及其他药材标准，中药饮片炮制规范2项。具体如下：

（1）药品标准：感冒消炎片（WS_3-B-3510-98）、灵丹草合剂［WS-10741（ZD-0741）-2002-2012Z］、灵丹草片［WS-10834（ZD-0834）-2002］、灵丹草胶囊［WS-10740（ZD-0740）-2002］、灵丹草软胶囊（YBZ02842006-2009Z）、灵丹草颗粒［《中国药典》（2015年版）一部］、石椒草咳喘颗粒［WS-10449（ZD-0449）-2002-2012Z］。

（2）药材标准：臭灵丹草［《中国药典》（2015年版）一部、《湖南省中药材标准》（2009年版）、《云南省中药材标准·彝族药》（2005年版）］。

（3）中药饮片炮制规范：臭灵丹［《云南省中药饮片炮制规范》（1986年版）、《云南省中药咀片炮炙规范》（1974年版）］。

2. 专利申请 文献检索显示，与臭灵丹相关的专利共54项[70]，其中有关化学成分及药理活性研究的专利8项、臭灵丹与其他中药材组成中成药申请的专利40项、其他专利6项。

专利信息显示，绝大多数的专利为臭灵丹与其他中药材配成中药组合物用于治疗各种疾病，包括急性咽炎、扁桃体炎、盆腔炎、支气管炎、甲沟炎、肺炎、腮腺炎、鼻炎、淋巴瘤、乳腺瘤、肿瘤转移、感染Ⅱ型登革病毒、感染甲型流感病毒、烂喉痧、急性呼吸道感染、感染性创面、创伤性骨裂、腰椎间盘突出症、感冒发热、扁桃体肥大、流行性出血热、支气管哮喘、胸壁结核、频发室性早搏、多发性汗腺脓肿、腹泻、久咳等。臭灵丹也用于保健品的开发。

有关臭灵丹具有代表性的专利列举如下：

（1）卢速江，一种治疗癌症的中药制剂及其制备方法（CN102772745A）（2012年）。

（2）朱兆康等，一种口腔护理制剂及其制备方法（CN102327204B）（2013年）。

（3）黄福存等，治疗扁桃体肥大的汤剂（CN103463413A）（2013年）。

（4）张荣平等，臭灵丹提取物及组合物在抗甲型病毒性流感药物中的应用（CN103735599A）（2014年）。

（5）曹志升等，一种用于治疗上呼吸道感染的中药制剂及制备方法（CN105031379A）（2015年）。

（6）蓝照斓，一种臭灵丹保健茶（CN103783220B）（2015年）。

（7）刘巴宁，一种治疗腮腺炎的中草药丸及其制备方法（CN105596660A）（2016年）。

（8）杨将领，一种治疗腹泻的药物组合物及其制备方法（CN103751623B）（2016

年）。

（9）卢世军，一种治疗多重耐药菌所致感染性创面的中药外洗剂（CN105250602A）（2016年）。

（10）柴琳等，一种治疗肺炎的组合物及其制备方法（CN109820936A）（2019年）。

臭灵丹相关专利最早出现的时间是2001年。2015～2020年申报的相关专利占总数的50%；2010～2020年申报的相关专利占总数的85.2%；2000～2020年申报的相关专利占总数的100%。

3. 栽培利用 臭灵丹为菊科植物，在生长地野生分布广泛，生长迅速，因此至今未见系统人工栽培研究报道。偶见零星相关研究如下：

杨鸾芳等[73]研究发现臭灵丹生长适应能力强、亩产量高。臭灵丹叶对Pb富集系数及臭灵丹的茎对Ni的富集系数＞1，臭灵丹对Pb、Cu、Ni、Zn的转运系数均＞1。综合分析，臭灵丹具有开发为Pb、Ni污染植物修复的主体植物的潜质。

李树荣等[74]研究发现若能将臭灵丹作为鱼塘周边的栽培植物，既可绿化鱼塘，改善环境，还可用其浸出液用来防治鱼病。

4. 生药学探索[75] 臭灵丹呈短节状，茎圆形，具5～8列不规则缺刻的翅，直径0.3～1cm，多分枝；表面灰绿色或紫棕色，有细纵纹，密被绒毛；质硬而脆，折断面黄白色或略带绿色，髓部约占直径的2/3，类白色。叶片多皱缩破碎或脱落，少有完整者，呈灰绿色，密被众多绒毛。具有特殊的臭气，味苦、辛。以色绿、叶多、气浓者为佳。

茎横切面（直径0.6cm）：表皮细胞一列，长圆形，壁略增厚，外被非腺毛；表皮内侧有3列木化的薄壁细胞，排列较整齐；韧皮纤维成束，细胞较小，壁厚；维管束大小不一，23～29个，束间形成层不明显，束中明显，导管散在，多角形，大小不一；木纤维较多，略呈径向排列；导管和木纤维周围可见木化薄壁细胞；髓部宽广，约占横切面的2/3。

叶中脉横切面（直径0.2cm）：表皮为一列不规则的表皮细胞，外被众多多细胞非腺毛，偶有单细胞非腺毛；上表皮内侧有2～4列厚壁细胞，下表皮内侧有1～4列厚壁细胞，多为2列；维管束5～8个，导管多角形，径向排列，韧皮部纤维束月牙形，纤维壁不甚厚；木化薄壁细胞位于维管束周围，并有木纤维散在；叶肉组织表皮内侧有一列栅栏组织，海绵组织不明显。

叶表皮显微特征：上、下表皮细胞壁均呈波状弯曲，上表皮气孔稀疏，下表皮细胞壁波状尤甚，气孔众多，均为不定式，护卫细胞与表皮细胞相似；腺毛多样化，由一个或多个细胞组成，腺头常为8～12个细胞，排为2列；腺柄由5～8个细胞组成，排为2列，长可达560μm；非腺毛以多细胞为多见，常由40个细胞组成，单细胞少见，长可达630μm。

粉末特征：全草粉末呈绿色，有特殊的臭气，味苦、辛；非腺毛众多，一种为多细胞，一种为单细胞，长28～630μm，直径4～18μm；木纤维长方形，直径11～18μm，壁孔稀疏；木薄壁细胞类长方形，直径 11 ～ 21μm，壁孔明显，可见点状纹孔；韧皮纤维多成束，长梭形，长 210 ～ 700μm，直径 7 ～ 14μm，壁厚胞腔小；导管直径 12 ～ 84μm，为具缘纹孔，大小不一。

5. 其他应用 臭灵丹在临床上用于治疗扁桃体炎、急性咽炎、流行性腮腺炎、上呼吸道感染与甲型 H1N1 流感等，近年来先后被开发为合剂、颗粒剂、胶囊剂、片剂等多种剂型，在临床治疗中取得了较好的疗效[65]，如灵丹草颗粒剂、臭灵丹合剂、臭灵丹口服液等[74-76]。

研究发现，臭灵丹提取物能在增加卷烟致香成分含量并有效提高卷烟抽吸品质的同时，降低卷烟主流烟气有害成分和卷烟危害性指数，符合卷烟工业长远发展的要求[77]。

【药用前景评述】 臭灵丹主要分布于云南、四川、西藏等地，大理一带常见，云南彝族首先使用其入药，也是白族惯用药用植物，具有清热解毒、消肿排脓之功效，且应用广泛。臭灵丹的药用历史已有上千年之久，有较高的药用价值和研究价值。《滇南本草》载其治风热积毒、痛疽、疮疗、疔癫、血风癣疮。《云南思茅中草药选》载其清热解毒、消肿拔脓，用治咽喉炎、口腔炎、支气管炎、疟疾、跌打损伤、烫烧伤、疮疗肿毒、蛇咬伤等。《云南中草药》载其治上呼吸道感染、扁桃体炎、口腔炎，还可防治流感。

臭灵丹所含化学成分比较复杂，主要以倍半萜、黄酮类、挥发油及氨基酸类化合物为主。其药理活性研究发现，臭灵丹具有抗肿瘤、抑菌、抗炎、抗病毒、抗氧化、保肝等作用。其研究成果充分展示了臭灵丹的多种药理活性，也进一步证实了白族对于臭灵丹用于消炎、解毒、镇痛、拔毒、散瘀，治疗（流行性）感冒、中暑、口腔炎、扁桃体炎、咽喉炎、腮腺炎、中耳炎、支气管炎、疟疾等病疾的科学性与合理性。

目前，臭灵丹相关标准、产品、专利已有一定的数量，特别是诸如臭灵丹合剂等在临床使用效果良好、物美价廉，已成为名副其实的"百姓药"。在当前抗生素应用耐药性与副作用日益增多的情况下，从臭灵丹等天然药用植物中发现抗菌、抗病毒功效，不失为开发新型抗病毒药物的一个重要途径。因此，作为白族惯用药用植物及云南民间习用药，臭灵丹因其资源丰富、疗效确切、易于栽培且价格低廉的优势，应用前景十分广阔。

参考文献

[1][1] 陈光勇，陈旭冰，刘光明. 臭灵丹化学成分研究 [J]. 安徽农业科学,2012,40（4）: 2022-2023.

[2] 严彪. 臭灵丹对 A549 的抑制作用 [D]. 苏州：苏州大学，2015.

[3] 孙建. 臭灵丹化学成分研究 [D]. 成都：成都中医药大学，2011.

[4] 李顺林，丁靖垲. 臭灵丹中三个新的倍半萜醇 [J]. 云南植物研究，1993，15（3）: 303-305.

[5] 李顺林，丁靖垲. 臭灵丹中四个新的倍半萜酸 [J]. 云南植物研究，1996，18（3）: 349-352.

[6] 钱文丹. 翼齿六棱菊 5β-olide 分离纯化及生物学活性评价 [D]. 贵阳：贵州大学，

2019.

［7］Li SL，Ding JK，Jiang B，et al. Sesquiterpenoid glucosides from *Laggera pterodonta*［J］. Phytochemistry，1998，49（7）：2035-2036.

［8］Liu YB，Jia W，Yao Z，et al. Two eudesmane sesquiterpenes from *Laggera pterodonta*［J］. J Asian Nat Prod Res，2007，9（3）：233-237.

［9］Zhao Y，Yue JM，Lin ZW，et al. Eudesmane sesquiterpenes from *Laggera pterodonta*［J］. Phytochemistry，1997，44（3）：459-464.

［10］Zhang ZJ，He J，Li Y，et al. Three new sesquiterpenes from *Laggera pterodonta*［J］. Helv Chim Acta，2013，96（4）：732-737.

［11］Zhao Y，Yue JM，He YN，et al. Eleven new eudesmane derivatives from *Laggera pterodonta*［J］.J Nat Prod，1997，60（6）：545-549.

［12］张治军.三种药用植物的化学成分和生物活性研究［D］.昆明：昆明理工大学，2013.

［13］李甜甜，李菁，于浩飞，等.臭灵丹黄酮类化学成分研究［J］.广州中医药大学学报，2015，32（6）：1063-1066.

［14］刘百联，张婷，张晓琦，等.臭灵丹化学成分的研究［J］.中国中药杂志，2010，35（5）：602-606.

［15］韦孝晨，严彪，徐乃玉，等.臭灵丹抗K562和NB4细胞作用及黄酮成分研究［J］.西部中医药，2018，31（7）：30-33.

［16］Liu B，Wu J，Li H，et al. Constituents of the glandular trichome exudate on the leaves of *Laggera pterodonta*［J］. Chem Nat Compd，2016，52（5）：902-903.

［17］Shi SY，Huang KL，Zhang YP，et al. Purification and identification of antiviral components from *Laggera pterodonta* by high-speed counter-current chromatography［J］. J Chromatogr B，2007，859（1）：119-124.

［18］李书华，赵琦，刘芳，等.臭灵丹中黄酮类化合物的鉴定及抗氧化活性的研究［J］.现代食品科技，2013，29（6）：1213-1216.

［19］杨芳，陈锦玉，王金香，等.臭灵丹草氨基酸成分分析［J］.氨基酸和生物资源，2011，33（3）：72-73.

［20］杨光忠，李芸芳，喻昕，等.臭灵丹萜类和黄酮化合物［J］.药学学报，2007，42（5）：511-515.

［21］郑群雄，张奇军，孙汉董，等.云南民间草药臭灵丹根部的化学成分研究［J］.浙江大学学报（医学版），2002，31（6）：406-409.

［22］Kambiré DA，Boti JB，Filippi JJ，et al. Characterization of a new epoxy-hydroxycarvotanacetone derivative from the leaf essential oil of *Laggera pterodonta* from Côte d'Ivoire［J］. Nat Prod Res，2019，33（14）：2109-2112.

［23］Xiao YC，Zheng QX，Zhang QL，et al. Eudesmane derivatives from *Laggera pterodonta*［J］. Fitoterapia，2003，74（5）：459-463.

［24］Ahmed AA，Hesham RE，Ahmed AM，et al. Eudesmane derivatives from *Laggera crispata* and *Pluchea carolonesis*［J］. Phytochemistry, 1998, 49（8）: 2421–2424.

［25］Qiu YH, Yang YF, Tan JM, et al. Laggeric acid, a novel seco–eudesmane sesquiterpenoid from *Laggera crispata*［J］. J Asian Nat Prod Res, 2014, 16（3）: 318–322.

［26］赵昱, 岳建民, 林中文, 等. 臭灵丹中五个新的桉烷类衍生物［J］. 云南植物研究, 1997, 19（2）: 207–210.

［27］鹿萍, 乌吉木, 陈丽娟, 等. 翼齿六棱菊化学成分研究［J］. 中药材, 2014, 37（5）: 816–819.

［28］Xu YQ, Lv YD, Quan YL. Eudesma–5,12–dien–13–oic acid from *Laggera pterodonta*［J］. Acta Crystallogr E, 2006, 62（5）: 1844–1845.

［29］Kambiré DA, Yapi AT, Boti JB, et al. Two new eudesman–4α–ol epoxides from the stem essential oil of *Laggera pterodonta* from Côte d'Ivoire［J］. Nat Prod Res, 2019. DOI: 10.1080/14786419.2019.1586701.

［30］Liu YB, Jia W, Gao WY, et al. Two eudesmane sesquiterpenes from *Laggera pterodonta*［J］. J Asian Nat Prod Res, 2006, 8（4）: 303–307.

［31］魏均娴, 赵爱华, 胡建林, 等. 臭灵丹化学成分的研究［J］. 昆明医学院学报, 1995, 16（3）: 83–84.

［32］赵爱华, 朱焰, 魏均娴. 臭灵丹化学成分的再研究［J］. 中国药学杂志, 1995, 30（5）: 264–265.

［33］李顺林, 丁靖垲. 臭灵丹四醇的结构［J］. 云南植物研究, 1994, 16（3）: 313–314.

［34］李顺林, 丁靖垲. 臭灵丹中的黄酮醇成分［J］. 云南植物研究, 1994, 16（4）: 434–436.

［35］Gu JL, Jian LZ, Xia ZH, et al. Fragrant volatile sesquiterpenoids isolated from the essential oil of *Laggera pterodonta* by using olfactory–guided fractionation［J］. Chem Biodivers, 2014, 11（9）: 1398–1405.

［36］魏均娴, 胡建林, 王传宝. 臭灵丹挥发油的化学成分研究［J］. 昆明医学院学报, 1992, 13（2）: 83.

［37］顾健龙, Njateng GSS, 李志坚, 等. 云南不同产地臭灵丹精油化学成分及抗菌活性（英文）［J］. 植物分类与资源学报, 2014, 36（1）: 116–122.

［38］Kambiré DA, Boti JB, Yapi TA, et al. Composition and intraspecific chemical variability of leaf essential oil of *Laggera pterodonta* from Côte d'Ivoire［J］. Chem Biodivers, 2020, 17（1）: e1900504.

［39］曹长姝. 中药臭灵丹中 HTMF 体外抗肿瘤机制研究［D］. 广州: 暨南大学, 2011.

［40］曹长姝, 沈伟哉, 李药兰, 等. 中药臭灵丹中 3,5– 二羟基 –6,7,3′,4′– 四甲氧基黄酮对人鼻咽癌 CNE 细胞凋亡的影响及机制［J］. 生物化学与生物物理进展, 2011, 38（3）: 254–261.

［41］曹长姝, 沈伟哉, 李药兰, 等. 臭灵丹中 HTMF 诱导 Hep-2 细胞凋亡［J］. 暨南大学学报, 2010, 31（4）: 369–373.

［42］江苏省肿瘤防治研究协作组.肿瘤防治参考资料［M］.邢台：邢台市革命委员会科技局·卫生局，1972.

［43］Cao CS，Liu BL，Zeng CW，et al. A polymethoxyflavone from *Laggera pterodontainduces* apoptosis in imatinib-resistant K562R cells via activation of the intrinsic apoptosis pathway［J］. Cancer Cell Int，2014，14（137）：1-8.

［44］胡伟，张玉琼，张磊，等.奥灵丹对幽门螺杆菌的体外抑菌实验研究［J］.中外健康文摘：医药月刊，2006，3（11）：39-41.

［45］豆涛.不同产地的奥灵丹体外抑菌作用比较［J］.中国药业，1998，7（5）：45-46.

［46］孙燕，吕跃军，华木星，等.民间草药奥灵丹抑菌作用的实验研究［J］.中国民族医药杂志，2014，20（9）：44-45.

［47］Zhu QC，Wang Y，Liu YP，et al. Inhibition of enterovirus 71 replication by chrysosplenetin and penduletin［J］. Eur J Pharm Sci，2011，44（3）：392-398.

［48］施树云.黑紫橐吾和蒙古蒲公英的化学成分研究及奥灵丹中异绿原酸的色谱制备研究［D］.杭州：浙江大学，2007.

［49］王玉涛，李菁，夏晓玲，等.奥灵丹乙醇提取物体外抑制甲1型流感病毒实验研究［J］.昆明医科大学学报，2015，36（2）：4-6.

［50］王玉涛，李菁，夏晓玲，等.奥灵丹抗甲1型流感病毒FM1株感染小鼠的药效学研究［J］.广州中医药大学学报，2015，32（2）：282-284.

［51］关文达.奥灵丹酸抗流感病毒及抗炎作用机制研究［D］.广州：广州中医药大学，2017.

［52］夏晓玲，孙强明，王晓丹，等.云南特色中药奥灵丹体外抗甲型H1N1流感病毒的实验研究［J］.中国中药杂志，2015，40（18）：3687-3692.

［53］Guan WD，Li J，Chen QL，et al. Pterodontic acid isolated from *Laggera pterodonta* inhibits viral replication and inflammation induced by influenza a virus［J］. Molecules，2017，22（10）：1738.

［54］何家扬.奥灵丹黄酮及倍半萜类化合物抗流感药效研究［D］.广州：广州中医药大学，2018.

［55］黄婉怡，王玉涛，王新华.基于民族用药经验研究奥灵丹挥发油体内外抗流感的药效学作用［J］.四川中医，2016，34（3）：59-62.

［56］Wang YT，Zhou BX，Lu JG，et al. Inhibition of influenza virus via a sesquiterpene fraction isolated from *Laggera pterodonta* by targeting the NF-κB and p38 pathways［J］. BMC Complement Altern Med，2017，17（25）：1-8.

［57］刘云华，殷彩霞，彭莉，等.五种抗HIV活性菊科中草药微量元素主成分分析［J］.化学与生物工程，2013，30（7）：92-94.

［58］Li YL，Ooi LSM，Wang H，et al. Antiviral activities of medicinal herbs traditionally used in southern mainland China［J］. Phytother Res，2004，18（9）：718-722.

［59］祁进康，邹正彪，王德艳，等.11种植物提取物抗烟草花叶病毒活性研究［J］.西南

林业大学学报，2017，37（6）：129-134.

［60］Wu YH，Zhou CX，Li XP，et al. Evaluation of antiinflammatory activity of the total flavonoids of *Laggera pterodonta* on acute and chronic inflammation models［J］. Phytother Res，2006，20（7）：585-590.

［61］赵永娜，Reanmongkol W，Bouking P，等.臭灵丹水提取物的急性毒性及镇痛作用的实验研究［J］.天然产物研究与开发，2005，17（4）：457-459.

［62］赵晓彬.六棱菊总黄酮对溃疡性结肠炎的作用及其机制［J］.陕西中医，2014，35（10）：1430-1433.

［63］杜清华，黄元河，潘乔丹，等.翼齿六棱菊多糖的含量测定及抗氧化活性考察［J］.中国实验方剂学杂志，2013，19（15）：67-69.

［64］郝志云，杨新周，林惠昆，等.云南不同地区臭灵丹提取物的抗氧化活性［J］.贵州农业科学，2015，43（5）：65-68.

［65］江道峰，凌宗士，白成阳.傣药臭灵丹的研究进展［J］.中药与临床，2013，4（3）：53-57.

［66］邓士贤，王德成，王懋德，等.臭灵丹的祛痰及退热作用［J］.云南医学杂志，1963，（2）：28-30.

［67］薛满，金正明.臭灵丹黄酮对脂多糖诱导小鼠急性肺损伤的保护作用［J］.广西中医药，2017，40（5）：53-56.

［68］Wu YH，Yang LX，Wang F，et al. Hepatoprotective and antioxidative effects of total phenolics from *Laggera pterodonta* on chemical-induced injury in primary cultured neonatal rat hepatocytes［J］. Food Chem Toxicol，2007，45（8）：1349-1355.

［69］高甜甜，杨艺华，杨娜，等.臭灵丹杀螟虫活性成分的提取与分离研究［J］.四川大学学报，2019，56（1）：142-148.

［70］SooPAT. 臭灵丹［A/OL］.（2020-03-15）［2020-03-15］. http://www2.soopat.com/Home/Result? SearchWord=%E8%87%AD%E7%81%B5%E4%B8%B9&FMZL=Y&SY XX=Y&WGZL =Y&FMSQ=Y.

［71］杨鸾芳，刘忆明.AAS 法考察臭灵丹对 Pb、Cu、Zn 及 Ni 4 种重金属的富集作用［J］.安徽农业科学，2013，41（15）：6855，6914.

［72］李树荣，李增寿，毛夸云，等.臭灵丹对鲫鱼水霉病的防治试验［J］.中兽医学杂志，2004，（1）：4-5.

［73］韦群辉，李文军，饶高雄，等.民族药臭灵丹的生药学研究［J］.云南中医中药杂志，2004，25（6）：27-29.

［74］何红，蔡瑞锦，庞永成.臭灵丹口服液治疗急性呼吸道感染高热95例［J］.云南中医中药杂志，2000，21（6）：38-39.

［75］张晓梅，姜良铎，周平安，等.灵丹草颗粒剂治疗上呼吸道感染临床观察［J］.中国中医急症，2001，10（5）：258-259.

［76］郑秀琴，李洁，陈昆昌，等.臭灵丹合剂治疗感冒临床疗效观察［J］.中国民族民间

臭
灵
丹

医药，2000，（6）：343-345.

［77］毕薇，杨清，杨蕾，等.臭灵丹提取物在卷烟中增香降害应用研究［J］.食品工业，2013，34（6）：159-162.

高河菜

【植物基原】本品为十字花科高河菜属植物高河菜 *Megacarpaea delavayi* Franch. 的全草。

【别名】高和菜、干合菜。

【白语名称】甘葛册（大理）、甘葛惩。

【采收加工】6～8月采收，洗净，用鲜全草。

【白族民间应用】消食健胃。主治消化不良。

【白族民间选方】①痢疾、消化不良：本品100～150g，草果5～10g，水煎服。②肺热咳嗽、胃肠积热：本品100～180g，水煎服。

【化学成分】高河菜根中含有氨基酸、多肽、多糖、有机酸、植物甾醇、挥发油、硫苷等成分。罗建蓉等采用气相色谱 - 质谱联用法对正己烷提取的高河菜成分进行了研究。在高河菜脂溶性成分中，所鉴定的成分占总成分含量的80.80%。其中萜类含量最高，占28.26%；脂肪酸酯含量次之，占23.42%，其中又以亚麻酸酯和棕榈酸酯含量较高，分别为15.08% 和4.69%；甾醇和烷烃含量也较高，分别占17.45% 和7.05%。具体到化合物，含量较高的成分为植醇（26.94%）、乙基胆甾醇（10.65%）、2- 甘油 - 亚麻酸酯（7.84%）、亚麻酸甲酯（7.16%）、二十九烷（6.07%）、菜油甾醇（3.2%）、5，24（28）- 豆甾二烯 -3- 醇（2.87%）、棕榈酸甲酯（2.4%）、2- 甘油 - 棕榈酸酯（2.29%）、二十四烷酸甲酯（1.77%）、十八烷醇（1.73%）、α- 香树素（1.73%）和维生素 E（1.28%）等。这13种成分占脂溶性成分的75.48%[1]。

周建于等分析了高河菜含有的胡萝卜素，发现其含量为5.6938mg/100g，是红萝卜的1.4倍，营养丰富[2]。

【药理药效】目前有关高河菜药理活性方面的研究工作主要是由大理大学相关科研人员完成的，其重点研究了高河菜对消化功能的影响。

方春生等[3]发现高河菜提取物能明显促进正常小鼠的小肠推进运动，能增强豚鼠离体回肠肌的收缩力，但不会明显改变收缩频率，因此具有改善胃肠功能的作用。沈磊等[4]进一步研究了高河菜提取物对小鼠病理状态下消化道功能的改善作用，采用炭末推进实验和甲基橙胃残留率的方法观察了高河菜提取物对阿托品抑制小肠推进和抑制胃排空的影响，结果表明高河菜提取物能明显拮抗阿托品对小鼠小肠推进抑制和小鼠胃排空抑制的作用。刘晓波等[5]还研究了高河菜提取物对消化不良模型动物消化液成分的影响，通过建立大鼠积滞化热模型来测定了胃酸含量及胃蛋白酶活性，结果表明高河菜提取物能明显增加胃液分泌量，增加游离酸和总酸的酸度，提高胃蛋白酶活性，从而改善大鼠的积滞化热证。

【开发应用】

1. 标准规范　文献检索显示，高河菜尚未见有相关药品标准、药材标准及中药饮片炮制规范。

2. 专利申请　目前关于高河菜植物的专利很少，仅有本书作者团队申请的一项专利，即姜北等，高河菜属植物提取物及其药物组合物制备方法与应用（CN109718263A）（2019年）。

3. 栽培利用　苏寿琴等[6]对高河菜的组织培养和快速繁殖进行了研究。通过测试不同的培养条件优选出适合高河菜人工培养的条件。结果发现无菌条件下剥取的高河菜顶芽在以 MS 培养基为主，并添加了 0.5g/L 6-BA 培养基和 0.2g/L NAA 培养基的诱导培养基中可诱导丛生芽，并增殖分化。得到的无菌幼苗在以 MS 培养基为主，添加了 1g/L NAA 培养基的生根培养基中可生根及移植入土。最终成活率达到 80% 以上[1, 2]。

董晓东等[7]对高河菜种子的形态、结构、贮藏方法及萌发等生物学特性进行了研究，结果表明高河菜种子无休眠现象，最佳贮藏方法为风干贮藏；种子发芽最适温度为 20℃，与光照无明显关系。他们还对高河菜降海拔引种栽培做了初步研究，并在大理花甸坝（海拔 2940m，年平均温度为 8.2℃）成功引种栽培，因而认为在年均温度 8℃以下的地区引种高河菜是可以成功的，但降海拔是有限度的，将海拔降至 3000m 左右较为适宜，进而建议除大理花甸坝外，可在云南省的一些高海拔地区如丽江、中甸的某些地方进行引种栽培。同时，由于高河菜长年生长在高海拔、病虫害少的地区，其抗病害能力极低，引种栽培地高河菜因病虫害的侵蚀，产量及品质皆不如野生状况，故其病虫害防治有待进一步加强研究。

4. 生药学探索　显微特征：根横切面近圆形，木栓层 4～7 列，细胞扁平；皮层细胞数列，细胞圆形、多角形或不规则形，皮层中有纤维，常成群存在；韧皮部狭窄；形成层细胞 2～3 层，环状；木质部宽广，导管散在，纤维成群环状排列，常排成为两环，薄壁细胞中含有淀粉粒[8]。

粉末特征：淡黄白色，气微、味辛，纤维众多，黄色，多成束，长梭形，纹孔裂缝状，直径 10～28μm；导管主要为梯纹，直径 15～40μm；木栓细胞扁平状；薄壁细胞中含有淀粉粒；淀粉粒多为单粒，圆形、类圆形或椭圆形，脐点点状或裂缝状，层纹不明显[8]。

5. 其他应用　高河菜在大理苍山东西坡两侧彝族、白族民间常用作腌制风味独特的咸菜，具有消食健胃的功效。20 世纪八九十年代，大理医学院马晓匡教授等曾尝试将其制作成为具有大理特色的旅游风味食品。

【药用前景评述】高河菜主要分布于云南、西藏、四川、甘肃等地。在云南主要分布于滇西北的大理、丽江、中甸、福贡等海拔 3600m 以上的高山草地、岩石缝隙、沟边湖畔。由于高河菜分布地海拔高、多数不通公路，故产地环境常无污染，植物品质优良。

高河菜虽分布较广，但据调查，仅有大理白族作为药食两用植物。大理白族食用高河菜的历史久远，至今他们仍将其鲜叶洗净，用开水微烫，加芝麻、姜丝、热香油浸拌入土罐内，腌成咸菜，食后令人回味不已，又能增加食欲。历代描述高河菜的文献较多，如清朝周榛所著诗"春酒秋菘寄兴多，嘉蔬别种有高河，顿教几日加餐饭，泌我心脾遣病魔"，也道出高河菜对消化系统的药用功效。

白族民间用高河菜健胃消食，用于治疗痢疾、消化不良、肺热咳嗽、胃热积滞。现代药效学研究结果表明，高河菜提取物对正常动物和消化不良动物的消化系统运动功能及分泌功能均有改善作用，能明显增加其胃液分泌量，增加游离酸和总酸的酸度，提高胃蛋白酶活性，从而改善大鼠的积滞化热证。因此，表明白族医药对该植物的药用方式科学合理。

目前，有关高河菜的研究认识十分有限，开发利用程度也不是很高，基本处于以民间传统采集、加工、食用为主的粗放模式。近年来，本书作者团队对高河菜可能具有的药用功效进行了多方面的检测评估，初步发现该植物可能还具有抗疟等多种用途，相信随着人们对高河菜药用价值的不断认识，其需求量必将会有较大增长。然而，高河菜在大理主要分布于点苍山海拔3800m以上的高山草甸，年均温度为3～5℃，每年积雪时间长达3～5个月，常年低温、多雨、云雾笼罩，生态环境极端、独特，人工模拟近似环境十分困难，这也为高河菜的人工栽培带来了巨大的困难。有关高河菜的研究、开发与利用仍有漫长的道路要走。

参考文献

［1］罗建蓉，钱金栿，肖怀.高河菜脂溶性化学成分分析［J］.安徽农业科学,2011,39（4）:2087-2088.

［2］周建于，殷建忠，周玲仙，等.云南10种野菜胡萝卜素含量的测定［J］.昆明医学院学报，2004，（S1）：88-89.

［3］方春生，王成军，李辉.高河菜对动物消化道运动功能的影响［J］.中国民族民间医药杂志，2006，（2）：113-114.

［4］沈磊，方春生，王娟，等.高河菜提取物对小鼠肠推进和胃排空的影响［J］.大理学院学报，2009，8（2）：8-10.

［5］沈磊，刘晓波，施贵荣，等.高河菜提取物对积滞化热模型大鼠消化液成分的影响［J］.中国民族民间医药杂志，2009，（5）：1-3.

［6］苏寿琴，王玉生，李晓茅.高河菜的组织培养和快速繁殖［J］.云南农业，2009，（1）：17.

［7］董晓东、李继红.高河菜种子生物学特性及其降海拔栽培的初步研究［J］.特产研究，2002，24（3）：21-24.

［8］夏从龙，李龙星，周浓.白族药高河菜的生药学研究［J］.中国民间医药杂志，2005，11（4）：18.

高河菜

黄牡丹

【植物基原】本品为芍药科芍药属植物黄牡丹 *Paeonia delavayi* Franch. var. *lutea*（Delavay ex Franch.）Finet et Gagnep. 的根。

【别名】紫牡丹、野牡丹、滇牡丹。

【白语名称】额姆达（大理）。

【采收加工】春秋采集，除去根茎、须根及泥沙，晒干。

【白族民间应用】治热病吐血、血热斑疹、急性阑尾炎、血瘀痛经、经闭腹痛、跌打瘀血作痛、高血压、神经皮炎、过敏性鼻炎。

【白族民间选方】痛经：本品 10g，蒸鸡蛋服用。

【化学成分】代表性成分：黄牡丹主要含芳香化单萜苷及其苷元类化合物 paeonivayin（1）、6′-O-benzoylalbiflorin（2）、albiflorin（3）、4-O-ethylpaeoniflorin（4）、4-O-methyl-4″-hydroxy-3″-methoxy- paeoniflorin（5）、paeoniflorin（6）、oxypaeoniflorin（7）、benzoylpaeoniflorin（8）、benzoyloxypaeoniflorin（9）、6′-O-benzoyl-4″-hydroxy-3″-methoxypaeoniflorin（10）、paeoniflorigenone（11）、paeonilide（12）、paeonisuffral（13）、paeonilactone A（14）、9-hydroxypaeonilactone A（15）[1-13]。

此外，黄牡丹还含有黄酮（苷）、没食子酸类、三萜等其他类型化合物。例如，齐墩果酸（oleanolic acid, 16）、arjunglucoside Ⅱ（17）、3β, 23-dihydroxy-30-norolean-12, 20（29）-dien-28-oic acid（18）、akebonoic acid（19）、3β, 4β, 23-trihydroxy-24, 30-dinorolean-12,20（29）-dien-28-oic acid（20）、4′-O-methylellagic acid 4-O-β-D-glucopyranoside（21）、gallic acid（22）、槲皮素-3,7-二甲氧基（23）、kaempferol 7-O-glucoside（24）等[1-13]。

1999～2018 年已从黄牡丹中分离得到了近百个化学成分，包括萜类成分、黄酮、没食子酸类、三萜等其他结构类型化合物：

序号	化合物名称	结构类型	参考文献
1	（2S，3S，4R，2'R）-2-（2'-Hydroxytetracosanoylamino）octadecane-1，3，4-triol	其他	［4］
2	1-Linoloyl-3-palmitoylglycerol	其他	［9］
3	1-O-Galloyl glucose	酚酸	［2］
4	1-O-Galloyl sucrose	酚酸	［2］
5	2-Hydroxy-benzoic acid	酚酸	［11］
6	2α，3β，23-Trihydroxy-12-oleanen-28-oic acid-β-D-glucopyranosyl ester	三萜	［11］
7	2β-Hydroxytrichoacorenol	倍半萜	［3］
8	3-O-β-D-Glucopyranoside β-sytosterine	其他	［5］
9	3β，23-Dihydroxy-30-norolean-12，20（29）-dien-28-oic acid	三萜	［5］
10	3β，4β，23-Trihydroxy-24，30-dinorolean-12，20（29）-dien-28-oic acid	三萜	［11］
11	4'-O-Methylellagic acid 4-O-β-D-glucopyranoside	酚酸	［7］
12	4-O-Ethylpaeoniflorin	单萜	［2，10］
13	4-O-Methyl-4''-hydroxy-3''-methoxy paeoniflorin	单萜	［8］
14	6'-O-Benzoyl-4''-hydroxy-3''-methoxy-paeoniflorin	单萜	［10］
15	6'-O-Benzoylalbiflorin	单萜	［10］
16	9-Hydroxy-paeonilactone-A	单萜	［10］
17	Akebonoic acid	三萜	［5］
18	Albiflorin	单萜	［2，8］
19	Alternariol	酚酸	［4］

序号	化合物名称	结构类型	参考文献
20	Apigenin 7-O-glucoside	黄酮	[6]
21	Apigenin 7-O-neohesperidoside	黄酮	[6]
22	Arjunglucoside Ⅱ	三萜	[5]
23	Astragalin	黄酮	[9]
24	Benzoic acid	酚酸	[5]
25	Benzoyloxypaeoniflorin	单萜	[2, 8]
26	Benzoylpaeoniflorin	单萜	[2, 8]
27	Cerebroside B	其他	[4]
28	Cerebroside C	其他	[4]
29	Chalcononaringenin 2′-O-glucoside	黄酮	[6]
30	Chrysoeriol 7-O-glucoside	黄酮	[6]
31	Chrysoeriol 7-O-neohesperidoside	黄酮	[6]
32	Cyclonerodiol	倍半萜	[3]
33	Cyclonerodiol oxide	倍半萜	[3]
34	Digalloyl-hexose	酚酸	[2]
35	Dihydroxymethyl benzoyl tetragalloyl glucose	酚酸	[2]
36	Djalonensone	单萜	[4]
37	Ethyl gallate	酚酸	[2]
38	Gallic acid	酚酸	[2, 5]
39	Galloylpaeoniflorin	单萜	[2]
40	Glyceryl monopalmitate	其他	[9]
41	Hederagenin	三萜	[9]
42	Hexagalloyl glucose	酚酸	[2]
43	Hexagalloyl glucose isomer	酚酸	[2]
44	Isorhamnetin 3-O-galloylglucoside	黄酮	[6]
45	Isorhamnetin 3-O-glucoside	黄酮	[6]
46	Isorhamnetin 7-O-glucoside	黄酮	[6]
47	Isorhamnetin 3，7-di-O-glucoside	黄酮	[6]
48	Kaempferol 3，7-di-O-glucoside	黄酮	[6]

序号	化合物名称	结构类型	参考文献
49	Kaempferol 3，7-di-O-hexoside	黄酮	[6]
50	Kaempferol 3-O-arabinoside	黄酮	[6]
51	Kaempferol 3-O-arabinoside-7-O-glucoside	黄酮	[6]
52	Kaempferol 3-O-galloylglucoside	黄酮	[6]
53	Kaempferol 3-O-glucoside	黄酮	[6]
54	Kaempferol 3-O-glucoside-7-O-rhamnoside	黄酮	[6]
55	Kaempferol 7-O-glucoside	黄酮	[6]
56	Kaempferol derivative	黄酮	[6]
57	Luteolin 7-O-glucoside	黄酮	[6]
58	Luteolin 7-O-neohesperidoside	黄酮	[6]
59	Mannitol	其他	[4]
60	Methyl gallate	酚酸	[2，9]
61	Methyl syringate	酚酸	[9]
62	Methyl vanillate	酚酸	[9]
63	Mudanpioside C	单萜	[2]
64	Mudanpioside E	单萜	[2]
65	Mudanpioside J	单萜	[2]
66	Oleanolic acid	三萜	[5]
67	Oxypaeoniflorin	单萜	[2，8]
68	Paeoniflorigenone	单萜	[9，13]
69	Paeoniflorin	单萜	[2，8]
70	Paeonilactone-A	单萜	[8]
71	Paeonilide	单萜	[12]
72	Paeonisuffral	单萜	[9]
73	Paeonivayin	单萜	[13]
74	Palbinone	二萜	[9，11]
75	Pentagalloyl glucose	其他	[2]
76	Phomopoxide A（来自共生微生物）	其他	[1]
77	Phomopoxide B（来自共生微生物）	其他	[1]

黄牡丹

序号	化合物名称	结构类型	参考文献
78	Phomopoxide C（来自共生微生物）	其他	[1]
79	Phomopoxide D（来自共生微生物）	其他	[1]
80	Phomopoxide E（来自共生微生物）	其他	[1]
81	Phomopoxide F（来自共生微生物）	其他	[1]
82	Phomopoxide G（来自共生微生物）	其他	[1]
83	p-Hydroxybenzoic acid	酚酸	[5]
84	Quercetin 3，7-di-O-glucoside	黄酮	[6]
85	Quercetin 3-O-arabinoside	黄酮	[6]
86	Quercetin 3-O-galloylglucoside	黄酮	[6]
87	Quercetin 3-O-glucoside	黄酮	[6]
88	Quercetin 3-O-glucoside-7-O-arabinoside	黄酮	[6]
89	Quercetin 7-O-glucoside	黄酮	[6]
90	Quercitrin-3，7-dimethoxy	黄酮	[9]
91	Sorbicillin	倍半萜	[3]
92	Syringic acid	酚酸	[5, 11]
93	Tetragalloyl glucose	酚酸	[2]
94	Tetragalloyl glucose isomer	酚酸	[2]
95	Trichoderic acid	倍半萜	[3]
96	Trigalloyl-glucose	其他	[2]
97	Trigalloyl-glucose isomer	酚酸	[2]
98	Vanillic acid	酚酸	[11]

【药理药效】黄牡丹的药理活性主要为抗流感病毒、抗菌和抗血栓。

Li 等[2]评价了黄牡丹全株提取物的抗流感病毒活性，结果表明乙酸乙酯部位和乙醇部位显示出很强的抑制神经氨酸酶活性，IC_{50} 值分别为 75.932μg/mL 和 83.550μg/mL，进一步分离得到的化合物 enzoylpaeoniflorin 和 pentagalloylglucose 的活性最强，其 IC_{50} 值分别为 143.701μM 和 62.671μM，比阳性药奥司他韦酸（IC_{50} 值为 281.308μM）强得多。吴少华等[3]从木霉属菌种（黄牡丹中分离得到的一种内生菌）培养液的乙酸乙酯提取物中分离鉴定了五个化合物，包括 trichoderic acid、2β-hydroxytrichoacorenol、cyclonerodiol、cyclonerodiol oxide、sorbicillin，其中大多数化合物显示中等或弱的抗菌活性，可以抑制大肠杆菌、白色葡萄球菌、志贺菌、皮炎单孢枝霉等。Sun 等[14]的研究发现，黄牡丹的挥发油类成分有很强的 DPPH 和 ABTS 自由基清除活性，提示黄牡丹可作为天然抗氧化剂来源。Pastorova 等[15]评价了牡丹根皮水提取物和乙醇提取物抗血小板聚集活性以及抗凝血和纤溶活性。结果表明，乙醇提取物可激活大鼠血液中的抗凝和纤溶过程；水提取物除具有抗凝活性外，还可以显著增强血液中纤维蛋白的溶解能力并抑制血小板凝集，表明牡丹根皮可以抗血栓。

【开发应用】

1. 标准规范　黄牡丹尚未有相关药品标准、药材标准及中药饮片炮制规范。

2. 专利申请　目前关于黄牡丹植物的专利共 11 项，主要涉及保健品与植物栽培等方面，所有专利均为近二十年内申请，具体如下：

（1）GIESLER WOLFGANG，Method for improving or propagating shrub or bush peonies comprises grafting them on to *Paeonia delavayi* stock or its varieties or crosses（DE10153533A1）（2003 年）。

（2）吴少华等，一株滇牡丹内生拟茎点霉菌（CN102952757A）（2013 年）。

（3）王娟等，一种滇牡丹天然护肤品及其制备方法（CN106236667A）（2016 年）。

（4）李保忠，一种滇牡丹快速繁育的方法（CN106613689A）（2017 年）。

（5）谭芮等，一种滇牡丹的种子繁育方法（CN107278421A）（2017 年）。

（6）王娟等，一种滇牡丹的嫁接繁育方法（CN108156990A）（2018 年）。

（7）徐天才等，一种能降三高的保健袋泡茶及其制备方法（CN108740208A）（2018 年）。

（8）吴少华，多氧取代环己烯类衍生物及其应用（CN107935819A）（2018 年）。

（9）苏泽春等，一种滇牡丹培育齐苗、壮苗的分段式育苗方法（CN109744056A）（2019 年）。

（10）李丽等，一种植物油组合物（CN109528563A）（2019 年）。

（11）陈国安等，一种中药植物油（CN110201139A）（2019 年）。

3. 栽培利用　黄牡丹喜温暖湿润的气候，较耐寒耐旱，不耐热。黄牡丹为肉质根，栽培要选择疏松、肥沃、深厚的沙质土壤，栽培地点应选择地势干燥、排水良好的地方，切忌栽培在易积水的低洼之处[16]。

4. 生药学探索　采用来源鉴别、性状鉴别、显微鉴别、薄层鉴别的方法对黄牡丹进行生药学初研。根的横切面特征：韧皮部细胞中含大量簇晶，木薄壁细胞及木射线细胞均含有草酸钙簇晶及淀粉粒。粉末特征：导管网纹或梯纹，草酸钙簇晶较多，木纤维长梭形，淀粉粒众多，多单粒。薄层层析表明：通过芍药苷和丹皮酚对照品的对照，发现梅里雪山、香格里拉阁扎和昆明梁旺山 3 个产地的黄牡丹中均含有芍药苷和丹皮酚。其中各地芍药苷含量差异不大，而丹皮酚的含量差异较大，昆明梁王山产的明显较梅里雪山和香格里拉阁扎产的丹皮酚含量高。结果显示黄牡丹根的生药学特征明显，为制定其质量标准提供了基础性研究数据[17]。

黄牡丹

5. 其他应用 黄牡丹是一种较好的庭院观赏性植物，大理白族民间偶见庭院栽培。

【药用前景评述】 黄牡丹 *Paeonia delavayi* var. *lutea* 是野牡丹 *Paeonia delavayi* 的一个变种，为中国西南地区特有植物。其花黄色，主要分布于滇西北海拔 2000～3500m 地带，大理苍山有天然分布，是白族特色药用植物，为国家三级保护植物。野生黄牡丹还是栽培牡丹的祖先，是培育牡丹、芍药等新品种的种质基因，在园艺育种与研究上也有较大的科学价值。

黄牡丹根皮即为《云南省药品标准》（1996 年版）收载的滇产"赤丹皮"，可治吐血、尿血、血痢、痛经等症；去掉根皮的部分在云南省常作为"云白芍"使用，具有平肝止痛、养血调经、敛阴止汗之功效，可治胸腹胁肋疼痛、泻痢腹痛、自汗盗汗等症（《云南省药品标准》）。

目前，有关黄牡丹化学成分已有较为深入的研究，从中分离鉴定了近百个成分。黄牡丹主要含芳香化单萜苷及其苷元类化合物，以及黄酮、苯丙素、木脂素等成分。药理研究证实黄牡丹具有抗流感病毒、抗菌和抗血栓活性，由此推断白族药用黄牡丹治热病吐血、血热斑疹、急性阑尾炎、血瘀痛经、经闭腹痛、跌打瘀血作痛具有科学性与合理性。

由于黄牡丹具有较高的观赏性，目前该植物的开发利用更多的是在观赏植物培植方面，其药用价值开发基本是参照中药材牡丹的药用方式进行，尚未见有专门针对黄牡丹开展的现代药用开发报道。由于黄牡丹自然资源储量有限，在开发黄牡丹资源过程中需要特别注意野生资源的保护，因此要加大可持续利用研究，一定要避免黄牡丹野生资源濒危枯竭的现象发生。

参考文献

［1］Huang R，Jiang BG，Li XN，et al. Polyoxygenated cyclohexenoids with promising α-glycosidase inhibitory activity produced by *Phomopsis* sp. YE3250，an endophytic fungus derived from *Paeonia delavayi*［J］. J Agric Food Chem，2018，66（5）：1140-1146.

［2］Li JH，Yang X，Huang L. Anti-influenza virus activity and constituents. characterization of *Paeonia delavayi* extracts［J］. Molecules，2016，21（9）：1133.

［3］Wu SH，Zhao LX，Chen YW，et al. Sesquiterpenoids from the endophytic fungus *Trichoderma* sp. PR-35 of *Paeonia delavayi*［J］. Chem Biodivers，2011，8（9）：1717-1723.

［4］吴少华，陈有为，李治滢，等. 滇牡丹内生真菌 *Alternaria* sp. PR-14 的代谢产物研究［J］. 天然产物研究与开发，2011，23（5）：850-852.

［5］Wu SH，Chen YW，Li ZY，et al. Chemical constituents from the root bark of *Paeonia delavayi*［J］. Chem Nat Compd，2009，45（4）：597-598.

［6］Li CH，Du H，Wang LS，et al. Flavonoid composition and antioxidant activity of tree peony（*Paeonia* Section Moutan）yellow flowers［J］. J Agric Food Chem，2009，57（18）：8496-8503.

［7］Wu SH，Chen YW，Yang LY，et al. A new ellagic acid glycoside from *Paeonia delavayi*［J］. Fitoterapia，2008，79（6）：474-475.

[8] Wu SH，Chen YW，Yang LY，et al. Monoterpene glycosides from *Paeonia delavayi* [J]. Fitoterapia，2007，78（1）：76-78.

[9] 吴少华，吴大刚，陈有为，等 . 紫牡丹的化学成分研究 [J]. 中草药，2005，36（5）：648-651.

[10] Wu SH，Luo XD，Ma YB，et al. Monoterpenoid derivatives from *Paeonia delavayi* [J]. J Asian Nat Prod Res，2002，4（2）：135-140.

[11] Wu SH，Luo XD，Ma YB，et al. A New 24，30-dinortriterpenoid from *Paeonia delavayi* [J]. Chin Chem Lett，2001，12（4）：345-346.

[12] Liu JK，Ma YB，Wu DG，et al. Paeonilide，a novel anti-PAF-active monoterpenoid-derived metabolite from *Paeonia delavayi* [J]. Biosci Biotechnol Biochem，2000，64（7）：1511-1514.

[13] Ma YB，Wu DG，Liu JK. Paeonivayin，a new monoterpene glycoside from *Paeonia delavayi* [J]. Chin Chem Lett，1999，10（9）：771-774.

[14] Sun JY，Zhang XX，Niu LX，et al. Chemical compositions and antioxidant activities of essential oils extracted from the petals of three wild tree peony species and eleven cultivars [J]. Chem Biodivers，2017，14（11）：e1700282.

[15] Pastorova VE，Lyapina LA，Uspenskaya MS，et al. Effects of water and ethanol extracts from *Paeonia lutea* root bark on hemostatic parameters [J]. Bull Exp Biol Med，1999，127（5）：480-482.

[16] 何建清 . 黄牡丹的利用价值及栽培 [J]. 特种经济动植物，2001，（10）：39.

[17] 陈珍，刘子兰，袁梅，等 . 黄牡丹的生药学研究 [J]. 云南中医学院学报，2011，34（3）：17-19，25.

黄牡丹

黄秦艽

【植物基原】本品为龙胆科黄秦艽属植物黄秦艽 *Veratrilla baillonii* Franch. 的根。

【别名】金不换、滇黄芩、藏黄芩、大苦参、黄龙胆。

【白语名称】梁忧脂（大理、剑川）、胃霜忧（鹤庆）。

【采收加工】秋季采挖，洗净，晒干或研细粉备用。

【白族民间应用】用于急慢性胃炎、肠炎、胃脘胁痛、肺热咳嗽、烧伤、解草乌毒。

【白族民间选方】①急慢性胃炎、肠炎、痢疾：本品与紫地榆、草果、砂仁各 10 ～ 15g，共研细粉，每次 2 ～ 3g，水吞服；或以单味粉剂，每次 3g，连续服用 3 ～ 6 天。②烧伤：本品细粉，用菜油或凡士林调匀外涂。

【化学成分】代表性成分：黄秦艽主要含屾酮及其苷类成分，其次为环烯醚萜苷类化合物。例如，1, 3- 二羟基 -4, 7- 二甲氧基屾酮（1）、1, 7- 二羟基 -2, 3, 4- 三甲氧基屾酮（2）、1, 7- 二羟基 -3, 4- 二甲氧基屾酮（3）、1, 7- 二羟基 -3- 甲氧基屾酮（4）、1- 羟基 -2, 3, 4, 5- 四甲氧基屾酮（5）、1- 羟基 -2, 3, 4- 三甲氧基屾酮 -7-O-β-D- 葡萄糖苷（6）、tripteroside（7）、1- 羟基 -2, 7- 二甲氧基屾酮 -3-O-β-D- 葡萄糖苷（8）、amarogentin（9）、amaronitidin（10）、獐芽菜苷（sweroside, 11）、獐芽菜苦苷（swertiamarin, 12）、龙胆苦苷（gentiopicrin, 13）等 [1-3]。

2009 年至今已从黄秦艽中分离得到了 25 个化学成分，主要为环烯醚萜类、酮类化合物及其苷类成分：

序号	化合物名称	结构类型	参考文献
1	1，3-Dihydroxy-4，7-dimethoxyxanthone	𠮟酮	[1，3]
2	1，7-Dihydroxy-2，3，4-trimethoxyxanthone	𠮟酮	[1，3]
3	1，7-Dihydroxy-3，4-dimethoxyxanthone	𠮟酮	[1，3]
4	1，7-Dihydroxy-3-methoxyxanthone	𠮟酮	[1，3]
5	1-Hydroxy-2，3，4，5-tetramethoxyxanthone	𠮟酮	[1，3]
6	1-Hydroxy-2，3，4，7-tetramethoxyxanthone	𠮟酮	[1，3]
7	1-Hydroxy-2，3，4-trimethoxyxanthone-7-O-β-D-glucopyranoside	𠮟酮苷	[1，3]
8	1-Hydroxy-2，3，5-trimethoxyxanthone	𠮟酮	[1，3]
9	1-Hydroxy-2，3，7-trimethoxyxanthone	𠮟酮	[1，3]
10	1-Hydroxy-2，7-dimethoxyxanthone-3-O-β-D-glucopyranoside	𠮟酮苷	[1，3]
11	1-Hydroxy-3，4-dimethoxyxanthone-7-O-β-D-glucopyranoside	𠮟酮苷	[1，3]
12	2，3，4，5-Tetramethoxyxanthone-1-O-β-D-glucopyranoxyl-（1→6）-β-D-glucopyranoside	𠮟酮苷	[3]
13	2，3，4，7-Tetramethoxyxanthone-l-O-β-D-xylopyranoxyl-（1→6）-β-D-glucopyranoside	𠮟酮苷	[3]
14	2，3，5-Trimethoxyxanthone-1-O-β-D-xylopyranoxyl-（1→6）-β-D-glucopyranoside	𠮟酮苷	[3]
15	Amarogentin	环烯醚萜苷	[1，3]
16	Amaronitidin	环烯醚萜苷	[1，3]
17	Deacetylcentapicrin	环烯醚萜苷	[3]
18	Gentiopicrin	环烯醚萜苷	[3]
19	Gentiopicroside	环烯醚萜苷	[1]
20	Secamonoide B	𠮟酮苷	[1，3]
21	Sweroside	环烯醚萜苷	[2，3]
22	Swertiamarin	环烯醚萜苷	[3]
23	Tetrasweroside A	𠮟酮苷	[1，3]
24	Tripteroside	𠮟酮苷	[1]
25	Veratriloside B	𠮟酮苷	[3]

【药理药效】黄秦艽的药理活性主要表现为抑菌、抗炎、抗氧化、镇痛、解毒作用。

1. 抗菌、抗炎和抗氧化作用 从黄秦艽分离的 1，7- 二羟基 -4- 甲氧基𠮟酮和 1，7- 二羟基 -3，5，6- 三甲氧基𠮟酮具有抑制植物病原真菌的作用[4]；环烯醚萜类具抗肿瘤、抗糖尿病并发症、抗菌和抗氧化作用[5]，可治疗脑出血大鼠，通过抑制核因子 -κB 表达来减轻炎症因子释放，达到减轻脑水肿的目的。另一个研究结果显示，雪上一枝蒿总生物碱配伍黄秦艽水提物有协同抗炎作用，其机制与抑制 NO 释放、诱导型一氧化氮合酶（iNOS）基因表达有关[6]。两者配伍最佳比为 1：10。

2. 解毒作用 黄秦艽水提物（WVBF）能够缓解雪上一枝蒿总生物碱（CFA）引起的小鼠中毒症状（如肠道过度蠕动，肝脏、心肌及神经毒性），降低中毒小鼠的死亡率[7]。进一步利用基因芯片分析[8]WVBF 对 CFA 中毒的解毒机制，发现 WVBF 可抑制 CFA 诱导的细胞炎症反应，可抑制炎症因子的释放，上调 MITF 及 p21 的表达，影响由氧化应激反应、JNK 活化引起的细胞凋亡过程，同时上调转化因子 -β（TGF-β）、FasL 的表达量，减弱由药物引起的 T 细胞毒性作用；WVBF 可缓解 CFA 诱导的心肌损伤，该作用与改善细胞内的线粒体功能紊乱，抑制内质网介导的细胞凋亡和调控细胞能量代谢有关；WVBF 可缓解 CFA 诱导的肝损伤和神经损伤，相关细胞通路为 PI3K-Akt、IKKB-NF-κB-IL-6 和 calpain-p35-p25。黄秦艽对乌头属短柄乌头致小鼠急性毒性[9]、短柄乌头的亚急性毒性[10]、雷公藤总苷致小鼠的肝毒性均有一定的解毒作用[11]。龙胆苦苷和黄秦艽苦苷可诱导 Akt 磷酸化并抑制 PCK1 在肝癌细胞中的表达[12]。

3. 保肝作用 通过网络药理学从黄秦艽中获得了 14 个活性成分，其成分对应的潜在靶点共有 287 个；因为非酒精肝病相关靶点有 587 个，黄秦艽有效成分靶点与疾病靶点交集后获得 13 个核心靶点。其次，GO 富集分析显示，这些基因主要影响核受体的活性、转录因子的活性、类固醇激素受体活性、泛素样蛋白连接酶结合、蛋白质异二聚化活性、转录辅助因子的结合等 26 个生物过程。KEGG 富集分析显示，PI3K-Akt 信号通路、HIF-1 信号通路、MAPK 信号通路、胰岛素信号通路、TNF 信号通路和一些癌症相关通路基因富集较多。最后，通过体外肝细胞实验成功验证 TNF-α 和 MAPK8 是其重要靶点，这提示黄秦艽对肝损伤有显著改善作用[13]。

4. 其他作用 黄秦艽具有保肝、利胆、通便、解痉等多种生物活性。黄秦艽的主成分是屾酮，其结构、性质与黄酮相似，为单胺氧化酶抑制剂，具有镇痛作用，并能防止缓激肽和糙皮病治疗药物引起的痛觉过敏[7]。该植物对 2 型糖尿病有降糖作用[14]，其机制可能是上调葡萄糖转运蛋白 4，促进肝细胞增殖，促进并激活胰岛素介导的 IRS-1/PI3K/Akt/SREBP 信号通路来增加肝细胞膜上胰岛素受体数量并降低胰岛素抵抗。因此，黄秦艽水提物对糖尿病肝损伤具有保护作用。黄秦艽提取物对鸡新城疫病毒增殖具有显著的抑制作用[15]。

【开发应用】

1. 标准规范 黄秦艽尚未有相关药品标准、药材标准及中药饮片炮制规范。

2. 专利申请 目前涉及黄秦艽植物的专利仅有 2 项：

（1）黄先菊等，一种用于治疗二型糖尿病的药物（CN105012329 B）（2018 年）。

（2）李竣等，一种黄秦艽药材指纹图谱的建立方法及其指纹图谱（CN106770771B）

（2020 年）。

3. 栽培利用 黄秦艽适应性强，耐旱，耐寒，喜湿润、冷凉气候，不耐涝，忌强光，在疏松肥沃的酸性土壤中生长良好。其种子宜在较低温条件下萌发，发芽适宜温度为 20℃左右，通常每年 5 月下旬返青，6 月下旬开花，8 月种子成熟，年生育期 100 天左右，种子寿命 1 年[16]。植物栽培主要由选地整地、繁殖方法、移栽、成活后管理以及采收加工等环节组成。

4. 生药学探索[17]

（1）药材性状：生药材主根明显，呈类圆柱形或类圆锥形，扭曲不直；下部分裂域不分裂成小根，长 3 ～ 8cm，直径 1 ～ 2cm，顶端有残存茎基及膜质状叶鞘；表面棕褐色，有纵向或扭曲的纵破纹；质硬而脆，易折断，断面皮部黄棕色，木部黄白色；气弱，味极苦。

（2）显微特征：①组织（根横切面）：表皮细胞一列，类方形，直径 28 ～ 56μm，细胞壁木栓化，且微木化，皮层窄，皮层细胞切向延长，长径 28 ～ 70μm。韧皮部宽广，外侧多裂隙，靠近形成层部位的细胞排列整齐，由外向内细胞逐渐变小，内外细胞大小悬殊，韧皮薄壁细胞类圆形。形成层明显。木质部导管类多角形，直径 12 ～ 26μm，木薄壁细胞类圆形，直径 10 ～ 17μm。②粉末：棕黄色，味极苦。网纹导管颇多，直径 12 ～ 26μm，孔较大，且形状不规则，稀有残存叶鞘部位的螺纹导管；表皮细胞碎片黄棕色，呈类多角形，直径 28 ～ 56μm，微木化，可见残存的叶鞘表皮细胞碎片，黄色或淡黄色，细胞类长方形，长 77 ～ 113μm；木薄壁细胞长梭状，微带黄色。

5. 其他应用

（1）产品研发：该属植物民间药用历史悠久。近年来，随着研究的进一步深入，其发挥药理作用的物质基础逐渐被阐明，主要是基于黄秦艽所含有的各种化合物，其中龙胆苦苷和獐芽菜苷可用于治疗 2 型糖尿病[18]，而其含有的烯醚萜苷类成分则可用于失眠多梦、排脓消痈、透疹解毒、消炎利尿、活血祛瘀、润肺散结等[19]。例如：清胆胶囊、排石利胆颗粒等均为治疗胆囊炎、胆结石等病的中药制剂，其中主要成分为龙胆、泽泻、金钱草、延胡索、苦参等。该类制剂在临床上主要用于肝胆疾病的治疗，常可取得良好疗效。然而应用相应的单体制作制剂则较少，未来可以通过提高药用植物栽培技术、优化提取分离技术、研究制剂工艺等进一步的深入研究，应具有广阔的开发前景。

（2）伪品鉴别：黄秦艽与秦艽在名称上易混，性状上也比较相似。但黄秦艽苦寒，具清热解毒之功，用于痢疾、肺热咳嗽、烧伤、驱虫等，与秦艽大不相同，不能混作秦艽[20]。孙琪华等发现黄秦艽与秦艽的一个品种小秦艽在原植物形态、药材性状、显微和理化特征等方面存在一定的差距，可作为秦艽鉴别与质控的参考[21, 22]，为制定药材质量标准、研究和开发利用该药物资源提供了理论依据。采用 HPLC 方法[23]，根据对照品保留时间鉴定了黄秦艽中的 3 个成分，实验结果表明，黄秦艽中含有龙胆苦苷、獐牙菜苦苷、獐牙菜苷 3 种成分，未检测到马钱苷酸，其中环烯醚萜苷类成分含量最多，为保肝药物使用提供了一定的科学依据。

【药用前景评述】黄秦艽是云南常用中草药，一般以根部入药，具有清热、消炎、解毒、杀虫的作用。现代临床研究表明，黄秦艽可治疗支气管炎及缓解乌头碱中毒，缓解草乌和附片的中毒症状。《云南省中药材标准》（1974和2005年版），载其以根入药，具有清热解毒、消炎杀虫等功效，在临床上主要用于治疗肺热咳嗽、阿米巴痢疾、黄疸型肝炎和蛔虫病。

在云南，黄秦艽也是多个少数民族的传统用药。白族称其为"胃霜优、梁优脂"，用于治疗急慢性胃炎、肠炎、胃脘胁痛、肺热咳嗽、烧伤等。傈僳族称其为"果俄兰"，用于治疗肺热咳嗽、阿米巴痢疾、黄疸型肝炎、蛔虫、痈疮肿毒等。彝族称其为"基不华、木都次克、布高兹尔、金不换"，用于治疗人畜中毒、肺热咳嗽、黄疸型肝炎、肠炎、阿米巴痢疾、烧伤、蛔虫病等。纳西族将其称为"郭补育、过布育"，用于治疗痢疾、肺热咳嗽、慢性支气管炎、烧伤、风湿痹痛、筋骨拘挛、黄疸、便血、骨蒸痨热、小儿疳热、草乌中毒、跌打损伤。据云南丽江当地的群众介绍，黄秦艽在当地用于治疗家猪腹泻，效果确实比较好。苗族称其为"代彩放、带采范、金不换"，主要用来治疗胃痛、腹痛、菌痢、黄疸型肝炎等。藏族将其称作"巴俄色波"，用于肝热、胆热、时疫热、食物中毒、药物中毒等。由此可见，黄秦艽在云南少数民族医药中确实具有十分重要的地位。

现代研究结果显示，黄秦艽主要含有环烯醚萜类、酮类、黄酮类化合物及其苷类成分，这些成分常具有抗菌消炎、抗病毒的功效。药理活性研究也证实黄秦艽的确具有抑菌、抗炎、抗氧化、镇痛、解毒作用，因而证实白族等几个少数民族对该植物的药用合理、准确。目前，黄秦艽尚未有相关药品标准、药材标准及中药饮片炮制规范，开发应用也处于起步阶段，但由于黄秦艽的药用功效显著、可靠，其药用开发潜力令人期待。

参考文献

［1］张琼光，龚韦凡，梅枝意，等.黄秦艽的化学成分分析［J］.中南民族大学学报（自然科学版），2019，38（2）：219-222

［2］曹悦，左代英，吴晓兰，等.超高效液相色谱法测定龙胆药材中的獐芽菜苦苷和龙胆苦苷［J］.时珍国医国药，2009，20（5）：1079-1080.

［3］高瑞锡，梅枝意，黄先菊，等.黄秦艽根化学成分研究［J］.中草药，2018，49（3）：521-529.

［4］马昌.叫酮在植物中的分布及其药理作用［J］.安徽农业科学，2009，37（31）：15244-15245.

［5］耿晓萍，石晋丽.环烯醚萜类化合物的研究进展［C］//中华中医药学会第九届中药鉴定学术会议论文集.建德，2008：83-86.

［6］何彩静，陈慧，黄先菊.雪上一枝蒿配伍黄秦艽协同抗炎作用研究［J］.湖北科技学院学报，2019，33（3）：195-200.

［7］郑蜜.龙胆科植物黄秦艽的药效学研究［D］.武汉：中南民族大学，2016.

［8］伊雪佳，余友，黄先菊．黄秦艽对雪上一枝蒿所致小鼠肝脏、心肌毒性的基因芯片分析［C］//中国毒理学会第七次全国毒理学大会暨第八届湖北科技论坛论文集．武汉，2015：385.

［9］Ge YB，Jiang Y，Zhou H，et al. Antitoxic effect of *Veratrilla baillonii* on the acute toxicity in mice induced by *Aconitum brachypodum*，one of the genus *Aconitum*［J］. J Ethnopharmacol.2016, 179：27-37.

［10］Yu YY，YiXJ，Mei ZY. The water extract of *Veratrilla baillonii* could attenuate the subacute toxicity induced by *Aconitum brachypodum*［J］.Phytomedicine，2016，23（13）：1591-1598.

［11］余友，伊雪佳，张珍花，等．黄秦艽水提物对雷公藤总苷致小鼠肝毒性的保护作用研究［C］//2016年第六届全国药物毒理学年会论文集．重庆，2016：160.

［12］Huang XJ，Li J，Mei ZY，et al. Gentiopicroside and sweroside from *Veratrilla baillonii* Franch.induce phosphorylation of Akt and suppress Pck1 expression in hepatoma cells［J］. Biochem Cell Biol，2016，94（3）：270-278.

［13］何彩静，王晶，梁帅，等．基于网络药理学探讨黄秦艽保肝作用机制［J］.中国中药杂志，2020，45（8）：1789-1799.

［14］何彩静，王晶，王大贵，等．黄秦艽预防糖尿病早期肝损伤的形成和发展及机制研究［C］//2019中国中西医结合学会临床药理与毒理专业委员会第三届学术研讨会论文摘要集．合肥，2019：57-58.

［15］苏治国，陈文芳．中药黄秦艽鸡胚上抗鸡新城疫病毒的试验［J］.中兽医学杂志，2018，（5）：3-4.

［16］丁万隆，陈震，王淑芳．百种药用植物栽培答疑［M］.北京：中国农业出版社，2010.

［17］宋砚农，马逾英，王学明．彝药"黄秦艽"的生药鉴定［J］.中草药，1987，18（7）：35-36，43.

［18］杨少青．以胰岛素抵抗肝细胞模型筛选糖尿病药物及环烯醚萜苷类化合物降糖机制的研究［D］.西安：西北大学，2016.

［19］马养民，汪洋．植物环烯醚萜类化合物生物活性研究进展［J］.中国实验方剂学杂志，2010，16（17）：234-238，243.

［20］宋砚农，王学明．秦艽的一种伪品——黄秦艽的鉴别［J］.四川中医，1986，（5）：55.

［21］孙琪华，白权．秦艽与其伪品黄秦艽的鉴别［J］.川北医学院学报，1996，11（4）：72-73.

［22］张洁，孙骄，王德良，等．民族药金不换的生药学研究［J］.云南中医中药杂志，2008，29（6）：67-69.

［23］段宝忠，方海兰，陈进汝，等．白族药黄秦艽中3种环烯醚萜苷类成分的含量测定［J］.中药材，2014，37（6）：1012-1014.

黄秦艽

黄精

【植物基原】本品为百合科黄精属植物滇黄精 *Polygonatum kingianum* Collett et Hemsl. 及卷叶黄精 *P. cirrhifolium*（Wall.）Royle 的根茎。

【别名】老虎姜、西南黄精、大黄精、轮叶黄精、钩叶黄精。

【白语名称】大咳比洗、花青英之。

【采收加工】春秋采挖，除去须根，蒸 10～20 分钟后取出，晒干备用。

【白族民间应用】补脾润肺。用于肺结核、干咳无痰、久病津亏口干、自汗盗汗、久病体虚、倦怠乏力、糖尿病、高血压。

【白族民间选方】①肺结核、干咳无痰、久病津亏口干、倦怠乏力、糖尿病、高血压：本品 15～30g，水煎服。②小儿疳积：本品适量，煮熟，加蜂蜜食用。

【化学成分】代表性成分：滇黄精主要含甾体皂苷类化合物 25(*R*)-epimer of PO-8（1）、kingianoside D（2）、（25S）-kingianoside D（3）、kingianoside C（4）、（25S）-kingianoside C（5）、（25R，22）-hydroxylwattinoside C（6）、22-hydroxylwattinoside C（7）、kingianoside E（8）、（25S）-kingianoside E（9）、kingianoside F（10）、（25S）-kingianoside F（11）、（25R）-kingianoside G（12）、（25R）-pratioside D₁（13）、（25S）-pratioside D₁（14）、kingianoside I（15）、kingianoside H（16）、kingianoside A（17）、（25S）-kingianoside A（18）、kingianoside B（19）、funkioside C（20）等[1-23]。

	R	
12	25R	OH
13	25R	H
14	25S	H

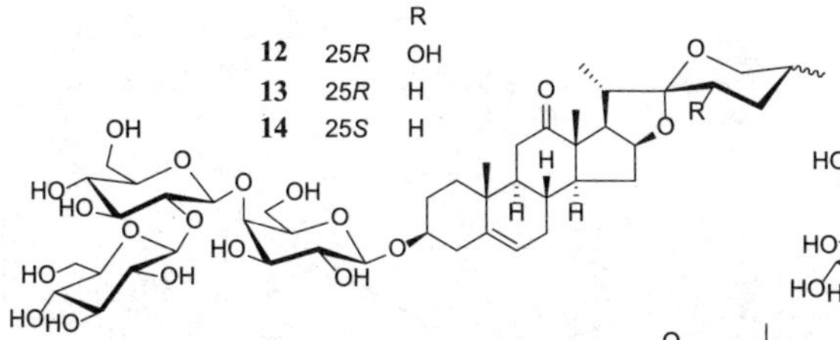

15

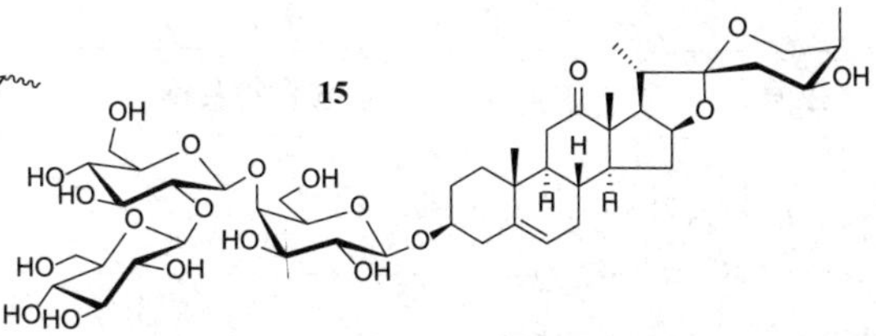

16

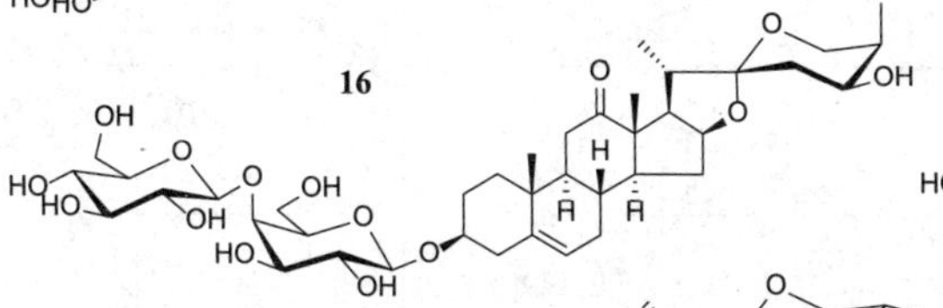

17 25R
18 25S

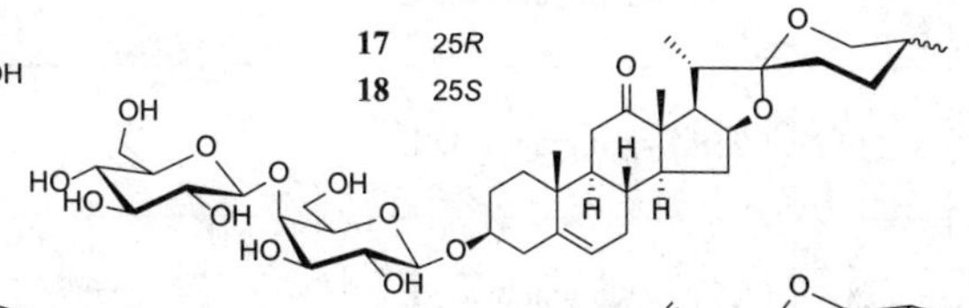

19

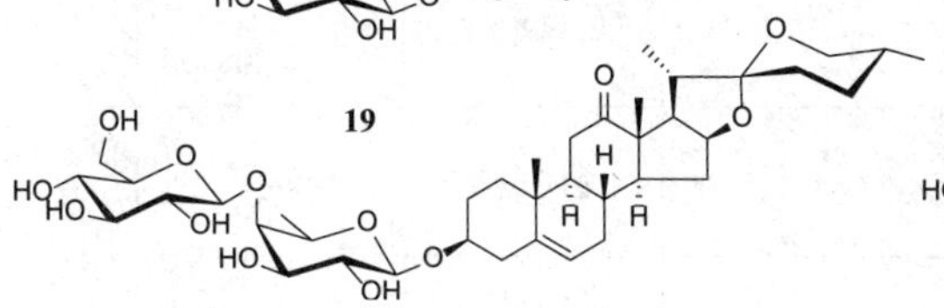

20

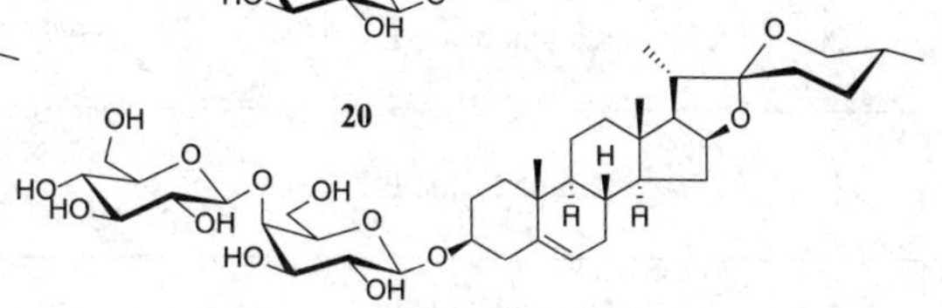

此外，滇黄精还含有 disporopsin（21）、4′，7- 二羟基 -3′- 甲氧基异黄酮（22）、甘草素（23）、异甘草素（24）等较多的黄酮类成分以及其他结构类型化合物[1-23]。

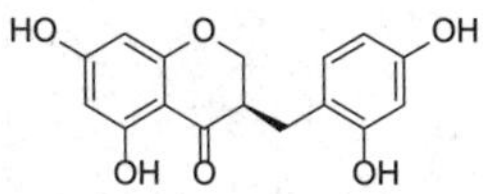

21 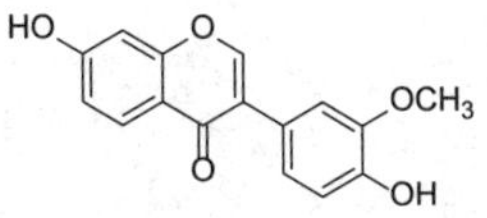　　　　　　　　　22 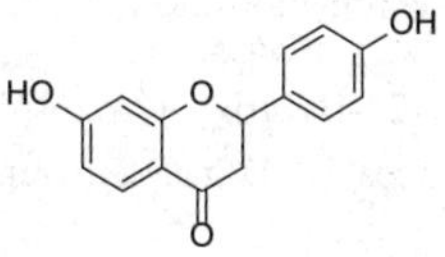　　　　　　　　　23 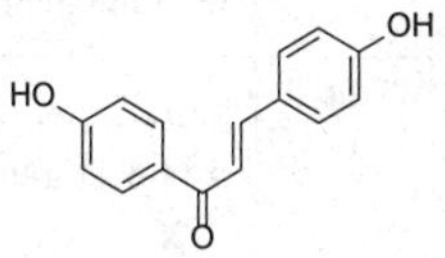　　　　　　　　　24

1992 ～ 2018 年从滇黄精中至少分离得到了 120 多个化学成分：

序号	化合物名称	结构类型	参考文献
1	（22S）-Cholest-5-ene-1，3，16，22-tetrol-1-O-α-L-rhamnopyranosyl-16-O-β-D-glucopyranoside	甾体皂苷	[2，21]
2	（25R）-Kingianoside A	甾体皂苷	[10，14，16]
3	（25R）-Kingianoside G	甾体皂苷	[1，2，14，16，21]
4	（25R）-Pratioside D$_1$	甾体皂苷	[10，14，16]
5	（25R）-Spirost-5-en-3β，17α-diol-3-O-α-L-rhamnopyranosyl-（1→4）-α-L-rhamnopyranosyl-（1→4）[α-L-rhamnopyranosyl-（1→2）]-β-D-glucopyranoside	甾体皂苷	[2，21]
6	（25R）-Spirost-5-en-3β，17α-diol-3-O-β-D-glucopyranosyl-（1→3）-[α-L-rhamnopyranosyl-（1→2）]-β-D-glucopyranoside	甾体皂苷	[2，21]
7	（25R，22）-Hydroxylwattinoside C	甾体皂苷	[1，2，10，13，20，21]
8	（25S）-5- 烯 - 螺甾 -12- 酮	甾体皂苷	[2]

序号	化合物名称	结构类型	参考文献
9	（25S）-Kingianoside A	甾体皂苷	［1，2，10，14，16，20，21］
10	（25S）-Kingianoside C	甾体皂苷	［1，2，10，13，16，20，21］
11	（25S）-Kingianoside D	甾体皂苷	［1，2，10，13，20，21］
12	（25S）-Kingianoside E	甾体皂苷	［1，2，10，13，20，21］
13	（25S）-Kingianoside F	甾体皂苷	［1，2，10，13，20，21］
14	（25S）-Kingianoside G	甾体皂苷	［2］
15	（25S）-Pratioside D$_1$	甾体皂苷	［1，2，10，14，16，20，21］
16	（3R）-5，7-Dihydroxy-8-methyl-3-（2′-hydroxy-4′-methoxybenzyl）-chroman-4-one	黄酮	［2，17，21］
17	（3β，23S，25R）-23-Hydroxy-12-oxospirost-5-en-3-yl 4-O-β-D-glucopyranosyl-β-D-galactopyranoside	甾体皂苷	［1，16］
18	（3β，25R）-7-Oxospirost-5-en-3-yl α-L-arabinofuranosyl-（1→4）-［6-deoxy-α-L-mannopyranosyl-（1→2）］-β-D-glucopyranoside	甾体皂苷	［16］
19	（6aR，11aR）-10-羟基 -3，9-二甲氧基紫檀烷	黄酮	［2，12，17，19］
20	2，4，5，7-Tetrallydorxy-homoisoflvanaone	黄酮	［2，10，17］
21	2′，7-二羟基 -3′，4′-二甲氧基异黄烷	黄酮	［2，19］
22	2′，7-二羟基 -3′，4′-二甲氧基异黄烷苷	黄酮	［2，19］
23	26-O-β-D-Glucopyranosyl-22-hydroxy-25（R）-furost-5-en-l2-on-3β，22-diol 3-O-β-D-glucopyranosyl（1→4）-β-D-fucopyranoside	甾体皂苷	［9］
24	26-O-β-D-Glucopyranosyl-22-hydroxy-25（R）-furost-5-en-l2-on-3β，22-diol 3-O-β-D-glucopyranosyl（1→4）-β-D-galactopyranoside	甾体皂苷	［9］
25	22-Hydroxylwattinoside C	甾体皂苷	［1，2，13，21］
26	22-羟基 -弯蕊开口箭苷 C	甾体皂苷	［20］
27	25R，22-OH-Wattinoside C	甾体皂苷	［8］
28	2β,3β（OH）2-（28→1）葡萄糖 -（6→1）葡萄糖 -（4→1）鼠李糖 - 乌苏酸（积雪草苷）	三萜皂苷	［17］

序号	化合物名称	结构类型	参考文献
29	$2\beta,3\beta,6\beta$（OH）3-（28→1）葡萄糖 -（6→1）葡萄糖 -（4→1）鼠李糖 - 乌苏酸（羟基积雪草苷）	三萜皂苷	[17]
30	3-Ethoxymethyl-5，6，7，8-tetrahydro-8-indolizinone	生物碱	[18]
31	3-O-β-D-Glucopyranosyl-（1→4）-β-D-galactopyranoside	甾体皂苷	[1]
32	3β（OH）-（3→1）葡萄糖 -（2→1）葡萄糖 - 齐墩果酸	三萜皂苷	[3]
33	3β（OH）-（3→1）葡萄糖 -（4→1）葡萄糖 - 齐墩果烷	三萜皂苷	[3]
34	3β（OH）-（3→1）葡萄糖 -（4→1）葡萄糖 -（28→1）阿拉伯糖 -（2→1）阿拉伯糖 - 齐墩果酸	三萜皂苷	[3]
35	$3\beta,30\beta$（OH）2-（3→1）葡萄糖 -（2→1）葡萄糖 - 齐墩果烷	三萜皂苷	[3]
36	3- 丁氧甲基 -5，6，7，8- 四氢 -8- 吲哚哩嗪酮	生物碱	[2]
37	$4'$，5，7- 三羟基 -6，8- 二甲基高异黄酮	黄酮	[21]
38	$4'$，7- 二羟基 -$3'$- 甲氧基异黄酮	黄酮	[2，12，17，19]
39	4- 羟甲基糠醛	其他	[12，21]
40	5，$4'$- 二羟基黄酮苷	黄酮	[17]
41	6-C- 吡喃半乳糖 -8-C- 芹菜素吡喃阿拉伯糖苷	黄酮	[17]
42	6-O-β-D-Glucosylrhaminoside-5，7，$4'$-trihydoxyflavone	黄酮	[17]
43	6-O-β-D-Glucosylrhaminoside-7-O-glucoside-5，$4'$-dihydoxyflvaone	黄酮	[17]
44	8-C- 芹菜素吡喃半乳糖	黄酮	[17]
45	Azetidine-2-carboxylic acid	黄酮	[17]
46	Daucosterol	甾体皂苷	[2，10，14]
47	Dioscin	甾体皂苷	[2，16，21]
48	Disporopsin	黄酮	[1，14，17，19，20，21]
49	Funkioside C	甾体皂苷	[1，2，21]
50	Gentrogenin 3-O-β-D-glucopyranosyl（1→4）-β-D-fucopyranoside	甾体皂苷	[9]
51	Gentrogenin 3-O-β-D-glucopyranosyl（1→4）-β-D-galactopyranoside	甾体皂苷	[9]
52	Ginsenoside Rb$_1$	三萜皂苷	[1，2，16，17]

黄精

序号	化合物名称	结构类型	参考文献
53	Ginsenoside Rc	三萜皂苷	[1, 2, 15, 17]
54	Gracillin	甾体皂苷	[1, 2, 16, 21]
55	Isomucronulatol	黄酮	[18]
56	Kinganone	生物碱	[2, 18, 21]
57	Kingianoside A	甾体皂苷	[1, 2, 20, 21]
58	Kingianoside B	甾体皂苷	[1, 2, 21]
59	Kingianoside C	甾体皂苷	[1, 2, 10, 13, 16, 20, 21]
60	Kingianoside D	甾体皂苷	[1, 2, 10, 13, 20, 21]
61	Kingianoside E	甾体皂苷	[1, 2, 10, 13, 20, 21]
62	Kingianoside F	甾体皂苷	[1, 2, 13, 21]
63	Kingianoside G	甾体皂苷	[10, 20]
64	Kingianoside H	甾体皂苷	[1, 2, 15, 21]
65	Kingianoside I	甾体皂苷	[2, 15, 16, 21]
66	Kingianoside K	甾体皂苷	[1, 2, 16, 21]
67	Liquiritigenin	黄酮	[19]
68	Liriodendrin	木脂素	[4, 21]
69	N-trans-*p*-Coumaroyloctopamine	生物碱	[2, 20, 21]
70	Ophiopogonin C	甾体皂苷	[2, 15, 21]
71	Parissaponin Pb	甾体皂苷	[1, 2, 21]
72	PCPs-1	多糖	[5]
73	PCPs-2	多糖	[5]
74	PCPs-3	多糖	[5]
75	Pennogenin-3-O-*α*-L-rhamnopyranosyl-（1→4）-*α*-L-rhamnopyranosyl-（1→4）-[*α*-L-rhamnopyranosyl-（1→2）]-*β*-D-glucopyranoside	其他	[1]
76	Pennogenin-3-O-*β*-D-glucopyranosyl-（1→3）-[*α*-L-rhamnopyranosyl-（1→2）]-*β*-D-glucopyranoside	其他	[1]
77	PKP Ⅰ	多糖	[4, 6]
78	PKP Ⅱ	多糖	[4]

白族特色药用植物现代研究与应用

序号	化合物名称	结构类型	参考文献
79	PKP Ⅲ	多糖	[4]
80	Po-8 Epimer	甾体皂苷	[8]
81	Polygonatine A	生物碱	[2, 21]
82	Polygonatine B	生物碱	[2, 21]
83	Polygonatoside B$_3$（=saponin Tb）	甾体皂苷	[1]
84	Polygonatoside C$_1$	甾体皂苷	[1, 2, 15, 21]
85	Pratioside D$_1$	甾体皂苷	[1, 2, 16, 20, 21]
86	Pseudo-ginsenoside F$_{11}$	三萜皂苷	[1, 2, 10, 11, 17, 20]
87	Saponin Pa	甾体皂苷	[1, 2, 16, 21]
88	Saponin Pb	甾体皂苷	[16]
89	Saponin Tb	甾体皂苷	[2, 16, 21]
90	Sibiricoside A	甾体皂苷	[17]
91	Sibiricoside B	甾体皂苷	[17]
92	Spirostanol saponins Tg	甾体皂苷	[15]
93	β-谷甾醇	甾体	[2, 21]
94	菝葜皂苷元	甾体皂苷	[17]
95	查耳酮异甘草素	黄酮	[2]
96	滇黄精 E	甾体皂苷	[2]
97	滇黄精多糖 I	多糖	[21]
98	二氢黄酮新甘草苷	黄酮	[2]
99	甘草素	黄酮	[2, 12, 17, 19]
100	甘露糖	单糖	[7]
101	高异黄酮 4′, 5, 7- 三羟基 -6, 8- 二甲基高异黄酮	黄酮	[2]
102	毛地黄精苷	黄酮	[17]
103	毛地黄糖苷	甾体皂苷	[17]
104	牡荆素木糖苷	黄酮	[17]
105	山柰酚	黄酮	[17]
106	薯蓣皂苷元	甾体皂苷	[17]

黄精

序号	化合物名称	结构类型	参考文献
107	水杨酸	酚酸	[12, 21]
108	五环三萜皂苷积雪草苷	三萜皂苷	[21]
109	腺苷	生物碱	[2, 21]
110	新甘草苷	黄酮	[19]
111	新异甘草苷	黄酮	[2, 19]
112	杨梅素	黄酮	[17]
113	异甘草素	黄酮	[12, 17, 19]
114	右旋丁香脂素	木脂素	[2, 21]
115	右旋丁香脂素 -O-β-D- 吡喃葡萄糖苷	木脂素	[2, 21]
116	右旋松脂醇 -O-β-D- 吡喃葡萄糖基 -（6→1）-β-D- 吡喃葡萄糖苷	木脂素	[2, 21]
117	鸢尾苷	黄酮	[2, 17]
118	正丁基 -α-D- 呋喃果糖苷	单糖	[2, 12, 21]
119	正丁基 -β-D- 吡喃果糖苷	单糖	[2, 12, 21]
120	正丁基 -β-D- 呋喃果糖苷	单糖	[2, 12, 21]
121	棕榈酸 -3β- 谷甾醇	甾体	[2, 21]

关于滇黄精的挥发性成分也有研究报道，现已鉴定出 40 多个小分子化合物[24]。

另外，关于卷叶黄精 Polygonatum cirrhifolium 的化学成分也有少量相关研究，从中分离鉴定的主要成分有（25R)-spirost-5-en-3-β-ol-3-O-α-L-rhamnopyranosyl(1 → 4)-β-D-glucopyranoside、（25R）-spirost-5- en-3-β-ol-3-O-α-L-rhamnopyranosy（1 → 2）-［α-L-rhamnopyranosyl（1 → 4）]-β-D-glucopyranoside、（25R）-spirost-5-ene-3β-ol-3-O-α-L-rhamnopyranosyl（1 → 4）-β-D-glucopyranoside、（25R）-spirost-5-ene-3β-ol- 3-O-α-L-rhamnopyranosy（1 → 2）-［α-L-rhamnopyranosyl（1 → 4）]-β-D-glucopyranoside、十八碳烯脂肪酸、十九碳烯脂肪酸、Dioscin、Diosgenin 3-O-α-L-rhamnopyranosyl（1 → 4）-β-D-glucopyranoside、β- 谷甾醇、非洲龙血树皂苷、胡萝卜苷、薯蓣皂苷、薯蓣皂苷元等[1, 2, 25-27]。

【药理药效】

1. 滇黄精（*Polygonatum kingianum*）的药理作用 滇黄精的根茎具有补气、养阴、润肺、健脾肾的功能，可以补充能量、刺激唾液和胃液的分泌、保护呼吸系统、增进食欲、改善性功能、增强免疫力等，用于治疗疲劳、虚弱、糖尿病、咳嗽、消化不良、食欲不振、性功能障碍、腰膝酸痛、头发过早变白等[1]。

黄精在增强免疫力、延缓衰老方面的功效历来都得到了认可和推崇。现代药理研究的结果进一步显示，黄精的药理作用极为广泛，在诸多重大疾病如肿瘤、糖尿病、心脑血管疾病、艾滋病等的防治上具有良好的效果。以黄精为主要原料制成的中药复方制剂已广泛应用于中医临床，用来治疗慢性肝炎、糖尿病、肺结核、高血压、高脂血症等疾病，并取得了显著疗效[21]。

（1）免疫调节和抗肿瘤作用

1）免疫调节作用：黄精增强机体免疫力的作用是从器官、细胞和分子等不同层面进行的。温热药所致阴虚模型小鼠和长期超负荷游泳致阴虚模型大鼠使用黄精的实验结果显示，黄精能明显提高实验动物的胸腺和脾脏指数，升高血清免疫球蛋白 A、免疫球蛋白 G、免疫球蛋白 M、白细胞介素 -6、白细胞介素 -2 的含量，同时明显降低血浆中 cAMP 含量及 cAMP/cGMP 比值，表明黄精对阴虚引起的细胞免疫功能下降有提高作用[28, 29]。黄精能促进腹水瘤 S180 荷瘤小鼠和亚硝基脲诱导肿瘤大鼠的脾细胞产生白介素 -2（IL-2），增强天然杀伤细胞与细胞溶解性 T 淋巴细胞活性[30]。黄精中的小分子糖则能显著提高腹腔巨噬细胞对鸡红细胞的吞噬百分率及吞噬指数，促进溶血素和溶血空斑形成，显示出对机体免疫功能的增强作用[31]。黄精多糖能拮抗大强度运动导致的人体外周淋巴细胞凋亡，其机制可能与黄精多糖上调 Bcl-2，下调 Bax 和提高 Bcl-2/Bax 比值有关，并通过线粒体途径及死亡受体途径保护淋巴细胞，从而达到减缓淋巴细胞凋亡的目的[32]。黄精多糖可显著促进骨髓间充质干细胞增殖和显著促进粒细胞集落刺激因子 mRNA 的表达[33]；促进骨髓基质细胞（BMSCs）生长，干预长春新碱（VCR）对 BMSCs 增殖的抑制[34]；且明显对抗 $^{60}Co\gamma$ 射线所致的外周血白细胞及血小板总数减少，使外周血红细胞 C3b 受体花环率及免疫复合物花环率升高[35]。滇黄精多糖可以以浓度依赖的方式激活巨噬细胞，并通过核因子 -κB（NF-κB）和 p38MAPK 途径增强巨噬细胞的功能[36]。

2）抗肿瘤作用：黄精多糖可抑制小鼠肝癌细胞 H22 和小鼠腹水瘤 S180 的生长，延长荷瘤小鼠存活时间，降低甲基硝基亚硝基脲的诱癌率，具有显著的抗肿瘤作用[30, 37, 38]。Yau 等认为黄精水提物通过与 DNA 链结合，使 DNA 免受格链孢醇引起的链断裂，从而保护 DNA 结构的完好性，减少肿瘤的发生。凝集素通过半胱天冬酶相关途径，如 Ras-Raf 与 PI_3K-Akt 途径、Akt-NF-κB 途径、Akt-mTOR 途径、ROS-p38-p53 途径等不同方式，诱导肿瘤细胞产生凋亡和自噬，发挥抗肿瘤作用[39]。这些研究工作展示了黄精在抗肿瘤药物开发方面的潜在价值。

（2）抗炎、抗氧化、延缓衰老和抗疲劳作用

1）抗炎作用：滇黄精可以有效抑制脂多糖（LPS）诱导的急性肺损伤模型大鼠的炎症反应，避免炎性细胞在肺泡局灶的过度堆积，降低炎症反应对机体的氧自由基损伤，降低机体发生肺水肿的可能性，从而遏制了疾病的进一步发展[40]。

2）抗氧化和延缓衰老作用：滇黄精对高脂饮食诱导的非酒精性脂肪性肝病（NAFLD）大鼠具有保护作用，其机制可能与清除线粒体氧化应激产物丙二醛（MDA），增加超氧化

物歧化酶（SOD）与谷胱甘肽过氧化物酶（GSH-Px）活性，改善能量代谢障碍有关[41]。此外，滇黄精可以通过调节核黄素代谢，增加黄素单核甘酸含量并进一步改善线粒体功能来缓解 NAFLD[42, 43]。

尽管机制还不明了，但抗氧化作用与延缓衰老的发生具有高度相关性是确定无疑的。氧自由基可使核酸、蛋白质、脂质等生物大分子氧化，生成相应的氧化物或过氧化物，导致生物大分子、细胞器或细胞膜系统产生损伤，衰老即是这些损伤的累积效应。因此，具有抗氧化作用、清除氧自由基能力的物质可以延缓衰老的发生。黄精多糖可明显延长家蚕的寿命，改善老龄大鼠大多数衰老生理生化指标[44, 45]。杨智荣等[46]观察到黄精外用可延缓皮肤衰老过程中的胶原纤维缩减。王爱梅等[47]以黄精煎剂治疗 D- 半乳糖所致衰老小鼠后，衰老小鼠脑组织中的 SOD、GSH-Px、Na^+-ATP 酶、Ca^{2+}-ATP 酶活性均得到提高，MDA 含量降低，学习记忆功能得到明显改善。王涛涛[48]给 SD 雄性大鼠双侧海马 CA1 区注射 $A\beta_{25-35}$ 后建成 AD 模型。使用黄精水煎剂后，大鼠海马组织 GSH-Px 和 SOD 活性、谷胱甘肽（GSH）含量和糖皮质激素受体表达均显著回升，MDA 含量显著下降，海马神经元数目明显增加，神经元病理损伤得到改善，海马神经元中 P-tau-Thr231 表达减少。提示黄精水煎剂通过干预 $A\beta$ 氧化应激，减少 tau 蛋白过度磷酸化从而起到了保护学习记忆的功能。雌激素分泌水平不断下降引起的继发性骨质疏松症也是衰老的外在表现。通过给予骨质疏松性骨折大鼠足量黄精多糖后，模型动物血液中骨钙素、抗酒石酸酸性磷酸酶、IL-1、IL-6 的阳性表达均显著下降[49]，提示黄精多糖具有治疗骨质疏松症的作用。此外，黄精多糖还可促进小鼠脑组织端粒酶活性，对延缓神经细胞衰老可能具有作用[50]。

3）抗疲劳作用：作为补气的传统中药，黄精有助于运动疲劳的恢复。苏宝昌等对临场运动员进行跟踪观测，结果显示黄精具有提高运动员身体素质和运动成绩，加强有氧代谢能力，快速解除运动疲劳的功效。陈淑清等对小鼠腹腔注射 17.67% 的黄精煎剂后，小鼠游泳时间得以显著延长。在进一步分析黄精抗疲劳机制的研究中，毛雁等[51]、卢焕俊等[52]分别给予大强度耐力训练大鼠和小鼠喂食黄精水提物，结果显示，与训练组相比，训练加药组动物血清的谷丙转氨酶（ALT）、谷草转氨酶（AST）、乳酸脱氢酶（LDH）、肌酸激酶（CK）活性显著降低，而锰 - 超氧化物歧化酶（Mn-SOD）、GSH-Px、过氧化氢酶（CAT）、心肌线粒体 Na^+-ATP 酶和 Ca^{2+}-ATP 酶的活性提高，血清谷氨酸、血红蛋白、肌糖原、肝糖原含量显著升高，MDA、过氧化氢、血尿素氮（BUN）的含量降低。因而得出黄精提取物可明显提高实验动物心肌线粒体在大强度耐力运动中的能量供给和抗氧化能力，防止心肌线粒体的氧化损伤，保证运动中心脏的正常生理功能，影响不同运动负荷状态下骨骼肌组织中的 NOS，改善组织代谢状况，提高运动能力，延缓运动疲劳的发生。

（3）抗菌、抗病毒作用

1）抗菌作用：尤新军[53]用不同极性的溶剂提取了黄精根茎的化学成分，发现这些成分均表现出抑菌活性，其中中低极性部位抑菌效果好于大极性部位，石油醚部位对大肠埃希菌有强抑菌活性，三氯甲烷部位对金黄色葡萄球菌有强抑菌作用，乙酸乙酯部位对肠型点状气单胞菌有强抑菌作用。余红等[54]检测了多花黄精根状茎中挥发油的抑菌活性，结果表明多花黄精挥发油对大肠埃希菌、金黄色葡萄球菌、红酵母具有较强的抑制能力。黄精多糖对大肠埃希菌、副伤寒杆菌、白葡萄球菌和金黄色葡萄球菌也均显示出较强的抑制作用。在防治植物病原菌方面，黄精提取物同样表现出了良好的抑菌活性。胡娇阳等[55]利用不同溶剂从多花黄精中提取了不同极性部位，并检测了各提取物对苹果炭疽病菌、梨炭疽病菌、葡萄灰霉病菌和苹果轮纹病菌的抑菌作用，实验结果表明，石油醚提取部位有良好的抑菌效果，可被利用于果品采后保存。

2）抗病毒作用：黄精多糖可通过促进免疫系统功能而发挥对单纯疱疹病毒的治疗作用。辜红梅等在非洲绿猴肾细胞的实验中观察到黄精多糖在对宿主细胞无毒性的浓度下显著抑制单纯疱疹病毒Ⅰ型和Ⅱ型的活性。杨绍春等在研究中医药对艾滋病患者的疗效时，观察到以黄精为组分之一的扶正抗毒丸可增加患者CD_4^+细胞计数而起到治疗艾滋病的作用。

（4）对代谢的影响

1）降血糖作用：降血糖是近20年才新发现的黄精的药理作用。滇黄精总皂苷对链脲佐菌素致糖尿病大鼠具有抗糖尿病作用[56]。Song等研究表明，从滇黄精根茎中分离得到的人参皂苷Rb1可通过抑制11β-羟基类固醇脱氢酶1的作用，提高胰岛素敏感性[57]。根据目前的研究，黄精多糖降血糖的方式可归为3种类型：一是直接作用于胰腺，抑制胰岛细胞凋亡，提高胰岛素分泌水平。李友元等[58]在糖尿病模型小鼠实验中，观察到黄精多糖可显著降低实验性糖尿病鼠血糖和血清糖化血红蛋白浓度，并能显著升高血浆胰岛素和C肽水平。公惠玲等[59]给糖尿病动物模型饲喂黄精多糖后，胰岛细胞凋亡得到抑制，*Caspase*-3基因表达下调，血清胰岛素含量升高，模型动物的血糖值降低。二是加快血清葡萄糖向靶组织细胞内转运，促进靶组织对葡萄糖的利用，实现降血糖和减轻胰岛素抵抗的作用。葡萄糖转运蛋白-4（GLUT-4）是肌肉与脂肪组织中控制葡萄糖进入细胞的一种膜蛋白，与外周组织对葡萄糖的摄取和利用密切相关。董琦等[60]的观察结果表明，黄精水提液通过增强2型糖尿病胰岛素抵抗大鼠肌肉组织中GLUT-4基因的表达，起到降低血糖的作用。三是减少葡萄糖的生成或加速糖原的合成来降低血糖含量。研究显示，黄精多糖可降低肝脏中cAMP含量，阻滞磷酸化酶的激活及糖原合成酶的失活，导致糖原合成加速、糖原分解减慢。黄精多糖还能抑制α-葡萄糖苷酶活性，减少糖原分解生成葡萄糖。陆建美等[61]研究结果表明，从滇黄精中提取的总皂苷能较好地抑制α-葡萄糖苷酶活性，可作为临床α-糖苷酶抑制剂的替代品。研究表明，滇黄精及其活性成分（总多糖、总皂苷）能显著抑制α-葡萄糖苷酶活性；滇黄精总皂苷能有效调节肝脏中与糖代谢相关的关键酶AMPK、GK、G6P及骨骼肌中GLUT4蛋白表达量，促进肝脏糖酵解、糖原合成及增加骨骼肌对葡萄糖的摄取和利用，从而治疗2型糖尿病。肠道菌群在包括糖尿病在内的代谢疾病中起着至关重要的作用[62]。黄精总皂苷（TSPK）和总多糖（PSPK）是滇黄精活性成分的主要类型，研究表明口服TSPK和PSPK可通过对肠道菌群的调节作用来预防

2 型糖尿病[63]。

2）降血脂和抗动脉粥样硬化作用：滇黄精水提物可通过调节大鼠体内多条代谢通路改善高脂饮食诱导的大鼠脂代谢紊乱状态，如苯丙氨酸代谢、酪氨酸代谢、烟酸和烟酰胺代谢、鞘脂代谢、核黄素代谢等的紊乱[62]。动脉粥样硬化形成的机制复杂，目前并不十分了解，但炎症反应是其发生发展的重要基础。黄精多糖能阻止血管内皮炎症反应的发生发展，其相关机制为：抑制血清 IL-6 升高，激活过氧化物酶体增殖物激活受体 -γ（PPAR-γ），下调 NF-κB 的表达，抑制肝细胞 HepG2 产生 C 反应蛋白，减缓血管内皮细胞凋亡，维持血管内皮组织结构和功能的完整，下调动脉粥样硬化血管内膜血管细胞黏附分子 -1 的表达，抑制炎性细胞对内皮细胞的黏附[64]。黄精能够直接降低血脂含量，也能抑制胆固醇生物合成的限速酶羟甲基戊二酰辅酶 A 还原酶的活性，从而减少内源性胆固醇的生成[65]。研究表明，滇黄精提取物可通过调节血清、尿液和肝脏中的大量内源性代谢物减轻高脂饮食引起的血脂异常，因此滇黄精可能是治疗血脂异常并进一步减轻其相关疾病的有前途的脂质调节剂[66]。

（5）对心血管系统和中枢神经系统的保护作用

1）保护心肌细胞：朱烨丰[67]建立了新生 SD 大鼠心肌细胞缺氧 / 复氧损伤模型，验证了黄精多糖可减轻心肌细胞缺氧 / 复氧损伤，具有与缺氧预处理类似的作用，其保护机制可能与黄精多糖拮抗氧自由基及抑制钙超载作用有关。李丽等[68]采用结扎冠状动脉左前降支的方法制备了急性心肌梗死大鼠模型来评价黄精多糖的作用。结果显示，黄精多糖能降低大鼠血清中肌酸激酶同工酶（CK-MB）、LDH、NF-κB、肿瘤坏死因子 -α（TNF-α）、IL-6 等，明显改善心肌损伤程度，其作用机制可能是通过调节 NF-κB 介导的炎症反应而实现的。黄精能够通过降低缺血细胞内相关的酶类的含量和活性，减少心肌钙的含量和脂质过氧化的进程，改善血液流变学的异常变化等作用来保护心肌。

2）对中枢神经系统的作用：黄精水提物可抑制脑内单胺氧化酶的活性，调节脑内单胺类神经递质水平，从而改善神经系统功能障碍，提高记忆力[69]；其乙醇提取物也表现出促进正常小鼠学习能力和改善东莨菪碱致小鼠学习记忆障碍的效果。除了干预机体生理生化过程外，黄精多糖还能通过对组织结构产生影响而发挥作用。研究显示，黄精具有重塑脑组织海马 CA1 区突触结构的作用，并通过减少氧自由基的产生及减轻中枢神经系统的炎症反应和氧化损伤，改善突触界面结构，提高突触传递效率及活化程度来增进学习记忆功能[70]。滇黄精能降低大鼠血浆 MDA 的生成，从而减轻全脑缺血 / 再灌注损伤。黄精的主要药效成分黄精多糖和黄精皂苷可通过提高抑郁模型动物脑内降低的单胺类神经递质（NA、DA、5-HT）含量，上调 5-HT$_{1A}$ 受体表达及其介导的信号通路，减少海马与大脑皮层神经元脑源性神经营养因子（BDNF）及其受体酪氨酸激酶 B（RTKB）的表达等来改善慢性应激所致的抑郁症状。黄精多糖还可促使 PPAR-γ 的表达上调，抑制炎症反应和细胞凋亡，促进多巴胺神经元再生，显示出治疗帕金森病的潜在价值。

（6）其他作用：去卵巢的大鼠服用滇黄精多糖可以逆转骨质流失并预防骨质疏松

症[71]。用黄精可升高红细胞膜 Na^+-K^+-ATP 酶活性[7]。黄精有益气养阴、益肾填精的功效，是治疗肾虚精亏型弱精子症导致的男性不育症的常用药物[72]。黄精多糖可恢复受损的结膜杯状细胞，对实验性干眼症结膜有明显改善作用[73]。

2. 卷叶黄精（*Polygonatum cirrhifolium*）药理作用

（1）对植物病原菌的抗菌活性：卷叶黄精对苹果褐腐病、苹果腐烂病、玉米大斑病、棉黄萎病、番茄黑霉病等植物病原菌具有较强的抗菌活性，特别是对苹果褐腐病和苹果腐烂病病原菌的抑菌活性最强。说明卷叶黄精具有较强的抗菌活性和潜在的广谱抗菌特点，可以成为植物源农药的新资源[74]。

（2）抗单纯疱疹病毒作用：卷叶黄精中的黄精多糖（PSP）制成滴眼液能治疗家兔单纯疱疹性角膜炎，且疗效优于阿昔洛韦，可能是由于 PSP 的抗病毒、增强免疫和抗炎作用协同的结果[75]。

【开发应用】

1. 标准规范　黄精现有药品标准 200 项，为黄精与其他中药材组成的中成药处方；药材标准 12 项，为不同版本的《中国药典》药材标准及其他药材标准；中药饮片炮制规范 60 项，为不同省市、不同年份的黄精饮片炮制规范。但以滇黄精、卷叶黄精为基原的药品、药材标准与中药饮片炮制规范不详。

2. 专利申请　文献检索显示，滇黄精相关的专利共 113 项，其中有关种植及栽培研究的专利 61 项，滇黄精的产品及相关应用申请的专利 49 项，关于其加工方法的专利 3 项。

专利信息显示，多数的专利为滇黄精的种植及栽培相关研究，且滇黄精与其他中药材配成中药组合物用于各种疾病，包括治疗高血糖、高血脂，助消化，安眠镇静，治疗艾滋病等方面。一部分专利为黄精的产品研究，包括保健茶、酒、固体饮料及非酒精性饮料等。少数专利为滇黄精的加工及清洗器械的研究。

与滇黄精有关的代表性专利有：

（1）彭磊，一种林下滇黄精套种方法（CN105993465A）（2016 年）。

（2）杨丕全，一种滇黄精的种植方法（CN105706703A）（2016 年）。

（3）潘鸿飞，一种滇黄精含片及其制备方法（CN106361980A）（2017 年）。

（4）张朝玉等，一种滇黄精组织培养的方法（CN105532448B）（2017 年）。

（5）喻清，滇黄精果脯的制备方法（CN106942453A）（2017 年）。

（6）杨宝明，一种滇黄精的组培快繁方法（CN106171978B）（2018 年）。

（7）郑嘉鑫，一种有效加快滇黄精出苗的栽培方法（CN109089805A）（2018 年）。

（8）李志伟等，一种滇黄精种子快速育苗的方法（CN110521325A）（2019 年）。

（9）张华峰等，一种滇黄精辅助降血糖固体饮料及其制备方法（CN110326731A）（2019 年）。

（10）唐红燕等，一种快速繁殖的滇黄精大田集约化种植方法（CN109380122A）（2019 年）。

滇黄精相关专利最早出现的时间是 1992 年。2015 ～ 2020 年申报的相关专利占总数的 88.5%；2010 ～ 2020 年申报的相关专利占总数的 93.8%；2000 ～ 2020 年申报的相关专利占总数的 99.1%。

目前关于卷叶黄精植物的专利很少，仅有 1 项涉及其组培快繁方法：劳水兵等，一种卷叶黄精的组培快繁方法（CN108541594A）（2018 年）。

3. 栽培利用 整地捞墒：选择地势平坦、肥力均匀、土层深厚、质地疏松、保水保肥且方便管理的地块。干旱地区，做成高埂低墒，雨量多的地方做成高墒低沟，便于施肥、管理。

种子处理：种子成熟后，采下果实，清除杂物，反复清洗，将种子、素沙、锯木屑按照 1∶1∶1 的比例混合均匀后，进行沙藏，定期浇水，保温保湿；每 5 ～ 10 天检查一下发芽情况，翌年 3 月将种子、沙、锯木屑均匀散播在苗床上，覆盖锯木屑 0.5cm，浇透水，并拱棚盖膜，搭好遮阴棚，保温、保湿，膜内温度控制在 18 ～ 25℃，待苗高 5cm 时去掉拱棚，苗高 0.1m 时适当练苗、间苗，1 年后移栽。低温处理可以释放滇黄精的芽内休眠，但是延长的冷处理将使芽变成生态休眠[76]。

田间管理：出苗后及时揭膜、间苗、补苗、中耕、除草、追肥、浇水，多雨季节，防止积水，应注意排水，同时增施磷钾肥，提高抗病能力，促使幼苗健壮生长。由于黄精种子生理性休眠期长，出苗缓慢，应加强管理。中耕、除草、间苗、补苗同时进行，苗高 5cm 左右开始间苗，以后陆续进行 2 ～ 3 次，当苗高 15 ～ 20cm 时定苗。株行距 5 ～ 8cm，株高 10cm 左右，及时查缺补漏，保证墒情好。除草时，近根浅，远根深，配合施肥，培土护根。苗床地杂草生长速度快，必须及时进行中耕、除草，保证不伤根，不埋叶，及时覆盖锯木屑。开花较多时，光合产物容易运转到果实中，营养成分被消耗，影响根茎生长，因此在植株现蕾期即刻将黄精花蕾剪掉，减少养分消耗，增加滇黄精产量。

科学追肥与排灌：滇黄精花多，花期长，花期、果期不能缺钾肥，否则落花落果较多，种子田必须立架支撑，否则容易倒伏。生产田避免开花过多，必须氮素营养充足，促使光合产物向根茎中运转，可用复合肥 50 ～ 100kg/666m² 作为追肥施用。

黄精喜湿，怕干旱，在土壤干旱的地区，必须做好抗旱灌水工作；苗圃地必须长期保持湿润，雨季以排水为主，若遇干旱必须及时浇水；每年 7 ～ 11 月降雨量大，应及时清沟、排水，严防积水，防止幼苗腐烂变质。

遮阴防晒：2 月底至 3 月初，滇黄精开始出苗，必须搭遮阴棚，使滇黄精苗圃处于半阴环境，棚高 2m 左右，注意四周通风，到 10 月底高温消退后撤除。

病虫害防治：滇黄精在高海拔地区生长良好，但海拔较低（1000m 以下）容易发生褐斑病，可用 1 ～ 5% 的石灰水喷洒苗床，也可用 5% ～ 10% 的大蒜浸出液喷洒幼苗和苗床。在紫色土、壤土、沙壤地区，病虫害发生不严重，是最适合于滇黄精生长的土壤；但腐殖质多的地块，蛴螬危害严重，尤其到 5 月，是金龟甲危害严重的季节，产卵量大，危害严重。每年 7 ～ 9 月，温度高，湿度大，发病严重，必须通风透光，降低湿度和温度，深翻土壤，晒垡，烧毁病虫残株，以农业防治为主，综合防治[77]。

4. 生药学探索

（1）滇黄精（*Polygonatum kingianum*）：黄精根茎结节状，两端粗细不一，全形似鸡头，节明显膨大，茎痕明显，圆形，表面黄白色或灰黄色，有的半透明，有纵皱纹，质硬而韧，断面淡黄色至黄棕色。多花黄精根茎姜块状，肉质肥厚，节膨大，茎痕呈凹陷的圆盘状，表面灰黄色或黄褐色，未全干者较柔韧，折断面淡棕色。滇黄精植株高大，根状茎肥厚，连珠状、块状或近圆柱状，叶先端拳卷，雄蕊着生于花被筒上部[78]。滇黄精根茎结节块状，长可达10cm以上，肉质肥厚，表面淡黄色至黄棕色，有皱纹及须根痕，结节上的茎痕成圆盘状，圆周凹入，中部突出，质硬而韧，不易折断，断面角质，淡黄色至黄棕色，以块大、色黄、润泽、断面透明著称。

显微鉴别：黄精类药材在多数组织特征上没有明显的差异，表皮细胞长方形，排列整齐，多覆有较厚的角质层，或偶有周皮发生；维管束散在，维管束皮层均散布有大小不等的黏液细胞，黏液细胞中常含有针晶束。它们仅仅在维管束的类型上稍有不同，如黄精的维管束呈不完全周木型及周木型；多花黄精以周木型为主，少见外韧型，因而很难在显微特征上将黄精类药材加以区分。从根茎横切面看，滇黄精皮层宽，内皮层明显，维管束较多。

粉末特征：滇黄精可见内皮层细胞，导管主要为梯纹及螺纹状[78]。

分子鉴别：周晔等运用ISSR（inter-simplesequence repeats，简单重复间序列）分子标记方法对黄精、多花黄精和伪品药材进行了遗传多态性分析。其筛选到的引物可有效分辨采自贵州与江西的多花黄精、人工栽培的黄精及其主要掺伪品卷叶黄精。张家曾利用ITS2（inter transcribed space，转录间隔区）和psbA-trnH片段在黄精和多花黄精中进行了条形码研究。这些工作为黄精传统生药鉴定方法提供了很好的补充手段。类似的工作在滇黄精中还尚未有报道[73]。

（2）卷叶黄精（*Polygonatum cirrhifolium*）：根茎多呈结节状，节部膨大显著，直径2～4cm，节间急剧溢缩，直径0.2～0.6cm，全体形似"连珠"或圆柱形，不分枝或少分枝；节上有多个圆形茎痕，直径5～10mm；表面白色或黄白色，具纵向细条纹；表皮膜质状，易脱落；皮孔横线状，须根痕疣状突起直径约2mm；根头部有茎叶残基，质硬，易折断，断面黄白色，颗粒状，有众多黄棕色维管束小点散列；气微，味微甜[79]。

显微鉴别：①根茎横切面：表皮细胞1列，外被角质层，有3～4列木栓化细胞。皮层较窄，内皮层较明显，中柱维管束较多，散列，近内皮层处维管束较小，略排列成环状，向内则渐大，多周木型，外韧型较少，且多位于内皮层处。黏液细胞小而较多，每一视野黏液细胞平均数为12个，类圆形，直径27～70μm，内含草酸钙针晶束，长约60μm。②粉末：棕黄色；薄壁细胞垂周壁均匀增厚，5～7μm；导管多为螺纹导管，长65～370μm；黏液细胞多，长175～318μm；草酸钙针晶众多，成束或散在，有时断碎，长约45μm，直径2～4μm；木纤维细胞有时可见，多为长梭形[79]。

5. 其他应用 滇黄精具有多种生物活性和生理功能，应用历史悠久。以黄精作为原料开发的产品有食品、化妆品等[62]，如黄精糕点、饼干、月饼、黄精蜜饯、黄精营养粉及黄精面膜、黄精美容膏等。

【药用前景评述】滇黄精为白族传统药食两用植物。白族人民多将滇黄精切片油炸，作为零食或佐餐菜肴。白族对滇黄精的应用，一方面缘于大理及其周边丰富的植物资源，另一方面也与中药黄精所具有的巨大影响力密切相关。

黄精有两千多年的药用历史，不同医书记载黄精的称谓有所差异，如在《本草图经》中称其为"马箭"，在《滇南本草》中称其为"生姜"，在《救荒本草》中称其为"笔管菜"，在《本草蒙荃》中称其为"野生姜"等；同时黄精还有"仙人余粮""救命草""老虎姜"等别名。黄精始载于晋代《名医别录》，书中称其能"补中益气，除风湿，安五脏，久服轻身，延年，不饥"。《神农本草经》把黄精列为上品。《神仙芝草经》中记载："黄精宽中益气，使五脏调良，骨髓坚强，其力增倍，肌肉充盛，颜色鲜明，多年不老，发白更黑，齿落更生。"《圣济总录》云："常服黄精能助气固精、补填丹田、活血驻颜、长生不老。"《本草纲目》记载：黄精"气味甘、平、无毒。补气益肾，除风湿，安五脏。久服轻身，延年不饥。补五劳七伤，助筋骨，耐寒暑，润心肺。"《食疗本草》记载其："根、叶、花、实，皆可食之。"《中国药典》（2015年版）记载："黄精味甘，性平。归脾、肺、肾经。具有补气养阴，健脾，润肺，益肾的功效。用于治疗脾胃气虚，胃阴不足，肺虚燥咳，精血不足，腰膝酸软，内热消渴等症。"

我国黄精属植物种类繁多、分布面广、交叉重叠现象严重，其中集中分布于四川（14种）、云南（10种）、甘肃（10种）、山西（8种）、吉林（7种）、陕西（7种）、黑龙江（7种）、河北（7种）等省，各地均有地方习用黄精品种。根据《中国药典》，正品黄精确定为百合科（Liliaceae）多年生草本植物黄精（*Polygonatum sibiricum*）、多花黄精（*P. cyrtonema*）和（滇黄精 *P. kingianum*）三种为中药黄精的基原品种。这三种植物在地理分布上，黄精主要分布在我国东北、华北、西北地区，多花黄精以江南一带为主，滇黄精则分布在以云南为中心的西南地区。

滇黄精在云南广泛分布于海拔620～3650m的常绿阔叶林下、竹林下、林缘、山坡阴湿处、水沟边或岩石上。同时，在大理一带及滇西北、滇东北地区还重叠分布一种同属近缘植物卷叶黄精（*P. cirrhifolium*），其在白族医药中也作为滇黄精混用。滇黄精为重要药食两用资源，有"血气双补之王"之称。其在云南蕴藏量大，是黄精品种中产量及市场份额最大的，为重要的"云药"品种。滇黄精在云南的储量很大，如《滇南本草》《云南植物志》等中均有关于其药用的记载。滇黄精具有多种药理活性，广泛应用于临床，是一种重要的"云药"品种。

关于正品黄精的研究非常多且泛，包括其分离出的大量的糖类、皂苷、黄酮、氨基酸、挥发油、植物甾醇类、木脂素类、多酚、凝集素及无机元素等成分。黄精的药理作用研究，证实其具有抗肿瘤、抗氧化、免疫调节、降血糖、抗菌抗炎、抗病毒、延缓衰老、改善学习记忆力和防止老年痴呆、抗抑郁、调血脂、抗动脉粥样硬化、抗骨质疏松、抑制神经细胞凋亡、抑制多巴胺神经元的凋亡、保护心肌细胞、保护肝肾、治疗男性不育症、改善贫血、促进蛋白质的合成、减少细胞内代谢废物的含量、对抗自由基的损伤、促进能量生成等多种药理作用与功效。此外，有关黄精的临床应用、炮制方法、栽培种植、产品开发、质量控制等也有较为深入系统的研究。

1980年以来，随着经济和社会发展的需要，滇黄精的药学研究开始逐渐开展起来，并不断增多和加深。作为具有显著资源优势和巨大开发潜能的药用植物，全面系统地推进滇黄精的基础研究，将为其综合开发利用提供科学依据和方法指导，具有十分重要的理论意义和经济价值。

迄今为止，已从滇黄精中分离出甾体皂苷、三萜皂苷、多糖、黄酮等一百多个成分。其主要成分为甾体皂苷化合物，此类成分已被证实具有多种生物活性。同时，滇黄精中还含有大量的黄酮类化合物，其作为一类重要的天然产物，具有抗氧化、防止血管增生、抗炎、抗病毒、降血糖、调血脂、抗骨质疏松等多种生物活性。值得注意的是，滇黄精等黄精属植物中还普遍含有一种高异黄酮类成分，其在自然界中存在较少，是该属植物的特征性成分，具有降血糖、抗炎、抗氧化、抗肿瘤等药理活性，有重要的研究价值。因此，仅从化学成分研究结果就可以发现滇黄精具有重要的药用价值。药理学研究结果发现，滇黄精具有多种生物活性和生理功能，包括抗衰老、抗肿瘤、抗动脉粥样硬化、调血脂、降血糖、提高免疫力、改善记忆功能、防治老年痴呆等，这也充分显示了白族人们在了解与使用滇黄精功效方面十分精准、合理。由此也就不难推论，以滇黄精为主要原料开发的具有增强机体免疫功能、抗衰老、降血糖、降血脂、抗疲劳等作用的健康产品，将会有广阔的市场前景。

随着社会对滇黄精需求的不断增加，滇黄精野生资源已远远不能满足需求，目前人工种植的滇黄精已成规模化发展趋势，然而黄精属植物种类繁多，一些非传统药用品种常常混杂其中，严重影响滇黄精的品质。因此，今后在加大滇黄精基础研究的同时，应在规范化栽培、良种选育、组织培养与快繁等资源保护和利用方面给予重视，进而将资源优势转化为产业和行业优势，带动和促进地方经济发展，造福广大人民群众。

参考文献

［1］Zhao P，Zhao CC，Li X，et al. The genus *Polygonatum*：A review of ethnopharmacology, phytochemistry and pharmacology［J］. J Ethnopharmacol，2018，214（1）：274-291.

［2］姜程曦，张铁军，陈常青，等.黄精的研究进展及其质量标志物的预测分析［J］.中草药，2017，48（1）：1-16.

［3］徐德平，孙婧，齐斌，等.黄精中三萜皂苷的提取分离与结构鉴定［J］.中草药，2006，37（10）：1470-1472.

［4］陈辉，冯珊珊，孙彦君，等.3种药用黄精的化学成分及药理活性研究进展［J］.中草药，2015，46（15）：2329-2338.

黄精

［5］王聪.多花黄精多糖提取分离、分子量测定及其粗多糖的初步药效研究［D］.成都：成都中医药大学，2012.

［6］吴群绒，胡盛，杨光忠，等.滇黄精多糖Ⅰ的分离纯化及结构研究［J］.林产化学与工业，2005，25（2）：80-82.

［7］陈兴荣，王成军，李龙星，等.滇黄精的化学成分及药理研究进展［J］.时珍国医国药，2002，13（9）：560-561.

［8］杨崇仁，张影，王东，等.黄精属植物甾体皂苷的分子进化及其化学分类学意义［J］.云南植物研究，2007，29（5）：591-600.

［9］Li XC，Yang CR，Ichikawa M，et al. Steroid saponins from *Polygonatum kingianum*［J］. Phytochemistry，1992，31（10）：3559-3563.

［10］张洁.滇黄精化学成分的研究［D］.郑州：河南中医学院，2006.

［11］马百平，张洁，康利平，等.滇黄精中一个三萜皂苷的NMR研究［J］.天然产物研究与开发，2007，19（1）：7-10.

［12］王易芬，穆天慧，陈纪军，等.滇黄精化学成分研究［J］.中国中药杂志，2003，28（6）：47-50.

［13］Zhang J，Ma BP，Kang LP，et al. Furostanol saponins from the fresh rhizomes of *Polygonatum kingianum*［J］.Chem Pharm Bull，2006，54（7）：931-935.

［14］Yu HS，Zhang J，Kang LP，et al. Three new saponins from the fresh rhizomes of *Polygonatum kingianum*［J］. Chem Pharm Bull，2009，57（1）：1-4.

［15］Yu HS，Ma BP，Kang LP，et al. Saponins from the processed rhizomes of *Polygonatum kingianum*［J］. Chem Pharm Bull，2009，57（9）：1011-1014.

［16］Yu HS，Ma BP，Song XB，et al. Two new steroidal saponins from the processed *Polygonatum kingianum*［J］. Helv Chim Acta，2010，93（6）：1086-1092.

［17］焦劼.黄精种质资源研究［D］.杨凌：西北农林科技大学，2018.

［18］Wang YF，Lu CH，Lai GF，et al. A new indolizinone from *Polygonatum kingianum*［J］. Planta Med，2003，69（11）：1066-1068.

［19］陶爱恩，张晓灿，杜泽飞，等.黄精属植物中黄酮类化合物及其药理活性研究进展［J］.中草药，2018，49（9）：2163-2171.

［20］康利平，张洁，余和水，等.滇黄精化学成分的研究［C］//第七届全国天然有机化学学术研讨会论文集.成都，2008：76-77.

［21］杨瑞娟，王桥美，庄立，等.滇黄精研究进展［J］.农村实用技术，2017，（6）：50-52.

［22］李晓，来国防，王易芬，等.滇黄精的化学成分研究（Ⅱ）［J］.中草药，2008，39（6）：30-33.

［23］张洁，马百平，康利平，等.滇黄精中两个呋甾皂苷的NMR研究［J］.波谱学杂志，2006，23（1）：31-40.

［24］吴毅，王栋，郭磊，等.三种黄精炮制前后呋喃类化学成分的变化［J］.中药材，

2015, 38（6）：1172–1176.

[25] 李娟丽.卷叶黄精化学成分及其生物活性的研究 [D].杨凌：西北农林科技大学，2007.

[26] 王冬梅，朱玮，李娟丽.卷叶黄精根茎的化学成分及抗菌活性研究 [J].四川大学学报（自然科学版），2007，44（4）：918–921.

[27] 王冬梅，张京芳，李晓明，等.卷叶黄精根中甾体皂苷化学成分及其抗菌活性 [J].林业科学，2007，43（8）：91–95.

[28] 任汉阳，薛春苗，张瑜，等.黄精粗多糖对温热药致阴虚模型小鼠滋阴作用的实验研究 [J].山东中医杂志，2005，24（1）：36–37.

[29] 吴柳花，吕圭源，李波，等.黄精对长期超负荷游泳致阴虚内热模型大鼠的作用研究 [J].中国中药杂志，2014，39（10）：1886–1891.

[30] 朱瑾波，王慧贤，焦炳忠，等.黄精调节免疫及防治肿瘤作用的实验研究 [J].中国中医药科技，1994，1（6）：31–33.

[31] 杨云，王爽，冯云霞，等.黄精中小分子糖对小鼠免疫功能的影响 [J].中国组织工程研究与临床康复，2009，13（18）：3447–3450.

[32] 付玉.黄精多糖对一次大强度运动后人体外周血淋巴细胞凋亡的影响 [D].成都：成都体育学院，2012.

[33] 黄进，张进，徐志伟.黄精含药血清促进骨髓间充质干细胞增殖的效应及机制 [J].中国组织工程研究与临床康复，2010，14（49）：9221–9224.

[34] 文珠，胡国柱，俞火，等.黄精多糖干预长春新碱抑制骨髓基质细胞增殖的研究 [J].中华中医药杂志，2011，26（7）：1630–1632.

[35] 王红玲，熊顺军，洪艳，等.黄精多糖对全身 $^{60}C_0\gamma$ 射线照射小鼠外周血细胞数量及功能的影响 [J].数理医药学杂志，2000，13（6）：493–494.

[36] Zhang J，Liu N，Sun C，et al. Polysaccharides from *Polygonatum sibiricum* Delar. ex Redoute induce an immune response in the RAW264.7 cell line via an NF–κB/MAPK pathway [J]. RSC Adv，2019，9（31）：17988–17994.

[37] 张峰，高群，孔令雷，等.黄精多糖抗肿瘤作用的实验研究 [J].中国实用医药，2007，2（21）：95–96.

[38] 叶红翠，张小平，余红，等.多花黄精粗多糖抗肿瘤活性研究 [J].中国实验方剂学杂志，2008，14（6）：34–36.

[39] Yau T，Dan X，Ng CCW，et al. Lectins with potential for anti–cancer therapy [J]. Molecules，2015，20（3）：3791–3810.

[40] 黄凤玉.滇黄精对急性肺损伤模型大鼠的炎症因子及体内氧自由基的影响 [J].天津中医药，2019，36（2）：181–184.

[41] 杨兴鑫，王曦，董金材，等.滇黄精对非酒精性脂肪肝大鼠的保护作用及机制研究 [J].中国药学杂志，2018，53（12）：975–981.

[42] Yang XX，Wei JD，Mu JK，et al. Mitochondrial metabolomics profiling for elucidating

the alleviating potential of *Polygonatum kingianum* against high–fat diet–induced nonalcoholic fatty liver disease ［J］. World J Gastroenterol，2019，25（43）：6404-6415.

［43］Yang XX，Wang X，Shi TT，et al. Mitochondrial dysfunction in high–fat diet–induced nonalcoholic fatty liver disease：the alleviating effect and its mechanism of *Polygonatum kingianum*［J］. Biomed Pharmacother，2019，117：109083.

［44］赵红霞，蒙义文，曾庆华，等.黄精多糖对老龄大鼠衰老生理生化指标的影响［J］. 应用与环境生物学报，1996，2（4）：356-360.

［45］任汉阳，王玉英，张瑜，等.黄精粗多糖对家蚕寿命的影响［J］.山东中医杂志， 2006，25（3）：200-202.

［46］杨智荣，赵文树，李建民，等.外用黄精制剂对小鼠衰老皮肤胶原纤维影响的实验研究［J］.中医药学报，2005，33（4）：42-43.

［47］王爱梅，周建辉，欧阳静萍.黄精对D-半乳糖所致衰老小鼠的抗衰老作用研究［J］. 长春中医药大学学报，2008，24（2）：137-138.

［48］王涛涛.黄精水煎剂对β-淀粉样蛋白诱导的大鼠学习记忆能力下降的保护作用及其机理研究［D］.合肥：安徽医科大学，2013.

［49］曾高峰，张志勇，鲁力，等.黄精多糖干预骨质疏松性骨折大鼠白细胞介素1和白细胞介素6的表达［J］.中国组织工程研究，2012，16（2）：220-222.

［50］李友元，邓洪波，王蓉，等.衰老小鼠组织端粒酶活性变化及黄精多糖的干预作用 ［J］.医学临床研究，2005，22（7）：894-895.

［51］毛雁，马兰军，熊正英.黄精对力竭训练大鼠血清酶活性及某些生化指标的影响［J］. 第四军医大学学报，2007，28（20）：1842-1844.

［52］卢焕俊，刘思源，李香兰.黄精提取液对正常小鼠抗疲劳能力的影响及机制探讨［J］. 山东医药，2014，54（27）：39-41.

［53］尤新军.黄精中低极性部分化学成分及其抑菌活性研究［D］.杨凌：西北农林科技大学，2009.

［54］余红，张小平，邓明强，等.多花黄精挥发油GC-MS分析及其生物活性研究［J］.中国实验方剂学杂志，2008，14（5）：4-6.

［55］胡娇阳，汤锋，操海群，等.多花黄精提取物对水果采后病原菌的抑菌活性研究［J］. 植物保护，2012，38（6）：31-34.

［56］Lu JM，Wang YF，Yan HL，et al. Antidiabetic effect of total saponins from *Polygonatum kingianum* in streptozotocin–induced daibetic rats［J］.J Ethnopharmacol，2015，179：291-300.

［57］陶爱恩，赵飞亚，王莹，等.黄精属植物抗糖尿病本草学、物质基础及其作用机制研究进展［J］.中国实验方剂学杂志，2019，25（15）：15-24.

［58］李友元，邓洪波，张萍，等.黄精多糖对糖尿病模型小鼠糖代谢的影响［J］.中国临床康复，2005，9（27）：90-91.

［59］公惠玲，李卫平，尹艳艳，等.黄精多糖对链脲菌素糖尿病大鼠降血糖作用及其机制探讨［J］.中国中药杂志，2009，34（9）：1149-1154.

［60］董琦，董凯，张春军.黄精对2型糖尿病胰岛素抵抗大鼠葡萄糖转运蛋白-4基因表达的影响［J］.新乡医学院学报，2012，29（7）：493-495.

［61］陆建美，闫鸿丽，王艳芳，等.滇黄精及其活性成分群对α-糖苷酶活性抑制作用研究［J］.中国现代中药，2015，17（3）：200-203.

［62］杨兴鑫，穆健康，顾雯，等.滇黄精资源的开发应用进展及前景分析［J］.生物资源，2019，41（2）：138-142.

［63］Yan H, Lu J, Wang Y, et al. Intake of total saponins and polysaccharides from *Polygonatum kingianum* affects the gut microbiota in diabetic rats［J］. Phytomedicine, 2017, 26: 45-54.

［64］倪文澎，朱萱萱，王海丹，等.黄精多糖对脂多糖（LPS）诱导人脐静脉内皮细胞（HUVEC）损伤的保护机制研究［J］.中华中医药学刊，2012，30（12）：2644-2646，2833-2834.

［65］何慧明，刘宇.黄精降脂方降血脂及抗动脉粥样硬化的实验研究［J］.辽宁中医杂志，2005，32（2）：168-169.

［66］Yang XX, Wei JD, Mu JK, et al. Integrated metabolomics profiling for analysis of antilipidemic effects of *Polygonatum kingianum* extract on dyslipidemia in rats［J］. World J Gastroenterol, 2018, 24（48）: 5505-5524.

［67］朱烨丰，刘季春，何明.黄精多糖预处理对乳鼠心肌细胞缺氧/复氧损伤的保护作用［J］.南昌大学学报（医学版），2010，50（3）：29-32.

［68］李丽，龙子江，黄静，等.黄精多糖对急性心肌梗死模型大鼠NF-κB介导的炎症反应及心肌组织形态的影响［J］.中草药，2015，46（18）：2750-2754.

［69］张权生，秦旭华.黄精水提液对老龄大鼠脑内单胺类神经递质和单胺氧化酶的影响［J］.中医研究，2008，21（6）：16-18.

［70］成威，李友元，邓洪波，等.黄精多糖对阿尔茨海默病小鼠海马CA1区突触界面的影响［J］.临床与病理杂志，2014，34（4）：400-404.

［71］Zeng GF, Zhang ZY, Lu L, et al. Protective effects of *Polygonatum sibiricum* polysaccharide on ovariectomy-induced bone loss in rats［J］. J Ethnopharmacol, 2011, 136（1）: 224-229.

［72］郑燕飞.黄精赞育胶囊化学成分及改善少弱精子症的作用机制研究［D］.北京：北京中医药大学，2014.

［73］柳威，林懋怡，刘晋杰，等.滇黄精研究进展及黄精研究现状［J］.中国实验方剂学杂志，2017，23（14）：226-234.

［74］王冬梅，朱玮，张存莉，等.卷叶黄精对植物病原菌的抗菌活性研究［J］.西北植物学报，2006，26（7）：1473-1477.

［75］祝凌丽，徐维平.黄精总皂苷和多糖的药理作用及其提取方法的研究进展［J］.安徽医药，2009，13（7）：719-722.

［76］Wang Y, Liu XQ, Su H, et al. The regulatory mechanism of chilling-induced dormancy transition from endo-dormancy to non-dormancy in *Polygonatum kingianum* Coll. et Hemsl rhizome bud

黄精

［J］. Plant Mol Biol，2019，99：205-217.

［77］周启仙，刘忠颖.滇黄精的利用价值及栽培技术［J］.绿色科技，2019，（15）：129-130.

［78］周培军，李学芳，符德欢，等.滇黄精与易混品轮叶黄精的比较鉴别［J］.广州中医药大学学报，2017，34（4）：587-591.

［79］孙哲.三种黄精资源调查及卷叶黄精质量评价［D］.北京：北京中医药大学，2009.

野坝蒿

【植物基原】本品为唇形科香薷属植物野拔子 *Elsholtzia rugulosa* Hemsl. 的全草。

【别名】野坝子、野巴子、狗尾巴香、野紫苏、香苏草、扫把茶。

【白语名称】野报脂、夸巴脂（大理）、拜匡八（鹤庆）、车巴拦吾脂、奎巴。

【采收加工】夏秋采收，阴干备用或鲜用。

【白族民间应用】治疗四季感冒、流感、消化不良、腹满胀痛、中耳炎。

【白族民间选方】①伤风感冒：本品 15～20g，水煎服。②消化不良、腹胀、吐泻：本品 25～50g，适量红糖烧焦，水煎服。③预防流感（大锅药）：本品 1500g，芸香草 1500g，竹叶 1000g，葱头 500g，水煎服（供 100～150 人用药）。④化脓性中耳炎：本品 20g，蒲公英适量，水煎服。

【化学成分】代表性成分：野坝蒿主要含黄酮及其苷类化合物芹菜素（1）、4′, 5- 二羟基 -7- 甲氧基黄酮（2）、木犀草素（3）、5- 羟基 -4′, 6, 7- 三甲氧基黄酮（4）、5, 6- 二羟基 -3′, 4′, 7, 8- 四甲氧基黄酮（5）、7, 4′- 二甲氧基山萘酚（6）、山奈酚（7）、槲皮素（8）、3′, 4′, 5, 7-tetrahydroxy-8-prenyl-flavone（9）、apiin（10）、galuteolin（11）、木犀草素 -7-O-（6″- 乙酰基）-β-D- 葡萄糖苷（12）、洋芹素 -7-O-β-D- 葡萄糖苷（13）、刺槐素 -7-O-β-D- 葡萄糖苷（14）、apigenin 4′-O-α-D-glucopyranoside（15）、5, 7, 3′, 4′-tetrahydroxy- 5′-C-prenylflavone-7-O-β-D-glucopyranoside（16）、luteolin 3′-glucuronyl acid methyl ester（17）、luteolin 3′-O-β-D-glucuronide（18）、quercetin 3-O-β-D-glucoside（19）、quercetin 3-O-β-D-glucuronide-6″-methylester（20）[1-11]。

13 OH
14 OCH$_3$

15 **16** **17** **18** **19** **20**

此外，野坝蒿还含有三萜等其他类型化合物。例如，桦木酸（betulinic acid，**21**）、熊果酸（**22**）、2α-羟基乌苏酸（**23**）、齐墩果酸（**24**）、2α-羟基齐墩果酸（**25**）等[1-11]。

21 **22** **23** **24 25**
R H OH

2004～2018年从野坝蒿中分离鉴定了81个化学成分：

序号	化合物名称	结构类型	参考文献
1	(-)-Bornyl（E）-3, 4, 5-trimethoxycinnamate	苯丙素	[9]
2	(-)-Syringaresinol-4-O-β-D-glucopyranoside	木脂素	[10]
3	(3S, 4S, 5R, 6S, 9S, 7E)-Megastigman-7-ene-5, 6-epoxy-3, 4, 9-triol 9-O-β-D-glucopyranoside	倍半萜	[10]
4	(3S, 5R, 6R, 9S, 7E)-Megastigman-5, 6-epoxy-7-ene-3, 9-diol 9-O-β-D-glucopyranoside	倍半萜	[10]
5	5, 7, 4′-Trihydroxy-3′, 5′-dimethoxyflavone	黄酮	[2]
6	7-Hydroxy-8-methoxy-coumarin	香豆素	[2]
7	(S)-3-羟基-β-紫罗兰酮	倍半萜	[10]
8	(Z)-3-Hexenyl-β-D-glucopyranoside	其他	[10]
9	1H-Indole-3-carboxylic acid	生物碱	[3, 4]
10	2-Phenylethyl β-glucopyranoside	酚苷	[10]
11	2α-羟基齐墩果酸（maslinic acid）	三萜	[7]
12	2α-羟基乌苏酸（corosolic acid）	三萜	[7]
13	2-苯甲醇-1-O-β-D-葡萄糖苷	酚苷	[2]

序号	化合物名称	结构类型	参考文献
14	3，3，5，5-Tetramethoxy-7，9：7，9-diepoxy-lignan-4，4-di-O-β-D-glucopyranoside	木脂素	[10]
15	3′，4′，5，7-Tetrahydroxy-8-prenyl-flavone	黄酮	[8]
16	3-Methoxy-30-ethyl-lup-5-en	三萜	[2]
17	4′，5-Dihydroxy-7-methoxyflavone	黄酮	[3，4]
18	4-Hydroxy-3-methyoxylene	其他	[2]
19	5-（β-D-Glucopyranosyloxy）-2-hydroxy benzoic acid methyl ester	其他	[10]
20	5，6-Dihydroxy-3′，4′，7，8-tetramethoxyflavone	黄酮	[3，4]
21	5，7，3′，4′-Tetrahydroxy-5′-C-prenylflavone-7-O-β-D-glucopyranoside	黄酮	[8]
22	5，7，3′，4′-Trihydroxyflavone 7-glucoside	黄酮	[10]
23	5，7-Dihydroxyl-6-methoxyflavone	黄酮	[2]
24	5，7-Dimethoxy-4′-hydoxyflavone	黄酮	[2]
25	5-Hydroxy-4′，6，7-trimethoxyflavone	黄酮	[3，4]
26	7，4′-Dimethoxy kaempferol	黄酮	[1]
27	7，4-Dimethylkaempferol	黄酮	[8]
28	9-Hydroxy-megastigma-4，7-dien-3-one-9-O-β-D-glucopyranoside	倍半萜	[10]
29	Achillin	倍半萜	[2]
30	Alanoionoside C	倍半萜	[10]
31	Alloimperatorin methylether	香豆素	[2]
32	Amygdalin	其他	[6]
33	Apigenin	黄酮	[1，3-5，7-9]
34	Apigenin 4′-O-α-D-glucopyranoside	黄酮	[8]
35	Apigenin 7-O-β-D-glucoside	黄酮	[8]
36	Apiin	黄酮	[5]
37	Benzyl alcohol β-D-glucoside	酚苷	[6]
38	Benzyl β-D-glucopyranoside	酚苷	[10]
39	Betulinic acid	三萜	[1]
40	Caffeic acid	苯丙素	[6]
41	Citrusin C	苯丙素	[10]

野坝蒿

序号	化合物名称	结构类型	参考文献
42	Clionasterol	甾体	[2]
43	Eicosane	其他	[1]
44	Elshrugulosain	木脂素	[9]
45	Ergosta-7-en-3β-ol	甾体	[3, 4]
46	Eriodictyol-7-O-β-D-glucopyranoside	黄酮	[10]
47	Eugenyl-O-β-apiofuranosyl（1″-6′）-O-β-glucopyranoside	苯丙素	[10]
48	Galuteolin	黄酮	[5]
49	Hemsline A	倍半萜	[2]
50	Hemsline B	倍半萜	[2]
51	Hexatriacontane	其他	[1]
52	Isorhamnetin-3-O-rutinoside	黄酮	[2]
53	Kaempferol	黄酮	[8]
54	l-O- 咖啡酰甘油酯	苯丙素	[2]
55	Luteolin	黄酮	[5, 6, 8, 9]
56	Luteolin 3′-glucuronyl acid methyl ester	黄酮	[5]
57	Luteolin 3′-O-β-D-glucuronide	黄酮	[6]
58	Luteolin 3′-O-β-D-glucuronide-6″-methylester	黄酮	[8]
59	Luteolin 7-O-β-D-glucoside	黄酮	[6]
60	Luteolin-3′-glucuronate methyl ester	黄酮	[9]
61	Luteolin-7-O-β-D-glucuronide methyl ester	黄酮	[10]
62	Maltol 3-O-β-D-glucoside	麦芽酚苷	[6]
63	Maltol 6′-O-（5-O-p-coumaroyl）-β-D-apiofuranosyl-β-D-glucopyranoside	麦芽酚苷	[6]
64	Maltol 6′-O-β-D-apiofuranosyl-β-D-glucopyranoside	麦芽酚苷	[6]
65	Methyl rosmarinate	苯丙素	[10]
66	Oleanolic acid	三萜	[2-4]
67	Prunasin	其他	[6]
68	Quercetin 3-O-β-D-glucoside	黄酮	[6]
69	Quercetin 3-O-β-D-glucuronide-6″-methylester	黄酮	[8]
70	Quercetin-3-O-β-Gal-（6→1）α-Rha	黄酮	[2]

序号	化合物名称	结构类型	参考文献
71	Rosmarinic acid	苯丙素	[6]
72	Sorbic acid	其他	[1]
73	Stigmasterol	甾体	[1]
74	Tuberonic acid *β*-D-glucoside	其他	[6]
75	Ursolic acid	三萜	[3, 4]
76	*α*- 香树酯醇	三萜	[2]
77	*β*-Sitosterol	甾体	[2]
78	*β*- 胡萝卜苷	甾体	[4]
79	刺槐素 -7-O-*β*-D- 葡萄糖苷	黄酮	[7]
80	槲皮素	黄酮	[4]
81	木犀草素 -7-O-（6″- 乙酰基）-*β*-D- 葡萄糖苷	黄酮	[7]

此外，作为重要的药效部分，野坝蒿的挥发油成分也有较多的研究报道，现已鉴定的成分超过 300 个[2, 12-18]。野坝蒿植株枝叶出油率达 0.26% ～ 0.70%，其中香薷酮占相对含量的 35.5%，3- 甲基丁酸占相对含量的 28.5%，两者为野坝蒿所具有的特殊香气的主要成分。同一地域野坝子的不同部位，挥发油的提取率也不同。叶和花中挥发油含量最高，应该合理选择叶和花来提取[2, 12-18]。

【药理药效】野坝蒿具有疏风解表、利湿等功效，在云南少数民族中广泛用于治疗感冒、胃炎、痢疾、腹胀腹痛、消化不良、中耳炎、臃肿积滞、溃烂疮疡等疾病。此外，四川、云南、贵州的彝族、汉族民间都习惯于夏季暑热期用其煎水代茶饮，有清火解暑、和胃疏风的作用，是云南地区重要的蜜源和凉茶植物[10, 19-21]。现代药理研究表明野坝蒿（野拔子）除了与民间用法一致的抗菌、抗病毒、抗炎作用外，还有抗氧化、改善代谢和保护中枢神经系统的作用。

1. 抗菌、抗病毒、抗炎作用

（1）抗菌作用：黄彬弟等[22]发现野拔子精油含有百里香酚、香荆芥酚、对 - 聚伞花素、芳樟醇等药用活性成分，对真菌和细菌均有很强的抑制作用，而且能防止各种病菌产生耐药性，其中百里香酚、香荆芥酚是抑制细菌和流感病毒的主要活性成分。研究表明[23-25]野拔子对大肠杆菌、枯草芽孢杆菌和金黄色葡萄球菌都有明显的抑菌作用，其中对大肠杆菌、枯草芽孢杆菌的抑制效果较强，对金黄色葡萄球菌的抑制效果相对较弱。蒋桂华等[26]以野拔子水提液和乙醇提取液对常见的绿脓杆菌、大肠杆菌、沙门菌、金色葡萄球菌、表皮葡萄球菌进行体外抗菌试验，结果表明野拔子水提取液及乙醇提取液对各类细菌均具有一定的体外抗菌作用；野拔子水提液的抑菌作用强于乙醇提取液。Zuo 等[27]通过筛选 19 种中药材对耐甲氧西林金黄色葡萄球菌的抑制作用，发现野拔子是最活跃的抗耐甲氧西林金黄色葡萄球菌的中药材之一。蔡丙严等[28]研究了 13 种具有清热解毒功效的中药对猪传染性胸膜肺炎放线杆菌的体外抑菌效果，结果显示野拔子对猪传染性胸膜肺炎放线杆菌具有明显的体外抑菌活性。

（2）抗病毒作用：向伦理[10]发现野拔子的石油醚部位具有抗流感病毒活性。Liu 等[5]通过体外抗病毒试验，发现野拔子乙酸乙酯提取物对三种典型流感病毒的抑制作用最强。其从中得到的 5 个黄酮类化合物 apigenin、luteolin、apiin、galuteolin 和 luteolin 3′-glucuronyl acid methyl ester 均具有抗流感病毒活性，其中芹菜素（apigenin）和木犀草素（luteolin）的活性最强，其作用机制为抑制神经氨酸酶。

（3）抗炎作用：杨莎[29]发现野拔子水煎液三个不同剂量均能明显对抗二甲苯所致的小鼠耳郭肿胀，且抗炎作用具有剂量依赖性。luteolin 3′-O-β-D-glucuronide[30-33]、rosmarinic acid[34-36]是野拔子酚类化学成分中的主要成分，具有抗炎活性。

2. 抗氧化作用　野拔子挥发油具有一定的抗氧化活性，其中含有的香芹酚、百里香酚、丁香酚、香荆芥酚等均是具有抗氧化活性的酚类化合物[37]。植物多糖具有广泛的药理作用，参与机体各种生理代谢，具有调节机体免疫功能、抑制肿瘤、抗衰老、抗病毒、降血脂、降血糖、抗氧化等多种生物活性[38-40]。王坤等[41]发现野拔子多糖具有良好的清除 DPPH 自由基和羟自由基（·OH）的活性。文美琼等[42]发现彝药野拔子花中黄酮类化合物具有较强清除·OH 和超氧阴离子自由基（O_2^-）的作用，对·OH 的清除能力随黄酮浓度的增加而增强；总黄酮浓度在 $0 \sim 7\mu g/mL$ 时，对 O_2^- 清除率也具有浓度依赖性。郭志琴等[43]利用清除 DPPH 和 ABTS 自由基的方法评价野拔子提取物不同极性萃取部位和 AB-8 大孔树脂柱层析不同浓度甲醇洗脱部位清除自由基的能力。结果显示，野拔子具有良好的清除自由基活性，特别是乙酸乙酯萃取部位和 AB-8 大孔树脂柱层析 30%、50%、70% 和 100% 甲醇洗脱部位的清除能力最为显著。还有研究表明，野拔子乙酸乙酯萃取部位具有显著清除自由基的活性，其活性与含有的黄酮类成分有关[1,5,6,8]。据文献报道[44]，木犀草素对超氧阴离子自由基有很强的清除能力，野拔子含有这种抗氧化的活性成分。

3. 对代谢的作用

（1）降血糖作用：野拔子的降糖作用与抑制 α- 葡萄糖苷酶有关。王坤等[42]发现不同浓度的野拔子粗多糖对 α- 葡萄糖苷酶均有显著的抑制作用。周杨晶等[45]的研究也表明野拔子 95% 乙醇提取物对 α- 葡萄糖苷酶具有抑制作用，IC_{50} 为 442mg/L。经 AB-8 大孔树脂初步纯化后的野拔子对 α- 葡萄糖苷酶抑制作用的 IC_{50} 为 129mg/L。有文献报道，槲皮素、山奈酚等黄酮类化合物具有良好的 α- 葡萄糖苷酶抑制作用[46]，而野拔子含有这些成分[4]。

（2）降血脂作用：野拔子籽油含有丰富的不饱和脂肪酸，含量高达 90% 以上，其中 α- 亚麻酸含量最高，达 60.29%；其次是亚油酸，含量达 19.20%。从野拔子种子中提取的 α- 亚麻酸与深海鱼油的功能相似，具有降低血液中脂蛋白的功效，对防治心血管疾病有良好效果[38, 47, 48]，而这些不饱和脂肪酸也是合成激素物质前列腺素的前体[49]。有文献报道[50]，木犀草素可以抑制胆固醇的合成，增加肝脏中胆固醇的清除，抑制低密度脂蛋白氧化，影响血液凝固，增加冠状动脉血流，因而具有抗动脉粥样硬化和保护心脏的作用[51-53]。野拔子含有丰富的木犀草素，因此可能具有预防或治疗糖尿病、肥胖症和其他代谢紊乱的作用。

4. 对中枢神经系统的保护作用　王坤等[42]通过星形孢菌素诱导乳鼠海马神经元损伤来研究野拔子多糖成分对中枢神经系统的保护作用。结果发现，野拔子多糖成分可提高受损海马神经元的存活率，降低细胞损伤后乳酸脱氢酶（LDH）的释放。Zhao 等[54]研究发现，野拔子化学成分中的芹菜素能对抗 $A\beta_{25-35}$ 对大鼠大脑微血管内皮细胞的损伤，可以提高受损细胞的生存率，减少 LDH 释放，缓解核凝结，减缓细胞内活性氧生成，增加超氧化物歧化酶（SOD）活性以及减轻血脑屏障的损伤。Liu 等[55]以阿尔茨海默病细胞模型为研究对象，研究了从野拔子中提取的木犀草素的作用及相关机制。实验结果表明，木犀草素可以通过减少 AβPP 表达，降低 Aβ 分泌，改善氧化还原失衡，保护线粒体功能，抑制细胞凋亡等机制来发挥神经保护作用。

5. 其他作用　野拔子中的主成分 spathulenol 对平喘、祛痰有较好的作用[12, 56]。野拔子还是一种减肥药[57]。

6. 毒性　杨莎[29]灌胃给予小鼠野拔子水煎液，结果表明与阴性对照组相比，给药前后小鼠的体重和摄食量无变化。最大剂量的野拔子水煎液对小鼠的行为表现、心跳、呼吸和排泄功能均无影响。给药 7 天内未出现小鼠死亡情况。处死小鼠后，服用野拔子水煎液小鼠的主要脏器也无病理表现。最后测得野拔子水煎液的最大耐受量为 320g/kg，相当于成人临床日用量（参照野拔子临床每日最大用量 45g）的 427 倍，初步判断野拔子水煎液安全无毒，无明显不良反应，安全性较好。

【开发应用】

1. 标准规范　野坝蒿有药材标准 2 项、中药饮片炮制规范 1 项。具体如下：

（1）药材标准：野拔子 [《云南省中药材标准·彝族药》（2005 年版）]、野巴子 [《四川省中药材标准》（2010 年版）]。

（2）中药饮片炮制规范：野巴子 [《四川省中药饮片炮制规范》（2015 年版）]。

2. 专利申请　目前关于野拔子植物的专利有 44 项[58-62]，涉及保健食品制备、组方药用、化学活性成分及药理活性研究等方面。

专利信息显示，绝大多数的专利为野拔子与其他中药材配成中药组合物用于各种疾病的治疗，包括高血压、宫寒、婴幼儿湿热型腹泻、慢性萎缩性胃炎、痔疮、干眼症、术后低热、小儿水痘、肺泡炎等。此外，野拔子还可用于消毒杀菌、癌症放化疗增效、辅助非小细胞肺癌术后化疗等。

有关野坝蒿的代表性专利列举如下：

（1）刘艾林等，细皱香薷中主要化学成分及有效组分的抗流感用途（CN101385776）

野坝蒿

（2009 年）。

　　（2）姜鹏飞等，一种治疗干眼症的中药（CN103316160B）（2014 年）。

　　（3）赵虹等，野拔子和木姜花药对在癌症放化疗增效中的应用（CN108186726A）（2018 年）。

　　（4）卢珊珊等，一种用于非小细胞肺癌术后化疗辅助药物的制备方法（CN104288405A）（2015 年）。

　　（5）戚其华等，一种治疗宫寒的中药配方（CN104721777A）（2015 年）。

　　（6）施卫强等，一种野坝子竹筒茶的制备方法（CN105010613A）（2015 年）。

　　（7）覃伟，一种降血压的中药配方及其制备方法（CN105169002A）（2015 年）。

　　（8）张庆彪等，一种治疗婴幼儿湿热型腹泻的药物及其制备方法（CN105079410A）（2015 年）。

　　（9）全运明，一种治疗慢性萎缩性胃炎的中药组合物（105770608A）（2016 年）。

　　（10）朱福翠，一种养胃、护胃的野坝子酒及其酿造方法（106497739A）（2017 年）。

　　野坝蒿相关专利最早出现的时间是 1998 年。2015 ～ 2020 年申报的相关专利占总数的 65.9%；2010 ～ 2020 年申报的相关专利占总数的 88.6%；2000 ～ 2020 年申报的相关专利占总数的 97.7%。

　　3. 栽培利用　野拔子为多年生灌木状草本，单叶对生，卵形或椭圆形。叶片正面绿色、多皱纹，背面绿白色，小花紧密排列成顶生假穗状花序，花丝伸于唇形花冠之外。小坚果卵圆形，生长于阳光充足的草坡、林间、沟谷旁。人工栽培研究发现，野拔子种子在水分充足、温度适宜、黑暗条件下发芽率高；在光照下也可发芽，但播种后生长极缓慢，到 10 月仅有 6 ～ 8 片真叶，株高 7 ～ 13cm，当年不发腋芽[63]。

　　李竹英[48]采用小区试验研究了不同播种期对野拔子生长及产量的影响，结果表明，野拔子种子萌发需 5 ～ 8 天，幼苗期生长较为缓慢，出苗后第 10 ～ 15 天长出第 1 对真叶。种子从萌发到成熟需 133 ～ 196 天，尽管播种期相差 61 天，但成熟期基本一致。营养生长期 103 ～ 164 天，繁殖期 37 ～ 45 天。播种期早，营养生长期较长，繁殖期花序和花的数量较多，穗数和产量较高；播种期晚，营养生长期相对较短，繁殖期花序和花的数量较少，穗数和产量较低。

　　4. 生药学探索　韦群辉等[64]采用来源鉴别、性状鉴别、显微及理化鉴别等方法对白族药野坝子的生药学进行了系统地研究，结果显示野坝子茎组织特征中木栓细胞含黄色物质，表皮外被有众多非腺毛；叶中脉组织特征可见上下表皮均被众多非腺毛和少数腺毛，主脉部位除有一大型维管束外，上表皮内侧可见 2 个小型维管束；栅栏组织细胞含黄棕色色素物质；粉末特征与组织特征相符，另可见分泌道、3 种纤维；主要化学成分为挥发油、黄酮类化合物等。

　　5. 其他应用　在大理及其周边地区野拔子常用于制作大锅药以防治流感，20 世纪 70 ～ 80 年代尤其盛行。

此外，野拔子产品还有野拔子口含片[65]、蜂蜜、茶叶、酒、饮料，以及与其他中药材配用的治疗高血压、宫寒、胃炎等疾病的复方产品等。

将野拔子净油应用于卷烟中，具有丰富和协调烟香，提高香气质，使烟气柔和细腻及减刺除杂等作用，对提升卷烟吸食品质有良好效果，可用于卷烟加香和品质的提升[15]。

【药用前景评述】野拔子主要分布于四川、贵州、云南、广西等省，生长于海拔1300～2800m的山坡草丛、灌丛中、路旁。在云南该植物具有十分广泛的分布区域，因此在白族、纳西族、彝族、苗族、傣族、傈僳族等多个少数民族中广泛应用。除白族医药典籍外，《中国彝药学》《全国中药汇编》中均有其记载。野拔子味辛，性凉，具疏风解表、利湿、消食化积等功效，用于治疗四季感冒、流感、消化不良、腹满胀痛、泄泻、急性胃肠炎、痢疾、溃烂疮疡、中耳炎等，均具有较好的疗效。

野拔子白族称作夸巴脂，在大理一带分布广泛，是大理白族常用的药物。在医药卫生较为落后的时期，当地居民常用其来熬制大锅药用以防感冒，效果良好。

现代研究结果显示，野拔子主要含有黄酮及其苷类化合物，同时含有大量的挥发性成分，其主成分为香薷酮、3-甲基丁酸、丁香酚、β-丁香烯、丁香烯氧化物等，均具有一定清热解毒、消食化积生理活性。现代药理研究表明野拔子除了与民间用法一致的抗菌、抗病毒、抗炎作用外，还有平喘、祛痰、抗氧化、改善代谢和保护中枢神经系统的作用；同时，野拔子水煎液安全无毒，无明显不良反应，安全性较好，符合白族药用方式与功效；该植物资源蕴藏量巨大，是一味具有开发价值的民族药。

参考文献

[1] 赵勇.野拔子的化学成分研究[D].昆明：云南大学，2004.

[2] 黄彬弟.细皱香薷化学成分的研究[D].西安：西北师范大学，2004.

[3] 来国防.五种药用植物化学成分研究[D].昆明：中国科学院昆明植物研究所，2004.

[4] 来国防，朱向东，罗士德，等.野拔子化学成分研究[J].中草药，2008，39（5）：661-664.

[5] Liu AL, Liu B, Qin HL, et al. Anti-influenza virus activities of flavonoids from the medicinal plant *Elsholtzia rugulosa* [J]. Planta Med, 2008, 74（8）：847-851.

[6] Li H, Nakashima T, Tanaka T, et al. Two new maltol glycosides and cyanogenic glycosides from *Elsholtzia rugulosa* Hemsl [J]. J Nat Med, 2008, 62：75-78.

[7] 刘莹，李喜凤，刘艾林，等.细皱香薷叶的化学成分研究[J].中草药，2009，40（9）：1356-1359.

[8] She G, Guo Z, Lv H, et al. New flavonoid glycosides from *Elsholtzia rugulosa* Hemsl [J]. Molecules, 2009, 14（10）：4190-4196.

[9] Liu B, Deng AJ, Yu JQ, et al. Chemical constituents of the whole plant of *Elsholtzia rugulosa* [J]. J Asian Nat Prod Res, 2012, 14（2）：89-96.

[10] 向伦理.两种香薷属植物的化学成分研究[D].昆明：昆明理工大学，2018.

[11] 赵勇，李庆春，赵焱，等.野拔子的化学成分研究[J].中国中药杂志，2004，29（12）：

野坝蒿

1144–1146.

[12]付立卓,李海舟,李蓉涛,等.2种香薷属植物挥发油成分分析[J].昆明理工大学学报,2010,35(1):88–92.

[13]赵勇,邱玲,李庆春,等.野拔子挥发油化学成分的研究[J].云南大学学报(自然科学版),1998,(53):462–464.

[14]李文军,唐自明,韦群辉,等.白族药野坝子的挥发性化学成分研究[J].云南中医学院学报,1999,22(3):19–21.

[15]颜克亮,陈微,孙胜南,等.野拔子净油提取工艺优化及其在卷烟中的应用效果[J].南方农业学报,2018,49(3):549–555.

[16]彭永芳,李维莉,周珊珊,等.野坝子挥发油超声提取工艺优化的研究[J].中药材,2009,32(11):1764–1766.

[17]杨莎.野巴子的生药学研究[D].成都:成都中医药大学,2012.

[18]胡浩斌,郑旭东.香芝麻蒿挥发油的提取分离及抑菌作用[J].中国医院药学杂志,2006,26(1):14–16.

[19]杨本雷,余惠祥.中国彝药学[M].昆明:云南民族出版社,2004:46–48.

[20]云南省植物研究所.云南植物志[M].北京:北京科学出版社,1977:717.

[21]全国中草药汇编编写组.全国中草药汇编[M].北京:人民卫生出版社,1975:464.

[22]黄彬弟,郑尚珍,沈序维,等.超临界流体CO_2萃取法研究细皱香薷精油化学成分[J].兰州医学院学报,2004,30(1):34–37.

[23]胡浩斌,郑旭东.香芝麻蒿挥发油的提取分离及抑菌作用[J].中国医院药学杂志,2006,26(1):14–16.

[24]李丽,李晓娇,熊燕花,等.微波辅助水蒸气蒸馏法提取野坝子叶精油及其抑菌活性测试[J].北方园艺,2015,(22):137–140.

[25]李丽,余丽,彭先陈,等.微波辅助提取野坝子中总黄酮及其抑菌性能研究[J].云南化工,2015,42(6):11–15.

[26]蒋桂华,杨莎,兰志琼,等.野巴子不同提取液体外抗菌实验研究[J].时珍国医国药,2012,23(1):172–173.

[27]Zuo GY, Wang GC, Zhao YB, et al. Screening of Chinese medicinal plants for inhibition against clinical isolates of methicillin–resistant *Staphylococcus aureus*(MRSA)[J]. J Ethnopharmacol, 2008, 120(2):287–290.

[28]蔡丙严,田其真,戴建华,等.13种中药体外抑制猪传染性胸膜肺炎放线杆菌试验[J].江苏农业科学,2018,46(21):174–176.

[29]杨莎.野巴子的生药学研究[D].成都:成都中医药大学,2012.

[30]Gutiérrez–Venegas G, Kawasaki–Cárdenas P, Arroyo–Cruz SR, et al. Luteolin inhibits lipopolysaccharide actions on human gingival fibroblasts[J]. Eur J Pharmacol, 2006, 541(1–2):95–105.

[31]Kim JS, Lee HJ, Lee MH, et al. Luteolin inhibits LPS–stimulated inducible nitric oxide

synthase expression in BV-2 microglial cells [J]. Planta Med, 2006, 72（1）: 65-68.

[32] Odontuya G, Hoult JR S, Houghton PJ. Structure-activity relationship for antiinflammatory effect of luteolin and its derived glycosides [J]. Phytother Res, 2005, 19（9）: 782-786.

[33] Hougee S, Sanders A, Faber J, et al. Decreased pro-inflammatory cytokine production by LPS-stimulated PBMC upon in vitro incubation with the flavonoids apigenin, luteolin or chrysin, due to selective elimination of monocytes/macrophages [J]. Biochem Pharmacol, 2005, 69（2）: 241-248.

[34] Osakabe N, Yasuda A, Natsume M, et al. Rosmarinic acid inhibits epidermal inflammatory responses: anticarcinogenic effect of Perilla frutescens extract in the murine two-stage skin model [J]. Carcinogenesis, 2004, 25（4）: 549-557.

[35] Englberger W, Hadding U, Etschenberg E, et al. Rosmarinic acid: A new inhibitor of complement C3-convertase with anti-inflammatory activity [J]. Int Immunopharmacol, 1998, 10（6）: 729-737.

[36] Osakabe N, Takano H, Sanbongi C, et al. Anti-inflammatory and anti-allergic effect of rosmarinic acid（RA）; inhibition of seasonal allergic rhinoconjunctivitis（SAR）and its mechanism [J]. Biofactors, 2004, 21（1-4）: 127-131.

[37] 毛绍春, 李竹英, 李聪. 野香苏籽油的提取方法及性质分析 [J]. 食品研究与开发, 2007, 28（12）: 8-10.

[38] 申利红, 王建森, 李雅, 等. 植物多糖的研究及应用进展 [J]. 中国农学通报, 2011, 27（2）: 349-352.

[39] 郑永飞. 活性多糖的保健功能及其应用 [J]. 粮食与食品工业, 2009, 16（4）: 22-25.

[40] 张玉婷, 文美琼. 野坝子多糖含量的测定 [J]. 楚雄师范学院学报, 2017, 32（6）: 153-156.

[41] 王坤, 曲匡正, 霍萌萌, 等. 野巴子粗多糖的提取及生物活性测定 [J]. 药物资讯, 2019, 8（3）: 125-133.

[42] 文美琼, 李璐, 杨申明, 等. 彝药野坝子花总黄酮的提取及对活性氧自由基的清除作用 [J]. 时珍国医国药, 2010, 21（6）: 1444-1445.

[43] 郭志琴, 吕海宁, 陈巧莲, 等. 野坝子体外清除自由基活性研究 [J]. 中国实验方剂学杂志, 2010, 16（11）: 180-183.

[44] Farombi EO, Olatunde O. Antioxidative and chemopreventive properties of Vernonia amygdalina and Garcinia biflavonoid [J]. Int J Environ Res Public Health, 2011, 8（6）: 2533-2555.

[45] 周杨晶, 罗伦才. 彝药野坝子的 α- 葡萄糖苷酶抑制作用研究 [J]. 中医药信息, 2014, 31（4）: 7-9.

[46] 康文艺, 宋艳丽, 崔维恒. 槐花 α- 葡萄糖苷酶抑制活性研究 [J]. 精细化工, 2009, 26（11）: 1077-1079.

[47] 毛绍春, 李竹英, 李聪. 野香苏籽油中多价不饱和脂肪酸的提取及纯化工艺 [J]. 食

品与生物技术学报，2008，27（2）：61-63.

［48］李竹英.不同播种期对野香苏生长及产量的影响［J］.广西农业科学，2009，40（6）：728-730.

［49］邱磊，姜远英.多不饱和脂肪酸的药理研究进展［J］.药学实践杂志，1996，14（2）：77-80.

［50］Kris-Etherton PM，Hecker KD，Bonanome A，et al. Bioactive compounds in foods：their role in the prevention of cardiovascular disease and cancer［J］. Excerpta Med，2002，113（9B）：71s-88s.

［51］Moreno DA，Ilic N，Poulev A，et al. Effects of *Arachis hypogaea* nutshell extract on lipid metabolic enzymes and obesity parameters［J］. Life Sci，2006，78（24）：2797-2803.

［52］Wang GG，Lu XH，Li W，et al. Protective effects of luteolin on diabetic nephropathy in STZ-induced diabetic rats［J］. Evid Based Complement Alternat Med，2011，2011：323171.

［53］Park CM，Park JY，Noh KH，et al. *Taraxacum officinale* Weber extracts inhibit LPS-induced oxidative stress and nitric oxide production via the NF-κB modulation in RAW 264.7 cells［J］. J Ethnopharmacol，2011，133（2）：834-842.

［54］Zhao L，Hou L，Sun H，et al. Apigenin isolated from the medicinal plant *Elsholtzia rugulosa* prevents β-amyloid 25-35-induces toxicity in rat cerebral microvascular endothelial cells［J］. Molecules，2011，16，4005-4019.

［55］Liu R，Meng F，Zhang L，et al. Luteolin isolated from the medicinal plant *Elsholtzia rugulosa*（Labiatae）prevents copper-mediated toxicity in β-amyloid precursor protein swedish mutation overexpressing SH-SY5Y cells［J］. Molecules，2011，16（3）：2084-2096.

［56］顾佩兰.牛尾蒿中有效成分 D-spathulenol 的提取和鉴定［J］.中草药，1994，25（12）：633-634.

［57］赵玉森，李仿尧，蒋桂华，等.减肥药野巴子的稳定性研究［J］.四川中医，1997，15（7）：16-17.

［58］SooPAT. *Elsholtzia rugulosa*［A/OL］.（2020-03-15）［2020-03-15］. http://www2.soopat.com/Home/Result? Sort=&View=&Columns=&Valid=-1&Embed=&Db=&Ids=&FolderIds=&FolderId=&ImportPatentIndex=&Filter=&SearchWord=Elsholtzia+rugulosa.

［59］SooPAT. 野坝蒿［A/OL］.（2020-03-15）［2020-03-15］. http://www2.soopat.com/Home/Result? Sort=&View= &Columns=&Valid=-1&Embed=&Db=&Ids=&FolderIds=&FolderId=&ImportPatentIndex=&Filter=&SearchWord=%E9%87%8E%E5%9D%9D%E8%92%BF.

［60］SooPAT. 野坝子［A/OL］.（2020-03-15）［2020-03-15］. http://www2.soopat.com/Home/Result?Sort=&View= &Columns=&Valid=-1&Embed=&Db=&Ids=&FolderIds=&FolderId=&ImportPatentIndex=&Filter=&SearchWord=%E9%87%8E%E5%9D%9D%E5%AD%90.

［61］SooPAT. 野拔子［A/OL］.（2020-03-15）［2020-03-15］. http://www2.soopat.com/Home/Result?Sort=&View=&Columns=&Valid=-1&Embed=&Db=&Ids=&FolderIds=&FolderId=&ImportPatentIndex=&Filter=&SearchWord=%E9%87%8E%E6%8B%94%E5%AD%90.

［62］SooPAT. 香苏草［A/OL］.（2020-03-15）［2020-03-15］. http://www2.soopat.com/Home/Result?Sort=&View= &Columns=&Valid=-1&Embed=&Db=&Ids=&FolderIds=&FolderId=&ImportPatentIndex=&Filter=&SearchWord=%E9%A6%99%E8%8B%8F%E8%8D%89.

［63］董霞，汪建明，刘意秋，等.香薷属两种蜜源植物人工栽培研究［J］.云南农业大学学报，1998，13（3）：319-323.

［64］韦群辉，阮志国，唐自明，等.白族药野坝子的生药学研究［J］.云南中医学院学报，2002，25（1）：14-17.

［65］田金凤，王敏，李佩潞，等.野拔子口含片处方的优化及制备工艺研究［J］.广州化工，2016，44（17）：66-68，129.

梁王茶

【植物基原】本品为五加科梁王茶属植物梁王茶 *Nothopanax delavayi*（Franch.）Harms ex Diels 的全株。

【别名】梁旺茶、白鸡骨头树、山槟榔、良旺茶、树五加、鸡冈。

【白语名称】构肌肝（云龙、剑川）、构肝丘（洱源）、武伙（云龙）。

【采收加工】全年可采，晒干备用或鲜用。

【白族民间应用】用于急性结膜炎、咽喉痛、咳嗽、消化不良、蛔虫病、月经不调、跌打损伤、肠炎、解烟毒。根祛风除湿、止痛，用于风湿骨痛。

【白族民间选方】①跌打损伤、风湿骨痛、关节炎：本品根 20～50g，用酒浸泡服；或配伍祛风湿药及活血药，疗效更佳；或本品鲜品捣烂，酒调外敷及水煎服。②咽喉热痛：本品泡开水作茶饮。③月经不调、消化不良：本品 15g，水煎服。

【化学成分】代表性成分：liangwanoside Ⅰ（1）、liangwanoside Ⅱ（2）、三对节酸 3-O-α-L- 吡喃阿拉伯糖苷（3）、三对节酸 3-O-β-（2′，4′-O- 二乙酰基）-D- 吡喃木糖 -28-O-α-L- 吡喃鼠李糖 -（1→4）-β-D- 吡喃葡萄糖 -（1→6）-β-D- 吡喃葡萄糖酯苷（4）、三对节酸 3-O-α-（4′-O- 乙酰基）-L- 吡喃阿拉伯糖 -28-O-α-L- 吡喃鼠李糖 -（1→4）-β-D- 吡喃葡萄糖 -（1→6）-β-D- 吡喃葡萄糖酯苷（5）、三对节酸 3-O-α-（2′-O- 乙酰基）-L- 吡喃阿拉伯糖 -28-O-α-L- 吡喃鼠李糖 -（1→4）-β-D- 吡喃葡萄糖 -（1→6）-β-D- 吡喃葡萄糖酯苷（6）、三对节酸 3-O-β-D- 吡喃木糖 -28-O-α-L- 吡喃鼠李糖 -（1→4）-β-D- 吡喃葡萄糖 -（1→6）-β-D- 吡喃葡萄糖酯苷（7）、3-O-α-L-arabinopyranosyl-28-O-β-D-glucopyranosyl-（1→6）-O-β-D- glucopyranosyl-3β-hydroxyolean-12-ene-28，29-dioic acid（8）、3-O-β-D-xylopyranosyl-3β-hydroxyolean- 12-ene-28，29-dioic acid（9）、3-O-α-L-arabinopyranoyl-3β-hydroxyolean-12-ene-28-oic acid（10）、3-O-（2′-O-acetyl）-α-L-arabinopyranosyl-3β-hydroxyolean-12-ene-28，29-dioic acid（11）、liangwanoside Ⅲ（12）、liangwanoside Ⅳ（13）、3β，29-dihydroxy-olean-12-en-28-oic acid 28-O-β-D-glucopyranosyl ester（14）[1-5]。

	R_1	R_2	R_3
1	-α-L-Ara	-β-D-Glc	COOH
2	-α-L-Ara	-β-D-Glc(6←1)-β-D-Glc(4←1)-α-L-Rha	COOH
3	-α-L-Ara	H	COOH
4	-β-D-(2,4-diacetyl)Xyl	-β-D-Glc(6←1)-β-D-Glc(4←1)-α-L-Rha	COOH
5	-α-L-(4-acetyl)Ara	-β-D-Glc(6←1)-β-D-Glc(4←1)-α-L-Rha	COOH
6	-α-L-(2-acetyl)Ara	-β-D-Glc(6←1)-β-D-Glc(4←1)-α-L-Rha	COOH
7	-β-D-Xyl	-β-D-Glc(6←1)-β-D-Glc(4←1)-α-L-Rha	COOH
8	-α-L-Ara	-β-D-Glc(6←1)-β-D-Glc	COOH
9	-β-D-Xyl	H	COOH
10	-α-L-Ara	H	H
11	-α-L-(2-acetyl)Ara	H	COOH
12	H	-β-D-Glc(6←1)-β-D-Glc(4←1)-α-L-Rha	COOH
13	H	-β-D-Glc(6←1)-β-D-Glc	COOH
14	H	-β-D-Glc	CH₂OH

此外，梁王茶还含有黄酮、苯丙素等其他类型化合物。例如，quercetin-3-O-β-D-glucopyranoside（15）、kaempferol-3-O-β-D-glucopyranoside（16）、quercetin-3-O-β-D-galactopyranosyl-（1→6）-β-D-gluco- pyranoside（17）、4,5-di-O-caffeoyl-quinic acid（18）、3，4，5-tri-O-caffeoyl-quinic acid（19）、丁香脂素（20）等[1-5]。

1987年至今，由掌叶梁王茶中分离鉴定了近40个化学成分，包括三萜及其苷类、黄酮苷、苯丙素、木脂素等：

梁王茶

序号	化合物名称	结构类型	参考文献
1	3，4，5-Tri-O-caffeoyl-quinic acid	酚酸	[3]
2	3-O-（2′-O-Acetyl）-α-L-arabinopyranosyl-28-O-α-L-rhamnopyranosyl-（1→4）-O-β-D-glucopyranosyl-（1→6）-O-β-D-glucopyranosyl-3β-hydroxyolean-12-ene-28，29-dioic acid	三萜苷	[3]
3	3-O-（2′-O-Acetyl）-α-L-arabinopyranosyl-3β-hydroxyolean-12-ene-28，29-dioic acid	三萜苷	[3]
4	3-O-（4′-O-Acetyl）-α-L-arabinopyranosyl-28-O-α-L-rhamnopyranosyl-（1→4）-O-β-D-glucopyrano-syl-（1→6）-O-β-D-glucopyranosyl-3β-hydroxyolean-12-ene-28，29-dioic acid	三萜苷	[3]
5	3-Oxo-6β-hydroxylean-12-en-28-oic acid	三萜	[1]
6	3-O-α-L-Arabinopyranoside-3β-hydroxyolean-12-ene-28，29-dioic acid-28-O-β-D-glucopyranosyl-（1→6）-β-D-glucopyranosyl ester	三萜苷	[2]
7	3-O-α-L-Arabinopyranosyl-28-O-β-D-glucopyranosyl-（1→6）-β-D-glucopyranosyl-3β-hydroxy-olean-12-ene-28，29-dioic acid	三萜苷	[3]
8	3-O-α-L-Arabinopyranosyl-3β-hydroxyolean-12-ene-28，29-dioic acid	三萜苷	[3]
9	3-O-α-L-Arabinopyranoyl-3β-hydroxyolean-12-ene-28-oic acid	三萜苷	[3]
10	3-O-β-D-Xylopyranosyl-3β-hydroxyolean-12-ene-28，29-dioic acid	三萜苷	[3]
11	3β，29-Dihydroxy-olean-12-en-28-oic acid 28-O-β-D-glucopyranosyl ester	三萜苷	[1]
12	3β-Olean-12-ene-28，29-dioic acid	三萜	[5]
13	4，5-Di-O-caffeoyl-quinic acid	苯丙素	[3]
14	5-O-Caffeoylquinic acid methyl ester	苯丙素	[1]
15	Bisphenol A	其他	[1]
16	Byzantionoside B	其他	[2]
17	Caffeic anhydride	酚酸	[4]
18	Carotene	甾体	[1]
19	Ethyl caffeate	酚酸	[4]
20	Kaempferol-3-O-β-D-glucopyranoside	黄酮	[3]
21	Liangwanoside A	倍半萜	[2]
22	Liangwanoside Ⅰ	三萜苷	[4，5]
23	Liangwanoside Ⅱ	三萜苷	[2，4，5]
24	Liangwanoside Ⅲ	三萜苷	[2]
25	Liangwanoside Ⅳ	三萜苷	[2]

序号	化合物名称	结构类型	参考文献
26	Liquidambaric lactone	三萜	[1]
27	Protocatechuic acid	酚酸	[4]
28	Quercetin-3-O-β-D-galactopyranosyl-（1→6）-β-D-glucopyranoside	黄酮	[3]
29	Quercetin-3-O-β-D-glucopyranoside	黄酮	[3]
30	Serratagenic acid	三萜	[1, 2, 4]
31	Serratagenic acid-3-O-α-Larabinopyranoside	三萜苷	[2]
32	Syringaresinol	木脂素	[1]
33	Yiyeliangwanoside Ⅸ	三萜苷	[4]
34	Yiyeliangwanoside Ⅶ	三萜苷	[4]
35	Yiyeliangwanoside Ⅹ	三萜苷	[4]
36	Yiyeliangwanoside Ⅺ	三萜苷	[4]
37	α-L-Rhamnopyransyl-（1→4）-β-D-glucopyranosyl-（1→6）-β-D-glucoside	三萜苷	[5]
38	β-Sitosterol	甾体	[1]
39	三对节酸 3-O-α-L- 吡喃阿拉伯糖苷	三萜苷	[4]

关于掌叶梁王茶挥发性成分也有研究报道，共鉴定了 40 多个小分子化合物[6]。

另外，关于混用品异叶梁王茶的化学成分也有研究，从中分离的成分有：3β-olean-12-ene-28,29-dioic acid、liangwanin A、liangwanoside Ⅰ、liangwanoside Ⅱ、yiyeliangwanoside Ⅱ、yiyeliangwanoside Ⅸ、yiyeliangwanoside Ⅶ、yiyeliangwanoside Ⅷ、yiyeliangwanoside Ⅹ、yiyeliangwanoside Ⅺ、异叶梁王茶苷 YL1、异叶梁王茶苷 YL4 等[7-11]。同时，关于该植物的挥发性成分也有研究报道，共鉴定了近 30 个化合物[12]。

【药理药效】据文献报道，梁王茶属植物具有抗炎、抗氧化、调节免疫、防治心脑血管疾病[13, 14]、镇痛、抑制前列腺增生和保肝等作用。本课题组前期研究发现，梁王茶还具有一定的抗疟活性和治疗口腔溃疡的作用。

1. 抗氧化作用　缪明志[15]评价了梁王茶多糖的抗氧化作用，结果发现多糖成分 MPS1 和 MPS2 对羟自由基和超氧阴离子自由基都有一定的清除作用。其中 MPS2 的清除作用较强，且随着多糖浓度的增大，清除率相应升高。MPS1 的清除作用较弱，且与浓度关系不明显。

2. 镇痛作用　葛菲等[16]用热板法研究了掌叶梁王茶的镇痛作用。结果表明，5g/kg 的梁王茶根提取物与 10g/kg 的茎提取物有较好的镇痛作用，且与 0.03g/kg 的阿司匹林作用相当。

3. 保肝作用 Wei 等[3]评价了从梁王茶鲜叶中分离鉴定的化合物对酒精损伤小鼠肝癌细胞 HepG2 的保护作用。结果发现两个化合物 3-O-β-D-xylopyranosyl-3-β-hydroxyolean-12-ene-28,29-dioic acid 和 yiyeliangwanoside 在 1.0μg/mL 的浓度下对酒精诱导的 HepG2 细胞损伤具有保护作用，表明梁王茶具有潜在的保肝活性。

4. 抑制前列腺增生 Sun 等[2]用 BPH-1 细胞评估了梁王茶中的化合物对人良性前列腺增生的体外抑制活性。结果发现在 50μM 和 100μM 浓度水平，大多数分离出的齐墩果烷三萜皂苷类化合物对 BPH-1 细胞表现出中等的抑制活性。

5. 抗疟作用和治疗口腔溃疡作用

（1）抗疟作用：刘子琦等[17]发现梁王茶地下部分具有弱的 β-羟高铁血红素形成抑制活性，提示其具有微弱的抗疟活性。

（2）治疗口腔溃疡作用：本书作者团队采用20%醋酸溶液刺激法制作大鼠口腔溃疡模型。取造模成功的大鼠，按体重随机分为4组，即模型组、阳性对照组、梁王茶不同样品组，分别于溃疡处涂抹生理盐水、桂林西瓜霜混悬液（1.5g/kg）、梁王茶水提物溶液（2.0g/kg）和梁王茶鲜叶（2.0g/kg），给药体积为每只 1.0mL，涂敷在大鼠口腔溃疡处 3 分钟。每天给药 1 次，连续给药 8 天，每天给药前用游标卡尺测量大鼠的溃疡直径并计算其溃疡面积。结果为：梁王茶鲜叶敷药组的溃疡面积呈现下降趋势，给药第 8 天时大鼠口腔溃疡面积几乎接近于 0mm²，而梁王茶水提物组的溃疡并未呈现出下降趋势；阳性药西瓜霜组溃疡面积也呈现出下降趋势。因此得出梁王茶鲜叶敷药对大鼠的溃疡显示出一定的治疗效果（见图 2）。

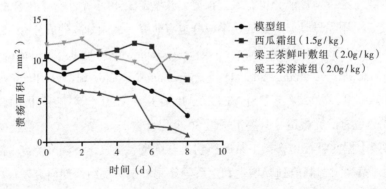

图 2　大鼠溃疡面积变化图

【开发应用】

1. 标准规范 梁王茶尚未见有药品标准、药材标准及中药饮片炮制规范。

2. 专利申请 目前有关梁王茶的相关专利有 14 项，主要涉及药用组方、饮料食品制备等。具体如下：

（1）王永川，一种梁王茶制备茶叶的方法（CN103719502A）（2014 年）。

（2）陆厚平，一种清真绿豆糕及其加工方法（CN104982838A）（2015 年）。

（3）李永团等，一种治疗肝胆火盛型突发性耳聋的中药及制备方法（CN104906300A）

（2015年）。

（4）刘彩娟等，一种治疗肾虚型子宫脱垂的中药及制备方法（CN104398822A）（2015年）。

（5）姚拥军等，一种治疗食管癌的中药及制备方法（CN105920352A）（2016年）。

（6）管起明，一种用于治疗腰椎间盘突出症的中药（CN105935384A）（2016年）。

（7）张艳，一种治疗大肠湿热型溃疡性结肠炎的中药及制备方法（CN105616535A）（2016年）。

（8）徐昌霞，一种治疗风湿痹痛的外用中药（CN105497424A）（2016年）。

（9）徐森等，一种洗手液（CN103705418B）（2016年）。

（10）崔美娟，一种气血双补的中药组合物（CN106421533A）（2017年）。

（11）陈珍等，一种清热解毒茶及其制备方法与应用（CN107027936A）（2017年）。

（12）朱宏涛等，一种保肝普洱茶及其制备方法和应用（CN108124992A）（2018年）。

（13）张步彩等，一种治疗鸡大肠杆菌病的中药组合物及其制备方法和应用（CN107854526A）（2018年）。

（14）姜北等，梁王茶属植物提取物及其药物组合物制备方法及其抗溃疡用途（CN109820883A）（2019年）。

3. 栽培利用　梁王茶扦插可分为绿枝扦插和硬枝扦插两种，其中绿枝扦插使用的扦插枝条处于半木质化状态，薄壁细胞较多且枝条内含有较多水分及可溶性有机物，细胞分裂分化能力强，顶芽和叶片有合成生长素的功能，可促进愈伤组织的形成和生根，容易成活，但是梁王茶硬枝扦插时生根十分困难[14]。扦插繁殖过程中插穗、扦插时间、扦插环境条件是影响扦插成活的关键因素。王仕玉[18]研究 IBA 和生根宁对掌叶梁王茶扦插繁殖的影响，结果表明 IBA 和生根宁均能促进梁王茶插条形成大量愈伤组织，并进一步促进梁王茶插枝不定根的形成，且以 IBA 促进生根的效果较好。

分株繁殖可能是一种繁殖方法，指人为地将植物体分出来的幼植体（吸芽、珠芽、根蘖）或植物器官的一部分（变态根、变态茎等）进行分离或切割，脱离母体而形成若干独立植株的方法[19]。梁王茶植株的地下茎较发达，多在地面下 10 ~ 20cm 的土层内向四周延伸，顶端形成越冬芽。在早春将这些分蘖株剪下，并带有数条须根，挖穴定植，成活率高、生长快，是一种快速有效的繁殖方法[14]。

李宛宣等[20]以一年生具有腋芽的掌叶梁王茶枝条为无菌扦插材料，用 0.1% HgCl$_2$ 对其消毒不同时间，接入 KT 和 NAA 不同浓度配比的 MS 培养基中，观察其染菌率、黄化率及诱导率。以无菌扦插所获无菌苗的叶片作为外植体，接入 NAA 与 6-BA 或 TDZ 不同激素配比的 MS 培养基中，观察其出愈率。研究结果表明，消毒时间为 11 分钟时，染菌率为 30.28%，黄化率为 40.35%，掌叶梁王茶茎段消毒效果最好。NAA 和 KT 药剂对茎段诱导无菌苗均有影响，KT 药剂影响达极显著水平，NAA 药剂影响达显著水平，两因子间无互作效应，因子影响顺序为 KT > NAA。用 0.10mg/L NAA+0.50mg/L KT 培养基培养，茎段的诱导率最高，达 100%。无菌叶片在 0.25mg/L NAA+1.00mg/L TDZ 培养基中诱导愈伤组织效果最佳，出愈率达 93%（$P < 0.05$）。

4. 生药学探索 梁王茶多为切碎的枝条和叶。枝条圆柱形，外表面灰棕色。叶柄可见，长 4～10cm；叶完整者披针形，长 4～11cm，宽约 1cm，先端长渐尖，基部楔形，边缘有锐利疏锯齿，上面色深，有光泽。叶片革质。气微，味甘，微苦，凉[21]。

5. 其他应用 梁王茶新鲜植株有芳香气味。梁王茶精油香气纯正、浓郁留长、比较透发，在香料工业中有着广泛的应用前景[9]，同时在皂用香料、化妆品、空气清新剂等方面有应用前景[6]。梁王茶嫩茎叶不仅可作为蔬菜[22]，还可制成梁王茶干茶[23]。树皮可提栲胶，叶可作杀虫农药，适宜作观赏树[23]。

【药用前景评述】梁王茶生于海拔 1600～2500m 的森林或灌木丛中，分布于贵州、云南、四川等地。该植物在大理全州均有分布，是传统的白族药用植物，全株无毒，可入药，主要用于口腔溃疡、咽喉肿痛、咳嗽、前列腺炎、月经不调、跌打损伤、解烟毒，以及急性结膜炎、消化不良、蛔虫病、肠炎等的治疗与处理。其根具有祛风除湿、止痛等功效，可用于风湿骨痛。

现代研究结果显示，梁王茶主要含齐墩果烷三萜苷类化合物，三萜类物质已被证实具有多种药理活性，如抗肿瘤、免疫调节、保肝、抗氧化、消炎镇痛、抑菌，抗病毒以及防治心脑血管疾病等，因此白族药用梁王茶抗炎有其相应的物质基础。药理活性研究结果显示，梁王茶属植物确实具有抗炎、抗氧化、免疫调节、防治心脑血管疾病、镇痛、抑制前列腺增生和保肝等作用。本书作者团队前期的研究也证实了梁王茶具有镇痛抗炎作用，同时还发现其具有一定的抗疟活性和治疗口腔溃疡作用；上海交通大学药学院李晓波教授团队也证实了梁王茶在治疗前列腺炎等男性生殖系统疾病方面的功效，还从中分离鉴定了倍半萜类成分，为梁王茶深入研究与利用创造了条件。

云南民间将梁王茶作为保健蔬菜食用，可以凉拌或炒着吃。每年 3～4 月，采其 5～10cm 叶将展或刚展开后未革质化前的嫩梢，放在沸水中煮片刻，捞起后放于清水中，漂除其苦涩味。食用时捞出加入佐料凉拌即可。梁王茶初尝微苦，再尝回味无穷，别有一番风味，并具有清热解毒、凉血降压的功效。

随着经济的高速发展和人们物质生活水平的提高，人们对饮食的需求已从温饱型转向营养型和保健型，从追求动物蛋白转向注重绿色蔬菜。木本蔬菜素有"天然绿色食品"之美誉，多富含维生素、蛋白质和矿物质，具有医疗保健作用，且野味浓郁，食用安全无公害，大多生活力强（抗逆性、抗病虫害、自肥能力强）、适应性广，因此越来越受到重视。梁王茶嫩芽具有丰富的营养价值，根皮和茎又具有药用保健价值，植株还具有美学价值，可以用于园林绿化等，因而日益受到人们的关注。梁王茶药食两用的属性使该植物具有较大的开发应用潜力。今后应加大梁王茶新产品的研发力度，丰富梁王茶产品，如梁王茶馒头、梁王茶蛋糕、梁王茶炒饭等主食，另外还可以加工成梁王茶饮料、酒等。在保证产品质量的同时，合理开发梁王茶更多优势品种，提高加工技术水平，挖掘梁王茶食用以外的使用价值，将对梁王茶产业的发展起到积极作用。由此可见，梁王茶的开发应用仍具有广阔的前景。

参考文献

［1］罗晓磊，王敏，肖朝江，等.白族药梁王茶化学成分研究［J］.中国民族民间医药，2019，28（18）：22-25.

［2］Sun CZ，Wu Y，Jiang B，et al. Chemical components from *Metapanax delavayi* leaves and their anti-BHP activities in vitro［J］. Phytochemistry，2019，160：56-60.

［3］Wei X，Gao DF，Abe Y，et al. Triterpenoid saponins with hepatoprotective effects from the fresh leaves of *Metapanax delavayi*［J］. Nat Prod Res，2020，34（10）：1373-1379.

［4］杨青，张健，欧阳胜，等.掌叶梁王茶茎皮的化学成分研究［J］.中国中药杂志，2014，39（10）：1858-1862.

［5］Kasai R，Oinaka T，Yang CR. Saponins from Chinese folk medicine，"Liang Wang Cha" leaves and stems of *Nothopanax delavayi*，Araliaceae［J］. Chem Pharm Bull，1987，35（4）：1486-1490.

［6］胡英杰，安银岭，沈小玲.良旺茶精油的化学成分［J］.林产化学与工业，1991，11（3）：247-250.

［7］庚石山，于德泉，梁晓天.异叶梁王茶中三萜皂苷的研究［J］.中国药学，1995，4（4）：167-175.

［8］Yu SS，Yu DQ，Liang XT. Triterpenoid saponins from the bark of *Nothopanax davidii*［J］. Phytochemistry，1995，38（3）：695-698.

［9］洪化鹏，陈刚忠，张宏杰，等.异叶梁王茶的三萜成分［J］.云南植物研究，1993，15（3）：311-312.

［10］庚石山，肖倬殷.异叶梁王茶化学成分的研究［J］.药学学报，1991，26（4）：261-266.

［11］庚石山，包旭，肖倬殷.异叶梁王茶化学成分研究（Ⅲ）［J］.中草药，1991，22（6）：243-245.

［12］洪化鹏，程光中.梁王茶成分研究Ⅰ梁王精油组分初探［J］.贵州师范大学学报：自然科学版，1991，（2）：28-31.

［13］谭世强，谢敬宇，郭帅，等.三萜类物质的生理活性研究概况［J］.中国农学通报，2012，28（36）：23-27.

［14］李翔，宋婷，张颖，等.梁王茶的研究进展［J］.北京农业，2015，（17）：89-91.

［15］缪明志.梁王茶活性多糖研究［D］.南充：西华师范大学，2005.

［16］葛菲，赖学文，宋子荣，等.掌叶梁王茶的镇痛作用研究［J］.中国野生植物资源，2000，（3）：50-51.

［17］刘子琦，肖朝江，张小东，等.滇西地区10种植物抗疟活性研究［J］.大理学院学报，2015，14（4）：1-4.

［18］王仕玉.梁王茶扦插繁殖初报［J］.西南农业大学学报，2004，26（3）：267-269.

［19］魏国平，唐于银，黄慧，等.园艺植物繁殖技术研究进展［J］.江苏农业科学，2013，41（10）：127-130.

［20］李宛宣，王爽，赵雁.掌叶梁王茶无菌扦插和愈伤组织诱导［J］.黑龙江农业科学，2019，（11）：9-13，44.

［21］国家中医药管理局《中华本草》编委会.中华本草［M］.上海：上海科技出版社，1999.

［22］鲍晓华，潘思轶，董玄.云南省野生蔬菜利用现状分析［J］.中国林副特产，2011，（1）：83-85.

［23］侯方.澄江梁王茶资源及开发利用［J］.中国林副特产，2006，（2）：60-61.

【植物基原】本品为豆科葛属植物食用葛 *Pueraria edulis* Pamp. 的根、花。同属近缘植物野葛 *Pueraria lobata*（Willd.）Ohwi、粉葛 *Pueraria lobata*（Willd.）Ohwi var. *thomsonii*（Benth.）Vaniot der Maesen 也常作为食用葛混用。

【别名】葛、粉葛、葛根。

【白语名称】迷绍顾（洱源）、沟更（大理）、葛阁。

【采收加工】夏秋采集，洗净切片，晒干备用。

【白族民间应用】用于感冒发热、口渴、头痛、项强、疹出不透、胃炎、肠炎、小儿腹泻。

【白族民间选方】①醒酒：本品花 50g，泡水喝。②小儿惊哭：本品适量（1～2 岁 5g，5～8 岁 10g），温服。③冠心病：葛根 15g，丹参、赤芍各 10g，盐肤木 30g，煎服。④脚汗：本品鲜品切片，每晚洗脚后擦足心 15 分钟。

【化学成分】代表性成分：食用葛主要含异黄酮（苷）类化合物大豆苷元（1）、染料木素（2）、黄豆黄素（3）、鸢尾黄素（4）、irilin D（5）、tuberosin（6）、块茎葛素（7）、槐香豆素 A（8）、anhydrotuberosin（9）、solalyratin A（10）、芹菜素（11）、木犀草素（12）、甘草素（13）、异甘草素（14）、大豆苷（15）、染料木苷（16）、鸢尾苷（17）、尼泊尔鸢尾素 -7-O-β-D- 葡萄糖苷（18）、3′- 羟基鸢尾苷（19）、6″-O-crotonylgenistin（20）、ambocin（21）、葛花苷（22）、4′，5，7- 三羟基 -6- 甲氧基异黄酮 -7-O-β-D- 木糖（1→6）葡萄糖苷（23）、葛根素（24）、染料木素 -8-C- 葡萄糖苷（25）、大豆苷元 -8-C- 芹菜糖（1→6）葡萄糖苷（26）、新异甘草素（27）[1-3]。

此外，食用葛还含有三萜、甾体等其他类型化合物。例如，α- 香树脂醇（28）、β- 香树脂醇（29）、carpusin（30）、羽扇豆醇（31）等[1-3]。

2000 年至今已由食用葛分离得到了近 50 个成分，包括黄酮（苷）类、三萜、甾体等结构类型的化合物：

序号	化合物名称	结构类型	参考文献
1	1H-Indole-3-carboxaldetryde	生物碱	[1]
2	3′-Hydroxycarpusin	黄酮	[1]
3	3′-Hydroxytectoridin	黄酮	[1]
4	3β-O-palmitoyl-oleanolic-28-O-β-glucopyranoside	三萜	[1]
5	4′，5，7- 三羟基 -6- 甲氧基异黄酮 -7-O-β-D- 木糖（1→6）葡萄糖苷	黄酮	[1]
6	6″-O-Crotonylgenistin	黄酮	[1]
7	Allantoin	黄酮	[3]
8	Ambocin	黄酮	[2]
9	Anhydrotuberosin	黄酮	[1]

序号	化合物名称	结构类型	参考文献
10	Apigenin	黄酮	[2]
11	Benzoic acid	酚酸	[1]
12	Carpusin	黄酮	[1]
13	Carpusin-6-O-β-D-glucopyranoside	黄酮	[1]
14	Daidzein	黄酮	[1, 3]
15	Daidzein-8-C-apiosyl（1→6）glucoside	黄酮	[2, 3]
16	Daidzin	黄酮	[1-3]
17	Daucosterol	甾体	[1, 2]
18	Genistein	黄酮	[1, 2]
19	Genistin	黄酮	[1-3]
20	Genstein-8-C-glucoside	黄酮	[1]
21	Glycitein	黄酮	[1]
22	Irilin D	黄酮	[1]
23	Isoliquiritigenin	黄酮	[2]
24	Kakkalide	黄酮	[1]
25	Kakkalidone	黄酮	[1]
26	Kudzusaponin A2	三萜	[1]
27	Liquiritigenin	黄酮	[2]
28	Lupeol	三萜	[1]
29	Luteolin	黄酮	[1]
30	Neoisoliquiritin	黄酮	[2]
31	Puerarin	黄酮	[1-3]
32	Puerol B	葛根苷类	[1]
33	Pueroside A	葛根苷类	[2]
34	Pueroside C	葛根苷类	[1]
35	Solalyratin A	黄酮	[1]
36	Sophoracoumestan A	香豆素	[1]
37	Sophoraside A	其他	[2]
38	Tectoridin	黄酮	[1]

葛

序号	化合物名称	结构类型	参考文献
39	Tectorigenin	黄酮	[1]
40	Tetracosanoic acid-2, 3-dihydroxypropyl ester	其他	[3]
41	Tuberosin	黄酮	[1, 2]
42	Zizyvoside Ⅰ	苷类	[2]
43	α-Amyrin	三萜	[2]
44	β-Amyrin	三萜	[1]
45	β-Sitosterol	甾体	[1-3]

相比食用葛，关于混用品野葛、粉葛的研究更加广泛、深入，现已从中分离鉴定了近 300 个化学成分：

序号	化合物名称	结构类型	参考文献
1	(-)-Puerol B 2-O-glucopyranoside	木脂素	[24]
2	(6S, 9R)-Roseoside	倍半萜	[11, 24]
3	(E)-8-Oxo-9-octadecenoic acid	其他	[10]
4	(R)-十六烷酸 -2, 3-二羟丙酯	其他	[11]
5	1-Methyl-8-nitronaphthalene	硝基萘	[10]
6	1-2, 4-烷酸甘油酯	其他	[8]
7	2-Acetylfuran	其他	[10]
8	2, 2-烷酸	其他	[8]
9	2, 3-Bis（hexyloxy）phenol	其他	[10]
10	2, 3-Dihydroxypropyl palmitata	其他	[10]
11	2, 3-Dimethylquinizarin	蒽醌	[10]
12	2, 3-Dihydroxypropyl palmitate	其他	[13]
13	2, 4-Dihydroxybenzaldehyde	其他	[11, 17]
14	2, 4-烷酸	其他	[8]
15	3-Butene-1, 2, 3-tricarboxylic acid	其他	[10]
16	3-Hydroxy-2H-pyran-2-one	其他	[10]
17	3, 2′-Dihydroxyflavone	黄酮	[10]
18	3′-Methoxydaidzin	黄酮	[10]
19	3′-氢化葛根素木糖苷	黄酮	[10]

序号	化合物名称	结构类型	参考文献
20	3′-Hydroxy daidzein	黄酮	[7, 10, 11, 13, 24]
21	3′-Hydroxy-4′-O-β-D-glucosyl puerarin	黄酮	[7, 8, 11, 13, 16]
22	3′-Hydroxy-6″-O-xylosylpuerarin	黄酮	[7, 13]
23	3′-Hydroxy-daidzein 8-C-apiosyl (1→6) glucoside	黄酮	[7, 13]
24	3′-Hydroxyl-4′-methyldaidzin	黄酮	[13]
25	3′-Hydroxypuerarin	黄酮	[5, 7, 8, 10, 11, 13, 16]
26	3′-Hydroxypuerarin-4′-O-deoxyhexoside	黄酮	[11, 16]
27	3′-Hydroxytectorigenin-7-O-β-D-xylosyl- (1→6) -β-D-glucopyranoside	黄酮	[4]
28	3′-Methoxy-6″-O-D-xylosyl puerarin	黄酮	[11, 13, 16]
29	3′-Methoxydaidzein	黄酮	[7, 8, 10, 13, 16]
30	3′-Methoxydaidzein-7-O-methyl ether	黄酮	[11]
31	3′-Methoxydaidzin	黄酮	[7, 8, 11, 13, 16, 24]
32	3′-Methoxydaidzin-4′-O-glucoside	黄酮	[7, 13]
33	3′-Methoxyformononetin	黄酮	[11]
34	3′-Methoxyneopuerarin A	黄酮	[5]
35	3′-Methoxyneopuerarin B	黄酮	[5]
36	3′-Methoxypuerarin（PG-3）	黄酮	[5, 7-9, 11, 13, 16]
37	3′-Methoxypuerarin 4′-O-β-D-glucopyranoside	黄酮	[7, 13]
38	3-O- [Rhamnopyranosyl-pentosyl- (1→2) -glucuronopyranosy] sophoradiol	三萜苷	[11]
39	3β-Hydroxy-5α, 6α-epoxy-7-megastigmen-9-one	倍半萜	[11, 17]
40	4- [3- (Methoxymethoxy) phenyl] morpholine	生物碱	[10]
41	4-Hydroxy-6-methyl-2-pyrone	其他	[10]
42	4-Methylumbelliferone	香豆素	[10]
43	4′, 7-Dimethyltectorigenin	黄酮	[11, 25]

葛

序号	化合物名称	结构类型	参考文献
44	4′，5，7-Trihydroxy-6-methoxyisoflavone-7-O-β-D-xylopyranosyl-（1→6）-β-D-glucopyranoside	黄酮	［11，13，16］
45	4′，6，7-Trihydroxyisoflavone-6-methylether-7-O-β-D-xylopyranosyl-（1→6）-β-D-glucopyranoside	黄酮	［11，16］
46	4′，6-Dimethoxy-8-hydroxy-7-hydroxymethylisoflavone	黄酮	［6］
47	4，6-Dimethoxyisoflavone-7-O-glucoside	黄酮	［7，13］
48	4′，7-Dihydroxy-3′-methoxyisoflavone-8-C-［β-D-apiofuranosyl-（1→6）］-β-D-glucopyranoside	黄酮	［7，13，19］
49	4′，7-Dihydroxy-3′-methoxyisoflavone-8-C-［β-D-glucopyranosyl-（1→6）］-β-D-glucopyranoside	黄酮	［7，13，19］
50	4′，7-Dimethoxyisoflavone	黄酮	［11，21］
51	4′，8-Dihydroxy-7-hydroxymethyl-6-methoxyisoflavone	黄酮	［6］
52	4-Hydroxy-2-ethoxybenzaldehyde	其他	［11，18］
53	4-Hydroxy-2-methoxybenzaldehyde	其他	［11，17］
54	4-Hydroxy-3-ethoxybenzoic aldehyde	其他	［13］
55	4-Hydroxy-3-methoxy cinnamic acid	苯丙素	［13］
56	4′-Methoxypuerarin	黄酮	［7，8，11，13，26］
57	4-O-β-D-吡喃葡萄糖氧基苯甲酸	酚酸苷	［11］
58	4′-葡萄糖苷大豆苷	黄酮	［8］
59	4-羟基-3-甲氧基肉桂酸	苯丙素	［11］
60	5，6，7，4′-Tetrahydroxyisoflavone-6，7-di-O-β-D-glucopyranoside	黄酮	［11，12，20］
61	5，6，7-Trihydroxy-4′-methoxy isoflavone-6，7-di-O-β-D-glucopyranoside	黄酮	［11，20］
62	5-Hydroxyononin	黄酮	［7，11，13，24］
63	5-Hydroxy-2，3，4，5-tetrahydro-1H-benzo［c］azepin-1-one	其他	［11］
64	5-Methylhydantoin	生物碱	［8，11，13］
65	6，7-Dimethoxy-3′，4′-methylenedioxyisoflavone	黄酮	［11，16］
66	6，7-Dimethoxycoumarin	香豆素	［7，8，11，13，16］
67	6″-O-Malonyldaidzin	黄酮	［10］
68	6-Hydroxygenistein-6，7-di-O-glucoside	黄酮	［11］

序号	化合物名称	结构类型	参考文献
69	6″-O-Acetyldaidzin	黄酮	[7, 13]
70	6″-O-D-xysolypuerarin	黄酮	[8]
71	6″-O-Malonyldaidzin	黄酮	[7, 8, 13, 16]
72	6″-O-Xylosylglycitin	黄酮	[12]
73	6″-O-Xylosyltectoridin	黄酮	[12]
74	6-O-Xylosyltectoridin	黄酮	[14]
75	6″-O-α-D-Glucopyranosylpuerarin	黄酮	[7, 13]
76	6″-O- 丙二酸染料木苷	黄酮	[8]
77	6″-O- 丙二酸酯葛根素	黄酮	[8]
78	7, 2′, 4′-Trihydroxyisoflavanone	黄酮	[11, 13, 18]
79	7, 4′-Dihydroxy-3′-methoxyisoflavone-8-C-［β-D-apiofuranosyl-（1→6）］-β-D-glucopyranoside	黄酮	[11]
80	7, 4′-Dihydroxy-3′-methoxyisoflavone-8-C-［β-D-glucopyranosyl-（1→6）］-β-D-glucopyranoside	黄酮	[11]
81	7-Acetyl-4′, 6-dimethoxy-isoflavone	黄酮	[9]
82	7-Acetyl-4′-hydroxy-6-methoxyisoflavone	黄酮	[9]
83	7-Acetyl-6, 8-dimethoxy-4′-hydroxyisoflavone	黄酮	[9]
84	7-Hydroxy-2′, 5′-dimethoxyisoflavone	黄酮	[11, 13, 18]
85	7-Methoxyliquiritigenin	黄酮	[13]
86	7-Methyltectorigentin	黄酮	[11, 25]
87	7-O- 甲醚 -3′- 甲氧基大豆苷元	黄酮	[8]
88	7-O- 甲醚大豆苷元	黄酮	[8]
89	7- 甲氧基香豆素	香豆素	[11]
90	8-Prenyldaidzein	黄酮	[10]
91	8-［α-D-Glucopyranosyl-（1→6）-β-D-glucopyranosyl］-daidzein	黄酮	[8]
92	8-C-［β-D- 呋喃芹糖基 -（1→6）］- 吡喃葡萄糖苷芒柄花黄素	黄酮	[8]
93	8-C-β-D-Glucopyranosyl-4′, 7-dihydroxy-3′-methoxyisoflavone-4′-O-β-D-glucopyranoside	黄酮	[11, 19]
94	8-C- 芹菜糖（1→6）葡萄糖大豆苷	黄酮	[11]
95	8-Methoxyononin	黄酮	[7, 11, 13, 24]

葛

序号	化合物名称	结构类型	参考文献
96	8-Methylretusin	黄酮	[11, 21]
97	8-Prenyldaidzein	黄酮	[11, 16]
98	8-Prenylgenistein	黄酮	[11, 16]
99	9-Hydroxy-2′, 2′-dimethylpyrano [5′, 6′：2, 3] -coumestan	黄酮	[7, 11, 13, 18]
100	Acetyl-kaikasaponin Ⅲ	三萜苷	[7, 11, 13]
101	Acetyl-soyasaponin Ⅰ	三萜苷	[7, 11, 13]
102	Adenine	生物碱	[10]
103	Allantoin	生物碱	[8, 11, 13, 24]
104	α-D-Ribofuranose	单糖	[10]
105	Ambocin	黄酮	[11]
106	Androseptoside A	三萜苷	[11]
107	Anthraquinone	蒽醌	[8]
108	Apigenin	黄酮	[11, 25, 27]
109	Apigenin 4′-O-β-D-glucoside	黄酮	[27]
110	Arabinosylguanine	生物碱	[10]
111	Arachidicacide	其他	[8]
112	Benzene-1, 3, 5-tricarbaldehyde	其他	[10]
113	Biochanin A	黄酮	[7, 8, 11, 13, 14, 16, 21]
114	Bis（2-ethylhexyl）phthalate	其他	[13]
115	Blumenol	倍半萜	[17]
116	But-2-en-4-olide	其他	[18]
117	Butesuperin A	黄酮	[11, 13, 18]
118	Calophyllic acid	黄酮	[10]
119	Calycosin	黄酮	[11]
120	Cantoniensistriol	三萜苷	[7, 11, 13, 16]
121	Citric acid	其他	[10]
122	Corylin	黄酮	[11, 13, 18]

序号	化合物名称	结构类型	参考文献
123	Coumestrol	香豆素	[7, 8, 11, 13, 16, 17, 24]
124	Cyclopaldic acid	酚酸	[10]
125	Cytogenin	香豆素	[10]
126	D (+) -Sucrose	寡糖	[11, 24]
127	Daidzein	黄酮	[5, 7-11, 13, 14, 16, 24, 26]
128	Daidzein 7, 4'-O-diglucoside	黄酮	[7, 8, 11, 13, 16]
129	Daidzein 8-C-apiosyl (1→6) glucoside	黄酮	[11, 16]
130	Daidzein-7-O-methylether	黄酮	[11, 16]
131	Daidzin	黄酮	[5, 7-9, 11, 13, 14, 16, 24, 26]
132	Daidzein-7-O- (6″-O-malonyl) glucoside	黄酮	[11]
133	Daldinone A	其他	[10]
134	Daucosterol	甾体	[11, 13, 18]
135	Dehydrovomifoliol	倍半萜	[11, 17]
136	Diglycolic acid	其他	[10]
137	Diisobutyl phthalate	其他	[13]
138	Dimethyl 1-Phenylazulene-4, 5-dicarboxylate	其他	[10]
139	Eicosanic acid	其他	[13]
140	Enol-phenylpyruvate	苯丙素	[10]
141	Ferulaldehyde	苯丙素	[17]
142	Ferulic acid	苯丙素	[10, 11]
143	Formononetin	黄酮	[7, 8, 10, 11, 13, 16, 24]
144	Formononetin 8-C- [β-D-apiofuranosyl- (1→6)] -β-D-glucopyranoside	黄酮	[7, 11, 13, 26]
145	Formononetin 8-C- [β-D-xylopyranosyl- (1→6)] -β-D-glucopyranoside	黄酮	[7, 11, 13, 26]
146	Fumaric acid	其他	[10]

葛

序号	化合物名称	结构类型	参考文献
147	Furfurylideneacetone	其他	[10]
148	Gallic acid	酚酸	[11, 13]
149	Gallic acid monohydrate	酚酸	[10]
150	Garbanzol	黄酮	[11, 17]
151	Genistein	黄酮	[7-11, 13, 14, 16, 25]
152	Genistein 8-C-apiofuranosyl (1→6) glucoside	黄酮	[13]
153	Genistein 8-C-apiosyl (1→6) glucoside	黄酮	[11, 16]
154	Genistein 8-C-glucoside	黄酮	[11, 13]
155	Genistin	黄酮	[8, 11, 13, 14, 16, 24, 26]
156	Genisttin 8-C-glucoside	黄酮	[16]
157	Glucosylisomaltol	麦芽酚	[10]
158	Glycitein	黄酮	[11, 13, 14, 16]
159	Glycitin	黄酮	[11-13, 16]
160	Glycyrrhizin	三萜苷	[16]
161	Hesperidin	黄酮	[11]
162	Hypaphorine	生物碱	[10]
163	Irilin D	黄酮	[11, 25]
164	Irisolidone	黄酮	[11, 13, 14, 16, 22, 25]
165	Irisolidone 7-O-β-D-glucopyranoside	黄酮	[16]
166	Irisolidone 7-O-β-D-glucopyranpsyl-(1→6)-β-D-glucopyranoside	黄酮	[13]
167	Irisolidone-7-O-glucoside	黄酮	[13]
168	Iristectorigenin A	黄酮	[11, 25]
169	Isoformononetin	黄酮	[11, 21]
170	Isoliquiritigenin	黄酮	[8, 11, 13, 16]
171	Kaempferitrin	黄酮	[10]
172	Kaempferol-3-O-robinoside-7-O-rhamnoside	黄酮	[11]

白族特色药用植物现代研究与应用

序号	化合物名称	结构类型	参考文献
173	Kaikasaponin Ⅰ	三萜苷	[16]
174	Kaikasaponin Ⅲ	三萜苷	[7, 11, 13-16]
175	Kakkalide	黄酮	[11, 13, 14, 16, 25]
176	Kakkasaponin Ⅰ	三萜苷	[11, 15]
177	Kakkasaponin Ⅱ	三萜苷	[11, 15]
178	Kakkasaponin Ⅲ	三萜苷	[11, 15]
179	Kakkatin	黄酮	[14, 16]
180	Kudzusapogenol A	三萜苷	[7, 11, 13, 16]
181	Kudzusapogenol B	三萜苷	[16]
182	Kudzusapogenol B methy ester	三萜苷	[7, 11, 13]
183	Kudzusapogenol C	三萜苷	[7, 11, 13, 16]
184	Kudzusaponin A1	三萜苷	[7, 11, 13]
185	Kudzusaponin A2	三萜苷	[7, 11, 13]
186	Kudzusaponin A3	三萜苷	[7, 11, 13]
187	Kudzusaponin A4	三萜苷	[7, 11, 13]
188	Kudzusaponin A5	三萜苷	[7, 11, 13]
189	Kudzusaponin B1	三萜苷	[7, 11, 13]
190	Kudzusaponin C1	三萜苷	[7, 11, 13]
191	Kudzusaponin SA1	三萜苷	[11]
192	Kudzusaponin SA2	三萜苷	[11]
193	Kudzusaponin SA3	三萜苷	[11]
194	Kudzusaponin SA4	三萜苷	[7, 11, 13]
195	Kudzusaponin SB1	三萜苷	[7, 11, 13]
196	Kuzubutenolide A	葛根苷类	[7, 8, 11, 13, 16]
197	Liquiritigenin	黄酮	[11, 17]
198	Liquiritigenin 7-methyl ether	黄酮	[11, 18]

葛

序号	化合物名称	结构类型	参考文献
199	Lupeone	三萜	[10, 11, 13, 24]
200	Luteolin	黄酮	[11, 25]
201	Malonic acid	其他	[10]
202	Malonyl-daidzin	黄酮	[11]
203	Malonyl-genistin	黄酮	[11]
204	Methyl 2,4-dihydroxybenzoate	其他	[11]
205	Mirificin	黄酮	[5, 7, 8, 13]
206	Mirificin 4'-O-glucoside	黄酮	[7, 11, 13]
207	myo-Inositol	环醇	[10]
208	Neoisoliquiritin	黄酮	[11]
209	Neopuerarin A	黄酮	[5, 23]
210	Neopuerarin B	黄酮	[5, 23]
211	Nicotiflorin	黄酮	[11, 14]
212	Ononin	黄酮	[7, 8, 10, 11, 13, 16, 24]
213	p-Coumaric acid	香豆素	[10]
214	Palmitic acid	其他	[13]
215	Pelargonin	黄酮	[10]
216	Phaseoside IV	三萜苷	[11, 15]
217	p-Hydroxybenzaldehyde	酚酸	[11, 21]
218	p-Hydroxybenzoic acid	酚酸	[11, 21]
219	p-Hydroxybenzoic acid ethyl ester	其他	[11, 21]
220	Phytosterol	甾体	[11]
221	Protocatechuic acid ethyl ester	酚酸	[11, 21]
222	Protocatechuic aldehyde	酚酸	[11, 21]
223	Psoralidin dimetherylether	黄酮	[11, 16]
224	Puemiricarpene	黄酮	[8]
225	Puerarin	黄酮	[5, 7-11, 13, 16]
226	Puerarin-4'-O-β-D-glucopyranoside	黄酮	[10]

白族特色药用植物现代研究与应用

序号	化合物名称	结构类型	参考文献
227	Puerarin xyloside	黄酮	[5, 7, 8, 11, 13]
228	Puerarin xyloside 6′-O-D-xylosypuetarin	黄酮	[16]
229	Puerarin-4′-O-glucoside	黄酮	[7, 8, 11, 13, 16]
230	Puerarin-7-O-glucoside	黄酮	[7, 13]
231	Puerarol	香豆素	[7, 8, 11, 24]
232	Puerarol dimethylether	香豆素	[11]
233	Puerol A	葛根苷类	[7, 11, 13]
234	Puerol B	葛根苷类	[7, 11, 13, 18]
235	Pueroside A	葛根苷类	[7, 8, 11, 13]
236	Pueroside B	葛根苷类	[7, 8, 11, 13]
237	Pueroside C	葛根苷类	[7, 8, 11, 13]
238	Pueroside D	葛根苷类	[7, 10, 11, 13]
239	Quercetin	黄酮	[11, 13, 14]
240	Quinic acid	其他	[10]
241	Robinin	黄酮	[11]
242	Rutin	黄酮	[11, 14]
243	Salicylic acid	酚酸	[10, 11, 13, 21]
244	Sissotorin	黄酮	[11]
245	Sissotrin	黄酮	[16]
246	Sophoracoumestan A	香豆素	[7, 11, 13, 24]
247	Sophoradiol	三萜苷	[7, 8, 11, 13, 16]
248	Sophoradiol monoglucuronide	三萜苷	[15]
249	Soyasapogenol A	三萜苷	[7, 8, 11, 13, 16]
250	Soyasapogenol B	三萜苷	[7, 8, 11, 13, 16]

葛

序号	化合物名称	结构类型	参考文献
251	Soyasapoin Ab	三萜苷	[16]
252	Soyasaponin A3	三萜苷	[7, 11, 13, 16]
253	Soyasaponin I	三萜苷	[7, 11, 13, 15, 16]
254	Soyasaponin III	三萜苷	[11, 15]
255	Soyasaponin IV	三萜苷	[11, 15]
256	Soyasaponin βg	三萜苷	[16]
257	Stigmasterol	甾体	[13]
258	Subproside V	三萜苷	[7, 11, 13]
259	Succinic acid	其他	[10]
260	Syringaldehyde	酚酸	[11, 21]
261	Tectoridin	黄酮	[11-14, 16, 25]
262	Tectorigenin	黄酮	[11, 13, 14, 16, 25]
263	Tectorigenin-7-O-β-D- xylosyl-（1→6）-β-D-glucopyranoside	黄酮	[10, 13]
264	Tournefolal	黄酮	[10]
265	trans-p-Coumaroyl glycolic acid	苯丙素	[11]
266	Tuberosin	黄酮	[16]
267	Tuberosine A	其他	[8]
268	Vanillin	酚酸	[11, 13, 18]
269	Velaresol	酚酸	[10]
270	Wistin	黄酮	[27]
271	α-Amyrin	三萜	[11]
272	β-Sitosterol	甾体	[11, 13, 17, 24]
273	β-Sitosteryl palmitate	甾体	[11, 13, 24]
274	二十四烷酸 -α- 甘油酯	其他	[11]
275	二十烷酸	其他	[11]
276	邻苯二甲酸二（2- 乙基）己酯	其他	[11, 24]
277	邻苯二甲酸二异丁酯	其他	[11, 24]

序号	化合物名称	结构类型	参考文献
278	尼泊尔鸢尾异黄酮 -7-O-β-D- 葡萄糖苷	黄酮	[11]
279	生物碱卡赛因	生物碱	[8]
280	十六烷酸	其他	[11]
281	鸢尾黄素 -7-O- 木糖葡萄糖苷	黄酮	[11]
282	皂角精醇	三萜苷	[8]

关于葛根中的挥发性成分也有较多的研究，已先后分离鉴定了 170 余个小分子成分[28-31]。

【药理药效】

1. 食用葛 Pueraria edulis 关于食用葛的药理研究较少，仅有 1 篇文献，主要是关于食用葛水提物解酒作用与急性毒性研究[32]。研究结果显示，与空白对照组相比，食用葛能减少酒精致翻正反射消失的小鼠数，延长小鼠的醉酒潜伏时间，明显缩短小鼠醉后睡眠持续时间。给小鼠使用最大给药量为 313.88g/kg 的食用葛水提物（为成人用量的 193 倍）后，无任何实验动物死亡现象，解剖动物各脏器无异常，说明食用葛水提物具有一定的解酒醒酒作用，且无明显急性毒性反应，安全性较高，临床用药安全范围大。

2. 野葛 Pueraria lobata、粉葛 Pueraria lobata var. thomsonii 对同属近缘植物野葛和粉葛的药理药效研究的文献较多。其主要作用为保护神经系统、心脑血管系统和肝脏，调节代谢，以及抗炎、抗氧化、抗肿瘤和调节免疫等。

（1）抗肿瘤和免疫调节作用

1）抗肿瘤作用：从中药葛根中提取出来的葛根素具有较好的抗肿瘤功效，能有效抑制淋巴瘤、肺癌、肝癌、胃癌及结肠癌等细胞的生长，同时也能诱导上述肿瘤细胞凋亡。金蓓等[33]研究发现葛根素可能通过激活 TGF-β/Snad 受体信号通路诱导 Bcl-2 下调和促进 Caspase3 活化，从而诱导前列腺癌 PC3 凋亡。胡艳玲等[34]发现葛根素能促进肝癌 SMMC-7721 和人骨肿瘤细胞 MG63 凋亡，其相关机制包括：①抑制肿瘤细胞周期的作用：葛根素能对细胞周期蛋白 p27、cyclin D 以及 CDK4 这三者间的表达比例进行有效的调节，让人小细胞肺癌 H446 无法通过间期检查点而阻滞于某一细胞周期。②调控线粒体通路介导的细胞凋亡：葛根素能有效降低 IP$_3$ 激酶、p53 及 Akt 的表达，促进 MG63 细胞的凋亡；葛根素能干预丝裂原活化蛋白激酶信号通路，上调 p-JNK 及 p38 水平，促进 SMMC-7721 细胞的凋亡。Ahn 等[35]的研究表明葛根提取物染料木素可表现出雌激素样效应，对雌激素有双向调节活性，并能抑制人乳腺癌 MNF-7 增殖，其抗癌机制与激活内质网通路和线粒体途径有关。Deng 等[36]的研究表明葛根素海藻酸微球能有效抑制小鼠体内结肠肿瘤的生长发育，其机制为显著降低炎症反应并下调促肿瘤细胞因子的水平，抑

葛

制 AOM/DSS 诱导结肠直肠癌的上皮 - 间质转化来降低了肿瘤的发生和转移。葛根具有抗白血病作用[37]，其机制主要为抑制白血病细胞增殖、诱导白血病细胞凋亡、使白血病细胞化疗增敏、逆转白血病化疗耐药、诱导白血病细胞分化等。葛根抗白血病的主要成分包括葛根黄酮、大豆苷元、葛根素等[37]。

2）免疫调节作用：董洲[38]获得了两种葛根多糖 GE-2 和 GE-1。GE-2 比 GE-1 具有更显著的免疫调节活性。GE-2 可能是通过与巨噬细胞表面受体相结合来发挥免疫活性的。董洲等[39]从野葛根的热水浸提液中分离纯化得到一种新型酸性多糖，并鉴定该多糖是一种具有一定支链结构的葡聚糖。该化合物能有效刺激巨噬细胞 RAW264.7 分泌细胞因子 NO、肿瘤坏死因子 -α（TNF-α）和白介素 -6（IL-6），表现出较强的免疫调节活性。

（2）抗炎和抗氧化作用

1）抗炎作用：石海杰和文萍[40]的研究表明葛根提取物可通过促进 PPARγ 表达，抑制 p38 MAPK 和核因子 -κB（NF-κB）水平，减轻结肠黏膜组织的炎症反应，发挥对结肠黏膜的保护作用。张程美和王高频[41]发现葛根素通过下调氧化型低密度脂蛋白诱导的单核巨噬细胞 THP-1 的 TLR4-NF-κB 信号传导通路，进而抑制炎症因子表达，这可能是葛根素抗动脉粥样硬化的机制之一。柳亚男等[42]研究表明葛根汤主要通过阻断 ERK/JNK/MAPKs 蛋白磷酸化和在一定程度上抑制 IκB-α/NF-κB 降解及 p65/NF-κB 信号转导通路的激活，下调诱导型一氧化氮合酶（iNOS）和环氧化酶 -2（COX-2）蛋白高表达，从而抑制巨噬细胞产生炎症介质 NO、前列腺素（PGE$_2$）以及炎症因子 TNF-α 和 IL-6 等而发挥抗炎作用。Lee 等[43]发现葛根素可通过调节皮肤厚度、肥大细胞脱颗粒、血清免疫球蛋白 E 来改善 2，4- 二硝基氯苯诱导的小鼠特应性皮炎样症状。葛根素还能抑制人表皮角质形成细胞（HaCaT 细胞）分泌炎症因子和趋化因子。

2）抗氧化作用：陈兵兵[44]发现葛根多糖对多种自由基都具有一定的清除能力，同时具有抑制糖基化终产物的能力。张曦等[45]研究表明葛根提取物具有还原能力和自由基清除能力。仰玲玲等[46]研究发现野葛藤挥发油对 3 种自由基（DPPH·、·OH、O$_2^-$）均有较好的清除作用。叶兴龙等[47]研究表明葛根异黄酮对小鼠前列腺增生具有一定的抑制作用，其机制可能与降低 5α- 还原酶活性、降低 TNF-α 和 IL-8 含量、提高超氧化物歧化酶（SOD）活力和清除脂质过氧化产物丙二醛（MDA）等作用有关。何梦等[48]研究表明葛根素能减轻紫外线诱导的 HaCaT 细胞损伤，其作用机制可能与葛根素抑制 p38 蛋白的磷酸化及激活 Nrf2 蛋白的抗氧化信号通路有关。栾博等[49]研究表明葛根素通过上调抗氧化应激 Nrf2 通路抑制心肌损伤所致的氧化应激反应，进而对心力衰竭发挥保护作用。Zou 等[50]证明了葛根素预处理能显著降低 Aβ$_{25-35}$ 诱导的氧化应激，其特点是清除活性氧和抑制脂质过氧化。葛根素可诱导核 Nrf2 蛋白的表达，但不影响 Nrf2 的 mRNA 水平，同时在转录和翻译水平上增加血红素氧合酶 -1。葛根素能诱导糖原合成酶激酶 -3β（GSK-3β）丝氨酸 9 位磷酸化，参与 GSK-3β 的失活。这些结果表明葛根素是一种植物雌激素，在氧化应激引起的神经退行性疾病中具有潜在的治疗作用。

（3）对代谢的影响

1）治疗糖尿病及其并发症：现代药理研究发现葛根可以通过改善胰岛素抵抗、保护胰岛 B 细胞、促进糖代谢、改善氧化应激等多途径发挥治疗糖尿病的作用。近年来葛根及其主要异黄酮类化合物葛根素对糖尿病及糖尿病肝病、肾病、视网膜病变、血管功能障碍、心脏病、骨质疏松、神经病变、生殖功能障碍等多种并发症具有良好的治疗作用[51,52]。曹燕等[53]的研究表明葛根水提物具备一定的降低链脲佐菌素（STZ）所致的 2 型糖尿病小鼠血糖的作用。葛根提取物可显著降低野生型 C57BL/6J 小鼠和瘦素缺陷型 ob/ob 小鼠的空腹血糖，降低血清总胆固醇和甘油三酯水平，改善肥胖小鼠的血糖、血脂、口服糖耐量等，也能降低 STZ 诱导糖尿病大鼠的血糖及糖化血红蛋白（HbA1c）含量。葛根降糖作用的研究主要集中于改善胰岛素抵抗、保护胰岛 B 细胞、促进糖代谢，其机制侧重于对胰岛素信号通路、胰高血糖素受体信号通路、葡萄糖转运及代谢、减轻胰岛 B 细胞氧化应激损伤等方面的研究。

葛根能显著改善糖尿病并发症，具体为：

①改善糖尿病肝脏脂肪变性：葛根素能降低高脂饮食联合 STZ 诱导的糖尿病大鼠肝脏脂质含量，通过调节血糖、改善脂质代谢紊乱来减轻糖尿病肝脏脂肪变性，减轻肝硬化。通过使核转录因子 -κB（NF-κB）信号通路失活抑制氧化应激和炎症反应，从而下调白细胞介素 -1β（IL-1β）、肿瘤坏死因子 -α（TNF-α）、单核细胞趋化蛋白 -1（MCP-1）的 mRNA 表达。此外，葛根素对糖尿病肝损伤的保护可能与抑制转化生长因子 -β（TGF-β）/Smad2 信号传导有关[52]。

②改善糖尿病肾病：葛根素可显著降低 STZ 诱导的糖尿病大鼠的肾脏肥大，降低血清肌酐、尿素氮、尿蛋白、肾小球细胞外基质的水平，降低肾脏 TGF-β1、Smad2、CTGF、FN 的 mRNA 和蛋白的表达[21]。基质金属蛋白酶 -9（MMP-9）和糖尿病之间存在遗传相关性，在糖尿病早期的肾小球中高表达。葛根素可显著提高足细胞裂隙隔膜蛋白表达（如肾病蛋白 nephrin 和膜蛋白 podocin），抑制糖尿病肾脏氧化应激的产生和蛋白的亚硝基化，抑制 MMP-9 mRNA 的表达[54]。SIRT1 是研究糖尿病肾病的一种潜在靶标蛋白[55]，有研究表明葛根素也可以通过调控 SIRT1/FOXO1 信号通路发挥对糖尿病肾病的肾保护作用，明显改善肾小球肥大、肾小球塌陷、肾小球基底膜增厚、管状空泡变性和线粒体损伤[56]；同时，葛根素可降低晚期糖基化终末产物含量，抑制肾脏特异性细胞受体 mRNA 的表达来改善肾组织损伤[57]；免疫组化结果也显示葛根素可显著降低胞间黏附分子和 TNF-α 的表达，降低肾皮质细胞的凋亡指数[58]。Zhou 等[59]研究表明葛根素通过丝裂原激活蛋白激酶信号通路抑制氧化应激诱导的上皮细胞凋亡来缓解肾纤维化。朱四民等[60]研究表明葛根提取物可降低糖尿病肾损伤大鼠的血糖水平，改善肾组织结构损伤，保护肾功能，其保护机制与抑制 NLRP3 炎症小体激活，降低 NLRP3、ASC 和 Caspase-1 蛋白表达及抑制 IL-1β 和 IL-18 炎症因子释放有关。

③改善糖尿病视网膜病变：血管内皮生长因子（VEGF）是一种血管生成和血管通透

性因子，在增生性糖尿病视网膜病变患者眼睛的玻璃体和水性液体中的含量显著提高[61]。葛根素可以上调视网膜 VEGF 和低氧诱导因子 -1（HIF-1α）的基因表达，对 STZ 诱导的糖尿病大鼠视网膜病变有显著的保护作用[62]。葛根素可以通过 Fas/FasL 通路介导过氧化亚硝酸盐水平下调，抑制 iNOS 的 mRNA 表达，减少视网膜色素上皮细胞的凋亡[63]；还能通过下调视网膜组织中信号转导因子和转录激活因子 3 的表达水平，减少视网膜氧化应激损伤[64]。Tian 等[65]的研究表明极低频电磁场对人胚胎眼巩膜成纤维细胞活力、细胞因子的合成和分泌有直接影响，而葛根素可以部分逆转这些作用。

④改善糖尿病心血管病变：葛根素可能通过调控氧化应激、抗炎、降低糖基化终产物等改善血管功能障碍。葛根素能改善糖尿病鼠心肌细胞的高糖损伤和维持心室肌细胞的功能，该机制可能与其抑制心肌细胞血小板反应蛋白 -1（TSP-1）的表达水平、抑制血糖升高、减轻心肌线粒体氧化应激损伤、抗炎等有关[52]。

⑤改善糖尿病周围神经病变：葛根素注射液用于治疗糖尿病周围神经病变（DPN），能够改善病人神经传导速率指数，下调血浆黏度、纤维蛋白原和糖化血红蛋白指数[66]。

⑥改善糖尿病骨质疏松症和糖尿病足：研究表明，葛根素可以通过改善骨密度，增加成骨细胞数量，下调 Caspase-3 的 mRNA 表达来改善糖尿病骨质疏松症[67]。采用葛根素对糖尿病足患者治疗 32 天后观察到血浆中内皮素（ET）、过氧化脂质（LPO）和血栓素 B_2（TXB_2）的水平显著降低，降钙素基因相关肽（CGRP）、SOD 和 6- 酮 - 前列环素（6-K-PGI_2）的水平均有增加，提示葛根素治疗糖尿病足的机理可能是抑制 ET 的过量分泌，提高 CGRP 的水平，促进内皮细胞功能的恢复，进而激活 PGI_2 合成酶活性，促进内皮细胞生成 PGI_2，抑制血小板聚集并改善微循环[68]。

⑦改善糖尿病生殖功能障碍：给予葛根素治疗糖尿病后可观察到异常的睾丸组织形态结构趋于正常，睾丸组织中 NO 含量升高，内皮型一氧化氮合酶（eNOS）的 mRNA 表达量增加，雄激素受体（AR）的 mRNA 表达降低，SOD、Ca^{2+}-ATPase、Na^+-K^+-ATPase 活性升高，MDA 含量降低，提示葛根素能在一定程度上提高机体的抗氧化能力，减轻睾丸氧化应激损伤。另外葛根素还能提高糖尿病大鼠睾丸 NO、CGRP 含量，下调 ET-1 的 mRNA 表达，提示葛根素对维持血管张力、改善血液供应、预防糖尿病睾丸损伤有一定作用[69]。

2）调血脂作用：Jung 等[70]的研究表明，葛根提取物能降低肝内脂质积累、脂肪细胞和血脂水平，减缓体重增加，且剂量依赖性地改善高血糖、高胰岛素血症和糖耐量，防止高脂饮食引起的骨骼肌萎缩。此外，葛根提取物还增加了骨骼肌组织中过氧化物酶体增殖激活受体 - 共激活受体 -1α（PGC-1α）的表达和腺苷酸单磷酸活化蛋白激酶（AMPK）的磷酸化。葛根提取物及其主要成分葛根素增加了小鼠成肌细胞 C2C12 的线粒体生物发生和肌管肥大，表明葛根提取物可以预防饮食诱导的肥胖、糖耐量降低和骨骼肌萎缩。其作用机制可能与骨骼肌能量代谢的上调有关；在分子水平上可能与 PGC-1α 和 AMPK 的激活有关。Chen 等[71]的研究表明葛根素通过上调参与糖尿病大鼠心肌线粒体生物发生、氧化磷酸化、活性氧解毒、脂肪酸氧化等一系列基因的表达，从而有效地缓解血脂异常，减少细胞内脂质积累。葛根素对线粒体生物发生的影响可能部分涉及 μ- 阿片受体的功能。葛根素还能减少脂肪酸转位酶 FAT/CD36 向细胞膜的转运，减少心肌细胞对脂肪酸的吸收。体外研究证实，葛根素直接作用于肌细胞，促进棕榈酸酯处理的胰岛素抵抗型肌管中脂肪酸的氧化。葛根素能改善肌肉线粒体的功能，促进脂肪酸的氧化，从而阻止糖尿病大鼠肌内脂质的积累。

3）抗骨质疏松作用：葛根素对骨髓基质细胞影响的体外研究表明，葛根素能促进骨髓基质细胞的成骨分化，其机制与 MAPK 信号通路和 ERK1/2-Runx2 信号通路有关。有报道采用卵巢切除（OVX）大鼠体内实验研究葛根素的抗骨质疏松作用，结果表明葛根素具有抗骨密度下降和改善骨小梁结构的作用。另一项对 OVX 大鼠的研究探索了葛根素和锌之间的协同作用，发现这种联合可以通过抑制破骨细胞形成来防止下颌骨骨丢失，抑制骨密度降低，改善骨形态特征，上调骨保护蛋白（OPG）、骨桥蛋白（OPN）和抗氧化酶（CAT）水平，下调抗酒石酸盐酸性磷酸酶（TRAP）和细胞核因子 -κB 受体活化因子配体（RANKL）水平。此外，还发现葛根素和锌联合给药可逆转 OVX 刺激的大鼠骨丢失和减少骨髓脂肪[72]。牛士贞等[73]的研究结果表明，葛根素联合雌二醇能有效减轻骨质疏松性骨折（OPF）模型大鼠的骨质疏松，改善股骨抗弯强度、最大弯曲力、弹性段终点载荷以及断裂挠度等骨的生物力学参数，同时改善钙、磷代谢，抑制骨量流失，降低碱性磷酸酶（ALP）水平，加速成骨细胞分化，促进骨折愈合。这可能与葛根素联合雌二醇可以上调骨痂组织骨保护素 OPG 蛋白的表达，抑制破骨细胞活性，并抑制核因子 -κB 受体活化因子 RANK 和 RANK 配体 RANKL 蛋白的表达，减少破骨细胞生成和破骨作用有关。提示葛根素联合雌二醇治疗 OPF 与调节骨发育、重建相关重要信号通路 OPG/RANK/RANKL 的活性有关。张敏[74]等采用地塞米松建立骨质疏松模型，并使用葛藤提取物治疗，结果发现与模型组比较，治疗组大鼠的骨钙含量显著增加。曾锁林等[75]的研究表明葛根素对激素性股骨头坏死模型大鼠有治疗作用，其作用机制可能为升高血清中促进血管新生活性因子的水平，进而促进血管新生，重建供血和血液循环，促进坏死部位新骨生成。陈冠儒等[76]研究发现葛根总黄酮可显著增加去势大鼠右股骨骨密度、左股骨生物力学性能，上调下丘脑促性腺激素释放激素（GnRH）的 mRNA 表达，并可降低尿羟脯氨酸（HOP）、血清骨特异性碱性磷酸酶（BALP）、卵泡生成素（FSH）和黄体生成素（LH）的水平，减少骨吸收，表明葛根总黄酮对去势大鼠的骨质疏松有保护和预防性治疗的作用。李妮等[77]研究表明葛根提取物可改善去卵巢大鼠的血液生化、免疫学指标，具有对抗去卵巢导致的骨质疏松的作用。张宝荣等[78]研究表明葛根异黄酮具有保护去卵巢大鼠血管内皮功能的作用，其机制与类雌激素样作用、上调内皮型一氧化氮合酶（eNOS）的表达和降低内皮素（ET）水平等因素有关。宋卫国等[79]通过观察葛藤提取物对地塞米松致骨质疏松大鼠模型的影响，发现葛藤提取物能明显改善造模大鼠一般状况，增加模型大鼠体重，提高其子宫和卵巢系数，明显提高骨组织的抗外力作用。Li 等[80]的研究表明葛根素 6′-O-木糖苷对去卵巢小鼠具有明显的抗骨质疏松作用。Wang 等[81]发现葛根素能促进成骨细胞的增殖和分化，并能抑制顺铂诱导含有两种雌激素受体（ER）亚型的 MG-63 细胞的凋亡。葛根素通过改变细胞周期分布促进细胞增殖，而葛根素介导的细胞存活可能与上调 Bcl-xL 表达有关。雌激素受体（ER）拮抗剂 ICI182780 可消除葛根素对成骨细胞的上述作用。利用小干扰双链 RNA 技术，进一步证明葛根素对细胞增殖、分化和存活的影响是通过 ERα 和 ERβ 介导的。此外，还证明葛根素至少部分通过激活 MEK/ERK 和 PI3K/Akt 信号通路发挥作用。因此，葛根对骨质疏松的作用机制可能是：①通过提高成骨细胞中 ALP 的活性和表达量，从而促进成骨细胞的增殖和分化；②通过 ER 介导促进成骨细胞的骨形成效应，调控骨形成周期，使成骨细胞的成熟速度加快，从而提高骨密度；③对破骨细胞有一定的抑制作用，降低骨吸收功能；④促进破骨细胞的凋亡，缩短破骨细胞的存活时间；⑤通过提高成骨细胞中的骨强度和骨密度，并减缓骨质流失，而对骨质疏松起到治疗作用；⑥通过提高钙、磷的含量，增加矿物质的沉积和矿化，使骨小梁变粗，骨密度增加[82]。

（4）对中枢神经系统、心脑血管系统和消化系统的影响

1）对中枢神经系统的影响

①葛根素具有神经保护作用：有研究发现，葛根素具有减轻兴奋性氨基酸毒性作用、抑制氧化应激、拮抗 Ca^{2+} 超载、减轻炎症反应、抑制细胞凋亡、减轻脑水肿等多种作用。目前，葛根素已广泛应用于脑缺血、脑梗死、帕金森综合征等神经系统疾病[83]。Bhuiyan 等[84]的研究结果表明，葛根乙醇提取物及其主要成分葛根素具有明显的诱导海马神经元发生和突触形成的作用，从而改善记忆功能。其具体机制为：促进树突棘数量的显著增加和成熟；调控谷氨酸能突触的形成；通过增大突触前终末的储备囊泡池大小来增强突触传递；增强 NMDA 受体介导的突触后电流；增强细胞对抗自然发生的细胞死亡的生存能力。陈媛等[85]实验研究表明葛根素通过抑制转录激活蛋白 3（STAT3）的磷酸化水平，降低 p53 的表达，起到抗海马神经细胞凋亡的作用，从而改善大鼠脑组织的缺血性损伤。在这个实验中，葛根素可以降低大脑中动脉闭塞（MCAO）模型大鼠的神经缺陷评分，减少细胞凋亡，其抗凋亡机制可能是抑制转录激活蛋白 3 和凋亡因子 p53 的表达。葛根素还能抑制缺血再灌注损伤中的炎症反应，其抗炎活性是通过激活胆碱能抗炎通路介导的。另一项体外研究[86]发现葛根素抑制了缺血再灌注后星形胶质细胞的促凋亡因子，并上调了脑源性神经营养因子（BDNF）的表达，从而对抗脑损伤。葛根可作为脑缺血再灌注损伤后对神经血管单元进行整体治疗的有效药物。Zhu 等[87]证明葛根素能改善 1-甲基-4-苯基-1，2，3，6-四氢吡啶（MPTP）诱导的行为缺陷、多巴胺能神经元变性和多巴胺耗竭。其机制可能与上调胶质细胞源性神经营养因子（GDNF）的表达、激活 PI3K/Akt 通路和谷胱甘肽（GSH）有关，从而改善了 MPTP 诱导的活性氧（ROS）形成，降低溶酶体相关膜蛋白 2A（Lamp 2A）活性。Xiong 等[88]的研究表明葛根素纳米晶可以作为一种潜在的口服给药系统治疗帕金森病，并增强葛根进入大脑的浓度。Zhao 等[89]发现葛根素可以减轻学

习和记忆障碍，并抑制链脲霉素（STZ）诱导的阿尔茨海默病小鼠的氧化应激。Zhang 等[90]的研究表明葛根素能减轻帕金森病细胞模型的氧化应激和凋亡，保护多巴胺能神经元免受鱼藤酮的毒害，降低帕金森病动物模型中异常蛋白的过表达。Bhuiyan 等[91]研究表明，葛根和葛根素具有促进神经元胞质结构形成和突触功能成熟的作用，这些作用可能与上调细胞骨架动力蛋白的翻译有关。Gong 等[92]从粉葛花中提取得到的鸢尾黄素对 MPP+ 诱导的细胞毒性和凋亡起到神经保护作用，说明鸢尾黄素具有减轻氧化应激和增强抗氧化的作用。Zhang 等[93]研究表明未发酵葛根和发酵葛根可显著保护嗜铬细胞瘤（PC12 细胞）免受过氧化氢（H_2O_2）诱导的氧化应激损伤。

②葛根对感觉器官也有保护作用：赵江涛等[94]的研究表明葛花总黄酮可以有效减少异丙肾上腺素导致的大鼠内耳损伤，调节听力系统稳态，改善大鼠内耳微血管扩张和组织细胞的缺血情况。其机制可能与调节炎症因子的释放来减轻炎症反应有关，如抑制 TNF-α、IL-4 因子的表达，上调 ACTH 蛋白，抑制 Bax 蛋白等。

③葛根还具有解热镇痛作用：葛根所含黄酮类物质是其解热作用的成分。葛根煎剂、葛根乙醇浸膏、葛根素等对实验性发热模型的动物均有解热作用，其中葛根素作用较突出。野葛也有与阿司匹林相似的解热作用，且起效快。王若冰等[95]发现葛根素能降低热应激诱导的猪肾细胞 LLC-PK1 损伤，其机制是通过抑制线粒体凋亡通路的激活，上调细胞 HSP72 的表达来实现的。李冰涛等[96]通过葛根作用靶点及发热疾病相关基因比对分析，发现葛根与发热共有 21 个基因，这 21 个基因可能是葛根解热作用靶点。对这 21 个靶点蛋白属性进行归属，得出葛根解热作用靶点主要是酶类物质，同时也包括细胞膜受体、离子通道和传导因子等。基于 STRING 交互作用网络数据库构建葛根解热靶点交互作用网络，分析发现 PTGS2、EGFR、PTGS1 和 MMP2 是关键靶点，这 4 个靶点可能在葛根解热作用中发挥重要作用。谢恒韬等[97]的研究表明葛根素可剂量依赖性地改善外周神经损伤导致的大鼠机械痛敏和热痛敏，并且该过程可能部分通过抑制神经病理性疼痛大鼠背根神经节（DRG）内 Trpv1 和 Trpa1 的表达来介导。吴越等[98]的研究表明鞘内注射葛根素可缓解大鼠脊神经结扎所致的神经痛，下调 DRG 中炎症因子 IL-1β、IL-6 表达，对神经病理性疼痛具有镇痛作用。刘清珍等[99]的研究了葛根素治疗慢性疼痛的作用机制，发现葛根素具有阻断钠离子通道、调节细胞因子表达、保护神经细胞等药理作用，这些都可以解释葛根素用于治疗神经病理性疼痛的确切疗效。

2）对心脑血管系统的影响：现代医学研究表明，葛根在改善心脑血管疾病方面具有良好的作用，如心肌保护、抗心律失常、降血压和降血脂、改善血流动力学和抗血栓形成等。葛根提取物能够明显降低食源性高脂血症大鼠的血脂水平，减轻脂质过氧化程度，提高机体的抗氧化能力，有利于防治动脉粥样硬化，减少心脑血管疾病的发生。葛根及其活性成分抗心脑血管疾病的作用机制主要有：抑制心肌细胞肥大和细胞凋亡的作用；通过 AMPK/mTOR 信号通路调控自噬发挥心肌保护作用；剂量依赖性地上调心肌细胞 PKCε 的表达，从而发挥抗心肌细胞缺氧 / 复氧损伤的保护作用[100]。

葛

①葛根能治疗缺血性脑疾病：葛根素能使脑缺血再灌注大鼠脑梗死面积显著缩小，抑制再灌注过程中的炎症反应，其机制可能与激活胆碱能抗炎信号通路有关。白明等[101]的研究表明，在脑缺血再灌注损伤实验中，葛花总黄酮能够降低动物死亡率，减轻炎症、抑制神经细胞凋亡、减轻脑缺血再灌注损伤，改善因脑缺血造成的后遗症。Deng等[102]的研究发现葛根素能舒张脑血管，其机制与NO介导的内皮依赖性机制和K+通道开放介导的内皮依赖性途径有关，结果表明葛根素的异黄酮类化合物对阻塞性脑血管疾病患者有益。

②葛根对心血管有益：葛根素能够抑制动脉粥样硬化、软化血管，在心血管系统疾病的治疗中发挥着重要作用[103]。Gao等[104]的研究表明葛根提取物具有保护血管内皮细胞免受活性氧介导的细胞凋亡和线粒体损伤的作用。Chen等[105]的研究结果提示葛根素可以预防异丙肾上腺素诱导的小鼠心肌纤维化，其机制可能与激活过氧化物酶体增殖物激活受体α/γ，抑制心肌组织NF-κB，从而降低转化生长因子-β1的表达有关。Tan等[106]发现葛根素通过抑制NF-κB炎症通路改善乙酰胆碱和胰岛素介导的血管舒张和Akt/NO信号，从而改善盐敏性高血压患者的症状。

3）保肝作用：刘莹和郁建[107]的研究表明野葛花提取物通过提高乙醇脱氢酶（ADH）、乙醛脱氢酶（ALDH）、SOD、GSH-Px活力以达到其解酒的作用，进而对抗酒精性肝损伤。陈花和徐德平[108]从葛花的乙醇提取物得到的化合物中，8-C-葡萄糖-鹰嘴豆素甲能显著延长醉酒潜伏期，缩短醉酒时间，提高ADH和ALDH的活性，降低机体血醇浓度，具有极好的解酒效果；8-C-葡萄糖-O-木糖-染料木素也有一定解酒作用。李杨等[109]的研究表明葛根水提物及葛花水提物通过清肝热、生津止渴作用来缓解酒精所致的烦渴、脾胃失和、肝失疏泄等，对肝损伤有一定的保护作用；还可提高小鼠体质量，降低肝脏系数，降低血清中ALT、AST、ALP水平，降低肝组织中MDA含量，升高肝组织中SOD活性。吴婷等[110]通过葛花联合辛伐他汀能增加非酒精性脂肪性肝病患者的治疗效果，降低GGT、ALT、AST、TG、TC水平，并显著降低MDA含量，抑制脂质过氧化反应，明显提高SOD活性，增强抗氧化损伤能力。有研究发现，在慢性酒精性肝损伤模型中，葛根素能降低肝损伤指标ALT、AST、ALP和炎症因子IL-1β、IL-6、TNF-α的表达水平，说明葛根素可能通过调节炎症过程来减轻慢性酒精性肝损伤[111]。

（5）其他作用：葛根素可能是一种潜在的抗白癜风药物。Ding等[112]研究发现葛根素能促进黑色素的合成，其机制为增加细胞内cAMP水平，抑制ERK1/2信号通路，从而上调小眼畸形相关转录因子（MITF）的转录，结果表明葛根素能治疗白癜风。

【开发应用】

1.标准规范 食用葛与同属近缘植物野葛、粉葛共有药品标准341项，为野葛、粉葛及葛花与其他中药材组成的中成药处方；药材标准30项，为不同版本的《中国药典》药材标准及其他药材标准；中药饮片炮制规范111项，为不同省市、不同年份的饮片炮制规范。

2. 专利申请 目前有关葛的专利很多，由于葛的来源复杂，特别是在有不同种葛生长分布的滇西地区，葛混用现象非常普遍。各种葛的分布地域面积差异较大，野葛分布面积最广，其次是粉葛，食用葛仅在云南滇西北有分布。因此其相关应用开发与专利申报也有显著差异。现将大理白族地区混用的几种葛的相关专利申报情况说明如下：

（1）食用葛 *Pueraria edulis*：目前专门利用食用葛申报的专利尚未见有报道。

（2）野葛 *Pueraria lobata*：文献检索显示，野葛相关的专利共 123 项[113]，其中有关化学成分及药理活性的研究专利 5 项，种植及栽培研究的专利 6 项，葛与其他中药材组成中成药申请的专利 46 项，其他专利 66 项。

专利信息显示，绝大多数的专利为葛与其他中药材配成中药组合物用于各种疾病的治疗，包括酒精性肝损伤、保胃护肝解酒、心脑血管疾病、骨刺、肾衰竭、癌症、高血压、高血脂、糖尿病、乳腺增生症、恶性肿瘤、心肌缺血、颈椎病、骨质疏松、风寒湿痹、急性腹泻、预防或治疗绝经期症状、瘢痕、防治草鱼赤皮病、上吐下泻、增强机体免疫力、便秘等。葛也可用于保健品的开发。

有关野葛的代表性专利列举如下：

①王跃生等，一种治疗心脑血管疾病的中药制剂（CN101524421A）（2009 年）。

②刘善新等，一种防治酒精性肝损伤的中药及其制备方法（CN103142812A）（2013 年）。

③肖传明等，一种增强机体免疫力的植物药复方制剂及其制备方法（CN104758367A）（2015 年）。

④胡智等，治疗乳腺增生的中药组合物及其草药汤剂的制备方法（CN105381400A）（2016 年）。

⑤朴珠妍等，用于预防或治疗绝经期症状的包含地黄和葛根的复合提取物的组合物（CN105636604A）（2016 年）。

⑥何凯南等，一种保肝护肝的药物或保健食品组合物（CN105816798A）（2016 年）。

⑦华柏生等，一种用于治疗颈椎病的中药（CN105998592A）（2016 年）。

⑧赵记章，一种治疗糖尿病的中药组合物（CN106344833A）（2017 年）。

⑨方志峰等，具有辅助降糖、降脂、抗氧化作用的油茶及其制备方法（CN106387163A）（2017 年）。

⑩姚旺东，一种抗恶性肿瘤的中药（CN107050289A）（2017 年）。

（3）粉葛 *Pueraria lobata* var. *thomsonii*：涉及粉葛的专利有 15 项，主要涉及组方药用、保健食品制备、栽培技术等方面。具体如下：

①莫启武等，一种治疗口腔溃疡的中成药及其制备方法（CN101234187A）（2008 年）。

②傅舒等，一种粉葛同步酶处理发酵生产丁醇的方法（CN103667364A）（2014 年）。

③张雅静等，丹参植酸冲剂（CN103656495A）（CN2014 年）。

④夏瑜，一种治疗腮腺结石并感染的汤剂药物及制备方法（CN104436041A）（2015年）。

⑤胡锐敏，一种心脉通胶囊的制备方法（CN104510813A）（2015年）。

⑥李玉毕，一种粉葛人工栽培方法（CN104770154A）（2015年）。

⑦张雅萍，一种药食两用水溶性珍珠粉组合物及其制备方法与应用（CN105148069A）（2015年）。

⑧黄信开，一种防治豇豆美洲斑潜蝇的方法（CN105493975A）（2016年）。

⑨董华强等，一种合水粉葛根中葛根素提纯方法（CN105832813A）（2016年）。

⑩周海滨等，一种低温连续提取气血康口服液的制备方法（CN105878350A）（2016年）。

⑪董华强等，一种合水粉葛葛粉及其制备方法（CN105942337A）（2016年）。

⑫农宏珠，一种根治糖尿病的纯中草药制剂及其制备方法（CN106266549A）（2017年）。

⑬何美军等，一种高产粉葛根头苗的培育方法（CN106561258A）（2017年）。

⑭李小妍等，一种用于儿童腹股沟疝护理的中药组合物（CN106729409A）（2017年）。

⑮李宝永等，女性更年期症状改善用组合物（CN110381971A）（2019年）。

3. 栽培利用 葛根的资源分布十分广泛，极具开发潜力；且葛根的品种资源十分丰富，不论其品种属于早熟还是晚熟，其产量都很高，且纤维少，也没有过多病虫害的侵扰。因此在栽培时，需结合葛根的品种选取适宜的生产环境，进行粗放式栽培，无须施加农药，但需针对葛根的栽培价值、肥水管理、抹芽打顶等培育过程进行系统化的研究，最终采用适宜的策略进行葛根种质的栽培[114]。

葛藤喜温暖湿润的气候，分布在海拔高度 300～1500m 处，常生长在草坡灌丛、疏林地及林缘等处，尤以攀附于灌木或稀树上生长更为茂密。适应性强：葛藤易种植，除排水不良的黏土外，山坡、荒谷、砾石地、石缝都可生长，而以湿润和排水通畅的土壤为宜。耐酸性强：不择土质，土壤 pH4.5 左右时仍能生长。耐旱：年降水量 500mm 以上的地区可以生长。耐寒：在寒冷地区，越冬时地上部冻死，但地下部仍可越冬，第二年春季再生。生长期长：全年生长期为 275～280 天，萌发期在 3 月初，6～7 月开花，5～10月为生长旺盛期，11 月下旬开始休眠，休眠期只落叶[115]。

4. 生药学探索 食用葛根呈类圆锥形或类纺锤形，长 10～130cm，直径 0.5～4cm；表面白色，未去外皮的呈黄棕色，具明显纵沟，有少数侧根及须根；断面黄白色或灰紫色，横切面可见由纤维形成的浅棕色同心性环纹，纵切面可见纤维形成的数条纵纹，体重，质硬，富粉性；气微，味微甜[116]。

食用葛药材粉末的显微鉴别：本品粉末，棕褐色。纤维多成束，长条形，壁较厚，胞腔线形，纤维旁的薄壁细胞中含草酸钙方晶，形成晶鞘纤维。淀粉粒单粒类圆形，直径

5～12μm，脐点点状或不明显；复粒较多，由二至多粒组成。草酸钙方晶散在或存在于薄壁细胞中，类方形或多面体形，直径 8～20μm。石细胞类方形、类圆形或类三角形，壁厚，纹孔及孔沟明显。色素块散在，黄棕色或红棕色，大小不一。导管为具缘纹孔导管，直径 60～150μm。木栓细胞黄棕色，表面观类方形或多角形[116]。

野葛根呈纵切的长方形厚片或小方块，长 5～35cm，厚 0.5～1cm。外皮淡棕色至棕色，有纵皱纹，粗糙。切面黄白色至淡黄棕色，有的纹理明显。质韧，纤维性强。气微，味微甜。药材粉末显微鉴别：本品粉末淡棕色。淀粉粒单粒球形，直径 3～37μm，脐点点状、裂缝状或星状；复粒由 2～10 分粒组成。纤维多成束，壁厚，木化，周围细胞大多含草酸钙方晶，形成晶纤维，含晶细胞壁木化增厚。石细胞少见，类圆形或多角形，直径 38～70μm。具缘纹孔导管较大，呈六角形或椭圆形，排列极为紧密[117]。

粉葛根呈圆柱形、类纺锤形或半圆柱形，长 12～15cm，直径 4～8cm；有的为纵切或斜切的厚片，大小不一。表面黄白色或淡棕色，未去外皮的呈灰棕色。体重，质硬，富粉性。横切面可见由纤维形成的浅棕色同心性环纹，纵切面可见由纤维形成的数条纵纹。气微，味微甜。药材粉末显微鉴别：本品粉末黄白色。淀粉粒甚多，单粒少见，圆球形，直径 8～15μm，脐点隐约可见；复粒多，由 2～20 多个分粒组成。纤维多成束，壁厚，木化，周围细胞大多含草酸钙方晶，形成晶纤维，含晶细胞壁木化增厚。石细胞少见，类圆形或多角形，直径 25～43μm。具缘纹孔导管较大，纹孔排列极为紧密[117]。

5. 其他应用　目前已有多种涉及葛的药物制品：①葛根素，有注射针剂、片剂、胶囊剂三种剂型，用于辅助治疗心肌梗死、冠心病、心绞痛、突发性耳聋及小儿病毒性心肌炎、糖尿病等；②葛根素浸膏粉，有颗粒剂、粉剂，具有解肌退热、生津、透疹、升阳止泻的功能；③愈风宁心片，具有解痉止痛、增强脑及冠脉血流量的功能；④心血宁片，具有活血化瘀、通络止痛的功能；⑤葛根芩连片，具有解肌清热、止泻止痢的功能；⑥其他含葛根成分的中成药[118]。另外，葛根还可以制成保健药品，如葛根枳椇软胶囊、葛根苦瓜铬胶囊、葛根提取物大豆磷脂软胶囊、乌蛇葛根胶囊、参七葛根颗粒、清血养胰胶囊、苓曲葛根复合植物片、葛根颗粒剂、品健葛根软胶囊等，有助于增强患者的体质，提高机体抗病能力，可用于临床疾病的预防，并能加快疾病的治疗恢复[119, 120]。

葛根的剂型发展：①传统葛根剂型：葛根汤剂、葛根汤合剂、葛根口服液、葛根颗粒剂、葛根胶囊剂；②目前应用的葛根剂型：葛根素注射剂、葛根素滴丸剂、葛根素分散片、葛根素口腔速崩片；③正在研发的葛根剂型：葛根素亚微乳、葛根素固体分散体、葛根素固体自微乳、葛根素磷脂复合物、葛根素脂质体、葛根素漂浮型胃滞留制剂、葛根素固体脂质纳米粒、葛根素眼用凝胶剂[121]。

葛根在化妆品领域亦有应用。葛的提取物用于抗衰老化妆品，有使面部光润、除粉刺、祛斑、除皱纹之功效，而对人体皮肤无刺激性和过敏性，因此可用于化妆品工业如制造丰乳霜、眼霜、护肤霜、祛皱营养霜和祛斑美白霜等[122, 123]。

葛根也大量用于保健食品，可以制成葛粉，用水冲服，口感略甜或无味，十分爽口。

以葛根为原料，进行食品的生产与加工，加入香精、白砂糖等配料，能够改善葛根的口感，更容易受到消费者的喜爱[119, 120]。管咏梅等收集得到了葛根保健食品 486 项，主要包括保肝保健食品、调节血脂保健食品、调节血压保健食品、调节血糖保健食品、调节免疫保健食品。在 174 种保肝的保健食品中，原料应用最多的是枳椇子、五味子，常见的 3 种原料搭配组合为葛根 – 栀子 – 白芍、葛根 – 绞股蓝 – 决明子等；91 种调节血脂的保健食品中，原料应用最多的是决明子、绞股蓝，常见的 3 种原料搭配组合为葛根 – 决明子 – 菊花、葛根 – 泽泻 – 桑叶等；41 种调节血压的保健食品中，原料应用最多的是杜仲、丹参，常见的 3 种原料搭配组合为葛根 – 决明子 – 牡蛎、葛根 – 丹参 – 槐花等；105 种调节血糖的保健食品中，原料应用最多的是山药、黄芪，常见的 3 种原料搭配组合为葛根 – 三七 – 地骨皮、葛根 – 山药 – 茯苓、葛根 – 山药 – 地骨皮等；75 种调节免疫的保健食品中，原料应用最多的是黄芪、枸杞子，常见的 3 种原料搭配组合为葛根 – 天麻 – 杜仲、葛根 – 桑椹 – 金银花、葛根 – 西洋参 – 山楂等[124]。

葛根的块根中含有丰富的淀粉，含量约为 50%。经过计算可知，约 7.5kg 的葛根可产出 1kg 乙醇。若将葛根作为生产乙醇的原料，也可有效解决传统乙醇生产中原料缺乏、价格昂贵等问题，同时还能有效拓宽葛根的发展空间，对于葛根的综合利用，促进其产业化发展具有重要的促进作用[114]。现阶段，中国科学院已针对利用葛根生产乙醇的技术进行研究，并取得明显的成果。

葛藤中含有大量纤维，其韧性好且细长，经蒸煮、发酵、漂洗可制成洁白的纤维葛麻，用于织布、造纸和制作工艺品（如葛绳、地毯、沙发等），具有较高的经济价值[125]。

【药用前景评述】葛在大理是一种十分重要的药食两用植物，白族设有传统岁时风俗"葛根会"，便是最好的例证。"葛根会"于每年农历正月初五举行，地点在大理古城北门外的文笔村。此会相传始于唐代，《大理县志稿》载："初五日，城西北三里三塔寺游人如蚁，留连胜境，徜徉登眺，襟抱豁然，有卖春酒、烧猪肉、生螺黄、生螺蛳、凉米线，供人瞰吹醉饱与薄片葛根者，故俗称葛根会云。"此会以交易葛根和游览三塔寺风光为主，同时有名食小吃供人享用，还有玩具等售卖。从文笔路通向三塔寺的街道两侧都是卖葛根的摊子，上摆葛根、砧板、菜刀和土碱。凡赶会的各族群众都要购买葛根，卖者将葛根切成片售给买者，买者就用葛根沾上碱食用，并把葛根带回家中，供家人食用。吃过葛根之后，人们就成群结队地游览三塔寺，直到下午，方各自散去。

在大理及其周边地区分布的用作葛的植物主要有三种，即食用葛 *Pueraria eduli*、野葛 *Pueraria lobata*、粉葛 *Pueraria lobata* var. *thomsonii*。其中食用葛为特色性葛属植物，分布面积相对较小，主要分布在滇西北地区，与大理白族传统聚居地重合，因此成为白族特色性药用植物葛根的主要植物来源。而野葛与粉葛属于广布性葛属植物，全省大部分地区有产，不识植物者难以区分，因此常作为葛根的混用品，其除生食口感略有差异外，药用功效未见显著差异。

由于野葛的分布面积极广，因而现代研究绝大部分针对野葛展开。葛根中主要含有黄酮类（Flavonoids）、葛根苷类（Pueroside）、香豆素类（Coumarns）、三萜及三萜皂苷（Triterpenoids and triterpene saponins）、生物碱及其他一些类型的化合物。同时，药理研究结果也证实，葛根具有神经保护作用、保护心脑血管的作用、抗炎作用、解酒和保肝作用、类雌激素和抗骨质疏松作用、抗糖尿病及其并发症的作用（包括降血糖、降血脂、改善胰岛素抵抗、改善糖尿病肝脏脂肪变性、改善糖尿病肾病、改善糖尿病视网膜病变、改善糖尿病血管功能障碍、改善糖尿病心脏功能、改善糖尿病骨质疏松症、改善糖尿病性周围神经病变、改善糖尿病足、改善糖尿病生殖功能障碍等）、降脂作用、抗氧化作用、对免疫系统的作用、解热作用、抗肿瘤、镇痛等众多方向，尤其是解酒和保肝作用十分显著。

关于白族药用植物葛的主要植物来源食用葛 *Pueraria edulis* 的研究相对较少。现有研究结果显示，其在化学成分方面与野葛十分相似。药理研究结果也证实，其同样具有显著的解酒作用。由此说明白族药用植物食用葛与葛根具有十分相似的品质。

根据白族文献记载，白族民间主要将葛用于感冒发热、口渴、头痛、项强、疹出不透、胃炎、肠炎、小儿腹泻等病症，特别是常用该药物醒酒，治小儿惊哭、冠心病等病症。葛属植物食用葛、野葛、粉葛的现代研究成果证实其具有显著的醒酒作用，同时也具有提高免疫力、解热、镇痛、抗炎、保护神经、保护心脑血管、保肝等多种药理作用。由此可见，白族对于葛的药用十分科学、合理。

值得注意的是，现代研究显示葛根还具有十分显著的类雌激素和抗骨质疏松作用、抗糖尿病及其并发症作用、降脂作用、抗氧化作用等治疗代谢性疾病的作用。鉴于这些疾病多与现代生活方式密切相关，前人较少有机会接触或防治此类疾患，因此白族医药中对于葛的此类用途未有记载亦属正常现象。

参考文献

［1］赵姿.食用葛的化学成分研究［D］.昆明：云南中医学院，2017.

［2］姚娜.接骨丹、葛根和绵大戟的化学成分研究［D］.昆明：云南中医学院，2013.

［3］史海明，闵知大.食用葛根的化学成分研究［J］.中国药科大学学报，2000，31（6）：411-413.

［4］Ma Y, Shang Y, Zhong Z, et al. A new isoflavone glycoside from flowers of *Pueraria montana* var. *lobata*（Willd.）Sanjappa & Pradeep［J］. Nat Prod Res, 2019. DOI：10.1080/14786419.2019.1655021.

［5］Sun Y, Zhang H, Cheng M, et al. New hepatoprotective isoflavone glucosides from *Pueraria lobata*（Willd.）Ohwi［J］. Nat Prod Res, 2019, 33（24）：3485-3492.

［6］Li J, Mi QL, Zhang FM, et al. Two new isoflavones from *Pueraria lobata* and their bioactivities［J］. Chem Nat Compd, 2018, 54（5）：851-855.

［7］马晓云.五味降压方化学成分研究及基于代谢的药效物质基础研究方法初探［D］.北京：北京中医药大学，2017.

葛

［8］李昕，潘俊娴，陈士国，等.葛根化学成分及药理作用研究进展［J］.中国食品学报，2017，17（9）：189-195.

［9］Cui T，Tang S，Liu C，et al. Three new isoflavones from the *Pueraria montana* var. lobata（Willd.）and their bioactivities［J］. Nat Prod Res，2018，32（23）：2817-2824.

［10］张启云，彭国梅，李冰涛，等.UHPLC-Q-TOF/MS 技术分析葛根醇提液中化学成分［J］.中药新药与临床药理，2017，28（4）：513-518.

［11］史军杰.云南产葛根药材的化学成分研究［D］.昆明：云南中医学院，2016.

［12］张杰，常义生，曾铖，等.葛花化学成分［J］.中国实验方剂学杂志，2015，21（23）：65-67.

［13］宋玮，李艳姣，乔雪，等.中药葛根的化学成分研究进展（英文）［J］.中国药学，2014，23（6）：347-360.

［14］戴雨霖，于珊珊，张颖，等.葛花中异黄酮类化学成分的 RRLC-Q-TOF MS/MS 研究［J］.高等学校化学学报，2014，35（7）：1396-1402.

［15］Lu J，Sun JH，Tan Y，et al. New triterpenoid saponins from the flowers of *Pueraria thomsonii*［J］. J Asian Nat Prod Res，2013，15（10）：1065-1072.

［16］梁倩.北美香柏、野葛花、丹参花化学成分的研究［D］.杨凌：西北农林科技大学，2011.

［17］张德武，戴胜军，李贵海，等.野葛藤的化学成分研究［J］.中草药，2011，42（4）：649-651.

［18］张德武，戴胜军，余群英，等.野葛藤茎中的化学成分研究［J］.中国药学杂志，2011，46（18）：1389-1393.

［19］Li GH，Zhang QW，Wang L，et al. New isoflavone C-glycosides from *Pueraria lobata*［J］. Helv Chim Acta，2011，94（3）：423-428.

［20］Yu YL，Liao YT，Li X，et al. Isoflavonoid glycosides from the flowers of *Pueraria lobata*［J］. J Asian Nat Prod Res，2011，13（4）：284-289.

［21］张德武，戴胜军，刘万卉，等.野葛藤的化学成分（英文）［J］.中国天然药物，2010，8（3）：196-198.

［22］裴香萍，裴妙荣，丁海琪.葛花化学成分的研究［J］.山西大学学报（自然科学版），2010，33（3）：423-424.

［23］Zhang HJ，Yang XP，Wang KW. Isolation of two new C-glucofuranosyl isoflavones from *Pueraria lobata*（Wild.）Ohwi with HPLC-MS guiding analysis［J］. J Asian Nat Prod Res，2010，12（4）：293-299.

［24］李国辉，张庆文，王一涛.葛根的化学成分研究［J］.中国中药杂志，2010，5（23）：3156-3160.

［25］常欣，袁园，谢媛媛，等.粉葛花黄酮类化学成分研究［J］.中国药物化学杂志，2009，19（4）：284-287.

［26］Sun YG，Wang SS，Feng JT，et al. Two new isoflavone glycosides from *Pueraria lobata*［J］.

J Asian Nat Prod Res, 2008, 10（8）: 719–723.

　　［27］Ding HY, Chen YY, Chang WL, et al. Flavonoids from the flowers of *Pueraria lobata*［J］. J Chin Chem Soc, 2004, 51（6）: 1425–1428.

　　［28］张鹏云, 李蓉, 陈丽斯, 等. 顶空固相微萃取-气质联用法结合自动解卷积技术分析葛根中的挥发性成分［J］. 食品科学, 2019, 40（12）: 220–225.

　　［29］Liang Q, Xu WH, Wang JR, et al. Essential oil composition of *Pueraria thomsonii* flower ［J］. Chem Nat Compd, 2011,（5）: 732–732.

　　［30］帅琴, 徐鸿志, 杨薇, 等. 葛酒中葛根素及其挥发性成分分析［J］. 光谱实验室, 2004, 21（2）: 396–398.

　　［31］王淑惠, 雷荣爱, 宋二颖, 等. 葛根地上部分挥发性成分的研究［J］. 中国药事, 2002, 16（2）: 107–109.

　　［32］张晓南, 陈芬, 符德欢, 等. 食用葛解酒作用及急性毒性初步研究［J］. 云南中医中药杂志, 2014, 35（8）: 69–71.

　　［33］金蓓, 黄蓉飞, 刘清松. 葛根素通过 TGF-β/Smads 信号通路促进前列腺癌细胞凋亡的机制［J］. 现代肿瘤医学, 2020, 28（1）: 17–22.

　　［34］胡艳玲, 林中翔, 刘璟, 等. 葛根素在肿瘤机制方面的研究进展［J］. 系统医学, 2018, 3（11）: 184–186.

　　［35］Ahn SY, Jo MS, Lee D, et al. Dual effects of isoflavonoids from *Pueraria lobata* roots on estrogenic activity and anti-proliferation of MCF-7 human breast carcinoma cells［J］. Bioorg Chem, 2019, 83: 135–144.

　　［36］Deng XQ, Zhang HB, Wang GF, et al. Colon-specific microspheres loaded with puerarin reduce tumorigenesis and metastasis in colitis-associated colorectal cancer［J］. Int J Pharm, 2019, 570: 118644.

　　［37］顾恪波, 何立丽, 张丽娜, 等. 葛根提取物抗白血病实验研究进展［J］. 中华中医药杂志, 2019, 34（4）: 1618–1620.

　　［38］董洲. 野葛根多糖的提取、分离纯化、结构鉴定及对小鼠巨噬细胞 RAW264.7 的免疫调节活性研究［D］. 广州: 华南理工大学, 2018.

　　［39］董洲, 李惠娴, 张猛猛, 等. 野葛根酸性多糖的结构鉴定及免疫活性［J］. 现代食品科技, 2018, 34（7）: 68–75.

　　［40］石海杰, 文萍. 葛根提取物对溃疡性结肠炎大鼠肠黏膜损伤影响及机制［J］. 中国公共卫生, 2019, 35（8）: 1038–1042.

　　［41］张程美, 王高频. 葛根素对 oxLDL 诱导的 THP-1 巨噬细胞 TLR4-NF-κB 信号转导通路的影响［J］. 中国免疫学杂志, 2019, 35（22）: 2705–2710.

　　［42］柳亚男. 葛根汤的抗炎活性及其对 MAPK 和 NF-κB 炎性信号通路的调控机制［D］. 烟台: 烟台大学, 2019.

　　［43］Lee JH, Jeon YD, Lee YM, et al. The suppressive effect of puerarin on atopic dermatitis-like skin lesions through regulation of inflammatory mediators in vitro and in vivo［J］. Biochem

葛

Biophys Res Commun，2018，498（4）：707-714.

［44］陈兵兵．葛根多糖的提取分离、理化特性及生物活性研究［D］.镇江：江苏大学，2016.

［45］张曦，李雪峰，戴宛蓉．葛根提取物的抗氧化性研究［J］.广东化工，2013，40（21）：65-66，78.

［46］仰玲玲，吴向阳，仰榴青．野葛藤地上部分挥发油成分分析和抗氧化活性研究［J］.江苏农业科学，2014，42（2）：268-271.

［47］叶兴龙，赵丽晶，郝进源，等．葛根异黄酮对去势小鼠前列腺增生模型的影响［J］.中国临床药理学杂志，2019，35（22）：2890-2893.

［48］何梦，周培，田树红，等．葛根素对长波紫外线诱导的HaCaT细胞损伤的保护作用和机制研究［J］.当代医药论丛，2019，17（15）：37-39.

［49］栾博，栾梅，邱雅慧．葛根素激活Nrf2通路减轻心力衰竭大鼠氧化应激损伤的研究［J］.现代预防医学，2019，46（10）：1852-1856.

［50］Zou Y，Hong B，Fan L，et al. Protective effect of puerarin against beta-amyloid-induced oxidative stress in neuronal cultures from rat hippocampus：Involvement of the GSK-3β/Nrf2 signaling pathway［J］.Free Radic Res，2013，47（1）：55-63.

［51］Chen X，Yu J，Shi J. Management of diabetes mellitus with puerarin，a natural isoflavone from *Pueraria lobata*［J］.Am J Chin Med，2018，46（8）：1771-1789.

［52］张洪敏，曹世杰，邱峰，等．葛根和葛根素治疗糖尿病及并发症的研究进展［J］.天津中医药大学学报，2019，38（6）：607-615.

［53］曹燕，党婷，李雯，等．葛根水提物对链脲佐菌素致2型糖尿病小鼠的降血糖作用研究［J］.海峡药学，2018，30（5）：10-13.

［54］Zhong Y，Zhang X，Cai X，et al. Puerarin attenuated early diabetic kidney injury through down-regulation of matrix metalloproteinase 9 in streptozotocin-induced diabetic rats［J］.PLoS One，2014，9（41）：e85690.

［55］Zhong Y，Lee K，He JC. SIRT1 is a potential drug target for treatment of diabetic kidney disease［J］.Front Endocrinol，2018，9：624.

［56］Xu X，Zheng N，Chen Z，et al. Puerarin，isolated from *Pueraria lobata*（Willd.），protects against diabetic nephropathy by attenuating oxidative stress［J］.Gene，2016，591（2）：411-416.

［57］Shen JG，Yao MF，Chen XC，et al. Effects of puerarin on receptor for advanced glycation end products in nephridial tissue of streptozotocin-induced diabetic rats［J］.Mol Biol Rep，2009，36（8）：2229-2233.

［58］Pan X，Wang J，Pu Y，et al. Effect of puerarin on expression of ICAM-1 and TNF-α in kidneys of diabetic rats［J］.Med Sci Monit，2015，21：2134-2140.

［59］Zhou X，Bai C，Sun X，et al. Puerarin attenuates renal fibrosis by reducing oxidative stress induced-epithelial cell apoptosis via MAPK signal pathways in vivo and in vitro［J］.Ren Fail，2017，

39（1）：423-431.

［60］朱四民，王会芳，林凤平，等.葛根提取物通过调控 NOD 样受体蛋白 3/ 半胱氨酸天冬氨酸蛋白酶 1 通路减轻糖尿病大鼠肾损伤的研究［J］.中国糖尿病杂志，2019，27（11）：852-857.

［61］Adamis AP，Miller JW，Bernal MT，et al. Increased vascular endothelial growth factor levels in the vitreous of eyes with proliferative diabetic retinopathy［J］. Am J Ophthalmol，1994，118（4）：445-450.

［62］Teng Y，Cui H，Yang M，et al. Protective effect of puerarin on diabetic retinopathy in rats［J］. Mol Biol Rep，2009，36（5）：1129-1133.

［63］郝丽娜，王敏，马军玲，等.葛根素通过下调过氧亚硝基阴离子水平和诱导型一氧化氮合酶表达来减少糖尿病大鼠视网膜色素上皮细胞凋亡（英文）［J］.生理学报，2012，64（2）：199-206.

［64］Cai Y，Zhang X，Xu X，et al. Effects of puerarin on the retina and STAT3 expression in diabetic rats［J］. Exp Ther Med，2017，14（6）：5480-5484.

［65］Tian T，Cai X，Zhu H. Puerarin，an isoflavone compound extracted from Gegen（Radix Puerariae Lobatae），modulates sclera remodeling caused by extremely low frequency electromagnetic fields［J］. J Tradit Chin Med，2016，36（5）：678-682.

［66］Wu J，Zhang X，Zhang B，et al. Efficacy and safety of puerarin injection in treatment of diabetic peripheral neuropathy：a systematic review and meta-analysis of randomized controlled trials［J］. J Tradit Chin Med，2014，34（4）：401-410.

［67］Liang J，Chen H，Pan W，et al. Puerarin inhibits caspase-3 expression in osteoblasts of diabetic rats［J］. Mol Med Rep，2012，5（6）：1419-1422.

［68］杨博华，葛芃，陈云祥.葛根素对糖尿病足患者血管活性物质平衡的影响［J］.中国中西医结合外科杂志，2001，7（5）：298-300.

［69］陈秀芳，金丽琴，董敏，等.葛根素对糖尿病大鼠睾丸的保护作用［J］.中国病理生理杂志，2009，25（10）：2033-2039.

［70］Jung HW，Kang AN，Kang SY，et al. The root extract of *Pueraria lobata* and its main compound，puerarin，prevent obesity by increasing the energy metabolism in skeletal muscle［J］. Nutrients，2017，9（1）：33.

［71］Chen XF，Wang L，Wu YZ，et al. Effect of puerarin in promoting fatty acid oxidation by increasing mitochondrial oxidative capacity and biogenesis in skeletal muscle in diabetic rats［J］. Nutr Diabetes，2018，8（1）：1.

［72］Suvarna V，Sarkar M，Chaubey P，et al. Bone health and natural products-an insight［J］. Front Pharmacol，2018，8：981.

［73］牛士贞，牛通，倪勇，等.葛根素注射液联合雌二醇注射液对大鼠骨质疏松性骨折愈合的影响［J］.中国临床药理学杂志，2019，35（23）：3077-3080.

［74］张敏，孙付军，虞慧娟，等.葛藤提取物对糖皮质激素骨质疏松模型大鼠的影响［J］.

葛

中国骨质疏松杂志，2011，17（7）：589–592.

［75］曾锁林，施能兵，刘昇.葛根素对激素性股骨头坏死大鼠骨组织及 PI3K/Akt 信号转导通路的影响［J］.蚌埠医学院学报，2019，44（11）：1441–1444.

［76］陈冠儒，陈飞虎，葛金芳，等.葛根总黄酮对去势大鼠骨质疏松的保护作用［J］.安徽医科大学学报，2014，49（6）：759–764.

［77］李妮，赵正煜，徐峰.葛根提取物对去卵巢大鼠血液指标的影响［J］.实用药物与临床，2010，13（2）：88–90.

［78］张宝荣，谭颖颖，张琪.葛根异黄酮对去卵巢大鼠血管内皮功能的保护作用［J］.中西医结合心脑血管病杂志，2015，13（3）：309–311.

［79］宋卫国，孙付军，王常春，等.葛藤提取物对地塞米松致大鼠骨质疏松模型的保护作用［J］.中国老年学杂志，2010，30（13）：1836–1838.

［80］Li H，Chen B，Pang G，et al. Anti–osteoporotic activity of puerarin 6″–O–xyloside on ovariectomized mice and its potential mechanism［J］. Pharm Biol，2015，54（1）：1–7.

［81］Wang Y，Wang WL，Xie WL，et al. Puerarin stimulates proliferation and differentiation and protects against cell death in human osteoblastic MG–63 cells via ER–dependent MEK/ERK and PI3K/Akt activation［J］. Phytomedicine，2013，20（10）：787–796.

［82］熊东妮，刘静君.浅谈葛根在妇科临床中的应用［J］.中医药信息，2019，36（1）：121–124.

［83］黄雄峰，汪建民.葛根素的神经保护作用机制研究进展［J］.中国实验方剂学杂志，2015，21（4）：224–230.

［84］Bhuiyan MMH，Haque MN，Mohibbullah M，et al. Radix Puerariae modulates glutamatergic synaptic architecture and potentiates functional synaptic plasticity in primary hippocampal neurons［J］. J Ethnopharmacol，2017，209：100–107.

［85］陈媛，吴海金，黄晓松，等.葛根素对脑缺血再灌注大鼠海马组织 P–STAT3、P53 表达的影响［J］.湖南中医药大学学报，2018，38（1）：36–39.

［86］韦克克，张琛，王雅婷，等.中药有效成分及配伍抗缺血性脑损伤诱导的神经血管单元损伤作用机制研究进展［J］.中华中医药学刊，2019，37（12）：2951–2954.

［87］Zhu G，Wang X，Wu S，et al. Neuroprotective effects of puerarin on 1–methyl–4–phenyl–1，2，3，6–tetrahydropyridine induced Parkinson's disease model in mice［J］. Phytother Res，2014，28（2）：179–186.

［88］Xiong S，Liu W，Li D，et al. Oral delivery of puerarin nanocrystals to improve brain accumulation and anti–parkinsonian efficacy［J］. Mol Pharm，2019，16（4）：1444–1455.

［89］Zhao SS，Yang WN，Jin H，et al. Puerarin attenuates learning and memory impairments and inhibits oxidative stress in STZ–induced SAD mice［J］. Neurotoxicology，2015，51：166–171.

［90］Zhang X，Xiong J，Liu S，et al. Puerarin protects dopaminergic neurons in Parkinson's disease models［J］. Neuroscience，2014，280：88–98.

［91］Bhuiyan MMH，Mohibbullah M，Hannan MA，et al. The neuritogenic and synaptogenic effects of the ethanolic extract of radix Puerariae in cultured rat hippocampal neurons [J]. J Ethnopharmacol, 2015, 173: 172-182.

[92] Gong P, Deng F, Zhang W, et al. Tectorigenin attenuates the MPP+ induced SH-SY5Y cell damage, indicating a potential beneficial role in Parkinson's disease by oxidative stress inhibition[J]. Exp Ther Med, 2017, 14 (5): 4431-4437.

[93] Zhang B, Li W, Dong M. Flavonoids of kudzu root fermented by eurtotium cristatum protected rat pheochromocytoma line 12 (PC12) cells against H_2O_2-induced apoptosis [J]. Int J Mol Sci, 2017, 18 (12): 2754.

[94] 赵江涛, 梁延鸽. 葛花总黄酮对异丙肾上腺素致大鼠内耳损伤后相关炎性因子影响的实验研究 [J]. 中国临床药理学与治疗学, 2018, 23 (9): 1003-1007.

[95] 王若冰, 朱雨凝, 丰艳妮, 等. 葛根素通过抑制线粒体凋亡通路和调节 HSP72 表达缓解热应激诱导的 LLC-PK1 细胞凋亡 [J]. 农业生物技术学报, 2019, 27 (11): 2004-2012.

[96] 李冰涛, 翟兴英, 李佳, 等. 基于网络药理学葛根解热作用机制研究 [J]. 药学学报, 2019, 54 (8): 1409-1416.

[97] 谢恒韬, 段轶轩, 张照庆, 等. 葛根素对神经病理性疼痛模型大鼠机械/热痛觉超敏的影响 [J]. 中国疼痛医学杂志, 2019, 25 (11): 817-822.

[98] 吴越, 周祖华, 闻庆平, 等. 葛根素对大鼠背根神经节神经病理性疼痛的镇痛作用 [J]. 中国医科大学学报, 2018, 47 (9): 803-806.

[99] 刘清珍, 朱四海, 李伟彦. 葛根素治疗慢性疼痛的作用机制 [J]. 东南国防医药, 2015, 17 (2): 179-181.

[100] 孙华, 李春燕, 薛金涛. 葛根的化学成分及药理作用研究进展 [J]. 新乡医学院学报, 2019, 36 (11): 1097-1101.

[101] 白明, 刘慧娟, 李孟艳, 等. 葛花总黄酮对脑缺血再灌注模型小鼠死亡率及生化指标的影响 [J]. 中医学报, 2019, 34 (8): 1715-1718.

[102] Deng Y, Ng ESK, Yeung JHK, et al. Mechanisms of the cerebral vasodilator actions of isoflavonoids of gegen on rat isolated basilar artery [J]. J Ethnopharmacol, 2012, 139 (1): 294-304.

[103] 赵院院, 汪引芳, 张鹏. 中药调节平滑肌细胞内质网应激防治动脉粥样硬化研究进展 [J]. 河北中医, 2019, 41 (10): 1574-1578.

[104] Gao Y, Wang X, He C. An isoflavonoid-enriched extract from *Pueraria lobata* (kudzu) root protects human umbilical vein endothelial cells against oxidative stress induced apoptosis [J]. J Ethnopharmacol, 2016, 193: 524-530.

[105] Chen R, Xue J, Xie M. Puerarin prevents isoprenaline-induced myocardial fibrosis in mice by reduction of myocardial TGF-β1 expression [J]. J Nutr Biochem, 2012, 23 (9): 1080-1085.

[106] Tan C, Wang A, Liu C, et al. Puerarin improves vascular insulin resistance and cardiovascular remodeling in salt-sensitive hypertension [J]. Am J Chin Med, 2017, 45 (6): 1169-1184.

［107］刘莹，郁建平 . 野葛花解酒作用机理研究［J］. 食品工业科技，2011，32（4）：355-356，361.

［108］陈花，徐德平 . 葛花解酒活性与成分［J］. 食品与发酵工业，2019，45（19）：68-72.

［109］李杨，郑英，鲁长俊，等 . 葛根汤颗粒与葛提取物对小鼠急性酒精性肝损伤的影响［J］. 解放军药学学报，2018，34（2）：127-130.

［110］吴婷，丁晓媚，鄢连和 . 畲药葛花治疗非酒精性脂肪性肝病的临床观察［J］. 中华中医药学刊，2016，34（3）：731-734.

［111］任正肖，车萍，李紫薇，等 . 葛根素药理作用的研究进展［J］. 山东化工，2019，48（19）：74-75.

［112］Ding X，Mei E，Hu M，et al. Effect of puerarin on melanogenesis in human melanocytes and vitiligo mouse models and the underlying mechanism［J］. Phytother Res，2019，33（1）：205-213.

［113］SooPAT. *Pueraria lobata*［A/OL］.（2020-03-15）［2020-03-15］. http://www2.soopat. com/Home/Result?Sort= &View=&Columns=&Valid=&Embed=&Db=&Ids=&FolderIds=&FolderId=&ImportPatentIndex=&Filter=&SearchWord=Pueraria+lobata&FMZL=Y&SYXX=Y&WGZL=Y&FMSQ=Y.

［114］王秀全，李建辉，李艺坚，等 . 浅析葛根种质资源开发与利用产业化策略［J］. 热带农业工程，2018，42（1）：10-13.

［115］易显菊，丘金花，庞天德，等 . 优质豆科牧草葛藤高产特征特性与栽培利用［J］. 上海畜牧兽医通讯，2019，（4）：50-51.

［116］陈珍，马春霓，黄福荣 . 食用葛的生药学研究［J］. 农村经济与科技，2019，303（14）：31.

［117］国家药典委员会 . 中华人民共和国药典（一部）［M］. 北京：中国医药科技出版社，2015：289-290，333.

［118］杨旭东，王爱勤，何龙飞 . 葛根种质资源及其开发利用研究进展［J］. 中国农学通报，2014，30（24）：11-16.

［119］莫周美，张秀芬，刘连军 . 葛根种质资源及其开发利用研究［J］. 现代农业科技，2018，（18）：70-71.

［120］肖淑贤，李安平，范圣此，等 . 葛根种质资源研究进展［J］. 山西农业科学，2013，41（1）：99-102.

［121］翟美芳，于莲 . 葛根制剂研究进展［J］. 天津中医药大学学报，2017，36（3）：232-236.

［122］魏开炬 . 前景诱人的葛开发利用［J］. 生物学教学，2003，28（6）：54-56.

［123］马文红，龚军英，闫享福，等 . 葛根素的现代应用概况综述［J］. 求医问药，2011，9（10）：349.

［124］管咏梅，姜鄂，朱卫丰，等 . 葛根在保健食品中的应用规律分析［J］. 中国实验方剂学杂志，2019，25（4）：212-217.

［125］曾慧婷，张媛媛，宿树兰，等 . 葛采收加工过程及深加工过程废弃物的资源化利用现状与策略探讨［J］. 中国现代中药，2019，21（2）：158-163.

白族特色药用植物现代研究与应用

紫地榆

【植物基原】本品为牻牛儿苗科老鹳草属植物紫地榆 *Geranium strictipes* R. Knuth 的根。

【别名】隔山消、百大解、血经绊、赤地榆。

【白语名称】该食尤（大理、洱源）、格栅肖。

【采收加工】夏秋季采集，洗净切片，晒干备用。

【白族民间应用】健胃消食。主治水泻、久痢、痢疾（剑川）、肠炎、慢性胃炎、月经不调等。白族民间俗语"土碱隔山消，子时吃了未时消"（洱源）。

【白族民间选方】①消食健胃：紫地榆加温水后再加土碱，如苏打等（5g，需经炒制），煎服（子时吃了时消）。②面寒、背寒、肚腹疼痛：紫地榆 3g，研末，热烧酒下。③痢疾、腹泻、月经过多、胃痛：紫地榆 9g，水煎服，或配伍应用。

【化学成分】紫地榆主要含没食子酸及其衍生物原儿茶酸（1）、没食子酸（2）、五倍子酸甲酯（3）、没食子酸乙酯（4）、鞣花酸（5）、3，3′，4- 三甲基鞣花酸 -4′-O-β-D- 吡喃葡萄糖苷（6）、五没食子酰葡萄糖（7）、β-1，4，6- 三 -O- 没食子酰基葡萄糖（8）、β-1，6-二 -O- 没食子酰基葡萄糖（9）、（+）- 儿茶素（10）、3，2′-epilarixinol（11）、齐墩果酸 -3-O-β-D- 吡喃木糖苷（12）、胡萝卜苷（13），以及 3，4- 二羟基苯甲酸、digalloyl-HHDP-glucose、heptagalloyl glucose、hexagalloyl glucose、trigalloyl-HHDP-glucose、β-1，2，3，6-四 -O- 没食子酰基葡萄糖、老鹳草素、莽草酸、没食子酸甲酯、没食子酸酯、没食子酰葡萄糖、鞣料云实素、异鼠李素[1-7]。

【药理药效】对紫地榆的药理活性研究主要由大理大学相关研究团队完成，其结果表明紫地榆具有很好的抗菌、抗病毒、抗炎活性，并能促进消化系统功能，预防龋齿。具体为：

1. 抗菌作用

（1）体外抗菌活性：洪小凤、耿玲、张娴文等[8-10]对紫地榆不同极性提取物进行了抗菌实验研究，发现紫地榆提取物对金黄色葡萄球菌、白色葡萄球菌、大肠杆菌、产ESBLs大肠杆菌、痢疾志贺菌、铜绿假单胞菌、伤寒沙门菌H901、变形杆菌、肖氏沙门菌、变形链球菌、血链球菌、耐甲氧西林金黄色葡萄球菌（MRSA）、甲型副伤寒沙门菌、乙型副伤寒沙门菌、枯草芽孢杆菌、质控菌金黄色葡萄球菌（ATCC25923）等实验菌株均有不同程度的抑制作用，但是对乙型溶血性链球菌、白色念珠菌无抑制作用。其中50%乙醇提取物对白色葡萄球菌、金黄色葡萄球菌的抑制作用最强。乙酸乙酯部分对金黄色葡萄球菌、MRSA、白色葡萄球菌、ATCC25923的最低抑菌浓度（MIC）均为0.39mg/mL，丙酮部分对金黄色葡萄球菌、MRSA、白色葡萄球菌、痢疾志贺菌、ATCC25923的MIC均为0.78mg/mL。此外，乙酸乙酯部分、正丁醇部分和水部分能抑制变形链球菌和黏性放线菌产酸。正丁醇部分对变形链球菌、黏性放线菌及血链球菌MIC分别为3.0g/L、3.0g/L和6.0g/L；乙酸乙酯部分对变形链球菌、黏性放线菌及血链球菌的MIC均为6.0g/L。乙酸乙酯部分对葡萄球菌和痢疾志贺菌的MIC值分别为0.39mg/mL、1.56mg/mL，丙酮部分对葡萄球菌和痢疾志贺菌的MIC值分别为0.78mg/mL、3.125mg/mL。另有文献报道[11, 12]，其筛选了采自云南丽江的19种植物对耐甲氧西林金黄色葡萄球菌的活性，结果发现紫地榆具有一定活性，其MIC值为（1.34±0.30）mg/mL。张保平等[13]发现紫地榆与石榴皮、黄连配伍的水提液对大肠杆菌体外抑菌效果较好，可有效控制人工感染大肠杆菌后桃源鸡的临床症状，明显降低鸡死亡率。

（2）体内抗菌活性：张娴文等[14]对小鼠腹腔注射感染菌液（浓度为 4.2×10^{10} cfu/mL），观察紫地榆醇提物对小鼠的治疗作用。实验结果表明，紫地榆对痢疾志贺菌感染的小鼠具有显著的保护作用，可明显降低小鼠的死亡率。

2. 抗病毒作用

（1）抗艾滋病毒活性：杨国红等[3, 5]用HIV-1感染人T淋巴细胞H9作为评价紫地榆抗HIV活性的模型，结果发现从紫地榆中分离得到的7个化合物中，仅有没食子酸甲酯有抗HIV活性，EC_{50} 为2.43μg/mL，治疗指数TI（IC_{50}/EC_{50}）值为8.40，其余的化合物没有活性。

（2）抗流感病毒活性：曹雨等[2]对紫地榆不同提取物进行了抑制神经氨酸酶活性的测试，结果显示乙醇部位和乙酸乙酯部位均有抑制神经氨酸酶的作用，并有浓度依赖性，IC_{50} 分别为166.44μg/mL、137.31μg/mL。从紫地榆分离得到的化合物与神经氨酸酶均有不同程度的亲和力，其中以五没食子酰葡萄糖、鞣花酸、原儿茶酸较好；鞣花酸、五没食子酰葡萄糖抑制神经氨酸酶活性最佳，IC_{50} 值分别为426.67μmol/L、440.28μmol/L，其次为原儿茶酸，IC$_{50}$值为 706.06μmol/L。

3. 抗炎作用 孙闪闪等[15]采用醋酸扭体法观察紫地榆的镇痛作用，采用二甲苯致小鼠耳肿胀法、醋酸致小鼠腹腔毛细血管通透性增加、小鼠棉球肉芽肿法观察紫地榆的抗炎作用。抗炎结果显示，紫地榆可明显抑制二甲苯所致小鼠耳郭的肿胀度，抑制醋酸引起的小鼠毛细血管通透性增加，减轻小鼠棉球肉芽肿质量，表明紫地榆能够减轻急性、亚急性炎症的水肿和渗出，抑制慢性增殖相关炎症的肉芽组织增生。镇痛结果显示，紫地榆可延缓醋酸所致小鼠扭体反应的潜伏期，减少扭体反应次数，表明紫地榆具有明显的体内抗炎镇痛作用。

4. 预防龋齿 本书作者团队发现紫地榆预防龋齿的作用与抑制常驻口腔细菌和抑制龋齿脱矿并促进再矿化两方面有关。

（1）抑制口腔细菌作用：李龙星、杨晓珍、杨淋、汪春平等[16-24]对几种常驻口腔细菌（变形链球菌、黏性放线菌、血链球菌）进行研究发现紫地榆不同萃取物对变形链球菌、黏性放线菌的最低抑菌浓度（MIC）分别为 4.00 ～ 8.00mg/mL 和 1.00 ～ 2.00mg/mL；紫地榆的水粗提物对变形链球菌和血链球菌的 MIC 值分别为 16.00mg/mL、8.00mg/mL。李梦琪、王丽梅等[19, 22]测定了紫地榆的 4 种成分（鞣花酸、儿茶素、五倍子酸甲酯、没食子酸）对变形链球菌、黏性放线菌和嗜酸乳杆菌的 MIC 为 1.000 ～ 4.000mg/mL、0.500 ～ 4.000mg/mL 和 1.000 ～ 4.000mg/mL。紫地榆 4 种成分对致龋菌的生长和产酸有一定程度的抑制作用。李梦琪等[25]进一步研究了紫地榆中活性成分抑制口腔细菌的机制，结果表明这些成分通过增加细菌细胞膜通透性，使细菌细胞内 DNA、RNA 等大分子物质外漏以产生杀菌作用。李秋艳等[26]还测定了上述紫地榆的 4 种成分对致龋菌细胞内相关酶的影响，结果表明除鞣花酸作用于嗜酸乳杆菌外，其他 3 种活性成分均使乳酸脱氢酶（LDH）和蔗糖酶活性明显降低，减少了龋齿的发生。具体抑制活性为：①抑制蔗糖酶活性：没食子酸甲酯对变形链球菌、嗜酸乳杆菌细胞内酶的抑制活性最强；鞣花酸对黏性放线菌细胞内酶的抑制活性最强。②抑制 LDH 活性：没食子酸对变形链球菌细胞内酶的抑制活性最强；儿茶素对黏性放线菌细胞内酶的抑制活性最强；五倍子酸甲酯对嗜酸乳杆菌细胞内酶的抑制活性最强。

（2）抑制脱矿和促进再矿化作用：鞣酸可抑制牙本质胶原的分解，阻碍牙本质龋的进程，具有防龋与抑龋作用。紫地榆含有大量鞣酸，因此被用来研究是否有防龋功效。戴啊师等[27]证实紫地榆有再矿化作用，其中五倍子的再矿化作用较强。蓝海、王丽梅、杨晓莉、卢燕等[28-34]发现紫地榆不同提取物抑制脱矿和促进再矿化的效果明显，防龋效果与紫地榆生药浓度呈正相关。蓝海、罗常辉[35]通过再矿化的动力学实验，应用 HPLC 测定和火焰原子吸收法追踪紫地榆的防龋成分，从有机和无机角度证实了紫地榆对牙齿保护作用的有效成分为没食子酸。刁水全等[36]通过恒 pH 法比较紫地榆水提物和氟化钠对牛切牙的抗酸脱矿作用，结果显示 100mg/mL 紫地榆水提物对牙齿有很好的抑制脱矿作用，抗龋效果优于 20mg/L 的氟化钠。他们的另一项研究[37]发现 100mg/mL 紫地榆乙醇提取物也能促进人工脱矿的牛切牙再矿化，但效果弱于 0.5g/L 氯化镧和 20mg/L 氟化钠。卢燕、罗胤珠、杨晓珍、王丽梅等[38-44]通过体内、外实验发现，用紫地榆不同提取物处理龋齿后，可降低大鼠磨牙光滑面龋和窝沟面龋的 Keyes 评分，使龋齿表面更致密平滑、裂缝更少，减小硬组织牙齿切片的荧光面积。这些结果进一步表明紫地榆提取物具有抑制龋齿脱矿和促进再矿化作用。此外，应用偏光显微镜和激光共聚焦显微镜的观察结果表明，紫地榆的活性成分，如没食子酸甲酯、鞣花酸、儿茶素及混合物（没食子酸、没食子酸甲酯、鞣花酸、儿茶素）对根面龋有修复作用。崔霞等[45]研究了紫地榆对牙釉质脱矿和再矿化的动力学，发现上述紫地榆的 4 种成分和 4 种成分的混合物均有抑制牙釉质抗酸脱矿的能力，混合物、没食子酸甲酯、没食子酸、鞣花酸效果较儿茶素好；4 种成分和 4 种成分混合物均有促进牙釉质再矿化的能力，其中没食子酸甲酯和混合物的效果最好。

5. 对消化系统的影响 很多研究表明紫地榆可用于治疗消化系统疾病[46]，如肠炎、腹泻、慢性胃炎等[12]。在云南红河地区紫地榆常用于治疗痢疾[47]。紫地榆主要通过影响胃肠道动力和分泌功能产生治疗效应。毛晓健等[48]研究中药复方"红袍胃安"中大红袍、马蹄香、紫地榆三味药及其配伍对胃溃疡大鼠的胃液分泌、胃液酸度、胃蛋白酶活性，以及对小鼠抗炎、镇痛、免疫器官重量等指标的影响。结果显示，三味药配伍及各单味给药组均能降低胃溃疡大鼠的胃液 pH 值，增加胃液总酸和胃蛋白酶排出量；三药配伍能增强胃蛋白酶活性，而单味给药均降低胃蛋白酶活性；三味药配伍及各单味给药均有镇痛活性，其中大红袍有显著的抗炎作用；三药配伍及紫地榆能降低脾脏指数，对胸腺指数无显著影响。胡赞等[49]通过硫酸阿托品制备小鼠胃轻瘫模型来评价紫地榆对胃排空率、胃组织总蛋白和血清胃泌素含量的影响。结果显示，紫地榆能明显增加胃排空率、胃组织总蛋白、血清胃泌素含量，加快胃底横、纵平滑肌条收缩并减慢胃体横、纵平滑肌条收缩，明显增加受抑制的胃底及胃体横、纵平滑肌条最大张力。这些结果表明，紫地榆可以促进小鼠胃排空，增加胃组织中总蛋白和血清胃泌素的含量。耿玲等[50]通过制备豚鼠离体回肠标本，观察紫地榆对正常平滑肌收缩和阻断剂抑制平滑肌收缩的影响。结果显示，不同浓度紫地榆对正常离体豚鼠回肠平滑肌的收缩具有促进作用，且可对抗阿托品、氯苯那敏抑制平滑肌收缩的作用。她们[51]通过在体炭末推进实验进一步评价紫地榆乙酸乙酯提取物对小肠推进功能的影响。结果显示，紫地榆能明显提高正常小鼠小肠炭末推进率（75.93%），还能提高阿托品抑制的小鼠小肠炭末推进率（43.28%）。说明紫地榆既能促进正常小肠运动，还能促进阿托品所致功能障碍的小肠推进。耿玲等[52]还评价了紫地榆对大鼠慢性溃疡性结肠炎的作用，结果发现紫地榆乙酸乙酯提取物可降低结肠组织及血清中的 MDA 含量，增强 SOD 活性，明显减少血清中 TNF-α、IL-6 的含量。说明紫地榆乙酸乙酯提取物对溃疡性结肠炎的治疗作用可能与降低血清 TNF-α、IL-6 水平有关。

6. 促凝作用 封烨等[53]通过测定小鼠断尾出血时间、血浆凝血酶时间及凝血酶原时间等研究紫地榆提取物对小鼠的止血、凝血作用。结果显示，紫地榆低、中、高剂量组可缩短小鼠断尾出血时间，其中高剂量组效果极为显著；紫地榆中、高剂量组可缩短小鼠血浆凝血酶时间和凝血酶原时间，其中高剂量作用最明显。这些结果说明紫地榆具有明显的止血、凝血作用。

【开发应用】

1. 标准规范　紫地榆现有药品标准6项、中药饮片炮制规范5项。具体如下：

（1）药品标准：千紫红冲剂（《卫生部药品标准·中药成方制剂》）、千紫红胶囊（YBZ03542009）、千紫红颗粒（冲剂）（WS$_3$-B-2086-96）、壮骨丸（WS$_3$-B-3187-98）、肠胃舒胶囊［WS-11107（ZD-1107）-2002-2011Z］、郑氏女金丸（《卫生部药品标准·中药成方制剂》）。

（2）中药饮片炮制规范：炒紫地榆［《云南省中药饮片标准》（2005年版）第二册］、紫地榆炭［《云南省中药饮片标准》（2005年版）第二册］、紫地榆饮片［《云南省中药饮片标准》（2005年版）第一册］、醋紫地榆［《云南省中药饮片标准》（2005年版）第一册］、酒紫地榆［《云南省中药饮片标准》（2005年版）第一册］。

2. 专利申请　目前关于紫地榆植物的专利有19项[54]，主要涉及结肠炎治疗以及与其他中药配伍用于治疗家畜腹泻、胃肠疾病、术前麻醉、口腔抑菌、止血等；还可用于制备牙膏、祛斑霜、家畜饲料、解酒杯等。具体如下：

（1）唐秋海等，治疗肠胃病的药物及其制备方法（CN1286998）（2001年）。

（2）程志斌等，仔猪抗腹泻复合中草药饲料添加剂（CN101427731）（2009年）。

（3）张瑞明，一种改善放化疗消化道反应的中药复方制剂（CN101829302A）（2010年）。

（4）唐秋海，一种肠胃舒胶囊的质量检测方法（CN102133368B）（2011年）。

（5）李辉等，紫地榆有效部位的制备及其防治结肠炎的药物用途（CN102688263A）（2012年）。

（6）胡洪平等，一种增强免疫和促进生长的饲料添加剂及其饲料（CN103168919A）（2013年）。

（7）陈英娣，一种治疗萎缩性鼻炎的中药（CN103316297A）（2013年）。

（8）陈英娣，一种治疗慢性萎缩性胃炎的中药（CN103316188A）（2013年）。

（9）王为明等，一种治疗家畜腹泻中药注射剂及其制备方法（CN102895355A）（2013年）。

（10）张利娜等，一种治疗产后出血的中药制剂及制备方法（CN104147314A）（2014年）。

（11）蒋卫忠，一种治疗慢性萎缩性胃炎的中药（CN103316188B）（2014年）。

（12）朱伟波，一种用于术前麻醉的中药制剂及制备方法（CN105012803A）（2015年）。

（13）胡洪杰等，一种用于防治牛球虫病的药物（CN105079662A）（2015年）。

（14）方永静等，一种膨化抗肠炎雏鸡饲料及其制备方法（CN105941960A）（2016

（15）夏晓明等，治疗热盛伤阴型烧伤用中药组合物（CN107308335A）（2017 年）。

（16）蔡美萍等，一种防治仔猪腹泻的复方溶液及其制备方法（CN106511438A）（2017 年）。

（17）房世平等，一种以马铃薯渣为主要原料的野猪饲料及其制备方法（CN106578524A）（2017 年）。

（18）林闪光等，一种具有高效抗炎止血功能的医用胶（CN108888801A）（2018 年）。

（19）蓝海等，一种含紫地榆提取物的药物牙膏及其制备方法（CN110179724A）（2019 年）。

3. 栽培利用　尚未见有紫地榆栽培利用方面的研究报道。

4. 生药学探索　紫地榆根呈圆锥形，长 5 ～ 15cm，直径 1 ～ 2cm，略弯曲或有分枝。表面紫褐色或棕红色，外皮易脱落。质坚实，易折断，断面不平整，粉质，红棕色，有放射状纹理。气无，味涩、微酸。根横切面：木栓层细胞 8 ～ 10 列，外有落皮层，皮层较窄。韧皮部宽广，近形成层处筛管群明显。形成层成环，由 2 ～ 4 列细小扁平的细胞构成。木质部导管稀少，散在或聚集成群，呈放射状排列。薄壁细胞中含草酸钙簇晶及淀粉粒。粉末特征：粉末紫褐色。木栓细胞红棕色或黄棕色，多角形或不规则形，有的壁呈连珠状增厚，有的细胞中含红棕色物。草酸钙簇晶较多，棱角较钝或不明显，直径 35 ～ 60μm。淀粉粒多单粒，类圆形、卵圆形、类三角形或不规则形，直径 7 ～ 20μm，脐点一字形、点状或不明显。导管主为网纹导管，直径 40 ～ 65μm。其相关薄层色谱特征也有研究描述[55]。

竺叶青等[56, 57]对紫地榆进行了性状及显微鉴定。生物性状：紫地榆根粗大，表面棕红色至棕褐色，根头部有膨大的根茎残基，其上着生众多圆柱形突出的茎基；叶为单叶，3 ～ 7 掌状深裂。显微鉴定：紫地榆根直径 7mm，木栓层常破裂，木栓细胞众多，薄壁细胞中含有大型淀粉粒且数量多，其直径达 50μm，并含有草酸钙簇晶导管。

5. 其他应用　紫地榆（隔山消）相关产品主要有隔山消积颗粒和隔山消积胶囊。

【药用前景评述】紫地榆主要分布于滇西北云南中甸、永宁、永胜、大理等少数民族地区，生于海拔 2700 ～ 3800m 的松林下或草丛中，是白族传统药用植物，主要治疗厌食症，同时具有显著的消炎、止血、止痢功能，用于肠炎、痢疾、消化不良、慢性胃炎、月经不调、鼻衄；外用治跌打损伤。

本书作者团队对紫地榆进行了长期研究，发现该植物主要含有没食子酸类酚性成分，具有抗菌、抗炎的物质基础。药理活性研究结果也证实紫地榆具有很好的抗菌、抗病毒、抗炎活性，并能促进消化系统功能。本团队对紫地榆在防龋、促凝方面的药用功效进行了深入研究，发现该植物在预防龋齿、止血凝血方面确实作用显著，具有良好的开发应用前景。

目前，有关紫地榆的开发应用方面已有一定的成果，产生了一系列专利与产品，但人工栽培利用尚未见有报道。随着紫地榆各种新功效、新用途的不断发现与开发，其应用前景会愈发宽广，相关资源可持续利用定将变得日益重要。

需要特别注意的是，紫地榆在白族、彝族民间也常称作"隔山消"，为牻牛儿苗科老鹳草属植物紫地榆 *Geranium strictipes* R. Kunth 的根，在《卫生部药品标准·中药成方制剂·第十二册》《大理中药资源志》《滇南本草》和《云南植物志》中均有记载。然而贵州苗族医药中也有苗药"隔山消"，即《本草纲目》《中药大辞典》中记载的"隔山消"，实为萝藦科鹅绒藤属植物隔山牛皮消，学名 *Cynanchum wilfordii*（Maxim.）Hemsl，又名隔山撬、白首乌、白何首乌、山瓜蒌；其同属植物耳叶牛皮消 *C. auriculatum* Royle ex Wight 也归在此名目下。从植物分类学来看，这两种"隔山消"显然是完全不同科属的两种药用植物，部分文献资料将两者混同一物肯定是不正确的，需要特别留意。

参考文献

［1］杨晓珍.紫地榆防龋活性部位和活性成分的筛选［D］.大理：大理大学，2017.

［2］曹雨，李金花，刘海波，等.隔山消抗神经氨酸酶活性及化学成分研究［J］.中草药，2017，48（21）：4485–4492.

［3］杨国红，陈道峰.紫地榆的化学成分及其抗艾滋病病毒活性［J］.中草药,2007,38（3）：352–354.

［4］蓝海，李龙星，杨永寿.隔山消的化学成分研究［J］.大理医学院学报，2001，10（4）：13–14.

［5］杨国红.瑞香狼毒等三种药用植物的生物活性成分［D］.上海：复旦大学，2005.

［6］朱永红，吕盼.民族药紫地榆研究进展［J］.云南中医学院学报，2012，35（3）：20–22+36.

［7］杨晓珍，蓝海.民族药紫地榆化学成分及其抗菌作用的研究进展［J］.抗感染药学，2016，13（1）：1–3.

［8］洪小凤，王涛，施贵荣，等.隔山消不同极性提取物抗菌作用实验研究［J］.中成药，2011，33（6）：1052–1054.

［9］耿玲，陈俊雅，李洪文，等.紫地榆提取物体外抗菌活性研究［J］.大理学院学报，2014，13（10）：14–17.

［10］张娴文，李辉，王晶.隔山消体外抗菌作用研究［J］.医药导报，2007，26（增刊）：91.

［11］Rueda RYR. Natural plant products used against methicillin–resistant *Staphylococcus aureus*［M］//Fighting Multidrug Resistance with Herbal Extracts，Essential Oils and Their Components. Amsterdam：Elsevier，2013：11–22.

［12］Zuo GY，Wang GC，Zhao YB，et al. Screening of Chinese medicinal plants for inhibition against clinical isolates of methicillin–resistant Staphylococcus aureus（MRSA）［J］. J Ethnopharmacol，2008，120（2）：287–290.

［13］张保平，李娜.中药复方制剂治疗桃源鸡大肠杆菌病的试验［J］.天津农业科学，2017，23（3）：17–20.

紫地榆

［14］张娴文，李凤娴，王晶．隔山消的抗菌作用实验研究［J］．中成药，2009，31（6）：940-942.

［15］孙闪闪，耿树琼，李银蕊，等．白族药紫地榆体内镇痛抗炎作用初步研究［J］．中国医院药学杂志，2019，39（12）：1223-1226.

［16］李龙星，郭利军，蓝海．紫地榆对口腔致龋菌抑制作用的研究［J］．安徽农业科学，2010，38（36）：20600，20613.

［17］杨晓珍，蓝海．不同提取方法的紫地榆提取物对常驻口腔细菌的研究［J］．中国现代医学杂志，2017，27（3）：18-21.

［18］杨淋，蓝海．紫地榆两种不同溶剂萃取物对变异链球菌的体外实验［J］．中成药，2015，37（8）：1843-1845.

［19］李梦琪．紫地榆中4种成分对致龋菌抑菌机制的初步研究［D］．大理：大理大学，2018.

［20］李梦琪，蓝海．紫地榆中4种单体对3种致龋菌抑菌活性的初步研究［J］．实用口腔医学杂志，2019，35（2）：181-184.

［21］汪春平，吴利先，王涛，等．紫地榆正丁醇萃取部位对两种致龋菌生长、产酸的影响［J］．时珍国医国药，2015，26（7）：1569-1571.

［22］王丽梅，杨晓珍，蓝海．紫地榆活性成分对致龋菌生长和产酸影响的体外研究［J］．大理大学学报，2018，3（6）：73-75.

［23］汪春平，骆婷婷，吴利先，等．紫地榆防龋活性筛选及其防龋机制初步研究［J］．实用口腔医学杂志，2016，32（5）：620-623.

［24］杨淋，王涛，蓝海．紫地榆的乙酸乙酯部分和水部分抗黏性放线菌的体外研究［J］．大理学院学报，2015，14（4）：8-11.

［25］李梦琪，罗胤珠，卢燕，等．紫地榆中4种单体对3种致龋菌培养液中大分子物质吸光值的影响［J］．大理大学学报，2018，3（2）：18-21.

［26］李秋艳，李梦琪，蓝海．紫地榆中4种成分对致龋菌细胞内相关酶的影响［J］．时珍国医国药，2019，30（5）：1050-1052.

［27］戴啊师，蔡春木，蓝海，等．天然药物隔山消促进釉质再矿化的研究［J］．牙体牙髓牙周病学杂志，2007，17（11）：635-637.

［28］蓝海，杨颖，杨晓莉，等．隔山消水提物对再矿化及抗酸脱矿作用的体外研究［J］．中国现代医学杂志，2008，18（24）：3639-3641.

［29］王丽梅，刘字珍，吕再玲，等．隔山消不同溶剂提取物对脱矿釉质再矿化作用的实验研究［J］．口腔医学，2015，35（11）：897-900.

［30］蓝海，刘剑虹．隔山消对釉质龋再矿化的影响［J］．大理学院学报，2007，6（6）：1-3.

［31］蓝海，戴啊师，蔡春木，等．隔山消抑龋作用的实验研究［J］．口腔医学，2007，27（10）：525-526.

［32］蓝海，张星星．天然药物紫地榆不同溶剂提取物对牛切牙脱矿的动力学研究［J］．安徽农业科学，2010，38（32）：18124-18125.

［33］杨晓莉，王芳芹，张俊，等.紫地榆不同溶剂提取物对防龋活性部位的研究［J］.中成药，2014，36（10）：2074–2078.

［34］卢燕，王丽梅，杨淋，等.紫地榆不同提取物对脱矿牛切牙再矿化的影响［J］.中成药，2018，40（8）：1871–1874.

［35］蓝海，罗常辉.隔山消和五倍子水提物对牛切牙脱矿与再矿化的动力学研究［J］.中成药，2011，33（4）：692–694.

［36］刁水全，陈娜，李翔，等.隔山消与氟化钠对牛切牙脱矿的动力学研究［J］.大理学院学报，2010，9（8）：12–14.

［37］蓝海，王毅.紫地榆对人工脱矿釉质再矿化效果的显微硬度观察［J］.中成药，2012，34（12）：2424–2426.

［38］卢燕，李秋艳，李茹芳，等.紫地榆不同提取物体内防龋研究［J］.大理大学学报，2018，3（12）：49–52.

［39］罗胤珠，蓝海.紫地榆中4种成分对牛牙齿根面龋的再矿化作用［J］.中成药，2018，40（5）：1179–1181.

［40］杨晓珍，冯锦，蓝海.紫地榆提取物再矿化根面龋的体外实验［J］.牙体牙髓牙周病学杂志，2018，28（1）：32–37.

［41］王丽梅，周学灵，布正兴，等.紫地榆牙膏对牙釉质脱矿和再矿化作用的研究［J］.昆明医科大学学报，2014，35（10）：15–18.

［42］罗胤珠.紫地榆中4种成分对牛切牙生物矿化的影响［D］.大理：大理大学，2018.

［43］罗胤珠，蓝海.防龋药物的研究进展［J］.中医药导报，2017，23（16）：115–117.

［44］王丽梅，卢燕，杨淋，等.紫地榆不同溶剂提取物对牛切牙脱矿及再矿化的影响［J］.辽宁中医杂志，2018，45（12）：2615–2618.

［45］崔霞，罗胤珠，蓝海.紫地榆中4种成分对牙釉质的脱矿和再矿化动力学影响［J］.时珍国医国药，2019，30（11）：2577–2579.

［46］Weckerle CS, Ineichen R, Huber FK, et al. Mao's heritage: Medicinal plant knowledge among the Bai in Shaxi, China, at a crossroads between distinct local and common widespread practice［J］. J Ethnopharmacol, 2009, 123（2）: 213–228.

［47］Lee SW, Xiao CJ, Pei SJ. Ethnobotanical survey of medicinal plants at periodic markets of Honghe Prefecture in Yunnan Province, SW China［J］. J Ethnopharmacol, 2008, 117（2）: 362–377.

［48］毛晓健，毛小平，陈长偲，等.大红袍、马蹄香、隔山消及其配伍的部分药效学研究［J］.内蒙古中医药，2007，（6）：35–38，42.

［49］胡赞，李彩虹，李银蕊，等.紫地榆对小鼠胃轻瘫模型及大鼠胃平滑肌条的作用［J］.大理大学学报，2019，4（4）：7–11.

［50］耿玲，李洪文，陈俊雅.隔山消对豚鼠离体回肠收缩的促进作用及机制探讨［J］.大理大学学报，2017，2（8）：10–12.

［51］耿玲，李洪文，陈俊雅，等.隔山消对小鼠小肠推进作用的研究［J］.大理学院学报，

2015, 14（4）: 5-7.

［52］耿玲，杨国堂，张旭强，等.紫地榆提取物对慢性溃疡性结肠炎大鼠的治疗作用［J］.中药新药与临床药理，2019, 30（6）: 653-658.

［53］封烨，王金燕，南彦东，等.紫地榆提取物的止血作用［J］.中成药，2017, 39（10）: 2153-2155.

［54］SooPAT. *Geranium strictipes*［A/OL］.（2020-03-15）［2020-03-15］. http://www2.soopat.com/Home/Result?Sort= &View=&Columns=&Valid=&Embd=&Db=&Ids=&FolderIds=&FolderId=&ImportPatentIndex=&Filter=&SearchWord=Geranium+strictipes&FMZL=Y&SYXX=Y&WGZL=Y&FMSQ=Y，%20［P］.

［55］万近福，李学芳，王丽，等.紫地榆的生药鉴定［J］.中药材，2008, 31（4）: 496-497.

［56］竺叶青，施大文，李自力.中药地榆的药源调查及商品鉴定［J］.上海医科大学学报，1995, 22（1）: 62-64.

［57］竺叶青，施大文，李自力，等.中药地榆的性状及显微鉴定［J］.上海医科大学学报，1993, 20（6）: 458-463.

紫金龙

【植物基原】本品为罂粟科紫金龙属植物紫金龙 *Dactylicapnos scandens*（D. Don）Huthchins. 的根。

【别名】川山七、川支连、黑牛七、大麻药、豌豆七。

【白语名称】滋坚噜（洱源）、韦顶巴起（大理）。

【采收加工】夏秋季采根，洗净，切片，晒干或研粉备用。有毒。

【白族民间应用】消炎止痛、降压止血。用于感冒发热、咳嗽、头痛、鼻流清涕、全身酸痛不舒、胃痛、神经性头痛、牙痛、外伤肿痛、内出血、外伤出血。

【白族民间选方】各种疼痛（包括牙痛、神经性头痛、胃痛等）、跌打损伤、红白带、高血压：紫金龙干粉 1.5 ～ 2g，开水吞服。

【化学成分】紫金龙主要含阿朴菲型、原小檗碱型和小檗碱型等生物碱类化合物。例如，右旋异紫堇丁（1）、（+）紫堇丁（2）、7-hydroxydehydroglaucine（3）、glaucine（4）、（+）海罂粟碱（5）、demethylsonodione（6）、isocorydione（7）、N-methylisocorydine（8）、magnoflorine（9）、异紫堇丁 -β-N- 氧化物（10）、紫堇丁 -β-N- 氧化物（11）、紫堇丁 -α-N- 氧化物（12）、6R,6aS-N- 甲基六驳碱（13）、6S,6aS-N- 甲基六驳碱（14）、dactyllactone A（15）、dactylicapnosine A（16）、dactylicapnosine B（17）、*l*- 四氢巴马汀（18）、*l*- 四氢非洲防己胺（19）、haitinosporine（20）、巴马汀（21）、药根碱（22），以及普罗托品（protopine，23）、青藤碱（24）、dihydrosanguinarine（25）、6-acetonylsanguinarine（26）等[1-13]。

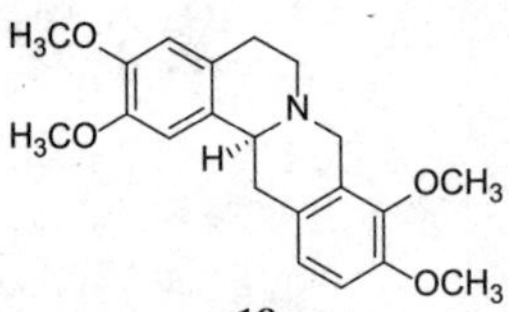

18 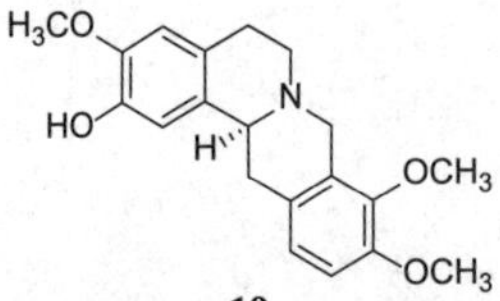 19 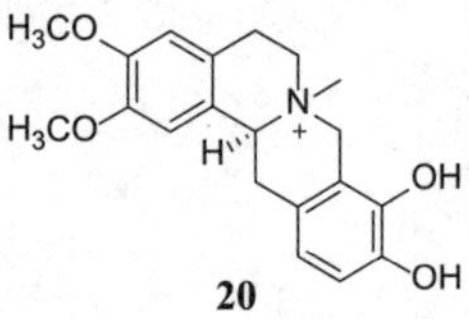 20 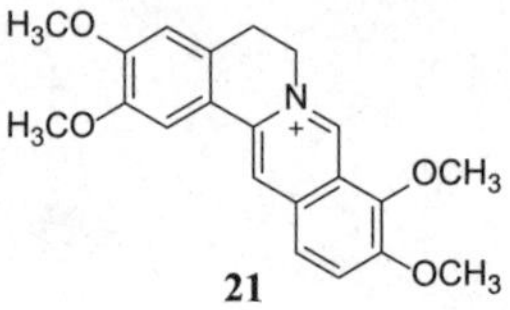 21

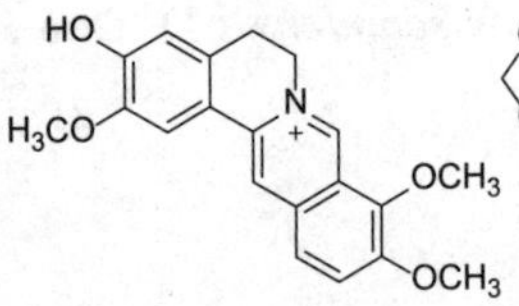

22 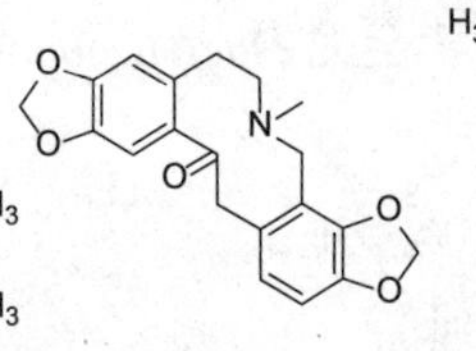 23 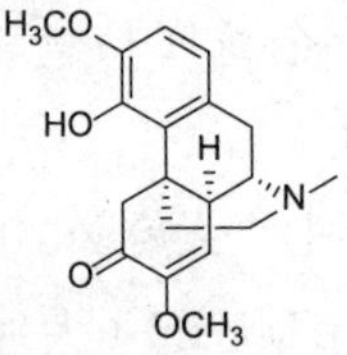 24 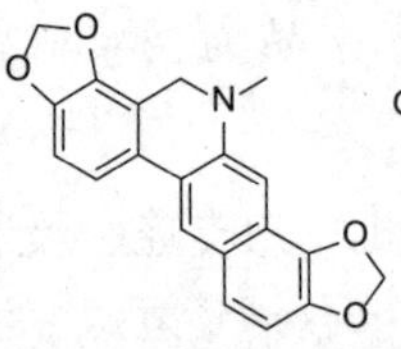 25 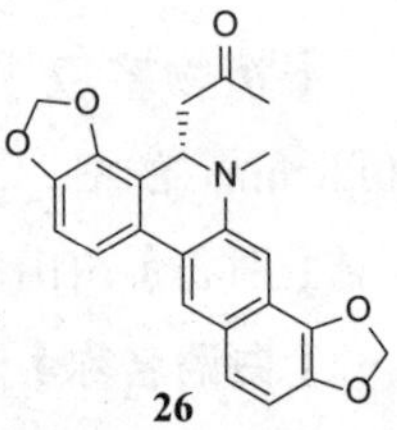 26

1975 ～ 2020 年共由紫金龙中分离鉴定了 63 个成分：

序号	化合物名称	结构类型	参考文献
1	（＋）-Corydine	生物碱	[3]
2	（＋）-Glaucine	生物碱	[3]
3	（＋）-Isocorydine	生物碱	[1]
4	2-Acetylpyrrole	生物碱	[7]
5	4-Methyl-2，6-ditertbutylphenol	其他	[7]
6	6-Acetonylsanguinarine	生物碱	[5]
7	6R，6aS-N-Methyllaurotetanine-β-N-oxide	生物碱	[6]
8	6S，6aS-N-Methyllaurotetanine-α-N-oxide	生物碱	[6]
9	7-Hydroxydehydroglaucine	生物碱	[5]
10	Ajmaline	生物碱	[7]
11	Arachic acid，methyl ester	其他	[7]
12	Campesterol	甾体	[7]
13	Corytuberine	生物碱	[7]
14	Dactyllactone A	生物碱	[8]
15	Dactyllactone B	生物碱	[10]
16	D-Corydine-α-N-oxide	生物碱	[6]
17	D-Corydine-β-N-oxide	生物碱	[6]
18	Demethylsonodione	生物碱	[5]
19	Dihydrosanguinarine	生物碱	[5]
20	D-Isocorydine-β-N-oxide	生物碱	[6]
21	D-Magnoflorine	生物碱	[6]

序号	化合物名称	结构类型	参考文献
22	Docosanoic acid, methyl ester	其他	[7]
23	Eicosadienoic acid, methyl ester	其他	[7]
24	Ethyl palmitate	其他	[7]
25	Eugenol	苯丙素	[7]
26	Ferulic acid methyl ester	苯丙素	[7]
27	Glaucine	生物碱	[5]
28	Haitinosporine	生物碱	[5]
29	Hexadecane	其他	[7]
30	Isocorydine	生物碱	[2]
31	Isocorydione	生物碱	[5]
32	Linoleic acid butyl ester	其他	[7]
33	Linoleic acid ethyl ester	其他	[7]
34	Linoleic acid methyl ester	其他	[7]
35	Linolenic acid ethyl ester	其他	[7]
36	Linolenic acid methyl ester	其他	[7]
37	*l*-四氢巴马汀	生物碱	[4]
38	*l*-四氢非洲防己胺	生物碱	[4]
39	Magnoflorine	生物碱	[5]
40	Methyl octadecan-10, 12-dien-9-onoate	其他	[7]
41	Methyl palmitate	其他	[7]
42	Myristic acid	其他	[7]
43	Myristic acid, methyl ester	其他	[7]
44	N-Methylisocorydine	生物碱	[5]
45	n-Dodecane	其他	[7]
46	n-Tridecane	其他	[7]
47	Octadecane	其他	[7]
48	Octadecanoic acid, ethyl ester	其他	[7]
49	Octadecanoic acid, methyl ester	其他	[7]
50	Oleicacid methyl ester	其他	[7]

紫金龙

序号	化合物名称	结构类型	参考文献
51	Palmiticacid	其他	[7]
52	Pentadecane	其他	[7]
53	Pentadecanoic acid methyl ester	其他	[7]
54	Pentadecanoicacid	其他	[7]
55	Protopine	生物碱	[1]
56	Stigmasterol	甾体	[7]
57	Tetracosanoic acid, methyl ester	其他	[7]
58	Tetradecane	其他	[7]
59	β-Sitosterol	甾体	[7]
60	巴马汀	生物碱	[4]
61	青藤碱	生物碱	[4]
62	延胡索碱	生物碱	[9]
63	药根碱	生物碱	[4]

【药理药效】现代药理学研究显示紫金龙主要的活性成分为生物碱，具有抗炎、抗缺氧等作用，并对中枢神经系统、心血管系统和消化系统产生广泛的影响[14]。紫金龙含有多种生物碱，含量较高的是普罗托品（Pro）和右旋异可利定（d-Isoc）。

1. 抗炎、抗缺氧和抗疟作用

（1）抗炎作用：Dactyllactone A 是从紫金龙中分离得到的一种异喹啉类生物碱，该化合物在体外[8]表现出明显的抗炎活性，且呈剂量依赖性，可以抑制炎症因子白介素 -1β（IL-1β）和前列腺素（PGE$_2$）的表达，同时该化合物在体内也具有明显的抗炎作用[10]。

（2）抗缺氧作用：d-Isoc 也是从紫金龙中分离得到的一种生物碱，该化合物对正常小鼠的常压缺氧存活时间及氧利用能力都无明显影响，但是可以提高动物的耐缺氧能力。d-Isoc 能延长断头小鼠张口呼吸时间，延长 KCN、NaNO$_2$ 或利多卡因中毒小鼠的存活时间，对抗酚妥拉明致小鼠存活时间的缩短，还能对抗异丙肾上腺素降低小鼠氧利用的能力，但不能对抗酚妥拉明降低小鼠氧利用的能力。d-Isoc 的抗缺氧能力可能与罂粟碱样结构有关[15]。普罗托品（Pro）也具有抗缺氧、抗脑缺血作用[9]。

（3）抗疟作用：Pro 具有抗疟作用，其作用机制可能是 Pro 喹啉环的有效基因与疟原虫体内 DNA 上环核苷酸中碱基相结合，形成分子复合物干扰核酸的合成，使疟原虫代谢发生障碍，最终被寄主杀灭[24]。

2. 对中枢神系统、心血管系统、血液系统、消化系统的影响

（1）对中枢神经系统的影响：研究人员对从紫金龙中提取得到的异可利定碱和原阿片碱进行了药代动力学研究[17]，结果表明这两种生物碱能广泛、快速地分布于组织中，有效通过血脑屏障；生物碱的代谢产物也能明显透过血脑屏障。这些结果提示紫金龙活性成分可以作用于中枢神经系统。Xu 等[18]发现从紫金龙中提取的原阿片碱可以抑制血清素和去甲肾上腺素的转运，具有抗抑郁作用。紫金龙总生物碱既具有外周镇痛作用，又具有中枢镇痛作用，但其作用不同于吗啡类药物，也不同于非甾体抗炎药，而是作用于阿片受体以外的疼痛相关受体[16]。紫金龙总提取物在一定程度上可缓解吗啡诱导的小鼠戒断症状，但是其本身也会出现很多不良反应[19]。

（2）对心血管系统的影响：胡辅等[20]使用猕猴制备实验性失血性休克模型研究d-Isoc 的作用。结果表明 d-Isoc 能改善失血性休克动物的微血管功能，升高股动脉血压，增加股动脉血流量，但减慢心率。用药 20 分钟再配合输血能使休克猕猴各实验指标迅速恢复正常，表明其具有抗失血性休克的作用。曹跃华等[21]研究也显示 d-Isoc 可使失血性休克家兔的动脉血压回升，其机制包括血流动力学及血流非动力学方面。d-Isoc 可对抗氯化钙和哇巴因引起的心律失常[22]。Pro 也有抗心律失常作用，其机制与阻滞心肌细胞 Na^+通道，延长心肌有效不应期有关。曹跃华等[23]的研究显示 Isoc 具有明显的预防肺水肿效应，该效应可能与扩张肺大血管及微血管，降低肺动脉压及肺毛细血管内压，改善肺部微循环，抑制血小板聚集有关。

（3）对血液系统的影响：Pro 是一种血小板功能抑制剂，可对抗血小板聚集，影响血小板生物活性物质的释放，以及保护血小板内部超微结构，且对血小板三条主要活化途径无明显选择性[24]。

（4）对平滑肌的影响：d-Isoc 能明显拮抗去甲肾上腺素引起的离体兔主动脉条、兔门静脉条和牛冠状动脉条收缩，其解痉作用强度与罂粟碱相似[22]。此外，异可利定片可治疗血管痉挛性头痛[26]。异可利定注射液可用于消化系统疾病所致的各种疼痛，具有确切的解痉止痛效果[25]。黄跃华等[27]发现 Pro 也有松弛平滑肌的作用，该作用有组织选择性，对肠道平滑肌的作用比对血管平滑肌的强。在血管方面，对肠系膜动脉的作用最强，胸主动脉的最弱。魏怀玲等[28]的研究结果表明 Pro 对四氯化碳、硫代乙酰胺、扑热息痛造成的肝损伤具有保护作用。

【开发应用】

1. 标准规范 紫金龙有药品标准 5 项、药材标准 1 项。具体如下：

（1）药品标准：近视乐眼药水（WS$_3$-B-3944-98-15）、云南红药散（WS$_3$-B-3143-98）、云南红药胶囊（WS$_3$-B-2844-98）、云南蛇药（WS$_3$-B-3552-98）、风湿跌打酊（《国家中成药标准汇编·骨伤科分册》）。

（2）药材标准：紫金龙（滋坚轮）[《中国药典》（1977 年版）一部]。

2. 专利申请 文献检索显示，与紫金龙相关的专利共 45 项[29]，其中有关种植方法的

紫金龙

专利 1 项，有关化学成分及药理活性的研究专利有 3 项，紫金龙与其他中药材组成中成药申请的专利有 35 项，有关紫金龙与其他药材组成护肤品、牙膏的专利有 2 项，有关云南红药片的提取、制备及质量控制的专利有 4 项。

专利信息显示，绝大多数的专利为紫金龙与其他中药材配成中药组合物用于各种疾病的治疗，包括骨伤科疾病、晚期癌症疼痛、白化病、肩周炎、痛风、颈椎病、腰椎间盘突出症、骨质增生、类风湿、筋骨痿弱、甲沟炎、甲下脓肿、慢性风湿、急性风湿、颈肩腰腿痛、小儿急性支气管炎、视疲劳、近视、失眠多梦、跌打损伤、乙型肝炎、产后出血、神经性头痛、高血压、脾虚型崩漏、急性踝关节扭伤等。少数专利为紫金龙与其他中药材配成中药组合物用作牙科手术的麻醉剂。

以下是紫金龙的代表性专利：

（1）王学东，一种治疗眼疲劳和近视的中药制剂及制备方法（CN1857420）（2006年）。

（2）吴同乐等，一种用于牙科手术的局部麻醉剂（CN104758463A）（2015 年）。

（3）徐再等，一种用于缓解眼疲劳的药物组合物及其制备方法（CN104922296A）（2015 年）。

（4）刘志国等，一种用于治疗神经性头痛的中药制剂及制备方法（CN104784588A）（2015 年）。

（5）董莉等，紫金龙中生物碱及抗炎有效组分的制备筛选方法及其应用（CN105616520A）（2016 年）。

（6）郎益江等，一种用于治疗高血压的药物及制备方法（CN105832943A）（2016年）。

（7）段俊成，紫金龙种植方法（CN106508374A）（2017 年）。

（8）杨尧，一种治疗骨伤疾病的中药组合物及其制备方法（CN108126085A）（2018年）。

（9）马敏，一种治疗晚期癌症疼痛的药物及其制备方法（CN108143980A）（2018年）。

（10）王磊等，紫金龙中原阿片碱 Protopine 单体的提取富集工艺及其应用（CN109485652A）（2019 年）。

紫金龙相关专利最早出现的时间是 2003 年。2015 ～ 2020 年申报的相关专利占总数的 64.4%；2010 ～ 2020 年申报的相关专利占总数的 82.2%；2000 ～ 2020 年申报的相关专利占总数的 100%。

3. 栽培利用 由于紫金龙种子萌发率偏低，出苗不整齐及人工种植后有效成分降低等问题难以解决，因而有研究人员开展对紫金龙种子萌发特性的初步研究，为最终实现其野生变家种奠定基础。试验结果表明紫金龙种子中含有抑制种子萌发的物质，且存在一定的休眠特性，生产中可以通过用 400 ～ 500mg/L GA 浸种 24 小时后用清水清洗种子，可以有效打破休眠，提高种子发芽率[30]。

近年来，随着对紫金龙药材用量的逐年增加，其资源有明显枯竭的趋势，药材价格也呈现上升趋势。有研究人员通过少量引种试验，初步掌握了紫金龙生长发育规律及种植要点，主要从种子采收与贮藏、选地与整地、播种（播种时间、播前种子处理及播种方式）、田间管理（间苗、定苗、中耕除草、搭架及整枝、水肥管理、病虫害防治及冬季培土）、采收与初加工和留种这六个方面来进行研究[31]。

4. 生药学探索[32]　紫金龙具块状根，在组织构造中为次生构造，具明显的周皮，木质部发达，外韧维管束成环，薄壁组织中含有大量淀粉粒；茎为光滑圆柱状，中空，外韧维管束成环状排列，外具初生韧皮纤维束；叶为两面叶。

紫金龙属植物在外部形态上（除果实外）极为相似，均系茎长 2～4m 的草质藤本；多回三出复叶，叶大小及叶脉均较为一致；外轮花被囊状、具蜜腺体等。种间区分有一定难度，但本属 4 种药用植物在化学成分、功效主治等方面有一定差别，不宜混用。此研究结果可为制定紫金龙的质量标准提供依据。

5. 其他应用　紫金龙浸膏片是由紫金龙的干燥根，经提取加工制成的浸膏片剂，每片相当于紫金龙总生物碱 30mg。紫金龙自 1969 年由云南省永平县卫生局向云南省卫生局推荐后，经有关研究单位进行了植化研究、有效成分的分离提取、药理实验，在一些单位做了近千例临床试用观察，肯定了紫金龙的镇痛作用。本品适用于胃痛、牙痛、神经性头痛、外伤肿痛、痛经等多种病症。经实践证明紫金龙没有抗药性，没有吗啡类药物成瘾的副作用[33]。

近视乐眼药水，是由白族药紫金龙研发的眼药水，用于治疗青少年近视、假性近视和连续近距离使用视力所引起的视疲劳。其通过抑制副交感神经的异常兴奋来调节睫状肌和瞳孔括约肌的紧张性，从而使晶状体弹性恢复，视力得到调节[34]。

异可利定是一种适应证较广、疗效高且安全的解痉止痛剂[34]。

紫金龙是云南红药、紫楼胃痛胶囊的主要原料[30]。

【药用前景评述】紫金龙白族语称"滋坚轮"，是我国云南白族传统习用中草药，主要分布在印度西北部、泰国和我国的云南、西藏、四川和广西等地，其中在云南省大理州的分布最为广泛。紫金龙生长于海拔 1100～3000m 的林下、山坡、沟谷内。夏秋采集其根，晒干后入药，其味苦、性凉、有毒，有镇痛、止血、消炎、降压之功效，可治疗多种疼痛。白族民间广泛用其治疗牙痛、神经痛、胃痛、外伤肿痛和外伤出血，是白族地区发掘出来的具有显著镇痛作用的民间草药。紫金龙在《中药大辞典》《中华本草》《云南中草药》和《云南中药资源名录》中都有记载，曾收载于《中国药典》1977 年版。现临床上用于神经性头痛、胃痛、牙痛、外伤肿痛、内伤出血、跌打损伤、骨折、高血压的治疗。

现代研究表明，紫金龙主要含阿朴菲型、原小檗碱型和小檗碱型等生物碱类化合物。由于生物碱类成分多具有强烈的生物活性，因此，也就不难理解紫金龙在现代药理学研究中显示出显著的抗炎、镇痛、松弛平滑肌、抗缺氧，以及对中枢神经系统、心血管系统和

紫金龙

消化系统的显著作用。这也与白族民间用法用途十分吻合。

目前，有关紫金龙的开发应用已取得积极进展，产生了许多专利，并相继研发出了多种以紫金龙或其相关成分为原料的药用产品。特别是利用紫金龙具有抑制副交感神经的异常兴奋进而调节睫状肌和瞳孔括约肌的紧张性，使晶状体弹性恢复、视力得到调节的机理而研发成功的近视乐眼药水，在治疗青少年近视、假性近视和连续近距离使用视力所引起的视疲劳方面效果良好，已成为大理白族医药的重要标志性研发成果。同时，在紫金龙人工栽培可持续利用研究方面的研究也已取得突破，现已在大理南部多地规模性地建设了多个种植基地，为紫金龙应用提供了保障。

紫金龙在民间有较好的传统功效，用于治疗各种疼痛、跌打损伤、外伤出血等。随着社会的发展，心血管系统疾病已经成为威胁人类身体健康的重要因素，紫金龙作为一种传统民族药物，在抗失血性休克、抗心律失常、抗血小板聚集等方面显示出了良好的治疗效果，因而具有了新的药用价值，药用前景巨大。然而，目前对紫金龙的研究还不够深入，加之其有较多临床不良反应的报道，因此充分阐明紫金龙药材中的毒性成分、提高安全性是今后研究的重要内容之一。

参考文献

［1］吴大刚.紫金龙的生物碱成分［J］.云南植物研究，1975，9（2）：47-50.

［2］严田青，杨雁芳，艾铁民.高效液相色谱法测定紫金龙中普罗托品和异可利定的含量［J］.中国中药杂志，2004，29（10）：961-963.

［3］陆丽萍，王宗玉，吴大刚.紫金龙的生物碱成分［J］.云南植物研究，1987，9（3）：367-368.

［4］严田青，艾铁民.紫金龙化学成分的研究［J］.中草药，2004，35（8）：861-862.

［5］吴颖瑞，赵友兴，刘玉清，等.紫金龙的生物碱成分研究（英文）［J］.天然产物研究与开发，2008，20（4）：622-626.

［6］王富华.紫金龙生物碱类成分的分离与结构鉴定［D］.上海：复旦大学，2009.

［7］罗建蓉，钱金枕，周浓.紫金龙脂溶性化学成分的研究［J］.西北药学杂志，2010，25（1）：19-20.

［8］Wang B，Yang ZF，Zhao YL，et al. Anti-inflammatory isoquinoline with bis-seco-aporphine skeleton from *Dactylicapnos scandens*［J］.Org Lett，2018，20（6）：1647-1650.

［9］曹愿，高晶，高小力，等.紫金龙属生物碱及其药理活性研究进展［J］.中草药，2014，45（17）：2556-2563.

［10］Wang B，Zhao YJ，Zhao YL，et al. Exploring aporphine as anti-inflammatory and analgesic lead from *Dactylicapnos scandens*［J］.Org Lett，2020，22（1）：257-260.

［11］Wang X，Dong H，Yang B，et al. Preparative isolation of alkaloids from *Dactylicapnos scandens* using pH-zone-refining counter-current chromatography by changing the length of the separation column［J］.J Chromatogr B，2011，879（31）：3767-3770.

［12］王富华，胡晓，陈海林，等.紫金龙的生物碱类成分［J］.中国中药杂志，2009，34

（16）：2057-2059.

［13］钱金枞，周粤.白族草药紫金龙成分的研究［J］.西北药学杂志，2000，15（2）：57-58.

［14］郭常川.中药紫金龙中异可利定碱和原阿片碱的药物代谢及动力学研究［D］.杭州：浙江大学，2013.

［15］沈雅琴，张明发.异可利定的抗整体小鼠缺氧作用［J］.西北药学杂志，1991，6（1）：2-4.

［16］吴勍，王银叶，艾铁民.紫金龙总生物碱的镇痛作用及其机制初探［J］.中草药，2003，34（11）：1022-1025.

［17］Guo C, Jiang Y, Li L, et al. Application of a liquid chromatography–tandem mass spectrometry method to the pharmacokinetics, tissue distribution and excretion studies of *Dactylicapnos scandens* in rats［J］. J Pharm Biomed Anal, 2013, 74: 92-100.

［18］Xu LF, Chu WJ, Qing XY, et al. Protopine inhibits serotonin transporter and noradrenaline transporter and has the antidepressant–like effect in mice models［J］. Neuropharmacology, 2006, 50(8): 934-940.

［19］王聪，肖怀，王立云，等.紫金龙总提取物对吗啡依赖小鼠戒断症状的影响［J］.安徽农业科学，2011，39（16）：9594-9595.

［20］胡辅，孙慧兰，周定帮，等.异可利定抗猕猴失血性休克的实验研究［J］.昆明医学院学报，1989，10（1）：29-33.

［21］曹跃华，杨映宁，熊文昌，等.异可利定抗失血性休克条件下脂质过氧化及细胞膜脂流动性的改变［J］.中医药研究，1998，14（4）：47-49.

［22］任杰红，陈林芳.异可利定的药理作用及其临床应用［J］.中国药业，1999，8（7）：10-11.

［23］曹跃华，熊文昌，罗耀辉，等.异可利定预防大鼠肺水肿的实验研究［J］.云南中医中药杂志，1997，18（3）：33-35.

［24］邓敏，宋秀媛，王家富.普洛托品的药理作用研究进展［J］.中草药，2001，32（3）：275-277.

［25］周崇斌，周秋云，管有凤，等.异可利定对429例消化系疾病的止痛效果［J］.新药与临床，1987，6（1）：23-25.

［26］张翼麟，杨云鹏，戴世麟.异可利定解痉镇痛临床疗效观察［J］.云南医药，1985，6（6）：375-376.

［27］黄跃华，张子昭. Protopine 松弛平滑肌的作用分析［J］.昆明医学院学报，1989，10(2）：73-77.

［28］魏怀玲，刘耕陶.紫堇灵、乙酰紫堇灵及原鸦片碱对小鼠实验性肝损伤的保护作用［J］.药学学报，1997，32（5）：331-336.

［29］SooPAT. 紫金龙［A/OL］.（2020-03-15）［2020-03-15］. http://www2.soopat.com/Home/Result? SearchWord=%E7%B4%AB%E9%87%91%E9%BE%99.

［30］郭乔仪，鲁菊芬，杨美权，等.紫金龙种子萌发特性研究［J］.中药材，2016，39（8）：

1710–1712.

［31］郭乔仪，张凤梅，王洪丽，等.紫金龙野生驯化栽培技术［J］.农村实用技术，2016，（6）：32–33.

［32］佟巍，王宝荣，艾铁民.紫金龙生药学研究［J］.中国中药杂志，2003，28（5）：405–409.

［33］云南省巍山制药厂.紫金龙浸膏片［J］.中草药，1980，11（2）：67.

［34］马春云，杨怀镜.白族药滋坚伦（紫金龙）的研究进展［J］.中国民族民间医药，2011，20（23）：5–8.

【植物基原】本品为龙胆科龙胆属植物微籽龙胆 *Gentiana delavayi* Franch. 的全草。

【别名】紫龙胆。

【白语名称】滋额士活米（大理）。

【采收加工】秋季采集，洗净晒干备用。

【白族民间应用】清热解毒、消炎止痛。主治泌尿系统感染、腰痛。

【白族民间选方】①急慢性肝炎、胆囊炎、急性结膜炎：本品 15～20g，煎服。②尿道炎：本品适量与鸡蛋、肉配伍蒸吃；亦可配伍金线草、黄柏、益母草，煎服。

【化学成分】微籽龙胆主要含环烯醚萜苷类化合物：gentionrnoside A（1）、gentionrnoside B（2）、马钱苷（3）、7-O-formylloganin（4）、5-deoxypulchelloside（5）、2′-O-*p*-hydroxybenzoylloganic acid（6）、2′-O-trans-*p*-coumaroylloganic acid（7）、2′-O-cis-*p*-coumaroyl loganic acid（8）、7-O-benzoylloganic acid（9）、乌奴龙胆苷 D（10）、7-epi-7-O-（E）-caffeoylloganin（11）、獐芽菜苷（12）、7-O-butylsecologanic acid（13）、2′-O-（2，3-dihydroxybenzoyl）-3′，6′-diacetylsweroside（14）、獐芽菜苦苷（15）、5-O-甲基獐芽菜苷（16）、裂环马钱素醇（17）、裂环马钱素苷（18）、secologanin dimethyl acetal（19）、6′-O-*β*-glucopyranosyl secologanol（20）、manuleoside C（21）等[1-5]。

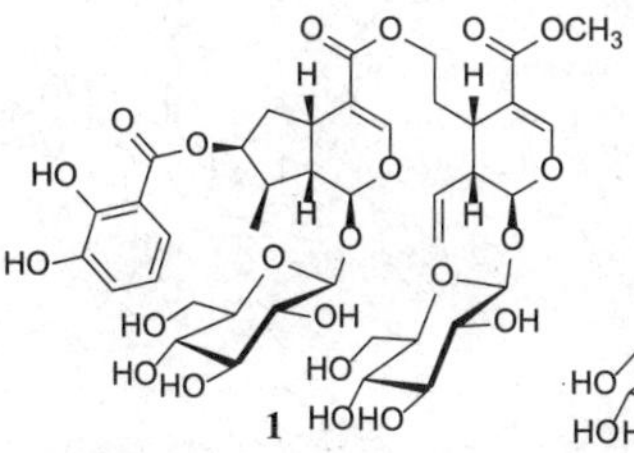

1 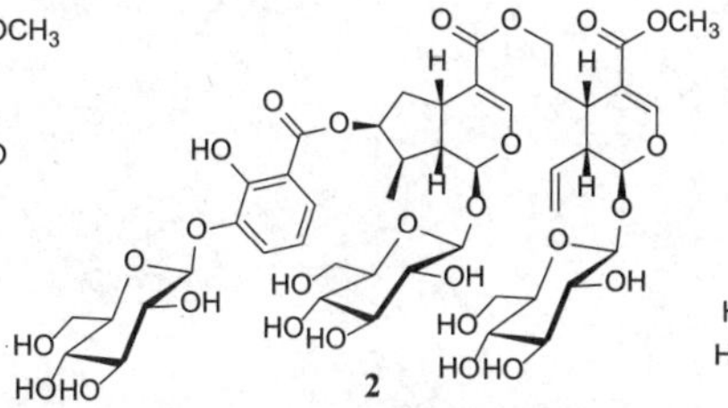   2 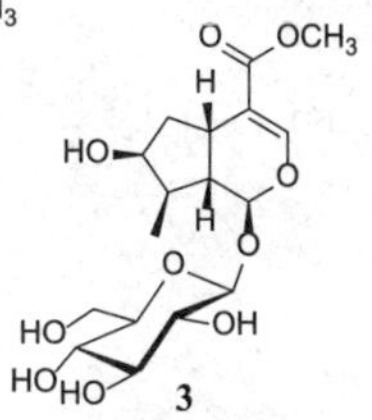   3 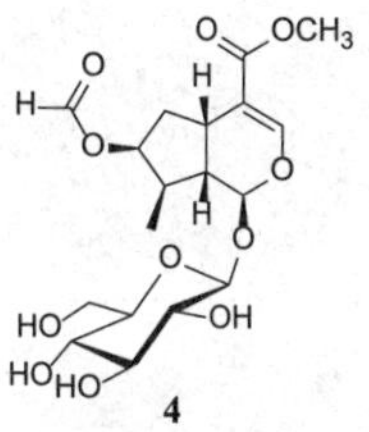   4

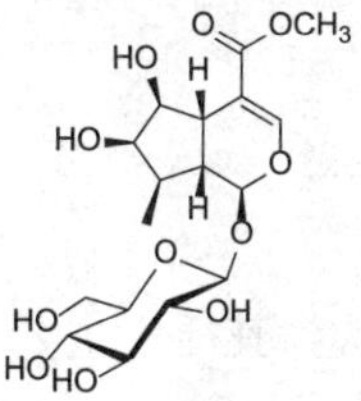

5 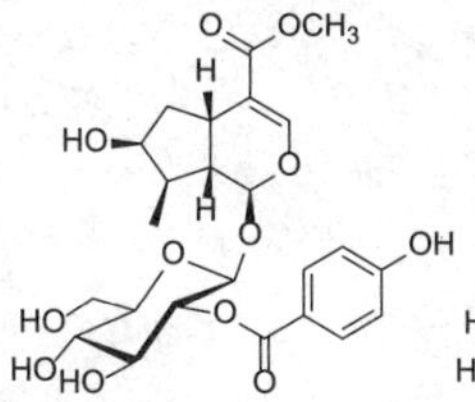   6 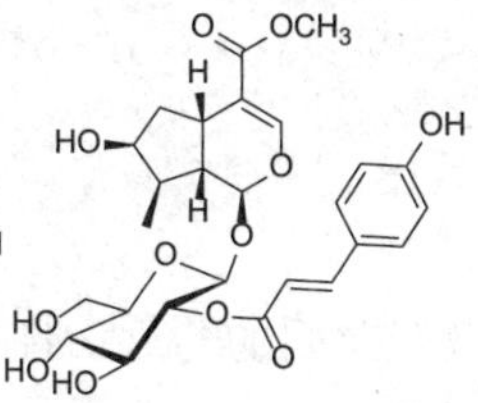   7 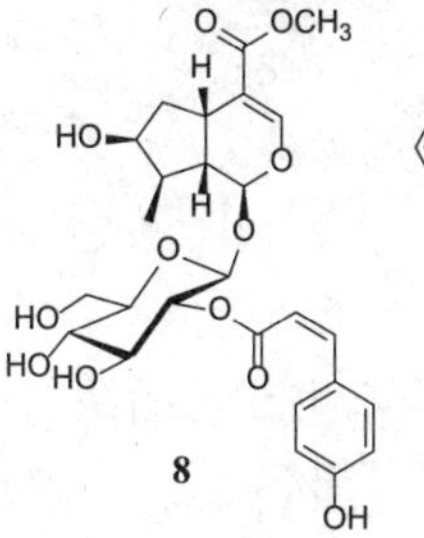   8 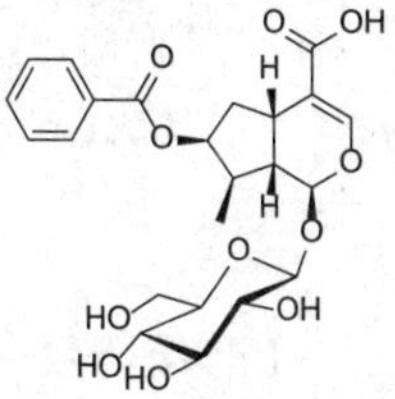   9

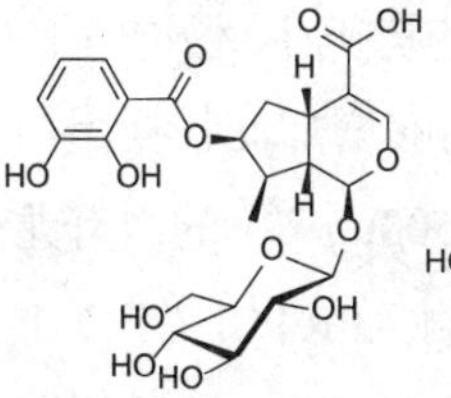

10 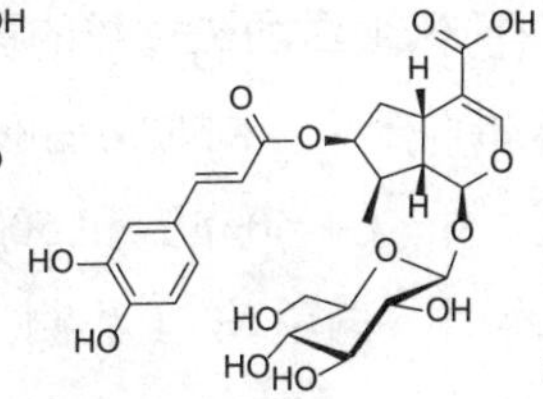   11 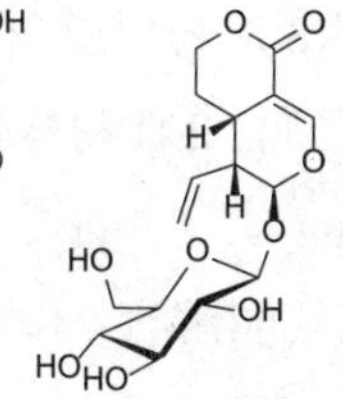   12 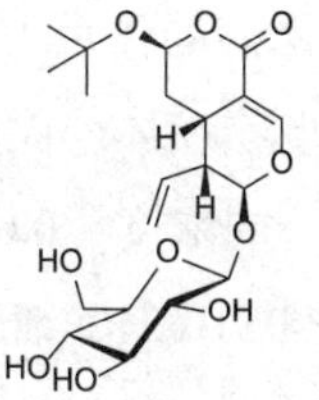   13 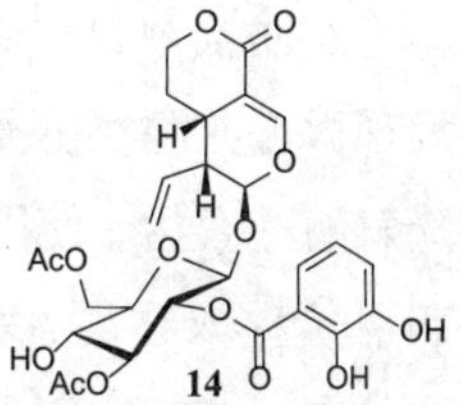   14

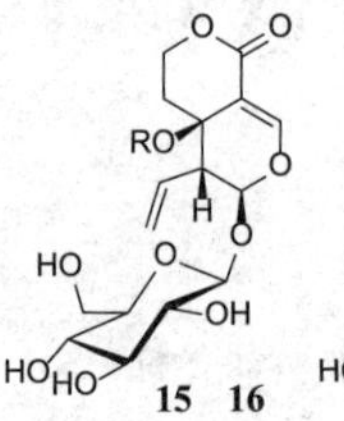

15　16

R　H　CH_3

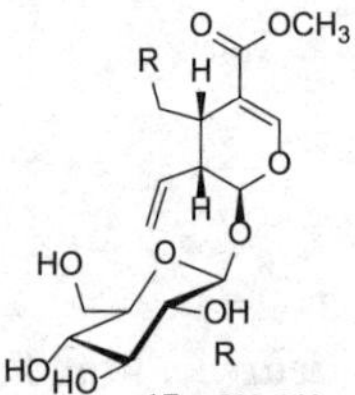

R

17　CH_2OH

18　CHO

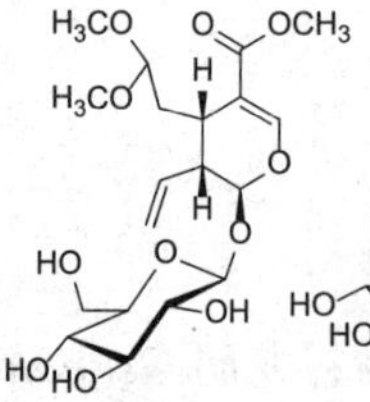

19

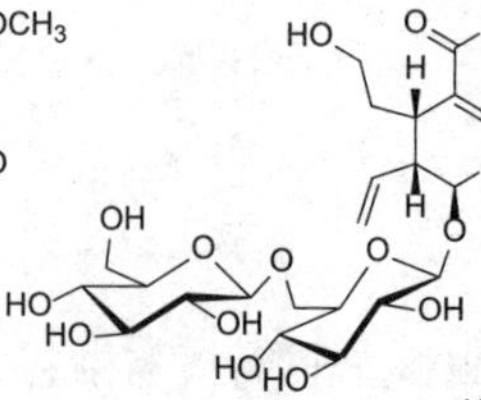

20

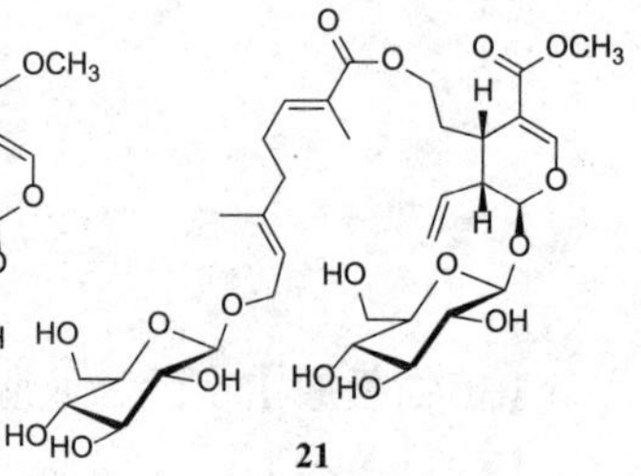

21

此外，微籽龙胆还含有三萜类成分：α- 香树脂醇（22）、3β，28- 二羟基乌苏烷（23）、3β- 羟基 -12- 烯 -28- 醛乌苏烷（24）、乌苏酸（25）、3β-hydroxy-urs-11-en-13β，28-olide（26）、2α- 羟基乌苏酸（27）、桦木酸（28）、obtusalin（29）和 2α，3α，24- 三羟基齐墩果酸（30）；以及黄酮类成分：葛根素（31）、牡荆素（32）、荭草素（33）、hypolaetin-8-O-β-D-glucoside（34）、芹菜素 -7-O-β-D- 葡萄糖苷（35）、木犀草素 -6-O-β-*D*- 葡萄糖苷（36）、异牡荆素（37）和异荭草素（38）等[1-5]。

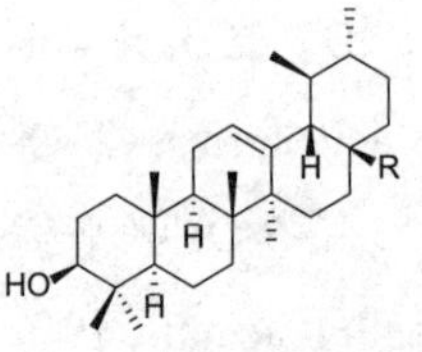

	R
22	H
23	CH2OH
24	CHO
25	COOH

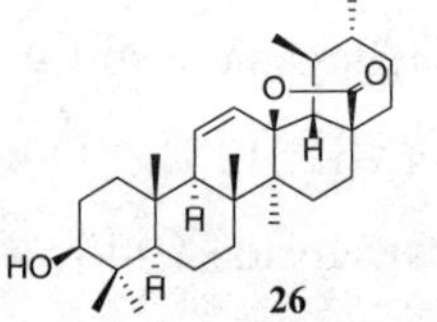

26

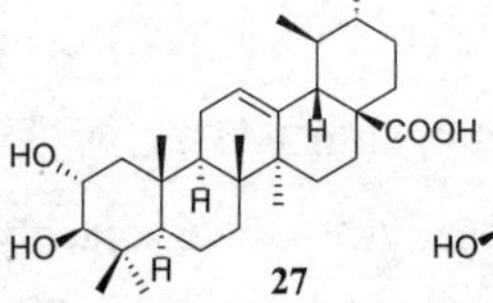

27

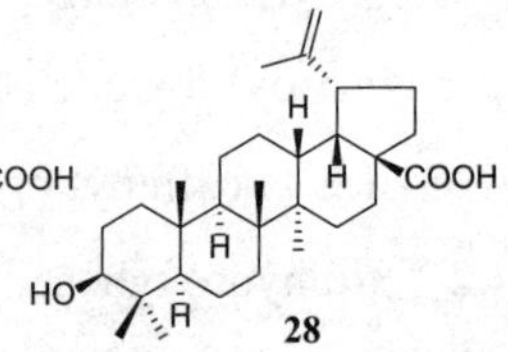

28

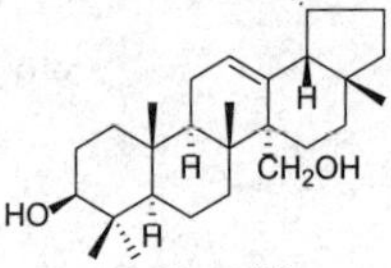

29

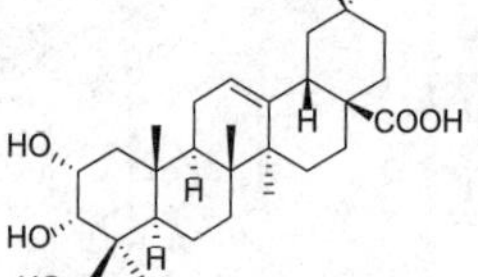

30

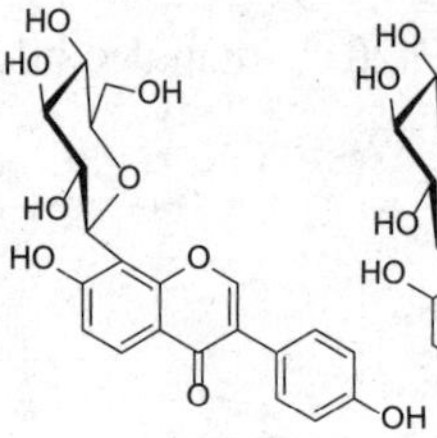

31

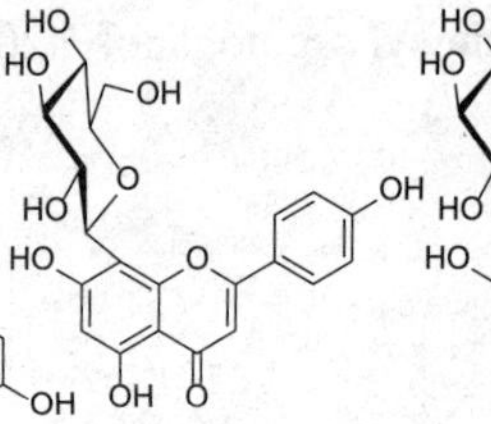

32

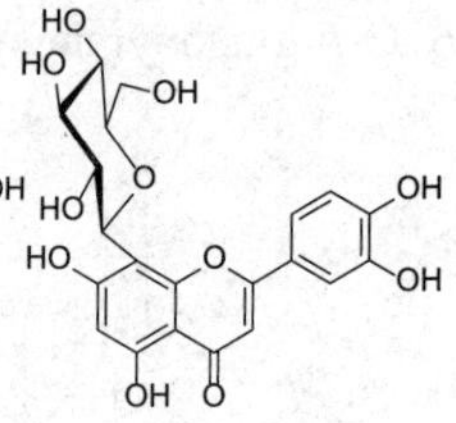

33

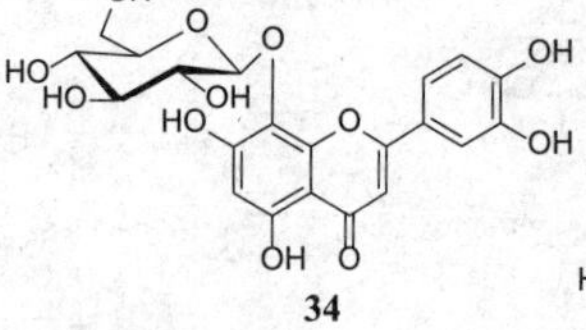

34

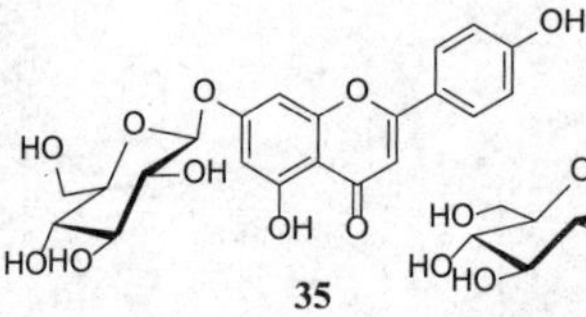

35

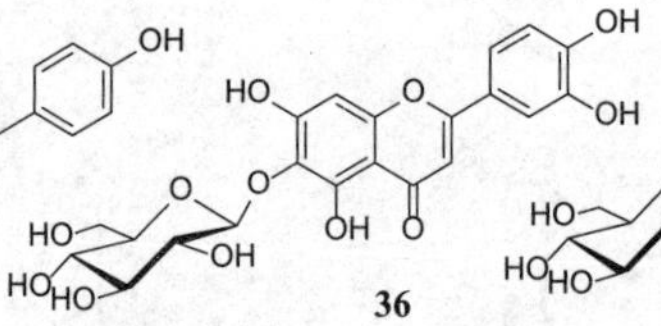

36

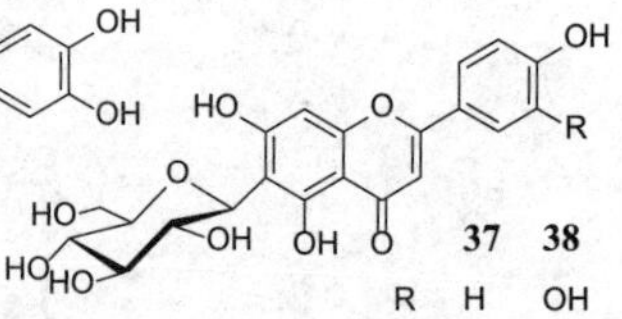

37　38

R　H　OH

【药理药效】本书作者团队对微籽龙胆的药理活性展开了系统研究，认为其活性主要表现为：

1. 防治阿尔茨海默病的作用（对β淀粉样蛋白前体蛋白加工过程的影响） 杨敏等[6]发现微籽龙胆氯仿提取物在体外能够抑制β淀粉样蛋白产生，同时又能够增加淀粉样蛋白降解酶的表达。使用不同浓度（0.05μg/L、0.5μg/L、5μg/L、50μg/L 和 500μg/L）的微籽龙胆氯仿提取物与 APP/PS1 CHO 细胞共同孵育 24 小时，再用 MTT 法测 APP/PS1 CHO 细胞的存活率；应用 ELISA 试剂盒检测细胞上清液中 $A\beta_{40}$、$A\beta_{42}$ 的含量以及β- 位淀粉样前体蛋白裂解酶 1（β-site amyloid precursor protein cleaving enzyme 1，BACE1）的活性；再运用 Western Blotting 方法检测 APP 以及 Aβ 降解酶 - 脑啡肽酶的表达。结果显示，微籽龙胆氯仿提取物对细胞活力无显著影响。当微籽龙胆氯仿提取物的浓度为 50μg/L 时，能非常显著地降低 APP/PS1 CHO 细胞上清液中的 $Aβ_{42}$ 的含量以及抑制 BACE1 的活性；当微籽龙胆氯仿提取物的浓度为 500μg/L 时，与模型组相比 APP/PS1 CHO 细胞上清液的 $Aβ_{40}$ 的含量以及脑啡肽酶的表达有非常显著的差异。微籽龙胆氯仿提取物在体外能够抑制 β 淀粉样蛋白的产生，同时又能够增加淀粉样蛋白降解酶的表达。该结果提示微籽龙胆有效成分有进一步向阿尔茨海默病防治药物开发的潜力。

2. 抗氧化活性　杨惠云等[3]对微籽龙胆提取物各萃取部位的抗氧化活性进行了研究，其中正丁醇部位具有较强的清除 DPPH 自由基能力，其 IC_{50} 值为（101.15±6.41）μg/mL。从正丁醇部位中分离鉴定 8 个黄酮苷类化合物，其中化合物 hypolaetin-8-O-β-D-glucoside 和荭草素表现出显著的 DPPH 自由基清除能力，而荭草素的活性最强，其 IC_{50} 值为（9.74±0.05）μg/mL。

【开发应用】

1. 标准规范　微籽龙胆尚未见有相关的药品标准、药材标准及中药饮片炮制规范。

2. 专利申请　目前关于微籽龙胆的开发应用尚无报道，亦未见有相关专利。

3. 栽培利用　暂未见相关微籽龙胆栽培利用方面的研究。

4. 生药学探索　微籽龙胆全株长 5～15cm。根茎木质，肥厚，先端呈疙瘩状增大，具有多数纤维状须根，质脆，易折断，断面可见白色木心。气微，味微苦。

根的横切面：呈圆形，木栓层由 2～3 层排列紧密的扁长方形木栓细胞组成；皮层较宽，约占 1/3，薄壁细胞类圆形，排列疏松；韧皮部较窄，由筛管、薄壁细胞组成，筛管细胞类圆形或多边形，常数个集成群散在韧皮部中；形成层明显成环，由 1～2 列细胞组成；木质部发达，约占 2/3，由导管和木纤维组成，细胞均木化，射线不明显[7]。

粉末特征：粉末暗紫色；导管多为环纹和螺纹导管，直径 12～43μm；木纤维呈束或单个散在，壁厚，木化，长梭形，稍弯曲，大多不完整，直径 10～36μm；表皮细胞多角形或不规则形，外壁乳头突起；淀粉粒较少，单粒为球形或椭圆形，直径 4～10μm，脐点多为点状，复粒由 2～3 粒组成，脐点为人字形、裂缝状；花粉粒较多，类圆形，直径6～18μm，萌发孔三个；分泌细胞呈长管道状，直径约 50μm，含粉红色的分泌物；药隔网纹细胞长条形，末端斜尖或稍平，垂周壁连珠状增厚；细胞大，每一细胞由纵向壁分隔成数个小细胞。关于微籽龙胆的理化性质与鉴定方法也有研究总结[7]。

微籽龙胆根及根茎中龙胆苦苷、獐芽菜苦苷、獐芽菜苷、苦龙胆酯苷含量与坚龙胆、头花龙胆具有极显著差异（$P < 0.01$）。微籽龙胆根及根茎中未检测到龙胆苦苷，而坚龙胆与头花龙胆的龙胆苦苷含量均超过国家药典标准的 5 倍。坚龙胆和头花龙胆根及根茎 HPLC 色谱图相似度均达 0.997，与微籽龙胆相似度仅为 0.015。坚龙胆、头花龙胆、微籽龙胆根及根茎中的主要活性成分含量及其总含量聚类分析结果相同，坚龙胆和头花龙胆聚

为一类，微籽龙胆单独为一类。头花龙胆可以替代坚龙胆入药，但其药理性质、毒理性质等还需进一步的研究。微籽龙胆不能替代坚龙胆入药[8,9]。

【**药用前景评述**】白族药微籽龙胆主要分布于大理北部白族传统聚居地洱源、鹤庆、剑川和丽江等地，四川南部也有分布。其大多生长于海拔2100～3350m的山坡草地及灌丛中，是独具白族特色的传统民族药材，且至今在洱源、剑川、鹤庆一带的集市、药市上仍有销售。据记载其具有清热解毒、消炎止痛等功效，主要用于肝炎、胆囊炎、尿道炎等病症的治疗，功效与中药材龙胆近似，但用途用法又与龙胆有所不同，是一种白族民间特有的地方习用龙胆。

近年来，本书作者团队对微籽龙胆进行了长期的研究，结果发现该植物主要含有环烯醚萜苷类化合物以及三萜类成分、黄酮类成分等，与龙胆属植物含有的特征性成分近似。因此，白族对微籽龙胆的药用方式与针对病症十分合理。以往有研究显示龙胆科植物田野龙胆（*Gentiana campestris*）地上部分甲醇提取物对乙酰胆碱酯酶活性有明显的抑制作用。为此，本书作者团队也对微籽龙胆防治阿尔茨海默病的作用进行了系统研究，结果发现该植物提取物对乙酰胆碱酯酶确实具有一定的抑制作用。此外，微籽龙胆氯仿提取物在体外能够抑制β淀粉样蛋白产生，同时又能够增加淀粉样蛋白降解酶的表达。微籽龙胆提取物是否可用于阿尔茨海默病的防治值得研究。

目前微籽龙胆仍以野生药材为主，尚未有人工栽培的研究报道，亦无任何产品专利，各种相关开发应用研究也处于起步阶段。然而，该植物分布面狭窄、资源储量非常有限，处理不好很容易引起资源危机。实际上，近年来由于微籽龙胆用途不断扩大，需求量稳步上升，长期过渡采挖势已开始造成资源枯竭、环境破坏。鉴于微籽龙胆具有的潜在药用价值，因而保护好野生微籽龙胆资源、尽快开展可持续利用研究则十分迫切而必要。

参考文献

[1] 张愿，李逢逢，张祖珍，等.微籽龙胆氯仿部位中三萜类成分研究[J].井冈山大学学报（自然科学版），2019，40（3）：19-23.

[2] 杨惠云，王甜，张祖珍，等.微籽龙胆氯仿部位中两个二聚环烯醚萜苷类成分[J].世界最新医学信息文摘，2019，19（70）：152-153，176.

[3] 杨惠云，杨敏，米丹，等.微籽龙胆中黄酮苷类化学成分及其抗氧化活性研究[J].云南大学学报（自然科学版），2019，41（5）：1026-1030.

[4] 付晨.微籽龙胆化学成分及抗AChE活性研究[D].大理：大理大学，2016.

[5] 李逢逢.微籽龙胆中环烯醚萜类化学成分及抗AChE活性研究[D].大理：大理大学，2016.

[6] 杨敏，周凯芝，李逢逢，等.微籽龙胆氯仿提取物对APP/PS1 CHO细胞APP加工的影响[J].中国新药杂志，2018，27（8）：948-953.

[7] 杨月娥，张杰，太加所，等.微籽龙胆的生药学研究[J].时珍国医国药，2017，28（2）：377-379.

［8］韩多，赵志莲，刘卫红，等.3种龙胆属药用植物叶中主要有效成分的积累［J］.中国医药工业杂志，2016，47（7）：865-869.

［9］韩多，赵志莲，刘卫红，等.三种龙胆属白族药用植物的品质评价及质量等同性［J］.北方园艺，2016，（18）：165-170.

微籽龙胆

滇龙胆

【植物基原】本品为龙胆科龙胆属植物滇龙胆草 *Gentiana rigescens* Franch. ex Hemsl. 的根。

【别名】地胆草、坚龙胆、青鱼胆、苦草、小秦艽。

【白语名称】色枯槽、枯邹咪（鹤庆）、枯忧滋（云龙宝丰）、枯邹忧、该苦珠（云龙关坪）、奴当粗（洱源）。

【采收加工】秋季采集，晒干备用。

【白族民间应用】用于上呼吸道感染高热、扁桃腺炎、结膜炎、口腔炎、肺炎、肝炎、痢疾、胃炎、大肠下血、痔疮、尿路感染、疮痈。

【白族民间选方】①风热感冒、黄疸：本品 20g，水煎服。②带状泡疹、皮损灼热刺痛、心烦易怒、大便干燥：本品 50g，晒干研粉，加菜油外擦。

【化学成分】代表性成分：滇龙胆主要含环烯醚萜苷类化合物龙胆苦苷（1）、6′-O-β-D-葡萄糖基龙胆苦苷（2）、2′-（2，3-二羟基苯甲酰）-龙胆苦苷（3）、rigenolide B（4）、rigenolide C（5）、獐芽菜苦苷（6）、2′-（2，3-二羟基苯甲酰）-獐芽菜苦苷（7）、rigenolide H（8）、rigenolide A（9）、rigenolide F（10）、rigenolide G（11）、獐芽菜苷（12）、gentiotrifloroside（13）、macrophylloside A（14）、3′-（2,3-二羟基苯甲酰）-獐牙菜苷（15）、2′-（2，3-二羟基苯甲酰）-獐牙菜苷（16）、secologanoside（17）、坚龙胆苷 A（18）、马钱子酸（19）、6′-O-β-D-吡喃葡萄糖基-马钱子酸（20）等[1-14]。

此外，滇龙胆还含有三萜、苯甲酸酯、木脂素、黄酮等其他类型化合物。例如，gentirigenic acid（21）、gentirigeosides A-C（22-24）、熊果酸（25）、α-香树脂醇（26）、β-香树脂醇（27）、齐墩果酸（28）、lariciresinol-4′-O-β-D-glucopyranoside（29）、异荭草素（30）、肥皂草素（31）、gentiside A（32）、gentiside B（33）等[1-14]。

1982～2018年共由滇龙胆中分离鉴定了70个成分，包括环烯醚萜苷类、三萜类、苯甲酸酯类化合物，以及少量黄酮、木脂素、甾体等：

序号	化合物名称	结构类型	参考文献
1	(-)-7R，8S-Dehydrodiconiferyl alcohol-4-O-β-D-glucopyranoside	木脂素	［11］
2	(-)-7R，8S-Dehydrodiconiferyl alcohol-4，9′-di-O-β-D-glucopyranoside	木脂素	［11］
3	(-)-丁香脂素-O-β-D-葡萄糖苷	木脂素	［11］
4	(-)-松脂醇-O-β-D-葡萄糖苷	木脂素	［11］

序号	化合物名称	结构类型	参考文献
5	2，3- 二羟基苯甲酸酯 -3-O-β-D- 葡萄糖基 -（1→6）-β-D- 葡萄糖苷	酚苷	[11]
6	2，5- 二羟基苯并呋喃 -5-O-β-D- 木糖基 -（1→6）-O-β-D- 葡萄糖苷	酚苷	[11]
7	2′ -（2，3-Dihydroxybenzoyl）-gentiopicroside	环烯醚萜	[5]
8	2′ -（2，3-Dihydroxybenzoyl）-swertiamarin	环烯醚萜	[5]
9	2′ -（o，m-Dihydroxybenzyl）-sweroside	环烯醚萜	[3]
10	2- 羟基 -3- 甲氧基苯甲酸葡萄糖酯	酚苷	[11]
11	3，5- 二甲氧基 -4- 对羟基甲醇 4-O-β-D- 葡萄糖苷	酚苷	[11]
12	3′ -（2，3-Dihydroxybenzoyl）-sweroside	环烯醚萜	[5]
13	3-O-β-D-Glycosylcafeate	酚苷	[11]
14	4-O-β-D- 葡萄糖基 - 丁香酸	酚苷	[10]
15	4- 羟基 -3- 甲氧基苯基 -O-β-D- 木糖基 -（1→6）-O-β-D- 葡萄糖苷	酚苷	[11]
16	6′ -O-β-D-Glucopyranosylgentiopicroside	环烯醚萜	[3]
17	6′ -O-β-D- 吡喃葡萄糖基 - 马钱子酸	环烯醚萜	[3]
18	Gentiopicroside	环烯醚萜	[1]
19	Gentiorigenoside A	环烯醚萜	[3]
20	Gentiotrifloroside	环烯醚萜	[4]
21	Gentirigenic A	三萜	[8]
22	Gentirigenic acid	三萜	[8]
23	Gentirigenic B	三萜	[8]
24	Gentirigenic C	三萜	[8]
25	Gentirigenic D	三萜	[8]
26	Gentirigenic E	三萜	[8]
27	Loganic acid	环烯醚萜	[3]
28	Lupeol	三萜	[10]
29	Lupeol palmitate	三萜	[10]
30	Oleanolic acid	三萜	[9]
31	Rigenolide A	环烯醚萜	[5]
32	Rigenolide B	环烯醚萜	[6]

序号	化合物名称	结构类型	参考文献
33	Rigenolide C	环烯醚萜	[6]
34	Rigenolide D	环烯醚萜	[7]
35	Rigenolide E	环烯醚萜	[7]
36	Rigenolide F	环烯醚萜	[7]
37	Rigenolide G	环烯醚萜	[7]
38	Rigenolide H	环烯醚萜	[7]
39	Swertiamarin	环烯醚萜	[2]
40	Tortoside B	木脂素	[11]
41	Ursolic acid	三萜	[9]
42	α-Amyrin	三萜	[9]
43	α-Amyrin palmitate	三萜	[9]
44	β-Amyrin	三萜	[9]
45	β-Amyrin palmitate	三萜	[9]
46	β- 谷甾醇	甾体	[9]
47	β- 龙胆二糖	寡糖	[10]
48	Gentirigeoside A	酚酸	[13]
49	Gentirigeoside B	酚酸	[13]
50	Gentirigeoside C	酚酸	[14]
51	Gentirigeoside D	酚酸	[14]
52	Gentirigeoside E	酚酸	[14]
53	Gentirigeoside F	酚酸	[14]
54	Gentirigeoside G	酚酸	[14]
55	Gentirigeoside H	酚酸	[14]
56	Gentirigeoside I	酚酸	[14]
57	Gentirigeoside J	酚酸	[14]
58	Gentirigeoside K	酚酸	[14]
59	鹅掌楸苷	木脂素	[11]
60	肥皂草苷	黄酮	[9]
61	胡萝卜苷	甾体	[9]

滇
龙
胆

序号	化合物名称	结构类型	参考文献
62	龙胆碱	生物碱	[12]
63	落叶松脂醇 -4'-O-β-D- 葡萄糖苷	木脂素	[11]
64	秦艽丙素	生物碱	[12]
65	秦艽乙素	生物碱	[12]
66	香草醇 -O-β-D- 葡萄糖苷	酚苷	[11]
67	异荭草苷	黄酮	[9]
68	异荭草苷 -3'-O-β-D- 葡萄糖苷	黄酮	[11]
69	异皂草苷	黄酮	[9]
70	獐牙菜苷	环烯醚萜	[3]

【药理药效】滇龙胆是传统中药龙胆的品种之一，性寒，味苦，归肝、胆经，清热燥湿、泻肝胆火，用于湿热黄疸、阴肿阴痒、带下、湿疹瘙痒、肝火目赤、耳鸣耳聋、胁痛口苦、强中、惊风抽搐[15]。现代药理学针对滇龙胆的不同活性成分开展了很多研究工作，具体为：

1. 对消化系统的影响

（1）保肝作用：沈磊等[16]用刀豆蛋白 A 致小鼠免疫性肝损伤模型比较滇龙胆 4 个部位提取物的保肝作用；用二甲苯致小鼠耳肿胀模型比较它们的抗炎作用。结果表明，滇龙胆各部位提取物能剂量依赖性地降低刀豆蛋白 A（ConA）致肝损伤小鼠血清中的谷丙转氨酶（ALT）和谷草转氨酶（AST）活性，减轻肝肿大和肝组织损伤，且叶和根的药效要优于茎和花；滇龙胆各部位提取物能剂量依赖性地减轻二甲苯致小鼠的耳肿胀程度，且叶和茎的抑制作用要优于花和根。说明滇龙胆根和叶提取物有较好的保肝作用，而叶和茎提取物有较好的抗炎作用。王一娜[17]发现 30mg/kg 的龙胆注射液能减轻四氯化碳（CCl_4）所致小鼠肝损伤的细胞变形和组织坏死，提高其肝糖原含量。另有报道，龙胆地上部分也具有与根相似的保肝作用。龙胆苦苷可显著降低小鼠肝脏脂质过氧化，对 CCl_4 所致肝脏脂质过氧化升高有明显的降低作用。獐芽菜苷对 CCl_4 所致小鼠或大鼠急性肝损伤也有显著保护效果，可降低血清中升高的 ALT、AST 和碱性磷酸酶（ALP）。獐芽菜苷可防止氨基半乳糖（GALN）中毒引起的脾脏肿大，并对 GALN 引起血清中 cAMP 含量的增加有明显抑制作用。

（2）利胆作用：Tang 等[18]通过研究龙胆苦苷对 α- 异硫氰酸萘酯的保护作用及其机制发现龙胆苦苷可以改变胆汁酸代谢，从而缓解胆汁淤积。45g/kg 龙胆注射液静注于犬，可显著增加其胆汁流量，于 5 分钟及 20 分钟出现两个高峰，前者为胆囊收缩所致，后者为胆汁分泌增加的结果[17]。

（3）健胃作用：龙胆苦苷直接灌胃可增加胃液及游离酸分泌，而舌下涂抹或静注则无效。滇龙胆中的獐芽菜苦苷对离体兔、豚鼠或大鼠小肠均具有显著解痉作用，可拮抗乙酰胆碱、组胺、氯化钡对离体豚鼠小肠的兴奋作用[17]。

2. 抗菌作用 Xu 等[8]发现龙胆苷 A、C 和 E 对炭疽杆菌具有抑菌活性。王琳琳[19]采用了药物二倍稀释法和菌落计数法相结合的方法进行药物抗菌实验，结果明确了龙胆中的抑菌成分及各个活性成分的最低抑菌浓度，为开发中药单体活性成分用于治疗白色念珠菌、金黄色葡萄球菌及铜绿假单胞菌引起的常见疾病提供了理论依据。

3. 镇痛抗炎作用 余昕等[20]采用二甲苯致小鼠耳肿胀模型、冰醋酸致小鼠腹腔毛细血管通透性增加模型、角叉菜胶致大鼠足跖肿胀模型对坚龙胆提取物（乙醇粗提物，石油醚、乙酸乙酯、正丁醇、水层萃取部位的不同剂量）进行抗炎作用评价。结果显示，与模型组相比，水部位高、中剂量能明显抑制二甲苯致小鼠耳郭肿胀、冰醋酸致腹腔毛细血管通透性增加和角叉菜胶引起的大鼠足跖肿胀，其余部位抗炎活性弱或基本无活性；坚龙胆水部位能抑制胸腔液升高的丙二醛（MDA）、前列腺素（PGE_2）、肿瘤坏死因子 -α（TNF-α）和白介素 -1β（IL-1β）含量，并能抑制肺组织中升高的 NO、MDA、PGE_2、TNF-α 和 IL-1β 含量。结果说明，坚龙胆水部位为抗炎活性部位，其抗炎机制可能与影响炎症介质产生和抗氧化作用有关。王琳琳[19]建立脂多糖（LPS）诱导的 RAW264.7 细胞炎症模型，探讨了滇龙胆成分对炎性细胞释放 NO 的影响。结果表明粗生物碱及龙胆碱在一定范围内有抑制 NO 释放的作用，但龙胆苦苷没有此作用，推测滇龙胆的抗炎作用可能是龙胆苦苷在体内转化为龙胆碱后产生的。龙胆苦苷的抗炎机制可能与兴奋垂体 - 肾上腺皮质系统有关。

4. 其他作用 龙胆还有显著的抗过敏作用，其机制与选择性影响 T 细胞（包括前 T 细胞向成熟 T 效应细胞的分化）和 T 效应细胞的功能有关[17]。Gao 等[13]发现从滇龙胆中分离得到的苯甲酸酯 C 具有显著的促神经生长活性，其活性甚至强于神经生长因子。江蔚新等[21]通过实验观察到龙胆多糖可明显提高荷瘤小鼠的生存质量，具体表现为肿瘤生长缓慢、瘤体较小、反应及活动均较敏捷、食欲较好。高麟第[22]发现龙胆可以治疗甲状腺功能亢进症。Suyama 等[5]通过 DPPH 自由基清除实验发现滇龙胆具有抗氧化活性。

【开发应用】

1. 标准规范 滇龙胆尚无标准规范，其同属近缘植物有药品标准 3 项、药材标准 4 项。具体如下：

（1）药品标准：肝乐欣胶囊（红花龙胆青鱼胆草，为龙胆科龙胆属植物红花龙胆 *Gentiana rhodantha*）[WS-10275（ZD-0275）-2002-2012Z]、调元大补二十五味汤散（小秦艽花，为龙胆科龙胆属植物小秦艽 *Gentiana dahurica*）（ZZ-8387）、麦冬十三味丸（小秦艽花，为龙胆科龙胆属植物小秦艽 *Gentiana dahurica*）（ZZ-8332）。

（2）药材标准：红花龙胆青鱼胆草药材标准［红花龙胆 *Gentiana rhodantha*，《湖南省中药材标准》（2009 年版）、《贵州省中药材民族药材质量标准》（2003 年版）、《贵州省中

滇龙胆

药材质量标准》(1988 年版)],小秦艽花药材标准(小秦艽 *Gentiana dahurica*,《卫生部药品标准》蒙药分册)。

2. 专利申请 目前关于滇龙胆植物的专利有 19 项[23-25],主要涉及组方用药、保健食品制备、栽培技术等方面。所有专利均为近二十年内申请,具体如下:

(1)许敏等,龙胆苦甙的制备方法(CN1757647)(2006 年)。

(2)李林玉等,一种滇龙胆斑枯病的防治方法(CN101627689)(2010 年)。

(3)金航等,一种滇龙胆的生态种植方法(CN101554119B)(2011 年)。

(4)吴立宏等,坚龙胆和关龙胆药材的鉴别方法(CN101890071B)(2012 年)。

(5)金航等,一种提高滇龙胆种子发芽率的方法(CN101530026B)(2012 年)。

(6)刘大会等,一种乌蒙山区乌天麻与滇龙胆套、轮作的生态种植方法(CN103583206A)(2014 年)。

(7)唐雯,一种治疗乙型肝炎的中药口服制剂(CN103623276A)(2014 年)。

(8)殷亦坚,改良的中药组合物(CN104997839A)(2015 年)。

(9)马振滨等,一种治疗乙型肝炎的中药口服制剂(CN103623276B)(2015 年)。

(10)韩志强,一种苦胆草片及其制备方法(CN105395599A)(2016 年)。

(11)徐丽莉等,一种采用滇龙胆内生真菌进行生物转化的方法(CN107034253A)(2017 年)。

(12)古锐等,基于 ITS2 序列鉴别大花龙胆与混伪品的引物、鉴别方法(CN106399507A)(2017 年)。

(13)佛山市芊茹化妆品有限公司,一种促进皮肤新陈代谢的美白祛斑组合物及其应用(CN108836936A)(2018 年)。

(14)黄九九等,一种用于护肤品原料的番石榴酵素液及其制备方法与应用(CN108714121A)(2018 年)。

(15)赵妙元,一种砂糖橘皮清洁粉及其制备方法(CN107653101A)(2018 年)。

(16)车庆明,龙胆属(Gentiana)主要药用植物的降血氨作用及其医药用途(CN109771473A)(2019 年)。

(17)李振雨等,一种中药材龙胆和坚龙胆的鉴别和区分方法(CN109358136A)(2019 年)。

(18)黄衡宇等,一种采用滇龙胆带节茎段为外植体培育再生植株的方法(CN109169271A)(2019 年)。

(19)田浩等,一种滇龙胆加工方法(CN110693938A)(2020 年)。

3. 栽培利用 朱宏涛等[26]对野生坚龙胆的腋芽进行诱导、筛选和培养,得到芽与根的优化培养基和培养条件,建立了无性繁殖培养系,获得了完整植株,并移栽成功。梅丽玉[27]通过对龙胆草生境的调查,对龙胆草种子的处理技术、种植技术、田间管理、采收等方面进行了系统的研究,为龙胆草的种植与应用提出了确实可行的措施。

4. 生药学探索 周雪林等[28]比较红花龙胆（*G. rhodantha*）与翼萼龙胆（*G. pterocalyx*）、滇龙胆（*G. rigescens*）与头花龙胆（*G. cephalantha*）的显微结构差异，用石蜡组织切片法及徒手切片法对4种龙胆的显微结构进行了研究。结果表明，红花龙胆与翼萼龙胆、滇龙胆与头花龙胆的显微结构特征有明显区别。在根横切面方面，红花龙胆皮层厚，导管细胞横切口径小，无明显射线，翼萼龙胆的特征与红花龙胆的相反；滇龙胆与头花龙胆的表皮和皮层早脱，次生韧皮部发达，但滇龙胆韧皮部薄壁组织细胞较大，而头花龙胆较小。在茎横切面方面，红花龙胆中央髓约占切面的1/3，而翼萼龙胆约占切面的1/2；滇龙胆髓仅外部有散落分布的纤维束，头花龙胆髓部均可见纤维束散落分布。在叶横切面方面，红花龙胆中脉维管束较大，而翼萼龙胆较小；滇龙胆中脉维管束小，未见纤维束，头花龙胆中脉维管束大，纤维束成对位于木质部两侧。在叶表皮方面，4种植物表皮细胞径向壁波曲度与气孔指数有一定差异。根据显微结构特征可以将这4种植物区别开来。

孙爱群等[29]以六盘水采集的红花龙胆（*G. rhodantha*）、云南龙胆（*G. yunnanensis*）、头花龙胆（*G. cephalantha*）、滇龙胆（*G. rigescens*）、灰绿龙胆（*G. yokusai*）为试验材料，对其种子的形态特征、长短径、千粒重及发芽率等进行研究。结果表明，5种龙胆种子的形态特征、长短径、千粒重、发芽率差异较大。

5. 其他应用 李远菊[30]以8种种植模式滇龙胆为研究对象，测定紫外指纹图谱。滇龙胆乙醇、水提取液主要在190～300nm内有吸收，吸收峰数目较多。双指标序列分析结果显示，共有峰率小于68.2%，变异峰率最大达80.0%。不同种植模式滇龙胆样品间相似性小，差异性大。指纹图谱结合化学模式识别法进行主成分分析和线性判别分析均能对不同种植模式样品进行识别。比较不同种植模式滇龙胆根、茎、叶中总裂环烯醚萜苷含量。结果显示，种植模式对滇龙胆中总裂环烯醚萜苷含量有显著影响。滇龙胆与木瓜复合种植根中总裂环烯醚萜苷含量低于荒坡种植，与旱冬瓜复合种植根中总裂环烯醚萜苷含量最高。对不同种植模式滇龙胆中4种有效成分含量进行测定并建立HPLC指纹图谱，结果显示4种有效成分含量由高到低依次为龙胆苦苷、獐牙菜苦苷、马钱苷酸、獐牙菜苷；滇龙胆与茶树、旱冬瓜、核桃树、桉树、杉木、木果石栎复合种植龙胆苦苷含量高于荒坡种植，与木瓜复合种植龙胆苦苷含量低于荒坡种植；指纹图谱相似度分析结果与聚类分析结果相符，不同种植模式滇龙胆样品被聚为三类。与旱冬瓜、核桃树复合种植滇龙胆样品聚为一类，龙胆苦苷含量较高，质量较佳；与茶树、桉树、杉木、木果石栎复合种植滇龙胆样品聚为一类，质量次之；荒坡种植、与木瓜复合种植滇龙胆样品聚为一类，龙胆苦苷含量较低，但符合药典要求。对不同种植模式滇龙胆中元素含量进行测定，结果显示：滇龙胆与茶树复合种植P元素含量较高，与桉树复合种植Mg元素含量较高，与旱冬瓜复合种植有助于Fe和Ti元素的富集。不同种植模式滇龙胆中重金属元素Cd和Cu含量差异显著，Pb元素含量差异不显著。荒坡种植，与旱冬瓜、木果石栎复合种植Cd元素含量高于药典标准；Pb元素含量均符合药典要求。滇龙胆中9对元素相关性达到显著或极显著水

滇龙胆

平，Ca 与 Cd、Fe 与 Ti、Mg 与 Cu、Ti 与 Ni 呈显著正相关（$P < 0.05$）；Fe 与 Ni、Fe 与 Cd、Mn 与 Sr、Ni 与 Cd 呈极显著正相关（$P < 0.01$）；Ni 与 Pb 呈显著负相关（$P < 0.05$）。李远菊等[31]以滇龙胆草中总裂环烯醚萜苷含量为评价指标，分析不同种植模式对其不同部位总裂环烯醚萜苷含量的影响，为滇龙胆草复合种植模式的实施提供理论依据。

杨雁等[32]以云南林药复合种植滇龙胆为研究材料，探讨不同种植模式滇龙胆有效成分的积累特征，并采用高效液相色谱法测定滇龙胆根茎部位中龙胆苦苷、马钱苷酸、獐牙菜苦苷和当药苷 4 种有效成分的含量。7 种复合种植模式滇龙胆中龙胆苦苷含量的平均值为 67.95mg/g，当药苷含量的平均值为 1.85mg/g，獐牙菜苦苷含量的平均值为 9.69mg/g，马钱苷酸含量的平均值为 7.19mg/g。其中滇龙胆 - 尼泊尔桤木复合种植龙胆苦苷含量最高，为（85.99 ± 9.58）mg/g；滇龙胆 - 杉木复合种植当药苷含量最高，为（2.05 ± 0.23）mg/g；滇龙胆 - 核桃复合种植獐牙菜苦苷含量最高，为（10.10 ± 0.95）mg/g；滇龙胆 - 核桃复合种植马钱苷酸含量最高，为（9.74 ± 1.94）mg/g。不同林药复合种植模式滇龙胆有效成分的相关性分析结果显示，龙胆苦苷和獐牙菜苦苷含量呈极显著正相关（R=0.35，$P < 0.01$），当药苷分别与马钱苷酸和獐牙菜苦苷含量呈极显著正相关（R=0.49，$P < 0.01$；R=0.41，$P < 0.01$）。不同林药复合种植模式下滇龙胆有效成分含量不同，其有效成分含量变化可能与其生长的小环境有关。

杨美权等[33]以云南临沧栽培滇龙胆为研究对象，利用高效液相色谱法测定滇龙胆根、茎、叶、花各部位中龙胆苦苷的含量，结果表明栽培模式对滇龙胆不同部位龙胆苦苷的含量有影响：木瓜茶树滇龙胆套种时根部龙胆苦苷含量最高（3.80mg/g），荒坡种植时叶（1.34mg/g）、花（1.22mg/g）部龙胆苦苷含量最高。4 种栽培模式滇龙胆根均可作为龙胆药材入药，质量较好。本研究结果可为滇龙胆质量控制、栽培技术的研究提供基础数据。

【药用前景评述】大理一带龙胆属植物资源丰富，如滇龙胆、红花龙胆、头花龙胆、微籽龙胆等，其中滇龙胆是重要的代表性种类，也是白族传统药用植物。现代研究显示，滇龙胆主要含环烯醚萜苷类化合物，与正品龙胆成分相似。药理学研究证实，滇龙胆具有良好的保肝利胆、健胃、抗菌抗炎及镇痛作用，也与正品龙胆近似。根据白族药用经验，滇龙胆主要用于上感高热、呼吸系统炎症、肝炎、痢疾、胃炎等，与现代药化、药理研究结果相符，说明白族对该植物的应用准确合理。

近年来，随着龙胆属植物的应用日益增多，人们对优质龙胆属植物资源的需求量也不断加大。为此，本书作者团队对滇龙胆优质品质筛选培育进行了长期的研究，取得了良好效果。根据《中华人民共和国药典》（2015 年版）一部中的指标要求，龙胆中主要活性成分龙胆苦苷的含量应不低于 1.5%。我们从云南大理南涧、剑川、云龙、祥云、鹤庆、漾濞、洱源、弥渡等地采集的滇龙胆品系其龙胆苦苷含量为质量标准的 4 倍，达到 6.0% 以上，叶中达到 3.0% 以上；云龙、祥云、鹤庆、大理等地收集的滇龙胆品系其獐牙菜苦苷、獐牙菜苷含量也较高。最后通过植物组织培养技术，成功培育出了优质滇龙胆种苗，在培养基中不添加任何植物激素条件下，优选出滇龙胆离体培养及植株再生的最佳培养基及培养条件是，培养基∶蔗糖浓度∶pH值∶培养温度=1/2MS培养基∶30g/L∶5.2∶20℃/25℃，为滇龙胆的开发利用创造了有利的条件。

滇龙胆在云南药用历史悠久，被历版《中国药典》收录，为传统中药材龙胆的植物来源之一。滇龙胆还是云南道地药材，药用品质较好。虽然早在1987年滇龙胆就被列为野生药材物种国家三级重点保护的濒危物种，但是野生资源仍是滇龙胆药材的主要来源。由于药材需求量大，每年的消耗量远远超出野生资源的年再生能力，而在经济利益的驱使下，滇龙胆野生资源无序挖掘的趋势没有从根本上得到缓解，加之企业出于对现有资源垄断的需要，加剧了种质资源的濒危程度，导致目前在大理、楚雄、昆明等滇龙胆原料药来源地已经很难找到成年植株，大量珍贵遗传资源还未被认识其价值就已经永远从地球上消失，给遗传资源安全性造成了巨大威胁。野生种质资源的枯竭必将导致资源更新和再生成为无本之木，因此开展滇龙胆野生优质种质资源筛选、收集、保存、育种、种子萌发标准化、育苗、组织培养快速繁殖、GAP种植及质量控制等研究工作已刻不容缓，让资源优势转化为产业和行业优势，带动和促进经济社会的发展意义重大。

参考文献

［1］陆蕴如.龙胆属三种龙胆中龙胆苦苷和獐芽菜苷的分离和鉴定（简报）［J］.中国中药杂志，1982，7（6）：30-31.

［2］Liu HT，Wang KT，Zhao YK，et al. Identification and determination of active components in *Gentiana rigescens* Franch by micellar electrokinetic chromatography［J］. J Sep Sci，2000，23（12）：697-698.

［3］许敏，王东，张颖君，等.坚龙胆中的一个新裂环烯醚萜苷［J］.云南植物研究，2006，28（6）：669-672.

［4］Jiang RW，Wong KL，Chan YM，et al. Isolation of iridoid and secoiridoid glycosides and comparative study on Radix Gentianae and related adulterants by HPLC analysis［J］. Phytochemistry，2005，66（22）：2674-2680.

［5］Suyama Y，Kurimoto S，Kawazoe K，et al. Rigenolide A，a new secoiridoid glucoside with a cyclobutane skeleton，and three new acylated secoiridoid glucosides from *Gentiana rigescens* Franch［J］. Fitoterapia，2013，91（10）：166-172.

［6］Suyama Y，Tanaka N，Kawazoe K，et al. Rigenolides B and C，conjugates of norsecoiridoid and secoiridoid glucoside from *Gentiana rigescens* Franch.［J］. Tetrahedron Lett，2017，58（15）：1459-1461.

［7］Suyama Y，Tanaka N，Kawazoe K，et al. Rigenolides D-H，norsecoiridoid and secoiridoids from *Gentiana rigescens* Franch［J］. J Nat Med，2018，72：576-581.

［8］Xu M，Wang D，Zhang YJ，et al. Dammarane triterpenoids from the roots of *Gentiana rigescens*［J］. J Nat Prod，2007，70（5）：880-883.

［9］赵磊，李智敏，白艳婷，等.滇龙胆地上部分的化学成分研究［J］.云南中医学院学报，

2009, 32（2）: 27–31.

［10］朱卫萍, 赵磊, 张国华, 等.栽培滇龙胆的化学成分研究［J］.云南中医学院学报, 2010, 33（5）: 12–16

［11］Xu M, Yang CR, Zhang YJ. Minor antifungal aromatic glycosides from the roots of *Gentiana rigescens*（Gentianaceae）［J］. Chin Chem Lett, 2006, 20（10）: 1215–1217.

［12］孙南君, 夏春芳.坚龙胆中化学成分的研究［J］.中药通报, 1984, 9（1）: 33–34.

［13］Gao L, Li J, Qi J. Gentisides A and B, two new neuritogenic compounds from the traditional Chinese medicine *Gentiana rigescens Franch*［J］. Bioorg Med Chem, 2010, 18（6）: 2131–2134.

［14］Gao L, Xiang L, Luo Y, et al. Gentisides C–K: Nine new neuritogenic compounds from the traditional Chinese medicine *Gentiana rigescens* Franch［J］. Bioorg Med Chem, 2010, 18（19）: 6995–7000.

［15］国家药典委员会.中华人民共和国药典（一部）［S］.北京: 中国医药科技出版社, 2010: 89.

［16］沈磊, 谢文菠, 王修波, 等.滇龙胆不同部位提取物保肝抗炎作用的研究［J］.中成药, 2017, 39（4）: 701–705.

［17］王一娜.龙胆的药理作用［J］.黑龙江医学, 2006, 19（5）: 405–406.

［18］Tang X, Yang Q, Yang F, et al. Target profiling analyses of bile acids in the evaluation of hepatoprotective effect of gentiopicroside on ANIT–induced cholestatic liver injury in mice［J］. J Ethnopharmacol, 2016, 194: 63–71.

［19］王琳琳.龙胆苦苷和龙胆碱的分离纯化及生物活性研究［D］.天津: 天津中医药大学, 2014.

［20］余昕, 欧丽兰, 钟志容, 等.坚龙胆抗炎活性部位筛选及抗炎机制探讨［J］.中国实验方剂学杂志, 2015, 21（6）: 160–164.

［21］江蔚新, 江培, 张晓燕, 等.龙胆多糖的体内抗肿瘤作用研究［J］.中成药, 2008, 30（10）: 1530–1532.

［22］高麟第, 门玉华, 杨振凤.等.治疗甲状腺功能亢进的中药——龙胆［J］.中草药, 1997,（9）: 571–572.

［23］SooPAT.滇龙胆［A/OL］.（2020–03–15）［2020–03–15］.http://www2.soopat.com/Home/Result?Sort=&View= &Columns=&Valid=&Embed=&Db=&Ids=&FolderIds=&FolderId=&ImportPatentIndex=&Filter=&SearchWord=滇龙胆.

［24］SooPAT.*Gentiana rigescens*［A/OL］.（2020–03–15）［2020–03–15］.http://www2.soopat.com/Home/Result? SearchWord=Gentiana%20rigescens&FMZL=Y&SYXX=Y&WGZL=Y&FMSQ=Y&PatentIndex=0#.

［25］SooPAT.坚龙胆［A/OL］.（2020–03–15）［2020–03–15］.http://www2.soopat.com/Home/Result? Sort=&View=&Columns=&Valid=&Embed=&Db=&Ids=&FolderIds=&FolderId=&ImportPatentIndex=0&Filter=&SearchWord= 坚龙胆 &FMZL=Y&SYXX=Y&WGZL=Y&FMSQ=Y.

［26］朱宏涛 陈可可，张颖君，等．坚龙胆的快速繁殖［J］．天然产物研究与开发，2004，16（3）：222-224.

［27］梅丽玉．滇龙胆种植技术及应用［J］．农业与技术，2016，36（6）：80，133.

［28］周雪林，孙爱群，李红宁，等．四种龙胆的显微结构特征比较［J］．湖北农业科学，2015，54（13）：3159-3162.

［29］孙爱群，林长松，杨友联，等．5种龙胆属植物种子生物学特性比较［J］．种子，2016，35（9）：37-40.

［30］李远菊．林药复合种植滇龙胆化学评价研究［D］．昆明：云南中医学院，2014.

［31］李远菊，沈涛，张霁，等．不同种植模式对滇龙胆草总裂环烯醚萜苷含量的影响［J］．植物资源与环境学报，2014，23（3）：111-113.

［32］杨雁，石瑶，田浩，等．不同林药复合种植模式滇龙胆有效成分含量研究［J］．西南农业学报，2019，32（6）：1273-1277.

［33］杨美权，张金渝，沈涛，等．不同栽培模式对滇龙胆中龙胆苦苷含量的影响［J］．江苏农业科学，2011，（1）：287-289.

滇龙胆

滇黄芩

【植物基原】本品为唇形科黄芩属植物滇黄芩 *Scutellaria amoena* C. H. Wright 的根。

【别名】黄芩、枯芩、条芩、小黄芩、子芩。

【白语名称】黄芩。

【采收加工】秋季采集，除去泥土，放入沸水中煮 5～10 分钟，取出晾干备用。

【白族民间应用】清凉解毒。主治目赤肿痛、黄疸、支气管炎、肺炎、肠炎、痢疾。

【白族民间选方】目赤肿痛、黄疸、气管炎、肺炎、肠炎、痢疾、高血压：本品 10～15g，煎服或配方用。

【化学成分】滇黄芩主要含黄酮（醇）、二氢黄酮（醇）及其苷类化合物汉黄芩素（wogonin，1）、去甲汉黄芩素（2）、黄芩素（baicalein，3）、千层纸素 A（oroxylin A，4）、白杨素（chrysin，5）、5，7- 二羟基 -6，8- 二甲氧基黄酮（6）、2′，5，6′，7- 四羟基黄酮（7）、2′，3，5，6′，7- 五羟基黄酮（8）、2′，5，7- 三羟基 -6- 甲氧基黄酮（9）、黄芩新素Ⅱ（neobaicalein，10）、5，7，4′- 三羟基 -8- 甲氧基黄酮（11）、（2S）-2′，5，6′，7- 四羟基双氢黄酮（12）、滇黄芩新素（scuteamoenin，13）、（2R，3R）-2′，3，5，7- 四羟基双氢黄酮（14）、（2R，3R）-2′，3，5，6′，7- 五羟基双氢黄酮（15）、（2R，3R）-3，5，7- 三羟基双氢黄酮（16）、（2S）-5，7，8- 三羟基双氢黄酮（17）、dihydrooroxylin A（18）、滇黄芩新苷（scuteamoenoside，19）、滇黄芩苷乙（amoenin B，20）、二氢黄芩苷（21）、滇黄芩苷丙（amoenin C，22）、滇黄芩苷丁（amoenin D，23）、滇黄芩苷戊（amoenin E，24）、野黄芩苷（scutellarin，25）、5，7，2′-trihydroxy-6-methoxyflavone 7-O-β-D-glucuronide（26）、白杨素 -7-O-β-D- 吡喃葡萄糖醛酸苷（27）、黄芩苷（baicalin，28）、千层纸素 A-7-O-β-D- 吡喃葡萄糖醛酸苷（29）、汉黄芩苷（wogonoside，30）、oroxylin A-7-O-β-D-glucuronide methyl ester（31）、5，7，2′-trihydroxy-6-methoxyflavone 7-O-β-D-glucuronide methyl ester（32）、baicalein 7-O-β-D-glucoside（33）、5，7，2′-trihydroxy-6- methoxyflavone 7-O-β-D-glucoside（34）、5，7，2′，6′-tetrahyroxyflavonol 2′-O-β-D-glucoside（35）、白杨素 8-C-β-D- 葡萄吡喃糖苷（36）、白杨素 6-C-β-D- 葡萄吡喃糖基 -8-C-α-L- 阿拉伯吡喃糖苷（37）、滇黄芩苷甲（amoenin A，38），以及少量苯丙素、甾体等其他结构类型化合物，共计 50 多个成分[1-10]。

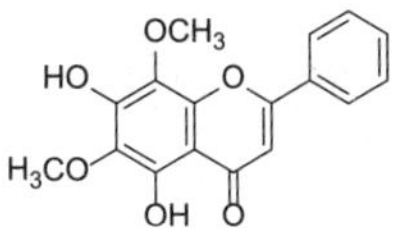

6

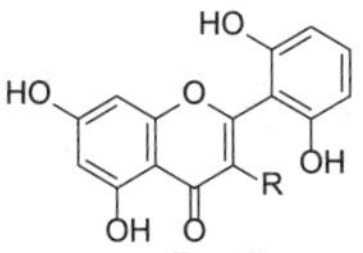

7 8

R H OH

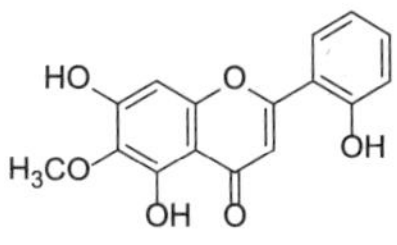

9

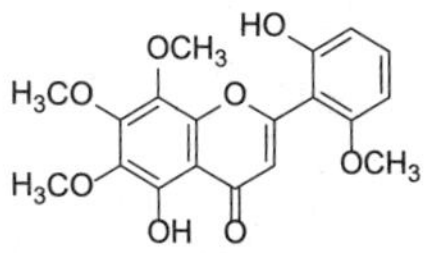

10

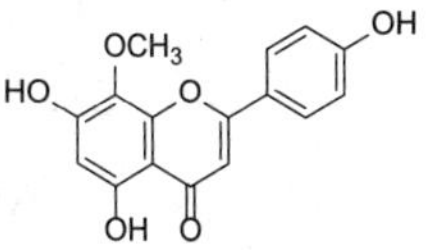

11

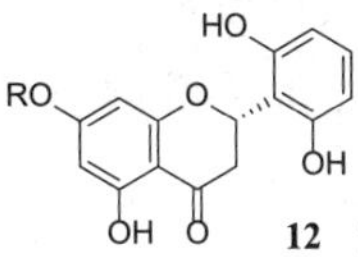

12 13

R H CH_3

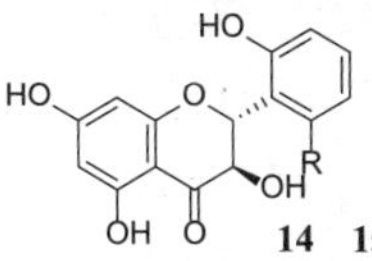

14 15

R H OH

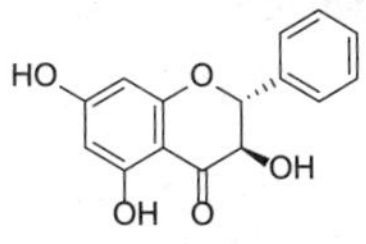

16

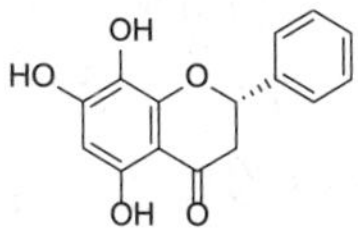

17

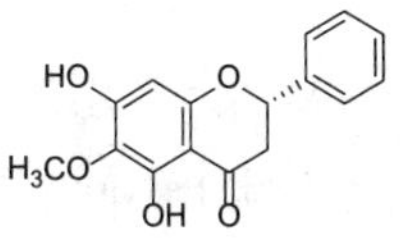

18

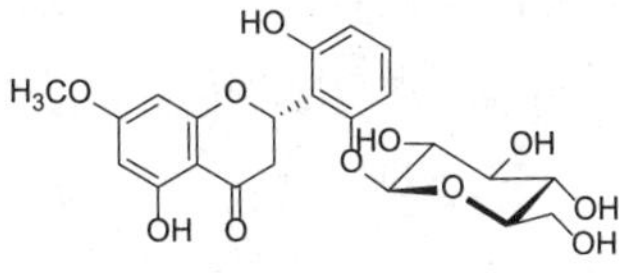

19

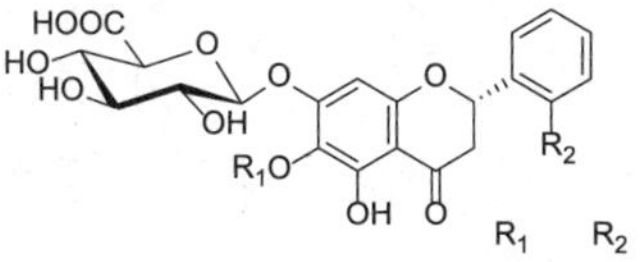

	R_1	R_2
20	CH_3	OH
21	H	H

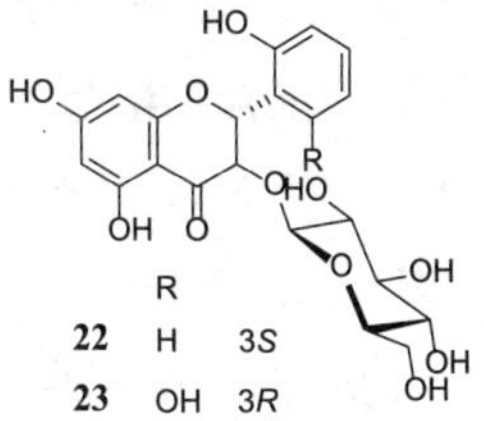

	R	
22	H	3*S*
23	OH	3*R*
24	OH	3*S*

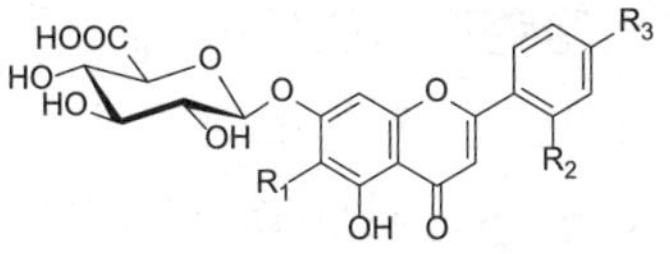

	R_1	R_2	R_3
25	OH	H	OH
26	OCH_3	OH	H

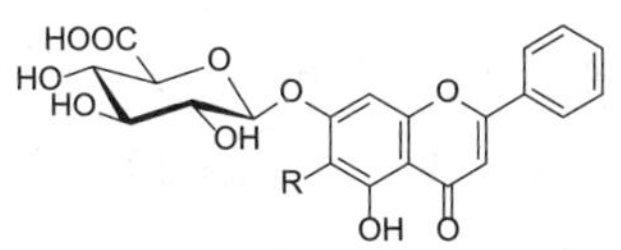

27 28 29

R H OH OCH_3

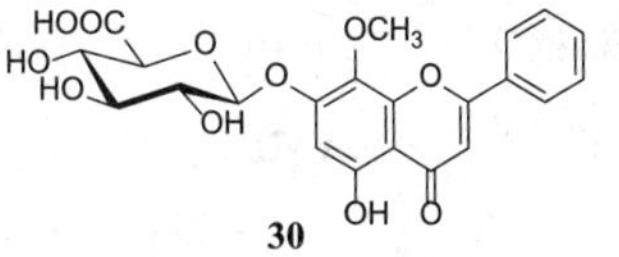

30

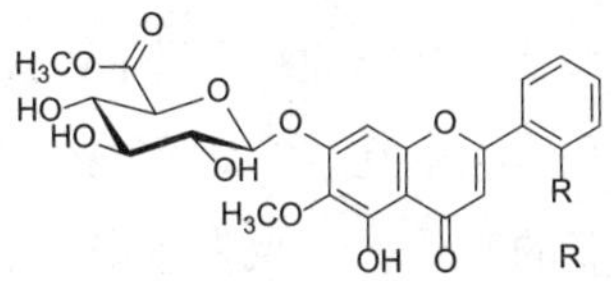

	R
31	H
32	OH

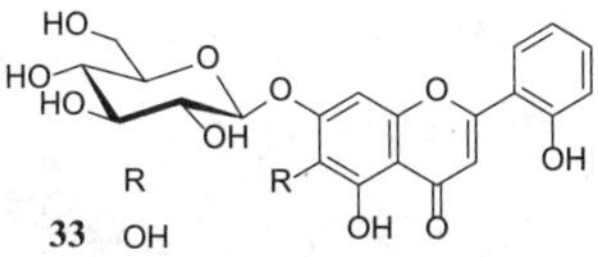

	R
33	OH
34	OCH_3

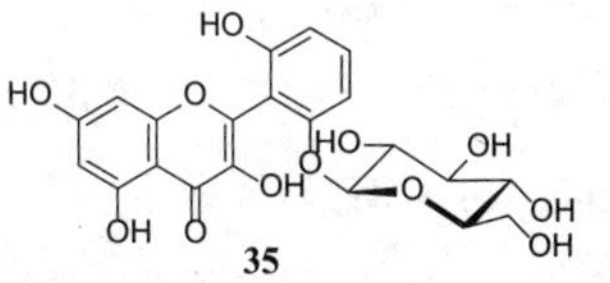

35

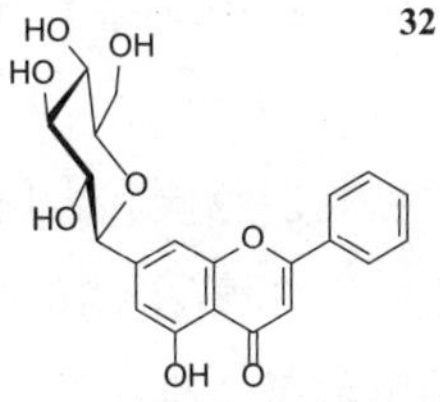

36

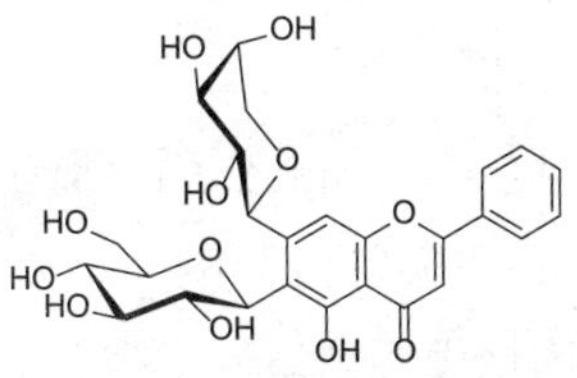

37

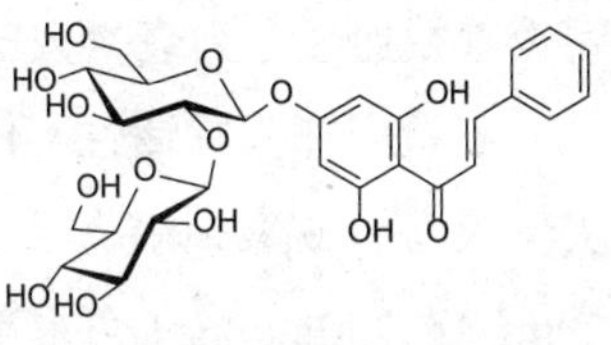

38

【药理药效】滇黄芩除了具有传统的抗菌、抗氧化活性外，还能抗心律失常、降血脂。具体为：

1. 抗菌活性 程国强等[11]评价了黄芩苷对眼科常见病原菌的体外抗菌作用，结果表明，黄芩苷对多种细菌均有不同程度的抑菌作用，其中对大肠杆菌抑制作用最强，对绿脓杆菌和枯草杆菌抑制作用稍次，对金黄色葡萄球菌和白色葡萄球菌抑制作用更弱，对流感嗜血杆菌、甲型溶血性链球菌、乙型溶血性链球菌和肺炎球菌作用最弱。刘琴等[12]的研究表明黄芩苷能延缓耐甲氧西林金黄色葡萄球菌和其他耐β内酰胺类金黄色葡萄球菌对β内酰胺类抗生素产生的耐药性，从而恢复β内酰胺类抗生素对耐药菌的抗菌作用。本书作者团队也对滇黄芩与正品中药材黄芩的抑菌活性进行了分析比较，结果发现滇黄芩的抑菌活性优于正品黄芩。

2. 抗氧化活性 高中洪等[13-15]的研究表明，黄酮类化合物是黄芩属药用植物的主要有效成分，其中含量较高并具有明显药理作用的是黄芩苷、黄芩素、汉黄芩苷和汉黄芩素，这4种成分均有清除自由基的作用。黄芩素是其中已知主要成分中最强的自由基清除剂[3]。刘海鸥等[8, 16]的抗氧化实验研究表明，滇黄芩总黄酮对超氧阴离子自由基和羟自由基清除作用的 IC_{50} 分别为0.14mg/mL、0.20mg/mL。她们的另一个实验评价了滇黄芩地上、地下不同萃取部位及单体化合物的抗氧化活性，结果显示滇黄芩地上部分、地下部分及正丁醇、乙酸乙酯萃取层显示出较强的抗氧化作用。这可能与滇黄芩中丰富的黄酮类成分有关。其中黄酮母核上的邻位酚羟基、4位的羰基，以及黄酮苷类化合物糖部分的羧基对黄酮类化合物的抗氧化活性具有重要贡献。张小东等[17]研究滇西植物的抗氧化活性，结果显示滇黄芩地上、地下部分的乙醇提取物具有较好的抗氧化活性，IC_{50} 分别为18.9μg/mL、21.0μg/mL。

3. 免疫调节活性 蔡仙德等[18]研究了黄芩苷对小鼠细胞免疫功能的影响，结果表明，黄芩苷对刀豆蛋白和脂多糖诱导的淋巴细胞增殖具有双向调节作用，低剂量（0.625～5μg/mL）促进增殖，而高剂量（10μg/mL）抑制增殖；还可明显增加小鼠脾脏细胞中的cAMP含量，而不影响cGMP含量；对小鼠腹腔巨噬细胞吞噬中性红的作用也为双向调节，低剂量（0.25mg/10g）促进吞噬，而高剂量（0.5mg/10g）抑制吞噬；能显著增加巨噬细胞中溶菌酶的含量。这些结果表明不同剂量的黄芩苷对细胞免疫有不同的调节作用。尹琰等[19]等通过结扎大鼠左冠状动脉前降支制作免疫功能紊乱、细胞免疫低下的心肌梗死大鼠模型，并利用该模型研究黄芩苷对异常免疫功能的影响，结果发现黄芩苷（300mg/kg·d）能恢复异常的细胞免疫参数，如 CD_4/CD_8、淋巴细胞总数等，提示黄芩苷可改善缺血性心力衰竭大鼠的免疫功能。

4. 抗心律失常活性 何晓山等[20, 21]用哇巴因、氯化钡或氯化钙制造豚鼠和大鼠心律失常模型，观察滇黄芩总黄酮对心律失常的影响。结果表明，滇黄芩总黄酮（10mg/kg、20mg/kg、40mg/kg）可提高哇巴因诱发豚鼠室性早搏和心室纤颤的阈剂量，推迟氯化钡诱发大鼠室性心动过速的出现时间，延缓氯化钙诱发大鼠心室纤颤的出现时间，具有对抗动物实验性心律失常的作用。何晓山等[22]研究滇黄芩总黄酮对豚鼠心肌组织电压门控性钠通道的影响，结果发现滇黄芩总黄酮可阻滞豚鼠心肌细胞钠通道（IC_{50} 为106mg/L），是稳定的钠通道阻断剂，这可能是其抗心律失常的机制之一。

5. 调血脂活性 刘海鸥[8]通过高脂大鼠模型证实了滇黄芩总浸膏高、低剂量组（100mg/kg 和20mg/kg）均具有调血脂活性，可以显著降低大鼠甘油三酯、总胆固醇、低密度脂蛋白水平，升高高密度脂蛋白水平，同时还能促进高脂模型大鼠粪便中胆汁酸的排泄。

6. 毒性 何晓山[20]测定了滇黄芩总黄酮提取物的急性毒性，结果表明滇黄芩总黄酮的 LD_{50} 为4.44g/kg，相当于滇黄芩原生药462.38g/kg，为临床用量的2769倍，说明其急性毒性较小。滇黄芩总黄酮对小鼠的毒性主要表现为自发活动减少。

【开发应用】

1. 标准规范 滇黄芩有中药饮片炮制规范 2 项：滇黄芩饮片［《云南省中药饮片标准》（2005 年版）第一册］、酒滇黄芩［《云南省中药饮片标准》（2005 年版）第一册］。

2. 专利申请 涉及滇黄芩的专利十分有限，目前仅有一条：步怀宇等，中药滇黄芩的一种器官发生方法（CN101536672 A）（2009 年）。

3. 栽培利用 张跃进等[23]开展了楚雄三种彝族药（滇黄芩、滇龙胆、青阳参）野生变家种的关键技术研究成果鉴定。其对滇黄芩、滇龙胆、青阳参三种药物的研究历时三年，将家种繁种第二代与野生种进行对比，无显著性差异，即药物形态、性状、特征、理化鉴别与质量分析无显著性差异。经过三年多的种植，其调查研究认为该三种彝族药适宜楚雄多数地区种植，并可在该地制种、推广种植；且三种药物种植过程严格按 GAP 要求进行，对该州中药材种植起到了示范带动作用，对发展彝药产业也具有一定的推动作用。

赵振玲等[24]以附加蔗糖为基本培养基，添加不同的植物激素，进行滇黄芩体胚诱导与植株再生。李娅琼等[25-27]以滇黄芩幼嫩茎作外植体，建立了滇黄芩的快速繁殖体系，同时研究了滇黄芩在自然环境下的传粉方式及生殖方式。孔祥鹤[28]运用结构植物学、组织化学和植物化学等方法，揭示了滇黄芩营养器官的解剖结构及发生发育规律；黄酮类物质在营养器官中的组织化学定位；不同生长时期、不同器官黄芩苷和总黄酮积累的动态变化。岑举人等[29, 30]研究中药滇黄芩的遗传操作，通过诱导不带腋芽茎段产生愈伤组织，获得高效稳定的间接器官再生体系。同年，他们的研究结果表明，滇黄芩再生植株黄酮类化合物主要存在于营养器官的表皮和皮层及茎、叶腺毛中，同时测定再生植株中黄芩苷的含量，得出地下部分（根）含量为 0.12%、地上部分（茎，叶）含量为 0.43%。步怀宇等[31]建立了毛状根培养及其植株再生体系。

4. 生药学探索 滇黄芩为多年生草本，主根长大，呈圆锥形的不规则条状，常有分枝，长 5 ～ 20cm，直径 1 ～ 1.6cm。表面黄褐色或棕黄色，有皱纹，常有粗糙的栓皮，脱落处淡黄色。下端有支根痕，断面纤维状，为极明显的黄绿色、鲜黄色或微带绿色。气微，味苦微涩。木栓层为 6 ～ 9 列扁平细胞，无石细胞分布。韧皮部约占根直径的1/4，有纤维散在，偶见大、小悬殊的石细胞，纤维梭形、长条形，长 160 ～ 240μm，宽20 ～ 40μm。石细胞方形、不规则形，长 80 ～ 168μm，宽 24 ～ 40μm。形成层不明显。木质部束 8 ～ 13 个，导管群排列成不规则形，导管群数目多，木射线为 8 ～ 18 列薄壁细胞，横切面中略有弯曲，导管分子长 120 ～ 180μm，直径 28 ～ 44μm。中央无木栓环。薄壁细胞中含淀粉粒，圆形、椭圆形、不规则形，直径 2 ～ 12μm，脐点未见，无层纹[32]。其相关理化性质与鉴别方法也有研究总结[32]。

此外，孔祥鹤等[33]应用植物解剖学方法和荧光显微技术研究了滇黄芩（*S. amoena*）营养器官的解剖结构。陈琪等[34]对滇黄芩的完整叶绿体（cp）基因组序列进行了测序，以探讨其在唇形科中的系统发育关系。

滇黄芩

5. 其他应用 肖丽和[35]考察9份不同种黄芩的指纹图谱，发现滇黄芩与其他种黄芩成分差异明显。熊春媚等[36, 37]研究滇黄芩与黄芩的指纹图谱差异，结果表明黄芩与滇黄芩之间存在明显的差异。Zhang等[38]首次建立了黄芩药材化学指纹图谱分析方法，并对指纹图谱中的主要化合物进行了快速鉴定。其他一些研究[39-43]从性状、TLC、LC-MS成分鉴定、UPLC黄酮类成分含量、聚类分析法等方面鉴别滇黄芩与黄芩。刘海鸥等[44]进行了滇黄芩总黄酮不同提取方法的比较分析。

【药用前景评述】 黄芩属（*Scutellaria* Linn.）植物种类繁多，部分有药用记载，多用于清热解毒、抗菌消炎。滇黄芩（*S. amoena*）在《滇南本草》中便有明确记载可以代黄芩药用。白族医药中也将滇黄芩代黄芩药用。余昕等[32]对滇黄芩进行了生药学研究，通过和《中国药典》收载的正品黄芩进行原植物、性状、显微和薄层色谱的对比，结果发现滇黄芩与正品黄芩在原植物、性状、显微上稍有不同，但薄层色谱显示两者含有多种相同的成分，因此认为滇黄芩尚可考虑作为黄芩的新资源使用。为了解滇黄芩的抗菌效果，本书作者团队特意选取大肠杆菌、痢疾杆菌、金黄色葡萄球菌三种致病菌考察滇黄芩与正品黄芩的抗菌活性差异。实验结果显示，滇黄芩对上述三种致病菌的抑制活性显著优于正品黄芩，初步证实了滇黄芩的确具有替代正品黄芩药用的合理性[45]。

除抗菌活性以外，滇黄芩还具有多种药理活性，包括抗氧化、免疫调节、抗心律失常、调血脂等。同时，该植物毒性较少，药用安全可靠，因此是难得的优质黄芩替代资源。目前，该植物的开发应用仍十分有限，相关研发前景十分广阔。

参考文献

［1］付胜男，虎春艳，刘海鸥，等.滇黄芩地上部分化学成分的分离鉴定［J］.中国实验方剂学杂志，2018，24（10）：55-59.

［2］肖丽和，王红燕，宋少江，等.滇黄芩化学成分的分离与鉴定［J］.沈阳药科大学学报，2003，20（3）：181-183，193.

［3］周志宏，杨崇仁.滇黄芩中五个新的黄酮类配糖体［J］.植物分类与资源学报，2000，22（4）：475-481.

［4］Zhou ZH，Zhang YJ，Yang CR. New flavonoid glycosides from *Scutellaria amoena*［M］// Yang CR，Tanaka O.Studies in Plant Science. Vol. 6. Amsterdam：Elsevier.1999：305-310.

［5］胡碧煌，刘永漋，章天，等.滇黄芩中滇黄芩新素的结构研究［J］.药学学报，1990，25（4）：302-306.

［6］胡碧煌，刘永漋.滇黄芩中新黄酮成分的结构研究［J］.药学学报，1989，24（3）：200-206.

［7］刘永漋，李乃文，宋万志，等.滇黄芩中黄酮类成分的研究［J］.中草药，1980，11（8）：337-340.

［8］刘海鸥.滇黄芩化学成分及药理活性研究［D］.昆明：云南中医学院，2016.

［9］李忠荣，邱明华，聂瑞麟.滇黄芩苷A和B的结构［J］.天然产物研究与开发，1996，8（1）：19-23.

［10］肖丽和.滇黄芩化学成分及黄芩药材质量控制初步研究［D］.沈阳：沈阳药科大学，2003.

［11］程国强，冯年平，唐琦文，等.黄芩苷对眼科常见病原菌的体外抗菌作用［J］.中国医院药学杂志，2001，21（6）：347-348.

［12］Liu IX，Durham DG，Richards RME. Baicalin synergy with beta-lactam antibiotics against methicillin-resistant *Staphylococcus aureus* and other beta-lactam-resistant strains of S-aureus［J］. J Pharm Pharmacol，2000，52（3）：361-366.

［13］Gao D，Sakurai K，Katoh M，et al. Inhibition of microsomal lipid peroxidation by baicalein：A possible formation of an iron-baicalein complex［J］. IUBMB Life，1996，39（2）：215-225.

［14］高中洪，黄开勋，卞曙光，等.黄芩黄酮对自由基引起的大鼠脑线粒体损伤的保护作用［J］.中国药理学通报，2000，16（1）：81-83.

［15］刘玉萍，Basnet P，小松かつ子，等.黄芩清除自由基活性与黄芩苷含量的相关性研究［J］.中国中药杂志，2002，27（8）：575-579，619.

［16］刘海鸥，虎春艳，赵声兰，等.滇黄芩总黄酮酶解超声提取工艺及抗氧化活性研究［J］.中国酿造，2016，35（1）：110-114.

［17］张小东，沈怡，刘子琦，等.滇西地区29种药用植物抗氧化活性研究［J］.大理大学学报，2016，1（2）：1-4.

［18］蔡仙德，谭剑萍，穆维同，等.黄芩苷对小鼠细胞免疫功能的影响［J］.南京铁道医学院学报，1994，13（2）：65-68.

［19］尹琰，吴晓冬，寿伟璋，等.黄芩苷对心肌梗死后大鼠免疫功能的调节作用［J］.南京铁道医学院学报，2000，19（3）：162-164.

［20］何晓山，代蓉，陈秀红，等.滇黄芩总黄酮急性毒性及抗实验性心律失常作用的研究［J］.中国实验方剂学杂志，2010，16（10）：150-152.

［21］何晓山，周宁娜，林青，等.滇黄芩总黄酮抗心律失常作用的实验研究［J］.中国中药杂志，2010，35（4）：508-510.

［22］何晓山，彭林，林青，等.滇黄芩总黄酮对豚鼠心肌细胞电压依赖性钠通道电流的影响［J］.中国实验方剂学杂志，2013，19（6）：192-195.

［23］张跃进，杨文，罗天浩，等.楚雄三种彝族药（滇黄芩、滇龙胆、青阳参）野生变家种的关键技术研究，2004. http://dbpub.cnki.net/grid2008/dbpub/detail.aspx?dbcode=SNAD&dbname=SNAD&filename=SNAD000000051341.

［24］赵振玲，刘其宁，肖植文，等.滇黄芩体胚诱导与植株再生［J］.西南农业学报，2006，19（4）：714-718.

［25］李娅琼，肖湘滇，吴梅.滇黄芩传粉及繁殖生物学的初步研究［J］.云南中医学院学报，2008，31（4）：45-48.

［26］李娅琼，游春，杨冠.滇黄芩快速繁殖研究［J］.中药材，2007，30（7）：761-762.

［27］李娅琼，游春，杨耀文.滇黄芩居群及繁殖生物学的初步研究［J］.云南中医中药杂

志，2007，28（9）：19-20.

[28] 孔祥鹤. 滇黄芩的结构及其有效成分含量变化动态研究 [D]. 西安：西北大学，2009.

[29] 岑举人. 中药滇黄芩的遗传操作 [D]. 西安：西北大学，2010.

[30] 岑举人，步怀宇，孔祥鹤，等. 滇黄芩再生植株中黄酮类化合物的组织化学定位及黄芩苷的含量测定 [J]. 天然产物研究与开发，2010，22（6）：1069-1072.

[31] 步怀宇，岑举人，王英娟，等. 滇黄芩毛状根的诱导及其黄芩苷含量测定 [J]. 基因组学与应用生物学，2010，29（1）：179-184.

[32] 余昕，张丹. 滇黄芩的生药学研究 [J]. 云南中医中药杂志，2009，30（10）：30-31.

[33] 孔祥鹤，魏朔南，李欣. 滇黄芩的解剖学与组织化学研究及其与黄芩的比较 [J]. 植物分类与资源学报，2011，33（4）：414-422.

[34] Chen Q, Zhang D. Characterization of the complete chloroplast genome of *Scutellaria amoena* C. H. Wright（Lamiaceae），a medicinal plant in southwest China [J]. Mitochondrial DNA B Resour，2019，4（2）：3057-3059.

[35] 肖丽和. 滇黄芩化学成分及黄芩药材质量控制初步研究 [D]. 沈阳：沈阳药科大学，2003.

[36] 熊春媚. 中药滇黄芩与黄芩 HPLC 指纹图谱的研究 [D]. 昆明：昆明医学院，2007.

[37] 熊春媚，马银海，张萍，等. HPLC 指纹图谱鉴别滇黄芩与黄芩 [J]. 中国药房，2007，18（33）：2591-2593.

[38] Zhang L, Zhang RW, Li Q, et al. Development of the fingerprints for the quality evaluation of Scutellariae Radix by HPLC-DAD and LC-MS-MS [J]. Chromatographia，2007，66（1-2）：13-20.

[39] 陈善信，张宏伟. 黄芩与滇黄芩紫外光谱鉴别 [J]. 时珍国医国药，2001，12（3）：230.

[40] 傅平，刘尔广，罗聪颖. 黄芩与滇黄芩的紫外光谱和薄层色谱鉴别 [J]. 中药材，1996，19（11）：559.

[41] 郭朝民，郭秀丽. 黄芩与滇黄芩的鉴别 [J]. 河南中医，2003，23（9）：72-73.

[42] 苏薇薇. 聚类分析法在黄芩鉴别分类中的应用 [J]. 中国中药杂志，1991，16（10）：579-581，638.

[43] 肖凌，张飞. 黄芩与滇黄芩鉴别研究 [J]. 中药材，2016，39（10）：2412-2416.

[44] 刘海鸥，虎春艳，普春霞，等. 滇黄芩总黄酮不同提取方法的比较分析 [J]. 中国民族民间医药，2016，25（4）：21-23.

[45] 刁红梅，吴秀蓉，肖朝江，等. 三种滇西地区药用黄芩属植物与正品黄芩抗菌活性研究 [J]. 中国民族民间医院，2020，（12）：37-41.

滇橄榄

【植物基原】本品为大戟科叶下珠属植物余甘子 *Phyllanthus emblica* L. 的果实、茎皮。

【别名】余甘子、橄榄、牛甘子、庵摩勒、油甘子、牛甘果。

【白语名称】嘎拉摆（大理）、皱刚（鹤庆、洱源）、吆嘎（洱源）、嘎蜡（云龙）。

【采收加工】秋末冬初采成熟果实；茎皮随季可采。

【白族民间应用】果生津止咳、清热，用于喉病，适量嚼服。树皮止血。茎皮用于痢疾。果治鱼刺卡喉（洱源）。

【白族民间选方】①咽喉肿痛、咳嗽、哮喘：本品鲜果生嚼服，或用沸水泡饮。②痢疾、腹泻：本品茎皮 20g，紫地榆 10g，炒红糖 15g，水煎服。③外伤出血：本品树皮干粉，外敷。④鱼蟹中毒：本品鲜果实 30g 或干品 60g，绞汁饮。

【化学成分】代表性成分：余甘子主要含以没食子酸类为首的酚酸类化合物，其次为黄酮（苷）类化合物。例如，gallic acid（1）、methyl gallate（2）、ellagic acid（3）、L-malic acid 2-O-gallate（4）、mucic acid 2-O-gallate（5）、phyllaemblicin A（6）、mucic acid 1, 4-lactone-5-O-gallate（7）、ascorbic acid（8）、glucogallin（9）、3, 6-di-O-galloyl-β-D-glucose（10）、1, 6-di-O-galloyl-β-D-glucose（11）、corilagin（12）、emblicanin B（13）、emblicanin A（14）、punigluconin（15）、pedunculagin（16）、chebulinic acid（17）、chebulagic acid（18）、quercetin（19）、luteolin-7-O-neohesperiodoside（20）、apigenin-7-O-（6-butyryl-β-glucopyranoside）（21）等 [1-24]。

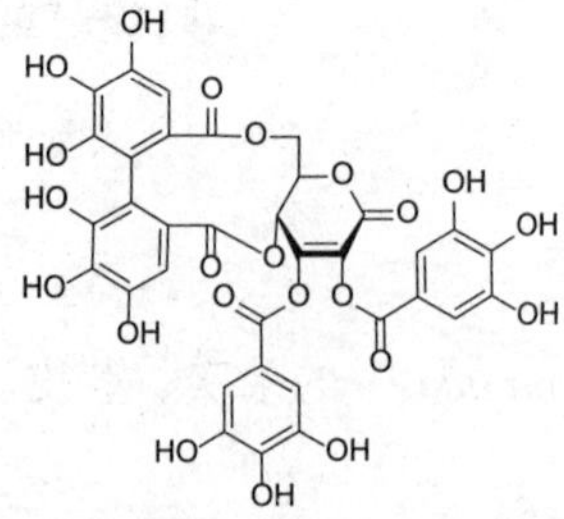

14 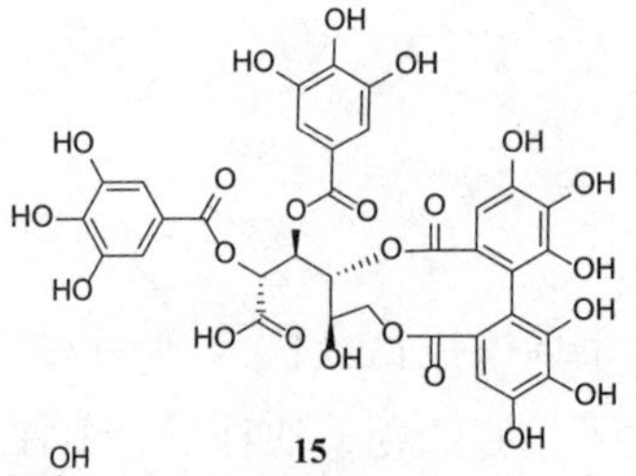　15 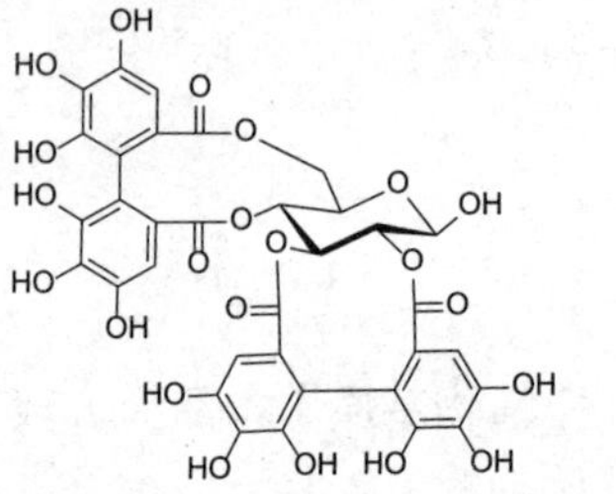　16

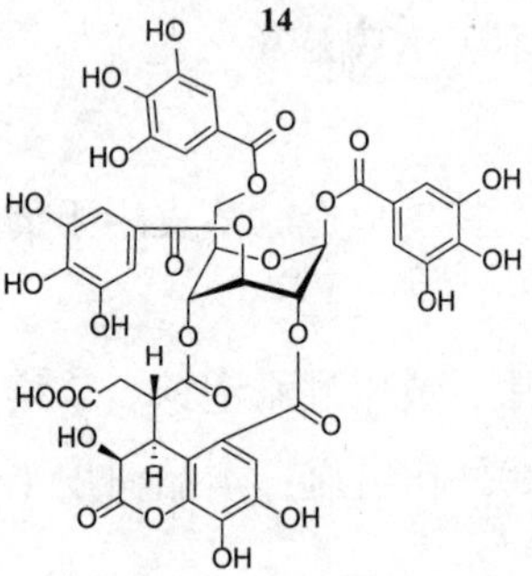

17 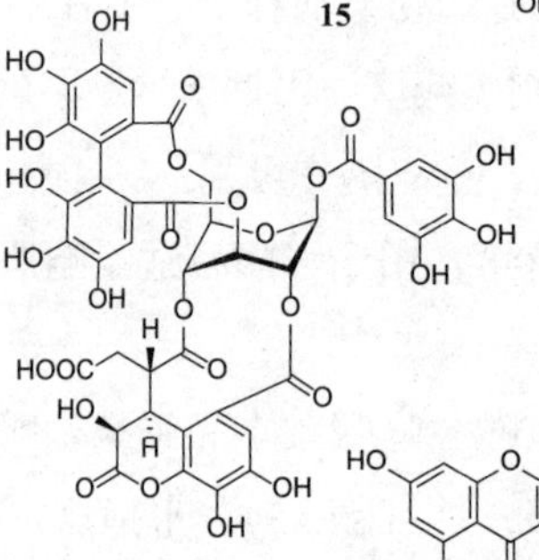　18 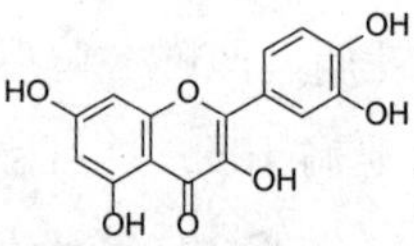　19 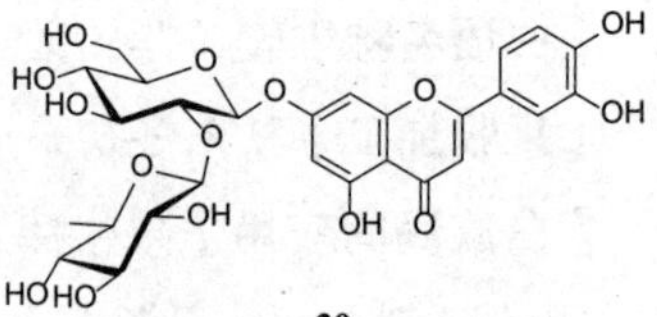　20 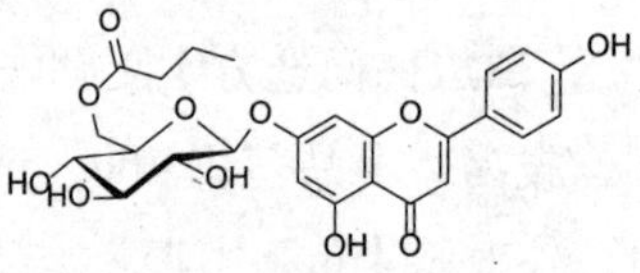　21

此外，余甘子还含有萜类、甾体等其他结构类型化合物。例如，phyllaemblic acid B（22）、phyllaemblic acid C（23）、phyllaemblicin D（24）、2-carboxylmethylphenol 1-O-β-D-glucopyranoside（25）、2，6-dimethoxy-4-（2-hydroxyethyl）phenol 1-O-β-D-glucopyranoside（26）、ursolic acid（27）、lupeol（28）、betulinic acid（29）、β-谷甾醇（30）等[1-24]。

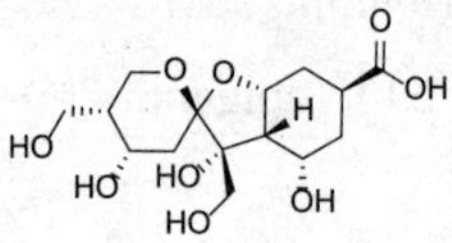

22 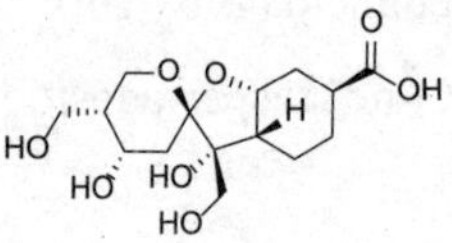　23 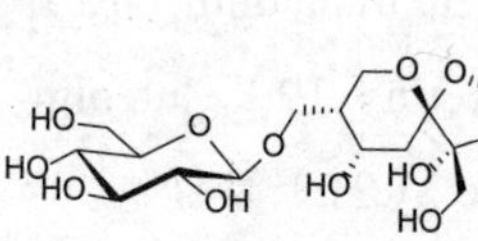　24 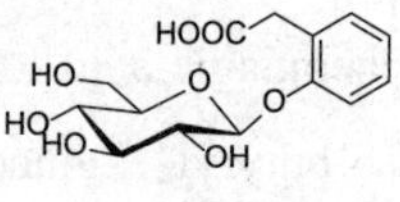　25

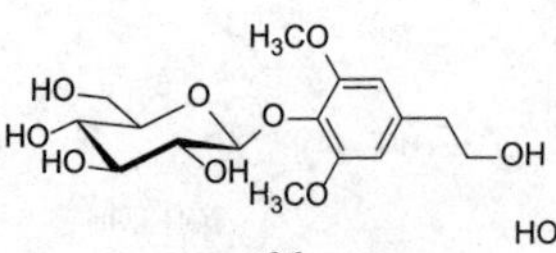

26 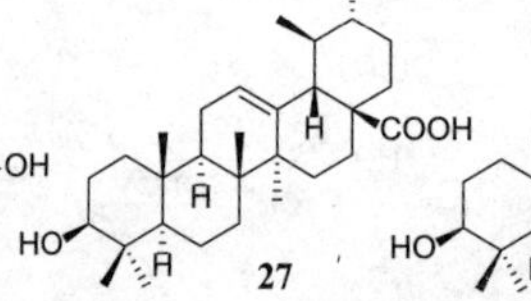　27 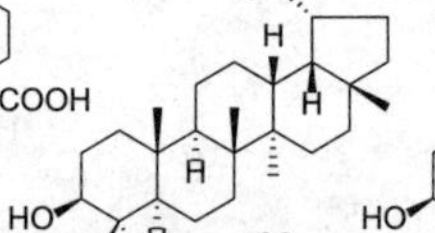　28 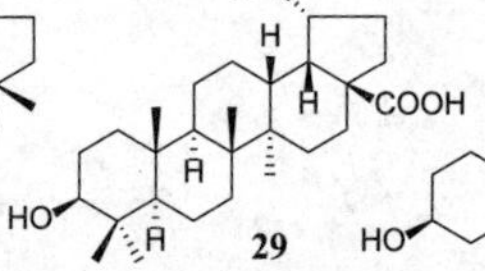　29 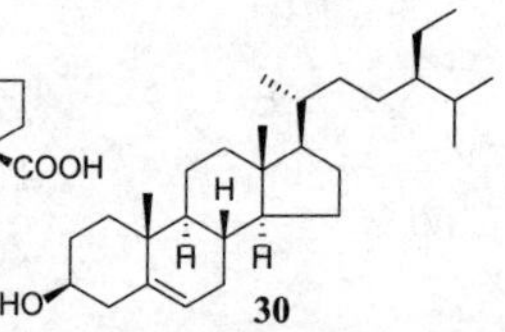　30

近年来关于滇橄榄研究日趋热门，2002 年至今已从该植物中分离鉴定了 160 个成分：

序号	化合物名称	结构类型	参考文献
1	（-）-Epiafzelechin	黄酮	［9］
2	（+）-Gallocatechin	黄酮	［9］
3	（E）-Phenyl-3-acrylic acid	苯丙素	［3，6］
4	（S）-Eriodictyol 7-O-（6″-O-galloyl）-β-D-glucopyranoside	黄酮	［11］
5	（S）-Eriodictyol 7-O-（6″-O-trans-p-coumaroyl）-β-D-glucopyranoside	黄酮	［11］
6	1-（4′-Methoxy-4′-oxobutyl）-1H-pyrrole-2，5-dicarboxylic acid	其他	［2］

序号	化合物名称	结构类型	参考文献
7	1，2，3，5，6-Penta-O-galloylglucose	单宁	[9]
8	1，2，3-Benzenetriol	酚酸	[3，6]
9	1，6-二-O-没食子酰基-β-D-葡萄糖	酚酸	[6]
10	1-O-Galloyl-β-D-glucose	酚酸	[6，7，17]
11	1-Triacontanol	其他	[5，10，17]
12	2-（2-Methylbutyryl）phloroglucinol 1-O-（6″-O-β-D-apiofuranosyl）-β-D-glucopyranoside	酚酸	[11]
13	2，4-Di-tert-butylphenol	酚类	[17]
14	2，5-Dicarboxypyrrole	生物碱	[2]
15	2,6-Dimethoxy-4-（2-hydroxyethyl）phenol 1-O-β-D-glucopyranoside	酚苷	[9]
16	2-Carboxylmethylphenol 1-O-beta-D-glucopyranoside	酚苷	[9]
17	2-Furoic acid	其他	[1，2]
18	2-Hydroxy-3-phenylpropyl-propyl methyl ester	其他	[1，2]
19	3，20-Dioxo-dinorfriedelane	三萜	[13，17]
20	3，3′-O-Dimethoxyellagic acid-4′-O-α-L-rhamnopyranoside	没食子酸苷	[15]
21	3，3′-二羟基-4，4′-丙烯基-2，2′-二羧基联苯	酚酸	[6]
22	3，4，3′-O-Trimethoxyellagic acid-4′-O-β-D-glucopyranoside	酚酸苷	[15]
23	3，4，3′-O-Trimethylellagic acid	酚酸	[14，15]
24	3，4，8，9，10-Pentahydroxydibenzo［b，d］pyran-6-one	其他	[14]
25	3，6-Digalioylglucose	酚苷	[4，6]
26	3-Ethyl gallic acid	酚酸	[6，8，11，12，17]
27	3-O-Methoxyellagic acid-4′-O-α-L-rhamnopyranoside	酚酸苷	[15]
28	4，5，7-Trihydroxyflavonol	黄酮	[12]
29	4′-Hydroxyphyllaemblicin B	倍半萜苷	[9]
30	4-O-Methylellagic acid-3′-α-rhamnoside	酚酸苷	[13]
31	5，7，4′-Trihydroxy-flavonol	黄酮	[3，6]
32	5-Hydroxymethylfurfural	其他	[9，11]
33	Apigenin-7-O-（6″-butyryl）-β-glucopyranoside	黄酮	[9]
34	Avicularin	黄酮	[5，6]

滇橄榄

序号	化合物名称	结构类型	参考文献
35	Betulin	三萜	[14]
36	Betulinic acid	三萜	[16]
37	Betulonic acid	三萜	[16]
38	Carotene	四萜	[4]
39	Carpinusnin	酚类	[9]
40	Catechin-（$4\beta \rightarrow 8$）-epigallocatechin	黄酮	[9]
41	Cerotic acid	其他	[9]
42	Chebulagic acid	酚酸	[4, 11, 17]
43	Chebulanic acid	酚酸	[3]
44	Chebulic acid	酚酸	[3, 4]
45	Chebulinic acid	酚酸	[3, 4, 9, 11, 17]
46	Cinnamic acid	苯丙素	[9, 11, 17]
47	Coniferyl aldehyde	苯丙素	[1, 2]
48	Corilagin	酚酸	[3, 4, 6]
49	Daucosterol	甾体	[10]
50	Delphinidin	黄酮	[3]
51	D-Fructose	单糖	[3]
52	D-Glucose	单糖	[3]
53	Dibutyl-O-phthalate	其他	[2]
54	Digallic acid	酚酸	[11]
55	Dioctyl phthalate	其他	[2]
56	Elaeocarpusin	酚酸	[9, 11]
57	Ellagic acid	酚酸	[3-7, 11, 17]
58	Emblicanin A	酚酸	[9]
59	Emblicanin B	酚酸	[9]
60	Emblicol	单宁	[3, 4, 6, 9, 17]

序号	化合物名称	结构类型	参考文献
61	Epicatechin-epigallocatechin	黄酮	[9]
62	Epigallocatechin	黄酮	[15]
63	Ethyl gallate	酚酸	[5, 11, 15, 17]
64	Flavogallonic acid bislactone	酚酸	[9]
65	Furosin	酚类	[12]
66	Gallic acid	酚酸	[1-5, 11]
67	Geraniin	酚类	[12, 17]
68	Glucogallin	酚类	[3]
69	Hydroquinone	酚类	[1, 2]
70	Isocorilagin	酚类	[9, 14]
71	Isokoriragin	酚酸	[9]
72	Isophytol	二萜	[17]
73	Isostrictiniin	酚酸	[12]
74	Isovanillic acid	酚酸	[1, 2]
75	Kaemfero1	黄酮	[3, 5]
76	Kaempferol-3-O-α-L-（6″-ethyl）-rhamnopyranoside	黄酮	[9]
77	Kaempferol-3-O-α-L-rhamnose	黄酮苷	[1, 2]
78	Kaempferol-7-methylether	黄酮苷	[5, 17]
79	Leucodelphinidin	黄酮	[17]
80	Linoleic acid	其他	[4]
81	Linolenic acid	其他	[4]
82	L-malic acid 2-O-gallate	酚酸	[9, 11]
83	Lup-20（29）-en-3β, 30-diol	三萜	[14]
84	Lupane-20（29）-ene-3β, 16β-diol	三萜	[15]
85	Lupeol	三萜	[14]
86	Lupeol acetate	三萜	[16]
87	Mallotusinin	酚酸	[9]
88	Methyl brevifolin carboxylate	酚酸	[14]
89	Methyl gallate	酚酸	[1, 2, 15]

滇橄榄

序号	化合物名称	结构类型	参考文献
90	Methyl-flavogallonate	酚酸	[14]
91	Mucic acid	其他	[3]
92	Mucic acid 1, 4-lactone 2-O-gallate	酚类	[11]
93	Mucic acid 1, 4-lactone 3, 5-di-O-gallate	酚酸	[9]
94	Mucic acid 1, 4-lactone 5-O-gallate	酚酸	[9]
95	Mucic acid -1-methyl ester-6-ethyl ester	酚酸	[9]
96	Mucic acid 2-O-gallate	酚类	[7, 9, 11]
97	Mucic acid dimethyl ester-2-O-gallate	酚酸	[8]
98	Mucic acid-1, 4-lactone-3-O-gallate	酚酸	[9]
99	Myricetin	黄酮	[1, 2]
100	Myristic acid	其他	[4]
101	Naringenin	黄酮	[1, 2, 9]
102	Naringenin-7-O-β-D-glucopyranside	黄酮苷	[14]
103	N-Tridecanoic acid	其他	[10, 17]
104	Oleic acid	其他	[4]
105	Palmitic acid	其他	[4]
106	p-Hydroxybenzaldehyde	酚酸	[1, 2]
107	Phyllaemblic acid	倍半萜	[11]
108	Phyllaemblic acid B	倍半萜	[11]
109	Phyllaemblic acid C	倍半萜	[11]
110	Phyllaemblic acid methyl ester	倍半萜	[9]
111	Phyllaemblicin A	倍半萜	[9, 11]
112	Phyllaemblicin B	倍半萜	[9, 11]
113	Phyllaemblicin C	倍半萜	[9, 11]
114	Phyllaemblicin D	倍半萜	[9, 11]
115	Phyllaemblicin E	倍半萜苷	[17]
116	Phyllaemblicin F	倍半萜苷	[17]
117	Phyllanemblinin A	酚酸	[11]
118	Phyllanemblinin B	酚酸	[11]

序号	化合物名称	结构类型	参考文献
119	Phyllanemblinin C	酚酸	[11]
120	Phyllanemblinin D	酚酸	[11]
121	Phyllanemblinin E	酚酸	[11]
122	Phyllanemblinin F	酚酸	[11]
123	Phyllemblic acid	酚酸	[3, 4, 6, 17]
124	Phytol	二萜	[17]
125	Protocatechuic acid	酚酸	[1, 2]
126	Punicafolin	单宁	[9]
127	Putranjivain A	酚酸	[12]
128	Putranjivain B	酚酸	[12]
129	Quercetin	黄酮	[1-3, 5, 12, 14]
130	Quercetin 3-β-D-glucopyranoside	黄酮苷	[9, 17]
131	Quercetin-3-O-α-L-rhamnoside	黄酮苷	[7, 14]
132	Riboflavin	其他	[17]
133	Rutin	黄酮苷	[9]
134	Scutellarin	黄酮	[12]
135	Stearic acid	其他	[4]
136	Stigmasterol	甾体	[13, 17]
137	Sucrose	寡糖	[3]
138	Tercatain	单宁	[9]
139	Terchebin	酚酸	[3, 4]
140	Tetratriacontanoic acid	其他	[5]
141	trans-Cinnamic acid	苯丙素	[1, 2]
142	Triacontanoic acid	其他	[16]
143	Triacontanol	其他	[16]
144	Ursolic acid	三萜	[16]
145	Vitamin B$_1$	其他	[4]
146	Vitamin B$_2$	其他	[4]

滇橄榄

序号	化合物名称	结构类型	参考文献
147	Vitamin C	其他	[4]
148	Wogonin	黄酮	[3, 6]
149	β-Amyrenone	三萜	[8, 16, 17]
150	β-Amyrin	三萜	[8]
151	β-Amyrin-3-palmitate	三萜	[16]
152	β-Sitosterol	甾醇	[3, 5, 10, 13]
153	β-Sitosterol palmitate	甾体	[9]
154	吡喃酮 [3, 2-b] 吡喃 -2, 6- 二酮	其他	[15]
155	表没食子儿茶酸 3-O- 没食子酸酯	黄酮	[9]
156	焦性没食子酸	酚酸	[9]
157	偶氮甘氨酸二甲酯	其他	[3, 6]
158	前哌啶 B-23-O- 没食子酸酯	黄酮	[9]
159	羟甲基糠醛	其他	[17]
160	粘酸二甲酯 2-O- 没食子酸	酚酸	[17]

此外，关于滇橄榄的挥发性成分也有研究报道，共鉴定了 70 余个小分子化合物[11, 25, 26]。

【药理药效】滇橄榄（余甘子）具有抗氧化、抗衰老、抗菌、抗病毒、抗肿瘤、抗炎、调节物质代谢、调节心血管系统、呼吸系统和消化系统功能等多种活性，且无明显的毒副作用[27-31]。具体为：

1. 抗氧化和预防衰老作用

（1）抗氧化作用：余甘子的多种活性成分均具有抗氧化作用。

①没食子酸：Sheoran 等[32] 研究发现高海拔地区余甘子提取物中没食子酸的含量最高，其抗氧化和抗菌活性也很高。因此认为海拔高度与余甘子果实中没食子酸含量有关，而没食子酸含量与抗氧化和抗菌活性有关。Chatterjee 等[33] 研究了余甘子没食子酸乙醇提取物（GAE）对消炎痛所致小鼠胃溃疡的治疗作用。研究发现 GAE 有治疗溃疡炎症的作用，其作用机制与抑制环氧化酶（COX）途径有关，可以诱导前列腺素（PGE_2）合成和提高 e-NOS/i-NOS 比值来促进溃疡愈合。GAE 能降低氧化应激，防止活性氧（ROS）引起的细胞损伤。

②余甘子多糖：Li 等[34] 从余甘子多糖中分离出龙须菜多糖（PEP），PEP 显示出显著的抗氧化活性。高路等[35] 研究了余甘子多糖提取物的抗氧化活性，发现提取物对 Fenton

反应中的羟自由基有清除作用，IC_{50}为0.38mg/mL，最大清除率为80.3%；对光照核黄素超氧阴离子自由基清除作用的IC_{50}为0.93mg/mL，最大清除率为85.9%；对羟自由基诱发卵磷脂脂质过氧化损伤的IC_{50}为0.39mg/mL，最大抑制率为71.3%。结果表明，余甘子多糖具有良好的抗氧化作用。类似研究也表明余甘子多糖有自由基清除能力，高浓度时对DPPH自由基的清除作用与维生素C（VC）相当。

③余甘子多酚提取物：王锐[36, 37]研究余甘子多酚提取物（PEPs）对自由基的清除能力。结果表明，PEPs能有效清除自由基，其清除羟自由基（·OH）和DPPH自由基的IC_{50}值分别为0.77mg/mL和5.23mg/L。曹莉莉等[38]为探讨羧甲基化修饰对余甘多糖生物活性的影响，采用氢氧化钠-异丙醇-氯乙酸钠反应体系对余甘多糖进行羧甲基化修饰，并以清除自由基、NO_2^-作用及抑制肿瘤细胞增殖作用为指标，评价羧甲基化余甘多糖的活性。结果表明，羧甲基$PEPs$（$CM-PEP_s$）对NO_2^-的清除作用显著增强，对人肝癌细胞HepG2增殖的抑制作用也有所提高，而对DPPH自由基和ABTS自由基的清除活性下降。

④原花色素：张伦等[39]以云南地区滇橄榄树为原料提取原花色素，并与VC比较抗氧化能力。结果表明，滇橄榄树皮提取物具有很强的抗氧化性，其清除DPPH自由基的能力最佳，当原花色素质量浓度为10μg/mL时，自由基清除率高达88.55%，且抗氧化有效成分主要集中在乙酸乙酯层。原花色素和VC以质量比为3∶1、1∶1、1∶3进行复配后的自由基最高清除率分别为88.84%、91.27%、91.05%，协同作用强弱顺序为1∶1＞1∶3＞3∶1。

⑤总酚：杨冰鑫等[40]进行余甘子总多酚的提取及其抗氧化活性研究，结果表明余甘子多酚的DPPH自由基清除率、羟自由基清除率、自发性肝脂质氧化抑制率均明显高于茶多酚，可以作为抗氧化剂替代品用于食品的抗氧化。甘瑾[41, 42]对余甘子果渣多酚抗氧化活性进行评价，结果发现余甘子果渣多酚提取物能升高抗氧化能力指数，提高铁离子还原能力和ABTS自由基清除能力。Iamsaard等[43]测定了余甘子不同部位（叶、枝和树皮）水提物的总酚含量，并研究了其体外抗氧化活性。结果显示，余甘子叶、枝和树皮的水提物皆具有抗氧化活性，其中树皮中的总酚含量最高，抗氧化活性最强。

⑥提取物和其他成分：李娴等[44]对余甘子精粉进行体外抗氧化活性研究，结果表明各浓度余甘子精粉均表现出较好的抗脂质过氧化能力和还原铁的能力，其体外抗脂质过氧化能力高于铁还原能力；余甘子精粉能够显著提高氧化损伤模型细胞的相对存活率，可保护人神经母细胞瘤细胞SH-SY5Y免受氧化损伤。葛双双等[45]研究余甘子核仁油的体外抗氧化作用，结果表明余甘子核仁油对DPPH自由基清除作用的IC_{50}为5.08mg/mL，最大清除率为95.91%；对ABTS自由基清除作用的IC_{50}为9.84mg/mL，最大清除率为98.58%。余甘子核仁油中起抗氧化作用的主要物质为α-亚麻酸等多不饱和脂肪酸。Jang等[46]研究表明余甘子具有抗氧化活性，可以对阿尔茨海默病动物的视网膜变性起保护作用。Singh等[47]研究得出，余甘子愈伤组织和果实是具有抗氧化和抗菌活性的。Rajalakshmi等[48]用DPPH法对余甘子清除自由基的能力进行了评价，并分析了余

甘子对谷氨酸诱导的人神经细胞 PC12 的神经保护作用。结果表明，余甘子提取物具有良好的抗氧化活性，对 DPPH 自由基和羟自由基清除活性的 IC_{50} 分别为 73.21μg/mL 和 0.426mg/mL。其认为良好的抗氧化活性是余甘子对抗谷氨酸诱导神经细胞受损的机制。于迪等[49]的研究结果表明余甘子提取物抗氧化活性显著，略低于 VC 的抗氧化能力，而且可抑制促癌物 2- 氨基 -1- 甲基 -6- 苯基咪唑（PhIP）生成。Chularojmontri 等[50]研究了余甘子果实冷冻干燥粉的抗氧化成分和能力。研究结果表明，余甘子提取物（PE）可显著促进内皮细胞产生 NO，促进内皮损伤闭合、内皮细胞发芽和血管内皮生长因子（VEGF）mRNA 表达。因此，PE 是抗氧化剂补充物的候选物，可促进伤口愈合。

（2）抗衰老作用：周义波等[51]采用固体培养法培养野生型秀丽隐杆线虫，通过线虫产卵量实验、移动能力实验、氧化损伤抵抗实验、热激损伤抵抗实验、寿命实验，以及超氧化物歧化酶（SOD）含量表达检测实验来探究余甘子提取物对秀丽隐杆线虫的作用，评价余甘子提取物的抗氧化、抗衰老功效。结果表明，余甘子提取物对秀丽隐杆线虫生命周期有一定的影响，具有一定的抗氧化、抗衰老作用。崔炳权等[52]用不同浓度的余甘子提取物灌胃或喂养 D- 半乳糖所致衰老小鼠。结果显示，余甘子能显著提高血清和组织中 SOD、谷胱甘肽过氧化物酶（GSH-Px）的活性，显著降低丙二醛（MDA）和脂褐素（LPF）含量，具有显著的抗衰老作用。Huabprasert 等[53]用 BALB/c 小鼠模型来研究余甘子的抗衰老作用，研究结果表明余甘子能促进脾细胞体外和体内增殖活性，增强自然杀伤（NK）细胞诱导的细胞毒活性。余甘子是泰国传统配方中的一种草药成分，已被提议用来延缓衰老过程。

2. 抗炎作用　王淑慧等[1]利用脂多糖（LPS）诱导的小鼠巨噬细胞 RAW264.7 炎症反应模型，探究余甘子中含量高的化合物对 NO、白细胞介素 -6（IL-6）、肿瘤坏死因子 -α（TNF-α）、单核细胞趋化蛋白 -1（MCP-1）等炎症因子的影响，以评价其抗炎活性。结果显示，从余甘子中分离得到 14 个化合物，含量较高的为没食子酸、没食子酸甲酯和槲皮素。其中没食子酸和没食子酸甲酯均能不同程度抑制各类炎症因子，槲皮素对炎症因子 TNF-α 和 IL-6 无显著抑制作用，表明余甘子的抗炎作用可能与其酚酸类化合物相关。曾煦欣等[54]通过热板、醋酸诱导扭体，二甲苯诱导耳郭肿胀实验和急性痛风关节炎模型来评价余甘子不同溶剂萃取部位的抗炎活性。结果显示，余甘子甲醇部位能提高小鼠的热痛阈；各提取部位能减少小鼠扭体反应次数，降低耳郭肿胀度；甲醇部位、正丁醇部位能降低关节炎大鼠关节组织中 PGE_2 的释放；正丁醇部位、乙酸乙酯部位和石油醚部位能降低大鼠血清中的 TNF-α 含量。表明余甘子甲醇部位、乙酸乙酯部位、石油醚部位、正丁醇部位为余甘子抗炎镇痛的有效部位，其中以甲醇部位和正丁醇部位的作用最强。李伟等[55]也评价了余甘子不同溶剂提取物的抗炎活性。结果表明，水提取物和乙醇提取物能显著抑制 LPS 诱导巨噬细胞分泌 NO；乙醇提取物能极显著抑制细胞分泌 IL-1β 和 TNF-α；乙酸乙酯提取物抑制细胞分泌 IL-6 的效果最佳。因此认为余甘子乙醇提取物是最佳抗炎活性部位。李响等[56]研究了余甘子抗类风湿关节炎的作用，结果表明与模型组比较，余甘子可抑制足爪肿胀、减少关节炎指数、减轻关节病理变化，并降低血清中 TNF-α 含量，因而对大鼠佐剂性关节炎具有治疗作用。Wang 等[57] 的研究表明，余甘子提取物通过调节 IL-1/miR-i101/Lin28B 信号通路，不仅可以保护肺免受炎症损伤，而且可以有效地预防癌前病变。余甘子除具有食用价值外，还可作为非甾体抗炎药（NSAID）诱导的胃病的胃保护剂。Chatterjee 等[58] 在体外抗氧化能力的基础上，选择余甘子乙醇提取物研究对 NSAID 诱导的胃溃疡的作用，结果表明余甘子通过抗氧化和抑制炎症因子水平来促进胃溃疡愈合。

3. 抗菌作用 曹莉莉等[59] 以余甘子果实水溶性多糖为材料，采用比浊法测定余甘多糖对 5 种细菌的抑菌活性及对改造型紫色杆菌的紫色杆菌素生成量的影响。结果显示，余甘多糖对供试菌抑菌活性的强弱为：金黄色葡萄球菌＞枯草芽孢杆菌＞改造型紫色杆菌＞红色黏质沙雷菌＞大肠杆菌；余甘多糖终浓度为 20mg/mL 时，对紫色杆菌素生成量的抑制作用最大，抑制率达 53.47% ± 3.10%。表明余甘多糖具有抑菌活性及群体感应抑制活性。

4. 抗肿瘤作用 余甘子为一种常用药用植物，具有良好的抗肿瘤活性，在多个国家作为抗癌药物使用。余甘子含有多种抗癌活性成分，以水提物抗癌活性最佳。吴玲芳[60] 对余甘子中单体成分及提取物的抗癌药理作用及作用机制进行综述，为余甘子抗肿瘤药物研究和开发提供参考。

罗兰等[61] 的研究结果表明，余甘子醇提物在体外对人胃癌细胞 AGS 具有良好的抑制生长和诱导凋亡的作用，并能抑制肿瘤细胞的集落形成率。Ngamkitidechakul 等[62] 发现余甘子水提物对某些癌细胞具有抗癌活性，能促进细胞凋亡，抑制细胞侵袭。李清等[63] 以非小细胞肺癌 Lewis 荷瘤小鼠模型来筛选吉祥草和余甘子不同部位的最佳配伍组合。结果表明，吉祥草配伍余甘子中的总皂苷与总黄酮组合是抗非小细胞肺癌的最佳组合。陈文雅等[64] 提取纯化了余甘子叶总黄酮粗提物，并采用 SRB 法研究余甘子总黄酮对 7 种不同肿瘤细胞株（人肝癌细胞 BEL-7404、HepG2、人宫颈癌细胞 Hela、人胃癌细胞 SGC7901、人鼻咽癌细胞 CNE-2、人肺癌细胞 H460 和人卵巢癌细胞 A2780）的细胞毒性和作用机制。结果表明，余甘子叶总黄酮对不同肿瘤细胞均有一定程度的抑制作用；余甘子叶总黄酮促进 BEL-7404 细胞凋亡的机制包括提高肿块组织中 Bax 表达量，抑制 Bcl-2 表达量，使 Bax 与 Bcl-2 的比率增大，以及激活 Caspase-3，促进细胞凋亡，抑制细胞增殖。黄金兰等[65] 也发现类似结果，即余甘子叶化学成分中的没食子酸能促进 Caspase 依赖途径的 BEL-7404 细胞凋亡，阻滞细胞于 G_2/M 期。Zhong 等[66] 从余甘子叶中乙酸乙酯部分分离得到的脯氨酸 A 也能促进 BEL-7404 细胞凋亡，与上调 Bax 表达和下调 Bcl-2 表达有关，并将肿瘤细胞阻滞于 G_1/M 和 G_2/M 期；同时，脯氨酸 A 在体外具有较低的免疫毒性，有进一步开发的潜力。杨光辉等[67] 发现余甘子鞣质部位可被人肠内菌代谢，代谢后其原型活性成分仍有保留，并且有新生成的抗癌活性成分出现。吴登攀等[68] 采用 SRB 法检测余甘子总黄酮（PEF）对乳腺癌细胞 MCF-7 的影响。结果表明，不同浓度 PEF 对

滇橄榄

细胞增殖有不同程度的抑制作用，并呈时间和剂量依赖性；PEF可抑制肿瘤细胞集落形成，并诱导细胞凋亡。Krishnaveni等[69]用DMBA（0.5%二甲基苯并蒽丙酮液）涂在地鼠左侧颊囊诱发颊囊癌，评价余甘子甲醇提取物（PFMet）的抗癌活性。结果表明，肿瘤组织中TBARS水平显著升高，血浆SOD、CAT、谷胱甘肽过氧化物酶（GPX-Px）和非酶（维生素E、维生素C、GSH）抗氧化活性明显降低。不同剂量（50mg/kg、100mg/kg和200mg/kg）的余甘子甲醇提取物（PFMet）能剂量依赖性的恢复上述指标，其中200mg/kg PFMet对DMBA诱导的颊囊癌具有最佳的化学预防作用。Guo等[70]进一步评估了余甘子提取物（PE）对丝裂霉素C（MMC）和顺铂（cDDP）抗癌活性及其遗传毒性副作用的影响，结果发现PE能减弱MMC和cDDP对人正常结肠上皮细胞基因组的损伤并降低基因组受损细胞的克隆形成能力和克隆异质性。因此得出，PE不仅能增强MMC和cDDP的抗癌能力，还可能具有减弱它们诱发正常细胞恶性转变的潜力。Luo等[71]发现余甘子提取物中的1，4-内酯3-O-没食子酸酯对MCF-7细胞具有体外抗增殖活性。Wang等[72]探讨细胞外信号调节激酶（ERK）、p38丝裂原活化蛋白激酶（p38MAPK）等激酶通路对余甘子提取物（PET）激活核相关因子2（Nrf2）信号通路的影响。结果表明，PD98059、SB203580和rottlerin对PET诱导的HO-1、NQO1、P-gp和MRP2 mRNA表达均有抑制作用，但只有SB203580和rottlerin能抑制提取物诱导的nrf2 mRNA表达。Western blotting实验结果表明，PD98059、SB203580和rottlerin具有抑制PET诱导HO-1和P-gp蛋白的作用。各种抑制剂均能诱导Nrf2蛋白的胞浆表达，而PD98059和SB203580则能抑制Nrf2的核移位。PET的Nrf2途径激活机制可能与ERK和p38MAPK直接磷酸化Nrf2和促进Nrf2核导入增加其核积累有关。

5. 抗病毒作用 单纯疱疹病毒（HSV）在全球广泛分布。目前治疗疱疹病毒感染的药物主要是阿昔洛韦，但临床上已出现耐药株。隗洋洋[73]对余甘子的15种提取物进行抗HSV活性筛选，结果显示异柯里拉京不仅可以抑制病毒DNA的复制还可以直接灭活病毒，并能阻止病毒吸附宿主，是一种潜在的抗HSV药物。孔秀娟等[74]以H1N1流感病毒感染小鼠来评价余甘子黄酮提取物的抗流感病毒活性。结果表明余甘子总黄酮可显著降低流感病毒小鼠肺指数，延长感染小鼠存活时间，具有较好的抑制H1N1病毒感染小鼠肺部炎症的作用。Xiang等[75]从余甘子中分离得到一种多酚类化合物1，2，4，6-四邻没食子酸-β-D-葡萄糖（1246TGG），并对其作为抗乙型肝炎病毒（HBV）药物的潜力进行了分析。通过观察细胞病变效应，测定1246TGG对HepG2.2.15细胞和HepG2细胞的杀伤作用，并用酶免疫法检测1246TGG对HepG2.2.15细胞分泌HBsAg和HBeAg的影响。结果表明，1246TGG能降低培养上清液中HBsAg和HBeAg的含量，但随着时间的延长，抑制作用呈下降趋势。

6. 降血糖作用 Srinivasan等[76]发现余甘子果实中提取的槲皮素具有抗糖尿病活性，通过计算机分析其机制可能与槲皮素结合糖尿病相关的两个蛋白质靶（糖原磷酸化酶和过氧化物酶体增殖物激活受体γ）有关。他们[77]研究了槲皮素对链脲佐霉素（STZ）诱导的小鼠血糖的影响，发现服用槲皮素28天后，STZ诱导的糖尿病大鼠的血糖和尿糖水平明显降低，血浆胰岛素和血红蛋白水平显著升高。余甘子中的鞣花素被认为是改善余甘子品质的有益成分，并能治疗内分泌和代谢疾病（如糖尿病）。Musman等[77]研究发现余甘子果肉中的酚类提取物可以降低糖尿病大鼠的血糖水平，且100mg/kg酚类提取物的降血糖作用强于200mg/kg。

抑制α-葡萄糖苷酶是降低血糖的主要手段。王锐[36, 37]研究余甘子多酚提取物（PEPs）对α-葡萄糖苷酶的抑制作用，结果表明PEPs能有效抑制α-葡萄糖苷酶活性，抑制率可达95.71%，IC_{50}为0.71mg/mL。其他研究也表明余甘子多糖对α-淀粉酶和α-葡萄糖苷酶具有剂量依赖的抑制活性，其最大抑制率均高于阿卡波糖。刘伟等[78]采用体外方法测定余甘子化合物抑制α-葡萄糖苷酶的活性。他从30%乙醇洗脱部位中分离并鉴定了7个酚类化合物，分别为没食子酸、没食子酸甲酯、1-O-没食子酰基-β-D-葡萄糖苷、1，6-2-O-没食子酰基-β-D-葡萄糖苷、柯里拉京、粘酸-1，4-内酯-2-O-没食子酸酯、粘酸-2-O-没食子酸酯。除没食子酸甲酯外，其余化合物均具有一定的抑制α-葡萄糖苷酶活性。没食子酸衍生物是余甘子抑制α-葡萄糖苷酶的活性成分。瞿运秋等[79]采用体外α-葡萄糖苷酶-PNPG反应模型测定没食子单宁成分中柯里拉京对α-葡萄糖苷酶的抑制活性，并进行了抑制动力学试验。结果表明，柯里拉京对α-葡萄糖苷酶的半抑制浓度IC_{50}为15.33μmol/L，显著低于阳性对照组阿卡波糖；非线性拟合结果发现，柯里拉京对α-葡萄糖苷酶的抑制作用为混合型抑制，氢键是柯里拉京与α-葡萄糖苷酶之间相互结合的主要作用力。

高糖诱导胰岛B细胞凋亡是糖尿病发病的重要病理基础之一，而余甘子中的有效成分没食子酸可能对抑制胰岛B细胞凋亡有一定作用。左晓霜等[80]研究余甘子中没食子酸（GA）对高糖诱导胰岛B细胞凋亡的保护作用，发现GA对正常大鼠胰岛细胞（INS-1）增殖无影响，能对抗高糖状态下INS-1细胞的凋亡，其机制可能与GA下调NLRP3、TXNIP的基因表达有关。其另一项研究建立了体内、体外的胰岛B细胞凋亡模型，并研究GA对抗胰岛B细胞凋亡的作用及其机制。实验结果表明，余甘子中的GA对STZ和高浓度葡萄糖诱导的INS-1细胞凋亡有一定作用，能减轻促炎因子NF-κB、NLRP3、caspase-1的表达，并抑制TXNIP与TRX结合。

余甘子对糖尿病相关信号通路有明显的影响。李明玺等[81]研究余甘子提取物的降血糖作用机制。发现余甘子提取物可以显著增加葡萄糖转运蛋白-2（GLUT-2）和PPARγ mRNA的表达，提高PPRE报告基因的活性；抑制脂多糖诱导的炎症反应，降低NF-κB（炎症相关靶点）报告基因的活性，而没食子酸可能为其主要的活性成分。周俊旋[82]检测余甘子对STZ诱导糖尿病的影响，结果表明余甘子可以升高高血糖大鼠血清中NO含量，改善主动脉环内皮依赖性血管舒张，降低餐后血糖；可以抑制高血糖大鼠胸主动脉组织总Akt（Thr308）磷酸化蛋白的上调，并抑制胸主动脉组织中c-Myc、Cyclin D1的mRNA表达上调，提示余甘子改善高血糖血管功能障碍可能与Akt/β-catenin信号通路有

滇橄榄

关。他们的另一项研究[83]发现余甘叶（余甘子果实）也是通过调节 Akt/β-catenin 信号传导来改善高血糖大鼠血管平滑肌细胞的功能障碍，这种作用可能由鞣花单宁代谢物尿石素 A 介导。

7. 对消化系统的影响

（1）保肝作用：在民族药用体系中，余甘子常被用来治疗肝病，其不仅对急性肝病有预防作用，而且对慢性肝损伤有防止肝纤维化的作用。

Lu 等[84]研究余甘子在体外对肝脂肪变性和肝纤维化的抑制作用，发现余甘子果实水提取物（WEPL）中的主要化合物鞣花酸（EA）具有显著的保肝作用。Lu 等[84]分别用游离脂肪酸混合物诱导 HepG2 细胞和瘦素诱导 HSC-T$_6$ 肝星状细胞模拟非酒精性脂肪性肝炎和肝纤维化，并评价 WEPL 和 EA 的作用。结果表明，WEPL 通过改变脂肪生成相关基因表达和刺激 AMP 激活蛋白激酶（AMPK）信号，显著降低 HepG2 细胞的脂肪积累和活性氧（ROS）生成。WEPL 和 EA 还可抑制 HSC-T$_6$ 细胞的肝纤维化，诱导线粒体凋亡。因此 WEPL 和 EA 可减少肝细胞和纤维化细胞的脂肪生成，有改善非酒精性脂肪性肝病（NAFLD）的潜力。林敏华等[85]的实验研究发现余甘子 70% 乙醇提取物可减轻高脂饲料诱导的幼鼠肝脂肪病变程度，改善肝功能，起到防治作用。药理研究尚未发现其不良反应，可为后续临床研发防治儿童型非酒精性脂肪的肝病（NAFLD）药物提供参考。

姚亮亮等[86]采用体外和体内试验研究余甘子提取物（PLE）对对乙酰氨基酚（APAP）诱发肝损伤的保护效果和相关作用机制。结果表明，经过 PLE 处理的肝细胞可以保持较高的细胞活力及 GSH 含量；PLE 可剂量依赖性地降低肝损伤动物的 ALT、AST 水平，降低肝细胞 MDA 表达，提高 GSH 含量，并使 Nrf2 转位入核，升高下游相关基因 *mNqo1*、*mG6pdx*、*mSOD2* 的表达。提示 PLE 可以对抗 APAP 引起的肝损伤，其机制与激活抗氧化应激 Nrf2/ARE 信号通路有关。张志毕[87]研究余甘子提取物对小鼠急性酒精性肝损伤的预防保护作用和机制，结果发现，余甘子提取物通过调节乙醇代谢酶活性、调控脂代谢、抗氧化损伤、抗炎和抗细胞凋亡来保护小鼠急性酒精性肝损伤。俞宏斌等[88]研究表明余甘子可抑制大鼠酒精性脂肪肝中的炎症反应，起到促进酒精肝恢复的效果。Chaphalkar 等[89]研究发现余甘子皮的醇提物在乙醇诱导的大鼠肝毒性模型中有保护作用；同时由于余甘子含有大量的抗氧化成分鞣花酸和没食子酸，因而推测余甘子皮醇提物介导的肝保护可能是源于其活性成分的抗氧化活性。

（2）对其他消化器官的影响：陈旭珊[90, 91]探索余甘子是否具有促进腺体分泌唾液的功效，结果表明：①余甘子喷雾剂能有效刺激健康人口腔的唾液分泌，提高唾液流率，减轻口渴感。②余甘子应用于妇科腹腔镜术后口干症，与常规的温开水喷雾相比能够显著提高患者术后禁饮期间的唾液流率和唇舌口腔黏膜滋润程度，缩短术后口干症的持续时间，增加患者术后舒适度。高茜等[92]分时段采集 10 名志愿者咀嚼滇橄榄前、咀嚼期间和咀嚼后的唾液，检测志愿者唾液流率及 pH 值变化，同时检测唾液中的总细菌及变形链球菌含量。结果表明，与咀嚼前相比，咀嚼滇橄榄后志愿者分泌唾液量显著增加；唾液的 pH

值先降低后升高，口腔内细菌及变形链球菌的数目有所减少。Thaweboon 等[93]在体外实验中发现余甘子乙醇提取物干扰了白念珠菌与胆管上皮细胞和义齿表面的黏附，使其黏附作用大大减弱。Karkon-Varnosfaderani 等[94]的研究结果表明，滇橄榄可降低胃－食管反流病患者的胃灼热和反流频率，改善胃灼热和反流的严重程度。栾云鹏等[95]发现滇橄榄药液可减少小鼠的排便量及含水率，致使小鼠粪便干结。高剂量滇橄榄水提液对小鼠便秘具有显著效果。

8. 治疗神经退行性疾病　目前，由于多种研究将阿尔茨海默病（AD）与氧化损伤联系起来，因而使用天然抗氧化剂来预防、延缓或增强 AD 进展过程中的病理变化受到了相当的关注。Uddin 等[96]研究余甘子成熟果实乙醇提取物（EEPEr）和未成熟果实乙醇提取物（EEPEu）对大鼠认知功能、脑组织中抗氧化酶和乙酰胆碱酯酶（AChE）活性的影响。采用被动回避测验和奖赏交替测验考察了余甘子果实乙醇提取物（EEPE）的学习记忆增强活性。通过测定 SOD、CAT、GSH-Px、谷胱甘肽还原酶（GR）、还原型谷胱甘肽、谷胱甘肽 -S- 转移酶（GST）等抗氧化酶活性来评价抗氧化能力。结果表明，EEPE 具有良好的认知增强作用，可用于 AD 等神经退行性疾病的治疗。

9. 对生殖系统的影响　Arun 和 Iamsaard 等[97, 98]研究余甘子提取物（PE）对丙戊酸钠（VPA）所致大鼠睾丸损伤的保护作用，发现不同剂量的 PE 可升高 VPA 损伤后降低的大鼠睾丸重量和睾酮水平，显著改善 VPA 致大鼠精子浓度的下降，减轻睾丸组织损伤，表明 PE 对 VPA 诱导的大鼠睾丸损伤具有一定的预防作用。杨雷等[99]研究发现补充 8 周的余甘子提取物（力佳胶囊）能使青年运动员冬训期间的血清睾酮水平升高，并且能够缓解大强度运动训练引起血睾酮降低的程度。余甘子提取物能促进睾酮分泌，具有较好的提高男性内分泌的功能。

10. 其他作用　范源等[100]发现余甘子活性成分可通过保护血管内皮细胞来抑制动脉粥样硬化的发生。Balusamy 等[101]发现余甘子提取物通过诱导脂肪细胞凋亡而负性调节脂肪生成，因而可作为治疗肥胖的中草药制剂。余甘子提取物不仅能滋润皮肤[28]，增加肌肤弹性，延缓肌肤衰老，还能促进细胞代谢，恢复细胞活力，从而淡化或消除皮肤色素沉着，对黄褐斑、雀斑、寿斑有防治作用。余甘子能增强机体免疫功能，提高人体抗病能力。姜元欣等[102]从余甘子 95% 乙醇提取物分离得到了抑制口臭活性含量最高的 EⅡM20 组分。Venkatasubramanian 等[103]发现余甘子可以作为一种提高铁的可透析性和吸收的膳食补充剂。Jang 等[104]发现余甘子具有促进毛发生长的作用，可能成为预防脱发的最佳选择。Kannaujia 等[105]研究发现余甘子果提取物能通过降低 ROS 毒性稳定纳米银颗粒，故可作为小麦生长促进剂。

11. 毒性　温成丽等[106]采用最大耐受剂量法进行小鼠急性经口毒性实验，通过 Ames 实验、小鼠骨髓嗜多染红细胞微核实验和小鼠精子畸形实验检测余甘子的遗传毒性；通过给大鼠灌胃给药 30 天观察其亚急性毒性。结果表明，余甘子药液对雌雄小鼠的 LD_{50} 均大于 20000mg/kg。三项遗传毒性实验结果均为阴性，亚急性毒性实验期内各实验组动物生长发育良好，各项指标均在正常值范围，病理组织学检查未见明显异常。结果未发现余甘子具有遗传毒性和亚急性毒性，属于无毒级。

【开发应用】

1. 标准规范　滇橄榄有药品标准 80 项，为滇橄榄（余甘子）与他其中药材组成的中成药处方；药材标准 13 项，为不同版本的《中国药典》药材标准及其他药材标准；中药饮片炮制规范 6 项，为不同省市的余甘子饮片炮制规范，其中包括余甘子树皮炮制规范 1 项。

2. 专利申请　文献检索显示，余甘子相关的专利共 502 项[107]，其中有关化学成分及药理活性研究的专利 394 项，余甘子与其他中药材组成中成药申请的专利 101 项，其他专利 7 项。

专利信息显示，绝大多数的专利为对余甘子化学成分及药理活性的研究，以及与其他中药材配成中药组合物用于各种疾病的治疗，包括肿块、解酒护肝、选择性雌激素受体调节、颈动脉不稳定性斑块、非小细胞肺癌、疼痛型亚急性甲状腺炎、白发、脱发、鼻白喉、干眼症、心肌缺血、消化不良、慢性咽炎、痔疮、阿尔茨海默病、胃溃疡、盆腔炎、结肠小袋虫病、慢性萎缩性胃炎、食管裂孔疝、肺结核等。余甘子也可用于保健品及美容产品的开发。

关于滇橄榄的代表性专利有：

（1）黄炯，一种治疗咽炎疾病的利咽喉片药及其制备方法（CN1233408C）（2005 年）。

（2）王忠民，一种治疗高血压、高血脂、高血黏度与抗衰老的药物（CN101732491A）（2011 年）。

（3）魏玉玲等，治疗小儿营养性疾病的口服制剂（CN101411776B）（2012 年）。

（4）陈开云，一种含玉竹的茶米酒及其制备方法（CN103232916B）（2014 年）。

（5）张聪聪等，止咳化痰含片及其制备方法（CN104027440A）（2014 年）。

（6）程福德，治疗肝病的中药组合物及其制备方法（CN103599435B）（2015 年）。

（7）牟科媛，一种治疗血栓性脑梗死的组合物及其制备方法（CN104127515A）（2016 年）。

（8）贾孝荣等，一种用于解除体内毒素的中药制剂（CN104189072B）（2018 年）。

（9）陈萍，一种具有美白保湿功能的化妆品及其制备工艺（CN105919887B）（2018 年）。

（10）刘子志，一种清肝泻火的组合物（CN106344871A）（2019 年）。

滇橄榄（余甘子）相关专利申请最早出现的时间是 2005 年。2015～2020 年申报的相关专利占总数的 83.7%；2010～2020 年申报的相关专利占总数的 98.8%；2000～2020 年申报的相关专利占总数的 100%。

3. 栽培利用　据初步调查统计，2000 年之前野生和人工栽培的滇橄榄有[108]近百种，主要品种有福建省的粉甘、秋白、枣甘、六月白、赤皮、扁甘、人仔面、山甘、狮头等；云南省的球形、灯笼形、梨形、椭圆形等。近年来的新品种有白玉油甘、保山一号、保山二号、盈玉等。"白玉油甘"是从本地油甘根蘖苗芽变单株选育出的新品种，利用 ISSR 引物对油甘品种的 DNA 进行 PCR 扩增，结果发现芽变单株在 650bp 处较"本地油甘单株"多一条带，而在 680bp 左右则少一条带，具备特异性，可见"白玉油甘"与"本地油甘单株"有一定的遗传差异性，因此判定"白玉油甘"是一种新的油甘资源。保山 1 号树体高大，树冠阔圆形，2017 年通过了云南省林木良种审定委员会认定。该品种抗旱、耐瘠薄，更适宜在滇中、滇西及滇西南海拔 800～1500m、年平均气温 16～22℃、年平均降水量 400～1100mm、大于或等于 10℃年积温 4000℃以上的地区栽培[109-111]。余甘子种子到始花期一般 2～4 年（包括苗木培育期 1～2 年）[112]。造林后当年或次年（较多）开花至 4～7 年。盛果期一般在定植后 4 年左右。150 年后开始衰老。余甘子根系分布深而广，两年生树主根可达树高的 2 倍以上，水平根长为枝展的 3 倍以上，吸收根群发达，且具内生菌。余甘叶片小，为 0.58±0.03cm；叶脉密度大，为 19±1.04 条脉/厘米叶面积；栅栏组织厚度/海绵组织厚度高达 1.06。根系的分布、余甘子的内生菌根、余干子的叶脉密度及栅栏组织厚度共同构成余甘子耐旱性的基础[113]。

段日汤等[114]系统总结了云南野生余甘子对生长环境的要求、主要分布区域及生境概况、群落分布特点、野生群落现状等方面的研究结果，并在分析研究的基础上，结合云南省的实际情况，提出了云南省干热河谷野生余甘子进一步保护、开发的相应技术措施和方法，为余甘子产业发展和种质资源的创新利用提供了保障。

4. 生药学探索[115]　目前仅见滇橄榄（余甘子）果实的生药学研究报道，尚未见有茎皮的生药学研究。

余甘子果实呈球形或扁球形，直径 1.2～2cm 表面棕褐色至墨绿色，有浅黄色颗粒状突起，具皱纹及不明显的 6 棱。果核黄白色，坚硬，表面略具 3 棱，背缝线的偏上部有数条筋脉（维管束），干后可裂成 6 瓣。

组织显微特征：①外果皮：表皮细胞呈多角形、长方形或不规则形. 长 10～26μm，宽 10～27μm，壁稍厚，外平周壁具颗粒状角质增厚。②种皮：表皮细胞呈多角形、类长方形或椭圆形，直径 39～71μm，壁厚 3～6μm，孔沟及纹孔极细密，纹孔圆孔状。③内果皮切向纵切面：外层石细胞多呈梭形或长多角形，壁稍厚，孔沟明显，纹孔斜缝状或圆孔状。中层纤维横断面观呈多角形，胞腔多角形或圆形，壁厚，孔沟少。内层石细胞形态与外层近似，胞腔稍宽。

粉末及组织解离显微特征：纤维有两种，一种纤维（中果皮）长棱形或长条形，无色，常成束，直径 10～22μm，壁厚 1～6μm，木化，纹孔斜缝状或十字状；另一种纤维（内果皮）多呈长条形，两端长尖或斜尖，弯曲或一端分叉，长 255～743μm，直径 12～31μm，壁厚 3～5μm，木化，纹孔较稀，斜缝状或椭圆形。导管为螺纹及网纹导管，直径 12～26μm。石细胞（内果皮）多呈扁长形、类三角形，亦见椭圆形、不规则形，多

滇橄榄

有分枝，长 96 ～ 685μm，直径 18 ～ 72μm，壁厚 3 ～ 21μm，纹孔稀疏，斜缝状。种皮石细胞甚多，棕黄色，长方形、长条形、多角形或不规则形，部分弯曲，长 99 ～ 470μm，宽 34 ～ 151μm，壁厚 3 ～ 14μm，孔沟及纹孔细密．纹孔圆形或椭圆形。草酸钙结晶呈柱状或方形，直径约至 16μm，存在于胚乳及子叶薄壁细胞中或散在，多为类圆形，直径 4 ～ 45μm，棱角微尖或钝。

5. 其他应用 目前余甘子产品主要包括含片、盐水罐头、糖水罐头、果酱、果脯、果汁等一些粗加工产品。为增加余甘子深加工产品类型，丰富余甘子产品链，王建超等[116]探讨了 2 种余甘子果冻的制作工艺，以提高余甘子果实的产品附加值，为余甘子深加工产品的开发与研究提供新方法、新思路。黄文英等[117]为了更好地利用滇橄榄，通过添加甜菊糖、食盐、蜂蜜等，制作出一款色香味俱佳，具有保健功效且风味独特的滇橄榄果汁。苏春雷等[118]以余甘子鲜果为主要原料研究新型余甘子酵素的发酵工艺，选取食品发酵常用霉菌作为菌种，采用前发酵加主发酵的两段发酵法，以游离氨基酸含量和总酚含量为主要指标，结合还原糖含量、蛋白质含量以及 1, 1- 二苯基 -2- 三硝基苯肼自由基清除能力等其他指标，进行实验研究制备品质良好的余甘子酵素饮品，为余甘子鲜果的开发利用提供了新的途径和科学依据，有助于提高余甘子的经济及社会价值。Li 等[119, 120]也对发酵过程中出汁率低的问题及贮存过程中的沉淀和褐变问题进行了研究，得出了发酵的最佳工艺条件，即果胶酶用量为 0.25%，纤维素用量为 0.25%，酶解时间和温度分别为 4 小时和 40℃。发酵水解后加入 6% 硅藻土和 0.1% 乙烯吡咯烷酮吸附剂，静置 2 小时后过滤澄清。

陈平等[121]测定并分析在相对恒温密闭贮藏条件下新鲜余甘子褐变过程中没食子酸、单宁酸、五没食子酰基葡萄糖（β-PGG）、β- 胡萝卜素的含量变化。结果表明，褐变过程中可滴定酸比 pH 值相对灵敏且与没食子酸、单宁酸、β-PGG、胡萝卜素呈相关性趋势，提示没食子酸和可滴定酸可作为褐变过程中质控指标之一，可以为余甘子果实贮藏、预防褐变提供一定的参考。

邓俊琳等[122]为探究干燥方式（冷冻真空干燥、热风干燥）和干燥温度（冷冻干燥，40℃、60℃、80℃、100℃热风干燥）对余甘子活性成分的影响，利用高效液相色谱（HPLC）检测不同干燥处理后余甘子醇提液中没食子酸、柯里拉京、鞣花酸、诃子鞣酸的含量，并测定其总多酚含量和抗氧化活性。结果表明，与热风干燥相比，冷冻干燥的样品中 4 种多酚单体和总多酚含量以及抗氧化活性无明显优势，综合考虑，80℃热风干燥为余甘子的最佳干燥方式。

【药用前景评述】滇橄榄在大理一带具有很大的资源储藏量，尤其是南部干热河谷、山地多有自然分布。作为一种常见的药食两用植物，滇橄榄的功效与价值早已被白族人们所熟知，特别是果实部分具有生津止咳、清热的功效，常用于喉病的治疗与保健。有关滇橄榄的研究与开发日趋火热，近二十年来已从中分离鉴定了近 200 个成分，其主要含有酚性成分与黄酮类化合物，具抗菌消炎、抗氧化等功效。药理学研究结果也证实，滇橄榄具有抗氧化、预防衰老、抗菌、抗病毒、抗肿瘤、抗炎、降糖、保肝等多种活性，且无明显的毒副作用，进一步证实白族对滇橄榄药用正确合理，更说明它是一种理想的保健食品，因此得到了高度的重视与积极的开发应用。目前，滇橄榄已有系列标准，优质新品种不断培育产生，栽培技术不断完善，各种滇橄榄专利名目繁多，以滇橄榄为原料开发出来的产品琳琅满目，极大地丰富了市场，使人们在品尝滇橄榄独特风味的同时还可以很好地养生保健，是白族药用植物中集产品化、商业化、产业化于一体的明星。

参考文献

[1] 王淑慧，程锦堂，郭丛，等. 余甘子化学成分研究 [J]. 中草药，2019，50（20）：4873–4878.

[2] 王淑慧. 中药余甘子化学成分研究与 GbUGT717L 酶的催化能力研究 [D]. 北京：中国中医科学院，2019.

[3] 侯开卫. 余甘子的化学成分及在民族民间传统医药中的应用 [J]. 中国民族民间医药杂志，2002，（6）：345–348，369.

[4] 吴雪辉，谢治芳，黄永芳. 余甘子的化学成分和保健功能作用 [J]. 中国野生植物资源，2003，22（6）：69–71.

[5] 钟益宁. 余甘子叶有效化学成分及其抗肿瘤作用的研究 [D]. 成都：成都中医药大学，2009.

[6] 甄丹丹，梁臣艳，佟晓乐，等. 余甘子化学成分与药理作用研究进展 [C]//2009 年全国中药学术研讨会论文集. 贵阳，2009：84–87.

[7] 徐义侠. 余甘子化学成分及总酚提取工艺研究 [D]. 北京：北京中医药大学，2009.

[8] 邓才彬，谢庆娟，曲中堂. 余甘子化学成分研究 [J]. 中国药房，2009，20（27）：2120–2121.

[9] 罗维. 余甘子干果活性成分的分离鉴定与生理活性研究 [D]. 广州：华南理工大学，2010.

[10] 梁臣艳，张婷，丘琴，等. 广西余甘子叶石油醚部位化学成分的研究 [J]. 时珍国医国药，2010，21（10）：2584–2585.

[11] 王辉. 余甘子的化学成分和药理作用研究进展 [J]. 中国现代中药，2011，13（11）：52–56.

[12] 聂东，马骁，田徽. 余甘子果实化学成分及现代药理研究进展 [J]. 绵阳师范学院学报，2012，31（11）：61–66.

[13] 赵琴，梁锐君，张玉洁，等. 余甘子根的化学成分研究 [J]. 中草药，2013，44（2）：133–136.

[14] 张玉洁. 余甘子枝叶部位化学成分及抗 HSV-1 生物活性研究 [D]. 广州：暨南大学，2013.

[15] 杨鑫，梁锐君，洪爱华，等. 野生余甘子树皮的化学成分研究 [J]. 中草药，2014，45（2）：170–174.

[16] 李兵，黄贵庆，卢汝梅，等. 余甘子化学成分研究 [J]. 中药材，2015，38（2）：

滇橄榄

290–293.

［17］朱华伟，李伟，陈运娇，等. 余甘子化学成分及其抗炎作用的研究进展［J］. 中成药，2018，40（3）：670–674.

［18］Gao Q，Xiang HY，Chen W，et al. Two new isobenzofuranone derivatives from *Phyllanthus emblica* and their bioactivity［J］. Chem Nat Compd，2019，55（5）：847–850.

［19］Nguyen TAT，Duong TH，Pogam PL，et al. Two new triterpenoids from the roots of *Phyllanthus emblica*［J］. Fitoterapia，2018，130：140–144.

［20］Rose K，Wan C，Thomas A，et al. Phenolic compounds isolated and identified from Amla（*Phyllanthus emblica*）juice powder and their antioxidant and neuroprotective activities［J］. Nat Prod Commun，2018，13（10）：1309–1311.

［21］Zhang J，Miao D，Zhu WF，et al. Biological activities of phenolics from the fruits of *Phyllanthus emblica* Linn.（Euphorbiaceae）［J］. Chem Biodivers，2017，14（12）：e1700404.

［22］Yan H，Han LR，Zhang X，et al. Two new anti–TMV active chalconoid analogues from the root of *Phyllanthus emblica*［J］. Nat Prod Res，2017，31（18）：2143–2148.

［23］Zhang Y，Zhao L，Guo X，et al. Chemical constituents from *Phyllanthus emblica* and the cytoprotective effects on H_2O_2–induced PC12 cell injuries［J］. Arch Pharm Res，2016，39（9）：1202–1211.

［24］Variya BC，Bakrania AK，Patel SS. *Emblica officinalis*（Amla）：A review for its phytochemistry，ethnomedicinal uses and medicinal potentials with respect to molecular mechanisms［J］. Pharmacol Res，2016，111：180–200.

［25］梁臣艳，甄汉深，佟晓乐，等. 广西余甘子叶挥发油化学成分的气相色谱–质谱联用分析［J］. 时珍国医国药，2009，20（4）：915–916.

［26］王升平，马沅，王胜华，等. GC–MS 分析川产余甘子挥发油中的化学成分［J］. 华西药学杂志，2009，24（3）：279–281.

［27］何晓敏. 余甘子药理作用研究进展［J］. 中国中医药科技，2014，21（5）：593–595.

［28］李永，段琼辉，张龙，等. 余甘子药理活性研究进展［J］. 安徽农业科学，2011，39（24）：14622–14623，14631.

［29］成晓梅，魏屹. 余甘子的研究进展［J］. 安徽农业科学，2010，38（24）：13094，13099.

［30］余楚钦，申楼，张宇喆. 余甘子的药理研究及应用［J］. 中国实用医药，2007，2（36）：169–171.

［31］李秀丽，叶峰，俞腾飞. 余甘子的药理研究进展［J］. 时珍国医国药，2006，17（2）：266–267.

［32］Sheoran S，Nidhi P，Kumar V，et al. Altitudinal variation in gallic acid content in fruits of *Phyllanthus emblica* L.and its correlation with antioxidant and antimicrobial activity［J］. Vegetos，2019，32（3）：387–396.

［33］Chatterjee A，Chatterjee S，Biswas A，et al. Gallic acid enriched fraction of *Phyllanthus emblica* potentiates indomethacin-induced gastric ulcer healing via e-NOS-dependent pathway [J]. Evid Based Complement Alternat Med, 2012, 2012: 487380.

[34] Li YY, Chen JY, Cao LL, et al. Characterization of a novel polysaccharide isolated from *Phyllanthus emblica* L. and analysis of its antioxidant activities [J]. J Food Sci Technol, 2018, 55 (7): 2758-2764.

[35] 高路, 张公信, 高云涛. 余甘子多糖提取物抗氧化活性研究 [J]. 中国农学通报, 2011, 27 (20): 133-136.

[36] 王锐. 余甘子多糖体外降血糖及抗氧化活性研究 [J]. 食品研究与开发, 2018, 39 (17): 189-192, 224.

[37] 王锐. 余甘子多酚 α- 葡萄糖苷酶抑制及抗氧化作用 [J]. 食品研究与开发, 2017, 38 (11): 13-16.

[38] 曹莉莉, 李亮, 王芳, 等. 羧甲基化修饰余甘多糖及生物活性研究 [J]. 中国食品学报, 2017, 17 (10): 57-63.

[39] 张伦, 杨申明, 徐成东, 等. 滇橄榄树不同组织原花色素质量浓度及抗氧化性能研究 [J]. 林业工程学报, 2017, 2 (4): 57-62.

[40] 杨冰鑫, 刘晓丽. 余甘子总多酚的提取及其抗氧化活性研究 [J]. 食品工业科技, 2019, 40 (16): 151-155, 162.

[41] 甘瑾, 何钊, 李娴, 等. 余甘原汁中多酚的大孔树脂提取分离及其抗氧化活性 [J]. 生物资源, 2018, 40 (1): 24-30.

[42] 甘瑾, 何钊, 张弘, 等. 余甘子果渣多酚提取工艺优化及其抗氧化活性分析 [J]. 食品工业科技, 2019, 40 (12): 171-177.

[43] Iamsaard S, Arun S, Burawat J, et al. Phenolic contents and antioxidant capacities of Thai-Makham Pom (*Phyllanthus emblica* L.) aqueous extracts. [J]. J Zhejiang Univ-Sci B (Biomed & Biotechnol), 2014, 15 (4): 405-408.

[44] 李娴, 甘瑾, 张雯雯, 等. 余甘子精粉的体外抗氧化活性分析 [J]. 林业科学研究, 2015, 28 (5): 753-757.

[45] 葛双双, 张雯雯, 李坤, 等. 余甘子核仁油的体外抗氧化活性及其作用机理 [J]. 食品科学, 2017, 38 (15): 127-134.

[46] Jang H, Srichayet P, Park WJ, et al. *Phyllanthus emblica* L. (Indian gooseberry) extracts protect against retinal degeneration in a mouse model of amyloid beta-induced Alzheimer's disease [J]. J Funct Foods, 2017, 37: 330-338.

[47] Singh B, Sharma RA. Antioxidant and antimicrobial activities of callus culture and fruits of *Phyllanthus emblica* L. [J]. J Herbs Spices Med Plants, 2014, 21 (3): 230-242.

[48] Rajalakshmi S, Vijayakumar S, Praseetha PK. Neuroprotective behaviour of *Phyllanthus emblica* (L) on human neural cell lineage (PC12) against glutamate-induced cytotoxicity [J]. Gene Rep, 2019, 17: 100545.

[49] 于迪, 孔繁磊. 余甘子提取物对模型反应体系中 PhIP 抑制效果研究 [J]. 食品与发酵

科技，2019，55（5）：10-16.

[50] Chularojmontri L，Suwatronnakorn M，Wattanapitayakul SK. *Phyllanthus emblica* L.enhances human umbilical vein endothelial wound healing and sprouting［J］. Evid Based Complement Alternat Med，2013，2013：720728.

[51] 周义波.利用秀丽隐杆线虫探究余甘子提取物的抗衰老作用［D］.长春：吉林大学，2018.

[52] 崔炳权，林元藻.余甘子的抗衰老作用研究［J］.时珍国医国药，2007，18（9）：2100-2102.

[53] Huabprasert S，Kasetsinsombat K，Kangsadalampai K，et al. The *Phyllanthus emblica* L. infusion carries immunostimulatory activity in a mouse model［J］. J Med Assoc Thai，2012，95（S1）：S23-31.

[54] 曾煦欣，岑志芳，李海燕，等.余甘子提取物的抗炎镇痛作用［J］.广东医学，2012，33（23）：3533-3536.

[55] 李伟，朱华伟，陈运娇，等.余甘子不同溶剂提取物抗炎活性的研究［J］.天然产物研究与开发，2018，30（3）：418-424，443.

[56] 李响，张晴晴，李耀东.余甘子对类风湿性关节炎的影响［J］.齐鲁工业大学学报，2016，30（3）：20-23.

[57] Wang CC，Yuan JR，Wang CF，et al. Anti-inflammatory effects of *Phyllanthus emblica* L on benzopyrene-induced precancerous lung lesion by regulating the IL-1/miR-101/Lin28B signaling pathway［J］. Integr Cancer Ther，2017，16（4）：505-515.

[58] Chatterjee A，Chattopadhyay S，Bandyopadhyay SK. Biphasic effect of *Phyllanthus emblica* L. extract on NSAID-induced ulcer：an antioxidative trail weaved with immunomodulatory effect［J］. Evid Based Complement Alternat Med，2011，2011：146808.

[59] 曹莉莉，王芳，杨贺忠，等.余甘子果实水溶性多糖抑菌及群体感应抑制活性初探［J］.亚热带植物科学，2015，44（4）：289-292.

[60] 吴玲芳，张家莹，李师，等.藏药余甘子抗肿瘤作用研究进展［J］.世界科学技术-中医药现代化，2016，18（7）：1177-1181.

[61] 罗兰，林久茂，魏丽慧，等.余甘子醇提物抑制人胃癌株 AGS 细胞增殖和诱导细胞凋亡的作用［J］.中国现代应用药学，2016，33（8）：989-993.

[62] Ngamkitidechakul C，Jaijoy K，Hansakul P，et al. Antitumour effects of *Phyllanthus emblica* L.：induction of cancer cell apoptosis and inhibition of in vivo tumour promotion and in vitro invasion of human cancer cells［J］. Phytother Res，2010，24（9）：1405-1413.

[63] 李清，李江，黄诗娅，等.吉祥草配伍余甘子不同提取物及其有效部位组合对 Lewis 肺癌小鼠模型的药效学比较［J］.亚太传统医药，2018，14（10）：18-21.

[64] 陈文雅.余甘子叶总黄酮的抗肿瘤作用及其机制研究［D］.南宁：广西中医药大学，2017.

[65] 黄金兰，钟振国.余甘子叶化学成分没食子酸诱导人肝癌细胞株 BEL-7404 凋亡机制

的研究［J］.中药材，2011，34（2）：246-249.

［66］Zhong ZG，Wu DP，Huang JL，et al. Progallin A isolated from the acetic ether part of the leaves of *Phyllanthus emblica* L.induces apoptosis of human hepatocellular carcinoma BEL-7404 cells by up-regulation of Bax expression and down-regulation of Bcl-2 expression［J］. J Ethnopharmacol，2011，133（2）：765-772.

［67］杨光辉，吴玲芳，张晓雪，等.人肠内菌对藏药余甘子鞣质部位代谢的研究［J］.北京中医药大学学报，2016，39（1）：46-50.

［68］吴登攀，周楠，秦嫦云，等.余甘子总黄酮对乳腺癌细胞 MCF-7 增殖及凋亡的影响研究［J］.大家健康，2015，9（22）：57-58.

［69］Krishnaveni M，Mirunalini S. Chemopreventive efficacy of *Phyllanthus emblica* L.（Amla）fruit extract on 7，12-dimethylbenz（a）anthracene induced oral carcinogenesis – A dose-response study［J］. Environ Toxicol Pharmacol，2012，34（3）：801-810.

［70］Guo XH，Ni J，Xue JL，et al. *Phyllanthus emblica* Linn.fruit extract potentiates the anticancer efficacy of mitomycin C and cisplatin and reduces their genotoxicity to normal cells in vitro［J］. J Zhejiang Univ-Sci B（Biomed & Biotechnol），2017，18（12）：1031-1045.

［71］Luo W，Zhao M，Yang B，et al. Antioxidant and antiproliferative capacities of phenolics purified from *Phyllanthus emblica* L. fruit［J］. Food Chem，2011，126（1）：277-282.

［72］Wang F，Wang H. *Phyllanthus emblica* L.extract activates Nrf2 signalling pathway in HepG2 cells［J］. Biomed Res-India，2017，28（8）：3383-3386.

［73］隗洋洋.余甘子提取物异柯里拉京抗 HSV-1 机制初步研究［D］.广州：暨南大学，2015.

［74］孔秀娟，于然，刘建兴，等.余甘子总黄酮提取物对 H1N1 流感病毒感染小鼠肺炎的影响［J］.中医药导报，2016，22（5）：64-65，71.

［75］Xiang YF，Ju HQ，Li S，et al. Effects of 1，2，4，6-tetra-O-galloyl-β-D-glucose from *P.emblica* on HBsAg and HBeAg secretion in HepG2.2.15 cell culture［J］. Virol Sin，2010，25（5）：375-380.

［76］Srinivasan P，Vijayakumar S，Kothandaraman S，et al. Anti-diabetic activity of quercetin extracted from *Phyllanthus emblica* L. fruit：In silico and in vivo dapproaches［J］. J Pharm Anal，2018，8（2）：109-118.

［77］Musman M，Zakia M，Rahmayani RF I，et al. Pharmaceutical hit of anti type 2 diabetes mellitus on the phenolic extract of Malaka（*Phyllanthus emblica* L.）flesh［J］. Clin Phytosci，2019，5（2）：4355-4371.

［78］刘伟，李明玺，王俊龙，等.余甘子酚类成分及其抑制 α- 葡萄糖苷酶活性的研究［J］.现代食品科技，2017，33（12）：50-55.

［79］瞿运秋，赵文佳，陈继光，等.余甘子主要活性成分柯里拉京对 α- 葡萄糖苷酶的抑制活性［J］.江苏农业科学，2019，47（14）：206-209.

［80］左晓霜，马定乾，方山丹，等.余甘子中没食子酸抑制高糖诱导胰岛 B 细胞凋亡［J］.

滇橄榄

昆明医科大学学报，2018，39（6）：14-21.

［81］李明玺，黄卫锋，姚亮亮，等.余甘子提取物降血糖活性及其主要成分研究［J］.现代食品科技，2017，33（9）：96-101.

［82］周俊旋.余甘子对高糖血症大鼠血管功能障碍的作用及作用机制研究［D］.武汉：湖北中医药大学，2019.

［83］Zhou J，Zhang C，Zheng GH，et al. Emblic leafflower（*Phyllanthus emblica* L.）fruits ameliorate vascular smooth muscle cell dysfunction in hyperglycemia：An underlying mechanism involved in ellagitannin metabolite urolithin A［J］. Evid Based Complement Alternat Med，2018，2018：8478943.

［84］Lu CC，Yang SH，Hsia SM，et al. Inhibitory effects of *Phyllanthus emblica* L.on hepatic steatosis and liver fibrosis in vitro［J］. J Funct Foods，2016，20：20-30.

［85］林敏华，欧宇轩，邓桂清，等.余甘子提取物对幼鼠非酒精性脂肪肝病的防治作用［J］.解剖学研究，2019，41（5）：412-417.

［86］姚亮亮，张丁，刘家琛，等.余甘子对对乙酰氨基酚（APAP）诱发的肝损伤的保护机制研究［J］.现代食品科技，2019，35（3）：7-14.

［87］张志毕，张媛，于浩飞，等.余甘子提取物对小鼠急性酒精肝损伤的保护作用研究［J］.食品工业科技，2017，38（5）：350-356.

［88］俞宏斌，朱炜，戴闯，等.余甘子对大鼠酒精性脂肪肝的炎症抑制作用研究［J］.中国现代医生，2012，50（4）：9-11.

［89］Chaphalkar R，Apte KG，Talekar Y，et al. Antioxidants of *Phyllanthus emblica* L. bark extract provide hepatoprotection against ethanol-induced hepatic damage：A comparison with silymarin［J］. Oxid Med Cell Longev，2017，2017：3876040.

［90］陈旭珊.余甘子喷雾对妇科腹腔镜术后口干症的效果评价［D］.广州：广州中医药大学，2018.

［91］陈旭珊，贺海霞，田婷，等.不同配比余甘子喷雾剂对健康人唾液流率影响的对比分析［J］.中国地方病防治杂志，2018，33（6）：690，692.

［92］高茜，谢颖，黄海涛，等.滇橄榄对人口腔唾液流率、pH及细菌的影响研究［J］.食品工业科技，2016，37（19）：352-355，362.

［93］Thaweboon B，Thaweboon S. Effect of *Phyllanthus emblica* Linn.on candida adhesion to oral epithelium and denture acrylic［J］. Asian Pac J Trop Med，2011，4（1）：41-45.

［94］Karkon-Varnosfaderani S，Hashem-Dabaghian F，Amin G，et al. Efficacy and safety of Amla（*Phyllanthus emblica* L.）in non-erosive reflux disease：a double-blind，randomized，placebo-controlled clinical trial［J］. J Integr Med，2018，16（2）：126-131.

［95］栾云鹏，陈岱劲.滇橄榄树皮水提物对小鼠便秘的影响［J］.临床医药文献电子杂志，2017，4（22）：4172-4173.

［96］Uddin MS，Al Mamun A，Hossain MS，et al. Exploring the effect of *Phyllanthus emblica* L. on cognitive performance，brain antioxidant markers and acetylcholinesterase activity in rats：

Promising natural gift for the mitigation of Alzheimer's disease [J]. Ann Neurosci, 2016, 23 (4): 218-229.

[97] Arun S, Burawat J, Yannasithinon S, et al. *Phyllanthus emblica* leaf extract ameliorates testicular damage in rats with chronic stress [J]. J Zhejiang Univ-Sci B (Biomed & Biotechnol), 2018, 19 (12): 948-959.

[98] Iamsaard S, Arun S, Burawat J, et al. *Phyllanthus emblica* L. Branch extract ameliorates testicular damage in valproic acid-induced rats [J]. Int J Morphol, 2015, 33 (3): 1016-1022.

[99] 杨雷. 余甘子提取物对青年足球运动员睾酮及抗氧化能力的影响 [D]. 北京: 北京体育大学, 2014.

[100] 范源, 刘竹焕. 余甘子活性成分抗动脉硬化作用的研究进展 [J]. 云南中医学院学报, 2011, 34 (2): 67-70.

[101] Balusamy SR, Veerappan K, Ranjan A, et al. *Phyllanthus emblica* fruit extract attenuates lipid metabolism in 3T3-L1 adipocytes via activating apoptosis mediated cell death [J]. Phytomedicine, 2020, 66: UNSP 153129. DOI: 10.1016/j.phymed.2019.153129.

[102] 姜元欣, 刘伯科, 刘小玲. 余甘子抑制口臭活性物质的分离纯化与结构鉴定 [J]. 食品与机械, 2016, 32 (10): 22-26.

[103] Venkatasubramanian P, Koul IB, Varghese RK, et al. Amla (*Phyllanthus emblica* L.) enhances iron dialysability and uptake in in vitro models [J]. Curr Sci, 2014, 107 (11): 1859-1866.

[104] Jang SH, Kim MJ, Wee JH, et al. Effects of Amla (*Phyllanthus embilica* L.) extract on hair growth promoting [J]. Korean Soc Biotechnol Bioeng J, 2018, 33 (4): 299-305.

[105] Kannaujia R, Srivastava CM, Prasad V, et al. *Phyllanthus emblica* fruit extract stabilized biogenic silver nanoparticles as a growth promoter of wheat varieties by reducing ROS toxicity [J]. Plant Physiol Biochem, 2019, 142: 460-471.

[106] 温成丽, 杨非, 姚文环, 等. 余甘子提取物的急性毒性、遗传毒性和亚急性毒性研究 [J]. 预防医学论坛, 2018, 24 (6): 401-403, 406.

[107] 药智网. 余甘子 [A/OL]. (2020-03-15) [2020-03-15]. https: //patent.yaozh.com/list? words=ABST%3D%E4%BD%99%E7%94%98%E5%AD%90&page=2&sort=publicationdate%3Ddesc &group=&sourceType=cn&pageSize=20&numberPriority=1&ga_source=db&ga_name=search_result.

[108] 蔡英卿, 张新文. 余甘子的生物学特性及其应用 [J]. 三明师专学报, 2000, (1): 72-74.

[109] 杨晓霞, 杨晏平. 余甘子新品种保山 1 号 [J]. 农村百事通, 2019, (3): 34.

[110] 杨晓霞, 杨晏平. 余甘子新品种——保山 1 号 [J]. 中国果业信息, 2018, 35 (9): 61-62.

[111] 杨晓霞, 黄佳聪, 杨晏平, 等. 余甘子新品种"保山 1 号"的选育 [J]. 中国果树, 2018, (4): 85-87, 81.

[112] 姚小华, 盛能荣, 王炳三. 余甘子生物学特性及其利用初步研究 [J]. 经济林研究, 1991, 9 (2): 30-35.

滇橄榄

［113］胡又厘．余甘根和叶的形态解剖特征与耐旱性的关系［J］．福建农学院学报，1992，21（4）：413-417.

［114］段日汤，瞿文林，宋子波，等．云南野生余甘子保护及开发利用［J］．农学学报，2019，9（9）：49-54.

［115］罗干明，吴子超，徐纪文．余甘子的生药鉴定［J］．中草药，2000，31（6）：461-463.

［116］王建超，陈志峰，郭林榕．余甘子果冻加工工艺［J］．东南园艺，2018，6（6）：35-37.

［117］黄文英．滇橄榄果汁研发及利用实验［C］//第八届云南省科协学术年会论文集——专题三：林业．楚雄，2018：6-17.

［118］苏春雷，王强，黄洁君，等．新型余甘子酵素发酵工艺的优化［J］．食品与发酵工业，2019，45（9）：128-136.

［119］Li MJ，Xiong Y，An Y，et al. The study on the fermentation of *Phyllanthus emblica* L. juice［J］. Adv Mat Res，2011，183-185：282-286.

［120］Li MJ，Xiong Y，Zhang Y. The study on the optimum technological conditions of the fermentation of *Phyllanthus emblica* L. liquor and the variation of contents of nutrient elements［J］. Adv Mat Res，2011，183-185：119-124.

［121］陈平，龚建瑜，左晓霜，等．余甘子褐变过程中没食子酸等四种成分含量变化及分析［J］．中国现代中药，2016，18（11）：1463-1469.

［122］邓俊琳，李晚谊，于丽娟，等．干燥温度对醇提余甘子多酚含量及其抗氧化活性的影响［J］．食品工业科技：2019，40（24）：57-61.

鞍叶羊蹄甲

【植物基原】本品为豆科羊蹄甲属植物鞍叶羊蹄甲 *Bauhinia brachycarpa* Wall. ex Benth. 的根、幼枝及叶。

【别名】大叶羊蹄甲、马蹄叶、夜关门、蝴蝶风。

【白语名称】鬼顶巴、野牙巴、马蹄飞（鹤庆）。

【采收加工】夏秋采收，晒干或鲜用。

【白族民间应用】根可止泻、安神、止痛、散结，用于腹泻、神经官能症、筋骨疼痛；外用治颈淋巴结结核。叶、幼枝治天疱疮、顽癣、皮肤湿疹、疮痈溃烂、烧烫伤。

【白族民间选方】跌打损伤：本品根 30g，煎服；如用鞍叶羊蹄甲的寄生，效果甚佳。

【化学成分】从鞍叶羊蹄甲中分离鉴定了 20 个化合物，分别为 5，6，7-trimethoxy-3′，4′- methylenedioxyflavone（1）、5，6，7，5′-tetramethoxy-3′，4′-methylenedioxyflavone（2）、5，6，7，3′，4′，5′-hexan- methoxyflavone（3）、5，7，3′，4′，5′-pentamethoxyflavone（4）、槲皮素（5）、山柰酚（6）、木犀草素（7）、芹菜素（8）、异槲皮素（9）、花旗松素（10）、圣草酚（11）、表儿茶素（12）、表儿茶素没食子酸酯（13）、没食子酸（14）、没食子酸甲酯（15）、3，4，5-trimethoxyphenol-O-β-D-glucopyranoside（16）、羽扇豆醇（17）、桦木酸（18）、β- 谷甾醇（19）、胡萝卜苷（20）[1-2]。

17　　18　　19　　20

【药理药效】本书作者团队对鞍叶羊蹄甲的镇痛活性进行系统深入地研究[1]。采用小鼠醋酸扭体实验、小鼠热板实验和小鼠热水甩尾实验对鞍叶羊蹄甲（BBB）总提取物、各溶剂萃取部位、活性段位及主要活性单体进行镇痛效果评价。

（1）总提物镇痛时效关系考察：采用小鼠热板实验研究1000mg/kg鞍叶羊蹄甲（BBB）总提物在给药30分钟、60分钟、90分钟和120分钟时的镇痛活性。结果表明灌胃BBB后60分钟能显著延长小鼠舔足时间。结果见表27。

表27　BBB对小鼠舔足时间的影响（mean ± SD，n=8）

Group	Dose（mg/kg）	Duration on the hot plate（s）and（% pain threshold increase）				
		pre-administration	30min	60min	90min	120min
Control	—	11.89 ± 1.70	12.18 ± 0.44（2.4%）	12.19 ± 0.69（2.5%）	12.01 ± 0.61（1.0%）	12.15 ± 0.63（2.1%）
Morphine	5	11.06 ± 0.65	26.50 ± 1.89[c]（100%）	27.12 ± 1.59[c]（100%）	21.75 ± 1.56[c]（96.7%）	14.49 ± 1.15[a]（31.0%）
BBB	1000	11.23 ± 0.79	12.60 ± 1.87（12.1%）	18.20 ± 2.57[b]（62.1%）	14.78 ± 0.70[a]（31.6%）	12.07 ± 0.57（7.4%）

注：与给药前基础阈值比较，[a]$P < 0.05$，[b]$P < 0.01$，[c]$P < 0.001$。

（2）总提物镇痛量效关系考察：采用小鼠醋酸扭体实验研究不同剂量总提物的镇痛活性。结果表明200mg/kg、500mg/kg、1000mg/kg的总提取物灌胃给药能显著减少小鼠的扭体次数，并表现出较强的剂量依赖性，其扭体抑制率分别为52.50%、55.31%、70.00%。结果见表28。

表28　BBB对醋酸致小鼠扭体次数的影响（mean ± SD，n=8）

Group	Dose（mg/kg）	The number of writhings	% Inhibition
Control	—	40.00 ± 2.57	—
Aspirin	200	20.37 ± 1.42[***]	49.06
BBB	50	30.00 ± 3.01	25.00
BBB	100	22.00 ± 3.21[***]	45.00
BBB	200	19.00 ± 3.57[***]	52.50
BBB	500	17.88 ± 2.11[***]	55.31
BBB	1000	12.12 ± 1.78[***]	70.00

注：与空白组比较，[*]$P < 0.05$，[**]$P < 0.01$，[***]$P < 0.001$。

（3）总提物不同溶剂萃取部位的镇痛活性评价：依次用石油醚、乙酸乙酯、正丁醇进行萃取、减压浓缩，分别得到石油醚部位（BBB-PEF）、乙酸乙酯部位（BBB-AF）、正丁醇部位（BBB-BF）、水部位（BBB-WF）。以小鼠醋酸扭体实验、小鼠热板实验、小鼠热水甩尾实验对各萃取部位进行镇痛活性追踪评价。结果表明，在小鼠醋酸扭体实验中，各部位扭体抑制率大小为：BBB-AF（60.80%）＞BBB-WF（43.82%）＞BBB-BF（41.49%）＞BBB-PEF（39.31%），BBB-AF活性最好；在小鼠热板、热水甩尾实验中，BBB各溶剂部位均不能延长小鼠舔后足及甩尾时间。结果见表29～31。

表29　BBB各部位的醋酸扭体实验结果（mean ± SD，$n=8$）

Group	Dose（mg/kg）	The number of writhings	% Inhibition
Control	—	40.23 ± 2.91	—
Aspirin	200	21.00 ± 1.78**	47.80
BBB	500	20.06 ± 2.78***	50.12
BBB	1000	12.00 ± 1.38***	70.17
BBB-PEF	500	24.41 ± 3.74**	39.31
BBB-AF	500	15.42 ± 2.24***	60.80
BBB-BF	500	23.42 ± 3.00**	41.49
BBB-WF	500	22.38 ± 1.31**	43.82

注：与空白组比较，$^{*}P < 0.05$，$^{**}P < 0.01$，$^{***}P < 0.001$。

表30　BBB各部位的热板实验结果（mean ± SD，$n=8$）

Group	Dose（mg/kg）	Duration on the hot plate（s）and（% pain threshold increase）	
		pre–administration	60min
Control	—	12.19 ± 0.69	12.15 ± 0.63（-0.3%）
Aspirin	200	10.85 ± 0.39	11.61 ± 0.88（7.0%）
BBB	500	12.36 ± 0.75	13.50 ± 1.41（9.2%）
BBB	1000	11.76 ± 0.79	18.46 ± 4.56[b]（56.9%）
BBB-PEF	500	12.13 ± 0.88	10.81 ± 1.62（-10.8%）
BBB-AF	500	12.95 ± 0.75	12.67 ± 1.05（-2.1%）
BBB-BF	500	12.20 ± 0.79	12.49 ± 0.90（2.3%）
BBB-WF	500	12.57 ± 0.52	13.58 ± 0.93（8.0%）

注：与给药前基础阈值比较，$^{a}P < 0.05$，$^{b}P < 0.01$。

表31　BBB 各部位的热水甩尾实验结果（mean ± SD, n=8）

Group	Dose（mg/kg）	Duration in the water（s）	
		pre–administration	60min
Control	—	5.31 ± 0.67	5.75 ± 0.75
Aspirin	200	6.30 ± 1.25	5.80 ± 1.11[a]
BBB	500	5.19 ± 0.48	6.00 ± 0.80[a]
BBB-PEF	500	6.31 ± 0.30	6.71 ± 1.42[a]
BBB-AF	500	6.67 ± 0.48	7.00 ± 1.00[a]
BBB-BF	500	6.19 ± 0.58	6.12 ± 0.89[a]
BBB-WF	500	5.31 ± 0.67	6.75 ± 0.75[a]

注：与给药前基础阈值比较，[a]$P > 0.05$。

（4）BBB-AF 不同段位的镇痛活性评价：200mg/kg BBB-AF 不同段位灌胃给药。结果显示，在小鼠醋酸扭体实验中，AF-A$_2$、AF-B、AF-C、AF-E、AF-G 能不同程度地抑制小鼠的扭体次数，抑制率分别为58.33%、55.20%、48.55%、64.98%、59.11%；在小鼠热板、热水甩尾实验中，除了 AF-F、AF-H 段位能不同程度延长小鼠的舔后足时间，其余 BBB-AF 各段位均不能明显延长小鼠舔后足及甩尾时间。结果见表32 ～ 34。

表32　BBB–AF 各段位的小鼠醋酸扭体实验结果（mean ± SD, n=8）

Group	Dose（mg/kg）	The number of writhings	%Inhibition
Control	—	41.40 ± 1.68 [#]	—
Aspirin	200	20.60 ± 2.57[***]	50.24
AF-A$_1$	200	31.82 ± 5.92 [#]	23.14
AF-A$_2$	200	17.25 ± 3.94[***]	58.33
AF-B	200	18.55 ± 3.46[***]	55.20
AF-C	200	21.30 ± 2.84[***]	48.55
AF-D	200	33.30 ± 3.07 [#]	19.57
AF-E	200	14.50 ± 4.68[***]	64.98
AF-F	200	29.63 ± 3.44[*]	28.44
AF-G	200	16.60 ± 8.03[***]	59.11
AF-H	200	24.27 ± 3.11[***]	41.37

注：与空白组比较，[*]$P < 0.05$，[**]$P < 0.01$，[***]$P < 0.001$；与阳性药（阿司匹林）比较，[#]$P < 0.05$。

表 33　BBB–AF 各段位的小鼠热板实验结果（mean ± SD，*n*=8）

Group	Dose（mg/kg）	Duration on the hot plate（s）and（% pain threshold increase）	
		pre–administration	60min
Control	—	12.19 ± 0.69	12.16 ± 0.63（-0.2%）
Aspirin	200	10.85 ± 0.39	11.41 ± 0.77（5.2%）
AF-A$_1$	200	12.07 ± 0.78	12.48 ± 0.68（3.4%）
AF-B	200	13.21 ± 0.67	13.68 ± 1.56（3.6%）
AF-C	200	12.80 ± 0.65	12.92 ± 1.82（0.9%）
AF-D	200	11.39 ± 1.14	12.96 ± 1.03[a]（13.7%）
AF-E	200	12.22 ± 0.45	13.27 ± 1.42（8.6%）
AF-F	200	12.16 ± 0.88	19.21 ± 1.68[b]（57.9%）
AF-G	200	12.22 ± 0.45	13.27 ± 1.29（8.5%）
AF-H	200	12.41 ± 1.33	15.35 ± 1.84[a]（23.6%）

注：与给药前基础阈值比较，[a] $P < 0.05$，[b] $P < 0.01$。

表 34　BBB–AF 各段位的小鼠甩尾实验结果（mean ± SD，*n*=8）

Group	Dose（mg/kg）	Duration in the water（s）	
		pre–administration	60min
Control	—	5.00 ± 0.69	4.80 ± 0.26
Aspirin	200	6.30 ± 1.25	5.80 ± 1.18[a]
AF-A$_1$	200	4.88 ± 0.59	5.50 ± 1.05[a]
AF-B	200	4.44 ± 0.59	4.40 ± 0.63[a]
AF-C	200	4.00 ± 0.57	4.00 ± 1.03[a]
AF-G	200	5.19 ± 0.79	5.86 ± 1.25[a]
AF-H	200	4.90 ± 0.94	5.00 ± 1.13[a]

注：与给药前基础阈值比较，[a] $P > 0.05$。

（5）BBB-AF 中主要单体化合物的镇痛活性评价：在小鼠醋酸扭体实验中，*β*-谷甾醇、胡萝卜苷、桦木酸、异槲皮素 4 个化合物能不同程度地减少小鼠的扭体次数，抑制率分别为 46.39%、16.39%、33.61%、48.09%，即异槲皮素和 *β*- 谷甾醇具有较好的镇痛活性。进一步采用醋酸扭体实验对异槲皮素和 *β*- 谷甾醇进行量效关系考察，结果显示，异槲皮素在剂量 50mg/kg、80mg/kg、130mg/kg、220mg/kg、336mg/kg 灌胃给药能剂量依赖性地减少小鼠的扭体次数，ED$_{50}$ 为 80.43mg/kg（95% 的可信区间：65.49 ～ 98.77mg/kg）；*β*- 谷甾醇在剂量 100mg/kg、130mg/kg、150mg/kg、336mg/kg 灌胃给药能剂量依赖性地减少小鼠的扭体次数，ED$_{50}$ 为 65.15mg/kg（95% 的可信区间：56.17 ～ 75.56mg/kg）。结果见表 35 ～ 37。

鞍叶羊蹄甲

表35 部分单体化合物小鼠醋酸扭体实验考察（mean ± SD, n=8）

Group	Dose（mg/kg）	The number of writhings	% Inhibition
Control	—	39.17 ± 3.43	—
Aspirin	200	20.33 ± 3.26	48.09**
桦木酸（BA）	13（ip）	12.67 ± 4.39	67.66***
桦木酸（BA）	50（ig）	26.00 ± 4.15	33.61
β- 谷甾醇（β-sitosterol）	50	21.00 ± 4.88	46.39**
胡萝卜苷（daucosterol）	50	32.75 ± 3.57	16.39
异槲皮素（QG）	50	20.33 ± 5.46	48.09**

注：与空白组比较，*$P < 0.05$，**$P < 0.01$，***$P < 0.001$。

表36 异槲皮素对醋酸致小鼠扭体次数的影响（mean ± SD, n=8）

Group	Dose（mg/kg）	The number of writhings	% Inhibition
Control	—	42.17 ± 2.23	—
QG	30	28.00 ± 4.23	33.60
QG	50	22.50 ± 3.96	46.64**
QG	80	21.00 ± 5.36	50.20**
QG	130	18.00 ± 3.36	57.32**
QG	220	14.25 ± 1.44	66.21***
QG	336	14.60 ± 4.23	65.38***

注：与空白组比较，*$P < 0.05$，**$P < 0.01$，***$P < 0.001$。

表37 β- 谷甾醇镇痛活性量效曲线考察（mean ± SD, n=8）

Group	Dose（mg/kg）	The number of writhings	% Inhibition
Control	—	41.60 ± 2.80	—
β-sitosterol	13	32.00 ± 3.24	23.08
β-sitosterol	25	27.66 ± 1.76	33.49**
β-sitosterol	50	25.00 ± 4.39	39.90**
β-sitosterol	100	15.00 ± 4.69	63.94***
β-sitosterol	130	14.67 ± 1.20	64.74***
β-sitosterol	150	13.75 ± 4.23	66.95***
β-sitosterol	300	11.00 ± 2.04	73.92***

注：与空白组比较，*$P < 0.05$，**$P < 0.01$，***$P < 0.001$。

（6）异槲皮素和β- 谷甾醇联合作用后镇痛活性评价：在小鼠醋酸扭体实验中，单用异槲皮素或β- 谷甾醇的ED_{50}分别为68.25mg/kg（95%的可信区间：38.83～116.9mg/kg）、

59.63mg/kg（95% 的可信区间：31.54 ～ 112.7mg/kg）。合用时，其 ED_{50}、ED_{75} 和 ED_{90} 处的联合用药指数（Combination Index，CI）值分别为 0.48，0.58，0.70，表明两者联用具有很强的协同镇痛效应。结果见表38、39 以及图 3 所示。

表 38　异槲皮素和 β– 谷甾醇的镇痛活性 ED_{50} 软件处理结果

Drug	ED_{50}（95%）（mg/kg）	r
	Experimental	
Quercetin-3-O-glucoside	80.43（65.49-98.77）	0.9718
Sitosterol	65.15（56.17-75.56）	0.9817

表 39　异槲皮素与 β– 谷甾醇联合用药指数表

Drug	Combination index values at			Dm（95%）（mg/kg）	r
	ED_{50}	ED_{75}	ED_{90}		
Q	N/A	N/A	N/A	68.25054（38.83404-116.94856）	0.94930
S	N/A	N/A	N/A	59.63094（31.53853-112.74620）	0.94215
Q+S	0.48317	0.58173	0.70317	17.74466（15.43350-20.40191）	0.99386

注：CI：< 0.9 synergism；0.9 ～ 1.1 additive effect. > 1.1 antagonism。

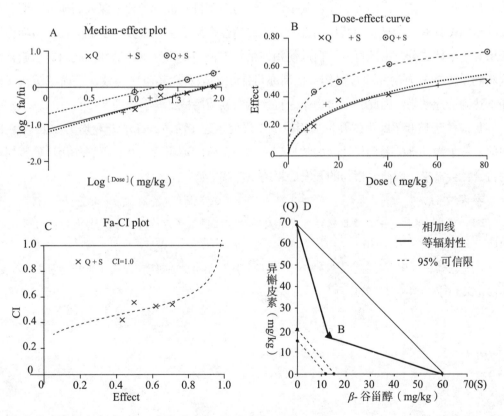

注："Q" 代表异槲皮素的 ED_{50}，"S" 代表 β– 谷甾醇的 ED_{50}。

图 3　异槲皮素与 β– 谷甾醇联合用药指数表

基于上述研究结果，我们初步得出实验结论：①鞍叶羊蹄甲总提取物的镇痛活性具有较强的时效和量效关系。②鞍叶羊蹄甲总提物用不同溶剂萃取后，BBB-AF 镇痛活性最强，其中 AF-A$_2$、AF-B、AF-C、AF-E、AF-G 为镇痛活性较强段位。③异槲皮素和 β- 谷甾醇都表现出较强的镇痛活性且有剂量依赖性，两单体联合作用时，体现协同镇痛效果。

【开发应用】

目前关于鞍叶羊蹄甲植物的专利仅有 3 项，主要涉及该植物提取物及萃取物的制备及镇痛用途、保健食品制备、种子配方等方面。具体如下：

（1）刘永刚，人参鹿鞭酒（CN107260928A）（2017 年）。

（2）方震东，干暖河谷气候区植被恢复的种籽配方（CN107155566A）（2017 年）。

（3）姜北等，鞍叶羊蹄甲提取物及其萃取物的制备方法与镇痛用途（CN109432161A）（2019 年）。

3. 栽培利用 尚未见有鞍叶羊蹄甲栽培利用方面的研究报道。

4. 生药学探索 尚未见有鞍叶羊蹄甲生药学的研究报道。

【药用前景评述】 鞍叶羊蹄甲在大理境内多地有分布。白族医药典籍记载该植物可止泻、安神、止痛、散结，民间主要用于腹泻、神经官能症、筋骨疼痛。为深入认识该植物的品质与活性，本书作者团队对鞍叶羊蹄甲进行了系统研究，初步明确了其所含主要化学成分是酚类、三萜、甾体等；并对其镇痛活性与药理机制进行了较为深入的研究，明确了鞍叶羊蹄甲具有较为显著的镇痛活性，其镇痛活性来源于多种成分，多成分协同镇痛作用效果好于单体成分。由此可见，白族使用该植物安神、止痛具有合理性。同时，白族常用该药物单方或复方治疗跌打损伤，推断亦可能主要是发挥其镇痛功效，进而减缓伤者疼痛，达到治疗效果。因此，该植物作为特色性白族药用植物科学合理。

目前关于鞍叶羊蹄甲的开发应用较少，仍处于起步阶段，几项专利均为 2017 年后出现的。鉴于慢性疼痛是现代社会的常见病患之一，研发镇痛活性好、毒副作用小的镇痛药物符合社会需求，因此该植物的开发应用前景广阔。

参考文献

［1］单华. 滇西药用植物镇痛活性筛选及鞍叶羊蹄甲镇痛活性研究［D］. 大理：大理大学，2017.

［2］张磊，赵琴，梁锐君，等. 鞍叶羊蹄甲茎皮的化学成分研究［J］. 天然产物研究与开发，2012，24（6）：754–756，771.

【植物基原】本品为玄参科鞭打绣球属植物鞭打绣球 *Hemiphragma heterophyllum* Wall. 的全草。

【别名】地红豆、金钩如意、小红豆、小铜锤。

【白语名称】赛活等（大理）、荣巫之粗。

【采收加工】夏秋季采收，切段晒干或鲜用。

【白族民间应用】消炎止痛。用于结石、月经不调、跌打损伤。

【白族民间选方】闭经、月经不调：本品 15g，煎服。

【化学成分】代表性成分：鞭打绣球主要含苯乙醇苷和环烯醚萜苷类化合物 heterophoside A（1）、heterophoside B（2）、heterophoside C（3）、eutigoside A（4）、2-（4-hydroxyphenyl）ethyl 6′-O-sinapoyl-*β*-D- glucopyranoside（5）、grayanoside A（6）、bacopaside B（7）、osmanthuside E（8）、鞭打绣球苷 A（hemiphroside A，9）、鞭打绣球苷 B（hemiphroside B，10）、plantamajoside（11）、plantainoside D（12）、鞭打绣球苷 C（hemiphroside C，13）、plantainoside E（14）、acteoside（15）、6‴-O-acetylpersicoside（16）、piscroside D（17）、picroside I（18）、globularicisin（19）、globularin（20）、isoscrophularioside（21）等[1-10]。

	R₁	R₂	R₃	R₄
1	H	OH	*p*-coumaroyl	H
2	OH	OCH₃	H	*E*-feruloyl
3	OH	OCH₃	H	*Z*-feruloyl
4	H	OH	H	*p*-coumaroyl
5	H	OH	H	sinapoyl
6	H	OH	H	*E*-feruloyl
7	OH	OH	*E*-feruloyl	H
8	OH	OH	H	*E*-feruloyl

	R₁	R₂	R₃	R₄
9	CH₃	*E*-feruloyl	H	H
10	H	*E*-caffeoyl	H	H
11	H	*E*-caffeoyl	H	Ac
12	H	H	*E*-caffeoyl	H
13	CH₃	H	*Z*-feruloyl	H
14	CH₃	H	*E*-feruloyl	H

17　*E*-cinnamoyl
18　*E*-cinnamoyl
19　*Z*-cinnamoyl
20　*E*-cinnamoyl

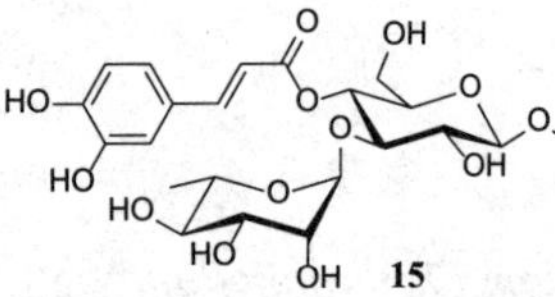

15 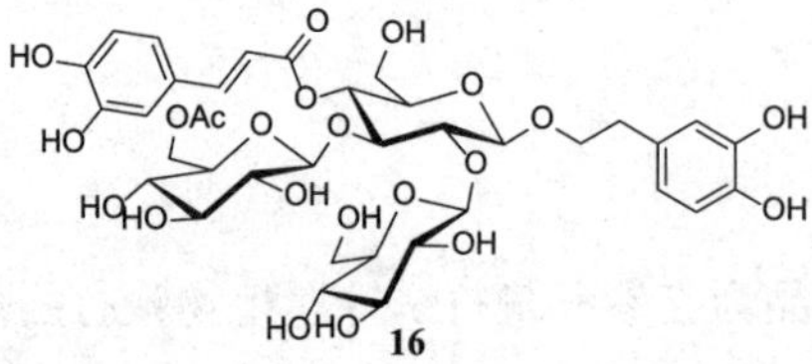　16 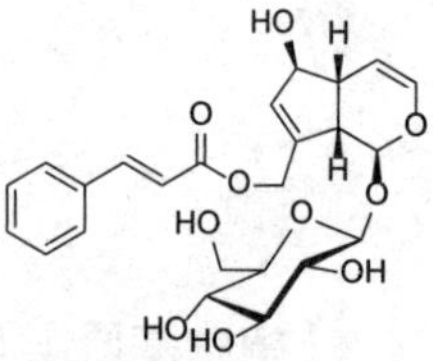　21

此外，鞭打绣球还含有黄酮（苷）、三萜、木脂素、甾体等其他类型化合物。例如，木犀草素 -7-O-β-D- 吡喃葡萄糖（1→6）-β-D- 吡喃葡萄糖苷（22）、山柰酚 -7-O-β-D- 吡喃葡萄糖苷（23）、木犀草素（24）、芹菜素（25）、β- 香树脂醇（β-amyrin，26）、齐墩果酸（oleanolic acid，27）、25-hydroperoxycycloart-23-en-3β-ol（28）、β- 谷甾醇（29）、heterophyllumin A（30）等[1-10]。

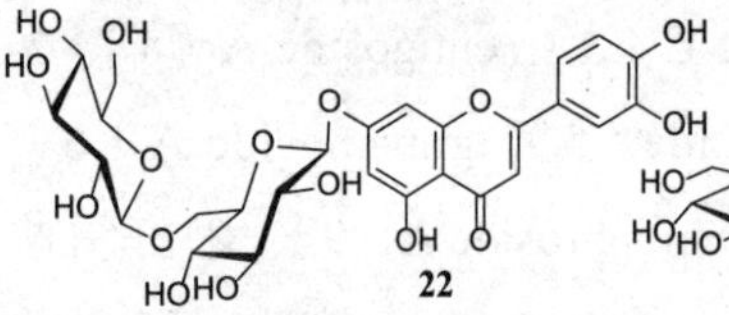

22 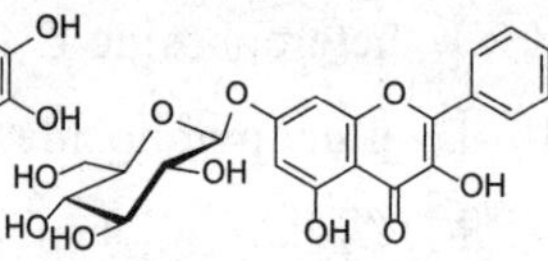　23 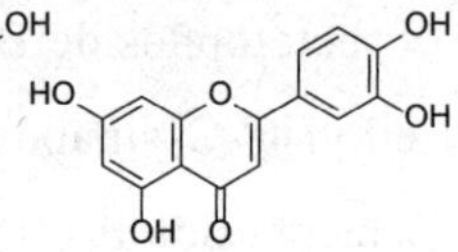　24 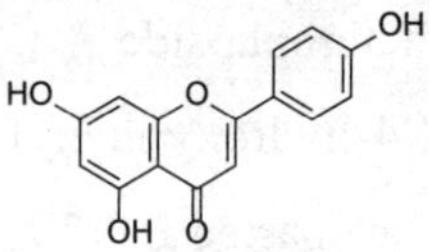　25

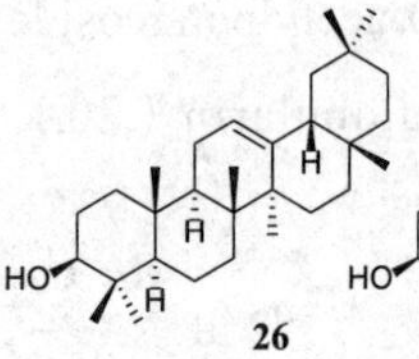

26 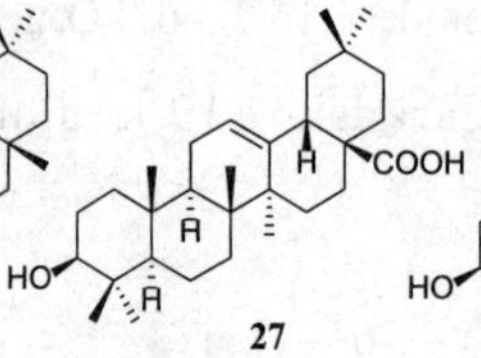　27 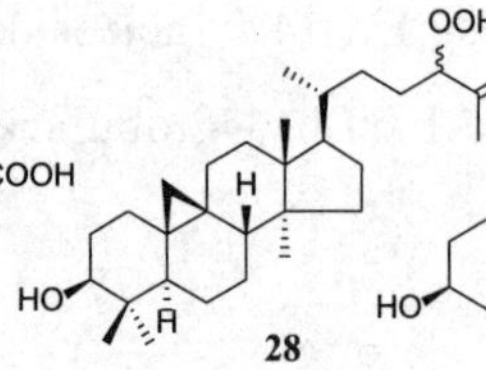　28 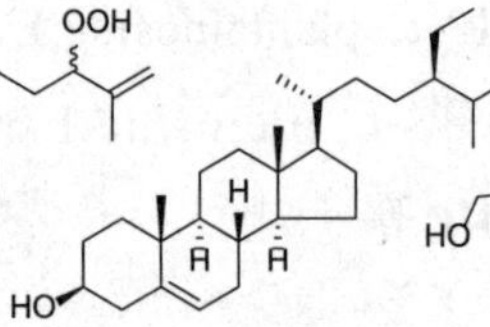　29 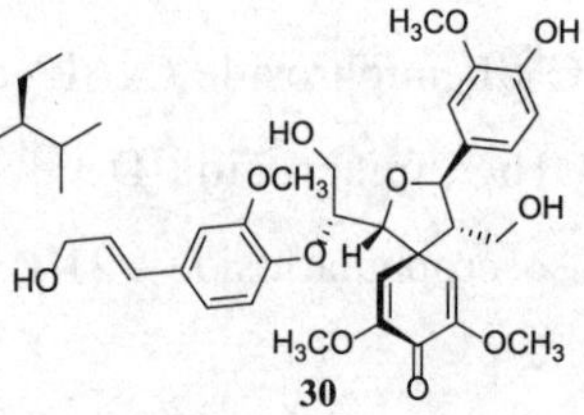　30

1995 年至今共由鞭打绣球中分离鉴定了 69 个成分：

序号	化合物名称	结构类型	参考文献
1	（-）-Sibiricumin A	木脂素	[7]
2	（+）-Pinoresinol	木脂素	[7]
3	（2S，3S，4R，9E）-1，3，4-Trihydroxy-2-［（2′R）-hydroxytetracosanoylamino］-9-octadecene	其他	[2]
4	（4S）-α-Terpineol 8-O-β-D-xylopyranosyl-（1→6）-β-D-glucopyranoside	单萜	[2]
5	10-（Z）-Cinnamoyl-catapol	单萜	[3]
6	2′，6″-O-Diacetylplantamajoside	苯丙素苷	[4]
7	24-Methylenecycloartanol	三萜	[7]
8	25-Hydroperoxycycloart-23-en-3β-ol	三萜	[7]
9	3，4- 二羟基苯甲酸	酚酸	[9]
10	3- 甲氧基 -5- 丙基苯酚	酚酸	[9]

序号	化合物名称	结构类型	参考文献
11	4- 羟基 -3- 甲氧基苯甲醛	酚酸	[9]
12	4- 羟基苯甲醛	酚酸	[9]
13	5，3′，4′- 三羟基 -7- 甲氧基黄酮	黄酮	[6]
14	5- 甲氧基 -2- 羟基苯甲醛	酚酸	[9]
15	6‴-O-acetylpersicoside	苯乙醇苷	[5]
16	9，12，15-Octadecatrienoic acid	其他	[7]
17	Acetoside	苯乙醇苷	[3]
18	Cinnamic acid	苯丙素	[2]
19	Daucosterol	甾体	[2]
20	Dihydrocatalpolgenin	单萜	[7]
21	Globularicisin	单萜	[1]
22	Globularin	单萜	[1]
23	Hemiphroside A	苯丙素苷	[1]
24	Hemiphroside B	苯丙素苷	[1]
25	Hemiphroside C	苯乙醇苷	[3]
26	Heterophylliol	单萜	[7]
27	Heterophyllumin A	木脂素	[7]
28	Hexadec-（4Z）-enoic acid	其他	[7]
29	Iridolactone	单萜	[7]
30	iso-Scrophularioside	单萜	[1]
31	Jatamanin A	单萜	[7]
32	Oleanolic acid	三萜	[2]
33	Plantainoside D	苯丙素苷	[1]
34	Plantainoside E	苯丙素苷	[3]
35	Plantamajoside	苯丙素苷	[1]
36	p-Tyrosol	苯乙醇类	[4]
37	β-Amyrin	三萜	[2]
38	β-Sitosterol	甾体	[2]
39	阿魏酸	苯丙素	[9]
40	阿魏酸甲酯	苯丙素	[9]
41	苯基 β-D- 吡喃葡萄糖苷	酚苷	[8]
42	苄基 β-D- 吡喃葡萄糖苷	酚苷	[8]

鞭打绣球

序号	化合物名称	结构类型	参考文献
43	草夹竹桃苷	酚苷	[8]
44	丁香醛	酚酸	[8]
45	丁香酸	酚酸	[9]
46	反式肉桂酸	苯丙素	[8]
47	胡桃宁	黄酮	[6]
48	槲皮素	黄酮	[6]
49	木犀草素	黄酮	[6]
50	木犀草素 -7-O-β-D- 吡喃葡萄糖（1→6）-β-D- 吡喃葡萄糖苷	黄酮	[6]
51	芹菜素	黄酮	[6]
52	桑色素	黄酮	[6]
53	山奈酚 -7-O-β-D- 吡喃葡萄糖苷	黄酮	[6]
54	顺式肉桂酸	苯丙素	[8]
55	熊果苷	酚苷	[8]
56	异香草酸	酚酸	[9]
57	紫丁香苷	苯丙素苷	[8]
58	Heterophoside A	苯丙素苷	[10]
59	Heterophoside B	苯丙素苷	[10]
60	Heterophoside C	苯丙素苷	[10]
61	Piscroside D	单萜	[10]
62	Eutigoside A	苯丙素苷	[10]
63	2-（4-Hydroxyphenyl）ethyl 6′-O-sinapoyl-β-D-glucopyranoside	苯丙素苷	[10]
64	Grayanoside A	苯丙素苷	[10]
65	Bacopaside B	苯丙素苷	[10]
66	Osmanthuside E	苯丙素苷	[10]
67	Citrusin C	苯丙素苷	[10]
68	3-Methoxyl-4-O-β-D-glucopyranosyloxy-benzoic acid methyl ester	酚苷	[10]
69	Picroside I	单萜	[10]

【**药理药效**】鞭打绣球是一种生长在云贵地区的多年生草本植物，当地人称作羊膜草、顶珠草，具有活血调经、舒筋活络、祛风除湿的功效。鞭打绣球红色的果实被当成鲜果直接食用[9]，主要可用于治疗关节扭伤、胆囊炎、风湿、月经异常、齿龈痛等病症[5]，也可治疗积食、腹胀、咳嗽咯血、神经衰弱、风湿腰痛、跌打损伤、经闭腹痛等。鞭打绣球作为彝族传统药用于治疗积食和腹胀，同时也是云南白族民间的常用药[11-13]。现代药

理学研究也表明鞭打绣球有一定的抗肿瘤、抗疟疾和降血糖作用。具体为：

1. 抗肿瘤作用 有文献报道[1-3, 8]鞭打绣球中含有单萜苷、环烯醚萜苷、苯乙醇苷等化合物，具有一定的抗肿瘤、抗炎等多种生物活性。田亮[14]通过对鞭打绣球的粗提物和单体化合物进行抗肿瘤活性筛选，结果发现鞭打绣球的正丁醇萃取物经大孔树脂洗脱后有较强的抗肿瘤活性；12.5μg/mL 的正丁醇萃取物对人胃癌细胞 BGC-803、人乳腺癌细胞 MCF-7、人肾癌细胞 Ketr3、人口腔上皮癌细胞 KB、人卵巢癌细胞 A2780、人肺泡上皮细胞癌细胞 A549 和人结肠癌细胞 HCT-8 的抑制率分别为 34.3%、40.3%、33.7%、43.1%、41.5%、43.7% 和 22.8%。

2. 降糖作用 α- 葡萄糖苷酶抑制剂（α-glucose inhibitors，α-GI）可竞争性抑制葡萄糖苷水解酶，进而抑制多糖及蔗糖的分解，抑制碳水化合物在小肠上部的吸收，从而降低血糖[15]。有文献报道[16]鞭打绣球可能是一种抗糖尿病植物，其作用机制可能与抑制 α-葡萄糖苷酶有关。研究表明鞭打绣球化学成分中的齐墩果酸、丁香醛、heterophyllumin A、（-）-sibiricumin A、25-hydroperoxycycloart-23-en-3β-ol、24-methyl- enecycloartanol、（+）-pinoresinol、hexadec-（4Z）-enoic acid 对 α- 葡萄糖苷酶的活性有一定抑制作用[7, 8]。Li 等[10]对从鞭打绣球中分离得到的 15 个化合物进行了 α- 葡萄糖苷酶抑制活性测定，其中 heterophosides A-C、eutigoside A、grayanoside A、bacopaside B、osmanthuside E、3-methoxyl -4-O-β-D-glucopyranosyloxy- benzoic acid methyl ester 对 α- 葡萄糖苷酶有明显的抑制作用。

3. 抗疟作用 单华、刘子琦等[17]通过 β- 羟高铁血红素形成抑制实验评价鞭打绣球的抗疟活性，发现其水提物具有 β- 羟高铁血红素形成抑制活性，有一定的抗疟活性。

4. 其他作用 有文献报道[18]鞭打绣球可用于治疗牲畜胎衣不下。

【开发应用】

1. 标准规范 目前，尚未见有关于鞭打绣球的质量标准，只有鞭打绣球中总黄酮含量测定的相关文献报道。

2. 专利申请 目前，关于鞭打绣球的专利有 24 项[19, 20]，最早的专利出现在 2004 年，主要涉及组方药用方面，具体如下：

（1）李炳耀，排毒风湿关节酒（CN1559533）（2005 年）。

（2）王浩贵，一种鞭打绣球跌打药酒（CN1762472）（2006 年）。

（3）靳恒利，治疗心肌梗塞的中药制剂（CN101554471B）（2011 年）。

（4）王海兰等，一种治疗神经衰弱的中药制剂及制备方法（CN103520505A）（2014 年）。

（5）张利民，一种治疗幼年型类风湿性关节炎的中药（CN103784749A）（2014 年）。

（6）杨丽等，一种按摩型理疗枕头（CN104970638B）（2015 年）。

（7）庞昕焱，一种治疗血管痉挛的喷雾剂及其制备方法（CN104644937A）（2015 年）。

（8）江崇礼等，一种用于治疗神经衰弱的中药组合物及其制备方法（CN105194442A）

（2015年）。

（9）钟照刚等，一种治疗湿热蕴肤型小儿慢性湿疹的中药及制备方法（CN104906245A）（2015年）。

（10）耿文军，一种治疗黄水疮的内服中药制剂（CN105055646A）（2015年）。

（11）许艳等，一种治疗肾气虚衰型前列腺增生的药物及制备方法（CN104758754A）（2015年）。

（12）孙凯等，一种治疗慢性胆囊炎的药物及制备方法（CN104922593A）（2015年）。

（13）王璐，一种治疗家畜乳腺病的兽药（CN105169023A）（2015年）。

（14）马扩助等，一种治疗痰瘀阻络型股骨头坏死的中药及制备方法（CN104740413A）（2015年）。

（15）战玉芳，一种治疗肝郁型不孕的中药及其制备方法（105213860A）（2016年）。

（16）田均庆，一种医治膝关节滑膜炎的中药贴及制备方法（CN105477155A）（2016年）。

（17）高举梅，一种治疗风湿性多肌痛的中药组合物（CN105596841A）（2016年）。

（18）杨凯，一种治疗心血管疾病的中药制剂及其制备方法（CN106728827A）（2017年）。

（19）刘红梅等，一种治疗肾虚血瘀型输卵管性不孕症的药物组合物（CN106075088A）（2016年）。

（20）于士忠，一种治疗胃溃疡的中药制剂（CN105770555A）（2016年）。

（21）来永广等，一种治疗气滞血瘀型胆囊炎的中药制剂（CN105998842A）（2016年）。

（22）魏琳，一种调理宫寒痛经、乳腺增生、治疗风湿的藏药组合物（CN107551163A）（2018年）。

（23）杨异煊，一种治疗风湿和类风湿性关节炎的药酒（CN108079237A）（2018年）。

（24）刘胜国等，一种治疗心肌梗塞的中药制剂（CN109908301A）（2019年）。

3. 栽培利用　尚未见有鞭打绣球栽培利用方面的研究报道。

4. 生药学探索　Zhang等[21]报道了鞭打绣球第一个完整的叶绿体基因组序列。鞭打绣球个体间的基因组序列非常相似，只是序列长度略有不同（分别为152bp，707bp和152bp，700bp）。其共注释了113个基因，包括79个蛋白质编码基因，29个tRNA基因，4个rRNA基因和1个假基因。在注释的基因中，有16个基因包含一个内含子，而另外两个基因（*ycf*3和*clpP*）则具有两个基因内含子。叶绿体基因组中总GC含量为38.1%。此外，63个简单序列重复（SSR）中共检测到5种类型。系统发育分析表明鞭打绣球属与婆婆纳属和草灵仙属密切相关。

5. 其他应用　目前暂无相关文献报道鞭打绣球的产品研发。现有鞭打绣球的相关产品主要为民间传统药用制品，包括跌打酒以及用于治疗糖尿病、神经衰弱、坐骨神经痛、湿疹、心肌梗死、胃溃疡等疾病的复方产品。

【药用前景评述】鞭打绣球在大理一带分布广泛，民间应用较多，各种集市、药市常见零星销售，主要用于清火消炎、预防上呼吸道疾病等，是一种常见的日常保健药材。近年来有研究发现、该植物还具有抗肿瘤、降糖作用，进一步拓展了该植物的民间应用泛围。本书作者团队研究发现该植物提取物具有一定的抗疟作用，且有一定的研究价值。目前有关鞭打绣球的系统性开发应用几乎没有文献报道，然而在民间却呈现出较为广泛的应用状态，显示该植物应该具有较大的研究与开发应用空间。

需要特别注意的是，朱向秋等曾报道了"鞭打绣球生物学特性与栽培技术""鞭打绣球及其种子胶质开发利用"等系列研究结果[22-28]，然而其所声称的"鞭打绣球"实为茄科植物假酸浆 *Nicandra physalodes*（Linn.）Gaertn.。其所使用的"鞭打绣球"属于当地人对某种植物的习称，无通用性，与植物学上公认的鞭打绣球无关。

参考文献

［1］马伟光，李兴从，刘玉青，等.鞭打绣球中的苯丙素苷和环烯醚萜苷［J］.云南植物研究，1995，17（1）：96-102.

［2］Yang MF，Li YY，Li BG，et al. A new monoterpene glycoside from *Hemiphragma heterophyllum*［J］. Acta Bot.Sin，2004，46（12）：1454-1457.

［3］田亮，周金云.鞭打绣球的化学成分研究［J］.中国中药杂志，2004，29（6）：528-531.

［4］Mori A，Fujika T，Yoshida M，et al. Tissue cultures and production of secondary metabolites in *Hemiphragma heterophyllum*［J］. Jap J Food Chem，2006，13（1）：29-34.

［5］Jin H，Mori A，Tanaka T，et al. A new phenylethanoid glycoside from *Hemiphragma heterophyllum*［J］. Jap J Food Chem，2006，13（2）：83-86.

［6］逯娅，代家猛，李艳红，等.鞭打绣球中黄酮及黄酮苷类成分研究［J］.中国民族民间医药，2017，26（18）：21-24.

［7］Dai JM，Li YH，Pu XY，et al. Chemical constituents from the whole herb of *Hemiphragma heterophyllum*［J］. J Asian Nat Prod Res，2019，21（6）：551-558.

［8］普晓云，高利斌，王韦，等.鞭打绣球的化学成分及其 α- 葡萄糖苷酶抑制活性的研究［J］.云南民族大学学报，2019，28（5）：423-427.

［9］逯娅，普晓云，田凯，等.鞭打绣球中苯酚类化合物的研究［J］.云南民族大学学报，2019，28（1）：16-19.

［10］Li Y，Dai J，Yang C，et al. Phenylpropanoid and iridoid glucosides from the whole plant of *Hemiphragma heterophyllum* and their alpha-glucosidase inhibitory activities［J］. Planta Med，2020，86（3）：205-211.

［11］彭昌武.鞭打绣球治疗关节扭伤［J］.四川中医，1986，（6）：12.

［12］何可群，卢文芸，杨琼，等.鞭打绣球总黄酮含量的测定［J］.安徽农业科学，2012，40（30）：14703-14705.

［13］云南省卫生局革命委员会.云南中草药［M］.昆明：云南人民出版社，1971：868-869.

［14］田亮.鞭打绣球及云南兔儿风的化学成分研究［D］.北京：中国协和医科大学，2004.

［15］于彩云，高兆兰，陈天姿，等.天然产物中 α- 葡萄糖苷酶抑制剂的研究进展［J］.食品工业科技，2015，36（22）：394-399.

［16］Marles RJ, Farnsworth NR. Antidiabetic plants and their active constituents［J］. Phytomedicine, 1995, 2（2）：137-189.

［17］单华，刘子琦，陈颖志，等.24 种白族惯用植物 β- 羟高铁血红素形成抑制活性［J］.大理大学学报，2016，1（10）：1-4.

［18］Shen S, Qian J, Ren J. Ethnoveterinary plant remedies used by Nu people in NW Yunnan of China［J］. J Ethnobiol Ethnomed, 2010, 6（1）：24.

［19］SooPAT. *Hemiphragma heterophyllum*［A/OL］.（2020-03-15）［2020-03-15］. http://www2.soopat.com/ Home/Result?Sort=&View=&Columns=&Valid=-1&Embed=&Db=&Ids=&FolderIds=&FolderId=&ImportPatentIndex=&Filter=&SearchWord=Hemiphragma+heterophyllum.

［20］SooPAT.鞭打绣球［A/OL］.（2020-03-15）［2020-03-15］. http://www2.soopat.com/ Home/Result? Sort=&View=&Columns=&Valid=-1&Embed=&Db=&Ids=&FolderIds=&FolderId=&ImportPatentIndex=&Filter=&SearchWord=%E9%9E%AD%E6%89%93%E7%BB%A3%E7%90%83.

［21］Wu X, Zhang D. Complete chloroplast genome of a widely distributed species in southwest China, H*emiphragma heterophyllum* Wall.（Scrophulariaceae）［J］. Mitochondrial DNA B Resour, 2019, 4（2）：3531-3533.

［22］朱向秋，孙文耕，孙臣山，等.鞭打绣球生物学特性与栽培技术［J］.中国野生植物资源，2000，19（1）：53-54.

［23］朱向秋，魏建梅.NPS 多糖在果蔬产品增稠及保鲜的应用研究［J］.特产研究，1999，（3）：29-32.

［24］朱向秋，魏建梅，茆振川.鞭打绣球多糖生产天然低糖果冻的效果［J］.沈阳农业大学学报，1999，30（4）：451-453.

［25］朱向秋，魏建梅，茆振川.鞭打绣球及其种子胶质开发利用［J］.中国野生植物资源，1997，16（4）：24-25.

［26］朱向秋.鞭打绣球种子胶质特性及其在食品工业的应用［C］//97 北京国际食品加工及包装技术讨论会论文集.北京，1997：217-220.

［27］王爱云，李春华.天然果蔬保鲜剂的开发与研究［J］.中国商办工业，2001，（11）：42-45.

［28］一种新型保鲜剂研制成功［J］.武汉工业学院学报，2000，（4）：55.

植物拉丁学名	植物名称	属名	科名	页码
Angelica sinensis (Oliv.) Diels	当归	当归	伞形	86
Bauhinia brachycarpa Wall. ex Benth.	鞍叶羊蹄甲	羊蹄甲	豆	525
Bergenia purpurascens (Hook. F. et Thoms.) Engl.	岩白菜	岩白菜	虎耳草	180
Boschniakia himalaica Hook. f. et Thoms. in Hook. f.	丁座草	草苁蓉	列当	51
Botrychium lanuginosum Wall. ex Hook. et Grev.	绒毛阴地蕨	阴地蕨	阴地蕨	203
Botrychium ternatum (Thunb.) Sw.	阴地蕨	阴地蕨	阴地蕨	203
Campylotropis hirtella (Franchet) Schindler	毛茇子梢	茇子梢	豆	24
Campylotropis trigonoclada (Franch.) Schindl.	三棱枝茇子梢	茇子梢	豆	20
Crepis napifera (Franch.) Babc.	芜菁还阳参	还阳参	菊	1
Dactylicapnos scandens (D. Don) Huthchins.	紫金龙	紫金龙	罂粟	465
Dichrocephala benthamii C. B. Clarke	小鱼眼草	鱼眼草	菊	212
Dobinea delavayi (Baill.) Baill.	羊角天麻	九子母	漆树	114
Elsholtzia rugulosa Hemsl.	野拔子	香薷	唇形	399
Foeniculum vulgare Mill.	茴香	茴香	伞形	238
Gentiana delavayi Franch.	微籽龙胆	龙胆	龙胆	475
Gentiana rigescens Franch. ex Hemsl.	滇龙胆草	龙胆	龙胆	480
Geranium strictipes R. Knuth	紫地榆	老鹳草	牻牛儿苗	455
Girardinia diversifolia (Link) Friis	大蝎子草	蝎子草	荨麻	42
Girardinia suborbiculata C. J. Chen	蝎子草	蝎子草	荨麻	42
Hemiphragma heterophyllum Wall.	鞭打绣球	鞭打绣球	玄参	532
Heracleum candicans Wall. ex DC	白亮独活	独活	伞形	73
Heracleum rapula Franch.	白云花根	独活	伞形	73
Hypericum uralum Buch.-Ham. ex D. Don	匙萼金丝桃	金丝桃	藤黄	10
Houttuynia cordata Thunb.	蕺菜	蕺菜	三白草	217
Incarvillea mairei (Levl.) Grierson	鸡肉参	角蒿	紫薇	123

植物拉丁学名	植物名称	属名	科名	页码
Laggera alata (D. Don) Sch. Bip. ex Oliv.	六棱菊	六棱菊	菊	342
Laggera pterodonta (DC.) Benth.	臭灵丹	六棱菊	菊	342
Megacarpaea delavayi Franch.	高河菜	高河菜	十字花	361
Nothopanax delavayi (Franch.) Harms ex Diels	梁王茶	梁王茶	五加	412
Paeonia delavayi Franch. var. *lutea* (Delavay ex Franch.) Finet et Gagnep.	黄牡丹	芍药	毛茛	365
Panax japonicus C. A. Meyer var. *major* (Burkill) C. Y. Wu et Feng ex C. Chow et al.	珠子参	人参	五加	299
Paris polyphylla Sm. var. *yunnanensis* (Franch.) Hand.-Mazz.	滇重楼	重楼	百合	250
Phyllanthus emblica L.	余甘子	叶下珠	大戟	501
Polygonatum cirrhifolium (Wall.) Royle	卷叶黄精	黄精	百合	379
Polygonatum kingianum Collett et Hemsl.	滇黄精	黄精	百合	379
Prinsepia utilis Royle	青刺尖	扁核木	蔷薇	144
Psammosilene tunicoides W. C. Wu et C. Y. Wu	金铁锁	金铁锁	石竹	281
Pueraria edulis Pamp.	食用葛	葛	豆	421
Pueraria lobate (Willd.) Ohwi	野葛	葛	豆	421
Pueraria lobata (Willd.) Ohwi var. *thomsonii* (Benth.) Vaniot der Maesen	粉葛	葛	豆	421
Rhodobryum giganteum (Hook.) Par.	暖地大叶藓	大叶藓	真藓	102
Rhodobryum roseum Limpr.	大叶藓	大叶藓	真藓	102
Rodgersia pinnata Franch.	羽叶鬼灯檠	鬼灯檠	虎耳草	193
Rodgersia sambucifolia Hemsl.	西南鬼灯檠	鬼灯檠	虎耳草	193
Rubus delavayi Franch.	三叶悬钩子	悬钩子	蔷薇	333
Schisandra propinqua (Wall.) Baill. subsp. *sinensis*	铁箍散	五味子	木兰	320
Scutellaria amoena C. H. Wright	滇黄芩	黄芩	唇形	492
Sophora flavescens Ait.	苦参	槐	豆	157
Swertia binchuanensis T. N. Ho et S. W. Liu	宾川獐牙菜	獐牙菜	龙胆	132
Swertia cincta Burk.	西南獐牙菜	獐牙菜	龙胆	132
Swertia delavayi Franch.	丽江獐牙菜	獐牙菜	龙胆	132

植物拉丁学名	植物名称	属名	科名	页码
Swertia macrosperma (C. B. Clarke) C. B. Clarke	大籽獐牙菜	獐牙菜	龙胆	132
Swertia mileensis T. N. Ho et W. L. Shih	青叶胆	獐牙菜	龙胆	132
Swertia punicea Hemsl.	紫红獐牙菜	獐牙菜	龙胆	132
Triplostegia grandiflora Gagnep.	大花双参	双参	川续断	67
Tylophora yunnanensis Schltr.	小白薇	娃儿藤	萝藦	47
Veratrilla baillonii Franch.	黄秦艽	黄秦艽	龙胆	372
Verbascum thapsus L.	毛蕊花	毛蕊花	玄参	4
Vicatia thibetica de Boiss.	西藏凹乳芹	凹乳芹	伞形	81

附录　植物拉丁学名索引表

后 记

　　时光的脚步跨入 2020 年，没走多远，已是农历庚子鼠年大年初二。本是开心休闲游玩时光，可是席卷大半个中国的新冠肺炎，犹如 2003 年的 SARS 一样，闹得人心惶惶。政府及时发布通知，呼吁大家尽量不要外出、出门必戴口罩，等等，更增添了几分不安与悲壮色彩。好在这些天心里有事，总想着整理一下白族药用植物研究进展情况，进而为白族医药增添一些现代研究内容，遂开始了新年的笔耕工作，也算是应了那句老话，一年之计在于春，只是春的有点早，计的有点无奈……

　　转眼研究白族医药十年有余，虽略有心得，然而就白族医药的系统掌握以及如何运用白医白药治病救人而言，我却仍是个标准的门外汉，对此不敢有任何总结与写作妄想。但作为一名专业从事药用植物现代研究，同时有着长期野外工作与药用植物频繁接触经验的科研工作者，难免对大理当地常见药用植物有了几分认识，对其用途疗效方面也有了些许肤浅体会。另一方面，借助长期从事药用植物研究之便，我在植物现代研究文献成果收集、分析探讨方面自然而然地积累了一些优势，具有了几分可自由游走于繁杂化学结构式与晦涩药理学术语之间的能力；加之这些年来自己的团队也对当地常见的白族药用植物开展了一系列具体的研究工作，有一些粗浅的发现，特别还在自己带领的"大理大学滇西特色药用植物与白族药开发利用创新团队"目标任务中有些冲动地制定了要完成若干部专著的承诺，几方面因素汇集在一起，便有了大年初二开工的理由，以及舍我其谁的使命感。

　　目前，文献资料查阅已十分方便，针对某一药用植物进行文献检索、评估亦非难事，但将一系列白族特色药用植物进行系统的现代研究与传统应用进行整理、研讨、总结，尚未有相关工作开展。其实这也是一次变相对白族医药价值与合理性的现代化审视，是对白族医药挖掘、传承的一种推动。近年来，本人在大理大学药学学科建设中曾提出将植物药、民族药作为重要发展方向，而白族药在其中更是具有十分关键的地位与作用。以此为导向，在缺乏史料的情况下，我们通过民间调研、实地拍摄，结合文献考证，先后完成了《白族惯用植物药》与《白族药用植物图鉴》两部专著。这次想通过本书的撰写，从现代研究成果的角度审视一下传统白族医药，相信也会为白族医药的进一步发展注入现代化的推动力。巧合的是，此举无意间成全了我的一个白族医药专著三部曲，实现了由资料收集、实物考察、现代研究利用的完美升华。这一切看似偶然，实则是这些年来本人及所带领团队专注白族医药研究所经历的各个不同阶段的真实写照。从这个角度讲，三部曲的完成应该也是一个必然结果。

眼下国家抗疫取得全面胜利指日可待，形势越来越好，一切渐归正常，我的书稿也已基本完成，甚感慰藉，也十分感慨。中国的事，只要国家重视，便无所不能，何况是小小的新冠病毒！当前国家十分重视传统民族医药的传承与发展，因此也一定能办好！我在这里闭门笔耕，权且算是一种方式响应国家号召，为办好国家的事贡献微薄之力了。

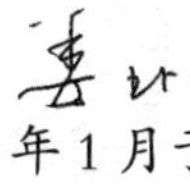

姜北

2021 年 1 月于大理

后记